普通高等教育"十一五"国家级规划教材
普通高等教育农业农村部"十三五"规划教材
"十二五"江苏省高等学校重点教材
全国高等农林院校教材名家系列
国家精品资源共享课配套教材
国家精品在线开放课程配套教材

DONGWU
YICHUANXUE

动物遗传学

双色版

李碧春 主编

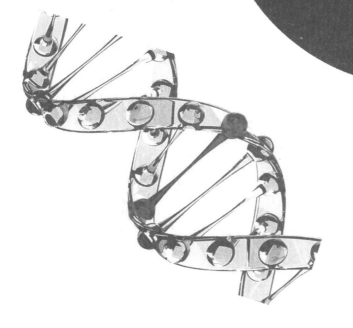

U0307392

中国农业出版社
北 京

内容简介

　　动物遗传学是研究动物遗传和变异规律的科学。本书遵从遗传学的发展和固有的内容体系，根据遗传学最新发展趋势以及编者多年的动物遗传学教学实践和经验，组建了便于学生理解和掌握的内容体系，全面、系统地介绍了动物遗传学的基本规律、原理、基本概念和遗传分析的基本方法。全书共分十四章，内容包括遗传的细胞学基础、遗传的分子基础、孟德尔定律及其扩展、性别决定及与性别相关的遗传、连锁与互换、群体遗传学基础与生物进化、数量遗传学基础、染色体畸变、基因突变、质量性状的遗传、核外遗传与表观遗传、基因的本质及其表达调控、基因组学与生物信息学基础、遗传工程与转基因技术等。体系新颖，概念准确，文字精练，图文并茂，通俗易懂。

　　本书适用于动物生产类、生物科学类、医学类、食品科学类等专业本科生的遗传学教学使用，亦可供相关专业的研究生、专科生以及科技工作者参考。

编写人员名单

主　编　李碧春

副主编　徐　琪　刘　榜　聂庆华　赵宗胜

编　者　（按姓名笔画排序）

白文林（沈阳农业大学）

刘小林（西北农林科技大学）

刘建华（山西农业大学）

刘满清（华南农业大学）

刘　榜（华中农业大学）

孙　杰（石河子大学）

孙桂荣（河南农业大学）

苏　瑛（广东海洋大学）

李碧春（扬州大学）

吴建平（甘肃农业大学）

吴信生（扬州大学）

何　俊（湖南农业大学）

张亚妮（扬州大学）

张　彬（湖南农业大学）

张燕军（内蒙古农业大学）

赵宗胜（石河子大学）

聂庆华（华南农业大学）

徐银学（南京农业大学）

徐　琪（扬州大学）

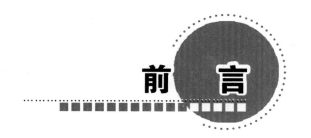

前　言

　　遗传学是现代生物学的核心，它与许多学科相互渗透，既有深奥的理论研究意义，又有广阔的应用前景。掌握坚实的遗传学基础，已成为许多学科科技工作者的"第一需要"。动物遗传学作为遗传学的一个分支，是动物育种学的理论基础和畜牧兽医学科的基础课程。在提高教学质量的诸多措施中，选择合适的教材至关重要。有了好的教材，教师讲授、学生自学就有了依据，课堂教学才能实现教与学的共鸣。在30多年的教学实践中，编者注意广泛观察和收集学生学习的需求，浏览国内、外有关书刊，力求做到不断完善教学体系和内容。本教材为双色版教材，其前身为李碧春主编、中国农业出版社出版的《动物遗传学》（第三版）。本教材编写以"明确对象，完整体系；结合实际，联系历史；照顾全面，突出重点；配合图表、计算，提高教学效果"为原则，遵循"以应用为目的，以必需、够用为度，以讲清基本概念和基本原理为重点"的编写指导思想。本教材的编写组是全国部分高等院校长期从事"动物遗传学"教学工作的中青年教师，他们具有多年从事动物遗传学教学、科研和实践的经验，力图使本教材既具有系统基础理论知识，并结合生产实践，同时又兼顾学科发展前沿。

　　为了使本教材适用于畜牧兽医学及其他生命科学类专业教学需要，除在编写内容上注意保持遗传学本身的系统性外，力求反映出动物遗传学的发展；着重指出遗传理论对动物改良的应用原理。本教材中除必须采用的经典例证之外，尽量引用动物的资料，兼顾少数其他生物类型。我们希望该教材既能适度反映动物遗传学的基础知识，又能够使学生全面了解动物遗传学最新进展，为进一步提高动物遗传学教学质量做出新贡献。

　　本教材的编写分工为：绪论，李碧春；第一章，徐琪、白文林；第二章，聂庆华、刘满清；第三章，吴信生；第四章，刘榜；第五章，徐银学；第六章，刘小林；第七章，孙桂荣；第八章，刘建华；第九章，张燕军；第十章，张彬、何俊；第十一章，苏瑛；第十二章，张亚妮；第十三章，赵宗胜、孙杰；第十四章，吴建平；全书由李碧春统稿和定稿。

在编写过程中，尽管各位编者都高度负责，对稿件进行了多次修改和校对，但囿于我们的学识水平，编写时间紧、任务重，疏漏之处在所难免，衷心希望读者批评指正。

本书的出版得到了扬州大学出版基金的支持，在此表示衷心的感谢！

李碧春

2019 年 6 月

目　录

绪　论

自1900年遗传学诞生以来，遗传学取得了飞跃的发展，发现了大量的遗传学现象和规律。进入21世纪以后，随着线虫、果蝇、水稻等动植物和人类基因组计划的相继完成，更显现出遗传学在生命科学中的核心和前沿地位。作为一门新兴学科，从创立至今的100多年中有了快速的发展，随着其他学科的发展和相互渗透，遗传学的研究从个体水平发展到了分子水平，而且形成了许多分支学科，动物遗传学（animal genetics）就是其中一个分支。

第一节　动物遗传学的定义、研究内容与任务

与普通遗传学相比，动物遗传学是以动物为研究对象的遗传学分支学科，主要包括模式生物、野生动物以及家养动物即我们常说的畜禽。

一、动物遗传学的定义

遗传学是研究生物体的遗传（heredity）和变异（variation）规律的一门科学。由于生物体的遗传与变异是由遗传信息所决定的，因此遗传学也是研究生物体遗传信息的组成、传递和表达规律的一门科学。鉴于遗传信息是由基因结构所决定的，遗传信息的表达与转化为具体性状则是基因功能的实现，是基因结构和功能之间的因果制约关系的体现，其主题是研究基因结构和功能以及两者之间的关系。从这个意义上讲，现代遗传学就是研究基因结构、功能、传递与表达规律的一门科学，因此遗传学亦可称为基因学。而动物遗传学则就是以动物为研究对象，主要研究动物遗传物质的结构、传递、表达以及性状遗传规律的科学。

在自然界生物繁殖过程中，亲代和子代的性状总是有相似的现象。早在古代，人们就发现了这种现象，俗话说"种瓜得瓜，种豆得豆"。任何生物都能通过各种生殖方式产生与自己相似的个体，保持世代间的连续，以延续其种族，这种子代和亲代、子代和子代个体之间的相似性，称为遗传。因此，遗传就是指有血缘关系的生物个体间的相似之处。尽管遗传现象是生物界的普遍现象，但遗传并不意味着亲代与子代完全相像。事实上，子代与亲代之间、子代个体之间总能觉察出不同程度的差异。"一母生九子，连娘各十样"这是普通的常识。这种子代和亲代、子代和子代个体之间的差异，称为变异。因此，变异就是指有血缘关系的生物个体之间的相异之处。一般来说由环境条件引起的变异是不可遗传的，比如饲料、光照等条件不同引起畜禽的长势不同，但是一些特殊的环境条件（如X射线、紫外线等）引起遗传物质的改变便能遗传下去。遗传物质改变引起的变异是可以遗传的，可能自发产生，也可以经理化因素诱发产生，包括基因的自由组合，连锁基因间的交换，染色体畸变（结构、数目），基因突变（细胞核基因、细胞质基因）。

无论是哪一种生物，动物还是植物，高等的还是低等的，复杂的还是简单的，都存在着遗传和变异，这是一种生物界的普遍现象。它们之间表面上看似矛盾，实际上是辩证的统一。众所周知，遗传、变异和选择是达尔文进化论的三大要素。生物如果没有变异，其多样性就不存在，选择就没有对象，那么生物就不能进化，就没有新物种的形成，遗传只能是简单的重复。生物如果没有遗传，即使产生了变异也不能遗传下去，变异不能积累，生物物种就不能维持生命的延续，没有生命的存在，就没有相对稳定的物种，变异也失去了意义，变异使得生物物种推陈出新，层出不穷。遗传与变异是生物进化的内因，是生物生存与进化的基本因素，但遗传是相对的，保守的，而变异是绝对的。遗传与变异是相辅相成，共同作用，使得生物生生不息，造就了形形色色的生物界。

二、动物遗传学的研究内容

随着动物遗传学的不断发展，研究的范围越来越广泛，主要包括遗传物质的本质、遗传物质的传递、遗传信息的实现及遗传规律的应用 4 个方面的内容：①遗传物质的本质：包括基因的化学本质、它所包含的遗传信息以及 DNA 和 RNA 的结构组成和变化等；总体结构——基因组的结构分析；遗传物质的改变（突变和畸变）。②遗传物质的传递：包括遗传物质的复制、染色体的行为、遗传规律和基因在群体中的数量变迁等。③遗传信息的实现：包括基因的功能、基因的相互作用、基因和环境的作用、基因表达的调控以及个体发育中基因的作用机制等。④遗传规律的应用：利用遗传规律，能动地改造动物，使之用于生产实践，造福人类。

三、动物遗传学的研究任务

动物遗传学就是研究动物遗传与变异现象及其表现的原因和规律，深入探索遗传和变异的原因及其物质基础，并阐明其作用机制，揭示其内在的规律，以进一步指导动物的育种实践，提高生产水平，并利用所得成果，能动地改造动物，更好地为人类服务。另外，有关生命的本质及生物进化规律等生物学中一些重要问题的答案也只能从遗传学中去寻找，因此研究种群变化及物种形成的理论，也是遗传学的重要任务之一。

总之，动物遗传学的研究任务不仅在于揭示动物遗传和变异的规律及其物质基础，而且要能能动地运用这些规律，使之成为改造动物的有利武器，提高各类动物育种效率，为人类造福。

第二节　遗传学的发展简史

遗传学的建立和发展，大致经历了两个阶段三个水平，即经典遗传学和现代遗传学两个阶段；个体水平（其代表是形式遗传学），细胞水平或群体水平（其代表是细胞遗传学或群体遗传学）和分子水平（其代表是分子遗传学）三个水平。

一、遗传学的诞生

遗传学之所以能在今天有其高深的理论，和其他学科一样都是劳动人民在长期的生产实践和科学实验中总结出来的。正如恩格斯在《自然辩证法》一书中指出："科学的发生和发展一开始就是由生产决定的"。人类在新石器时代就开始驯养动物、栽培植物，为了需要，人们开始改良动、植物品种。最早有记载的：如西班牙学者 L. J. K. 科卢墨拉在公元 60 年左右所写的《论作物》一书中描述了嫁接技术，记载了几个小麦品种；公元 533—544 年，中国学者贾思勰在他所著的《齐民要术》一书中描述了各种农作物、蔬菜、果树、竹木的栽培及家畜的饲养，家畜、家禽的去势等技术。从那时候起，品种改良活动就从未间断过。如当时的庄园主每年在瑞典开一次果品品尝会，对他们各自带去的自己庄园种植的水果进行各种评选，当然这种评比都带有一些主观因素，但是这种选择、比较也促进了杂交育种的进展。从 18 世纪中期开始，许多生物学家，如瑞典博物学家林奈，法国生物学家布丰等，就已经进行了动、植物杂交实验。那个时期杂交实验的目的是为了探讨"杂交能否产生新种"。到了 18 世纪末，这个问题得到了解决。到了 19 世纪，人们关于动、植物的杂交研究，便朝着两个方向发展：①为了生产的目的，即为了提高农作物的产量和培养观赏植物新品种。如英国园艺学家戈斯（Goss）、植物育种家奈特（T. Knight）等。②为了理论研究目的，即以杂交实验为手段来探讨生物的遗传和变异的奥秘。如法国博物学家诺丹、荷兰植物学家盖尔特纳等。虽然这些学者的目的不同，但都得到了相似的结果，即在杂交实验中，都观察到了杂种性状的一致性和杂种后代性状的多态性等遗传现象。为什么会产生这种有规则的遗传现象？对于这个问题当时没有一个人能做出令人满意的解释。所以，探讨生物性状的遗传问题已成为 19 世纪的生物学家们迫切需要解决的重大课题。这个时候，英国学者达尔文根据劳动人民的育种实践和他长期的科学考察创立了人工选择和自然选择理论，用唯物主义的方式说明了生物起源。他提出了"生物的各种性状都是以微粒——'泛因子'状态通过血液循环或导管运送到生殖系统，从而完成性状的遗传"的假说。限于当时的科学水平，对于复杂的遗传变异现象，他还不能做出科学的回答。事实上在血液中找不到这种微粒，细胞学的证据不能证实泛生论。虽然如此，达尔文学说的产生促使人们重视对遗传学和育种学的深入研究，为遗传学的诞生起了积极的推动作用。

遗传学真正成为一门独立的科学，是从 20 世纪初开始的。当时，在杂交育种工作的基础上，开展了大量的杂交试验，并着重研究了动、植物在杂交过程中的传递规律，初步建立了形式遗传学。在这个过程中，奥地利学者孟德尔（1822—1884）做出了卓越的贡献。早在 1866 年，孟德尔根据他的豌豆杂交试验结果发表了《植物杂交试验》的论文，成功地建立了遗传学的两个基本规律——遗传因子的分离定律和自由组合定律。可惜当时未被人们所接受。但是，科学规律是不可能永远被埋没的。在 20 世纪初，差不多经过了整整一代人的共同努力，人们终于重新发现了孟德尔遗传定律，使被埋没了 30 多年的孟德尔遗传定律重见天日。

在 1900 年，荷兰的 H. De. Vries（德·弗里斯）3 月 14 日于《德国柏林植物学会学报》上发表了《杂种的分离律》论文，4 月 24 日德国学者 C. Correns（科伦斯）发表了《关于种间杂种后代行为的孟德尔定律》论文，6 月 4 日奥地利学者 Yon. Tschermark（冯·切尔马克）发表了《豌豆的人工杂交》论文；就是这三位科学家分别在不同的植物上同时取得了相同的试验结果，才重新发现了孟德尔定律。有趣地是这三位异国同行虽然互不相识，却不约而同地对以往植物学论文进行了全面检查。结果惊人地发现，自己只是在完全不知道孟德尔以往工作的情况下，各自独立地得出一些与孟德尔相似的结论。因此他们三个人都认为有必要把孟德尔的论文放在参考文献的第一位置，以便让世人知晓孟德尔的首创性科学贡献。而由他们三人开始的"科学论文文献核查"的做法，也被科学界所接受，并一直沿用至今。

由于孟德尔理论的重新发现，一门新的学科——遗传学诞生了。孟德尔被认为是遗传学之父。为了纪念这位成就卓著的科学家，1910 年，世界上 150 多名知名学者倡议并捐款，在布尔诺建立了一座纪念碑。

二、遗传学的发展

关于遗传的物质基础历来有所臆测。例如，1864 年英国哲学家斯宾塞称之为活粒，1868 年英国生物学家达尔文称之为微芽，1883 年德国动物学家魏斯曼称之为种质，1884 年瑞士植物学家内格利称之为异胞质，1889 年荷兰学者德弗里斯称之为泛生子。实际上魏斯曼所说的种质已经不再是单纯的臆测了，他已经指明生殖细胞的染色体便是种质，并且明确地区分种质和体质，认为种质可以影响体质，而体质不能影响种质，在理论上为遗传学的发展开辟了道路。

（一）经典遗传学发展阶段

19 世纪末，工业的发展和科学仪器的改进，尤其是显微镜的发明，使人们的眼界扩大了，促进了细胞学和胚胎学的发展。例如在 1875—1884 年间，德国解剖学家和细胞学家 W. 弗莱明在动物中，E. 施特拉斯布格在植物中分别发现了有丝分裂，减数分裂，染色体的纵向分裂以及分裂后趋向两极的行为；比利时动物学家 E. 范贝尔登观察到马蛔虫的每一个体细胞中含有等数的染色体；德国动物学家 O. 赫特维希在动物中，E. 施特拉斯布格在植物中分别发现受精现象。这些研究为遗传学的研究提供了细胞学证据，从而促进了遗传学与细胞学的结合。由于这两个学科的结合不仅扩展了对遗传规律的认识，而且加深了对遗传物质基础的理解，使遗传学从只观察研究生物性状的外部表现的个体水平进入到细胞水平。

（二）现代遗传学发展阶段

1900—1910 年，科学家们除了验证孟德尔遗传规律的普遍意义外，还确立了一些遗传学的基本概念。例如，1909 年丹麦植物生理学家和遗传学家约翰逊（W. Johannsen）称孟德尔假定的"遗传因子"为"基因"，并明确区别基因型和表型。但是，他所说的基因并不代表物质实体，而是一种与细胞的任何可见形态结构毫无关系的抽象单位。因此，那时所指的基因只是遗传性状的符号，没有具体涉及基因的物质概念。同年，贝特森（W. Bateson）给遗传学定名为"genetics"，创造了等位基因、杂合体、纯合体等术语，并发表了代表性著作《孟德尔的遗传原理》。1910 年起，将孟德尔遗传规律改称为孟德尔定律。从 1910 年到现在，遗传学的发展大致可以分为三个时期：细胞遗传学时期、微生物遗传学时期和分子遗传学时期。

1. 细胞遗传学时期（1910—1941 年） 该时期可从美国遗传学家和发育生物学家摩尔根在 1910 年发表关于果蝇的性连锁遗传实验结果开始，到 1941 年美国遗传学家比德尔和美国生物化学家塔特姆发表关于链孢霉的营养缺陷型方面的研究结果为止。这一历史时期，研究工作的主要特征是从个体水平发展到细胞水平，通过对遗传学规律和染色体行为的研究，建立了遗传的染色体学说。

鲍维里（T. Boveri）和萨顿（W. Sutton）分别于 1902 年、1903 年发现遗传因子的行为与染色体行为呈平行关系，可以说是染色体遗传学说的初步论证。1909 年，詹妮森斯（Janssens）观察到染色体在减数分裂时呈交叉现象，为解释基因连锁现象提供了基础。1909 年，摩尔根在前人工作的基础上，开始对果蝇进行实验遗传学研究，发现了伴性遗传规律。他和他的学生还发现了连锁与互换定律等，并进一步证明基因在染色体上呈直线排列，从而发展了染色体遗传学说。染色体遗传学说主要内容有：种质（基因）是连续的遗传物质；基因是染色体上的遗传单位，有高度的稳定性，能自我复制和发生变异；在个体发育中，一定的基因在一定的条件下，控制着一定的代谢过程，从而体现在一定的遗传特性和特征的表现上；生物进化的材料主要是基因突变等。这是对孟德尔遗传学说的重大发展，也是这一历史时期的巨大成就。这一时期的另一重大成就是 1927 年斯塔德勒（L. J. Stadler）分别在果蝇及玉米的试验中，证实了基因和染色体的突变不仅在自然情况下产生，而且用 X 射线处理也会产生大量突变。这种用人工产生遗传变异的方法，使遗传学发展到一个新的阶段。

2. 微生物遗传学时期（从细胞水平向分子水平过渡时期，1941—1952 年）　该时期从 1941 年比德尔和塔特姆发表关于链孢霉属中的研究结果开始。这一时期，遗传学开始了一个新的转折点，这表现在两方面：一是理化诱变的研究，二是以微生物作为研究对象来代替过去常用的高等动、植物。微生物的利用使遗传研究工作进入了微观层次。此时期采用生化方法探索遗传物质的本质及其功能。20 世纪 40 年代初卡斯佩森（T. O. Caspersson）用定量细胞化学的方法证明 DNA 存在于细胞核中。

1940 年比德尔（W. Beadle）等在对链孢霉的生化遗传的经典研究中，分析了许多生化突变体之后，认为一个基因的功能相当于一个特定的蛋白质（酶），并于翌年提出"一个基因一个酶"的假说。以后的研究表明，基因决定着蛋白质（包括酶）的合成，故改为"一个基因一个蛋白质或多肽"。至此已为遗传物质的化学本质及基因的功能奠定了初步的理论基础。

1944 年艾弗里（O. T. Avery）等选用两种不同品系的肺炎球菌，研究肺炎双球菌的转化试验，即具有荚膜的品系形成光滑型的菌落（S 型），是有毒的；无荚膜的品系形成粗糙型的菌落（R 型），是无毒的。他们发现将 S 型的 DNA 添加到 R 型的培养物中，能够使 R 型转化成 S 型，表现出具有毒力的荚膜的特性。该试验证明了遗传物质是 DNA 而不是蛋白质。

1952 年赫尔希（A. D. Hershey）等用同位素示踪法于噬菌体感染细菌的实验中，再次确认了 DNA 是遗传物质。

3. 分子遗传学时期（1953—　）　从 1953 年美国分子生物学家沃森和英国物理学家克里克提出 DNA 的双螺旋模型开始。但是 20 世纪 50 年代只在 DNA 分子结构和复制方面取得了一些成就，而遗传密码、mRNA、tRNA、核糖体的功能等则几乎都是在 20 世纪 60 年代才得以初步阐明。

20 世纪 40 年代中细胞遗传学、微生物遗传学和生化遗传学取得了巨大的成就，使得一些物理学家们对研究生物学问题产生了浓厚的兴趣，特别是在量子力学家薛定谔的《生命是什么?》（1944 年）一书的影响下，不少物理学家和化学家纷纷投身于遗传的分子基础和遗传的自我复制这两个当时是生物学研究的中心问题当中。他们在研究中带进了物理学新理论、新概念和新方法。沃森和物理学家克里克都是在《生命是什么》的影响下，意识到对生物学根本性的问题可以用物理学和化学的概念进行思考。二人在合作中根据对 DNA 的化学分析和对 DNA X 射线晶体学分析所得的资料，于 1953 年提出了 DNA 双螺旋结构模型，从而解决了 DNA 分子结构与基因的自我复制问题。由此诞生了分子生物学，将生物学各分支学科及相关农学、医学的研究都推进到了分子水平，也是遗传学发展到分子遗传学新的里程碑。

1961 年克里克和同事们用实验证明了他于 1958 年提出的关于遗传三联密码的推测。同年雅各布（F. Jacob）和莫诺（J. Monod）提出了大肠杆菌的操纵子学说，尼伦伯格（M. W. Nirenberg）等着手解译遗传密码。经多人努力，至 1969 年全部解译出 64 种遗传密码。其他如 mRNA、tRNA 及核糖体的功能等也都先后在 20 世纪 60 年代得到了初步的阐明。基于以上成就，蛋白质生物合成的过程至 20 世纪 60 年代末也基本上被阐明了，从而验证了 1958 年克里克提出的"中心法则"。这一法则因 1970 年逆转录酶的发现而作了修正。遗传密码及其破译解决了遗传信息本身的物质基础及含义的问题，而"中心法则"则解决了遗传信息的传递途径和流向问题。

分子遗传学取得的上述许多成就都是来自对原核生物的研究，在此基础上从 20 世纪 70 年代开始才逐渐开展对真核生物的研究。由于对细菌质粒和噬菌体，以及限制性核酸内切酶的使用，人工分离和合成基因取得进展。1973 年成功地实现了 DNA 的体外重组，人类开始进入按照需要设计并能动地改造物种和创造自然界原先不存在的新物种的新时代。由此而兴起的以 DNA 重组技术为核心的生物工程，不仅推动了整个生命科学的研究，还将成为改变工农业和医疗保健事业面貌，造福人类的巨大力量。

三、当代遗传学发展的特点和趋势

目前，遗传学的前沿已从对原核生物的研究转向高等真核生物，从对性状传递规律的研究深入到基因的表达及其调控的研究。最具代表性的工作当推 1990 年美国正式开始实施的"人类基因组作图及测序计划"。该计划的目的是：测定和分析人体基因组全部核苷酸的排列次序，揭示其所携带的全部遗传信息，并在此基础上阐明遗传信息表达的规律及其最终产生的生物学效应。这是生物学中至今为止最重大的事件，也是遗传学领域中一个跨世纪的宏伟计划，将对生物学和医学产生革命性的变革。

在人类基因组计划实施以后，其他动、植物基因组计划也纷纷出台，水稻、玉米、小麦、梅山猪、鸡等基因组结构及其功能的研究，从 20 世纪末到 21 世纪相当一段时间内都会是分子遗传学、细胞分子生物学和分子生物学共同关注的中心问题，并开始形成一门新的遗传学分支——基因组学（genomics）。基因组学在 21 世纪初将取得重大进展，并带动生命科学其他学科的研究取得重大进展。遗传学仍会占据未来生物学的核心地位。

过去遗传学的发展需依赖于生命科学的众多成就，以及物理学、化学、数学和技术科学的渗透。今后，多学科与遗传学的相互交叉与渗透会更加密切。在相互交叉与渗透中将会产生出许多崭新的科学概念，并在学科的边界上涌现出许多前沿领域。如随着人类基因组计划的进展，目前已出现了一门新的学科——生物信息学，以处理、分析和解释遗传信息。这就必须有数学、逻辑学、计算机科学和分子遗传学、生物化学等多学科的科学家的参加，才能对研究中所获得的极大量的数据资料进行处理、分析，破译"遗传语言"并阐明它们的生物学意义。

第三节　动物遗传学与其他学科的关系及其应用

一、与其他学科的关系

动物遗传学与育种学的关系最为密切，和其他许多生物学分支学科之间也有密切关系。例如动物遗传学和动物生物化学之间的关系，动物遗传学和分子遗传学之间的关系，动物遗传学和生物统计学之间的关系等。

各个生物学分支学科所研究的是生物的各个层次上的结构和功能，这些结构和功能无一不是遗传和环境相互作用的结果，所以许多学科在概念和方法上都难于离开遗传学。例如，激素的作用机制和免疫反应机制一向被看作是和动物遗传学没有直接关系的生理学问题，可是现在知道前者和基因的激活有关，后者和身体中不同免疫活性细胞克隆的选择有关。

动物遗传学是在动物育种实践基础上发展起来的。在人们进行遗传规律和机制的理论性探讨以前，动物育种工作只限于选种和杂交。动物遗传学的理论研究开展以后，育种的手段便随着对遗传和变异的本质的深入了解而增加。

二、动物遗传学的应用

（一）提高农畜产品的产量

许多畜禽，如鸡、猪的基因图谱已经绘制出来，这大大帮助人类更好地管理和控制家畜，即利用基因操作技术驾驭它们的繁殖、生长、消亡以至改变它们的品性。如利用生物技术开发的家禽品种生长速度加快，产蛋率提高。

（二）控制动物性别

家畜性别控制技术是通过对动物的正常生殖过程进行人为干预，使成年雌性动物产出人们期望性别后代的一门生物技术。根据动物性别决定理论，来控制动物性别。目前已在奶牛和家禽中得到应用。

（三）定向控制遗传性状

现在人们已在鸡、猪、绵羊及牛等畜禽品种中鉴别出了一些控制疾病等遗传性状的基因，通过提高这些特定基因在群体中的频率以及实施严格选种等措施，可望提高某一遗传性状甚至培育出具有特殊遗传性状的新品种。

思 考 题

（1）何为遗传、变异？二者有何关系？
（2）本世纪遗传学取得惊人的进展的原因有哪些？
（3）你对我国遗传学的发展前途有何设想？
（4）学习遗传学有何意义？

第一章 遗传的细胞学基础

细胞是生物体结构和生命活动的基本单位。除了病毒和噬菌体等最简单的生物体，生物界所有的动、植物都是由细胞构成的。在生物体的生命活动中，最重要的基本特征之一是繁衍后代。生物在繁殖过程中需要通过一系列的细胞分裂和融合过程，在此生命周期的过程中，染色体也发生各种动态变化。

第一节　细胞的结构和功能

所有生物都具有特定的细胞结构，但不同生物的细胞结构有所不同。动物细胞结构一般包括细胞膜、细胞质和细胞核。动物的遗传物质存在于由核膜包裹的细胞核中，外面由细胞质所围绕，细胞质中含有细胞器，细胞质外是细胞膜（图1-1）。

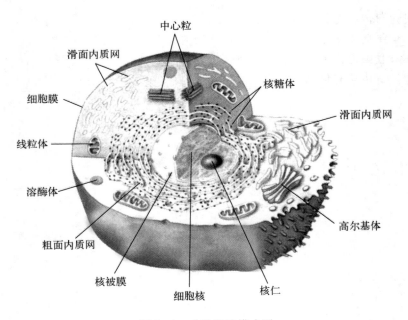

图1-1　动物细胞模式图
(引自 Raven & Johnson，1992)

一、细　胞　膜

细胞膜是细胞的重要组成部分，是细胞外层的一层薄膜，主要由脂类和蛋白质组成，有许多细胞膜还含有少量的糖类。脂类约占总量的 50%，蛋白质约占 40%，糖类占 1%～10%。细胞膜不是一种静态的结构，它的组成常随着细胞生命活动变化而变化。细胞膜的基本功能是维护细胞内环境的相对稳定，并与外界环境不断地进行物质交换、能量和信息的传递，与细胞的分裂、生存、生长及分化均存在密切的关系。

二、细　胞　质

细胞质是在细胞膜内环绕细胞核外围的原生质胶体溶液。细胞质包括基质、细胞器和内含物等。细胞质基质是指细胞质内除细胞器和内含物以外，较为均质的半透明液态部分，它为细胞质内所进行的多种代谢反应提供内环境，并含有参加胞质内代谢反应所需的多种酶类、底物和离子，是细胞质的重要组成部分。内含物是一些细胞质内除细胞器外的有形成分，有些是代谢产物，有些是储存的营养物质，如糖原、色素等。细胞器有许多种，具有一定的形态、结构和功能。动物细胞的细胞器主要有线粒体、内质网、高尔基体、中心体和核糖体等。

（一）线粒体

线粒体是动物细胞质中普遍存在的细胞器。在光学显微镜下，线粒体呈线状、棒状或颗粒状，其体积大小不等，直径一般为 $0.5\sim1.0\ \mu m$，长度一般为 $2.0\sim8.0\ \mu m$，最长的可达 $40\ \mu m$。其形状和大小因细胞的种类和生理状态不同而有很大差异，且往往在细胞功能旺盛和需能较多的部位分布较为集中。线粒体为内外两层单位膜所构成的囊状结构。它的主要结构包括外膜、内膜、嵴、膜间隙和液态基质。在线粒体中含有多种氧化酶，通过氧化磷酸化反应，可传递和储存所产生的能量，为细胞内各项生命活动提供能量。因此，线粒体是细胞的"能量转换器"。

线粒体是动物细胞中核外唯一含有 DNA 的细胞器。每个细胞中有几百至几千个线粒体，每个线粒体中又有 $2\sim10$ 拷贝的线粒体 DNA（mtDNA），存在于线粒体基质中，有时与线粒体内膜结合存在。在哺乳动物中，线粒体基因组一般是裸露的共价闭合环状 DNA 分子，分子大小为 16.5 kb 左右。mtDNA 能独立进行复制、转录和翻译。mtDNA 无内含子，唯一的非编码区为 D-loop 区，是 mtDNA 复制转录的调控区。

（二）内质网

内质网是由一层单位膜所组成的一些形状大小不同的小管、小囊或扁囊构成的。在细胞质中，一般由这些小管、小囊或扁囊连成一个连续的网状结构。根据其结构和功能，内质网分为两种：一种是膜表面附有大量核糖体颗粒的粗面内质网或颗粒内质网，它是由内质网与核糖体共同形成的复合功能的结构，是分泌型蛋白和多种膜蛋白合成的主要场所。另一种是膜表面无核糖体附着的滑面内质网，是脂类物质合成的重要场所。内质网在功能上不仅与蛋白质的合成、物质的转运等有关，而且还与蛋白质的修饰加工和新生肽的折叠与组装有关。

（三）高尔基体

高尔基体普遍存在于动物细胞内，主要是由一些膜围成的扁平膜囊叠置在一起形成的，主要由蛋白质和脂类组成。高尔基体在细胞生命活动中起多种重要作用，其主要功能是将内质网上合成的多种蛋白质进行加工、分类和包装，然后分门别类地运送到细胞的特定部位或分泌到细胞外；其次，内质网合成的一部分脂类也要通过高尔基体向细胞膜等部位转运，因此，高尔基体是细胞内大分子运输的一个重要交通枢纽。此外，高尔基体还与细胞内糖类的合成等有关。

（四）中心体

中心体存在于动物细胞中，位于细胞中心，常靠近细胞核。在光学显微镜下，中心体呈颗粒状。在电子显微镜下，中心体由两个互相垂直的中心粒与周围透明的、电子密度高的物质构成。中心粒呈中空的圆筒状，筒壁由 9 组三联微管组成，通常认为中心体与细胞分裂期纺锤体的形成及排列方向和染色体的移动有密切关系。此外，中心体还可能参与纤毛或鞭毛的形成。

（五）核糖体

核糖体（ribosome）是在细胞中普遍存在的一种细胞器，其体积很小，数量很大。主要由 40% 的蛋白质和 60% 的核糖体 RNA（rRNA）组成。核糖体的主要功能是按照信使 RNA（mRNA）的指令合成肽链，是合成蛋白质的主要场所。核糖体有两种：一种为附着核糖体，结合在内质网上；另一种为游离核糖体，呈游离状态，分布在细胞质的基质中。

三、细 胞 核

细胞核是细胞的一个重要组成部分，是细胞遗传和代谢活动的调控中心。遗传信息主要存在于细胞核内，DNA 的复制、转录和转录产物的加工过程在细胞核中进行。一般生物体细胞只有一个核，但也有两个或多个核的多核细胞，例如兔、鼠的肝细胞多达 10 个核。极少数的高度分化细胞没有核（如哺乳动物的成熟红细胞）。核一般位于细胞的中央，但随着细胞的生理性状不同，其位置也会发生改变。如在生长的细胞中，核往往移到生长作用最旺盛的地方，这说明细胞核与细胞的代谢活动有着密切的关系。细胞核的形态结构，在细胞生活周期的各个阶段变化很大，其主要结构包括核膜、核基质、核仁和染色质（染色体）。

（一）核膜

核膜由内外两层单位膜组成，并把细胞质与核基质分开。面向胞质的外膜表面附着大量的核糖体颗粒，通常可见内质网与其相通连。内膜面向核基质，表面没有核糖体颗粒，但和浓缩的染色质紧密接触。核膜上有许多规则排列的核孔，是调节细胞核与细胞质之间物质交换的通道，并且有一定的选择性。小分子物质交换在整个核膜进行，大分子物质（如核内形成的各种 RNA）通过核孔进入细胞质。

（二）核基质

核基质是核内的无形部分，为透明胶体物质，又称核液。它的成分和细胞质基质很相近，含有多种酶和无机盐。在核液中分布着核仁和染色质。

（三）核仁

核仁是存在于细胞核内的一个或几个球形小体。在光学显微镜下观察，细胞核中有一个或几个均质的反光性很强的小体。核仁主要由蛋白质、RNA 和少量的 DNA 组成。其形状、大小和数目因动物种类、细胞类型以及细胞生理状态而变化。一般生理活动和蛋白质合成旺盛的细胞核仁较大，数目较多，例如卵母细胞。核仁最主要的功能是合成核糖体RNA（rRNA），并与细胞质内核糖体的生物合成有关。此外，核仁与某些特异蛋白质的合成有关。

此外，在细胞核外层还有一层核被膜结构，它将 DNA 与细胞质隔开，形成了核内特殊的微环境，保护 DNA 分子免受损伤。核膜还是核质交换的通道。

（四）染色质

染色质是指真核生物细胞核细胞分裂间期能被碱性染料着色的物质，是细胞分裂间期遗传物质的存在形式。在细胞分裂过程中，染色质经过螺旋化可凝缩为具有一定形态特征的染色体，细胞分裂后染色体又解旋伸展为染色质。实际上，染色质和染色体在化学组成上没有本质差异，它们是细胞分裂周期中两种不同的形式。根据染色质的着色及表现特点，可将其区分为常染色质（euchromatin）和异染色质（heterochromatin）。在间期细胞核内，对碱性染料着色浅、螺旋化程度低、处于较为伸展状态的染色质称为常染色质。构成常染色质的DNA主要是单一序列DNA和中度重复序列DNA。在间期细胞核内，对碱性染料着色较深、螺旋化程度较高、处于凝集状态的染色质称为异染色质，它又可以分为结构异染色质（组成异染色质）和功能性异染色质。结构异染色质是指各类细胞在整个细胞周期内，除复制时期以外均处于凝缩状态的染色质，多位于着丝粒区和端粒区，它主要由相对简单、高度重复的DNA序列构成。功能性异染色质在有些细胞中或在一定的发育时期和生理条件下可变为常染色质。在间期细胞核中，细胞异染色质可聚集形成多个染色中心，在染色体中结构异染色质常出现在着丝粒附近、端粒、次缢痕或染色体臂内某些节段。

第二节 染 色 体

染色体是染色质在细胞分裂过程中经过紧密缠绕、折叠、凝缩和精巧包装而成，是具有固定形态的遗传物质存在形式。早在1848年就已发现，并加以描述，直到1888年才加以命名。

一、染色体的形态特征

（一）染色体的一般形态结构

每一物种的染色体都具有特定的形态特征，在细胞分裂过程中，染色体的形态和结构会发生一系列规律性变化，其中以中期染色体形态表现最为明显和典型，在光学显微镜下可观察到它是由两条姐妹染色单体构成，彼此以着丝粒相连。其结构主要包括着丝粒、次缢痕、随体和端粒。

1. 着丝粒 着丝粒是染色体的最显著特征，碱性染料着色浅，表现缢缩的部分，也称主缢痕。着丝粒连接两个染色单体，并将染色单体分为两臂，长的称为长臂（q），短的称为短臂（p）。根据着丝粒在染色体上所处的位置，可将染色体分为4种类型：中央着丝粒染色体，两臂长度相等或大致相等，细胞分裂后呈V形；近中央着丝粒染色体，两臂长度不相等，细胞分裂后呈L形；近端着丝粒染色体，具

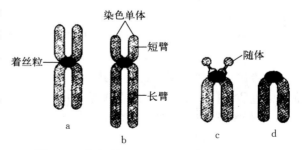

图1-2 根据着丝粒位置染色体分类模式图

a. 中央着丝粒染色体　b. 近中央着丝粒染色体

c. 近端着丝粒染色体　d. 端着丝粒染色体

有微小短臂，细胞分裂后呈l形或棒形；端着丝粒染色体，着丝粒位于染色体一端，细胞分裂后呈l形或棒形（图1-2，表1-1）。

表 1-1 染色体的形态类型

染色体类型	符号	臂比值①	着丝粒指数②	细胞分裂后期形态
中央着丝粒染色体	M	1.00～1.67	0.500～0.375	V
近中央着丝粒染色体	SM	1.68～3.00	0.374～0.250	L
近端着丝粒染色体	ST	3.01～7.00	0.249～0.125	l
端着丝粒染色体	T	7.01～∞	0.124～0.000	l

注：①臂比值：长臂长（q）/短臂长（p）；②着丝粒指数：短臂长（p）/染色体总长度（$p+q$）。

2. 次缢痕 次缢痕是除主缢痕外，在染色体上其他的浅染缢缩部位。其数目、位置和大小是染色体重要的形态特征，可作为鉴定染色体的重要标记。它具有组成核仁的特殊功能，在细胞分裂时，它紧密联系着核仁，因而被称为核仁组织者区（nucleolus organizer region，NOR），如猪的第 8 和第 10 号染色体上都有核仁组织者区。

3. 随体 随体是指位于染色体末端的球形染色体节段，通过次缢痕区与染色体主体部分相连接。随体的有无和大小等也是染色体的重要形态特征。如人的染色体第 13、14、15、21、22 号上均可能有随体。

4. 端粒 端粒是染色体端部的特殊结构，是一条完整染色体所不可缺少的。端粒通常由富含嘌呤核苷酸 G 的短的串联重复序列和端粒蛋白构成。端粒蛋白由 RNA 和蛋白质组成，具有逆转录酶的性质。端粒与维持染色体的完整性和个体性、染色体在核内的空间分布及减数分裂同源染色体配对有关。

（二）染色体的化学组成

通过对多种细胞的染色体进行分析，证明染色体的主要组成成分是 DNA、组蛋白、非组蛋白和少量的 RNA。DNA 和组蛋白的含量比较稳定，非组蛋白和 RNA 的含量常随细胞生理状态的不同而改变。在真核生物的染色体中，DNA 约占 27%，组蛋白和非组蛋白占 67%，RNA 占 6%。

1. DNA 生物体的遗传信息蕴含于 DNA 分子的核苷酸序列之中。真核细胞的 DNA 总是和大量的蛋白质结合在一起以染色质或染色体的形式存在，每条染色单体只含一个 DNA 分子。这类 DNA 分子中含有单一序列（unique sequence）和重复序列（repetitive sequence），重复序列又按其重复程度分为中度重复序列和高度重复序列。

2. 组蛋白（histone） 组蛋白是染色体中富含精氨酸和赖氨酸等碱性氨基酸的蛋白质，带正电荷。根据其所含精氨酸和赖氨酸的比例不同而分为 5 种类型：H1、H2A、H2B、H3、H4。除组蛋白 H1 外，其他四种组蛋白在进化过程中都是相当保守（H2A、H2B）或高度保守（H3、H4）。它们的含量和结构都很稳定，没有明显的种属和组织的特异性。

组蛋白为真核细胞所特有，其含量与 DNA 量相近，它们以静电引力与 DNA 紧密结合，维持染色质结构。组蛋白与 DNA 结合可抑制 DNA 的复制与转录，这是因为组蛋白阻止了 DNA 聚合酶进入染色质的复制起始部位。DNA 与组蛋白结合的构型也不适合 RNA 聚合酶的转录。当组蛋白被磷酸化、乙酰化或甲基化等化学修饰改变了电荷性质时，便降低了其与 DNA 的结合力，使 DNA 裸露、解旋，从而有利于 DNA 进行复制或转录。

3. 非组蛋白（non-histone） 非组蛋白是染色体中除组蛋白以外所有蛋白质的统称。非组蛋白为富含天门冬氨酸、谷氨酸等酸性氨基酸的酸性蛋白质，带负电荷。这类蛋白质在细胞中的含量远比组蛋白少，但其种类繁多，功能各异，具有种属、器官、组织甚至细胞的特异性。

目前已分离得到的非组蛋白有 500 多种，但每一种的含量却很少。主要是与 DNA 复制和转录时染色质化学修饰有关的酶系、参与染色体构建的结构蛋白及少量特异性的调节蛋白。

4. RNA　染色质中 RNA 的含量很少，主要是新合成的 mRNA、tRNA 和 rRNA 的前体。

（三）染色体的超微结构

1. 核小体　核小体是染色体的基本结构单位，染色体就是由许多核小体重复串联而成。一个核小体分为颗粒部和连接部两个部分。颗粒部由一套组蛋白分子和大约 200 个碱基对、长约 70 nm 的一段 DNA 组成直径大约 11 nm 的盘状或球形小体。组蛋白是 H2A、H2B、H3、H4，每种各是 2 个，共 8 个，被折叠成球形的 8 聚体。8 聚体的外面缠绕着 140～146 个碱基对的 DNA，DNA 在其外周环绕 1.75 圈。连接部是指颗粒部 DNA 的延伸部分，大约 60 个碱基对，以此与邻近的颗粒部相连。另一种组蛋白 H1，在两个核小体之间起稳固作用，一般每个核小体只有一个 H1 分子（图 1-3）。

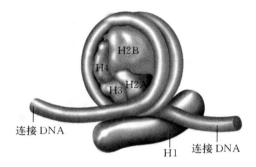

图 1-3　核小体结构模型

2. 螺线体　核小体链每 6 个核小体绕一圈，这样反复螺旋缠绕，形成一个中空的管状结构，即为螺线体。螺线体的直径约为 30 nm，内径 10 nm，由于螺线体的每一周螺旋含有 6 个核小体，所以螺线体的长度压缩为原先核小体链的 1/6。如果将核小体作为染色体的一级结构，那么这种螺线体就是染色体的二级结构。

3. 超螺线体　螺线体进一步螺旋化，形成一条直径为 300 nm 的圆管，人们把这种圆管状结构称为超螺线体。超螺线体的长度又压缩到原来螺线体长度的 1/40。超螺线体是染色体的三级结构。

4. 染色体　超螺线体进一步折叠、盘绕，就形成了染色体（实际上是染色单体），即四级结构。染色体长度又压缩到原来超螺线体长度的 1/5。从 DNA 到染色体的压缩过程见图 1-4。

二、染色体的数目和大小

（一）染色体数目

各种生物染色体数目的相对恒定对于维持物种的遗传稳定性具有重要意义。在体细胞中染色体成对存在，即二倍体；在性细胞中成单存在，即单倍体，通常分别用 $2n$ 和 n 表示。例如，普通牛 $2n=60$，$n=30$；猪 $2n=38$，$n=19$；山羊 $2n=60$，$n=30$；鸡 $2n=78$，$n=39$。虽然有时两种不同的动物会有相同的染色体数目，如猪和猫 $2n=38$，鸡和犬 $2n=78$，但在染色体的形态、大小、着丝粒的位置以及随体的有无上却存在着很大差异。

不同物种的染色体数目差别很大，例如，一种马蛔虫变种只有 1 对染色体（$n=1$）；而有一种蝴蝶则可达 191 对染色体（$n=191$）。哺乳动物的染色体数目一般在 10～30 对之间（$n=10～30$）（表 1-2）。染色体数目的多少与该物种的进化程度一般并无关系，某些低等生物的染色体数目可能比高等生物还要多。但染色体的数目和形态特征对于鉴别系统发育过程中物种间的亲缘关系具有重要意义。

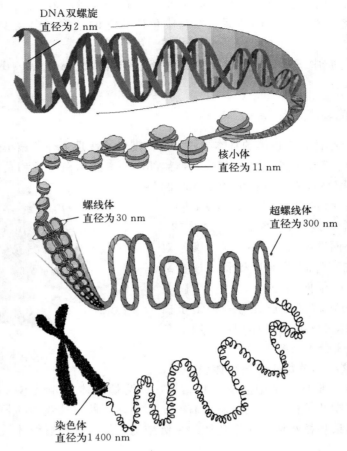

DNA双螺旋
直径为2 nm

核小体
直径为11 nm

螺线体
直径为30 nm

超螺线体
直径为300 nm

染色体
直径为1 400 nm

图1-4 从DNA到染色体的压缩过程

表1-2 常见动物的染色体数目

物种名称	染色体数目（2n）	物种名称	染色体数目（2n）
人（Homo sapiens）	46	猕猴（Macaca mulatta）	42
普通牛（Bos taurus）	60	貂（Mustela vision）	30
瘤牛（Bos indicus）	60	梅花鹿（Cervus nippon tenuninck）	64
大额牛（Bos frontalis）	58	麋鹿（Elaphurus davidianus）	68
沼泽水牛（Swamp buffalo）	48	黑熊（Selenarctos thibetanus）	74
河流水牛（Riverj buffalo）	50	虎（Panthera tigris）	38
牦牛（Bos gruniens）	60	大猩猩（Gorilla gorilla）	48
骆驼（Camelidae dromedarius）	74	黑长臂猿（Hylobates concolor）	38
马（Equus caballus）	64	鲤（Cyprinus carpio）	48
驴（Equus asinus）	62	鲫（Carassius auratus）	52
山羊（Capra hircus）	60	家鸡（Gallus domesticus）	78
绵羊（Ovis aries）	54	火鸡（Meleagris gallopavo）	80
猪（Sus scrofa）	38	鸭（Anas platyrhyncho）	78
兔（Oryctolagus cuniculus）	44	鹅（Anser cygnoides orientalis）	78
犬（Canis familiaris）	78	鹌鹑（Coturnix japonica）	78
猫（Felis domestica）	38	家鸽（Columba）	80
蟾蜍（Bufo laurenti）	22	青蛙（Rana nigromaculata）	26
家蚕（Bombyx mori）	56	蜜蜂（Apis mellifera）	32（♀），16（♂）
小鼠（Mus musculus）	40	家鼠（Rattus norvegicus）	42
豚鼠（Cavia porcellus）	63	果蝇（Drosophila melanogaster）	8

（二）染色体的大小

对于染色体大小的测量，由于有丝分裂中期的染色体其大小比较稳定，可反映出染色体大小的实际差异，因此，通常以测量有丝分裂中期的染色体为主。染色体大小主要指染色体长度，在直径或宽度上同一物种的染色体大致是相同的。一般染色体长度范围为 0.5～30 μm，直径范围为 0.2～3 μm。

不同生物种类之间的染色体大小差别很大。一般来讲，动物的染色体比植物的小，在动物中以两栖类染色体最大；染色体数目愈少，染色体长度就愈长。同种生物的染色体长度差别不大，但也有例外，如家鸡、火鸡、鸭和鸽子等，除了 5 对左右较长的染色体之外，还有多对几乎无法决定数目的微小染色体；普通牛最长的 1 号染色体的长度相当于 Y 染色体的 2～3 倍；猪的 1 号染色体长度相当于 Y 染色体的 4～5 倍。

同一个体不同组织细胞的染色体长度，在有些物种中也有很大差异。例如，果蝇神经细胞染色体比性腺细胞染色体长得多；唾液腺染色体长度往往相当于其他细胞的中期染色体的 10 倍，而且是由多条染色线所组成。不过各条染色体的相对长度则比较恒定。

染色体的大小与该染色体所含基因的数目并不成比例。黄牛中 29 号染色体和 Y 染色体大小几乎相似，但 29 号染色体上基因数要比 Y 染色体多得多。因此，染色体的大小并不是它的基因含量的指标，这种大小的差异可能与染色体凝缩的程度有关。

外界环境条件对染色体的大小也有一定的影响，如秋水仙碱和对二氯苯等对染色体有缩短作用；在低温条件下细胞分裂形成的染色体，往往比高温条件下细胞分裂产生的染色体显得短而紧实。此外，两次细胞分裂的间期长时，其形成的染色体比连续、快速进行细胞分裂的染色体要长一些。

三、染色体核型和带型

（一）染色体核型

核型是指染色体组在有丝分裂中期的表型，包括染色体的数目、大小和形态特征等。按照染色体的数目、大小，着丝粒位置、臂比值、次缢痕和随体等形态特征，对生物核内的染色体进行配对、分组、归类、编号等分析的过程称为染色体核型分析。染色体核型分析技术可用于鉴定生物物种、研究物种间的亲缘关系、探讨物种进化机制和诊断由染色体异常引起的遗传性疾病等方面。将一个染色体组的全部染色体逐个按其特征绘制下来，再按长度、形态特征等排列起来的图像称为核型或组型。核型常用染色体总数和性染色体两部分表示。部分动物染色体核型见图 1-5 至图 1-14。

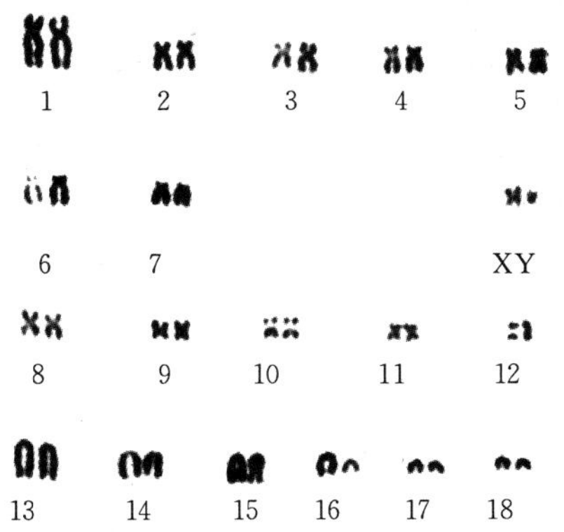

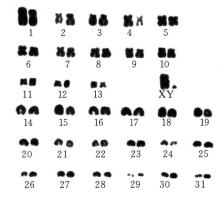

图 1-5　家猪染色体核型（2n＝38，XY）
（引自陈国宏，1983）

图 1-6　家马染色体核型（2n＝64，XY）
（引自雷初朝等，2001）

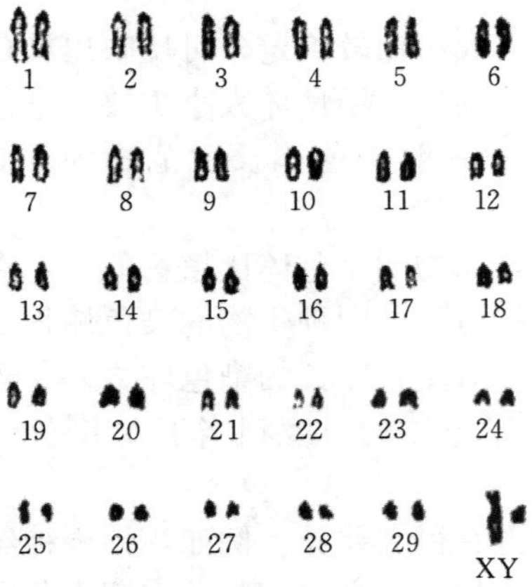

图 1-7　黄牛染色体核型（2n=60，XY）

（引自李梅等，2004）

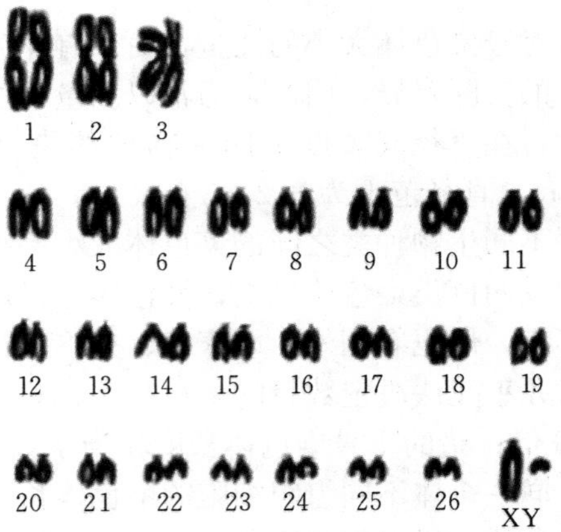

图 1-8　绵羊染色体核型（2n=54，XY）

（引自门正明等，2002）

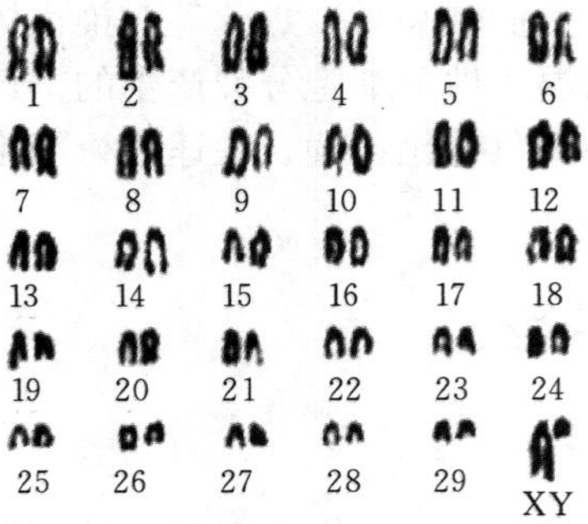

图 1-9　山羊染色体核型（2n=60，XY）

（引自房兴堂等，2005）

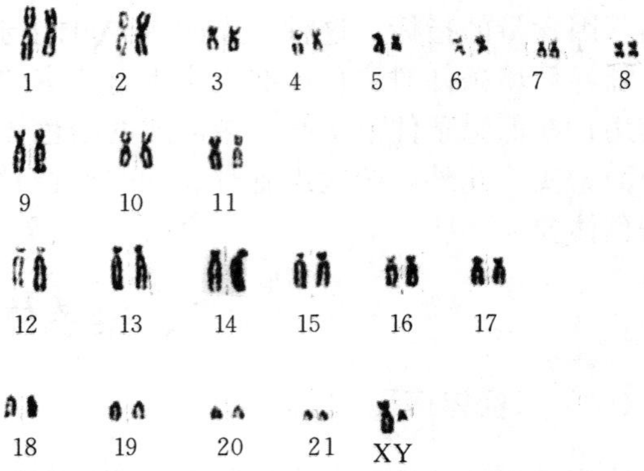

图 1-10　家兔染色体核型（2n=44，XY）

（引自周立波，2003）

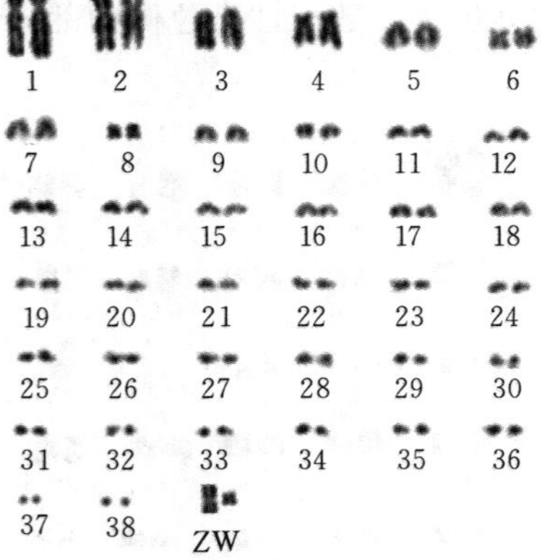

图 1-11　家鸡染色体核型（2n=78，ZW）

（引自徐琪，2004）

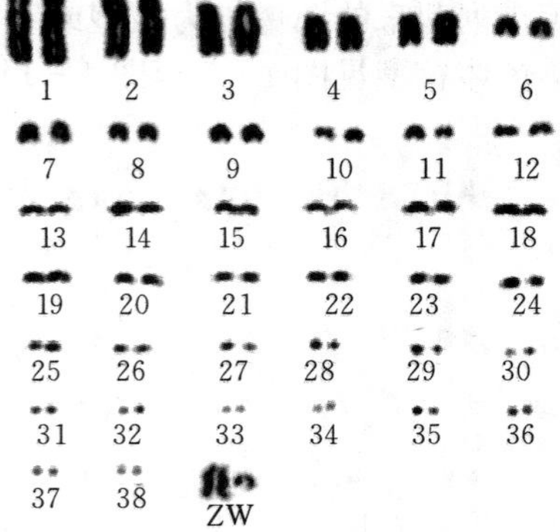

图 1-12　家鸭染色体核型（2n=78，ZW）

（引自徐琪等，2008）

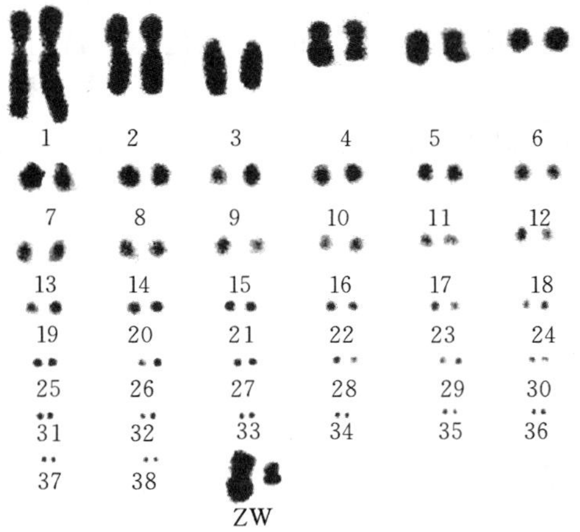

图 1-13　家鹅染色体核型（$2n=78$，ZW）
（引自邢军等，2007）

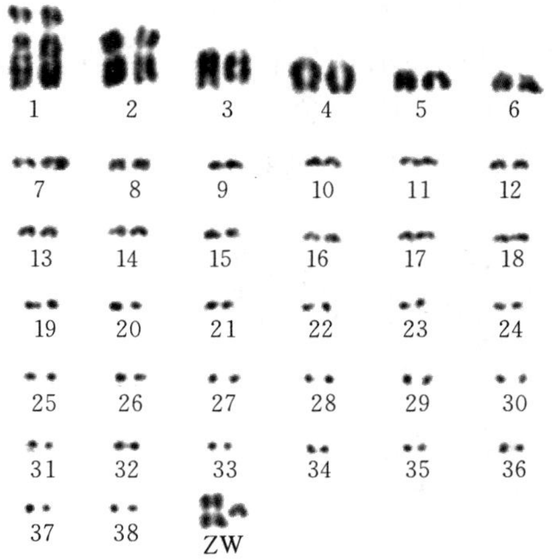

图 1-14　鹌鹑染色体核型（$2n=78$，ZW）
（引自徐琪等，2005）

（二）染色体带型

带型是指经过一系列处理和染色，从而产生具有种属特异性横纹的差示染色带。显带方法一般以染料为主，也有以功能为基础的。基于染料的染色体显带技术，有的较简单（不经任何预处理，仅采用一种染料分子），有的较复杂（染色前需要对染色体进行预处理，并需要混合使用染料）。最常见的基于染料的染色体显带技术有 G 分带技术、Q 分带技术、R 分带技术、C 分带技术和高分辨显带技术等，这些分带的研究对于核型分析、染色体鉴别以及分类学上都有重要的意义。

1. G 分带　G 分带是指染色体标本片经胰酶或某些盐类处理，姬姆萨染色后沿长度上所显示的丰富的带纹。该方法简便，费用低廉，因而应用十分广泛。G 分带技术在脊椎动物中所染出的带型，每条染色体都不同，因而可以明确地鉴别每一条染色体（图 1-15）。

2. Q 分带　Q 分带采用喹吖因或喹吖因芥子荧光染料，这些染料与某些碱基发生特异性作用，在富含 AT 碱基的 DNA 区域发出亮荧光，产生与 G 分带相类似的带型，还能使异染色质区域发出荧光，如 Y 染色体。Q 分带技术分类简便，可显示独特带型，但标本易褪色。

3. R 分带　R 分带是用高温处理染色体标本，采用姬姆萨或吖啶橙染色，在富含 AT 碱基的 DNA 区域发出亮荧光，其结果所显示的分带和 G 分带（Q 分带）的明暗相间正好相反，因而对 G 分带端部不着色部分的可用此种反带法，从而将末端清楚地显示出来（图 1-16）。

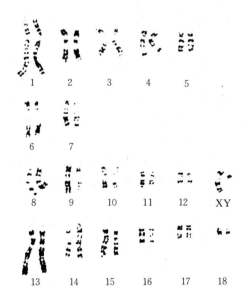

图 1-15　家猪染色体 G 分带（$2n=38$，XY）
（引自 Gustavsson et al.，1988）

两种方法并用可确定染色体的丢失部位。

4. C 分带 C 分带显示的是异染色质的区段，故称 C 分带法，主要位于着丝粒、端粒附近、核仁组织者区以及 Y 染色体的长臂上。需采用特殊方法（如酸、碱、盐或高温）进行处理，才能显示 C 分带（图 1-17）。C 分带技术对辨认哺乳动物的 Y 染色体非常有用。由于 Y 染色体的异染色质区与细胞中具有转录活性的 rRNA 基因相一致，因此，在不同生理、病理条件下，计数细胞中银染的 NOR 频率，可以分析有活性的 rRNA 基因的动态变化。

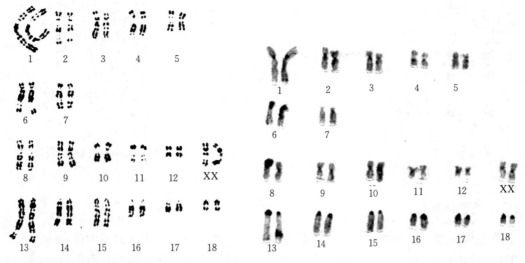

图 1-16　家猪染色体 R 分带（$2n=38$，XX）　　　图 1-17　家猪染色体 C 分带（$2n=38$，XX）

（引自 Gustavsson et al.，1988）　　　　　　　（引自顾志刚，2002）

5. 高分辨显带 高分辨显带是采用氨甲蝶呤处理培养中的细胞，使其同步化，然后用秋水仙素短时间处理，使其出现大量晚前期和早中期的分裂相。在光学显微镜下可观察到更细微的染色体异常和对有结构重排的染色体断点做精确定位。用放线菌素 D 作用于 DNA 合成后期（G_2 期）细胞以阻碍染色体浓缩时特殊蛋白与染色体结合，使染色体变得更细长，可以使分辨率进一步提高。高分辨显带技术不仅可以对染色体变异进行精确定位，而且在基因定位和基因图谱的详细绘制等方面也有重要意义。

染色体带型常以模式图表示，即以一条染色体着丝粒为界标，区和带则沿着染色体的长臂和短臂，由着丝粒向外编号，图 1-18 即为人 1 号染色体 G 分带模式图。在表示某一特征的带时，通常需包括以下四项：①染色体号；②臂的符号；③区号；④在该区内的带号。以上四项依次列出，无需间隔或标点符号。如，8q33 表示 8 号染色体长臂的 3 号区 3 号带；9p25.2 表示 9 号染色体短臂的 2 号区 5 号带 2 号亚带；10q42.42 表示 10 号染色体长臂的 4 号区 2 号带 4 号亚带 2 号次亚带。

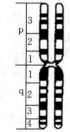

图 1-18　人 1 号染色体 G 分带模式图

四、染色体研究在动物遗传育种中的应用

随着染色体分析技术的不断发展，畜禽的染色体研究被广泛地应用到遗传育种工作中。对畜禽的染色体研究，不但对于了解畜禽的染色体进化及其在畜种形成中的作用有着一定的理论意义，而且对于选种、基因定位、新品种培育等都有重要的实际价值。

（一）染色体技术与动物起源进化的研究

在自然与人工条件下，由于选择作用，逐渐地形成了现在世界上多种多样的生物物种。这些物种（包括灵长类和其他的哺乳类动物）都具有彼此各异的染色体核型。换言之，就是在染色体进化和物种演化之间可能存在着密切相关的平行关系。目前已有许多关于动物染色体进化问题的报道。其总的规律或趋势符合以下两种假说：第一，近端着丝粒染色体数目愈多，其二倍体染色体总数愈多；反之，如中央着丝粒染色体数目相应增加，其二倍体染色体总数和近端着丝粒染色体数目则相应减少。第二，具有较多中央着丝粒染色体核型的物种比具有较多近端着丝粒染色体核型的物种更为高级或特化。家畜是由野生动物驯化而来的，对家畜及近缘种进行细胞遗传学研究，可了解家畜的起源和进化的途径。例如，采用染色体分带技术，牛、山羊和绵羊的染色体 G 分带带型有明显的同源性，说明这三个种的血缘关系较近，是由一个共同祖先进化而来的。

（二）染色体研究与动物分类

分类学是生物学的基础，分类学的核心问题就是进化问题，因此，研究动物分类学必须以不断发展和充实的遗传进化理论为基础。染色体具有种的特异性，染色体进化和机体进化之间有着一定的平行关系。凡是同一种的个体都具有相同的染色体数目和结构，而不同种的个体则是不同的，这是物种分化和遗传隔离的结果，因此，按照染色体组型来进行分类和物种鉴别是有充分科学依据的，而且解决了很多疑难的问题。如鱼类中，亚速海和黑海的两个鲱鱼种群根据它们的染色体数目和形态特征的分析，确证这两个种群并非不同种，而是同一种的两个亚种，从而解决了多年来一直悬而未决的这一分类问题。灵长类中，黑长臂猿和白颊猿过去曾被分为两个不同的种，后来才认为是属于同一种的两个亚种，这也是比较合适的，因为这两种长臂猿的染色体核型是一致的。上述的情况，一方面说明单纯根据表型特征来进行分类不一定都符合种的概念，甚至有时会出错；另一方面也说明将染色体指标用于分类研究中是非常必要的。通过借助染色体核型及其细微结构特点进行分类研究，对于分析近缘种和探索系统发育的关系具有重要的意义。它不仅能阐明种的客观本质，而且也将进一步阐明生物进化的机制和途径。

（三）选种家畜的细胞遗传学检查

染色体畸变可影响到家畜的生产性能，尤其是繁殖性能，因此在选种时，对留种的家畜除进行系谱检查、外貌评定、生产力评定等项目外，还应进行细胞遗传学检查，对那些携带有染色体畸变的个体，不管生产性能如何，一律淘汰，不作种用，这样就可减少畜群中由于染色体的畸变引起的遗传性疾病。此外，在动物的遗传检测上，染色体检查也是方法之一，因为动物种内存在区别品种、品系的标记染色体，这些标记染色体可以用来鉴别品种、品系的纯度。

（四）不育家畜的细胞遗传学检查

家畜遗传性的不孕、不育和胚胎早期死亡都与染色体异常有关，公猪染色体相互易位可使其产仔数降低 25%～50%，个别类型的相互易位可导致公猪完全不育，染色体易位公牛的女儿平均受胎率降低 6%～13%；马、牛、羊、猪等家畜的性染色体异常，性染色体嵌合都可导致两性畸形，从而使其失去生育能力。这些遗传性的不育都可通过细胞遗传学检查而诊断出来，进而淘汰那些携带有染色体畸变的种畜，以提高种群的繁育能力，为畜牧业生产带来直接的经济效益。

（五）染色体研究与基因定位

近年来，分子生物学技术的快速发展，使得基因定位工作成为可能，寻找畜禽具有经济性状的功能基因也已成为动物遗传育种学家的主要工作目的。通过超显微切割染色体技术和染色体荧光原位杂交（FISH）等技术，提供染色体区带特异性的探针，结合 DNA 大片段技术和构建 cDNA 克隆库技术的应用，可方便地找出任一染色体区带中基因编码序列，分析这些序列与这些区带有关的表型，以此确定功能基因，并可进一步作出基因的物理图谱。

第三节　细胞分裂

在所有生物全部的生命活动中，繁殖后代并且保证该物种的遗传稳定性，是生命得以延续的一个重要特征。亲代将遗传物质传给子代，子代通过自身的生长发育，使其性状得以表达，从而产生与亲本相似的复制品。在这一系列过程中，细胞的分裂是一切生命活动的前提条件。

一、细胞周期

细胞周期是指从一次细胞分裂结束开始到下一次细胞分裂结束为止的一段历程，它包括细胞物质积累和细胞分裂两个不断循环的过程。细胞分裂是一个十分复杂、精确的生命过程，它包括有丝分裂和无丝分裂两种方式。

一个细胞周期包括细胞分裂期（M 期）和位于两次分裂期之间的细胞分裂间期。根据间期 DNA 的合成特点，又可将细胞分裂间期人为地划分为先后连续的 3 个时期：G_1 期、S 期和 G_2 期。G_1 期是从上一次细胞分裂结束之后到 DNA 合成前的间隙期，主要进行 RNA 和蛋白质的合成，行使细胞的正常功能，并为进入 S 期进行物质和能量的准备。S 期为 DNA 合成期，进行 DNA 的复制，使细胞核中的 DNA 含量增加 1 倍。G_2 期是从 DNA 合成后到细胞开始分裂前的间隙期，有少量 DNA 和蛋白质合成，为细胞进入分裂期准备物质条件。通常将含有 G_1、S、G_2 和 M 期 4 个不同时期的细胞周期称为标准的细胞周期（图 1 - 19）。细胞周期时间长短因细胞种类而异：同种细胞之间，细胞周期时间长短

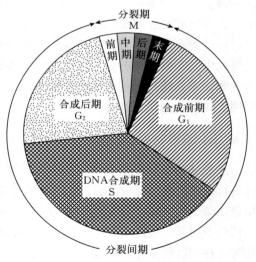

图 1 - 19　细胞周期示意图

相同或相似；不同种类细胞之间，细胞周期时间长短各不相同。一般而言，细胞周期时间长短主要差别在 G_1 期，其次为 G_2 期，S 期和 M 期相对较为恒定。

二、无丝分裂

无丝分裂（amitosis）也称直接分裂，它不像有丝分裂那样经过染色体的有规律、精确

的分裂过程，而只是细胞的体积增大，细胞核拉长缢裂成两部分，接着细胞质从中部收缩分裂成两个相似的子细胞。在整个分裂过程中看不到纺锤丝，所以称为无丝分裂。无丝分裂是低等生物（如细菌等）的主要分裂方式。过去认为在高等生物中比较少见，只有高等生物的某些专化组织、病变和衰退组织或高等植物某些生长迅速的部分才出现无丝分裂。但近年来的研究表明，高等生物的许多正常组织也经常发生无丝分裂，例如在植物的薄壁组织细胞、木质部细胞和胚乳细胞，动物胚的胎膜、填充组织和肌肉组织等中也观察到无丝分裂的发生。

三、有丝分裂

细胞的有丝分裂是体细胞的一种分裂方式，是一个连续的过程，包括有丝分裂间期和有丝分裂期。根据分裂过程中细胞的形态人为地将有丝分裂期划分为前期、中期、后期和末期（图1-20）。

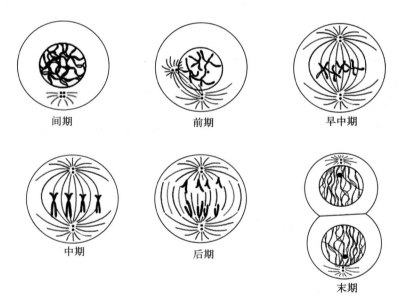

图 1-20　动物细胞有丝分裂模式图

（一）有丝分裂间期

在细胞分裂间期，通过光学显微镜，仅能观察到均匀的细胞核，看不到染色体，此时从细胞表面看来似乎是静止的，实质上，间期的细胞处于一种高度活跃的生理生化代谢状态，在为细胞的分裂准备各种条件。在间期，细胞内的 DNA 要复制加倍，与 DNA 相结合的组蛋白也要加倍合成。高能化合物在细胞内大量积累，为细胞分裂储备足够易于利用的能量。同时，细胞在间期要进行生长，使核体积和胞质的比例达到最适的平衡状态。此外，动物细胞的间期还要进行中心粒的复制。

（二）有丝分裂期

1. 前期　间期的染色质经过不断凝缩、螺旋化、折叠，逐渐成为能够观察到的染色体，标志着细胞分裂开始。在前期中，染色体纤维进一步缩短、变粗，可以看到两条染色单体在主缢痕处连接。两对中心粒和主缢痕处的着丝粒各作为微管组织中心，分别伸出纺锤丝并逐渐形成纺锤体。在前期末，核仁消失，核膜崩解，染色体遍布整个细胞，成为它们向两极移动分离成染色单体的最好时机。

2. 中期 核膜破裂，细胞进入早中期，该期的特征是染色体剧烈活动。两极中心粒伸出的纺锤丝分别与染色体两侧的着丝粒结合形成染色体牵丝，两侧相反方向的牵引力量达到平衡，使染色体排列在中期的赤道板上，从而完成染色体在赤道板的集合和着丝粒的定向。早中期在哺乳类细胞中通常持续 10～20 min。着丝粒完成定向后，其相应的染色体大致均匀地分布在赤道板上。然而，染色体在赤道板上的分布并不是完全随机的，可能具有某种程度的特定排列。

中期染色体高度螺旋化，比其他任何时期都要短而粗，适于细胞遗传学研究，是核型分析的最佳时期。此时，两条染色体不再相互缠绕，而处于平行排列状态。染色体的两条染色单体只在未分裂的着丝粒处相互连接。中期的结束是以着丝粒的断裂和所有姊妹染色单体在着丝粒处分开为标志。

3. 后期 姊妹染色单体在着丝粒处分开后被纺锤丝分别拉向两极，同时纵裂的染色单体也跟着分开，分别向两极移动，细胞每一极都获得与原来细胞同样数目和质量的染色体。当子染色体到达两极时，此期结束。

4. 末期 到达两极的两组染色体重新由核膜包围，并形成两个子核，同时染色体开始解螺旋，而丧失致密度和着色能力，染色质分散在核中。在特定染色体上的核仁组织者区部位出现新的核仁。虽然核分裂和胞质分裂是相继发生的，但是属于两个分裂过程。动物细胞的胞质分裂是在细胞质的周围边缘有一个由微丝组成的收缩环，它的紧缩使细胞产生缢缩，最后在缢缩处凹陷使细胞一分为二。末期结束了有丝分裂周期，然后进入了新细胞周期的间期阶段。

（三）有丝分裂的意义

有丝分裂也称体细胞分裂，通过有丝分裂可以促使多细胞生物生长。在细胞分裂过程中，核内染色体经过复制后一分为二，均匀地分给子细胞，使子细胞获得与母细胞同样数量和质量的染色体。这种均等式分裂，可以使每个细胞都能得到与母细胞或当初受精卵同样的一套完整的遗传信息，这样既能维持个体的正常生长发育，也保证了物种的连续性和稳定性，因此具有重要的遗传学意义。

四、减数分裂

减数分裂发生于有性细胞形成过程中，其主要特点是细胞仅进行一次 DNA 复制，却连续分裂两次，使得产生配子中的染色体数目减半。减数分裂包括减数分裂间期、第一次减数分裂（减数分裂Ⅰ）和第二次减数分裂（减数分裂Ⅱ）。第一次减数分裂可分为前期Ⅰ、中期Ⅰ、后期Ⅰ、末期Ⅰ。第二次减数分裂可分为前期Ⅱ、中期Ⅱ、后期Ⅱ、末期Ⅱ。在减数分裂的两次分裂之间有一个间歇，也有些生物没有此间期，但均无 DNA 合成。两次分裂中以前期Ⅰ最为复杂，经历时间最长，在遗传上意义也最大，可人为划分为细线期、偶线期、粗线期、双线期和终变期。整个减数分裂过程见图 1-21。

（一）减数分裂间期

减数分裂间期与有丝分裂间期很相似，也分为 G_1 期、S 和 G_2 期。不同的是减数分裂间期的 S 期比有丝分裂的 S 期要长。此种延长并非由于复制活动减慢，而是由于每单位长度 DNA 复制单元的启动减少所致。

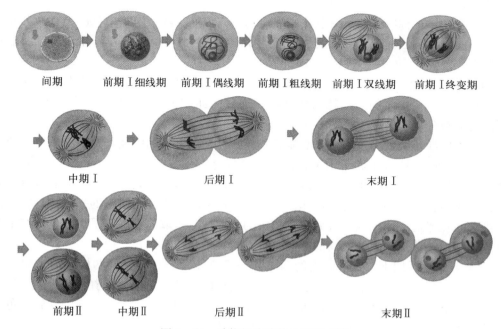

间期　　　前期Ⅰ细线期　　前期Ⅰ偶线期　　前期Ⅰ粗线期　　前期Ⅰ双线期　　前期Ⅰ终变期

中期Ⅰ　　　　　　　后期Ⅰ　　　　　　　　末期Ⅰ

前期Ⅱ　　中期Ⅱ　　　　后期Ⅱ　　　　　　末期Ⅱ

图 1 - 21　动物细胞减数分裂模式图

（二）减数分裂Ⅰ

1. 前期Ⅰ　　前期Ⅰ的一个重要特征是细胞核明显增大，动物减数分裂的前期核体积要比有丝分裂前期核大 3 倍多。在这一时期，染色体还表现出一些特殊行为，如染色体配对、单体交换、相斥和端化作用。

（1）细线期：是减数分裂过程开始的时期。在这一时期中，细胞核的体积增大，核仁也较大，染色体开始凝缩与螺旋化，呈现出类似于有丝分裂早前期的线性结构。此期线状染色体往往缠绕在一起，并偏于核的一侧，因此又称凝线期。在有的生物细线期细胞中，所有染色体的一端都集中在中心体所在位置的核膜上，形成花束状，所以这一时期又称花束期。花束的形成可能有助于偶线期同源染色体的联会。

（2）偶线期：是同源染色体的配对时期，各同源染色体两两配对，这一现象称为联会。这种配对从沿着染色体的任一点甚至若干接触点开始，并扩展到所有的同源区段，使同源染色体并排排列处于配对的平衡状态。然而，有的同源染色体的配对往往是不完全的，如 XY 染色体既有同源区段也有非同源区段。但在通常情况下，同源染色体之间的配对是精确而专一的。联会所形成的特殊结构沿同源染色体纵轴分布，称为联会复合体。联会是染色单体之间遗传物质交换和减数分裂后期Ⅰ同源染色体有规律分离的必要条件。

（3）粗线期：同源染色体配对完毕，每一组含有两条同源染色体，这种配对的染色体称二价体。每个二价体有两个着丝粒。染色体缩短变粗，到了粗线期的末期，二价体除更加短粗外，已可看到每一条染色体的双重性。这时着丝粒仍旧未分开，每一条染色体含有两条染色单体（姊妹染色单体）。因此，二价体就含有四条染色体。每一个二价体中 4 条染色单体相互绞扭在一起，合称为四分体。

（4）双线期：二价体中的两条同源染色体开始分开，但是姊妹染色单体依然由它们共同的着丝粒连在一起并不形成两个独立的单价体。此外，同源染色体仍在一个或一个以上的区带上保持联系，即交叉。交叉的地方是染色体发生了交换的结果，而且交换只发生在两条染色单体之间。一般只有 2～3 个交叉。在双线期中，交叉数目逐渐减少，在着丝粒的两侧的交叉向两端移动，这个现象称为交叉端化。

（5）终变期：又称浓缩期。染色体收缩达到最高程度。两条同源染色体仍有一个或两个交叉联系。此时，核仁和核膜开始消失，双价体向赤道板移动，纺锤丝开始形成，细胞分裂进入中期 I。

2. 中期 I 在第一次减数分裂中，核膜的消失、中心体的分离和纺锤体的形成，标志着前期 I 的结束。二价体的着丝粒与纺锤丝相连并向赤道板移动，纺锤丝将着丝粒拉向两极，标志着减数分裂 I 已进入中期。

有丝分裂中期与减数分裂中期 I 有显著差异。在有丝分裂的中期，姊妹染色单体的着丝粒连在一起，并准确地位于赤道板上，同源染色体之间不发生配对。而在减数分裂中期 I 中，同源染色体的着丝粒并不位于赤道板上，而是位于赤道板两侧，由于配对而形成的末端交叉点位于赤道板上。当所有的二价体都到达这一位置时，则处于暂时的平衡状态。二价体的每条染色体在赤道板两侧的向极分布是随机的，这种随机取向也决定了该染色体在子细胞中的分配，从而造成了染色体之间的不同组合方式（染色体重组）。

3. 后期 I 在后期 I，二价体中的两条同源染色体分开，分别向两极移动。减数分裂后期 I 与有丝分裂的差异在于有丝分裂后期中，相连的姊妹染色单体的着丝粒分裂，每一染色单体作为独立的子染色体分别向两极移动，而在减数分裂后期 I 中，相连的姊妹染色单体的着丝粒并不分裂，两条染色单体作为一个单位向两极移动。

4. 末期 I 同源染色体平均分配到达两极时，末期 I 开始。此时染色体的行为有两种类型：一是染色体解螺旋而进入间期状态并形成核膜；另外一种是在纺锤体消失后，染色体并不解螺旋，而是由两极直接进入各自第二次分裂的赤道板。在末期 I 后，随之而来的是一短暂的停顿时期，此时染色体不合成新的 DNA，染色体不存在再复制。

经过减数分裂 I 后，同源染色体平均地分配到子核中，从细胞的二倍体（$2n$）减少到子细胞中的单倍体（n），但由于每条染色体含有两条姊妹染色单体，其 DNA 含量与 G_1 期相同。

（三）减数分裂 II

在减数分裂 I 与减数分裂 II 的两次分裂之间的一个间歇（称为间期），时间很短暂，在许多动物之中，甚至没有明显停顿和间歇存在。该间歇期内不进行 DNA 复制，间期前后细胞中 DNA 的含量也没有变化，染色体螺旋化程度仍较高。

减数分裂 II 与有丝分裂过程基本相同，也可分为前、中、后、末 4 期。在末期 I 和分裂间期，染色体已经解螺旋，进入前期 II，染色质重新凝缩和螺旋化，每条染色体的两条染色单体在着丝粒处相连。在中期 II，染色体的着丝粒排列在赤道板上，每条染色体上的着丝粒分别和不同极的纺锤丝相连，每一着丝粒一分为二，每一条染色单体成为独立的子染色体，并在纺锤丝牵引下移向两极，其结果每极含有 DNA 含量相当于减数分裂前间期 G_1 期细胞的 1/2DNA 含量和 G_2 期细胞的 1/4DNA 含量。在末期 II，重新组成核仁、核膜，染色体脱螺旋。经过减数分裂，一个母细胞变成 4 个子细胞，染色体数目从母细胞的 $2n$ 变成子细胞的 n，从而完成减数分裂周期。

由减数分裂所形成的 4 个细胞核，不同性别其结果也不同。雄性动物经过减数分裂所形成的 4 个精细胞，分化成有功能的雄性配子——精子。而在雌性动物中，由于胞质的不均匀分裂，只形成一个卵细胞；其他子核形成胞质极少的无功能的极体。如哺乳动物的精原细胞为 XY，卵原细胞为 XX，经过减数分裂后所形成的 4 个精子中性染色体分别为 X、X、Y、Y，一个卵子的性染色体为 X；而鸟类的精原细胞为 ZZ，卵原细胞为 ZW，经过减数分裂后所形成的 4 个精子中性染色体均为 Z，一个卵子的性染色体为 Z 或 W。

（四）减数分裂的意义

减数分裂对动物的遗传和变异起着十分重要的作用。

1. 维持物种染色体数目的恒定 性母细胞（$2n$）经减数分裂产生 4 个子细胞，以后分化成雌雄配子，各具有单倍染色体数（n）。当雌雄配子经受精作用结合成合子时，染色体数目又恢复成二倍体（$2n$），从而保证了上代与下代之间遗传物质含量的恒定，为物种的延续提供了可靠的保证。

2. 为生物的变异提供了物质基础 在后期 I，各对同源染色体的两个成员彼此分离，并向两极移动，但同源染色体分向完全是随机的，这就有可能产生多种染色体组合的子细胞，如兔体细胞为 44 条染色体，配子中含有的 22 条染色体每条都是一对同源染色体中的一条。即该配子的染色体构成只是 2^{22} 组合方式中的一种。因此，这种染色体重组本身就为生物的变异提供了丰富的材料。而且，同源染色体之间的交叉互换，为染色体上的基因互换提供了可能性，增加了子细胞在遗传组成上的多样性。因而，减数分裂为生物的变异提供了物质基础，为自然选择和人工选择提供了丰富的材料，有利于生物的进化和新品种的选育。

第四节 动物配子发生与染色体周史

高等动物都是雌雄异体。雌体的性腺称为卵巢，雄体的性腺称为精巢或睾丸。动物的性腺中有许多性原细胞，雄体的睾丸里有精原细胞，雌体的卵巢中有卵原细胞。这些性原细胞都是通过有丝分裂产生的，所含的染色体与体细胞中的相同。当动物发育到性成熟时，雌性的卵巢中产生卵细胞，雄性的精巢中产生精子。

一、精子的形成

在动物睾丸曲精细管的生精上皮中有许多精原细胞（$2n$），它们通过多次有丝分裂、生长和分化为初级精母细胞（$2n$）。初级精母细胞经过减数第一次分裂产生两个染色体数目减半的次级精母细胞（n）。次级精母细胞再经过减数第二次分裂产生 4 个精细胞（n）。精细胞经过变形，形成 4 个精子（图 1 - 22）。精子细胞核中负载着父方的全部遗传信息。雄性动物在性成熟以后，精原细胞能不断分裂，周期性地形成大量精子。

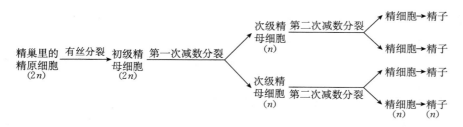

图 1 - 22 动物精子形成过程

二、卵子的形成

卵子的形成过程与精子相似，但有差别。在雌性的卵巢中产生卵原细胞（$2n$），它们经过若干次有丝分裂后成为初级卵母细胞（2n）。初级卵母细胞经过第一次减数分裂后形成大小悬殊的两个细胞，大的称为次级卵母细胞（n），小的称为第一极体（n）。次级卵母细胞再经过第二次减数分裂，又产生大小悬殊的两个细胞，大的就是卵细胞（n），小的则为第二极体（n）。第一极体和第二极体不能继续发育，退化消失。有时第一极体也可再分裂一次，这样一共产生 3 个极体。但只有卵细胞才有受精能力，其细胞核中负载着能够传递给后代的母方的全部遗传信息。

三、染色体在动物生活史中的周期性变化

受精时，一般是一个精子进入卵子，使卵子成为受精卵。精核与卵核融合，形成具有双倍染色体数的受精卵（2n）。从受精卵经过有丝分裂、分化和发育成新的个体；新个体生长发育到性成熟，产生性细胞（n）；然后通过雌雄个体交配，两性细胞结合形成受精卵（2n），这样就形成了动物的一个生活周期。动物生活史中染色体呈现的规律性变化综合如图 1-23 所示。图中的 n 代表单倍体，2n 代表二倍体。所谓单倍体指的是一种生物的染色体的基数，即性细胞的染色体数目；很容易理解，性细胞中只有单套（一套）染色体，也就是说只有一个染色体组。譬如，猪的性细胞的染色体数为 19，那么猪的单倍体就是 n＝19。二倍体指的是体细胞。大家知道，体细胞的染色体数目是双数的，即有两套染色体（两个染色体组），其中一套来自父方，一套来自母方。猪的二倍体就是 2n＝2×19＝38。这个周期，从细胞分裂来看，是有丝分裂与减数分裂交替的周期；从染色体数看，是二倍体与单倍体交替的周期。这种周期性的变化使动物的染色体数

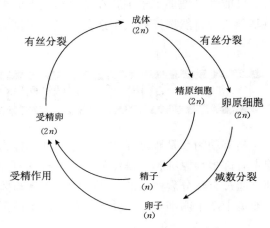

图 1-23　动物染色体周期性变化图

目在世代延续中保持恒定，正因为染色体数目的规律性变化与相对恒定性，从而保证了遗传性的相对稳定。

思考题 ◇

(1) 名词解释：
染色质　常染色质　异染色质　染色体　细胞周期　联会
(2) 动物细胞的结构有哪些？各自具有什么功能？
(3) 列举出牛、羊、猪、鸡、鸭、鹅等常见畜禽的染色体数目，并阐明各自染色体的特征。
(4) 染色体通常依据什么进行分类？可分为几种类型？
(5) 何为染色体核型？何为染色体带型？染色体带型通常包括哪些？
(6) 简述有丝分裂和减数分裂的异同点。有何遗传学意义？

第二章 遗传的分子基础

DNA 双螺旋结构的发现是生命科学领域中一个重要里程碑，它使得遗传学和许多生命科学的研究从此进入了分子水平。DNA 是生物体储存遗传信息的主要大分子物质，一方面它可以通过复制的方式将储存的遗传信息传递给子代，另一方面它可以通过转录翻译过程将储存的遗传信息表达成蛋白质，由蛋白质发挥生物学功能。遗传的中心法则涵盖了生命所必需的遗传信息模板的维持和转译过程。

第一节　遗传信息的载体

一、遗传物质的基本功能

1865 年孟德尔认为"颗粒性遗传因子"（现称为"基因"）传递遗传信息。在 20 世纪初，科学家对这种遗传信息的传递模式进行了广泛的研究，虽然那时他们经典的遗传学研究工作还没有涉及基因的分子水平，但这些研究证明了遗传物质必须具备以下基本功能。

1. 信息储存功能　遗传物质必须能储存遗传信息，并且稳定地、一代一代地将有机体细胞结构、功能、繁殖和发育等各种信息从亲代传给子代。

2. 复制功能　遗传物质必须能够精确地自我复制，使子代细胞具有和亲代相同的遗传信息，保持物种世代连续性。

3. 基因表达功能　遗传物质必须能够调控机体表型的发育，即遗传物质必须调控机体从单细胞合子到成熟个体的生长过程。

4. 突变功能　遗传物质必须能够变异，产生多样性以适应环境的改变，从而形成进化。

二、遗传信息存储于 DNA 中的证据

在孟德尔发现遗传现象之后，不断积累的间接证据表明，遗传信息储存于 DNA 中。例如，在同一生物的各种细胞中，DNA 比 RNA 和蛋白质稳定，其在量上是恒定的，在质上也是恒定的；在细胞内绝大多数 DNA 定位于染色体上，每个细胞 DNA 的量和染色体的套数之间具有精确的关系，配子中的 DNA 含量是体细胞的一半，而蛋白质和 RNA 则不符合这一条件；生物体中所有 DNA 的分子组成是相同的（极少有特例），而不同的细胞类型之间 RNA 和蛋白质的组成具有高度多样性；各类生物中能改变 DNA 结构的化学物质和物理因素都可引起突变，如紫外线诱变等。虽然这些关系强烈暗示 DNA 是遗传物质，但那时没有直接证据证明它。直到 1944 年，艾弗里（O. Avery）和他的同事通过精妙设计的细菌转化实验首次证明了引起肺炎链球菌转化的成分是 DNA，为证明遗传物质是 DNA 而不是

RNA 或蛋白质提供了直接证据。

（一）肺炎链球菌转化实验

根据细胞壁表面是否有多糖荚膜可将肺炎链球菌（*Streptococcus pneumoniae*）分为两种类型：一种是光滑型（S 型），在血液琼脂糖培养基上培养形成大的光滑的菌落，其细胞壁表面有多糖类的胶状荚膜包裹，有致病性，能引起人的肺炎和鼠的败血症；另一种是粗糙型（R 型），在血液琼脂糖培养基上培养形成小的表面粗糙的菌落，它是由致病性的 S 型肺炎链球菌以 10^{-7} 频率突变成没有多糖荚膜的肺炎链球菌，没有致病性，感染不会引起病症和死亡。

1928 年，英国生物学家格里菲斯（F. Griffith）意外地发现了肺炎链球菌转化现象。当他将加热杀死的ⅢS 型肺炎链球菌（存活时有致病能力）单独注射到小鼠中，小鼠不发病死亡；而当他将加热杀死的ⅢS 型肺炎链球菌和活的ⅡR 型肺炎链球菌（存活时无致病能力）混合后注射到小鼠中，发现大量的小鼠患病死亡，并在其体内检出有活的ⅢS 型肺炎链球菌（图 2-1）。实验中活的ⅢS 型肺炎链球菌是如何产生的呢？Griffith 认为是加热死亡的ⅢS 型细菌中的一些成分将ⅡR 细菌转化成ⅢS 型，这一现象现在称为转化（transformation）。Griffith 虽然发现了转化现象，但是他当时并不知道加热杀死的ⅢS 型细菌中与转化有关的物质是 DNA，而是认为转化的因素应该是蛋白质。

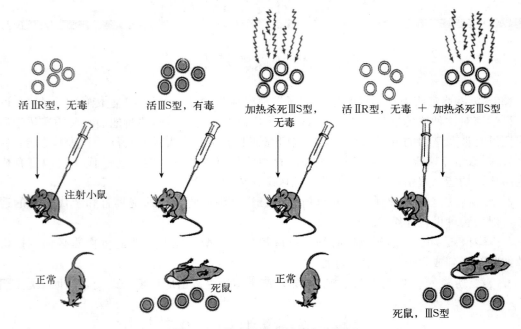

图 2-1 肺炎链球菌转化实验图解

（图片来源：http://biobar.hbhcgz.cn/Article/UploadFiles/200707/20070706192352724.jpg）

直到 1944 年，Avery 和他的同事在经过 10 多年的研究后，才发表引起肺炎链球菌的转化成分是 DNA，而不是蛋白质或 RNA 等其他物质。Avery 和同事们将加热杀死的ⅢS 型肺炎链球菌滤过液中各种物质纯化，分别提取 DNA、RNA、蛋白质等物质，并将上述物质单独放入ⅡR 肺炎链球菌中培养，结果证明只有在 DNA 存在的条件下，一些ⅡR 型细菌转化成ⅢS 型（图 2-2）。虽然转化的分子机制多年之后仍然未知，但 Avery 和同事们的实验结果首次清楚地证明了肺炎链球菌的遗传信息存在于 DNA 中。遗传学家现在已经知道肺炎链球菌中合成Ⅲ型荚膜的遗传信息存在于染色体的 DNA 片段中，在转化的过程中这些 DNA 片段插入到ⅡR 型受体菌中，从而使ⅡR 型细菌转变成ⅢS 型。

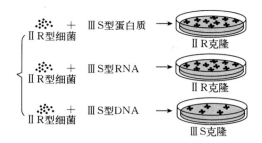

图 2-2　Avery 关于 DNA 是转化成分的实验图解

（图片来源：http：//biobar. hbhcgz. cn/Article/ShowArticle. asp? ArticleID＝500）

（二）噬菌体侵染实验

虽然 Avery 和他的同事用肺炎链球菌转化实验首次证明了 DNA 是遗传物质，但人们当时并没有真正接受这一理论。其他关于 DNA 是遗传物质的证据是在 1952 年由赫希（A. Hershey）和蔡斯（M. Chase）得到的，他们的噬菌体侵染实验结果再次证明了遗传物质是 DNA 而非蛋白质，对人们普遍接受 DNA 是遗传物质起主要作用。

噬菌体（phage）是一类寄生在细菌体内的病毒，主要由蛋白质和核酸组成，结构简单，外形呈蝌蚪状，分为头部和尾部，头部呈正 20 面体，外壳由蛋白质构成，头部包裹 DNA，因部分能引起宿主菌的裂解，故称为噬菌体（图 2-3）。当噬菌体 T2 感染大肠杆菌时，它的尾部吸附在菌体上，尾鞘收缩，并将头部的 DNA 通过中空的尾部注入细菌内部，在菌体内复制自己形成大量噬菌体，然后菌体裂解，释放出大量同原来感染细菌一样的噬菌体 T2。

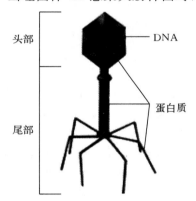

图 2-3　噬菌体的结构模式图

（图片来源：http：//res. tongyi. com/resources/article/student/others/0122/g2/1. htm)

1952 年 Hershey 和 Chase 的噬菌体侵染实验的基础是 DNA 含磷不含硫，蛋白质含硫不含磷。他们实验的第一步是先把宿主细菌分别培养在含有放射性同位素 ^{35}S 和 ^{32}P 的培养基中，宿主细菌在生长过程中，分别被 ^{35}S 和 ^{32}P 所标记。然后用 T2 噬菌体分别去侵染被 ^{35}S 和 ^{32}P 标记的细菌并收集子代噬菌体，这些子代噬菌体被 ^{35}S 所标记或被 ^{32}P 所标记。实验的第二步是用被 ^{35}S 和 ^{32}P 标记了的噬菌体分别去感染未标记的细菌，感染后培养 10 min，用搅拌器剧烈搅拌使吸附在细胞表面上的噬菌体脱落下来，再离心分离，细胞在下面的沉淀中，而游离的噬菌体悬浮在上清液中。实验的第三步是检测宿主细胞的同位素标记，当用 ^{35}S 标记的噬菌体侵染细菌时，测定结果显示，^{35}S 在上清液中的含量为 80％，沉淀中含量为 20％，表明宿主细胞内很少有同位素标记，大多数 ^{35}S 标记的噬菌体蛋白质附着在宿主细胞的外面，沉淀中的 20％可能是由于少量的噬菌体经搅拌后仍然吸附在细胞上所致；当用 ^{32}P 标记的噬菌体感染细菌时，测定结果显示，^{32}P 在上清液中的含量为 30％，沉淀中含量为 70％，表明在宿主细胞外面的噬菌体蛋白质外壳中很少有放射性同位素 ^{32}P，而大多数放射性同位素 ^{32}P 标记在宿主细胞内，上清液中 30％的 ^{32}P 可能是由于还有少部分的噬菌体尚未将 DNA 注入宿主细胞内就被搅拌下来了（图 2-4）。这一实验表明噬菌体在感染细菌时，主要是 DNA 进入细菌细胞中，而将蛋白质外壳保留在细菌体外，实验进一步证实了遗传物质是 DNA，而不是蛋白质，为最终确立 DNA 是主要的遗传物质奠定了基础。

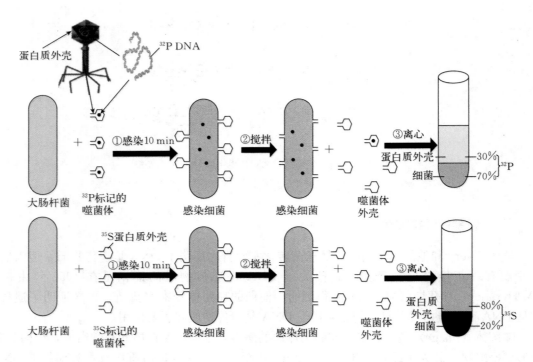

图 2 - 4 Hershey 和 Chase 噬菌体侵染细菌实验图解

（参照图片：http://biobar.hbhcgz.cn/Article/UploadFiles/200707/20070706192356348.jpg）

三、遗传信息存储于 RNA 中的证据

生物界大部分生物的遗传物质是 DNA，但随着越来越多的病毒被发现和深入研究，人们发现大量的病毒只含有 RNA 和蛋白质，而不含 DNA。那么它们的遗传物质是什么呢？

1956 年，格勒（A. Gierer）和施拉姆（G. Schramm）用提纯的烟草花叶病毒 RNA 感染烟草植株，结果产生了烟草花叶病的典型病斑；而用提纯的烟草花叶病毒蛋白质感染烟草植株，结果观察不到病斑的出现；当他们用核糖核酸酶降解 RNA 后，再去感染烟草植株时就看不到病斑出现（图 2 - 5）。这一实验结果表明烟草花叶病毒的遗传性状是由 RNA 决定的。

1957 年，H. Fraenkel - Conrat 和他的同事通过烟草花叶病毒的重建进一步证实了 Gierer 等的上述实验结论。进一步证实了在只有 RNA 而没有 DNA 的病毒中，遗传信息是由 RNA 传递的，即遗传物质是 RNA 而不是蛋白质。

四、核酸的分子结构

（一）核酸的分类及基本结构单位

1. 分类 1868 年，瑞士化学家米歇尔（F. Miescher）从病人的脓细胞核中首次分离出了一种含磷酸的有机物，当时被称为核素（nuclein），后被称为核酸（nucleic acid）。核酸主要分为脱氧核糖核酸（deoxyribonucleic acid，DNA）与核糖核酸（ribonucleic acid，RNA）两种。其中 DNA 主要存在于细胞核中，是大多数生物遗传信息的储存和携带者，决定细胞和个体的基因型；RNA 主要存在于细胞质内，少量存在于细胞核中，主要参与细胞内遗传信息的表达。

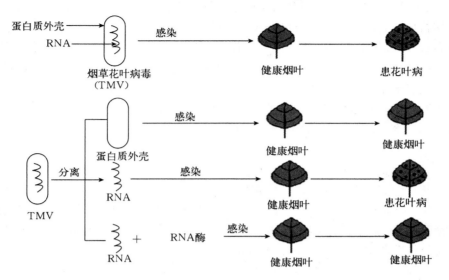

图 2-5 Gierer 和 Schramm 的烟草花叶病毒感染实验图解

（证明 RNA 是遗传物质的实验）

（图片来源：http://gaokao.xdf.cn/201208/9010578.html）

2. 基本结构单位 核酸的基本结构单元是核苷酸（nucleotide），每个核苷酸由 1 分子磷酸基团、1 分子五碳糖（戊糖）和一分子环状含氮复合物（称为碱基）组成。DNA 分子中的戊糖是 β-D-2-脱氧核糖，而 RNA 分子的戊糖第 2 位碳上含有羟基，称为 β-D-2-核糖。核酸分子中的碱基分为两类：嘌呤和嘧啶。双环状碱基称为嘌呤，嘌呤有腺嘌呤（adenine，A）和鸟嘌呤（guanine，G）；单环状碱基称为嘧啶，嘧啶有胞嘧啶（cyanine，C）、胸腺嘧啶（thymine，T）和尿嘧啶（uracil，U）（图 2-6）。通常 DNA 分子含 A、G、C、T 四种碱基；RNA 分子除 T 代替 U 外，其他与 DNA 相同。

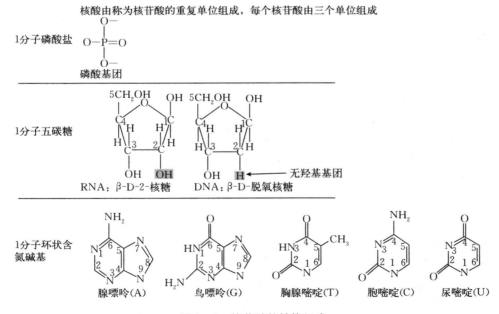

图 2-6 核苷酸的结构组成

（仿赵寿元等，2011）

在 DNA 和 RNA 分子中，碱基与戊糖通过糖苷键链接形成核苷，核苷与磷酸通过磷酸酯键相连接构成核苷酸，一个核苷酸分子戊糖的 $3'$-羟基与另一个核苷酸分子戊糖的 $5'$-磷酸可脱水缩合成 $3'$，$5'$-磷酸二酯键。多个核苷酸通过磷酸二酯键按线性顺序连接形成的化合物称为多聚核苷酸（polynucleotide），多聚核苷酸长链有两个末端，一个末端的戊糖 $5'$碳原子上有一游离磷酸基团，另一末端的戊糖 $3'$碳原子上有一游离羟基，习惯上我们把多核苷酸长链上含有游离磷酸基团的一端写在左边，称为 $5'$末端或上游，把含有游离羟基的一端写在右边，称为 $3'$末端或下游（图 2-7a、b）。

（二）DNA

1. DNA 的一级结构　　DNA 从结构上来说是由 4 种脱氧核苷酸（dAMP、dCMP、dGMP、dTMP）通过 $3'$，$5'$-磷酸二酯键连接而成的多聚物。DNA 的一级结构就是指 DNA 分子中 4 种脱氧核苷酸之间的连接方式（$3'$，$5'$-磷酸二酯键）和排列顺序，简称 DNA 序列。

由于 4 种脱氧核苷酸的核糖和磷酸组成相同，核苷酸之间的差异仅仅是碱基的不同，所以通常用碱基序列代表 DNA 分子的核苷酸序列，故又称为碱基序列。不同的 DNA 分子具有不同的核苷酸排列顺序，携带着不同的遗传信息。一级结构的表示方法有结构式、线条式和字母式（图 2-7），一级结构链的方向是 $5'$末端到 $3'$末端。

DNA 一级结构具有重要的意义，其特异的碱基序列不仅承载着遗传信息所要表达的内容，而且还可决定 DNA 的二级结构和空间结构，同时一级结构中得到的许多信息也需要用二级结构和空间结构来进行解释。

2. DNA 的二级结构（DNA 双螺旋结构，Watson-Crick 模型）　　DNA 的二级结构主要是指两条反向平行的多聚核苷酸链相互盘绕所形成的双螺旋结构。双螺旋结构是 DNA 二级结构的最基本形式，1953 年由 T. J. Watson 和 F. Crick 揭示了 DNA 的正确结构。

Watson 和 Crick 根据 Chargaff 碱基互补配对的规律和 Wilkins 等人 DNA 结晶的 X 射线的衍射资料提出了 DNA 右手双螺旋结构模型（图 2-8）。该模型的主要特点是：①一个 DNA 分子由两条反向平行的多核苷酸链组成，一条单链走向为 $5' \rightarrow 3'$，另一条单链走向 $3' \rightarrow 5'$。②两条反向平行的单链沿着同一根轴向右平行盘绕，形成右手双螺旋结构。③磷酸与脱氧核糖彼此通过 $3'$，$5'$-磷酸二酯键相连构成 DNA 分子的骨架。磷酸与脱氧核糖基团位于螺旋的外侧，嘌呤和嘧啶碱基位于螺旋的内侧，碱基环平面与螺旋轴垂直，糖基环平面与螺旋轴平行。④螺旋横截面的直径约为 2 nm，每条链相邻两个碱基平面之间的距离为 0.34 nm，交角为 36°，每 10 个核苷酸形成一个螺旋，其螺距（即螺旋旋转一

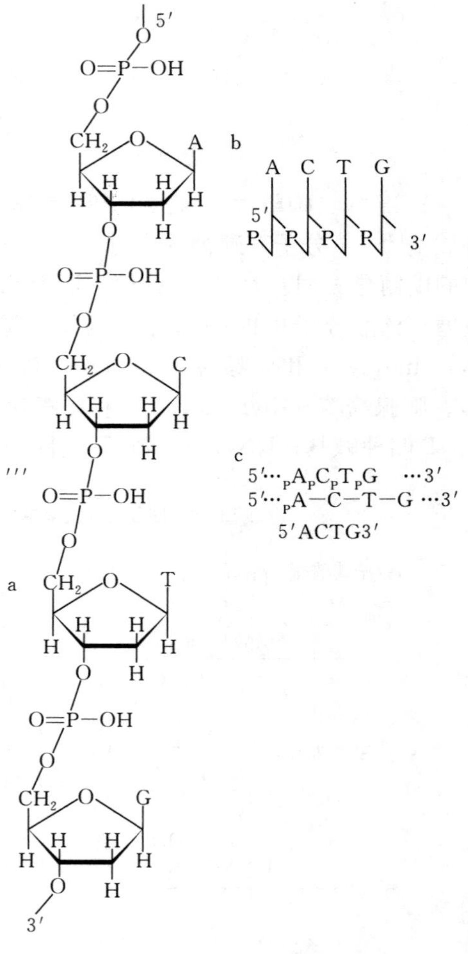

图 2-7　通过磷酸二酯键连接形成的多聚核苷酸链及表示法
a. 结构式　b. 线条式　c. 字母式
（图片来源：http://www.gaokao.com/e/20090915/4b8bcfd734f99.shtml）

圈）高度为 3.4 nm。⑤两条 DNA 单链之间依靠碱基间的氢键结合在一起。碱基的相互结合具有严格的配对规格，即 A 与 T 配对，G 与 C 配对，这种配对关系称为碱基互补，与 Chargaff 的第一碱基当量定律相符。A 和 T 之间形成两个氢键，G 与 C 之间形成 3 个氢键。螺圈之间主要靠碱基平面间的堆积力维持。⑥在形成的双螺旋两条链之间会有螺旋形的凹槽出现，较小的凹槽称为小沟，较大的凹槽称为大沟，小沟位于双螺旋的互补链之间，而大沟则位于相毗邻的双股之间，大沟和小沟的形成是由于碱基对堆积和糖-磷酸骨架扭转造成的，大沟常是多种 DNA 结合蛋白所处的空间。

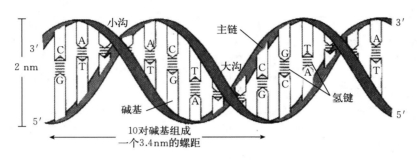

图 2-8　Watson-Crick DNA 双螺旋结构模式图

（图片来源：http://course.cau-edu.net.cn/course/Z0376/ch05/se01/slide/slide01.html）

　　Watson-Crick DNA 双螺旋模型不仅清楚地解释了磷酸、碱基和戊糖之间的空间关系，还将 DNA 的结构与功能联系了起来，大大地推动了分子生物的发展，也推动了经典遗传学向分子遗传学方向的发展，揭开了分子遗传研究的序幕，具有划时代的重要意义。

　　3. DNA 的三级结构　　DNA 的三级结构又称为 DNA 的高级结构，它是指双螺旋 DNA 进一步扭曲盘绕所形成的特定空间结构。超螺旋是 DNA 三级结构的主要形式，它是细胞内所有功能性 DNA 所必需的一种非常重要的组织水平。如图 2-9 所示，超螺旋使得 DNA 分子螺旋结构更加紧密类似于卷曲的电话线或橡皮圈。超螺旋按其方向分为正超螺旋和负超螺旋，正超螺旋盘绕方向与 DNA 的右手双螺旋方向相同，负超螺旋盘绕方向与 DNA 的右手双螺旋方向相反，正超螺旋的作用是使双螺旋结构更加紧密，负超螺旋作用与它相反，它们在特殊条件（如拓扑异构酶的作用）下可以相互转变。

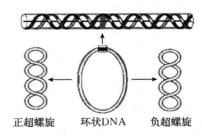

图 2-9　DNA 的三级结构（正、负超螺旋结构）

（图片来源：http://dec3.jlu.edu.cn/webcourse/t000020/files/bjjx/bjjx3.htm）

　　负超螺旋是由于两条链缠绕不足引起的，很容易解链，它的存在对于 DNA 复制和转录都是必要的，天然 DNA 中，大约每 100 bp 上有 3～9 个负超螺旋。从最小的病毒到最大的真核生物，几乎所有生物体内的 DNA 都是负超螺旋，染色体的许多功能只有在 DNA 分子是负超螺旋的情况下才能行使。生物体内 DNA 超螺旋都是由 DNA 拓扑异构酶产生的。

　　（三）RNA

　　1. RNA 的分类　　生物体内 RNA 分子种类较多，根据结构功能的不同主要分为 4 类：转运 RNA（transfer RNA，tRNA）、核糖体 RNA（ribosomal RNA，rRNA）、信使 RNA（messenger RNA，mRNA）和小分子 RNA（small RNA）。其中小分子 RNA 包括很多种类，如核内小分子 RNA（snRNA），存在于细胞核中；如胞质小分子 RNA（scRNA），存在于细胞质中；微小 RNA（miRNA）等。这 4 类 RNA 在基因表达中都起着非常重要的作用，都会在转录过程中产生，mRNA 最终对应的产物是多肽，而 tRNA、rRNA 和小分子 RNA 的基因产物都是 RNA 分子，它们不会被翻译，主要在不同水平上调节基因的表达，从而影响生命活动。在不同物种中，这 4 类 RNA 的含量不同，通常 rRNA 占细胞总 RNA 量的 75%～80%，tRNA 占 10%～15%，mRNA 占 5%～10%，而小分子 RNA<1%。几种重要 RNA 的介绍见表 2-1。

表 2-1　RNA 类型和作用

RNA 类型	名　称	作　用
mRNA	信使 RNA	蛋白质合成模板
tRNA	转运 RNA	蛋白质合成时的氨基酸转运
rRNA	核糖体 RNA	核蛋白体组分
snRNA	核内小分子 RNA	参与 hnRNA 的剪接、转运
hnRNA	核内不均一 RNA	成熟 mRNA 的前体
snoRNA	核仁小分子 RNA	rRNA 加工、修饰
scRNA	胞质小分子 RNA	蛋白质内质网定位合成
gRNA	导引 RNA	指导 RNA 编辑
SRP-RNA	信号识别颗粒-RNA	参与蛋白质的分泌
telomerase RNA	端粒 RNA	真核生物端粒复制的模板
tmRNA	转运-信使 RNA	参与破损 mRNA 蛋白质合成的终止
miRNA	微小 RNA	在转录后水平上调控基因表达
siRNA	小的干扰 RNA	降解特定信使 RNA
piRNA	Piwi 蛋白结合 RNA	与 Piwi 结合调控发育基因表达
antisense RNA	反义 RNA	与靶序列结合，参与基因的表达调控
genome RNA	基因组 RNA	RNA 病毒的遗传物质

2. RNA 的结构特点　RNA 是由核糖核苷酸经磷酸二酯键缩合而成的长链分子，与 DNA 类似，分子中不同的核糖核苷酸排列顺序是 RNA 的一级结构。一个核糖核苷酸分子由磷酸基团、核糖和碱基构成，RNA 的碱基主要有 4 种，即腺嘌呤（A）、鸟嘌呤（G）、胞嘧啶（C）和尿嘧啶（U）。RNA 与 DNA 有许多共同特征，二者的区别在于以下几点。

（1）RNA 分子中所含的戊糖是核糖，而 DNA 中的是 $2'$-脱氧核糖，因此它们的长链分子分别由核糖核苷酸和脱氧核糖核苷酸组成。

（2）RNA 分子中所含的嘧啶碱基与 DNA 分子中所含的嘧啶碱基有区别。其中，尿嘧啶（U）取代了 DNA 的胸腺嘧啶（T）而成为 RNA 的特定碱基。

（3）在 RNA 的双螺旋结构中，碱基的配对情况不像 DNA 中严格，G 除了可以和 C 配对外，也可以和 U 配对，只是 G-U 配对形成的氢键较弱。

（4）天然 RNA 是以单股链的形式存在，而 DNA 分子常以双股螺旋的形式存在。在 RNA 分子中部分单链能回折通过自身碱基互补配对，即碱基 A 与 G 配对、U 与 C 配对，形成局部的双螺旋和非螺旋的不规则结构，不能配对形成双螺旋的部分单链则被双螺旋排斥在外，形成单链突环，RNA 的这种结构称为"发卡型结构"（茎环结构）。有的尚可再盘曲为三级结构（如 tRNA）。

（5）由于 RNA 分子常为单链，因此 RNA 分子中的嘧啶总数不一定等于嘌呤总数，即 G 与 C 的含量不一定相等，A 与 U 的含量也不一定相等。

（6）RNA 分子除含四种核糖苷酸以外，还有许多修饰成分，包括碱基的修饰成分、核糖的修饰成分以及由它们所构成核苷或核苷酸。在不同 RNA 分子中，均发现有这些修饰成分，特别是在 tRNA 中最为丰富。常见的碱基修饰成分有：2-甲基腺苷（m^2A）、7-甲基鸟苷（m^7G）、5-甲基胞苷（m^5C）、5-甲基尿苷（m^5U）、5,6-双氢尿苷（d hU）和假尿苷（ψ）等。

（7）在不同的 RNA 中，双螺旋区所占比例不同，其高级结构也有明显的差异。

3. 常见 4 类 RNA 的结构与功能

（1）mRNA：mRNA 在细胞中含量较少，占细胞总 RNA 量的 5%～10%。mRNA 是由 DNA 经转录合成的，是遗传信息的传递者，是蛋白质合成中直接指令氨基酸接入的模板。mRNA 能够编码一条多肽链合成的区段称为编码区。它指令 tRNA 所携带的氨基酸按 mRNA 所储存的遗传密码依序排列合成蛋白质。生物体内的 mRNA 种类繁多，寿命短，更新快，分子质量差异较大、代谢活跃，在生物体内很容易被可溶性核糖核酸酶或多核苷酸磷酸化酶所降解，因此极不稳定，是一类不稳定的 RNA。

真核生物和原核生物的 mRNA 在结构上有很大的不同。原核生物中，一条 mRNA 链上可以编码多条多肽链，称为多顺反子。它通常由几种不同的 mRNA 连在一起形成，而且不同 mRNA 之间有一段短的不编码蛋白质的间隔序列。真核生物中，一条 mRNA 链上只可以编码一条多肽链，称为单顺反子。真核生物的 mRNA 则为一条 RNA 单链，结构较原核生物的 mRNA 复杂，最初由 DNA 转录生成的 RNA 称为 mRNA 前体，它不能直接作为蛋白质合成模板，必须经过转录后加工才能作为模板使用，在对前体 mRNA 进行加工的过程中，会产生一系列大小不同的 mRNA，这些中间产物称为核内不均一 RNA（hnRNA）。

真核生物 mRNA 具有一些共同的结构特征，如 5′末端几乎都有一种特殊结构的修饰成分，称"帽子"结构，即 5′末端有一个 7-甲基化的鸟嘌呤核苷三磷酸，而且越是比较高等的生物，其 mRNA 的帽子结构越复杂。

（2）rRNA：rRNA 又称核蛋白体 RNA，占细胞总 RNA 量的 75%～80%，是组成核糖体的主要成分。rRNA 与核糖体蛋白质结合形成核糖体，占核糖体的 50%～60%。rRNA 的分子质量是不均一的，按沉降系数（S 表示）大小分类，原核细胞中的 rRNA 可分为 23S rRNA、16S rRNA 和 5S rRNA 三种；真核细胞中的 rRNA 可分为 25S（植物）～28S（哺乳动物）rRNA、16S（植物）～18S（哺乳动物）rRNA、5.8S rRNA 及 5S rRNA 四种。它们分别与不同的蛋白质结合，形成核糖体的两个大小不一的亚基，所有生物的核糖体都是由大小两个亚基组成的。它们的具体组成和特性见表 2-2。

表 2-2　原核生物和真核生物核糖体及其亚基的组成比较

	核糖体		rRNA	蛋白质
原核生物 （以大肠杆菌为例）	70S	30S	16S（1 542 个核苷酸）	21 种（占总质量的 40%）
		50S	23S（2 940 个核苷酸） 5S（120 个核苷酸）	34 种（占总质量的 30%）
真核生物 （以小鼠肝为例）	80S	40S	18S（1 874 个核苷酸）	30～32 种（占总质量的 50%）
		60S	28S（4 718 个核苷酸） 5.8S（160 个核苷酸） 5S（120 个核苷酸）	36～50 种（占总质量的 35%）

rRNA 在蛋白质合成中的功能目前尚未完全明了，但它小亚基上的 16S rRNA 3′端有一段核苷酸序列与 mRNA 的前导序列是互补的，这可能有助于 mRNA 与核糖体的结合。

（3）tRNA：tRNA 是一类小分子 RNA，每条 tRNA 含有 70～90 个核苷酸，其分子质量为 23 000～28 000 u，沉降系数为 4S，故又名 4S RNA。tRNA 含量相对较高，占细胞总 RNA 量的 10%～15%。通常以游离状存在于细胞质中，在细胞质内呈可溶状态，又称可溶性 RNA（sRNA）。tRNA 的二级结构是三叶草型，三级结构呈倒 L 型。tRNA 的主要功能是在蛋白质合成过程中转运各种氨基酸按 mRNA 所储存的遗传密码顺序合成蛋白质。tRNA 是由基因转录而来的，同 rRNA、mRNA 一样，也是由较长的转录初始物通过转录后加工（剪切、修饰和甲基化等）形成。

（4）小分子 RNA：小分子 RNA 是一类 RNA 分子的统称，主要包括 miRNA、ncRNA、siRNA、snoRNA、piRNA、rasiRNA（repear-associated siRNA，重复相关siRNA）等。它们主要存在于真核生物细胞核和细胞质中，长度为 20～1 000 个碱基，由 RNA 聚合酶所合成，其中某些像 mRNA 一样可被加帽。小分子 RNA 通常以不同于"经典 RNA"（主要 mRNA、rRNA、tRNA）的作用方式参与生命活动的调控，包括细胞的生长发育等相关基因的表达与调控、基因沉默等。与 rRNA、tRNA 一样，各种小分子 RNA 并不携带翻译为蛋白质的信息，其终产物都是 RNA 分子。

第二节　DNA 的复制

DNA 的复制是指以亲代 DNA 为模板合成新的与亲代模板结构相同的子代 DNA 分子的过程。Watson 和 Crick 的双螺旋结构模型的提出，为 DNA 的复制奠定了基础。

一、DNA 复制的基本特征

DNA 复制效率很高，人类新 DNA 链合成的速率大约是每分钟 3 000 个核苷酸，在细菌每分钟大约可合成 30 000 个核苷酸，而且 DNA 复制的保真度很高，在合成和复制过程中及紧接着复制完成后的错误纠正之后，平均每 10 亿个掺入的核苷酸仅有 1 个错误。这种迅速而精确的复制 DNA 的机制大部分关键特征虽已明确，但许多分子细节仍然有待阐明。

（一）半保留复制

1953 年，当 Watson 和 Crick 推导出 DNA 互补碱基配对的双螺旋结构时，他们立即意识到碱基配对的特异性可以为 DNA 复制提供一个简单的机制，因此，同年他们提出了 DNA 半保留复制（semiconservative replication）的机理。他们认为：在 DNA 复制时，双螺旋的两条互补链通过打断碱基对之间的氢键而分开，分开的每条亲本链可以作为模板，按照碱基互补配对的原则合成一条互补新链，这样一个双链 DNA 分子通过复制可产生两个完全相同的子代双链 DNA 分子，而且子代双链 DNA 分子中，一条链是新合成的，另一条链则来自亲代 DNA 分子，也就是说在 DNA 复制过程中，亲本双螺旋的每条互补链都被保留（或双螺旋是"半保留"的），因而这种 DNA 复制机制称为半保留复制（图 2-10）。

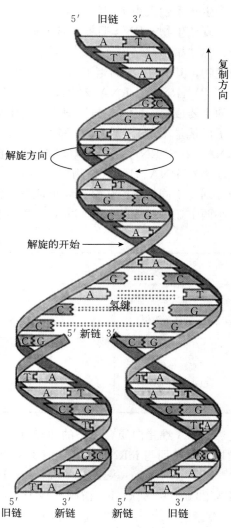

图 2-10　DNA 半保留复制模型

（图片来源：http://sm.nwsuaf.edu.cn/mb/admin/upload/files/gzk/htm/chapter4_1.htm）

假设 DNA 复制机制可能有 3 种。除了 Watson 和 Crick 提出的半保留复制机制外，复制还可以通过全保留复制机制和不保留复制（散布复制）机制进行（图 2-11）。全保留复制是指亲本双螺旋被保留并指导新的子代双螺旋的合成；散布复制是指 DNA 短片段的合成和重连的结果使亲代和子代链交错散布。

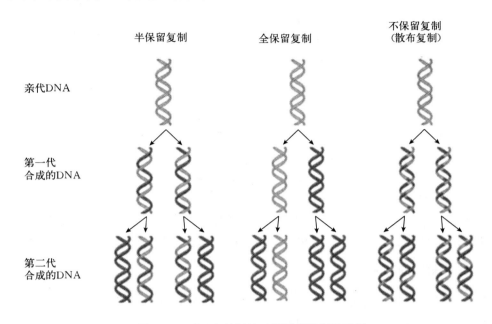

图 2-11　DNA 复制的三种可能机制示意图

（图片来源：http：//sm.nwsuaf.edu.cn/mb/admin/upload/files/gzk/htm/chapter4_1.htm）

（二）半不连续复制

半保留复制是 DNA 复制最主要的特征，另外它还具有半不连续复制（semi-discontinuous replication）的特征。

1. 问题的提出　在 DNA 复制过程中，分开的每条亲本链可以作为模板，按照碱基互补配对的原则合成一条互补新链。在 DNA 双螺旋中两条链是反向平行的，一条链方向为 $5'→3'$，另一条链为 $3'→5'$，分别以它们为模板新合成的互补链延伸方向一条是 $3'→5'$，另一条是 $5'→3'$，但生物细胞内所有催化 DNA 合成的聚合酶都只能催化 $5'→3'$ 延伸，因此新生子链的合成只能沿 $5'→3'$ 方向进行，而这是一个矛盾。那么 DNA 双链分子中的 $5'→3'$ 链是如何同时作为模板复制呢？1968 年冈崎（Okazaki）及其同事进行了一系列实验，回答了这一问题。

2. DNA 半不连续复制　DNA 复制时，在复制起点处两条 DNA 链解开成单链时，一条是 $3'→5'$ 方向，以它为模板复制 $5'→3'$ 互补链，其复制方向（$5'→3'$）和双链解开的方向相一致，复制可连续进行，最后形成一条连续的 $5'→3'$ 互补新链称为前导链（leading strand）。另一条是 $5'→3'$ 方向，以它为模板链复制 $5'→3'$ 互补链，其复制方向（$3'→5'$）和双链解开的方向相反，故不能连续合成，而是先以 $5'→3'$ 方向不连续合成许多小片段，这些小片段称为冈崎片段（Okazaki fragments），最后这些冈崎片段再由 DNA 连接酶连接成一条完整的互补新链，称为滞后链（lagging strand）或后随链。这种前导链合成是连续的，滞后链合成是不连续的 DNA 复制方式，称为半不连续复制（图 2-12）。现已发现这种复制方式在生物中普遍存在。

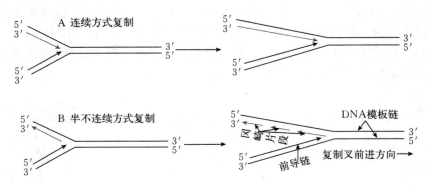

图 2-12　在 DNA 的复制区域中可能的结构和复制的模型

（图片来源：http：//biobar.hbhcgz.cn/Article/ShowArticle.asp? ArticleID＝20878）

二、DNA 复制的一般过程

DNA 复制过程包括复制的起始、延伸和终止三个阶段。关于 DNA 复制的机制目前研究和了解最多的是细菌和噬菌体，现以大肠杆菌（*Escherichia coli*）为例讲述 DNA 复制的一般过程。

（一）DNA 复制的起始

1. 转录激活　复制起始的关键是前导链 DNA 聚合作用的开始，在所有前导链开始聚合之前必须由 RNA 聚合酶（不是引物酶）沿滞后链模板转录一短的 RNA 分子。在大部分 DNA 复制中，这段 RNA 分子并不发挥引物作用，它的作用只是分开两条 DNA 链，暴露出某些特定序列以便引发体与之结合，在前导链模板 DNA 上开始合成 RNA 引物，这个过程称为转录激活（transcriptional activation）。

2. 起始复合物的形成　复制开始时，DnaA、HU 蛋白、TopⅠ 等多种启动蛋白以多拷贝的形式在复制起点（origin of replication，ori）形成一个蛋白质-DNA 起始复合物。其中 DnaA 与 oriC DNA 上高保守的 4 个 9 bp 长的序列（即 R1～R4 位点）结合，负责最初的 DNA 螺旋解除；HU 蛋白识别并刺激 oriC 复制而抑制其他潜在的复制原点上的复制；TopⅠ 也是 oriC 特异性复制所必需的。在这一阶段，ATP 是必需的，但不被水解，因为用不可水解的 ATP 同系物代替同样有效。

3. 前引发体的形成　当起始复合物中的 DnaA 与复制原点 oriC 上的 R1～R4 位点结合后，DnaB-DnaC 六聚体与 oriC 结合成前引发体。

4. 复制叉的形成　在 DnaB（DNA 解旋酶）的螺旋酶活性和 DNA 旋转酶的拓扑异构酶活性作用下，以水解 ATP 为能源，由 DNA 解旋酶打开 DNA 分子互补的两条链，然后单链 DNA 结合蛋白（SSB）结合到被解开的链上，形成复制泡（replication bubble），产生两个向相反方向扩展的复制叉。

5. 引发体的形成　高度解链的模板与蛋白质的复合体促进 DNA 引发酶加入进来形成引发体，然后在引发酶催化下合成 DNA 起始所需的 RNA 引物。引发体可以在单链 DNA 上移动，首先在前导链上由引物酶催化合成一段 RNA 引物，然后在滞后链上沿 5′→3′ 方向不停地移动，在一定距离上反复合成 RNA 引物供 DNA 聚合酶Ⅲ 合成冈崎片段使用。

6. DNA 的合成起始　随着引发体的前移，在 DNA 聚合酶的作用下，在引物的 3′末端羟基以磷酸二酯键与脱氧核苷酸结合起始 DNA 的合成。在大肠杆菌中这项任务由 DNA 聚合酶Ⅲ全酶担任，其中 α-亚基为聚合酶，ε-亚基为 3′→5′外切核酸酶，β-亚基保证了全酶作用的进行性，t-γ 亚基复合体则保证了 β-亚基作用的发挥。

（二）DNA 链的延伸

DNA 复制的延伸过程就是复制叉的前移过程（图 2 - 13），反应由 DNA 聚合酶Ⅲ催化，主要分为以下三个阶段。

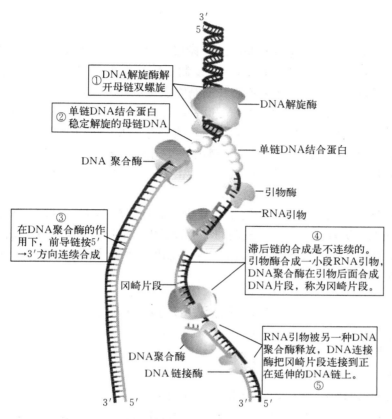

① DNA解旋酶解开母链双螺旋

② 单链DNA结合蛋白稳定解旋的母链DNA

DNA解旋酶

单链DNA结合蛋白

DNA 聚合酶

引物酶

RNA引物

③ 在DNA聚合酶的作用下，前导链按5′→3′方向连续合成

④ 滞后链的合成是不连续的。引物酶合成一小段RNA引物，DNA聚合酶在引物后面合成DNA片段，称为冈崎片段。

冈崎片段

DNA聚合酶

DNA链接酶

⑤ RNA引物被另一种DNA聚合酶释放，DNA连接酶把冈崎片段连接到正在延伸的DNA链上。

3′ 5′   3′ 5′

图 2 - 13　DNA 链的延伸过程

1. 双链 DNA 不断地解螺旋　复制起始后，DNA 解链酶结合于单链上，利用 ATP 水解的能量，沿单链分子不断前移，当遇到双链时切断氢键解开双链，并由单链 DNA 结合蛋白与模板链结合，使模板链处于延伸状态，复制叉继续向前移动。DNA 双链在不断解链的这个过程中会产生正超螺旋，在环状 DNA 中尤为明显，当 DNA 分子中的正超螺旋达到一定程度后就会造成复制叉难以继续前行，最终导致 DNA 复制终止。然而细胞内 DNA 的复制并没有因此而停止，这是由于复制过程中存在 DNA 拓扑异构酶，它能将解螺旋产生的正超螺旋恢复成负超螺旋或引入新的负超螺旋，形成有利于 DNA 分子解链的拓扑结构，从而保证 DNA 复制的顺利进行。

2. 前导链的合成　DNA 链的复制是半不连续复制，以 3′→5′方向 DNA 链为模板合成的子链为前导链，另一条为滞后链，滞后链的合成以合成冈崎片段的方式进行。DNA 前导链的合成比较简单，其延伸方向与复制叉移动的方向（5′→3′方向）一致。前导链的合成仅在复制开始时以一小段特异的 RNA 分子为引物，在 DNA 聚合酶Ⅲ作用下连续合成一条与模板碱基配对的新链。

3. 滞后链的合成　DNA 滞后链的合成比较复杂，在复制过程中，引发体随着复制叉前移，引发酶沿滞后链模板不断合成许多不同的 RNA 引物，这些 RNA 引物间隔分布于滞后链上，并由 DNA 聚合酶Ⅲ按 5′→3′方向延伸至前一个 RNA 引物上合成一个短的冈崎片段，然后由 DNA 聚合酶Ⅰ通过其 5′→3′外切酶活性切除冈崎片段上的 RNA 引物，再催化冈崎片段的 3′ 端合成短片段 DNA 并填补空缺，最后由 DNA 连接酶将相邻冈崎片段连接起来，形成一条完整的 DNA 滞后链。尽管滞后链的合成是分段进行的，而且从局部看 DNA 聚合酶Ⅲ的 5′→3′ 聚合作用是逆复制叉前进的，但最后形成的滞后链合成的总方向仍然与复制叉移动的方向相一致。

（三）DNA 复制的终止

复制的延伸阶段结束后即进入复制的终止阶段。过去认为，DNA 一旦复制开始，就会将该 DNA 分子全部复制完毕才终止其 DNA 复制。后来发现在 DNA 上也存在着复制终止区（terminus region，ter），DNA 复制将在复制终止位点处终止，并不一定等全部 DNA 合成完毕。大肠杆菌的复制终止发生在 terA 和 terB 的区域内的不同位点上，这两个区域可以分别阻止复制叉的逆时针和顺时针运动，当子链延伸达到复制终止区时，Ter - Tus 复合物（ter utilization substance）使 DnaB 停止解链的，复制叉前移停止，等相反方向复制叉到达后，由修复方式填补两个复制叉间的空缺。然后由 DNA 拓扑异构酶Ⅱ或特异的重组酶辅助新生 DNA 分子的分离，释放出子链 DNA。

目前对复制终止位点的结构和功能了解甚少，而且环状 DNA 与线状 DNA，单向复制与双向复制终止的情况各异。在单向复制的环形分子中，复制终点也就是它的复制原点；线状 DNA 双向复制的复制终点不固定；而在双向复制的环形分子中，有的有固定的终点，而大多数没有固定的终点。

三、复制起点、方向和方式

（一）复制起点

原核生物和真核生物的 DNA 复制都是在 DNA 分子上特异位点起始的，这一位置称为复制起点（origin of replication），常用用 ori 或 o 表示。

DNA 的复制起点一般具有特殊的结构。如大肠杆菌的双向复制起点 oriC 位于 *ilc* 基因附近，长 422 bp，它至少包括 245 bp（+22～+267）的一个区段，位于 *gidA* 基因和 16kD 蛋白基因之间。在这个区段内有一段双螺旋 DNA 呼吸作用强烈的经常开放的区段，即富含 A/T 序列的区段和两个转录启动区（启动子），以及一系列对称排列的称为回文结构（palindrome）的反向重复序列，这些高保守的重复序列与复制酶系统的识别有关。目前已经证实，复制起点 oriC 是细菌 DNA 复制调控的主要场所，它不但与复制起始有关，而且还与复制终止以及子代染色体在子代细胞之间的分配有关。

（二）复制方向

原核生物 DNA 复制从特定位置起始，大多双向进行，也有一些是单向或以不对称的双向方式进行，这是由复制起点的性质所决定的。如大肠杆菌是以双向等速的方式复制的；枯草杆菌复制从复制起点开始双向复制，两个复制叉的移动是不对称的，一个移动 1/5 的距离就停下来了，然后由另一个复制叉走完其他 4/5 的距离；线粒体 DNA 的复制也是不对称的，双链中的一条亲本链复制成双链环状，而另一条亲本链被置换出来成为单链，被称为置换环（displacement loop）；质粒 *Col*EⅠ 的复制完全是单向的。真核生物也是从特定位置开始，以双向等速进行，一个 DNA 分子上有许多特定的复制起点。

（三）复制方式

根据 DNA 合成的起始方式，复制可分从新起始和共价延伸两种类型。从新起始

（*denovo* initiation）是指前导链是从新开始合成的，这种类型主要是复制叉式复制；共价延伸是指前导链是共价结合在一条亲本链上，这种类型主要是滚环式复制。

1. 复制叉式复制（包括 θ 复制） DNA 在复制起点解开成两条单链，分别作为模板各自合成其互补链，复制过程中会形成两个叉子状的延伸点，称为复制叉（图 2-14），我们把这种复制方式称为复制叉式复制，真核生物多采用这种复制方式。部分原核生物同真核生物一样，在复制过程中也会产生复制叉，复制叉移动的方向可以是双向或单向，大多数为等速双向，少数为不等速双向。然而由于原核生物的染色体和质粒的 DNA 都是环状分子，而且都只有一个复制起点，因此在复制过程中会出现像希腊字母 θ 形状的中间体，因而我们把它称作 θ 复制（图 2-14）。

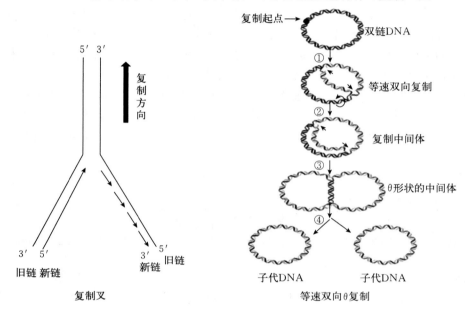

图 2-14 复制叉式复制（θ 复制）

2. 滚环式复制 双链环状 DNA 除了 θ 复制之外，某些双链环状 DNA 在复制时，以某种方式切断其中一条链，形成含 5′ 端游离磷酸基团和 3′ 端羟基基团的线性正链分子，其 5′ 端常与特殊的蛋白质相连，而 3′ 端在 DNA 聚合酶催化下，以未切断的一条环形链（负链）为模板，不断添加新的核苷酸。随着复制的进行，3′ 端不断沿环状负链模板延伸，而 5′ 端不断地脱离环状模板被剥离出来成为越来越长的尾巴。这种复制方式好像中间的模板负链环状分子在不断地滚动，因而称作滚环复制（图 2-15）。因其形状像希腊字母 σ，因此又称 σ 复制。滚环复制可以合成比原来 DNA 分子长好几倍的单链。

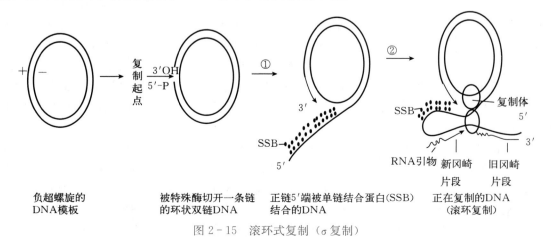

图 2-15 滚环式复制（σ 复制）

四、真核生物 DNA 复制的特点

原核生物 DNA 的复制过程和真核生物基本相似。原核生物与真核生物 DNA 复制过程的共同点为：复制都分为起始、延伸、终止三个过程；复制需要一小段 RNA 分子为引物、亲代 DNA 分子为模板、四种脱氧三磷酸核苷（dNTP）为底物、多种酶及蛋白质；DNA 复制都起始于特定的复制起点；复制过程中会形成复制叉；前导链和滞后链的复制都是连续和不连续机制等。

然而，与原核生物不同，真核生物细胞内 DNA 含量远大于原核生物，而且真核生物 DNA 与组蛋白一起构成核小体，以染色体形式存在于细胞核中，这些染色体含有线性 DNA 分子，线性 DNA 分子末端的不连续复制会产生一个特殊的问题，即染色体末端端粒的复制问题。因此，真核生物 DNA 的复制比原核生物更复杂。

真核生物的复制特点：①DNA 复制发生在细胞周期的特定时期；②每条染色体多位点复制；③DNA 复制的速率一般较原核生物慢，冈崎片段也较短；④真核生物一个复制叉上有两种或多种 DNA 聚合酶；⑤DNA 复制与核小体组装是紧密偶联的；⑥真核生物染色体端粒的复制。

第三节 DNA 的转录

根据遗传的中心法则，一个基因的遗传信息从 DNA 传递到蛋白质的第一步是以 DNA 为模板，四种核糖核苷三磷酸（rATP、rCTP、rGTP 和 rUTP）为底物，在 RNA 聚合酶（RNA polymerase）的作用下合成 RNA，这个过程称为转录（transcription），DNA 上的转录区域称为转录单位（transcription unit）。转录是基因的遗传信息由 DNA→RNA→蛋白质传递过程的中心环节，它是基因表达的第一步，也是最关键的一步。

一、DNA 转录的基本特征

DNA 的转录与复制的化学反应十分相似，两者都是在聚合酶的催化作用下，以 DNA 中的一条单链为模板，按照碱基互补配对的原则，沿着 $5'→3'$ 的方向合成与模板互补的新链。但是复制是精确拷贝基因组信息的过程，即以一条亲代 DNA 分子为模板合成两条子代 DNA 分子的过程；而转录是基因组遗传信息的表达过程，即以 DNA 分子中的反义链为模板合成 RNA 的过程，二者在功能和过程等方面都存在着明显的差异。

（1）转录的底物是四种核糖核苷三磷酸（rNTP），即 rATP、rCTP、rGTP 和 rUTP，每个 rNTP 中，在核糖上有两个羟基，一个在 $2'-C$ 上，一个在 $3'-C$ 上。而复制的底物是四种脱氧核糖核苷三磷酸（dNTP），即 dATP、dCTP、dGTP 和 dTTP，在核糖的 $2'-C$ 上没有自由的羟基。

（2）转录必须以一条 DNA 链为模板，且在一个转录区内，一般只有一条 DNA 链可以被转录。人们通常把作为转录模板的 DNA 单链链称为模板链（template strand）或反义链（antisense strand），把另一条不作模板转录的单链称为非模板链（nontemplate strand）、编码链（coding strand）或正义链（sense strand）。在 DNA 复制时，则两条链都用作模板。

（3）转录的起始不需要引物参与，而 DNA 复制的起始则一定要有引物的存在。

（4）转录过程中 RNA 链的延伸方向也是 $5'\rightarrow 3'$ 端，即按照碱基互补配对的原则，将核苷三磷酸加到新生链的 $3'$ 端，同时除去一分子焦磷酸而生成磷酸二酯键，依次添加合成 RNA 单链。这与 DNA 复制时的情况基本相同，但 RNA 与模板 DNA 的碱基相互配对的关系为 G—C 和 A—U。而复制的底物是 dNTP，碱基互补配对的关系为 G—C 和 A—T。

（5）转录过程中 RNA 的合成主要依赖 RNA 聚合酶的催化作用，而复制需要的是 DNA 聚合酶。RNA 聚合酶与 DNA 聚合酶不同，RNA 聚合酶不需要 $3'$ 游离羟基，因而转录过程是从头起始的，不需要引物的参与，转录起始的核苷酸一般是嘌呤核苷三磷酸，而且将在新合成 RNA 链的 $5'$ 末端保持这一三磷酸基团。

（6）转录过程中暂时形成的 DNA‐RNA 杂合分子不稳定，随着 RNA 链的增长和 RNA 聚合酶的向前移动，RNA 链在延伸过程中不断从模板链上游离出来形成单链 RNA，而原来解链部分的 DNA 又恢复双链结构。而在 DNA 复制中，复制叉形成之后一直打开，并不断向两边延伸，最后新合成的链与亲本链配对形成两个子代 DNA 双链分子。

（7）在真核生物中，转录生成的初级转录产物一般需要经过加工，才能具有生物功能。而复制的产物 DNA 不需要加工。

（8）在一个基因组中，转录通常只发生在一部分区域，其中大部分区域并不表达成 RNA。如在多数哺乳动物细胞中，只有约 1% 的 DNA 序列被表达成为成熟的 mRNA 进入细胞质中，指导蛋白质的合成。

二、DNA 转录的主要特点

DNA 的转录过程可以分为转录的起始、RNA 链的延伸和转录的终止三个阶段。原核生物与真核生物的转录过程基本相同，但也有很多细节不同，如原核生物只有一种 RNA 聚合，它负责所有 RNA 的合成，而真核生物有 RNA 聚合酶 I、II 和 III 三种聚合酶，它们分别负责不同种类的 RNA 合成；在原核生物中，RNA 聚合酶仅要求 σ 辅助因子结合到 $\alpha_2\beta\beta'$ 核心酶，然后全酶就能与启动子结合启动转录，但在真核生物中，转录的起始除了 RNA 聚合酶外，还需要复合蛋白结合位点和许多转录因子；原核生物的启动子只有 -10 和 -35 区两种保守序列，而真核生物的启动子结构还包括 TATA 盒、GC 盒、CAAT 盒和增强子等与转录有关的元件；原核生物转录合成的 mRNA 长度与转录后的 RNA 一样，转录和翻译常常是紧密结合进行的，而真核生物转录合成的是初级 RNA 转录物需要经过转录后复杂的加工才能从核内转移到细胞质，在细胞质里指导蛋白质的合成。

（一）原核生物转录的主要特点

（1）原核生物中只有一种 RNA 聚合酶，能催化所有 RNA 的合成。

（2）原核细胞的 mRNA 通常包含两个或两个以上的基因编码区。

（3）转录、翻译及 mRNA 降解同步进行。在原核细胞中，由于 mRNA 分子的合成、翻译和降解都是从 $5'$ 到 $3'$ 方向，因此三个步骤可同时发生在一条 RNA 分子上。即在 mRNA $3'$ 端还没有完成转录前，其 $5'$ 端就已与核糖体结合开始蛋白质合成了或在核酸酶的作用下开始降解了。

（4）原核生物转录出来的 mRNA 往往一产生就是成熟的，不需要转录后修饰加工。

（二）真核生物 DNA 转录的主要特点

尽管原核生物与真核生物中的 RNA 合成过程很类似，但真核生物的 RNA 合成还是相对复杂一些。真核生物有三种 RNA 聚合酶分别负责各类不同 RNA 的转录，RNA 聚合酶 II

是目前了解较多的 RNA 聚合酶，位于细胞核内，主要负责合成细胞内所有的 mRNA。

（1）真核生物中有三种不同的 RNA 聚合酶，处于细胞不同的部位，催化不同类型的 RNA 合成。RNA 聚合酶Ⅰ位于核内，主要负责催化 28S rRNA，18S rRNA、5.8S rRNA 的合成；RNA 聚合酶Ⅱ位于核质中，主要负责催化 mRNA 的合成；RNA 聚合酶Ⅲ也位于核质中，主要负责催化 tRNA、5S rRNA 和某些核内小 RNA 的合成。

（2）真核生物的三种 RNA 聚合酶都不能独立转录 RNA，都必须依赖转录因子的辅助来启动 RNA 链的转录。在 RNA 聚合酶结合并启动转录之前，这些转录因子必须先结合在 DNA 启动子的正确区域以形成适合的转录起始复合物。

（3）真核生物 RNA 聚合酶与转录启动子的作用较原核生物复杂，尤其是 RNA 聚合酶Ⅱ的启动子，至少有三个 DNA 的保守序列与其转录的起始有关，即 TATA 框、CAAT 框和增强子等。

（4）真核生物的转录在细胞核内，蛋白质的合成在细胞质内，所以转录后必须从核内运输到细胞质内才能进行翻译。

（5）真核生物的转录产物包括外显子和内含子，转录需要进行剪接、加工才能成为成熟的有功能的 RNA。

（6）真核生物的转录终止信号和终止机制复杂，一般不需要茎环结构。

第四节　蛋白质的生物合成

对于终产物为 RNA 的基因，只要完成了转录后的 RNA 处理就实现了基因表达的全过程；而对于终产物为蛋白质的基因，转录作用生产 mRNA 只是完成了基因表达的一部分，还必须将 mRNA 翻译成蛋白质，即在 mRNA 指令下，按照 3 个核苷酸决定 1 个氨基酸的原则，把 mRNA 上的遗传信息转换成蛋白质中特定的氨基酸序列，这一过程通常称为翻译（translation）。翻译需要一系列生物大分子参与，主要包括：①超过 50 种的多肽和 3~5 种 rRNA，它们在细胞质内装配成核糖体，核糖体是蛋白质合成的主要场所；②至少 20 种氨基酸活化酶，它们催化氨基酸和 tRNA 3′羟基相连形成氨基酰- tRNA；③40~60 种 tRNA，它们负责转运特异性的氨基酸分子以形成肽链；④参与蛋白质合成各个阶段的大量可溶性多肽。此外，翻译过程还需要以 mRNA 为模板指导蛋白质的合成。

一、遗传密码的特征

遗传密码（genetic code）是指 mRNA 上的核苷酸序列与蛋白质中氨基酸序列的对应关系。遗传密码是三联体的，即 mRNA 上 3 个连续的核苷酸编码 1 种氨基酸，所以密码子（codon）又称三联体密码（triplet code）。遗传密码的特征如下。

（1）遗传密码由核苷酸三联体组成。即每个密码子包括 3 个核苷酸，除终止密码子外，所有密码子都对应 1 个氨基酸。

（2）遗传密码包含起始和终止密码。遗传密码共有 64 个密码子，其中 AUG 不仅是甲硫氨酸（蛋氨酸，Met）的密码子，也是肽链合成的起始信号，故称 AUG 为起始密码子。UAA、UAG 和 UGA 为终止密码子，不编码任何氨基酸，为无意义密码子。

（3）遗传密码具有方向性。密码子三联体的起读方向是 5′→3′。例如 AUC 是异亮氨酸（Ile）的密码子，A 为 5′端碱基，C 为 3′端碱基。因此 mRNA 从 5′端到 3′端的核苷酸排列顺序就决定了多肽链中从 N 端到 C 端的氨基酸排列顺序。

（4）遗传密码具有连续性。即在 mRNA 分子编码区中没有逗号或者其他标点符号，在翻译过程中两个相邻的密码子之间无任何核苷酸或其他成分加以分离，是连续的。

（5）遗传密码具有不重叠性。在 mRNA 中每个核苷酸只属于一个密码子，但在重叠基因中，一个核苷酸序列会有两种可读框，但各自的可读框还是按三联体方式连续读码。

（6）遗传密码具有简并性。除甲硫氨酸和色氨酸外，其他氨基酸都对应一种以上的密码子，例如精氨酸（Arg）有 6 个密码子。

（7）遗传密码具有摇摆性。密码子的专一性主要由前两位的碱基决定，而三位碱基有较大的灵活性，这种现象称为摇摆性（变偶性）。密码子第 3 位（3′端）碱基与反密码子的第 1 位（5′端）碱基配对具有一定自由度，有时会出现多对一的情况，一般情况下，一个氨基酸可对应 2~4 个密码子。

（8）遗传密码具有规律性。一个特定的氨基酸所对应的密码子具有相似的化学特征，通常只相差一个核苷酸。

（9）遗传密码具有通用性。遗传密码在各种生物中几乎是通用的，所有生物中的密码子都有相同的意义。但在哺乳动物、酵母和其他几个生物的线粒体中存在例外。

（10）遗传密码具有偏好性。简并密码的使用频率并不相等，有些密码子的使用频率很高，有些则几乎不使用。

二、蛋白质生物合成过程

蛋白质生物合成过程可以分成 3 个阶段：①肽链合成的起始；②肽链的延伸；③肽链合成的终止。蛋白质合成的系统包含 mRNA、核糖体、tRNA 和可溶性蛋白质因子。蛋白质的合成过程总的来说是一个非常迅速的过程。在 37 ℃时，细菌细胞内蛋白质的合成速度为每秒 15 个氨基酸，即合成一条含 300 个氨基酸的多肽只需要 20 多秒。但真核生物中的蛋白质合成速度比原核生物慢，如血红蛋白合成速度只有每秒 2 个氨基酸。

除了核糖体组成、各种因子、起始 tRNA 不同外，其余环节在真核生物和原核生物基本类似。

（一）原核生物蛋白质合成过程

1. 氨基酰-tRNA 的活化　首先进行氨基酰-tRNA 的活化，这能使每个氨基酸（AA）和 tRNA 分子共价连接，以确保加入正确的氨基酸（即接头）作用；并能使氨基酸与延伸中的多肽链末端反应形成新的肽链。活化步骤：① $AA+ATP \rightarrow AA-AMP+PPi$；② $AA-AMP+tRNA \xrightarrow{AA-tRNA\,合成酶} AA-tRNA+AMP$。

2. 合成的起始

（1）起始 tRNA 识别 AUG（起始密码子）编码甲硫氨酸，以确定翻译的正确阅读框架。

（2）30S 核糖体小亚基中的 16S rRNA 与富含嘌呤并位于 AUG 起始密码子的 5′端的 Shine-Dalgarno 序列（SD 序列）结合，然后，核糖体沿着 mRNA 向 3′端移动，直到遇到 AUG 起始密码子。因而 Shine-Dalgarno 序列将核糖体亚基传送至正确的 AUG 用于起始翻译。

（3）然后起始因子开始催化蛋白质的合成。原核生物中用三种起始因子（initiation factor，IF）IF1、IF2、IF3 是必需的。

① 三元复合物（IF3 - 30S 亚基- mRNA）形成。

② 30S 前起始复合物（IF2 - 30S 亚基- mRNA - fMet - tRNA$_f$ 复合物）形成，此步亦需要 fGTP 和 Mg^{2+} 参与。

③ 70S 起始复合物形成。50S 亚基与上述的 30S 前起始复合物结合，同时 IF2 脱落，形成 70S 起始复合物，即 30S 亚基- mRNA - 50S 亚基- fMet -tRNA$_f$ 复合物。此时 fMet - tR-NA$_f$ 占据着 50S 亚基的肽酰位（peptidyl site，P 位或给位），而 50S 的氨基酰位（aminoacyl site，A 位或受位）暂为空位。

3. **肽链合成的延长**　这一过程包括进位、肽键形成、脱落和移位等步骤（图 2 - 16）。肽链合成的延长需两种延长因子（elongation factor，EF），分别称为 EF - T 和 EF - G。此外，尚需 GTP 供能加速翻译过程。

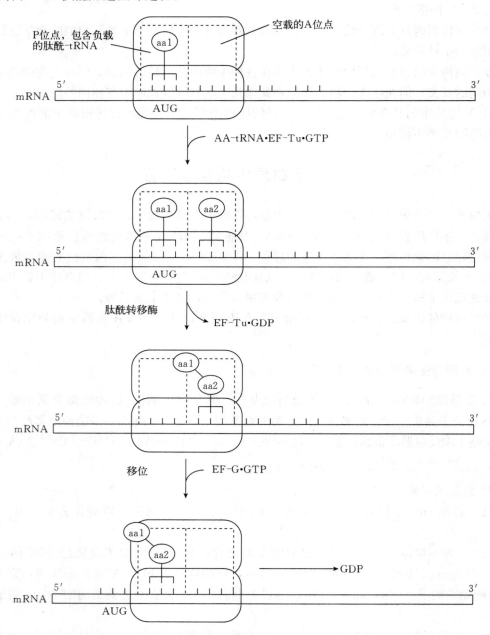

图 2 - 16　*E. coli* 中肽链合成的延长示意图

（图片来源：张博等，2001）

（1）进位：结合在 mRNA 上的 fMet－tRNA$_f$（或肽酰－tRNA）占着 P 位，新的氨酰－tRNA 和 EF－Tu 及 GTP 形成的 AA－tRNA·EF－Tu·GTP 利用 GTP 水解的能量进入 A 位，并与 mRNA 上相应的密码子结合。EF－Tu·GDP 由 EF－Ts 协助再生成 EF－Tu·GTP。

（2）肽键形成：50S 亚基上肽酰转移酶催化 P 位的肽（氨）酰－tRNA 把肽（或氨酰基）转给 A 位的 AA－tRNA，并以肽键相连。P 位的氨基酸（或肽的 C 端氨基酸）的 α－COOH 基，与 A 位氨基酸的 α－NH$_2$ 形成肽链。催化肽键形成的是 23S rRNA 的肽酰转移酶。

（3）脱落：在 A 位上的 tRNA 负载着二肽酰基（或肽酰基），P 位上成为无负载的 tRNA 脱落。

（4）移位：在 EF－G 协助下，由 EF－G·GTP 提供能量，核糖体构象改变，沿 mRNA 的 5′→3′相对移动一个密码子距离，使下一个密码子定位于 A 位，原来处于 A 位上的肽酰 tRNA 转移到 P 位上，空出 A 位。再依次进位、形成肽键、脱落和移位循环反复，直到 mRNA 上的终止密码子进入 A 位，翻译终止。肽链的延伸是从 N 端开始。延长过程每重复一次，肽链延伸一个氨基酸残基，多次重复使肽链增长到必要的长度。

4. 肽链合成的终止 肽链合成的终止，需释放因子（releasing factor，RF）参与。原核生物的 RF1 识别 UAA、UAG；RF2 识别 UAA、UGA，使肽链释放，核糖体解聚。原核和真核生物的核糖体释放因子 RF1、RF2、eRF1 或 RF3、eRF3 都有和延长因子 EF－G C 端同源的保守基序，而 EF－G C 端的 3 个结构域又分别和 tRNA 的氨基酸柄、反密码子螺旋、T 柄结构相似。由于 RF 与 tRNA 结构相似，所以可通过 tRNA 的反密码子与终止密码子互作而识别终止密码子。RF3、eRF3 与 EF－G 的 N 端和 EF－Tu 相似，所以 RF1/2－RF3、eRF1/eRF3 复合物和 EF－G 或 EF－Tu－GTP-氨酰 tRNA 三元复合物相似。当终止密码子进入 A 位，由于 RF1/2－RF3 或 eRF1/eRF3 可识别终止密码子而进入 A 位。貌似氨酰 tRNA 的终止密码子无法接受 P 位转来的肽基，翻译就此终止。

（二）真核生物蛋白质合成过程

真核生物蛋白质合成过程类似于原核生物蛋白质合成过程，最大的区别在于翻译起始复合物形成以及各阶段所使用的蛋白质因子的种类和数量的不同。

真核生物与原核生物蛋白质合成的异同有以下四点。

1. mRNA 真核生物的 mRNA 前体在细胞核内合成，合成后需经加工，才成熟为 mRNA，从细胞核输入胞质，投入蛋白质合成；而原核生物的 mRNA 常在合成尚未结束时，已开始翻译。真核生物 mRNA 含有 7-甲基三磷酸鸟苷形式的"帽"，含有由多聚腺苷酸形成的"尾"，为单顺反子，只含一条多肽链的遗传信息，合成蛋白质时只有一个合成的启动点，一个合成的终点；而原核生物的 mRNA 为多顺反子，含有蛋白质合成的多个启动点和终止点，且不带有类似"帽"与"尾"的结构。在 5′端方向启动信号的上游存在富含嘌呤的 SD 区段。真核生物的 mRNA 则无此区段。真核生物的 mRNA 代谢较慢，哺乳类动物 mRNA 的半衰期为 4～6 h，而细菌的 mRNA 半衰期仅在 1～3 min。此外，真核生物的 mRNA前体常含有插入顺序，即内含子，需要在加工时切除。

2. 核糖体 真核生物的核糖体（80S）大于原核生物的。小亚基为 40S，含有一种 rRNA（18S rRNA）；大亚基为 60S，含有 3 种 rRNA（28S rRNA、5.8S rRNA 和 5S rRNA），所含的核糖体蛋白质亦多于原核生物。原核生物小亚基 16S rRNA 的 3′末端有一富含嘧啶的区段，可与其 mRNA 启动部位富含嘌呤的 SD 区互补结合。在真核生物相应的 rRNA（18S rRNA）中，无此互补区。

3. tRNA 真核生物起着启动作用的氨基酸 tRNA 为不需要甲酰化的 Met－tRNA$_i$，而原核生物中为 fMet - tRNA$_f$，系 Met - tRNA$_f$ 经甲硫氨酰 tRNA 转甲酰基酸催化后的产物。

4. 合成过程

（1）启动：真核生物的起始因子（eIF）有 9～10 种，真核生物核蛋白小亚基先与 Met - tRNA^{met} 结合，再与 mRNA 结合，此时需要一分子 ATP。

（2）肽链延长：真核生物中催化氨基酸 tRNA 进入受体的延长因子只有一种（EF - T1）。催化肽酰 tRNA 移位的因子称为 EF - T2，可为白喉毒素所抑制。

（3）终止：真核生物只需一种终止因子（RF），此终止因子可识别 3 种终止密码子，并需要三磷酸鸟苷。原核生物的终止因子有 3 种。

此外，哺乳动物类等真核生物线粒体中，存在着自 DNA 到 RNA 及各种有关因子的蛋白合成体系，以合成线粒体的某些多肽。该体系类似原核生物蛋白合成体系。

三、翻译后的加工

翻译的完成还不是基因表达的完成，由核糖体释放的新生肽链多数并不是一个完整的、有生物功能的蛋白质分子，它必须经过一系列的翻译后加工才能成为具有生物学功能的成熟蛋白。这些加工过程通常包括肽链的剪接、二硫键的形成、肽链中氨基酸残基的化学修饰和肽链的折叠等。

（一）肽链的剪接

肽键的剪接是指在特定蛋白水解酶的作用下，切除肽链末端或中间的若干个氨基酸残基，形成一个或数个成熟蛋白质的翻译后加工过程。肽链的剪接主要有以下几种方式：

1. 肽链 N 端甲酰甲硫氨酸或甲硫氨酸的切除 原核生物和真核生物蛋白质合成都是以甲硫氨酸开始的，而功能性蛋白质通常 N 末端不是甲硫氨酸，甲酰甲硫氨酸或者甲硫氨酸在翻译完成后一般都要被除去，切除主要由氨肽酶（amino peptidase）水解来完成，该水解的过程可以发生在肽链合成的过程中或翻译完成之后。对于原核生物或真核线粒体来说，合成起始的第一个氨基酸是甲酰甲硫氨酸，部分蛋白质合成后会保留甲硫氨酸。因此，对合成起始的第一个氨基酸是甲酰甲硫氨酸的多肽链来说，是去除甲酰甲硫氨酸还是简单的脱甲酰常与其邻接的氨基酸有关，如果第二个氨基酸是精氨酸（Arg）、天冬酰胺（Asn）、天冬氨酸（Asp）、谷氨酸（Glu）、异亮氨酸（Ile）或赖氨酸（Lys），通常以脱甲酰基为主，主要在脱甲酰酶的作用下去除甲酰基；如果第二个氨基酸是丙氨酸（Ala）、甘氨酸（Gly）、脯氨酸（Pro）、苏氨酸（Thr）或缬氨酸（Val），则以除去甲酰甲硫氨酸为主。

2. 信号肽的切除 在大多数原核生物的跨膜蛋白和真核生物的分泌蛋白中，其 N 末端通常存在一段长为 15～30 个氨基酸序列的信号肽，主要用于指导分泌蛋白的跨膜转移（定位）。在翻译过程中，当信号肽序列合成后能被特异的信号识别蛋白（signal recognition particle，SRP）所识别。信号肽序列与 SRP 结合后，蛋白质合成暂停或减缓，然后 SRP 将核糖体携带至内质网上，蛋白质合成继续进行，此后信号肽序列则在信号肽酶的作用下被切除。

3. 蛋白质多肽前体的剪切 许多新合成的蛋白质前体要经过肽链的切除才能成为有活性的成熟蛋白，如胰岛素、甲状旁腺素、生长激素等蛋白质前体。典型的例子是前胰岛素原的剪切（图 2 - 17），新合成的胰岛素前体——前胰岛素原（preproinsulin）在胞质中先切除信号肽变成胰岛素原（proinsulin），生成的胰岛素原为单链的多肽，由 3 个二硫键联结成弯曲的环形结构，弯曲结构由 A 链（21AA）、B 链（31AA）和 C 链（33AA）3 个连续的片段构成。当胰岛素原转运到胰岛细胞的囊胞中时，再把多肽中间部分的 C 链切除，产生独立的 A、B 两条多肽链，再由 3 个二硫键连接成有活性的成熟胰岛素。

4. 蛋白质的剪接　蛋白质的剪接是 1990 年凯恩（P. M. Kane）在研究酿酒酵母 TFP1 基因时发现的，是指将前体蛋白中间的蛋白质肽段剪切出来，再将其两侧的肽链通过新的肽键连接起来，形成成熟蛋白质的加工过程，它是一种由蛋白内含肽介导的在蛋白质水平上进行的翻译后加工过程。被切除的蛋白质肽段两侧的肽链称为蛋白外显子（extein），又称外蛋白子；被切除的中间肽段称为蛋白内含子（intein），又称内蛋白子。与基因内含子不同，蛋白外显子和蛋白内含子都是由一个基因的开放阅读框（open reading frame，ORF）所编码，共同产生于一个 mRNA 分子。在产生前体蛋白以后，蛋白内含子会从前体蛋白中切除掉，余下的蛋白外显子以肽键方式连接在一起成为成熟蛋白。蛋白质的这种剪接不同于胰岛素前体的剪切，在成熟的胰岛素中，其 A 链和 B 链之间不以肽键连接，而仅仅通过二硫键共价相连。

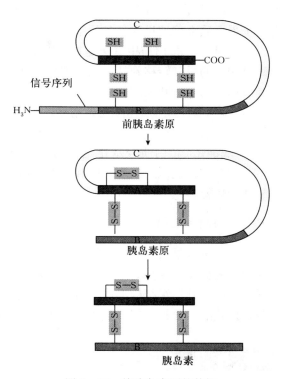

图 2-17　前胰岛素原的剪切

（图片来源：http：//www.qc138.com/yx/gwzlys/UploadFiles_9850/200810/2008100618485626.gif）

（二）二硫键的形成

在 mRNA 分子中没有编码胱氨酸的密码子，但是在不少成熟的蛋白质分子中含有胱氨酸二硫键，这种二硫键是通过两个半胱氨酸的巯基氧化形成的，属于翻译后加工。此键在蛋白质的三维结构形成上有重要的作用，例如胰岛素、免疫球蛋白等前体的加工过程中都有二硫键的形成。

（三）肽链中氨基酸残基的化学修饰

上述肽链剪接的各种方式主要是对肽链主链的修饰处理，除此之外，在细胞内还存在一类翻译后处理，主要是对氨基侧链的修饰，这种化学修饰主要反应类型有：泛素化（ubiquitination）、磷酸化（phosphorylation）、糖基化（glycosylation）、甲基化（methylation）、乙酰化（acetylation）、羟基化（hydroxylation）等，它们是翻译后蛋白质加工的重要内容。

1. 泛素化　泛素蛋白由 76 个氨基酸组成，高度保守，普遍存在于真核细胞内，故名泛素（ubiquitin）。泛素化是指将泛素的羧基末端通过异肽键与靶蛋白 Lys 残基的 ε-氨基连接在一起。

2. 磷酸化　蛋白质磷酸化是指在蛋白激酶的催化作用下将 ATP 或 GTP 上的磷酸基转移到底物蛋白氨基酸残基上的过程。磷酸化主要发生在丝氨酸、苏氨酸和酪氨酸残基的羧基上，对酶蛋白的活性有重要影响。

3. 糖基化　蛋白质糖基化是指在一系列糖基转移酶的催化作用下，蛋白上特定的氨基酸残基（天冬氨酸、丝氨酸、苏氨酸等残基）共价连接寡糖链的过程。糖基化可以通过 N-糖苷键连接于天冬氨酸的酰胺基上，也可以通过 O-糖苷键连接于丝氨酸、苏氨酸等的羟基上，还可以通过 S-苷键连接于半胱氨酸的巯基上。蛋白质糖基化后，其构型常会发生改变，有助于蛋白质准确地进入各自的细胞器。

4. 甲基化 蛋白质甲基化是指在甲基转移酶的催化下，将活性甲基化合物（如 S-腺苷甲硫氨酸）的甲基转移到特定的氨基酸残基的过程。它是氨基酸残基的一种重要的修饰，起着调节基因的表达和关闭作用，是表观遗传学的重要研究内容之一。

5. 乙酰化 蛋白质乙酰化是指在乙酰转移酶的催化作用下，在特定氨基酸残基（主要是赖氨酸残基）上添加乙酰基的过程。组蛋白乙酰化一般能促进基因的转录。

6. 羟基化 蛋白质羟基化是指向蛋白质中特定的氨基酸残基引入羟基（—OH）的过程。通常在结缔组织的胶原蛋白和弹性蛋白中，脯氨酸和赖氨酸可经过羟基化修饰成为羟脯氨酸和羟赖氨酸。

（四）肽链的折叠

肽链的折叠是指多肽链的氨基酸序列形成具有正确三维空间结构蛋白质的过程。在翻译过程中，核糖体可保护 30～40 个氨基酸残基不被降解，因此当肽链从核糖体上裸露出来后，便开始折叠，其三级结构形成与蛋白质合成的终止同时完成。细胞内大多数天然蛋白质的折叠需在折叠酶、分子伴侣、蛋白质二硫键等辅助下才能完成。

思考题 ◇

(1) 遗传物质必须具备什么功能？为什么 DNA 适合作为遗传物质？

(2) 复制和转录有何异同？

(3) 真核生物 DNA 复制起始与原核生物的有何不同？

(4) 简述真核生物 RNA 聚合酶 II 的转录终止机制。

(5) 密码子的偏好性受什么影响？有什么进化学意义？

(6) 简述氨基酰- tRNA 的形成过程。

(7) 真核生物蛋白质生物合成过程中形成的 80S 复合物的成分有哪些？

(8) 遗传密码的特点有哪些？

(9) 摇摆假说的要点是什么？

(10) 什么是蛋白质内含子？它和一般蛋白质的剪切加工有何不同？

第三章 孟德尔定律及其扩展

从 18 世纪中期开始，生物学家们就已经进行了动、植物杂交试验。那个时期杂交试验的目的是为了探讨"杂交能否产生新种"。18 世纪末，这个问题得到了解决。到了 19 世纪，人们关于动、植物的杂交研究，便朝着两个方向发展：①生产的目的，即为了提高农作物的产量和培养观赏植物新品种。②理论研究的目的，即以杂交试验为手段来探讨生物的遗传和变异的奥秘。虽然目的不同，但结果相似，即在杂交试验中，观察到杂种性状的一致性和杂种后代性状的多态性等遗传现象。为什么会产生这种有规则的遗传现象？对于这个问题当时未做出令人满意的解释。所以，探讨生物性状的遗传问题就成为 19 世纪生物学家们迫切需要解决的重大课题。孟德尔在前人实践的基础，通过长达 8 年（1856—1863）的豌豆杂交试验和 4 年的其他植物杂交试验（experiments on plant hybridization），于 1866 年首次提出了分离定律（law of segregation）和自由组合定律（law of independent assortment），否定了当时流行的混合遗传的观点。但这两个定律在当时并未引起足够的重视，直到 1900 年被重新发现，并统称为孟德尔遗传定律。

第一节 分离定律

一、孟德尔试验的方法

孟德尔以 34 个豌豆品种为试验材料，先后对 7 对相对性状进行了观察和统计分析，解释了生物性状的遗传问题。孟德尔之所以能获得成功，应归功于他卓越的洞察力和科学试验方法。

1. 严格选材 选择具有明显特点的性状作为研究对象。孟德尔从豆科植物中选择了自花授粉而且是闭花授粉的豌豆（*Pisum sativum*）作为试验材料。首先，由于豌豆是闭花授粉，因此几乎所有的豌豆种子都可以说是某一性状的纯种；其次，豌豆花的各部分结构都比较大，便于人工去雄和异花授粉；再次，豌豆的许多性状差别非常大，如花的颜色、植株的高矮等，孟德尔试验时选取了许多稳定的、容易区分的性状进行观察分析。

2. 系谱记载 孟德尔保持了各世代的系谱（pedigree）记载，从而能指示试验中的一个个体的来龙去脉，开创了系谱分析法。

3. 精心设计试验方法 试验设计是科学方法学的重要因素。孟德尔试验是首先分别观察和分析在一个时期内的一对性状的差异，最大限度地排除各种复杂因素的干扰。他的试验方法由简到繁；在观察清楚一对性状之后，再结合两对或三对性状进行观察研究。如果他的杂交试验是对整个植株进行比较的话，他也可能同样陷入复杂现象的困境。

4. 严格的技术处理 如在豌豆杂交时进行严格而谨慎的去雄、授粉和套袋技术，以防止因有意外的外来花粉混杂而得出错误的结论。

5. 定量分析法 由于孟德尔有数学和统计学家的头脑，他在试验中注意到杂种后代中除了出现不同类型的个体外，还存在数量上的关系，通过对杂交后代出现的个体进行分类、计数和数学归纳，认识到 1∶1 和 3∶1 所蕴含的深刻意义和规律。

6. 自我验证 在当时，虽有不少的科学家进行同类试验，但都没有像孟德尔一样，设计新的试验进行验证。而孟德尔巧妙地设计了测交试验，令人信服地证明了自己试验的正确性，至今仍在育种上应用。

二、一对相对性状的遗传试验及分离现象

所谓性状（trait）就是生物体所表现的形态特征和生理特性的总称，分为综合性状（complex character）和单位性状（unit character）。综合性状是指性状本身由很多性状所组成，如人的眼睛包括形状、颜色、大小等许多性状。孟德尔在研究性状遗传时，把个体所表现的性状总体区分为各个单位作为研究对象，这些被区分开的具体性状称为单位性状，如鸡的冠形、猪的毛色等。不同个体在单位性状上常有着各种不同的表现，如鸡的冠形有胡桃冠、玫瑰冠、豌豆冠和单冠。这种同一单位性状在不同个体间所表现出来的相对差异，称为相对性状（contrasting character）。

所谓杂交（cross），就是具有不同遗传性状的个体之间的交配。着重观察这一相对性状在后代传递的情况，并对其后代进行分析，发现性状在后代中发生分离具有一定的规律性，且在其他动物、植物和微生物，包括人类在内都得到验证，具有一定的普遍性。现以家畜为例说明如下。

猪的耳形有竖耳和垂耳两种，这是一对区别明显的相对性状，将这两个亲本（parents）进行相互杂交，观察其子代（filial generation）的变化（图 3 - 1）。

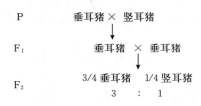

图 3 - 1 猪耳形的遗传

P 表示亲本（parent），F 表示杂种后代（filial generation），×表示杂交

孟德尔把具有相对性状的个体杂交时，其子一代（F₁）中所表现的亲本一方的性状，称为显性性状（dominant character），子一代没有表现出来的亲本一方的性状，称为隐性性状（recessive character）。在子一代间相互交配后所产生的子二代（F₂）中，不仅出现了具有显性性状的个体，而且还出现了杂种一代所没有的、具有隐性性状的个体，这就是性状的分离现象（segregation）。例如，纯种的垂耳猪与纯种的竖耳猪杂交时，所产生的子一代均为垂耳猪，这表明垂耳为显性性状，竖耳为隐性性状。也就是说垂耳对竖耳为显性，竖耳对垂耳则为隐性。当子一代中的垂耳公猪与垂耳母猪交配后，所产生的子二代中既有垂耳猪，也有竖耳猪。如果在大群杂交时，还可以发现这两种类型之间存在一定的比例，其中显性性状的个体，即垂耳猪约占 3/4，隐性性状的个体，即竖耳猪约占 1/4，如果子二代有 1 000 头猪，其中垂耳猪约有 750 头，竖耳猪约 250 头，两者分离比接近 3∶1。

三、分离现象的解释及验证方法

（一）分离现象的解释

孟德尔为了解释上述试验结果，提出了下列假说。

（1）生物体的遗传性状都是由遗传因子（hereditary factor）控制。相对性状都是由相对的遗传因子所控制。如猪竖耳性状由竖耳因子控制，垂耳性状由垂耳因子控制。

（2）遗传因子在体细胞中成对存在，其中一个来自父本雄性配子，另一个来自母本雌性配子。而在配子形成过程中，成对的遗传因子彼此相互分开，分别进入到不同的配子中去，每一个配子仅包含成对遗传因子的一个。这是分离定律的实质。

（3）雌、雄配子受精形成合子的过程中，遗传因子在体细胞内各自独立，互不混杂，互不相融，且对性状发育发挥不同的作用，从而使个体呈现出一定的性状，也就是一个遗传因子决定一个性状。

（4）杂种一代（F_1）形成配子时，如含有竖耳因子的配子和含有垂耳因子的配子，数目相等，且杂种所产生的雌雄配子的结合是随机的。

（5）遗传因子有显性和隐性之分。控制显性性状的遗传因子为显性因子；控制隐性性状的遗传因子为隐性因子。当显性因子和隐性因子共存时，显性因子能抑制隐性因子发挥效能。

孟德尔用英文字母作为各种遗传因子的符号，一般用大写字母代表显性因子，小写字母代表隐性因子。例如在猪的垂耳与竖耳的遗传因子中，垂耳对竖耳是显性，往往用"D"代表垂耳，用"d"代表竖耳。现在根据孟德尔的假说来解释性状的分离现象，仍以垂耳猪和竖耳猪的杂交为例。在纯种垂耳猪的体细胞中，垂耳因子成对存在，即"DD"，当形成配子时，成对的垂耳因子彼此分离，各自进入一个配子中去，每个配子中含有一个"D"，即纯种垂耳猪只产生一种类型的配子D；同样，纯种竖耳猪也只能产生一种类型的配子d，当这两种类型猪杂交时，通过雌雄配子的受精作用，D 和d 组合在一起，所以 F_1 成为含有 D 和 d 的杂合体（Dd），恢复了成对遗传因子的状态。由于 D 对 d 是显性的，能抑制 d 的作用，所以 F_1 只表现垂耳性状。F_1 虽然只表现垂耳性状，但 d 并未消失或与 D 相融合，而是彼此独立存在，保持其完整性。此后，杂种一代（Dd）在形成配子时，这两个遗传因子彼此分离，产生的配子只能得到两个遗传因子中的一个，产生数目相等的两种类型配子（雌雄配子均有两种），一种带有 D，一种带有 d，两者比数为 $1：1$。当 F_1 中的公母猪交配时，每种雄性配子都有与每种雌性配子结合的可能性，并且机会相等。所以有 DD、Dd、Dd、dd 四种结合方式，也就是杂种二代中有 $1/4$ 的个体带有 DD，$2/4$ 个体带有 Dd，$1/4$ 的个体带有 dd。其分离比为 $1：2：1$。根据假说，D 对 d 为显性，按性状表现来说，只表现垂耳和竖耳两种，它们的分离比是$3：1$（图 $3-2$）。

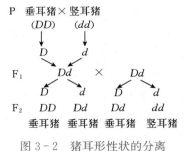

图 3-2 猪耳形性状的分离

（二）孟德尔遗传分析的相关名词

1. 基因（gene） 1909 年，丹麦植物学家约翰逊（W. Johannsen）将孟德尔提出的遗传因子，改称为基因，所谓基因就是指位于染色体上的一定位置并控制一定性状的遗传单位。

2. 等位基因（alleles） 1902 年，由贝特森（Bateson）提出来。他把控制相对性状的一对相对因子定名为等位基因。即细胞遗传学上，将位于同一对同源染色体上，位置相同，功能相似的，控制相对性状的同一基因的两种不同形式称为等位基因，如垂耳基因 *D* 和竖耳基因 *d* 互为等位基因。值得注意的是，控制不同性状的基因是非等位基因，如垂耳基因 *D* 和黑毛基因 *w*。原核生物及分子遗传学上，等位基因是指由一个基因突变而产生的多种形式之一。

3. 基因座（locus）　是指基因在染色体上的位置。

4. 基因型（genotype）　是指生物体的遗传组成，是生物体从亲代获得的全部基因的总和，也称为遗传型。基因型是肉眼看不到的，只有通过杂交试验根据表型来确定。如决定垂耳性状的基因型有 *DD* 和 *Dd* 两种类型，决定竖耳性状的基因型只有 *dd* 一种类型。基因型既可用来表示所研究的某一性状的基因组合情况，也可用来表示有机体的一切遗传基础的总和。但是由于生物体的基因很多，总的基因型无法表示，所以人们通常表达的基因型，都是针对生物的某一个或几个具体性状而言的。就一对等位基因而言，基因型可分为同型结合和异型结合两种。同型结合是指性质完全相同的两个基因的结合状态，如 *DD* 和 *dd*，又称纯合基因型。具有纯合基因型的个体称为纯合体（homozygote）或纯合子。纯合体又分为显性纯合体（如 *DD*）和隐性纯合体（如 *dd*）。异型结合是指性质不同的两个基因的结合状态，如 *Dd*，又称杂合基因型。具有杂合基因型的个体称为杂合体（heterozygote）或杂合子。

5. 表现型（phenotype）　是指特定的基因型在一定环境条件下的表现，也就是所观察到的性状，它是基因型和内、外环境条件作用下的具体表现，简称表型。表现型是肉眼可以看到的，或者可用物理、化学法予以测定。例如，基因型 *DD* 和 *Dd* 都表现为垂耳，即表现型相同，基因型不同。反之，基因型相同，表现型也未必相同，如同卵双生子仍能从外貌上分辨出来，这是因为环境对个体可造成不可遗传的变异。

6. 真实遗传（breeding true）　具有纯合基因型的个体才能真实遗传。亲代能够将其性状世世代代遗传给子代。

（三）分离定律的验证

科学的假说和逻辑推理在解释一些现象时是非常必要的，但是必须用科学的实验来验证。因子分离假说的关键在于杂合体内是否有显性因子和隐性因子同时存在，以及形成配子时，成对的因子是否彼此分离，互不干扰。为了证明这一假说，可采用下列几种方法进行验证。

1. 测交法　为了验证某种表现型个体是纯合体还是杂合体，孟德尔采用了测交法。所谓测交（test cross）是被测验或检测个体与隐性纯合体间的杂交，所得的后代为测交子代（F_t）。由于隐性纯合体只产生一种含有隐性基因的配子，它与被测亲本产生的配子结合后，子代都只能表现出被测亲本产生的配子所含基因的表现型，因而可根据测交子代所出现的表现型种类和比例，确定被测个体的基因型。

如一头垂耳猪与一头竖耳猪（隐性纯合体，*dd*）杂交，由于竖耳亲本只产生 *d* 基因配子，如果在测交子代中全部是垂耳猪，说明该垂耳猪是 *DD* 纯合体；如果在测交子代中 1/2 是垂耳猪，1/2 是竖耳猪，说明该垂耳猪的基因型是 *Dd*（图 3-3）。

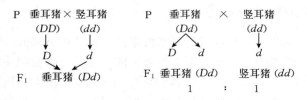

图 3-3　猪耳形性状的测交试验

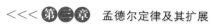

2. 系谱分析法　就是调查某家族若干代各成员的表现型后，按一定方式将调查结果绘成系谱进行分析。无论是隐性还是显性遗传病，它们的系谱都有各自的特点。

（1）隐性遗传病的系谱特点：患者的双亲往往是无病的，但是他们是遗传病基因的携带者；患者的同胞兄弟姐妹中发病患者数量约占 1/4，而且男女发病机会均等；遗传是不连续的，患者的同胞兄弟姐妹中各有 2/3（3/4 中的 2/3）的可能性是携带者；近亲婚配的子女发病率比非近亲婚配的子女高。

（2）显性遗传病系谱的特点：患者的双亲中往往有一个是发病的患者；患者的同胞兄弟姐妹中，发病患者的数量约占 1/2，而且男女发病机会均等；遗传往往是连续的，各代中均可看到发病患者。

3. 配子鉴定法（F_1 花粉鉴定法）　如：玉米籽粒有糯性和非糯性两种，它们是受一对相对基因控制的。非糯性是直链淀粉，由显性基因 Wx 控制。用稀碘液处理花粉或籽粒的胚乳，呈蓝黑色反应；而糯性是支链淀粉，用稀碘液处理花粉或籽粒的胚乳，呈红棕色反应。如果用稀碘液处理玉米糯性×非糯性的杂种植株的花粉，然后在显微镜下观察，可见到明显的两种染色反应，而且红棕色和蓝黑色的花粉粒大致各占 1/2。这种现象在水稻、谷子等其他作物中也有同样的表现。孟德尔的遗传试验后经其他学者的重复，得到了进一步验证。

4. 其他方法　自交（selfing）法和真菌类的子囊孢子鉴定法都能验证因子分离假说，但上述这些方法在动物中不能实施或成本太大，在此不做详细阐述。

（四）表现型分离比实现的条件

根据分离规律，一对相对性状的个体间杂交产生 F_1，F_1 自交产生的后代（F_2）分离比应为 3∶1，测交后代分离比应为 1∶1。但这些分离比的出现必须满足以下的条件。

（1）研究的生物体是二倍体。如真菌常以单倍体形式存在，不能自交，后代必然无 3∶1 的分离比例。

（2）F_1 个体形成的两种配子的数目相等或接近相等，并且两种配子的生活力是一样的。即受精时各雌雄配子都能以均等的机会相互自由结合，否则分离比例必然无规则。

（3）不同基因型的合子及由合子发育的个体具有相同或大致相同的存活率。如果某种基因型早期死亡，比例也会相应地发生改变。

（4）研究的相对性状差异明显，显性表现是完全的。如果显性不完全，或有其他表现形式，则出现其他分离比例。

（5）杂种后代都处于相对一致的条件下，而且试验分析的群体比较大。在人类或其他哺乳动物中，由于子代数目少，难以观察到上述比例，只能推测其概率。

四、分离定律的意义和应用

分离定律是遗传学中最基本的一个规律，它从本质上阐明了控制生物性状的遗传物质是以单位的形式存在，且在遗传上具有高度的独立性。从理论上阐明了遗传因子与性状之间的关系，并通过实例说明了性状传递现象的实质是遗传因子在上下代间的传递，而不是性状的直接传递。此外，分离规律还阐明了纯合体能真实遗传，杂合体的后代必然发生分离的道理。从而为研究动物育种及兽医临床等领域提供了可靠的理论依据。

分离定律在育种实践中有重要作用。

（1）根据分离定律，必须重视基因型和表现型之间的联系和区别，在基础理论研究中需严格选用纯合材料进行杂交，才能正确地分析试验资料，获得预期的结果，做出可靠的结论。

（2）预测后代分离的类型和频率。在生产上可准确预测后代分离的类型及出现的频率，从而有计划地确定养殖规模，以提高选择效果，加快育种进程。例如在蒙古羊的杂交改良中，当选择基础母羊群时，用混有黑羊和黑白花的母羊，与白色美利奴羊和蓝布列羊进行杂交，子一代杂种均为白色，回交一代产生 1/2 纯种，回交二代有 3/4 是纯种。对这样的杂种要固定白色性状，比较浪费时间和费用。应该在杂交初期选择白色蒙古羊群作为基础母羊群，就可以避免黑羔和花羔的出现。

（3）根据分离规律，利用杂种创造新品种。一方面可对杂交育种的后代进行连续杂交和选择。因为杂交能使杂种产生性状分离并导致基因型纯合，从而选出基因型优良且纯合的个体育成新品种。另一方面在杂种优势利用中，一般只利用杂种一代，也可用杂种一代的雌性再与第三品种杂交，获得三品种的杂种优势。但杂种间不能进行自群繁殖，否则会因性状的分离而降低产量。

（4）根据分离定律，要求在生产杂种时亲本必须高度纯合，这样 F_1 才能整齐一致，充分发挥杂种的增产作用。如果双亲不是纯合体，F_1 即可能出现分离现象。同时，杂种优势一般只利用 F_1，不用 F_2，因为 F_2 是分离世代，优势下降。

（5）根据分离定律，要求亲本品种在繁殖过程中，加强选种选育，防止品种混杂和退化。

（6）根据分离定律，为了育成符合需要的品种，可将单个基因引入一个在其他各方面都好的品种中去。如有一优良乳牛品种，但易伤人，可引入无角牛的无角基因，先通过无角公牛与本品种的优良母牛交配，再选后代中无角的相互杂交，就可能选出稳定的无角后代，进一步选育形成无角的优良乳牛品种。

（7）根据分离定律，避免近亲繁殖。遗传缺陷或遗传性疾病大部为隐性性状。往往由于近亲繁殖，使隐性基因得到纯合，隐性性状遗传疾病和缺陷得以表现，因此，一般情况下应避免近亲繁殖。

第二节　自由组合定律

孟德尔在提出了分离定律之后，又深入研究了两对和两对以上相对性状之间的遗传关系，从而提出了自由组合定律，又称为因子独立分配定律（law of independent assortment）。

一、两对相对性状的遗传试验及自由组合现象

通过对两对性状差异的两个纯合型亲本进行杂交，观察其后代。将纯种的毛冠、丝羽鸡与纯种的非毛冠、正常羽鸡进行正反交，子一代（F_1）中雌雄鸡都是毛冠、正常羽，表明毛冠对非毛冠是显性，正常羽对丝羽是显性。子一代中大量个体相互交配，在子二代（F_2）中会出现如下的性状组合及其比数（图 3 - 4）。

在 F_2 中出现了 4 种性状组合，其中毛冠、丝羽和非毛冠、正常羽是亲本原有的性状组合，称为亲组合（parental combination），毛冠、正常羽和非毛冠、丝羽是亲本原来没有的性状组合，称为重组合（recombination）。从 F_2 中的性状表现情况可以看出，同一对相对性状相互分离，而不同对的相对性状却可以相互组合。

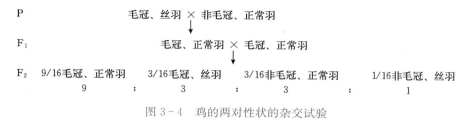

图 3-4　鸡的两对性状的杂交试验

就一对性状而言，毛冠（9/16＋3/16）与非毛冠（3/16＋1/16）之比为 3：1，正常羽（9/16＋3/16）与丝羽（3/16＋1/16）之比也为 3：1，均与分离定律相符。因为不同对的相对性状可以相互结合，所以 3/4 的毛冠鸡中应有 3/4 正常羽和 1/4 丝羽鸡，在 1/4 的非毛冠鸡中也应有 3/4 正常羽和 1/4 丝羽鸡；反过来说，在 3/4 的正常羽鸡中应有 3/4 毛冠和 1/4 非毛冠鸡，在 1/4 丝羽鸡中也应有 3/4 毛冠和 1/4 非毛冠鸡。因此在 F_2 中出现了上述的 4 种性状组合，就形成了 9：3：3：1 的比数。

二、自由组合现象的解释及验证方法

（一）自由组合现象的解释

孟德尔在分离定律的基础上，提出了不同对的遗传因子在形成配子时自由组合的理论，来解释上述有规律的遗传现象。自由组合假说的内容大致可归纳为两点：①在形成配子的过程中，这一对遗传因子与另一对遗传因子在分离时各自独立，互不影响；不同对遗传因子的成员组合在一起是完全自由的、随机的。②不同类型的精子和卵子在形成合子时也是自由组合的，而且组合也是随机的。

仍以纯种毛冠、丝羽鸡与纯种非毛冠、正常羽鸡杂交为例，用 "Cr" 代表毛冠，"cr" 代表非毛冠；用 "H" 代表正常羽，"h" 代表丝羽。亲本中毛冠、丝羽鸡的基因型为 $CrCrhh$，只能产生 1 种类型的配子 Crh，亲本中非毛冠、正常羽鸡的基因型为 $crcrHH$，也只能产生 1 种类型的配子 crH。Crh 配子与 crH 配子结合，产生了基因型为 $CrcrHh$ 的 F_1，其表型为毛冠、正常羽。根据分离定律，F_1 在产生配子时，成对遗传因子 Cr 与 cr 必定分离，H 与 h 也必定分离。就第一对因子而言，可产生 Cr 和 cr 2 种配子；同样第二对因子可产生 H 和 h 2 种配子。首先，根据因子独立分配假说，两对因子在分离时完全独立，不同对遗传因子的成员在一起是完全自由的、随机的。因此子一代 $CrcrHh$ 就有可能产生 4 种类型的配子（CrH、Crh、crH 和 crh），而且这 4 种配子的数目相等。其次，如果雌雄配子的种类和比例相同，在自由组合的情况下，子二代就有 9 种基因型（图 3-5），这 9 种基因型应表现为 4 种表现型：毛冠、正常羽；毛冠、丝羽；非毛冠、正常羽；非毛冠、丝羽，并呈现 9：3：3：1 的比数。

由图 3-5 可以知道：F_2 的 9 种基因型及其比数为：1/16 $CrCrHH$：2/16 $CrCrHh$：1/16 $CrCrhh$：2/16 $CrcrHH$：4/16 $CrcrHh$：2/16 $Crcrhh$：1/16 $crcrHH$：2/16 $crcrHh$：1/16 $crcrhh$。F_2 的 4 种表现型及其比数为：9/16 毛冠、正常羽：3/16 毛冠、丝羽：3/16 非毛冠、正常羽：1/16 非毛冠、丝羽。因此自由组合假说很好地解释了两对性状的因子独立分配现象，但这个假说是否正确，还需进一步的验证。

（二）自由组合假说的验证

自由组合假说关键在于子一代是否会按照因子独立分配理论产生 4 种类型的配子以及它们的数目是否相等。为了验证自由组合假说的正确性，可采取下列几种方法进行。

P   毛冠、丝羽(*CrCrhh*)×非毛冠、正常羽（*crcrHH*）

↓   ↓

Crh   *crH*

F₁   毛冠、正常羽（*CrcrHh*）×毛冠、正常羽（*CrcrHh*）

↓

F₂

♀＼♂	*CrH*	*Crh*	*crH*	*crh*
CrH	*CrCrHH* 毛冠、正常羽	*CrCrHh* 毛冠、正常羽	*CrcrHH* 毛冠、正常羽	*CrcrHh* 毛冠、正常羽
Crh	*CrCrHh* 毛冠、正常羽	*CrCrhh* 毛冠、丝羽	*CrcrHh* 毛冠、正常羽	*Crcrhh* 毛冠、丝羽
crH	*CrcrHH* 毛冠、正常羽	*CrcrHh* 毛冠、正常羽	*crcrHH* 非毛冠、正常羽	*crcrHh* 非毛冠、正常羽
crh	*CrcrHh* 毛冠、正常羽	*Crcrhh* 毛冠、丝羽	*crcrHh* 非毛冠、正常羽	*crcrhh* 非毛冠、丝羽

图 3-5　鸡的两对基因的 F₂ 分离图解

1. 测交　为了验证两对基因的自由组合假说，孟德尔同样采用了测交法，即用子一代与双隐性纯合体进行杂交检验自由组合假说是否成立。如果假说成立，那么两对基因的杂种与双隐性类型杂交，由于后者只产生一种配子，测交后代必定是 4 种表现型而且比数相等。F₁ 毛冠、正常羽（*CrcrHh*）与双隐性非毛冠、丝羽（*crcrhh*）的测交结果如图 3-6 所示。

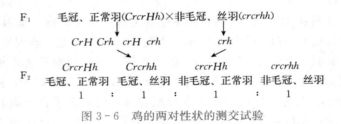

F₁   毛冠、正常羽(*CrcrHh*)×非毛冠、丝羽(*crcrhh*)

CrH Crh crH crh ↓   ↓ *crh*

F₂   *CrcrHh*   *Crcrhh*   *crcrHh*   *crcrhh*
毛冠、正常羽　毛冠、丝羽　非毛冠、正常羽　非毛冠、丝羽
1　 ：　 1　 ：　 1　 ：　 1

图 3-6　鸡的两对性状的测交试验

测交的结果与预期的结果相符，从而证明了因子独立分配假设是成立的。自由组合定律，也称为孟德尔第二定律。

2. 其他方法　自交法、四分子分析法都能验证自由组合假说，但这两种方法在动物中不能实施或成本太大，在此不做详细阐述。

三、自由组合定律的意义和应用

自由组合定律是在分离定律的基础上产生的，由于它进一步揭示了两对或多对基因之间自由组合的关系，为解释生物界的多样性提供了重要的理论依据，具有重要的理论意义。虽然导致生物发生变异的原因很多，但基因的自由组合是生物性状出现多样性的重要原因之一。特别是高等动物，染色体上的基因数目是大量的。如果一个生物有 20 种性状，每种性状由一对基因控制，假设它们都是独立遗传的，则表现型就有 $2^{20}=1\,048\,576$ 种，而基因型就有 $3^{20}=3\,486\,784\,401$ 种。实际上高等动物的性状远远超过 20 种，由此说明生物的多样性有利于生物的进化，为生物提供适应各种生态环境条件和具有多种生产性能的理论基础。育种实践上的意义在于，自由组合定律增强了育种工作的计划性和预见性，可以有目的地组合两个亲本的优良性状，并可预测杂种后代出现优良重组类型的大致比率，以便确定杂交育种的工作规模。在兽医临床上，一般两种遗传病同时在一个家系中出现的机会是比较少见的。但如果两对独立遗传的基因所决定的遗传病同时出现于一个家系中，就可以用自由组合规律进行分析，预测家系成员复发的危险率。

四、多对性状的遗传分析

（一）三对基因的自由组合

当具有 3 对不同性状的个体杂交时，只要决定 3 对性状遗传的基因分别在 3 对染色体上，它们的遗传都符合自由组合定律。如黑白花、有角、有色脸（$BBppHH$）牛与红白花、无角、无色脸（$bbPPhh$）牛杂交，子一代全部为黑白花、无角、有色脸（$BbPpHh$）。F_1 的 3 对杂合基因有 $2^3 = 8$ 种组合方式，因而产生 8 种配子（BPH、BpH、Bph、BPh、bPH、bpH、bPh 和 bph），各种配子的比例数相等，雌雄配子结合的几率相等，因此子二代将产生 64 种组合，8 种表现型，27 种基因型。

（二）多对基因的自由组合

为了方便起见，对于复杂的基因组合，可先将各对基因杂种的分离比例分解开，然后按同时发生事件的概率进行综合。如 3 对独立遗传的基因杂交，可以看作是 3 个单基因杂种之间的杂交。每一单基因杂种的 F_2 按 3∶1 比例分离，因此，3 对自由组合的基因杂种的 F_2 表现型的比例就是按（3∶1）×（3∶1）×（3∶1）展开。如有 n 对自由组合的基因，则其 F_2 表现型分离比例应为（3∶1）^{n} 展开（表 3-1）。像上面（3∶1）^{n} 这样的遗传型式称为孟德尔遗传型式。符合孟德尔遗传型式必须满足以下几个条件：①等位基因间的显性作用完全；②非等位基因之间没有相互作用；③非等位基因处于不同的染色体上；④杂合体所产生的配子在生活能力和受精能力上相同；⑤各类合子的生活能力相同。

由表 3-1 可见，只要各对基因都是属于自由组合的，其杂种后代的分离就有一定的规律可循。就是说在一对等位基因的基础上，等位基因增加到 n 对时，F_1 形成的不同配子种类就增加为 2 的指数，即 2^n；F_2 的基因型种类就增加为 3 的指数，即 3^n；F_1 配子可能的组合数就增加为 4 的指数，即 4^n。其他依次类推。

表 3-1　多对基因 F_2 基因型与表现型关系

F_1 杂合的基因对数	F_1 形成的配子种类	F_2 雌雄配子组合数	F_2 基因型种类	F_2 纯合基因型种类	F_2 完全显性表现型种类	F_2 基因型比例	F_2 表现型分离比例
1	2	4	3	2	2	$(1:2:1)^1$	$(3:1)^1$
2	4	16	9	4	4	$(1:2:1)^2$	$(3:1)^2$
3	8	64	27	8	8	$(1:2:1)^3$	$(3:1)^3$
4	16	256	81	16	16	$(1:2:1)^4$	$(3:1)^4$
⋮	⋮	⋮	⋮	⋮	⋮	⋮	⋮
n	2^n	4^n	3^n	2^n	2^n	$(1:2:1)^n$	$(3:1)^n$

五、遗传学数据的统计学处理

孟德尔在试验时看到，多种分离比如 1∶1、3∶1 等都是子代个体数较多时才比较接近；子代个体数不多时，其实际所得比例与理论比例常表现明显的波动。到 20 世纪初期，孟德尔的遗传定律被重新发现后，通过大量的遗传试验资料的统计分析，才认识到概率原理和统计学分析在遗传研究中的重要性和必要性。

1. 概率的基本概念 概率（probability），又称几率（chance），是指在反复试验中，预期某一事件的出现次数的比例。常用 p（A）表示。

$$p(A) = \lim_{n \to \infty} \frac{n_A}{n}$$

式中，p（A）——A 事件发生的概率；

$\qquad n$——群体中的个体数或测验次数；

$\qquad n_A$——A 事件在群体中出现的次数。

2. 概率定则

（1）$p+q=1$，也就是说某一事件若有两种可能性，那么发生这两种可能性的总和等于1。如掷硬币，要么是正，要么是反，可能性各为 50%，总和为 1。

（2）$0 \leqslant p$（A）$\leqslant 1$。当 p（A）$=1$ 时，称为必然事件，它是指在某种条件下必然发生的事件，如基因型纯合的竖耳猪（dd）杂交后代全是竖耳猪；当 p（A）$=0$ 时，称为不可能事件，它是指在某种条件下一定不发生的事件，如基因型纯合的垂耳猪（DD）杂交后代不可能有竖耳猪（dd）；当 $0 < p$（A）< 1 时，称为随机事件或偶然事件，它是指在某种条件下，可能发生也可能不发生的事件，如一对夫妇可能生女孩，也可能生男孩，正常情况下概率各为 1/2。

3. 概率的基本定律

（1）乘法定理：可计算独立事件（independent event）出现的概率。设有两事件（A 和 B），如果 A 事件的出现并不影响 B 事件的出现，则 A 和 B 事件互称为独立事件。对于两个独立事件同时发生的概率应等于它们各自出现的概率的乘积。记为：

$$p（AB）= p（A）\times p（B）$$

例如：毛冠、正常羽鸡（$CrCrHH$）与非毛冠、丝羽鸡（$crcrhh$）杂交。由于这两对性状是受两对独立基因的控制，属于独立事件。Cr 或 cr、H 或 h 进入一个配子的概率均为 1/2，根据概率的乘法定理，CrH 配子中的基因组合及其出现的概率是：$p（CrH）= p（Cr）\times p$（H）$=1/2 \times 1/2 = 1/4$，其他三种配子也是如此。

（2）加法定理：可计算互斥事件（mutually exclusive event）出现的概率。设有两个事件 A 和 B，如果 A 事件发生，B 事件不能发生，反之亦然，则称 A 和 B 事件为互斥事件。若 A 和 B 事件为互斥事件，则出现事件 A 或事件 B 的概率等于它们各自的概率之和。记为：

$$p（A 或 B）= p（A）+ p（B）$$

例如：在猪的耳形的遗传中，F_1 基因型是 Dd，F_2 应是 3/4 垂耳、1/4 竖耳，但对于任一头猪而言，是垂耳就不能是竖耳，反之亦然，那么垂耳和竖耳为互斥事件。因此，一头猪其耳形为垂耳或竖耳的概率为：

$$p（垂耳或竖耳）= p（垂耳）+ p（竖耳）=3/4 + 1/4 = 1$$

4. 概率的计算和应用 根据概率理论和孟德尔定律，如果已知亲代的表现型和基因型，就可迅速推算出子代的基因型和表现型的种类及比例。具体方法有两种。

（1）庞纳特方格（Punnett square，棋盘法）：这种方法是先把亲本产生的配子类型列成表头，一配子在上行，另一配子在左列，然后绘成棋盘格，得到子代的基因组合，最后归纳整理出子代的基因型和表型的种类及比例。

例：在果蝇中，灰身（G）对黑檀体（g）是显性，长翅（Vg）对残翅（vg）是显性，这两对基因是自由组合的。用一只灰身、残翅雄果蝇和一只灰身、长翅雌果蝇交配，子代中发现有黑檀体、残翅个体（$ggvgvg$）。请写出杂交后代中全部的表现型类型及它们的比例。

解：由于子代中有黑檀体（gg），亲代无此表现型，所以双亲的这对性状的基因型必为 $Gg×Gg$。子代中既然出现了残翅（$vgvg$），亲代中只有雄果蝇为残翅，那么双亲的这一性状的基因型必为 $Vgvg$ 和 $vgvg$。

因此，亲本的基因型为：$GgVgvg$（♀）和 $Ggvgvg$（♂）。

则这对果蝇杂交的后代有 8 种基因组合，6 种基因型，4 种表现型（图 3-7）。

♀$GgVgvg$ × $Ggvgvg$♂

♂＼♀	GVg	Gvg	gVg	gvg
Gvg	$GGVgvg$	$GGvgvg$	$GgVgvg$	$Ggvgvg$
gvg	$GgVgvg$	$Ggvgvg$	$ggVgvg$	$Ggvgvg$

表现型为　灰身长翅　灰身残翅　黑檀体长翅　黑檀体残翅

比例为　　　3　　：　　3　　：　　1　　：　　1

图 3-7　果蝇两对因子的杂交试验

庞纳特方格是一种比较简单的计算杂交后代基因型和表现型概率分布的方法。其优点在于准确可靠，缺点是比较烦琐，不适合多对基因的组合，如对四对基因，有 32 种配子类型，1 024 种基因组合，81 种基因型。

（2）分支法（branching process）：在多对基因杂交时，使用棋盘法计算后代的基因型和表现型概率非常烦琐，应改用分支法。具体操作步骤是：首先，把每对基因杂交后代的基因型和表现型分别列成列；随后把后代的各对基因的概率相乘，再进行归纳，最后总结出后代分离的基因型和表现型的种类及比例。

例：在人类中，一对夫妇表型正常，男为 A 血型，女为 B 血型，生育的第一个孩子是 O 血型，但却是白化症患儿（cc）。请问这对夫妇若再生育将有何种基因型？何种表现型？各自所占的概率是多少？

解：双亲正常，孩子患白化症，表明父母均为白化症基因 c 的携带者（$Cc×Cc$），而血型中，孩子是 O 型（ii），父母（A 和 B 型）的基因型必为：$I^Ai×I^Bi$。

因此，双亲基因型：I^AiCc（父亲）×I^BiCc（母亲）。

用分支法计算再生育时子女可能出现的基因型和表现型的种类及概率（图 3-8）。

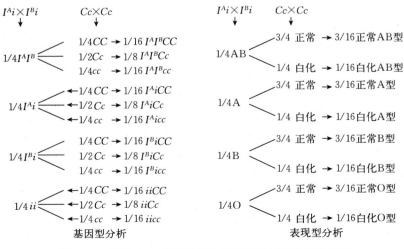

图 3-8　用分支法计算两对性状的基因型和表现型概率

（3）利用概率计算多对基因杂交中某种基因型或表现型的概率（图3-9）：

例：若五对基因的杂交组合为 $AABbccDDEe \times AaBbCCddEe$，求后代基因型为 $AABBCcDdee$ 和表现型为 $ABCDe$ 的概率。

解：

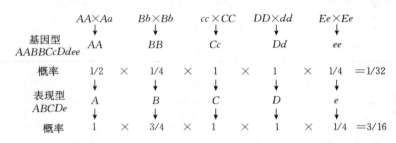

	$AA \times Aa$	$Bb \times Bb$	$cc \times CC$	$DD \times dd$	$Ee \times Ee$	
基因型 $AABBCcDdee$	AA	BB	Cc	Dd	ee	
概率	$1/2 \times$	$1/4 \times$	$1 \times$	$1 \times$	$1/4$	$=1/32$
表现型 $ABCDe$	A	B	C	D	e	
概率	$1 \times$	$3/4 \times$	$1 \times$	$1 \times$	$1/4$	$=3/16$

图 3-9　利用概率计算多对基因杂交中某种基因型或表现型的概率

因此，基因型为 $AABBCcDdee$ 的概率为 $1/32$，表现型为 $ABCDe$ 的概率为 $3/16$。

第三节　遗传的染色体学说

1902年美国的青年学者萨顿（Walter S. Sutton）和德国的生物学家鲍维里（Theoder Boveri）在各自的研究中，都发现了孟德尔提出的遗传因子的传递行为与性细胞在减数分裂过程中的染色体行为有着精确的平行关系，如配子的形成和受精时染色体的行为，跟杂交试验中基因的行为相似即平行（图3-10）。具体表现在：①染色体可以在显微镜下观察到，有一定的结构，有其完整性和独立性；基因作为遗传单位，在杂交中仍保持其完整性和独立性。②染色体成对存在，基因也是成对存在的；在配子中每对同源染色体只有一条，而每对基因也只有一个。③个体中成对的染色体一个来自母本，一个来自父本，基因也如此。④不同对染色

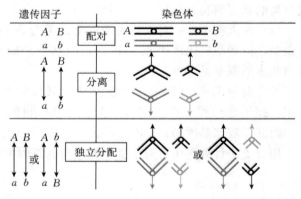

图 3-10　遗传因子与染色体行为的平行关系

体在形成配子时的分离与不同对基因在减数分裂后期的分离都是独立分配的。

根据这些现象，Sutton 和 Boveri 在 1903 年提出遗传的染色体学说（the chromosome theory of heredity）。该学说认为基因是在染色体上。按照这个学说，理解孟德尔分离定律和自由组合定律的实质是：由于同源染色体的分离才能实现等位基因的分离，因而导致性状的分离；决定不同性状的两对非等位基因分别处在两对非同源染色体上，由于同源染色体的分离、非同源染色体的独立分配，导致了基因的自由组合。

当时，Sutton 的假说引起了广泛重视，但必须进一步把某一特定基因与特定染色体相联系，证明基因的行为与染色体在细胞分裂中行为的平行关系转变为基因与染色体的从属关系。首先提供确凿证据的是美国实验胚胎学家 Thomas Hunt Morgan 在果蝇（*Drosophila melanogaster*）伴性遗传方面的发现及其基因理论。虽然现在人们对于"染色体是遗传物质

的载体"这一事实已经深信无疑，但在当时，这一学说的提出是激动人心的，因为它第一次将孟德尔提出的抽象符号——遗传因子落到实处，物质化了。

第四节 孟德尔遗传定律的扩展

在前面所涉及的性状是一对或两对相对性状，性状和基因的关系都是"一对一"的关系，即一对等位基因控制一对相对性状，并且显性性状是完全的，也就是说杂合体与显性纯合体在性状上几乎完全不能区分开来。后来的研究发现在有些相对性状中，显性现象是不完全的，或显、隐性关系可以随所依据的标准而改变等，这并没有违背孟德尔定律，相反是进一步对孟德尔定律进行发展和扩充。同时，生物个体所表现的性状也是相对的，因为表现型是基因型和环境相互作用的结果，也就是说，表现型受遗传因素和环境因素两类因子的制约。在生物群体中经常出现这样的情况：基因型改变，表现型随着改变；环境改变，表现型也随着改变。

一、基因与环境

（一）基因型与表现型

1. 表现型的相对稳定性 生物体必须在一定的环境中发育，因此各种性状特点也必须在一定的环境条件之下才能实现。在生物群体中，表现型会随着基因型的改变而改变，有些表现型也会随着环境的改变而改变。生物个体的表现型在一生中可以发生变化，但其基因型是恒定不变的。因为表现型是由基因型和环境两者所决定。因此，生物个体的表现型的稳定是相对的，而不是绝对的。

生物个体的生长发育是一系列的连续过程，在生长发育的每一阶段中，其性状的表现都是由遗传因素和非遗传因素相互作用所决定，每一个后续阶段都依赖于前一阶段的完成，遗传因素和环境因素在每一个过程中都是紧密联系、不可分割。而且，一种基因存在于其他基因构成的环境中，这些基因间可能产生某种相互作用。例如：果蝇的残翅突变型（vestigial，vg）是隐性基因纯合（$vgvg$）时表现的简单的孟德尔性状。这种果蝇的翅膀不仅比野生型果蝇的要小，而且翅膀边缘有缺损。研究发现残翅果蝇翅膀的发育是受到外界温度影响的。在 31 ℃条件下培养的残翅果蝇的翅膀比在正常 25 ℃条件下培养的残翅果蝇的翅膀要长很多，而且有的翅膀可以发育到野生型果蝇翅膀的 2/3 以上，同时会出现 25 种左右不同大小的残翅类型，但它们有共同特征——仍表现为双翅的尖端边缘不同程度的残缺。在 1934 年，我国学者李汝祺等用高温影响残翅果蝇的幼虫，幼虫长大后翅膀接近于常态型。这一结果表明表现型的稳定性是相对的，任何基因在发育中的作用可随内外条件的影响而发生变化。

但是，不同表现型具有各自不同程度的稳定性。许多基因型在多种不同的环境条件下能够保持同一种表现型，许多表现型一经形成具有很大的稳定性。如人的指纹、掌纹是极其稳定的，除了在胚胎期形成指纹、掌纹的过程中会受到环境影响而发生某些变化以外，形成了的指纹、掌纹的特征能够一生保持不变。此外，果蝇的长翅和红眼、人的血型等一般也如此。

2. 同一基因型在不同条件下的不同表现 生物群体中有许多表现型的稳定性比较弱，常随环境条件的改变而改变。例如喜马拉雅兔的毛色是受基因控制的，其中有一种基因型决定了喜马拉雅兔的毛色为白化，这种白化型的喜马拉雅兔会随着温度的改变而长出不同颜色的被毛。在 30 ℃以上的环境条件下，长出的被毛都是白色的；在 25 ℃左右长出来的被毛就发生了变化，在身体温度比较低的部位（例如四肢和头部的尖端、尾巴和耳朵等）长出黑色的被毛，其余体部长出白色的被毛；在 25 ℃以下，如果把白化型喜马拉雅兔躯干部的一部分被毛剪去，躯干部剪去被毛的地方会长出黑色的被毛。泰国猫的遗传也表现相似的情况。

果蝇的复眼与其他昆虫的复眼一样，由许多小单位（即小眼面，facets）组成。野生型果蝇的小眼面在 800 个以上。棒眼的小眼面数目大大减少，使眼睛呈棒形。但是棒眼小眼面数目减少的程度随温度而改变，温度愈高，减少愈大（表 3-2）。

表 3-2　不同温度条件下果蝇棒眼的小眼面数

		温　　度			
		15 ℃	20 ℃	25 ℃	30 ℃
小眼面数（个）	♂	270	161	121	74
	♀	214	122	81	40

因此，环境条件对多基因遗传的影响是十分明显的，如家畜的体型、肤色、生产性能等性状是受多基因控制的，营养状况、生活环境的情况对这性状都有直接的影响，即使是单基因遗传的质量性状也或多或少受到环境的影响。当然，生物有的遗传性状十分稳定，如人的血型，也是受基因控制的，基因型一旦形成表型就不会改变，不论生活在什么环境，营养状况如何，血型都不会改变。

（二）反应规范

如何来衡量基因型、环境和表现型三者之间的关系呢？对于特定的基因型而言，这样一套环境-表现型的相关性就称为这种基因型的反应规范（reaction norm），也可以说是某一基因型在不同环境中所显示出的表现型变化范围。反应规范有一定的范围，但不同生物基因型的反应规范的宽窄不同。不同基因型的反应规范也是不相同的，如人类的肤色，白化病人不论接受的阳光多少，色素的形成一般很少；而正常的人由于接触阳光量不同，所形成的色素也不同，相应地皮肤的颜色也有很大的差异；黑种人出生后几天就能迅速地形成色素，虽然没有直接接触到阳光，这又是另一种反应规范。此外，果蝇在不同的温度下发育复眼大小也不同。在这一物种中可以用各种不同复眼数基因型来检测果蝇的反应规范。如有 3 个基因型：野生型、中棒眼和小棒眼，在不同的温度下发育，然后来计算小眼面的数目，绘成曲线（图 3-11），曲线就显示出 3 种反应规范。在 15～30 ℃环境中，野生型果蝇复眼是从 1 000 个逐步减少到 700 个；随着温度的升高，中棒眼型果蝇复眼数反而增加；在同样的环境下，小棒眼型果蝇复眼数减少，虽然减少的数目比野生型少，但减少的幅度比野生型大。

（三）拟表型或表型模拟

已知某种环境特征是基因突变的结果，而这种表现型特征也可由遗传因素之外的其他因素所致。环境因素所诱导的表现型类似于基因突变所产生的表现型，这种现象称为表型模拟（phenocopy）或拟表型。模拟的表型性状是不能遗传的，表型模拟的异常个体在遗传结构上并没有任何改变。例如，人类的肾上腺生殖系统综合征，是由基因突变后不能合成 21-羟化酶引起的，如果母亲在妊娠期间患有肾上腺肿瘤，其后代也可形成与该综合征类似的表现型。人类还有一种 Holt-Oram 综合征，属于常染色体显性遗传，该病是一组骨骼、肌肉及心血管畸形综合征，又称为心肢综合征，临床症状为眼距增宽，拇指发育不全，有时呈三指

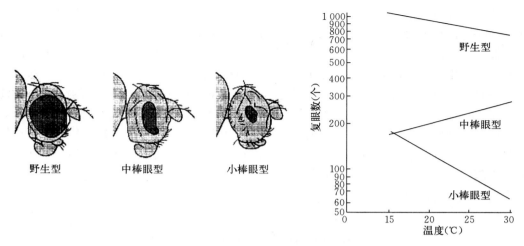

图 3-11　野生型、中棒眼型和小棒眼型果蝇在不同的温度下发育
(引自 Griffiths 等，1993)

节畸形，严重者桡骨、尺骨或肢骨缺失或发育不全，如果孕妇在怀孕期间服用了"反应停"类安眠镇静药，会引起胎儿发育畸形，幼年时期的表现型类似于 Holt-Oram 综合征的表现型。上述两例说明了影响形态发生过程的致畸剂或其他因子可使胚胎畸形，模拟某突变基因所致的突变型表型。在人类中还有很多表型模拟的实例，白内障、耳聋、心脏缺陷等有的是遗传的，也有的是由于患者的母亲在怀孕后 2 周内感染了麻疹病毒而引起。人类的其他一些性状也有表型模拟，如短肢畸形（phcomelia），这种畸形有的是受显性等位基因控制的，这个基因抑制了手掌骨的发育（图 3-12）。

　　在其他动物中也存在表型模拟现象。如把残翅果蝇的幼虫在高温下饲养，以后发育成的翅接近于野生型。遗传学家 Goldschmidt 曾经进行了以下试验：在 35～37 ℃ 条件下（正常培养温度为 25 ℃），将孵化后 4～7 d 的野生型黑腹果蝇（红眼、长翅、灰体、直刚毛）的幼虫处理 6～24 h，获得了一些翅形、眼形与某些突变型（如残翅，vgvg）表现型一样的果蝇，但是，这些果蝇的后代仍然是野生型的长翅，这种现象说明了某些环境因素（如温度）影响生物体的幼体在特定发育阶段的某些生化反应速率，相应地使幼体发生了类似于突变体表现型的变化。

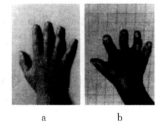

图 3-12　正常的手（a）和患有短指畸形的手（b）
(引自 Russell，1992)

（四）表现度与外显率

　　表现度（expressivity）是指在不同的遗传背景和环境因素的影响下，个体间基因表达的变化程度。有些基因的表达很一致，有些基因的表型效应有各种变化。这种变化有时是由于环境因子的变动或其他基因的影响，有时则找不到原因。例如人类多指是由显性基因控制的，带有一个有害基因的人都会出现多指，但多出的这一手指有的很长，有的很短，甚至有的仅有一个小小突起，表明都有一定的表型效应，但变异程度不同。在黑眼果蝇中，有二十多个基因与眼睛的色泽有关，这些基因的表现度很一致，虽然随着年龄的增加，眼睛的色泽可能稍为深些。另一方面，黑腹果蝇中有个细眼（lobe eye）基因，会影响到复眼的形状和大小，它的表型变化很大：这个基因可使眼睛变得很小，只有针尖那么大，也可使眼睛保持相当大，几乎跟野生型没有差别。

　　基因表达的另一种变异方式是不同的外显率（penetrance）。外显率是指在特定环境中某一基因型个体（常指杂合子）显示出相应表型的频率（用百分比表示）。也就是说同样的基因型在一定的环境中有的个体表达了，而有的个体未得到表达，表型正常。某个显性基因的效应总是表达出来，则外显率是100%；但某些基因的外显率要低些，这是由于修饰基因的存在，或者由于外界因素的影响，使有关基因的预期性状没有表达出来，因此，这个基因的外显率降低。如黑腹果蝇隐性间断翅脉基因 i（interrupted wing vein）的外显率，只有90%（i/i），10%的个体遗传组成同样为 i/i，但表现为野生型翅脉。由于外显不完全，在人类一些显性遗传病的系谱中，可以出现隔代遗传（skipped generation）现象。如人类的显性遗传病——颜面骨发育不全症（osteogenesis imperfecta），是由显性基因 Cd 外显不全，而表现出隔代遗传，某个个体从他的母系一方得到 Cd 基因，并遗传给了他的儿女，使他的女儿表现出颜面骨发育不全症，而他本人的表型却是正常的。

二、等位基因间的相互作用类型

最基本的基因间的相互作用是同一基因座位上等位基因间的相互作用。等位基因间的相互作用主要表现为显、隐性关系，即一对等位基因控制一对性状，并且显性性状是完全的，也就是说杂合体与显性纯合体在性状上并不能完全区分开来。后来发现由一对等位基因决定的相对性状中，显性是不完全的或出现其他的遗传现象，但这并不有悖于孟德尔定律，而是对孟德尔定律的进一步发展和扩充。

（一）不完全显性

不完全显性（incomplete dominance）是指等位基因虽然同时发生效应，但所控制的性状都表现得不完全，即显性不完全。也就是说一个基因不能完全抑制它的等位基因，子一代表现为介于两个亲本中间的性状。例如家鸡中有一种卷羽鸡，又称翻毛鸡，其羽毛向上卷，这种鸡与正常非卷羽鸡交配，子一代是轻度卷羽，呈现中间型的性状。子二代是 1/4 卷羽、2/4 轻度卷羽和 1/4 正常（图 3-13）。

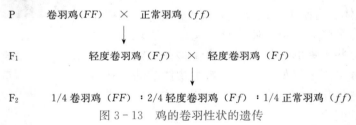

图 3-13　鸡的卷羽性状的遗传

如将子一代轻度卷羽鸡（Ff）与正常羽亲本（ff）交配，得到的后代中有 1/2 轻度卷羽（Ff）、1/2 正常羽（ff）。这同样证明了分离定律的正确性。

金鱼中也有类似的现象，如金鱼身体透明度的不完全显性遗传。我国遗传学家陈帧将身体透明的金鱼与不透明金鱼进行杂交，F_1 全是半透明的金鱼，该性状介于透明与不透明之间。在 F_2 的金鱼中，有 1/4 透明、2/4 半透明和 1/4 不透明。

（二）共显性

共显性（co-dominance）是指相对性状在整体中一起出现的现象，又称并显性或等显性。也就是说在杂合体中既表现这个基因的性状，也表现它的等位基因的性状。例如人的MN血型系统，它是继 ABO 血型后首先由 Landsteiner 和 Levine 两位科学家检出的第二种血型。该血型系统可分为 M 型、N 型和 MN 型。M 型个体的红细胞表面有 M 抗原，由 L^M 基因决定；N 型个体的红细胞表面有 N 抗原，由 L^N 基因决定；MN 型个体的红细胞表面既有 M 抗原，又有 N 抗原，由 L^M 与 L^N 基因共同决定，它们互不遮盖。M 型、N 型和 MN 型 3 种表型的基因型分别为 L^ML^M、L^NL^N 和 L^ML^N。MN 血型表明 L^M 与 L^N 这一对等位基因分别控制不同的抗原物质，这两种抗原物质在杂合体中同时表现出来，这就是共显性现象。

在人类中有一种名为镰形细胞贫血症（sickle cell anemia）的疾病，它是由一对隐性基因 Hb^SHb^S 控制，患有这种疾病的病人贫血很严重，发育不良，关节、腹部和肌肉疼痛，大多数患者在幼年期死亡。在显微镜下可以看到这种病人的红细胞全部呈镰刀形（图 3-14），不能携带氧气，所以称这种病为镰形细胞贫血症。杂合体（Hb^AHb^S）的人似乎很正常，没有出现上面所提到的一些症状，但是，把杂合体人的血液放在显微镜下检验，也会看到一部分红细胞呈镰刀形（图 3-14）。根据这一现象，可以看到显隐性其实是相对的。从临床角度来看，纯合体（Hb^SHb^S）是镰形细胞贫血症的患者，而杂合体（Hb^AHb^S）和纯合体（Hb^AHb^A）的人都没有这种临床症状，所以 Hb^S 对 Hb^A 是隐性。从红细胞是否出现镰刀形来看，纯合体（Hb^SHb^S）和杂合体（Hb^AHb^S）人的全部或部分红细胞表现为镰刀形，所以 Hb^S 对 Hb^A 是显性。但是从红细胞呈现镰刀形的数目来看，纯合体（Hb^SHb^S）人的红细胞全部呈镰刀形，杂合体（Hb^AHb^S）人的红细胞只有一部分表现为镰刀形，而正常的人（Hb^AHb^A）的红细胞不出现镰刀形，所以 Hb^S 对 Hb^A 是不完全显性。

正常红细胞（Hb^AHb^A） ×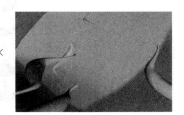
镰刀形红细胞（Hb^SHb^S）

既有正常红细胞又有镰刀形红细胞（Hb^AHb^S）

图 3-14 人类镰形红细胞的遗传

（三）镶嵌显性

镶嵌显性（mosaic dominance）是等位基因在身体的不同部位上互为显、隐性。也就是说一个基因在身体的这个部位表现为显性，而在身体的另一个部位则表现为隐性。如短角牛的毛色有白色，也有红色，都能真实遗传。如果让这两种毛色的短角牛交配，后代毛色很特别，既不是白毛，也不是红毛，而是红毛与白毛镶嵌在一起表现为沙毛（红、白相混杂），子一代相互交配，子二代中 1/4 是白毛、2/4 是沙毛、1/4 是红毛（图 3-15）。

P 　　红色短角牛（RR）　 × 　白色短角牛（rr）

F₁ 　　　　　沙毛短角牛（Rr）　 × 　沙毛短角牛（Rr）

F₂ 　　1/4 红色短角牛（RR）：2/4 沙毛短角牛（Rr）：1/4 白色短角牛（rr）

图 3-15 短角牛毛色的遗传

由图 3-15 可见，R 与 r 之间的显隐性关系不是很严格，它们既不是完全明确的显性，也不是完全的隐性，它们都在发生作用。如果让沙毛短角牛与白毛短角牛交配，后代是 1 沙毛：1 白毛；沙毛短角牛与红毛短角牛交配，后代是 1 沙毛：1 红色。这进一步证明了等位基因间的显隐性关系是不完全的。

异色瓢虫鞘翅色斑也是这种遗传方式。瓢虫的鞘翅有很多色斑变异，鞘翅的底色是黄色，但不同的色斑类型在底色上呈现不同的黑色斑纹，黑缘型鞘翅只在前缘呈黑色，由 S^{Au} 基因决定，均色型鞘翅则只在后缘呈黑色，由 S^E 基因决定。纯种黑缘型（$S^{Au}S^{Au}$）与纯种均色型（S^ES^E）杂交，F_1 既不是黑缘型，也不是均色型，而是表现出一种新的色斑类型（$S^{Au}S^E$），即翅的前缘和后缘都为黑色，表现为由两个亲本色斑类型镶嵌而成。F_1 相互交配，在 F_2 中有 1/4 黑缘型（$S^{Au}S^{Au}$）、2/4 与 F_1 相同的新类型（$S^{Au}S^E$）和 1/4 均色型（S^ES^E）（图 3-16）。

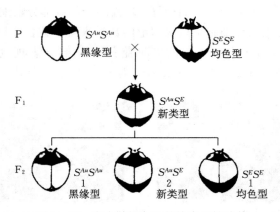

图 3-16 瓢虫鞘翅色斑的镶嵌显性遗传

谈家桢（1946）研究发现瓢虫鞘翅的色斑遗传至少有 19 个互为等位的基因，每 2 个色斑类型相互杂交，F_1 出现类似于上述镶嵌显性的现象，F_2 表现型分离比均为 1：2：1。

(四) 延迟显性

延迟显性（delayed dominant）是指一类杂合个体，在幼龄期表现隐性性状，当个体发育到一定年龄时才表现出显性性状的显性类型。例如，人类一种行走、起立障碍的遗传性小脑运动失调疾病就是一种延迟显性遗传病，一般在 30 岁以后才发病。

以上介绍的是一对等位基因相互的作用形式，实际上基因和性状之间的关系非常复杂，有时一个性状需要两对或两对以上的基因相互作用才能表现出来。

三、非等位基因间的相互作用类型

当几个处于不同染色体上的非等位基因影响同一性状时，也可能产生基因的相互作用。在生物界中，生物的绝大多数性状都会受许多对基因的影响，不同对基因间也不完全是独立的，有时会共同作用影响某一性状，像这种现象称为基因的相互作用，简称基因互作。基因互作有多种形式。

(一) 互补作用

在两个或两个以上不同座位（基因在染色体上的位置）上的显性基因相互补充而表现出一种新的性状，这种基因间的相互作用称为互补作用（complementary effect）。具有互补作用的基因称为互补基因（complementary gene）。

鸡的冠形主要有豆冠、玫瑰冠、胡桃冠、单冠等（图 3 - 17）。从试验可以知道，有些豆冠和玫瑰冠能真实遗传。如果将纯合的玫瑰冠鸡（如白色温多特鸡）与纯合的豆冠鸡（如科尼什鸡）杂交，子一代全是胡桃冠，子一代个体相互交配，所产生的子二代中有胡桃冠、玫瑰冠、豆冠和单冠四种，它们的比数为 9：3：3：1，亲本型与新产生的表型比例为 6：10，又不同于孟德尔第二定律，这就是基因间的互补作用。从分离比来看，这涉及两对基因的遗传；从 F_2 中分离出前所未有的单冠，可见单冠可能是由两对隐性基因控制的。根据单冠的公、母鸡交配产生的后代全都是单冠，证实了单冠是双隐性基因的纯合体。为弄清这几种冠形的遗传情况，进行了下列几种测交试验：①将亲本中的玫瑰冠与单冠鸡杂交，子代全都是玫瑰冠，证明该亲本确实是纯合体；②将亲本中的豆冠鸡与单冠鸡杂交，子代全是豆冠，证明该亲本也确实是纯合体；③将 F_1 胡桃冠与单冠杂交，子代中出现了胡桃冠、玫瑰冠、豆冠和单冠，其比数为 1：1：1：1，证明胡桃冠是两对基因的杂合体，胡桃冠的产生是由于两个不同座位上显性基因互补作用所产生的。用 R 代表玫瑰冠基因，P 代表豆冠基因，而且都是显性，那么玫瑰冠的鸡没有显性豆冠基因，豆冠鸡没有显性玫瑰冠基因，所以玫瑰冠鸡的基因型为 $RRpp$，豆冠鸡的基因型为 $rrPP$（图 3 - 18）。

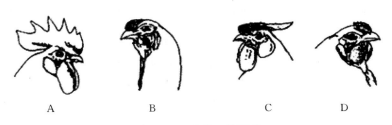

图 3 - 17　鸡的 4 种冠形
A. 单冠　B. 豆冠　C. 玫瑰冠　D. 胡桃冠

图 3 - 18　鸡冠形状的遗传

图 3 - 18 试验的结果表明，显性基因 R 和 P 分别决定了玫瑰冠和豆冠的形成，R 与 P 互补形成了胡桃冠，r 与 p 互补形成了单冠。所以 R 与 P、r 与 p 是互补基因。

（二）累加作用

当非等位的两个显性基因同时存在时分别对某一性状起作用，它们的作用相加，使该性状表现出累加效应，这种基因互作的方式就称为累加作用（additive effect）。如虎皮鲃（*Sumatran tiger barb*）躯干部条纹的形成。A 和 B 基因都控制躯干条纹，双显性个体（$A\_B\_$）产生完整的条纹；双隐性基因型（$aabb$）产生半带条纹；只含一个显性基因的纯合体或杂合体（A_bb 或 $aaB\_$）的条纹不完整，长度介于前两种条纹之间。当双显性杂合体（$AaBb$）相互杂交时，后代出现三种表型：9/16 全带、6/16 不完全带和 1/16 半带（图 3 - 19）。

F₁ ...... $AaBb$ × $AaBb$

F₂ ...... $9/16A\_B\_$: $3/16A\_bb$: $3/16aaB\_$: $1/16aabb$

全带 ...... 不完全带 ...... 半带

图 3-19 虎皮鲴躯干部条纹的遗传

由此可见，A 和 B 显性基因在 $aabb$ 为半带的基础上，分别能使躯干条纹的长度增长为不完全带，作用相似。A 和 B 同时存在时，躯干条纹可累加成完整的全带。

（三）重叠作用

两个座位上的两对基因的显性作用是相同的，个体内只要有任何一对基因中的一个显性基因，其性状即可表现出来，而且这两对基因同时存在显性时，其性状表现与只有一个显性基因时的性状相同，只有当这两对基因均为隐性纯合时，显性性状才不被表现，而表现为另一种性状，这种基因互作方式称为重叠作用（duplicate effect）。一般发生在显性上位条件下，不同座位上显、隐性基因都是同义基因（即不同座位上的基因功能相同），只有在双隐性纯合的情况下才能表现的性状。如猪的阴囊疝基因 h_1 和 h_2，它们的显性基因 H_1 和 H_2，都是显性上位的非致病基因，只要有一个显性基因存在，猪都不患病（图 3-20）。

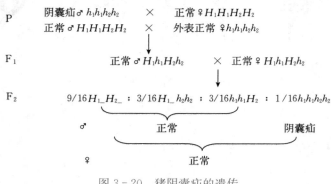

图 3-20 猪阴囊疝的遗传

应该注意，阴囊疝只在一个性别表现（即阴囊疝为限性性状），也就是只有公猪才会出现阴囊疝。因此，在图 3-20 中，F₂ 公猪表现非阴囊疝和阴囊疝的比例为 15：1；在 F₂ 所有公母猪中，表现非阴囊疝和阴囊疝的比例为 31：1。如果某个性状不是限性性状则仍为 15：1。

（四）上位作用

两对基因共同影响一对相对性状，其中一个座位的某一对基因抑制另一座位上的另一对基因的作用，即一对基因能够抑制另外一对基因的表现，这种作用称为上位作用（epistasis）。起抑制作用的基因称为上位基因（epistasis gene），它既可以是显性基因，也可以隐性基因。而被抑制的基因称为下位基因（hypostatic gene）。根据上位基因是显性还是隐性基因，上位作用可分为显性上位和隐性上位。

1. 显性上位作用 显性上位作用（epistatic dominance）是指一个座位上的显性基因抑制另一座位上的基因的作用。在这种情况下，只有当上位基因为隐性纯合时，下位基因才能表达。在犬的毛色遗传中，有一对基因（B 和 b）跟黑色和褐色有关，其中 B 基因控制犬的毛色为黑色，b 基因控制犬的毛色为褐色。如果在另一个座位上有显性基因 I 的存在，那么任何色素都不能形成，也就是 I 基因抑制了 B、b 基因的表达，此时犬的皮毛为白色。只有在 i 基因纯合时，B 基因和 b 基因所控制的毛色才能得到表现。如果让纯种的褐色犬（$bbii$）跟纯种的白色犬（$BBII$）杂交，子一代都是白色犬（$BbIi$），因为有显性基因 I 存在。子一代相互交配，产生的子二代中出现了三种类型：白色犬、黑色犬和褐色犬（图 3-21），其表现型比例为 $12：3：1$。

P   白色（$BBII$） × 褐色（$bbii$）

F$_1$ 白色（$BbIi$） × 白色（$BbIi$）

F$_2$ $9/16B\_I\_$ ：$3/16bbI\_$ ：$3/16B\_ii$ ：$1/16bbii$

      白色   黑色 褐色

图 3-21 犬毛色的显性上位遗传

  这个遗传现象说明了褐色犬是两对隐性基因 bb 和 ii 互作的结果，黑色犬是一种显性基因 B 跟一种隐性基因 ii 互作的结果，白色犬是一种显性基因 I 对 B 和 b 基因表现上位作用的结果。

  2. 隐性上位作用 隐性上位作用（epistatic recessiveness）是指一个座位上的隐性基因抑制另一座位上基因的表达。其特点是：上位基因一定在隐性纯合时才有上位作用，而显性上位无需纯合。在家鼠的毛色遗传上，一个座位上的一对等位基因 A 和 a 分别控制家鼠的毛色为鼠灰色和黑色，但这个控制毛色的基因座上的等位基因的表达还受到另一个座位上的基因（C 和 c）影响。如果 C 基因座上的等位基因均为隐性基因（cc），则不能形成任何色素，即 c 基因纯合时抑制了 A 基因和 a 基因的表达。将纯种的黑色家鼠（$CCaa$）与纯种的白化家鼠（$ccAA$）杂交，F$_1$ 为鼠灰色（$CcAa$），F$_1$ 相互交配产生的 F$_2$ 中出现了一定比例的三种类型：鼠灰色、黑色和白化，其表现型比例为 $9：3：4$，这一比例实际上是 $9：3：3：1$ 的变型，表明毛色受两对基因的控制（图 3-22）。

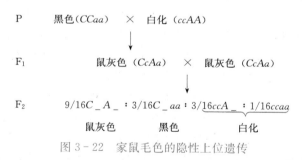

P 黑色（$CCaa$） × 白化（$ccAA$）

F$_1$ 鼠灰色（$CcAa$） × 鼠灰色（$CcAa$）

F$_2$ $9/16C\_A\_$ ：$3/16C\_aa$ ：$3/\underline{16ccA\_}$ ：$\underline{1/16ccaa}$

    鼠灰色   黑色   白化

图 3-22 家鼠毛色的隐性上位遗传

  当隐性上位基因 c 纯合时，能阻止其他毛色基因的表现，使家鼠毛色表现为白色，A 与 C 共存时表现为鼠灰色，a 和 C 共存时表现为黑色。

 （五）抑制作用

  在两对独立遗传的基因中，其中一种显性基因本身并不直接控制性状，但可抑制另一种显性基因的表现，这种现象称为抑制作用（inhibiting effect），而起抑制作用的基因称为抑制基因（inhibiting gene）。如鸡的羽色遗传，基因 C 为色素基因，可合成红色素；如没有 C 基因（cc），羽色为白色。如果抑制基因 I 存在时，基因 C 被抑制，不能表达，羽色也表现为白色，如果白羽鸡（$IICC$）与另一种白羽鸡（$iicc$）杂交，F$_1$ 代全为白羽鸡（$IiCc$），F$_1$ 代互相杂交，F$_2$ 代出现两种类型：白色和红色，其比例是 $13：3$（图 3-23）。

$$白色（IICC） \quad \times \quad 白色（iicc）$$

$$\downarrow$$

$$白色（IiCc） \quad \times \quad 白色（IiCc）$$

$$\downarrow$$

$$9/16 I\_C\_ : 3/16 I\_cc : 1/16 iicc : 3/16 ii C\_$$

白色　　　　　　　红色

图 3-23　鸡的羽色遗传

上位作用和抑制作用不同，抑制基因本身不能决定性状，而显性上位基因除遮盖其他基因的表现外，本身还能决定其他性状。

四、多因一效与一因多效

从前面讲述的基因互作内容可以知道，许多性状的遗传基础不是一个基因，基因跟性状的关系不是绝对的"一对一"的关系。但是对于一个性状而言，有主要基因和次要基因之分。从这个意义上讲，加上为了说明问题时简单方便，一般还保留"某一基因控制某一性状"的说法，以说明主要基因的作用。从现代遗传学材料得知，一个性状经常受许多不同基因的影响，许多在染色体上位置不同的基因的改变可以影响同一性状。

（一）多因一效

多因一效（multigenic effect）是指由多对非等位基因控制、影响同一性状表现的现象。也就是说，一个性状的形成是由许多基因所控制的许多生化过程连续作用的结果。如果蝇的复眼颜色由 40 多个基因决定，任何一个基因异常，都会导致色素基因合成受阻，形成白眼。虽然一个性状经常要受到许多不同基因的影响，但其中有一对等位基因作用可能比较突出。

一般情况下，在控制同一性状的许多对基因中，有一对等位基因对该性状的作用可能比较突出，而这个起主要作用的基因称为主要基因。其他一些非等位的基因对该性状的表现不起主要作用，这些基因称为次要基因，次要基因对主要基因的作用程度有修饰效应，又称为修饰基因（modified gene）。修饰基因必须依赖主要基因的存在才能发生作用。

修饰基因的特点主要表现为：①没有显、隐性之分，有时也用大、小写字母表示，但只表示两者作用不同；②不同座位上的修饰基因都是同义的；③每个基因的效应都较小，具有连续性的作用特点；④只有在主要基因存在的前提下，才发挥其本身的作用。如荷兰兔，其标准被毛的颜色为口、鼻、额、爪及身体的前半部是白色，其余部分全是黑色，这种特殊的毛色是由 du 基因所控制的，但至于黑、白毛范围的大小是由多基因的效应引起的。控制黑白毛范围大小有 4 对修饰基因，分别是 A_1a_1、A_2a_2、A_3a_3 和 A_4a_4，每增加一个 A 基因，黑色的范围就增大一些；每增加一个 a 基因，白毛的范围就增大一些，毛色变化是连续的。但它们的变化必须在 Du 存在的前提下才能发生作用，因为控制毛色的主基因是 Du（Du-黑色，du-白色）。控制黑、白色是由 Du、du 一起发挥效应，但黑、白范围则是由修饰基因发挥作用（图 3-24）。

$$A_1a_1A_2a_2A_3a_3A_4a_4 \quad \times \quad A_1a_1A_2a_2A_3a_3A_4a_4$$

$$\downarrow$$

$8A$	$7A+a$	$6A+2a$	$5A+3a$	$4A+4a$	$3A+5a$	$2A+6a$	$A+7a$	$8a$
几乎全黑	2号黑色	3号黑色	4号黑色	标准毛色	4号白色	3号白色	2号白色	几乎全白

图 3-24　荷兰兔黑、白毛色范围的遗传

在畜牧生产中，上述现象是比较常见的。如黑白花奶牛身上的黑、白花斑大小也是受修饰基因决定的。

（二）一因多效

一因多效（pleiotropism）是指一个基因可以影响许多性状的表现，也就是说一个基因可以对多个性状发生效应。一个基因改变直接影响以该基因为主的生化过程，同时也影响与之有联系的其他生化过程，从而影响其他性状表现。如家鸡中有一个卷羽（翻毛）基因，是不完全显性基因，杂合时，羽毛轻度卷曲；纯合体卷羽鸡的羽毛翻卷很厉害，不仅影响羽毛的翻卷和脱落，而且引起体热散失快，因此卷毛鸡的体温比正常鸡低。由于卷羽鸡体温容易散失，从而引起一系列后果：体温散失快会促进代谢加速来补偿消耗，这样一来又使心跳加速，心室肥大，血量增加，继而使与血液有重大关系的脾脏扩大。同时，代谢作用加强，采食量必然增加，使消化器官、消化腺和排泄器官发生相应变化，代谢作用影响肾上腺、甲状腺等内分泌腺体，使生殖能力降低。由一个卷毛基因引起了一系列的连锁反应。这就说明了一个基因可以在不同程度上影响到机体的某些形态结构性状和机能性状。

五、复等位基因

复等位基因（multiple alelles）是指在群体中占据同源染色体上同一座位的两个以上的、决定同一性状的基因。不论同一个二倍体生物群体内的复等位基因有多少个，但每个个体最多只有其中的任意两个，仍是一对等位基因，因为一个个体的某一同源染色体只能是一对。在生物群体中，等位基因的成员可以在两个以上，甚至多到几十个。这样，在同一基因座上的许多不同的等位基因就构成了一组复等位基因，其作用相似，都影响同一器官或组织的形状和性质。复等位基因来源于某基因座上某个野生型等位基因的不同方向的突变。通常用一个英文字母作为该基因座的基本符号，不同的等位基因就在字母的右上方作不同的标记，字母的大、小写则表示该基因的显隐性。假定群体某基因座上有 n 个复等位基因，则有 $n+n$ $(n-1)/2$ 种不同的基因型，其中有 n 种为纯合体，$n(n-1)/2$ 种为杂合体。复等位基因广泛存在于各种生物中，如亚洲瓢虫的鞘翅色斑遗传至少有 19 个复等位基因控制。复等位基因的遗传方式遵循孟德尔规律，一般可分为有显性等级的复等位基因和并显性的复等位基因。

（一）复等位基因的分类

1. 有显性等级的复等位基因 在家兔的毛色 C 基因座上有 6 个复等位基因：C（深色）、c^{chd}（深色青紫蓝）、c^{chm}（中等色青紫蓝）、c^{chl}（淡色青紫蓝）、c^H（喜马拉雅型白化）和 c（白化），它们之间的显性等级是 $C>c^{chd}>c^{chm}>c^{chl}>c^H>c$，也就是 C 是所有其他 5 个基因的显性。c^{chd} 是除 C 以外其他 4 个基因的显性，c^{chm} 是 c^{chl}、c^H、c 的显性，c^{chl} 是 c^H、c 的显性，c^H 是 c 的显性。由于是复等位基因，所以在相同表型的情况下可以有多种不同的基因型（表 3-3）。

表 3-3　家兔被毛颜色的遗传

被毛颜色	基因型
全色	CC 或 Cc^{chd} 或 Cc^{chm} 或 Cc^{chl} 或 Cc^H 或 Cc
深色青紫蓝	$c^{chd}c^{chd}$ 或 $c^{chd}c^{chm}$ 或 $c^{chd}c^{chl}$ 或 $c^{chd}c^H$ 或 $c^{chd}c$

（续）

被毛颜色	基因型
中等色青紫蓝	$c^{chm}c^{chm}$ 或 $c^{chm}c^{chl}$ 或 $c^{chm}c^H$ 或 $c^{chm}c$
淡色青紫蓝	$c^{chl}c^{chl}$ 或 $c^{chl}c^H$ 或 $c^{chl}c$
喜马拉雅型白化	c^Hc^H 或 c^Hc
白化	cc

2. 共显性的复等位基因　在人类 ABO 血型系统中，共有 A、B、AB 和 O 型 4 种血型，每人必属其中一种。研究证明，ABO 血型系统受同一座位的 3 个复等位基因即 I^A（血型 A 基因）、I^B（血型 B 基因）和 i（血型 O 基因）的控制。其中 I^A 对 i 是显性，I^B 对 i 也是显性，I^A 与 I^B 为共显性。ABO 血型系统的表现型及其基因型如表 3-4 所示。根据 ABO 血型的遗传规律可排除亲子关系，进行亲子鉴定。例如 O 型血的母亲有一个 A 型血的孩子，则 B 型和 O 型的男子不可能是这孩子的生物学父亲。

表 3-4　人的 ABO 血型系统的表现型与基因型

血型	基因型	抗原（红细胞上）	抗体（血清中）	血清	血细胞
A	I^AI^A 或 I^Ai	A	β	可使 B 及 AB 型的红细胞凝集	可被 B 及 O 型的血清凝集
B	I^BI^B 或 I^Bi	B	α	可使 A 及 AB 型的红细胞凝集	可被 A 及 O 型的血清凝集
AB	I^AI^B	A、B	—	不能使任一血型的红细胞凝集	可被 A、B 及 O 型的血清凝集
O	ii	—	α、β	可使 A、B 及 AB 型的红细胞凝集	不被任何血型的血清凝集

人类 ABO 血型与 MN 血型不同。在人类 MN 血型系统中，不同血型个体的红细胞上有相应的抗原，但人体内没有天然的抗体，只有把人的红细胞注入兔子血液后，才能从兔子体内提取出含有相应抗体的抗血清。ABO 血型系统中，不同血型个体的红细胞上有相应的抗原，体内还有天然的抗体，如 A 型血的人红细胞上有 A 抗原，血清中有抗 B 的抗体 β；B 型血的人红细胞上有 B 抗原，血清中有抗 A 的抗体 α；AB 型血的人红细胞上既有 A 抗原，又有 B 抗原，但血清中没有抗体 α 和 β；O 型血的人红细胞上没有 A 抗原和 B 抗原，但血清中既有抗体 α，又有抗体 β（表 3-4）。

因为 ABO 血型有天然的抗体，所以在临床医学上决定输血时，尤其在输入全血时，最好输入同一血型的血。根据表 3-4，在临床上输血时，也可以输入其他合适的血型的血液，如 O 型供血者的血液可以输给同一血型的受血者，也可以输给 A 型、B 型和 AB 型的受血者，因为输入血液的血浆中的抗体，一部分被不亲和的受血者的组织吸收，同时输入的血液可被受血者的血浆稀释，使供血的抗体浓度很大程度地降低，不足以引起明显的凝血反应。因此，在决定输血后果上，血细胞的性质比血清的性质更为重要。

（二）复等位基因的遗传特点

在二倍体生物群体中任一基因位点的等位基因常有 3 个或 3 个以上，但都具有以下特点：第一，复等位基因系列的任何一个基因都是突变的结果，由野生型基因突变而来，或由该系列的其他基因突变而来。如 $A \rightarrow a_1$、$a_1 \rightarrow a_2$、$a_2 \rightarrow a_3$、$A \rightarrow a_3$ 等。第二，不同生物的复等位基因系列的基因成员数各不相同，甚至同一物种不同的复等位基因系列的基因成员数也不相同。如人类的 ABO 血型有 3 个复等位基因，而亚洲瓢虫的鞘翅色斑的遗传至少有 19 个复等位基因。第三，一个复等位基因系列中，不论基因数目多少，但在一个二倍体生物中，只能有其中的两个基因。如人类的 ABO 血型中，每个人的基因型可能是：I^AI^A、I^Ai、I^AI^B

等。第四，不同的复等位基因系列往往表现为不同的显隐性关系，有完全显性、共显性等。第五，复等位基因在二倍体生物中都遵循孟德尔的分离规律，但后代的表现型分离比例并不一定是 3：1 或 1：1。

六、不良基因

不良基因（ill gene）是指产生对动物生命活动不利性状的遗传物质的总称。畜禽许多遗传性疾病就是由不良基因所引起的。遗传性疾病是指由遗传因素所引起的疾病。它们或者是代谢机能发生障碍或紊乱，或者是解剖上发现畸形。由于这些疾病是遗传因素造成的，患畜还能把它传给后代，所以认识这些遗传性疾病，才能减少和避免遗传性疾病的发生。不良基因的致害作用在程度上差异很大，程度强烈的可以致使生物在胚胎早期死亡，如致死基因；程度微弱的，仅使生物的代谢机能上产生轻微的障碍，或者在外形上有轻度的缺陷，或者在某些经济性状上有轻度的降低。因此根据不良基因的危害程度，可以将其分为致死基因、半致死基因、低活力基因、亚致死基因和有害基因。

（一）致死基因的发现

在孟德尔定律被重现发现后的几年中，各国生物学家都热衷于研究性状间的分离比。当时法国动物学家 Cuénot 在 1907 年左右，发现小鼠中的黄鼠不能真实的遗传。Cuénot 在对黄鼠进行的大量杂交试验中，发现下列一些现象：

黑鼠×黑鼠→都是黑鼠。

黄鼠×黑鼠→黄鼠 2 378 只，黑鼠 2 398 只，两者比例接近 1：1。

黄鼠×黄鼠→黄鼠 2 396 只，黑鼠 1 235 只，两者比例接近 2：1。

从上面三种交配结果来看，黑鼠是纯合体，所以其后代中没有发生分离现象，而黄鼠的后代中有分离现象，说明黄鼠是杂合体。从黄鼠中分离出黑鼠，说明决定小鼠黄色的基因是显性基因，决定黑色的是隐性基因。黄鼠与黑鼠交配产生的黄鼠和黑鼠的比数接近 1：1，也进一步说明了黄色对黑色显性。但是 Cuénot 发现上述现象中存在两个疑问：第一，黄鼠为什么没有纯合体？第二，黄鼠既然是杂合体，为什么后代分离比不是 3：1，而是 2：1？后来进一步研究发现：黄鼠与黄鼠杂交产生的子代中，每一窝都比黄鼠与黑鼠杂交产生的子代数大约少 1/4 左右。这一点给 Cuénot 一个启发，他猜测可能是其他原因引起的，又进行了试验：用黄鼠与黄鼠杂交，等雌鼠怀孕后，剖腹检查发现，有死亡的胚胎，把死胎数加进黄色鼠的后代中，则黄鼠与黑鼠的比例近似于 3：1，这就符合孟德尔分离定律的分离比。结果发现死亡胚胎都是纯合子黄鼠，由此说明纯合的黄色显性基因是致死基因。用 A^Y 表示黄色、致死基因，在决定毛色时为显性，只有在纯合时才发生致死作用；用 a 表示黑色、正常的隐性基因，则黄鼠与黄鼠交配的结果见图 3-25。

P   黄鼠（A^Ya） × 黄鼠（A^Ya）

↓

F₁   1/4 死胚（A^YA^Y）：2/4 黄鼠（A^Ya）：1/4 黑鼠（aa）

图 3-25 黄鼠杂交的遗传情况

后来发现 A^YA^Y 的致死作用表现在小鼠胚泡植入子宫壁后不久，大概是对胚泡的滋养层发生了影响，引起胚泡的死亡。在家禽和兔中也存在致死基因。如日本短腿鸡具有一种显性的短腿基因 C^P，由于这种基因能使软骨发育不全，导致鸡的翅膀和腿长得非常短，以致走路时看起来像爬一样，所以又把这种鸡称为爬行鸡。C^P 基因在纯合时有致死作用，一般在入孵后 3~4 d 鸡胚死亡。用这种鸡进行的杂交试验结果是：爬行鸡×正常鸡→爬行鸡 1 676 只，正常鸡 1 661 只，比数接近 1：1；爬行鸡×爬行鸡→爬行鸡 775 只，正常鸡 388 只，比数接近 2：1。证明其遗传型式与上例相同。

又如，在家兔中的侏儒基因 D^W 在纯合时致死，杂合时使家兔的体格明显变小。

（二）不良基因的类型

1. 致死基因（lethal gene）　是指能使个体在胚胎或出生后不久即死亡的基因。带有这种基因的个体，死亡率达到 100%。按环境条件对致死效应的影响可分为条件致死基因（如温度敏感基因在较低温度下不出现致死效应，在较高温度下出现致死效应）和非条件致死基因（在已知的条件下都有致死效应）。按致死作用发生的阶段可分为胚子致死基因、合子致死基因、胚胎致死基因和幼体致死基因。但一般根据基因的显、隐性来分，致死基因可分为显性致死基因和隐性致死基因。

（1）显性致死基因（dominant lethal gene）：是指具有显性作用，只有在纯合状态下，才能导致胚胎死亡或出生后不久死亡的基因。如果在杂合状态下，导致个体在胚胎期或出生后不久就死亡的基因随着个体的死亡而消灭，因此根本就谈不到显性致死基因的遗传。例如上述的 C^P 基因在作用于鸡的短腿性状时是显性，D^W 在作用于家兔的侏儒性状时是显性，A^Y 在作用于家鼠的黄毛性状时是显性，而这些基因只有在纯合的情况下才产生致死作用。

（2）隐性致死基因（recessive lethal gene）：是指在杂合状态时不表现，但在隐性纯合时才导致胚胎或出生后不久死亡的基因。如丹麦红牛的弯曲症就是隐性致死基因的遗传性缺陷，此外，白斑银狐、曼岛猫（Manx cat）等都存在隐性致死基因。

2. 半致死基因（half lethal gene）　是指胚胎发育到一定阶段或晚后期，才导致死亡或不发育的那些基因。致死的程度比致死基因要弱一些。带有这种基因的个体的死亡率在 50% 以上。带有半致死基因的个体死亡与否有时取决于其所处环境的好坏。如猪有血友病基因，小猪不受到损伤，就不会流血，也就不会死亡。又如鸡有白血病易感基因，如果环境中有此病毒，这种鸡就容易感染白血病病毒而死亡；如果环境中没有白血病病毒，这种鸡也就不会发生白血病而死亡。

3. 低活力基因（low vigor gene）　是指能使个体生活力显著降低，对疾病和不良环境的抵抗力很低的一类基因。携带有低活力基因的个体的死亡率一般在 50% 以下。如鸡有一种常染色体隐性基因 se，能使鸡从出壳起至整个一生中，下眼睑经常半闭，因此称为瞌睡眼。这种鸡有时因看不见吃料、饮水而使生活力下降，在出壳后 3~4 日龄时容易死亡。

4. 亚致死基因（sublethal gene）　其致死时间较迟，一般可在动物的青春期发作。例如，家兔中有一种常染色体隐性基因 Tr，它能引起家兔的震颤病，一般在 3 月龄时完全瘫痪，然后死亡。

5. 有害基因（harmful gene）　是使个体产生某些缺陷而不足以致死的基因的总称，因此又称为非致死基因。在有害基因中，它们对机体的危害程度的差别也是很大的。危害程度轻的如家兔的垂耳性状，这是由几个基因共同作用的结果，垂耳性状并不危及家兔的健康，只是在竖耳的品种中出现了垂耳后，使该个体缺乏了品种应有的特征而失去了种用价值而已。危害程度较重的是使之产生某些缺陷和疾病。如鸡的位于性染色体上的隐性基因 w_1 能使该鸡缺翅；家兔的常染色体上隐性基因 na 能阻止一侧肾脏的发育等。

（三）遗传性疾病的防止

现在在畜禽中所发现的遗传性疾病比较多，这些不良基因阻碍着畜禽生产的发展，所以在生产中必须采取一定的措施避免遗传性疾病的发生。防止遗传上不良性状的积极措施，除了严格控制近亲交配外，更重要的是加强选择和淘汰制度，在必要时还必须对可疑的种畜禽进行检测。不良基因大都是以隐性方式存在，可以运用孟德尔的分离定律和他的测交方法，检测可疑的种畜禽中是否带有这种隐性基因。凡查出携带有这种隐性基因的个体，必须严格地从种畜禽群中淘汰出去，逐步降低有害和致死基因的频率，减少它们结合的机会，从而有效地防止这些遗传性疾病的出现。

思 考 题

（1）名词解释：

性状　杂交　相对性状　显性性状　隐性性状　基因型　表现型　纯合体　杂合体　测交　等位基因　分离现象　反应规范　表型模拟　共显性　镶嵌显性　延迟显性　互补作用　累加作用　重叠作用　显性上位作用　隐性上位作用　抑制作用　多因一效　一因多效　致死基因

（2）分离定律和自由组合定律的实质各是什么？怎样来验证？

（3）为什么分离现象比显隐性现象具有更重要的意义？

（4）假定人的棕眼为蓝眼的显性，右撇是左撇的显性。一个棕眼、右撇的男人与一个蓝眼、右撇的女人结婚，他们所生的第一个小孩为蓝眼、左撇，试分析他们的第二个小孩为蓝眼、左撇的概率是多少。

（5）试论生物遗传的两大规律之间的区别和联系。

（6）因子分离，杂合因子发生分离，纯合因子发生分离吗？因子分离发生在什么时候？

（7）自由组合规律揭示了同源还是非同源染色体之间的关系？

（8）当母亲的表型是 ORh^-MN，子女的表型是 ORh^+MN 时，在下列组合中，哪一个或哪几个组合不可能是子女的父亲的表型，可以被排除？

$ABRh^+M$，　ARh^+MN，　BRh^-MN，　ORh^-N。

（9）鸡冠的种类很多，假定用纯种豆冠和纯种玫瑰冠杂交，采用什么样的交配中可以获得单冠？

（10）在小鼠中，我们已知道黄鼠基因 A^Y 对正常的野生型基因 A 是显性，另外还有一短尾基因 T，对正常野生型基因 t 也是显性。这两对基因在纯合状态时都是胚胎期致死，它们相互之间是独立地分配的。

① 两个黄色短尾个体相互交配，下代的表现型比例怎样？

② 假定在正常情况下，平均每窝有 8 只小鼠。在这样一个交配中，你预期平均每窝有几只小鼠？

第四章

性别决定及与性别相关的遗传

雌雄性别分化是生物界最普遍的现象之一，也是遗传学研究的重要内容。在自然条件下，两性生物中雌雄个体的比例大多是 1：1，符合典型的孟德尔分离比，这说明性别和其他性状一样受遗传物质的控制。

性别的发育必须经过两个步骤：一是性别决定，是指细胞内遗传物质对性别的作用而言的，受精卵的染色体组成是决定性别的物质基础，它在受精的那一瞬间就确定了；二是性别分化，是在性别决定的物质基础上，经过一定的内外环境条件的相互作用才发育成一定性别的表现型。

第一节　高等动物性别的系统发生和性别特征

（一）高等动物性别的系统发生

我们在探讨这一问题时，可以把性别作为一个性状。但这一性状的遗传控制机理有其特殊之处；从表现型看来，不同生命阶段具有不同的表现。高等动物的性别分化方向始于受精，这是由遗传差别产生和决定的。一个胚胎在受精的一瞬间性别就决定了，但是这个时候（早期胚胎）性腺性别并未分化，只是在发育到一定阶段后才出现性别分化。一般情况下，高等动物胚胎的性别发育包括三个相关过程：受精时遗传性别的确立；遗传性别转变为性腺性别；性腺性别转变为表现型性别。

（二）性别特征

1. 形态特征　性别是个相当复杂的生物性状，这不仅仅是指性分化的深度上，而且在性别的表现形态、机能的变异方面甚为广泛。生物的体态可以区分为雄（男）和雌（女），雄性往往比雌性高大。在鸟类上雄鸟比雌鸟羽毛漂亮、清秀。

2. 性比　所谓性比是指同一生物群体中雌雄个体的数量比。一般用相对于 100 个雌性个体的雄性个体数来表示，或用雄性个体与总个体数的比来表示。生物的性比有第一性比、第二性比、第三性比之分。第一性比是指受精早期胚胎的性比，或称遗传性比。第二性比是指出生时的性比。第三性比是指某一年龄（或发育阶段）的性别比率。

在生物种群中，大多数具有两性的生物，雌雄个体的比例大都接近 1：1 的关系。这是个典型的孟德尔比数。把性别看作一个性状可以推测：性别和其他孟德尔性状一样，也是按孟德尔方式遗传的。1：1 是测交比数，这意味着某一性别（如雌性家畜）是纯合体，而另一性别（如雄性家畜）是杂合体。

当然，性比也受选择、季节、胎次、血液 pH、胚胎期死亡等许多环境因素的影响。

第二节 性别决定的遗传理论

关于性别决定的机制问题，曾有过多种假说，直到 1902 年，威尔逊（E. B. Wilson）、萨顿（W. S. Sutton）等首次发现了性染色体后，性别决定自然与性染色体联系起来，逐步形成了性染色体决定性别学说，这也是目前最流行的学说。在动物中，除性染色体决定性别外，还有基因平衡理论、H-Y 抗原理论及染色体的倍数等与性别有关。

一、性染色体类型与性别决定

在二倍体动物以及人的体细胞中，都有一对与性别决定有明显直接关系的染色体称为性染色体，其他的染色体通称为常染色体。有些生物的雄体和雌体在性染色体的数目上是不同的，简称性染色体异数。例如，蝗虫的性染色体，即 X 染色体，在雌虫的体细胞里是一对形态、结构相同的染色体（可用 XX 表示），但雄虫的体细胞里却只有一条性染色体（可用 XO 表示）。另一些生物的雌体和雄体的每个体细胞里都有一对性染色体，但它们在大小、形态和结构上随性别而不同。例如，猪雄性体细胞中是一对大小、形态、结构不同的性染色体，大的称 X 染色体，小的称 Y 染色体，雌性的体细胞中是一对 X 染色体。

X、Y 性染色体在形态和内容上都不相同，它们有同源部分也有非同源部分。同源部分和非同源部分都含有基因，但因 Y 染色体上的基因数目很少，所以，一般位于 X 染色体上的基因在 Y 染色体上没有相应的等位基因。

从进化角度看，性染色体是由常染色体分化来的，随着分化程度的逐步加深，同源部分则逐渐缩小，或 Y 染色体逐渐缩短，最后消失。例如，雄蝗虫的性染色体可能最初是 XY 型，在进化过程中，Y 染色体逐渐消失而成为 XO 型。因此 X 与 Y 染色体越原始，它们的同源区段就越长，非同源区段就越短。由于 Y 染色体基因数目逐渐减少，最后变成不含基因的空体，或只含有一些与性别决定无关的基因，所以它在性别决定中失去了作用（如果蝇）。但是，高等动物和人类中随着 X 和 Y 染色体的进一步分化，Y 染色体在性别决定中却起主要作用。

多数雌雄异体的动物，雌、雄个体的性染色体组成不同，它们的性别是由性染色体差异决定的。动物的性染色体类型分为两大类型。

（一）XY 型

这一类型的动物雌性个体具有一对形态大小相同的性染色体，用 XX 表示；雄性个体则具有一对不同的性染色体，其中一条是 X 染色体，另一条是 Y 染色体，雄性个体的性染色体构型为 XY，称为雄异配型。属这类性染色体的动物有大多数昆虫类、原虫类、海胆类、软体动物、环节动物、多足类、蜘蛛类、硬骨鱼类、两栖类和哺乳类等。

此外，在一部分昆虫（如蝗虫）中，雌性个体的性染色体为 XX，雄性个体只有一条 X 染色体，没有 Y 染色体，这类雄异配型动物的性染色体用 XO 表示。

（二）ZW 型

这类动物与上述情况刚好相反，雄性个体中有两条相同的性染色体，雌性个体中有两条不同的性染色体。因此，这类动物又称为雌异配型动物。为了与雄异配型动物相区别，这类动物的性染色体构型记为 ZW 型，雌性 ZW，雄性 ZZ。属于这一类型的动物有鸟类、家蚕以及部分鱼类。在这类动物中，也有和雄异配型动物中类似的情况，雌性个体中不存在 W 染色体，这类雌异配型个体的性染色体构型记为 ZO 型，如鳞翅目昆虫中的少数个体。

无论属于哪种性染色体类型的动物，凡是异配性别（heterogametic sex）个体（包括 XY 和 ZW 个体）均产生两种等比例的性染色体的配子，对于 XY 雄性而言，产生带 X 和 Y 染色体的两类精子，对于 ZW 雌性而言，产生带 Z 和 W 染色体的两类卵子；凡是同配性别的个体（包括 XX 和 ZZ）只产生一种性染色体的配子。当精子、卵子随机结合时，形成异配性别和同配性别子代的机会相等，因而，动物群体中两性比例总是趋于 1：1（图 4-1）。

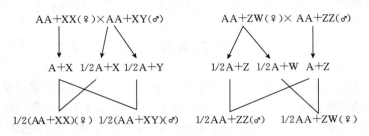

图 4-1　性染色体理论对性比例 1：1 的解释
A——常染色体组　X、Y、Z、W——性染色体

需要指出的是，虽然性别决定的性染色体理论并不适用于整个动物界，特别是在某些更低等的动物中并不存在真正的性染色体，但对于大多数种类的动物来说，其性别决定与性染色体理论是完全相符的。

二、基因平衡与性别决定

性染色体鉴定出来之后不久，就发现性别决定比初步的观察结果更为复杂。1932 年，布里奇斯（C. B. Bridges）在以果蝇为试验材料研究性别决定时提出性别决定的基因平衡学说。他用经 X 射线照射后的果蝇与正常的二倍体果蝇杂交，从中得到了多种性别畸形类型。这些性别畸形表现出与体细胞内 X 染色体的数目及常染色体组数的比例有着密切关系，当 X 染色体数目与常染色体组数的比值（用 X：A 表示）等于 1 时，为正常雌性或多倍体雌性；当该比值大于 1 时为超雌性；若该比值等于 0.5 时为正常雄性或多倍体雄性；小于 0.5 时为超雄性；当该比值为 0.5～1.0 时，则表现为间性（图 4-2，表 4-1）。

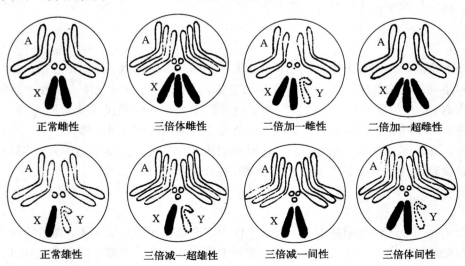

图 4-2　果蝇性染色体和常染色体间的平衡对性别的影响

表 4-1 果蝇染色体的比例及其对应的性别类型

性别类型	X 染色体数	常染色体（A）倍数	X：A
雌性	4	4	1.00
	3	3	1.00
	2	2	1.00
雄性	1	2	0.50
	2	4	0.50
超雌性	3	2	1.50
	4	3	1.33
超雄性	1	3	0.33
间性	3	4	0.75
	2	3	0.67

注：超雄性和超雌性果蝇其外貌像正常的雄性和雌性，但个体很小，生活力很低，且高度不育；间性是指性腺、交尾器和第二性征都是雌性和雄性的混合体，且都发育不全。

对表 4-1 分析，在逻辑上可以得出这样的结论：性染色体和常染色体上都带有决定性别的基因，雄性基因主要在常染色体上，雌性基因主要在 X 染色体上，受精卵的性别发育方向取决于这两类基因系统的力量对比。

然而，由于各种动物的遗传基础不同，性染色体与常染色体上的性别基因的对比关系以及 X 染色体与 Y 染色体上的性别基因的对比关系不一致。例如在果蝇中，性别只取决于 X 染色体数目与常染色体组数的比值，Y 染色体的雄性化力量并不大，但人类及哺乳动物的 Y 染色体则有强大的雄性化力量，性染色体构型即使是 XXXY 的个体仍能表现某些雄性特征。

三、染色体组倍数与性别

膜翅目昆虫中的蚂蚁、蜜蜂、黄蜂和小茧蜂的性别与染色体组的倍数有关，雄性为单倍体，雌性为二倍体。如蜜蜂的雄蜂是由未受精的卵发育而成的，因而具有单倍体的染色体数（$n=16$）。蜂王和工蜂是由受精卵发育成的，具有二倍体的染色体数（$2n=32$）。在蜂类的性别决定中必定有某种与单倍体/二倍体的染色体安排有关联的机制存在。在寄生蜂的一个小茧蜂属（Habrobracon）中也存在孤雌生殖的现象，这个属的雌蜂都是有 20 条染色体的二倍体，雄蜂都是有 10 条染色体的单倍体。雌蜂源于受精卵，但雄蜂通常出自未受精的卵。

有人在实验室中研究发现，从受精卵培育出的小茧蜂有些是二倍体的雄蜂，其他来自未受精卵的雄蜂则是单倍体，但所有的雌蜂都是二倍体。实验结果证实了某些染色体节段的纯合型和杂合型状态控制着性别的决定。更确切地说：单倍体雄蜂有 Xa、Xb 或 Xc 节段，二倍体雄蜂则是 XaXb、XaXc 或 XbXc，因此就推测必须有不同的等位基因的互补作用才能有雌蜂的产生。任何等位基因，不论是在成单或成双的情况下，都没有与之起交互作用的互补基因，就会产生出雄蜂来。

四、戈德斯克米特（Goldschmidt）学说

Goldschmidt 在研究舞毒蛾的基础上，于 1943 年提出了"细胞质因子与性染色体平衡学说"。舞毒蛾雄性是同配的（ZZ），雌性是异配的（ZW），并常见中间性别的雌雄嵌合体。

Goldschmidt 认为，舞毒蛾的性别是由母系遗传的存在于细胞质中的雌性决定因子（F）和位于 Z 染色体的雄性决定因子（M）的相对强度的平衡而决定的。该学说规定雌性公式是 F/M（F＞M），雄性公式是 F/MM（MM＞F）。并且认为，F 和 M 决定因子在不同亚种效力不同，有强和弱的 F 因子，也有强和弱的 M 因子。如果强的 F 因子和弱的 M 因子的雌体与有不同强度的 M 因子的品种杂交，其 ZZ 后代即使是遗传上的雄性，也不一定是表型的雄性。如果引入的 M 因子是强的，则其后代是雄性。如果引入的 M 因子是弱的，则其后代表型表达是雌的。当雄的和雌的决定因子处于平衡时，则产生中间性别。

五、H－Y 抗原与性别

（一）Y 染色体与 H－Y 抗原

20 世纪 50 年代在高度近交系小鼠中进行皮肤移植实验时发现，同性个体之间的皮肤移植或将雌性个体的皮肤移植到雄性个体身上时，均不出现免疫排斥反应；但是，若将雄性的皮肤移植到雌性个体身上则发生排斥反应，这表明雄性组织中存在有某种为雌性所不具有的组织相容性抗原，把这种具有雄性特异性的组织相容性抗原称为 H－Y 抗原（histocompatibility Y antigen）。在 XY 型性决定体系中 H－Y 抗原存在于雄性个体中，在 ZW 型性决定体系中，H－Y 抗原在雌性中表达。由此可见，H－Y 抗原依附于异配型性染色体。后来有人提出 H－Y 抗原直接或间接诱导原始性腺分化为睾丸的假说，这就是 20 世纪 70～80 年代人们曾广泛认同的 H－Y 抗原性别决定说。进而有人推测：H－Y 抗原基因就是睾丸决定因子（testis determining factor，TDF）。但是，后来在小鼠中发现 XX 雄性（性反转所致）却不具有此种抗原，因此否定了 H－Y 抗原性别决定说。

（二）H－Y 抗原与性别分化

在哺乳动物中，Y 染色体决定雄性性别而不受 X 染色体数量的影响。通常是没有 Y 染色体只有 X 染色体的个体为雌性。但在胚胎期性别分化前，性腺具有向雄性分化和向雌性分化的潜能。Y 染色体的雄性决定是使原始的未分化的性腺分化成睾丸，新形成的睾丸分泌雄性激素，使雄性性征继续发育。若无雄性激素的作用，未分化的性腺自然地向雌性方向分化。

近年来发现编码 H－Y 抗原的基因与睾丸分化的启动密切相关。据报道，用 H－Y 抗血清处理新生雄鼠睾丸细胞，封闭细胞膜上的 H－Y 抗原，继续培养 16 h，在培养过程中新产生的 H－Y 抗原继续被培养液中多余的 H－Y 抗体所封闭，处理后，睾丸细胞失去了 H－Y 抗原作用，使其形成球状聚合体，大多类似卵巢中的卵泡细胞。在同样条件下用不含 H－Y 抗体的对照血清处理，睾丸细胞仍保留有 H－Y 抗原，形成柱形管状结构，类似曲细精管。又例如，分泌到培养液中的新生雄鼠睾丸组织产生的 H－Y 抗原，可使新生鼠的卵巢组织转化为睾丸组织。也有人将人的 H－Y 抗原加入到体外培养的胎牛卵巢中，5 d 内卵巢可转变为睾丸。以上事实说明，原始性腺分化为睾丸，H－Y 抗原对此起着重要的作用，所以认为它是性别分化的决定性因素之一。

六、性别决定基因

20 世纪中期以来，人们逐步认识到在动物性别分化过程中，Y 染色体上存在着 TDF 基因，它决定了原生殖嵴向睾丸方向分化。因此，对性别决定基因的研究一直集中在探求哺乳动物 Y 染色体上的 TDF 方面。

1987 年，佩奇（D. C. Page）等人的研究指出 Y 染色体短臂上有一个锌指蛋白 *ZFY* 基因（Zinc finger Y gene，*ZFY*）。该基因在进化上高度保守，并且存在于所有真兽亚纲动物 Y 染色体上。但在 X 染色体上有同源基因 *ZFX* 的存在。随着在某些 XY 雄性中发现不存在 *ZFY* 以及在 X 染色体上存在 *ZFX* 和常染色体上存在类似 *ZFY* 的片段，*ZFY* 作为 *TDF* 的候选者又被否定了。

1989 年，帕尔默（M. S. palmer）等人在对 3 个 XX 男性和 1 个 XX 间性人的研究中没有证实 *ZFY* 的存在，但却在他们中检测到了一个 35 ～40 kb 的 Y 特异性序列共同区段，使 *TDF* 基因的搜索范围缩小到该片段上，该片段靠近拟常染色体区域（pseudoautosomal‐region，*PAR*）。对这一区域进一步研究发现，*TDF* 位于距 *PAR* 边缘 5 kb 处的一个片段。根据它在染色体上的位置，人们将其命名为 Y 染色体性别决定区（sex‐determining region of Y chromosome），即 *SRY*。同时在小鼠中也发现类似的同源序列，称为 *Sry*。

1990 年，辛克莱（A. H. Sinclair）等克隆到人的 *SRY*，被认为是性别决定研究的一个里程碑，包括转基因动物在内的许多实验已证明 *SRY* 就是 *TDF* 基因。但近年来的研究表明 *SRY* 并非决定性别的唯一基因，性别决定与分化是一个以 *SRY* 基因为主导的、多基因参与的有序协调表达过程。在哺乳动物已发现包括 *SRY* 在内至少有 8 个基因（*SRY*、*SOX*9、*AMH*、*WT*1、*SF*1、*DAX*‐1、*DMRT*1、*WNT*4）参与了性别决定的级联过程，对性别决定和分化起着重要作用。

第三节 性别决定的剂量补偿

一、性染色质

性染色质是一种细胞核内着色较深的结构，又称巴氏小体（Barr body）。1949 年，M. L. Barr 发现雌猫神经元间期核中有一个染色很深的染色质小体，而雄猫中没有。此后在人类大部分正常女性表皮、口腔颊膜、羊水等细胞的间期核中也找到一个特征性的、浓缩的染色质小体。由于其与性别及 X 染色体数目有关，所以称为性染色质体。据研究表明：在雌性的两条 X 染色体中只有一条是具有活性的，另一条失活的 X 染色体在间期细胞核中呈异固缩（即该染色体与其他染色体的螺旋化不同步）状态，形成一个约 1 μm 大小、贴近于核膜边缘的染色小体，又称 X 染色质。巴氏小体普遍存在于雌性哺乳动物的体细胞中，而在正常雄性的体细胞中没有。在人类中正常男人（46，XY）和先天性卵巢发育不全（Turner syndrom）女人（45，X）无巴氏小体，先天性睾丸发育不全（Klinefelter syndrom）男人（47，XXY）有一个巴氏小体，具有三条 X 染色体的女人有两个巴氏小体，具有四个 X 染色体的女人则有三个巴氏小体。这种现象表明，无论一个个体有多少条 X 染色体，其中只有一条具有活性。

二、剂量补偿效应

我们知道，哺乳动物及果蝇的雌性个体比雄性个体多一条 X 染色体。当然 X 染色体的基因也就多一份，可是在雌雄个体之间由 X 染色体上的基因决定的性状的表现并无多少差异，因此，有人认为必然存在一种基因数量上的剂量补偿效应（dosage compensation effect），以保持雌雄个体的基因平衡。所谓剂量补偿效应就是使具有两份或两份以上的基因量的个体与只具有一份基因量的个体的基因表现趋于一致的遗传效应。即是在 XY 性别决定的生物中，使性连锁基因在两种性别中有相等或近乎相等的有效剂量的遗传效应。

剂量补偿效应有 3 种不同的假设机制：①在哺乳类（包括人类）中雌性 XX 中的随机的一条 X 染色体失活，在雄性 XY 中单条 X 染色体保持活性。在有袋动物中，总是从父本遗传下来的 X 染色体被失活。②在果蝇中，雌性中的两条 X 染色体都有活性，而在雄性 XY 或 XO 中唯一的一条 X 染色体超活性。③线虫的剂量补偿机制是在 XX 个体为雌雄同体，两条 X 染色体的连锁基因的转录活性同时减弱，使之处于低活性状态，即每条 X 染色体基因的表达水平是单条 X 染色体（雄性中）的表达水平的一半，以便实现与雄性（XO）个体的，只具一条 X 染色体上连锁基因活性的剂量补偿。

为了解释哺乳动物 X 染色体的剂量补偿效应，1962 年，英国学者里昂（M. Lyon，1961）提出了一种假说（即里昂假说），也称为有活性的单个 X 染色体的剂量补偿（dosage compensation）和形成性染色质体的 X 染色体失活假说。其主要内容是：①正常雌性哺乳动物的体细胞中，两条 X 染色体中只有一条在遗传上有活性，另一条无活性。由于 X 连锁基因得到剂量补偿，雌性 XX 和雄性 XY 具有相同的有效基因产物。②X 染色体失活是随机的。受精卵发育到胚胎早期，女性的两条 X 染色体在分化的各类细胞中，其中的一条 X 染色体随机失活。在某些细胞中父源的 X 染色体失活；而另一些细胞是母源的 X 染色体失活。而且，失活的那条 X 染色体在以后的细胞增殖中永久失活。这是因为失活的 X 染色体呈现异固缩状态，它在细胞分裂中的复制比另一条有活性的 X 染色体晚，并且在细胞分裂间期也不解螺旋，以巴氏小体出现。③失活发生在胚胎发育的早期，如人类 X 染色体随机失活发生在胚胎发育第 16 天，合子细胞增殖到 5 000～6 000 个细胞时期。在第 4～6 天的小鼠胚胎中 X 染色体随机失活。某一个细胞的一条 X 染色体一旦失活，由这个祖先细胞分裂的所有后代细胞中的该 X 染色体均处于失活状态。④杂合体雌性在伴性基因的作用上是嵌合体（mosaic），即某些细胞中来自父方的伴性基因表达，某些细胞中来自母方的伴性基因表达，这两类细胞随机地相互嵌合存在于某些组织中，毛皮颜色遗传的随机嵌合性特别引人注目。

例如，在猫的皮毛颜色中，有一种橙色与非橙色镶嵌的龟甲壳毛色，橙色由 X 染色体上的 O 基因控制，O 能阻碍深色色素（黑色和棕色）生成，但能产生橙色色素。非橙色由同一基因座位上的等位基因 o 控制，o 能产生深色色素。若用橙色雌猫（$X^O X^O$）和非橙色雄猫（$X^o Y$）杂交，则子代所有雄猫都呈橙色（$X^O Y$），而子代所有雌猫（$X^O X^o$）则表现为龟甲壳毛色。这是由于在 $X^O X^o$ 中一部分体细胞中 X^O 失活，以此分裂所形成的细胞 X^O 都是失活的，只表现出 o 的活性，故毛色为非橙色（黑色或棕色）；而一部分体细胞中 X^o 失活，则表现为橙色。由于两条 X 染色体的随机失活，所以 $X^O X^o$ 杂合雌猫为橙色与非橙色的嵌合体——龟甲壳猫（图4-3）。

图 4-3　龟甲壳猫

又如，位于人类 X 染色体上的 6-磷酸葡萄糖脱氢酶（G-6-PD）基因，正常的男性（$X^{GD+} Y$）和正常的女性（$X^{GD+} X^{GD+}$）相比，虽然女性多一份 X^{GD+}，但两者的 G-6-PD 活性却无差异。有趣的是，对于 $X^{GD+} X^{GD-}$ 女性，该酶的活性只有正常男性的一半。这是因为两条 X 染色体（X^{GD+} 和 X^{GD-}）中的一条随机失活导致实际上只有一半的细胞产生有活性的酶。

以上的研究证明里昂假说基本上是正确的。

经显微镜观察表明，失活的 X 染色体是以浓缩的异染色质小体的形式显现在雌性体细胞间期核膜内侧，其大小一般为 $0.8\,\mu m \times 1.1\,\mu m$。而正常雄性则没有。这一失活的异染色质小体就是巴氏小体。它能很容易地从刮下的口腔黏膜中被检测出来，对性别的诊断是很有价值的。

值得一提的是，所有哺乳动物都呈现 X 失活，而鸟类中却未见 Z 失活现象，这一原因尚不清楚。

有关 X 染色体失活的机制和剂量补偿的遗传学分析是当今研究活跃的领域。1981 年，莫汉德斯（Mohandas）等曾用分离的杂种细胞系通过使 DNA 去甲基化的 5-氮杂胞苷处理，使失活染色体的片段激活，并证明与其他因素无关。因此，研究者们认为，造成莱昂效应的原因可能是 DNA 的甲基化使 X 染色体失活。细胞中存在着一种甲基化酶保证了失活的 X 染色体在体细胞中的世代稳定性。

第四节　环境与性别

胚胎学的研究证明：早期胚胎在性别上无雌雄之分，其性腺是中性生殖腺。中性生殖腺来源于生殖嵴，生殖嵴继续发育形成皮层和髓层两个区，之后中性生殖腺是向雄性还是向雌性分化，取决于髓层还是皮层的优先启动。如果髓层优先发育，皮层就退化，进而形成睾丸，同时，睾丸中曲细精管内的间质细胞产生大量雄性激素，促进原生殖管道和外生殖器向雄性方向衍变。如果髓层不能优先启动，皮层就继续发育，进而形成卵巢，并分泌雌性激素，促进雌性生殖器的进一步发育。髓层或者皮层的优先启动取决于胚胎性别的遗传基础，即性别决定。性别决定是性别分化的基础，性别分化是性别决定的必然发展和体现。性别分化是指受精卵在性别决定的基础上，进行雄性或雌性性状分化和发育的过程，这个过程和环境具有密切关系。当环境条件符合正常性别分化的要求时，就会按照遗传基础所规定的方向分化为正常的雄体或雌体；如果不符合正常性别分化的要求时，性别分化就会受到影响，从而偏离遗传基础所规定的性别分化方向。内外环境条件对性别分化都有一定影响。

一、激素的影响

高等动物中性腺分泌的性激素对性别分化的影响非常明显。第二性征（副性征）一般都是在性激素的控制下发育起来的，第一性征（如睾丸和卵巢）的发育，也受性激素的直接影响。激素在个体发育中的作用发生越早，对性别的影响也就越大。

自由马丁牛和母鸡性反转是关于激素对性别分化影响的两个典型例子。早在公元前 1 世纪，人们就发现在异性双生犊中，母牛往往是不育的，这些母牛称为自由马丁牛。在人及其他物种中也都发现相似的情形，"自由马丁"一词用来表示异性双生子中的雌性不育现象。自由马丁牛是由于在异性双胎中，雄性胎儿的睾丸优先发育，先分泌雄性激素，通过血管流入雌性胎儿，从而抑制了雌性胎儿的性腺分化，出生后牛犊虽然外生殖器像正常雌牛，但性腺很像睾丸，使性别成间性，失去生育能力。同时，胎儿的细胞还可以通过绒毛膜血管流向对方，在异性双生雄犊中曾发现有 XX 组成的雌性细胞，在双生雌犊中曾发现有 XY 组成的雄性细胞。由于 Y 染色体在哺乳动物中具有强烈的雄性化作用，所以 XY 组成的雄性细胞可能会干扰双生雌犊的性别分化，这也是雌性发生雄性化的原因之一。以上事实说明，虽然性别在受精时已经决定，但性别分化的方向可以受到激素或外来异性细胞的影响而发生改变。

性反转是性激素影响性别发育的第二个生动例子。产过蛋的正常母鸡变成了公鸡，这种由雌性变成雄性，或由雄性变成雌性的现象称为性反转。母鸡性反转成公鸡时，长出雄性的鸡冠并能啼鸣，最后追逐母鸡，和母鸡交配，成为能育的公鸡。这主要是性激素影响的结果。产过蛋的正常母鸡，由于某种原因卵巢退化消失，处于退化状态的精巢便发育起来，同时产生雄性激素，母鸡的性征逐渐被公鸡的性征所代替，最后产生正常的精子，使母鸡变成了公鸡。但母鸡的性染色体组成并不改变，它仍然是ZW。

二、外界环境条件与动物性别分化

（一）蜜蜂的性别

前已述及蜜蜂的性别与染色体组的倍数有关，雄蜂为单倍体（$n=16$），由未受精卵发育而成，雌蜂为二倍体（$2n=32$），由受精卵发育成的。而受精卵可以发育成正常的雌蜂（蜂王），也可以发育成不育的雌蜂（工蜂），这取决于营养条件对它们的影响。如果受精卵形成的幼虫吃 $2\sim3$ d 蜂王浆，经过 21 d 发育成为工蜂，它们的身体比正常雌蜂小，生殖系统萎缩，不能与雄蜂交尾。如果吃 5 d 蜂王浆，经过 16 d 发育就成为蜂王，它比工蜂大而且是能育的。在这里，营养条件对蜜蜂的性别分化起着重要的作用。

（二）后蝾的性别

海生蠕虫后蝾性别是由环境决定的，这种海生软体动物雌、雄之间体型差异极大，雌虫体长约 8 cm，像一粒发了芽的豆子，雄虫很小，只有 1 mm 长，寄生于雌虫的子宫内（图4-4）。成虫的雌体产卵在海里，刚孵出的幼虫无性别差异，至于它们将向哪种性别分化发育，完全取决于它们随机生活的环境。如果幼虫在海中自由生活，或落在海床上，则发育为雌虫；如果因为机会，也可能由于一种吸力，幼虫落在雌虫长长的口吻上，就发育为雄虫。如果把已经落在雌虫口吻上的幼虫移去，让其继续自由生活，就发育成间性，畸形程度视待在雌虫口吻上时间的长短而定。看来，雌虫口吻部的生理环境是决定性别的关键，后蝾性别不是在受精时决定的，而完全是由外界环境条件所决定。

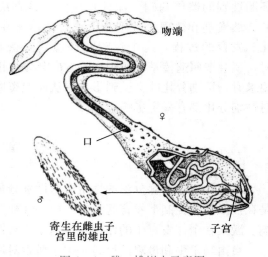

吻端

口

♀

寄生在雌虫子宫里的雄虫

♂

子宫

图4-4 雌、雄蝾虫示意图

（三）蛙和某些爬行类的性别

这类动物的性别与环境温度有关。在某些蛙中，如果使蝌蚪在 20 ℃下发育，形成的幼蛙群中性比正常，雌雄各半；若蝌蚪在 30 ℃条件下发育，则全部发育成雄蛙。蜥蜴的卵在 $26\sim27$ ℃下孵化成为雌性，在 29 ℃下孵化则为雄性。鳄鱼卵在 33 ℃下孵化全为雄性，在 31 ℃下孵化全为雌性，在这两种温度之间孵化则雌雄各半。

需指出的是，环境条件只改变性别发育的方向，并不能改变它们的性染色体组成。

三、性别鉴定与性别控制

在过去的几十年里，对哺乳动物的性别控制进行了大量研究，如应用性激素、改变体液酸碱度、食物营养、饲喂不同金属元素、改变生殖道环境、杀死或灭活带某种染色体的精子等，但这些方法仅能改变一定性比，达不到完全控制性别的目的，并且这些实验结果常常不稳定和缺乏重复性。目前常见的性别控制方法主要是早期胚胎性别鉴定和 X、Y 精子分离两种。

（一）胚胎性别鉴定

家畜胚胎性别鉴定通常采用 PCR 法。该方法的实质是 Y 染色体上特异片段或 Y 染色体上的性别决定基因的检测技术。即通过合成 *SRY* 基因或 Y 染色体上其他特异片段的部分序列作为引物，在一定条件下进行 PCR 扩增反应，能扩增出目标片段的个体即为雄性，否则为雌性。目前，应用 PCR 技术鉴定胚胎性别的较多，此种方法简单方便，利于普及。除 PCR 法外，还有间接免疫荧光法、Y 染色体特异性 DNA 探针法、核型分析法等，这些方法较 PCR 法发展缓慢，精确度不高。

（二）X、Y 精子分离技术

分离 X、Y 精子并用于人工授精是控制家畜性别最简单、可行的方法。X 和 Y 精子在密度、体积、运动特性、电荷、表面抗原及 DNA 含量等方面略有差异，据此人们设计了多种分离精子的方法。分离方法主要包括物理分离法；免疫法和流式细胞仪精子分离法。物理分离法主要有密度梯度离心法、电泳法、白蛋白柱分离法；免疫法主要是 H-Y 抗原法；流式细胞仪精子分离法具有准确率高、可靠性高、易于重复、较为省时等优点，是最有发展潜力和应用价值的精子分离方法。经此法所得的精子能以 85%～95% 的准确率产生预定性别的后代。这里主要介绍流式细胞仪精子分离法和 Percoll 不连续密度梯度离心精子分离法分离精子的原理。

1. 流式细胞仪精子分离法 是根据 X、Y 两类精子在 DNA 含量上的差异来分离精子。通常，X 精子的染色体比 Y 精子的染色体大而且含较多的 DNA。在人上的差异为 2.8%，在家畜上的差异为 3.0%～4.2%，如猪的为 3.6%，牛的为 3.8%。该分离法的操作方法是：将精液用活体荧光染料 Hoechst33342 孵育染色，然后在精子逐个通过细胞分类器的微柱时，用一束激光激发荧光染料，使通过微柱的精子发光。X 精子发光量略高于 Y 精子。这种发光量的微小差别由光学检测器记录并把信号传送给电脑。精液通过激光束后，便被分成微滴。计算机把信息反馈到产生微滴的部位，使每个微滴带电：X 精子带正电，Y 精子带负电。当带电精子进入偏转电场后，两类精子便分别向不同的方向移动，进入不同的容器（图 4-5）。

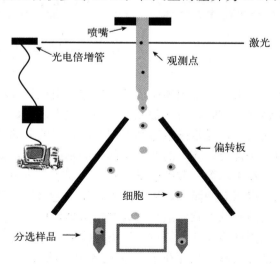

图 4-5 流式细胞仪精子分离法模式图

2. Percoll 不连续密度梯度离心精子分离法 是根据哺乳动物的 X 和 Y 染色体在大小上的差异也反映在两种精子密度上的差异进行

分离的。Percoll 是一种新的密度梯度介质，是由一种聚乙烯吡咯烷酮所组成，它不渗入细胞膜，对精子无毒害。操作过程是：用适当的适于精子存活的生理盐水与 Pereoll 配制成 7~12 层不连续密度梯度溶液，自下而上由浓到稀地依次叠放于离心管中，构成分离管，将稀释精液置于分离管中梯度溶液的顶层，经一定速度和一定时间的离心后，精子聚集在各液层的界面和分离管的底层，在底层的精子含 X 精子较多，在顶层的精子含 Y 精子较多。此基本原理模式图见图 4 - 6。

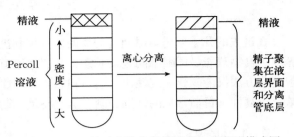

图 4 - 6　Percoll 不连续密度梯度离心分离法模式图

（三）通过改变精子的外界条件控制性别

性别主要是由遗传决定的，但精子在雌性生殖道的运行和受精过程中，所处环境的差异也将对后代的性别产生一定影响。由 X 和 Y 精子的运动速度、对酸碱的耐受性不同以及寿命长短的差异，可通过改变精子的外界环境条件在一定程度上控制性别。

1. 营养条件　饲料不足或饲喂酸性饲料多产雄性后代；反之，饲料丰富或饲喂碱性饲料多产雌性后代。

2. 激素水平　母畜雌激素分泌的增加进而调整雌性动物生殖道内的离子、蛋白、酶和氨基酸等分子的相应分泌，促使母体的受精环境利于 X 精子与卵子结合，提高雌性比例。

3. 环境温度　在一定温度范围内，冷冻精液的解冻温度与精子的活力呈正比关系。解冻温度越高，精子复活速度越快，而活力也越强。由于活力强而消耗的能量快而多，故精子存活的时间短。这样缩短了 Y 精子的寿命，相应延长 X 精子的寿命和增加了与卵子结合的机会，从而可以提高雌性比例。

第五节　伴性遗传

一、伴性遗传的概念及特点

本书第三章阐述遗传基本规律所引证的性状都是由处在常染色体上的基因控制的，在发生性状分离时，与性别无关，即后代中表现显性性状或表现隐性性状的雌雄个体各占一半。简而言之，受常染色体基因控制的性状的分离比例在两性中是一致的。如果所研究的性状是由处于性染色体上的非同源部分的基因控制，则情况就不同了。

在本章第一节中已指出性染色体是异形的，其实不仅形态上不相同，质量上也大不相同。以 XY 型而言，X 染色体和 Y 染色体有一部分是同源的，该部分的基因是互为等位的，其所控制的性状的遗传行为与由常染色体基因控制的性状相同。另一部分是非同源的，该部分基因就不能互为等位，X 染色体非同源部分的基因只存在于 X 染色体上，Y 染色体非同源部分的基因只存在于 Y 染色体上，两者无配对关系，无功能上的联系，这些基因称半合基因（hemizygous gene）。由 X 染色体上的半合基因所控制的性状称伴性性状，因为这些性状的遗传与性别有关，故称为伴性遗传或性连锁遗传（sex - linked inheritance）（图 4 - 7）。在体细胞里，X 染色体有时成双存在（雌性），有时成单存在（雄性），在成单情况下，非同源部分的隐性基因也能表现其作用，这与常染色体上的基因不相同。Y 染色体上的半合基因称为全雄基因，其遗传方式称为全雄遗传或限雄遗传。

需要指出，Y 和 W 染色体非同源部分的基因远远少于 X 和 Z 染色体非同源部分基因，只在少数动物中被发现。故伴性遗传常见于 X 染色体和 Z 染色体上非同源部分的基因所控制的性状的遗传行为。

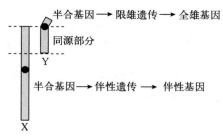

图 4-7　伴性遗传示意图

二、果蝇的伴性遗传

果蝇的野生型眼色都是红色，而摩尔根在 1910 年发现一只白眼雄性果蝇，让这只白眼雄果蝇与红眼雌果蝇交配，F_1 都是红眼果蝇。让 F_1 互交得到 F_2。在 F_2 中雌蝇全部为红眼，雄蝇中 1/2 为红眼，1/2 为白眼（图 4-8）。

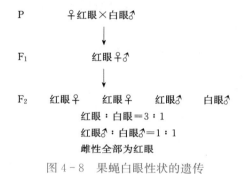

图 4-8　果蝇白眼性状的遗传

如果控制果蝇眼色的基因位于 X 染色体上，而 Y 染色体上不含有它的等位基因，上述遗传现象就会得到圆满的解释。以 w 表示白眼基因，＋表示红眼基因。在亲本中白眼雄果蝇的基因型为 X^wY，红眼雌果蝇的基因型为 X^+X^+。其 F_1、F_2 的基因型、表现型及比例图示如下见图 4-9 和图 4-10。

图 4-9　雄蝇的白眼基因 w 传给女儿

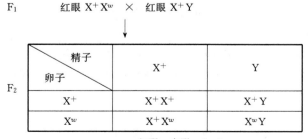

红眼：白眼＝3：1
红眼♂：白眼♂＝1：1

图 4-10　雌蝇把携带的白眼基因 w 传给儿子

图 4-9 和图 4-10 解释了摩尔根试验的遗传现象。在上述实验中，白眼雄果蝇的白眼基因 w 随 X 染色体传给它的女儿，不能传给他的儿子。这种现象称为交叉遗传（criss-cross inheritance）。女儿再把从父亲传来的白眼基因 w 传给它的儿子（也称交叉遗传）；或者说外祖父的性状通过女儿而在外孙身上表现；或者女儿像父亲，儿子像母亲。这种遗传方式称为伴性遗传。这些伴性遗传的基因位于 X 染色体上，故又称 X-连锁遗传。

三、人类的伴性遗传

在人类中，目前已知有 100 多个基因位于 X 染色体上，其中有些是致病基因。它们的遗传方式与果蝇白眼基因的遗传相同，其中最典型的例子是红绿色盲的伴性遗传。红绿色盲患者不能分辨红色和绿色，为隐性；该基因位于 X 染色体上，用符号 b 表示。我国男子红绿色盲患者近于 7%，女性患者近于 0.5%，男性患者要比女性患者多得多。男性红绿色盲患者（X^bY）与正常女性（X^BX^B）结婚，男性患者的子女都是正常的，但女儿都携带着从父亲传来的一个色盲基因（图 4-11）。

P　　　正常女性 X^BX^B　×　红绿色盲男性 X^bY

精子 卵子	X^b	Y
X^B	X^BX^b	X^BY

图 4-11　男性色盲基因传给他的女儿

当携带红绿色盲基因的正常女性（X^BX^b）与正常男性（X^BY）结婚后，儿子将有 1/2 患病，女儿则都正常，但有 1/2 是 b 基因的携带者（图 4-12）。

P　　　女性携带者 X^BX^b　×　正常男性 X^BY

精子 卵子	X^B	Y
X^B	X^BX^B 女正常	X^BY 男正常
X^b	X^BX^b 女携带者	X^bY 男色盲

女正常：女携带者：男正常：男色盲＝1：1：1：1

图 4-12　女性携带者与正常男人婚配

此外，血友病和 γ-球蛋白贫血症也是常见的伴性遗传病。血友病是一种出血性疾病，由于患者的血浆中缺少一种凝血物质——抗血友病球蛋白，所以受伤流血时血液不易凝固。γ-球蛋白贫血症是体内不能产生 γ-球蛋白，或是在血液中缺少这种球蛋白引起的疾病，患者由于血液中缺少抗体，而导致抵抗力降低，易受细菌侵染得病。控制这两种疾病的基因都是隐性的、位于 X 染色体上。它们的遗传方式同红绿色盲。

四、鸟类（鸡）的伴性遗传

在鸡中，芦花性状是一个伴性遗传性状。鸡的性别决定类型为 ZW 型，雌性性染色体组成为 ZW，雄性为 ZZ。芦花鸡的雏鸡绒羽是黑色的，但头顶有一黄斑可与其他黑色鸡相区别，芦花鸡的成羽有黑白相间的横纹。试验表明，芦花性状（B）对非芦花性状（b）为显性。当以非芦花公鸡（Z^bZ^b）与芦花母鸡（Z^BW）交配时，F_1 代中的公鸡是芦花鸡，母鸡是非芦花鸡。当 F_1 代自群繁殖时，在 F_2 代的两性中芦花鸡和非芦花鸡各占 1/2（图 4 - 13）。

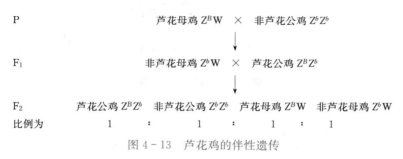

P		芦花母鸡 Z^BW	$\times$	非芦花公鸡 Z^bZ^b	

↓

F_1		非芦花母鸡 Z^bW	$\times$	芦花公鸡 Z^BZ^b	

↓

F_2	芦花公鸡 Z^BZ^b	非芦花公鸡 Z^bZ^b	芦花母鸡 Z^BW	非芦花母鸡 Z^bW
比例为	1 :	1 :	1 :	1

图 4 - 13　芦花鸡的伴性遗传

五、Y 染色体上的基因遗传

Y 染色体上也带有基因，但是目前已定位的基因很少。在 Y 染色体上只定位了 H - Y 抗原、人的 *TDF* 以及外耳道多毛等少数几个基因。在鱼类的 Y 染色体上具有较多的基因，例如，决定鱼的背鳍的色素斑基因就在 Y 染色体上。Y 染色体上的基因遗传的特点是全雄性遗传，因而 Y 染色体上的基因又称全雄基因。

伴性遗传在理论上和实践上都具有重要意义。其理论意义在于为基因位于染色体上提供了论据。其实践意义是：①根据伴性遗传规律可以预防某些伴性遗传疾病。例如，人的红绿色盲和血友病是由位于 X 染色体上的隐性基因决定的，为了防止这类遗传疾病的发生，双方家族中都有此类病史的男女是否结婚应持慎重态度。②利用伴性遗传可以进行雌雄鉴别，特别是在养鸡业中，通过羽毛颜色这一伴性性状进行雏鸡的雌雄鉴定已得到广泛应用。

第六节　从性遗传和限性遗传

（一）从性遗传

从性遗传（sex - conditioned inheritance）中所涉及的性状是由常染色体上的基因支配的，由于内分泌等因素的影响，其性状只在一种性别中表现，或者在一性别为显性另一性别为隐性。例如，人类的青年时期秃顶，男性多见女性少见。男性中秃顶对非秃顶为显性，而在女性中则为隐性，所以杂合体男性表现秃顶女性则正常。在动物中，某些绵羊的角的遗传是从性遗传。有的绵羊品种雌雄都有角，如陶赛特羊；有的绵羊品种雌雄皆无角，如雪洛甫羊；有的绵羊品种雌性无角雄性有角，如美利奴羊、寒羊。用有角的陶赛特羊和无角的雪洛甫羊杂交得到如下结果（图 4 - 14）。

由图 4 - 14 可知，无论正交还是反交，F_1 和 F_2 的性状表现均相同，这一点与伴性遗传明显不同。在 F_1 中，雄羊有角、雌羊无角。显然，对于 F_1 所有个体基因型应是一致（都是杂合子）的，但由于雄性激素的作用使雄性表现有角，而雌性无角。绵羊的有角、无角分别由常染色体上同一基因座的显性基因 H 和隐性基因 h 决定。对于基因型 HH 的羊（如陶赛特羊），其雌、雄个体均有角；对于基因型 hh 的羊（如雪洛甫羊），其雌、雄个体均无角。

当两者杂交，其杂种（*Hh*）则是雄性有角雌性无角。因此，结合孟德尔定律就很容易解释上述试验结果（图4-15）。

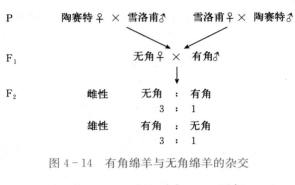

P	陶赛特♀	×	雪洛甫♂	雪洛甫♀	×	陶赛特♂
F₁			无角♀	×	有角♂	
F₂	雌性		无角	:	有角	
				3	: 1	
	雄性		有角	:	无角	
				3	: 1	

图4-14 有角绵羊与无角绵羊的杂交

P	*HH*（有角）×*hh*（无角）
F₁	*Hh*（♀无角，♂有角）
F₂	1*HH* 2*Hh* 1*hh*
雄性	有角 有角 无角
雌性	有角 无角 无角

图4-15 绵羊角的遗传方式

总的说来，从性遗传是常染色体上基因的遗传，具有这种基因的同一基因型个体由于不同性别中内分泌因素的作用，在一性别中表现为显性而另一性别中表现为隐性。

（二）限性遗传

限性遗传（sex-limited inheritance）是指只在某一性别中表现的性状的遗传。这类性状多数是由常染色体上的基因决定的。其中有的是单基因控制的简单性状，如单睾、隐睾；有的是多基因控制的数量性状，如泌乳量、产蛋量、产仔数等。这里有必要指出的是，虽然这些性状只在一种性别中表现，但支配这些性状的基因在两种性别中都存在。例如，泌乳量只在雌性中表现，但通过对公牛的选择可以提高其女儿的泌乳量，这说明公牛具有决定泌乳量的基因。另外，遗传性的和环境性的性反转现象也证实了一般不表现限性性状的个体确实含有这些限性性状的基因。

思考题 ◇

（1）名词解释：

性染色体　常染色体　拟常染色体区域　雌雄同体　雌雄同株　性染色质　剂量补偿效应　性反转　伴性遗传　从性遗传　限性遗传

（2）何谓性别决定？何谓性别分化？

（3）动物性别决定理论有哪些？你认为性别决定的实质是什么？

（4）简述环境对性别分化的影响。

（5）性别控制的途径有哪些？

（6）一个父亲是色盲而本人色觉是正常的女子，与一个色觉正常的男子结婚，但这个男子的父亲是色盲，问这对夫妇的子女色觉正常和色盲的可能性各有多少？

（7）一个男子的外祖母是色觉正常，外祖父是色盲，他的母亲是色盲，父亲是色觉正常。

① 推导祖亲和双亲的基因型是什么？

② 如果他和遗传上与他的姊妹相同的女子结婚，他女儿的辨色能力如何？

（8）两个红眼长翅的♀、♂果蝇相互交配，获得下列后代类型：

雌蝇：3/4 红眼、长翅，1/4 红眼、残翅；

雄蝇：3/8 红眼、残翅，3/8 白眼、长翅，

　　　1/8 红眼、长翅，1/8 白眼、残翅。

写出亲代及子代的基因型。

（9）纯种芦花公鸡和非芦花母鸡交配，得到子一代。子一代个体相互交配，问子二代的芦花 性状与性别的关系如何？若要使子代能够自别雌雄，应如何选择杂交亲本？

第五章 连锁与互换

自从 1900 年孟德尔定律被重新发现后，人们以动植物为材料进行了广泛的杂交试验，获得了大量的遗传资料，丰富了孟德尔定律，但也有许多试验结果并不符合自由组合定律的预期比例，不少学者对于孟德尔的遗传定律产生了怀疑。摩尔根（T. H. Morgan）以果蝇为试验材料对此展开了深入细致的研究，确认了那些不符合自由组合定律的例证，并由此提出了遗传学中的第三个遗传定律——连锁与互换定律。

在两对性状符合自由组合定律的情况下，决定这两对性状的两对基因必然位于非同源染色体上。如果两对非等位基因位于同一对同源染色体上，彼此连锁在一起，则这两对基因就不能彼此独立分离并自由组合，F_2 中两对性状的组合类型比例也就不会符合 9：3：3：1。高等生物细胞的基因数以万计，而其染色体数目却很有限，因而每一对染色体上必然包含了许多对基因，这就决定了性状连锁遗传的普遍性。

第一节 基因的连锁与互换

一、连锁遗传现象的发现及表现

1905 年在遗传学发展的第一个高潮时期，贝特森（W. Bateson）和庞乃特（R. C. Punet）研究了香豌豆（*Lathyrus doratus*）两对性状的遗传，首先发现了连锁与互换的遗传现象。他们选择的性状一对是花的颜色，有紫色（P）和红色（p），紫色对红色为显性；另一对是花粉的形状，有长形（L）和圆形（l）两种，长形对圆形为显性。

贝特森和庞乃特同时进行了两组试验。第一组试验是用紫花、长花粉粒品种（PPLL）与红花、圆花粉粒品种（ppll）进行杂交，得到的 F_1 植株全为紫花、长花粉粒（PpLl）。F_1 自花授粉，杂交试验的结果如图 5-1 所示。

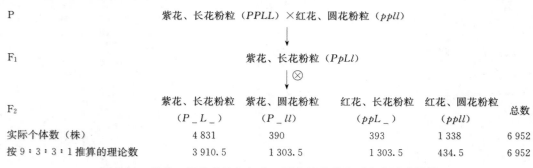

	紫花、长花粉粒 （P_L_）	紫花、圆花粉粒 （P_ll）	红花、长花粉粒 （ppL_）	红花、圆花粉粒 （ppll）	总数
实际个体数（株）	4 831	390	393	1 338	6 952
按 9：3：3：1 推算的理论数	3 910.5	1 303.5	1 303.5	434.5	6 952

图 5-1 紫花、长花粉粒与红花、圆花粉粒香豌豆杂交试验结果

从该组杂交试验的结果可以看出，所产生的 F_2 出现了紫花、长花粉粒（4 831），紫花、

圆花粉粒（390），红花、长花粉粒（393），红花、圆花粉粒（1 338）4 种类型。按自由组合定律 9∶3∶3∶1 这一比例，4 种类型的理论数分别为 3 910.5、1 303.5、1 303.5、434.5，显然紫花、长花粉粒和红花、圆花粉粒这两种亲本组合的实际数多于理论数，而紫花、圆花粉粒和红花、长花粉粒这两种重组类型的实际数少于理论数，这种现象不能用自由组合定律加以解释。

上述杂交试验是用具有两对显性性状的亲本与具有两隐性性状的亲本杂交而获得的结果。贝特森和庞乃特进行的第二组试验是用紫花、圆花粉粒品种（$PPll$）和红花、长花粉粒品种（$ppLL$）进行杂交，F_1 全是紫花、长花粉粒（$PpLl$），F_1 自花授粉，杂交试验的结果如图 5-2。从试验结果可以看出，所产生的 F_2 也有 4 种类型：紫花、长花粉粒（226），紫花、圆花粉粒（95），红花、长花粉粒（97），红花、圆花粉粒（1）。这一比例亦不符合 9∶3∶3∶1，与第一组试验相似的是同样出现了亲本型的实际数多于理论数，而重组型的实际数少于理论数的现象，而且这种现象同样不能用自由组合规律得到解释。

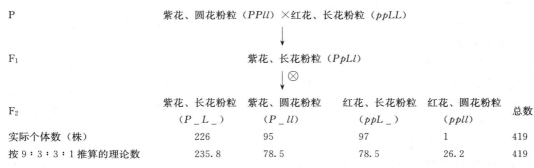

F_2	紫花、长花粉粒 （$P\_L\_$）	紫花、圆花粉粒 （P_ll）	红花、长花粉粒 （$ppL\_$）	红花、圆花粉粒 （$ppll$）	总数
实际个体数（株）	226	95	97	1	419
按 9∶3∶3∶1 推算的理论数	235.8	78.5	78.5	26.2	419

图 5-2 紫花、圆花粉粒与红花、长花粉粒香豌豆杂交试验结果

贝特森和庞乃特的上述两个试验的结果均表明，原来在亲本中组合在一起的两个性状在 F_2 中有连在一起遗传的倾向，这一现象称为连锁遗传。如果两个显性性状组合在一起，两个隐性性状组合在一起遗传，在遗传学上称互引相（coupling phase），而一个显性性状和一个隐性性状组合在一起遗传称为互斥相（repulsion phase）。当时贝特森和庞乃特被自己发现的新现象所迷惑，未能从试验中得到启发，除提出相引相与相斥相概念外，并未对香豌豆试验的结果做出理论上的解释。这个谜直到 1912 年才被摩尔根和他的同事布里奇斯（C. B. Bridges）揭开，并且创造性地提出了遗传的第三个基本定律——连锁与互换定律，同时还于 1926 年发表了专著《基因论》（The theory of the gene），在萨顿（W. Sutton）关于每条染色体上带有许多基因的设想的基础上，进一步提出了基因在染色体上呈直线排列的理论，从而揭开了遗传学发展史上新的一页。

二、完全连锁与不完全连锁

自从 1906 贝特森等人发现连锁遗传现象以后，摩尔根于 1910 年在自己所饲养的红眼果蝇群体中偶尔发现了一只白眼雄蝇，他对这只白眼雄蝇展开了一系列的试验，结果发现白眼性状的遗传与 X 染色体的行为完全一致，随后又发现黄体、朱眼、棒眼等性状的遗传行为与白眼是一样的，由此断定决定这些性状的基因都存在于 X 染色体上，因而提出了性连锁遗传。摩尔根等人以果蝇为材料进一步研究，结果证明具有连锁遗传关系的基因位于同一条染色体上，而同一条染色体上的基因在形成配子时，有的却保持亲本类型，因此，根据在形成配子时同源染色体非姊妹染色单体间是否发生互换，可以将连锁遗传分为完全连锁与不完全连锁。

　　下面是一个关于果蝇一对同源染色体上两对基因的遗传的例证。在黑腹果蝇中，决定体色与翅形的两对基因均位于常染色体上，灰体（B）对黑体（b）为显性，长翅（V）对残翅（v）为显性。1912 年，摩尔根与他的助手们将灰体长翅果蝇与黑体残翅果蝇杂交，所得子一代（F_1）均为灰体长翅（$BbVv$）。用 F_1 的杂合体进行下列两种方式的测交，所得结果完全不同（图 5-3）。

　　在测交试验 1 中，用 F_1 杂合体灰体长翅（$BbVv$）雄果蝇与双隐性黑体残翅（$bbvv$）雌果蝇进行测验交配。根据两对基因自由组合定律进行预测，其后代中雄果蝇应产生 4 种配子：灰体长翅（BV）、黑体长翅（bV）、灰体残翅（Bv）和黑体残翅（bv），且其比例应为 1∶1∶1∶1。雌果蝇产生 1 种配子：黑体残翅（bv）。所以，测交后代应产生 4 种表现型的后代：灰体长翅（$BbVv$）、黑体长翅（$bbVv$）、灰体残翅（$Bbvv$）和黑体残翅（$bbvv$），且其比例应为 1∶1∶1∶1。然而，试验结果却并非如此，测交后代中仅出现了灰体长翅（$BbVv$）和黑体残翅（$bbvv$）两种类型，分离比例为 1∶1。由此可见，F_1 代雄果蝇的两个性状完全紧密地联系在一起遗传给了后代。在这个例子中，从基因间的关系看，B 与 V、b 与 v 紧密连锁在一起没有分开。

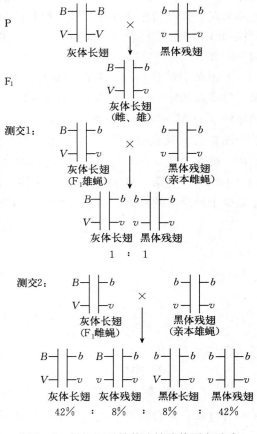

图 5-3　果蝇两对性状连锁遗传测交试验
测交 1. 果蝇两对性状完全连锁
测交 2. 果蝇两对性状不完全连锁

　　在测交试验 2 中，用 F_1 杂合体灰体长翅（$BbVv$）雌果蝇与双隐性黑体残翅（$bbvv$）雄果蝇进行测验交配，测交后代出现了 4 种分离类型，分别为灰体长翅（$BbVv$）（476 只）、黑体长翅（$bbVv$）（90 只）、灰体残翅（$Bbvv$）（95 只）和黑体残翅（$bbvv$）（470 只），其比例为 0.42∶0.08∶0.08∶0.42，而不是 1∶1∶1∶1。这一测交试验中，亲本类型灰体长翅和黑体残翅在全部测交后代中的比例为 84%，而重组型灰体残翅、黑体长翅占 16%。

　　摩尔根对上述两种情况的解释是：假定基因 B 和 V 位于同一条染色体上，基因 b 和 v 位于其另一条同源染色体上，对于上述第一种情况，位于同一条染色体上的基因在遗传时联系在一起进行遗传，F_1 杂合雄蝇（$BbVv$）只产生两种配子且数目相等，所以用双隐性个体雌蝇测交时，F_2 的表现型只有两种亲本组合的类型，测交结果为 1∶1 分离比例，这种情况摩尔根称其为完全连锁（complete linkage），即雄蝇杂种个体在形成配子时，两个性状的基因间没有发生非姊妹染色单体之间的互换。完全连锁遗传现象很少见，仅存在于雄性果蝇和雌性家蚕之中。

　　在对 F_1 雌性果蝇进行的测交试验 2 中，测交后代出现数目不等的 4 种表现型，其中亲本类型比例（84%）远远高于重组类型（16%），这种连锁称为不完全连锁（incomplete linkage），即在配子形成过程中，同源染色体非姊妹染色单体间发生了互换。这一结果说明，F_1 雌性果蝇在形成配子时，同源染色体非姊妹染色单体在 B-V 座位间发生了互换，产生了两种亲本型配子和两种互换型配子，故出现了 4 种表现型。这一结果还说明在连锁遗传中，由于互换而使得基因发生重组，并产生不同于亲本类型的重组类型，但与自由组合规律相比，重组类型的比率明显减少；测交后代的亲本类型的比率总是大于 50%，重组类型的比率总是小于 50%，这是不完全连锁的遗传特点，也是连锁与互换的基本规律。

绝大多数生物的性状都表现为不完全连锁；不同的交配类型其测交后代都分离成 4 种类型，但这 4 种类型的分离比例不服从自由组合规律，亲本型个体数远大于重组型。来自同一亲本的两个性状在后代中有较多的机会连锁在一起遗传，但在连锁遗传的同时还表现出性状的互换（crossing - over）与重组，这是不完全连锁导致的结果。

摩尔根和他的助手根据大量的遗传试验结果并结合当时的细胞学知识于 1912 年提出了连锁遗传这一概念。他们认为不同对同源染色体上的基因所决定的性状，其遗传行为遵循自由组合定律，而位于同一对同源染色体上的基因所决定的性状，其遗传行为趋向于连锁在一起。如果这两个基因紧密地连锁在一起，使得与之相对应的性状在测交后代中没有发生分离，这样的连锁遗传就是完全的。但绝大多数试验的测交后代中总会出现一定数量的重组类型，这表明连锁基因间一定发生了互换。重组型的比例总是小于亲本型，说明基因发生互换的配子肯定没有基因不发生互换的配子多，这就形成了不完全连锁。

摩尔根所提出的连锁遗传可归纳为以下几点内容：基因在染色体上呈线性排列；两对连锁基因位于同一对同源染色体的不同座位上，染色体在间期基因复制时，相应的基因也跟着复制，此时染色体形成两条染色单体；在减数分裂的偶线期，同源染色体进行联会，到粗线期，发生非姊妹染色单体节段的互换，此时基因间也发生了互换；由此形成的 4 种基因组合的染色单体分别组成 4 种不同的配子，其中 2 种配子是亲本组合型，2 种是重组型；两基因座间的距离越大，其间的断裂和互换的概率也越大，因而重组型的比例也越大。实际上，总是只有一部分配子内的染色单体在两个基因座间发生互换，这就导致了不完全连锁；若所有配子内的染色单体均发生互换，这就无异于自由组合遗传形式了；若所有配子内的染色单体都不发生互换，就产生了完全连锁现象。

三、互换的细胞学证据

染色体是基因的载体，染色体片段互换是基因座间互换的基础。发生在同一对同源染色体上不同基因座间的连锁与互换是可以观察的。早在 1909 年，比利时细胞学家詹生斯（A. Janssens）首先在两栖类动物蝾螈的生殖母细胞的减数分裂中观察到了染色体交叉现象。以后又在直翅目昆虫中也看到了类似的现象，从而提出了交叉型学说。交叉型学说认为，减数分裂前期，同源染色体在某些点上呈现交叉缠结现象，而不是简单地平行配对，每一个交叉缠结处即称为一个交叉，这是同源染色体对应片段发生互换的地方；如果两个相互连锁的基因之间相连的区段内发生互换，就形成了两个连锁基因的重组。在光学显微镜下可以观察到这种交叉现象，在后来的电子显微镜下则可以清晰地看到两条非姊妹染色单体交叉连接的图像（图 5 - 4）。

摩尔根的学说是根据试验的结果，假设在减数分裂时由于染色体的交换导致了遗传重组，虽然这一学说已被广泛接受，但毕竟是个假说，还必须进一步通过实验加以证实。1930 年前都未能获得证实重组和染色体交换之间关系的有力证据。直到 1931 年，美国著名的遗传学家麦克林托克（Mcclintock）和克莱顿（B. Creighton）以玉米为材料进行了一项有趣的试验，为染色单体互换导

图 5 - 4　蝾螈的一对同源染色体的电镜图像

致遗传重组提供了第一个有力的证据。玉米有 10 对染色体。她们所研究的玉米的一个品系，第二对最小的染色体，即 9 号染色体上带有色素基因 C 和糯质基因 wx，在其短臂上（靠近 C）带有一个明显的扭结，在长臂端（靠近 Wx）有一条来自第 8 号染色体的附加片段，正常的染色体是没有扭结和易位片段的，因此扭结和附加片段就成为一种细胞学标记。她们选用了一个杂合品系，其中一条染色体带有有色（C）和糯质（wx）基因，两端有标记；而另一条染色体是正常的，两端不带有标记，这条染色体上带有的是无色（c）和非糯质基因（Wx）。她们通过杂交，比较亲本型后代和重组后代的染色体，发现亲本型的后代都保持了亲本的染色体排列，而有的重组型后代的染色体也发生了重组（图 5-5）。这样她们把遗传学和染色体内重组的细胞学证据联系起来。

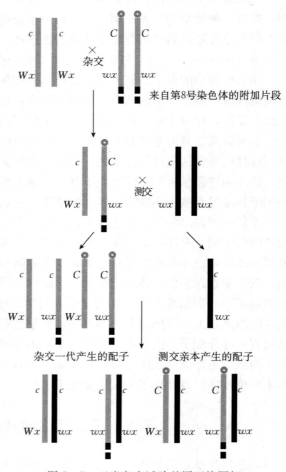

图 5-5　玉米杂交试验基因互换图解

上述试验中，杂交一代在形成配子时，如果两个座位的基因连锁在一起遗传，则产生 cWx 和 Cwx 两种基因型的亲本型配子，其中 Cwx 型配子染色单体应该保持原来的扭结和附加片段；如果两个座位间发生了互换，发生互换的两条非姊妹染色单体则形成 cwx 和 CWx 两种基因型的重组型配子，另两条非姊妹染色单体则形成 cWx 和 Cwx 两种基因型的亲本型配子。在发生互换的所形成的 cwx 和 CWx 两种重组型配子中，cwx 配子染色体一端有附加片段，CWx 配子染色体一端有扭结；仅有扭结没有附加片段或仅有附加片段而没有扭结，可以作为两个基因座位间发生互换的判断依据。她们把测交后得到的不同类型的籽粒分别进行发芽，在发芽玉米的根尖细胞中，经显微镜检查，找到了与假设完全相符的第 9 号染色体。

在麦克林托克和克莱顿的试验结果发表后不久，斯特恩（C. Stern）又发表了果蝇试验的证据，与麦克林托克和克莱顿的玉米试验有异曲同工之妙。斯特恩选择带有异形同源染色体的雌果蝇为材料。此果蝇的一条 X 染色体上带有两个突变基因，一个是 car（carnation）基因，是隐性突变，纯合体为粉红眼；另一个是 b（bar eye）基因，表现型为棒眼，为显性突变。这条 X 染色体缺失了一个片段；另一条 X 染色体的相应等位基因都是野生型的，但染色体带有 Y 染色体的易位片段，这样两条不同的 X 染色体都有了细胞学的标记，可供镜检分辨。雄性果蝇的 X 染色体上带有 car 和非棒眼基因，雄性是完全连锁的。在杂交后代中，不仅可以看到表现型（眼色和眼形）的重组，同时在显微镜下还可以观察到带有标记染色体的重组。这两种重组又完全一致，从而证实了基因重组是交换的结果。

四、连锁基因的互换机制与互换率测定

所谓互换，即指同源染色体的非姊妹染色单体之间对应片段的交换，由此引起相应的基

因间的互换与重组。

在减数分裂形成配子过程中，分裂前期Ⅰ的偶线期各对同源染色体分别进行配对，出现联会现象。这种配对极其严格，着丝点配着丝点，各个等位基因的位点相配。至粗线期形成二价体，进入双线期可在二价体之间的某些区段出现交叉（chiasma），标志着各对同源染色体中的非姊妹染色单体对应区段间发生了互换；交叉是互换的结果。在配子形成过程中，并不是所有的性母细胞在两个基因之间都发生互换，所以形成的四种配子的数目并不是相等的，总是亲本组合多于新组合。现在已知，除着丝粒外，非姊妹染色单体的任何位点都可能发生互换，只是在互换频率上，靠近着丝点的区段低于远离着丝点的区段。由于发生互换而引起同源染色体间的非等位基因的重组，打破了基因间原有的连锁关系。

在减数分裂过程中并不是在所有的细胞中都发生交换，同源染色体的非姊妹染色单体间有关基因的染色体片段发生互换的频率，称为互换率（crossing - over value，C. O. V）。就一个很短的互换染色体片段来说，互换率就等于互换型配子（重组型配子）占总配子数的百分率，即重组率（recombination frequency）。但在较大的染色体区段内，由于双互换或多互换常可发生，因而用重组率来估计的互换率往往偏低，难以真实地反映两个基因之间的距离。

同源染色体非姊妹染色单体之间染色体片段的互换，导致非等位连锁基因分离，使双杂合的 F_1 产生重组型配子，但重组型配子中的比例一般小于 50%，这是由于对一对同源染色体的四条染色单体，当其中两条非姊妹染色单体发生互换时，另两条则不发生互换，这样，即使所有的性母细胞在产生配子时都发生了染色体片段的互换而产生重组型配子，重组型配子最多为 50%。

事实上，性母细胞不可能 100% 的两条非姊妹染色单体恰好在两个连锁基因之间发生染色体片段互换。若在 100 个精原细胞中有 20 个在两个基因间发生互换，则产生的 400 个精细胞中，有 80 个精细胞是由发生染色体片段互换的精原细胞产生的。由于一次互换的配子仅有 50% 为重组型，所以这 80 个精细胞中 40 个为重组型，重组型占配子总数（400 个）的10%，重组型的配子数占总配子数的百分率称为重组率，其计算公式为：

$$互换率（重组率）=\frac{重组合配子数}{配子总数（亲组合配子＋重组合配子）}×100\%$$

两个特定的基因座位是否连锁，连锁的紧密程度如何，需要通过对它们的杂交 F_1 代进行测交，测定互换率来确定。在前面果蝇例子中，雌蝇测交（测交 2）得到的重组率为 16%，这个数值反映了基因之间连锁程度的大小。重组率一般在 0~50% 变动；重组率为 0 时为完全连锁；重组率接近 50% 时，表示连锁程度非常小，有可能属于独立分配遗传。

互换率的大小受诸多因素的影响，基因之间距离、基因在染色体上的位置、重组型配子生活力的差异、减数分裂时同源染色体能否正常联会、测定群体大小都会影响测定所得互换率，但其决定因素是两个连锁的非等位基因在染色体上的距离，互换率与两个基因间的距离成正比，亦即两基因距离越近，染色体发生片段互换的可能性越小，杂交后代重组型的数量就越少；反之，两基因的距离越远，染色体发生片段互换的可能性越大，杂交后代重组型的数量就越多。所以，染色体上承载的许多连锁基因由于它们之间的距离不同，它们的互换率大小各不相同。

染色体干涉（chromosome interference）亦影响互换率的大小。所谓染色体干涉，是指在二价染色体的一个区段的互换干扰或抑制另一个区段的互换。染色体干涉的程度同相邻连锁基因的远近有关，连锁基因距离越近，干涉程度越大，甚至抑制了第二次互换的发生；连锁基因距离越远，干涉作用越小，甚至无干涉。

生物性别、年龄和一些理化因素也影响互换率的大小。例如，如前所述，一些连锁的基因在雄果蝇和雌蚕无互换发生。果蝇培养的时间越长，互换率越大。温度在 27 ℃以上或 10 ℃以下培养的果蝇互换率加大。X 射线、丝裂霉素 C（mitomycin C）、放线菌素 D（actinomycin D）等理化因素也使互换率加大。有人指出，X 射线不仅可以增加雌果蝇的互换率，而且还可以使雄果蝇发生交换。因此，在测定互换率时，应以正常条件下生长的生物为研究对象，并从大量的资料中求得，以确保互换率的正确性。

第二节　基因定位与染色体作图

一、重组频率与染色体图距

重组合是同源染色体非姊妹染色单体之间发生互换的产物，所以重组频率常常代表着互换率。重组频率可以说明基因在染色体上相对距离的远近。摩尔根通过果蝇试验解释一对同源染色体各基因座间非等位基因间的重组率不同时认为，有的基因对在染色体上相距很远，很容易断裂交换，重组频率高，相距近的则难以断裂交换，重组很少发生。重组频率的大小可以反映分开的两个基因之间距离的远近。

1911 年，摩尔根的学生斯特蒂文特（A. H. Sturtevant）建议用两个连锁基因之间的重组频率作染色体图（chromosome map），或称遗传图（genetic map）、连锁图（linkage map）。他把重组频率当作两个基因在染色体图上距离的数量指标。染色体图上的距离简称图距（map distance），用图距单位表示（map unit, m. u. ）。1%的重组频率＝1m. u. 。后人为了纪念现代遗传学的奠基人摩尔根，将摩（morgan, M）用作图距单位，1M＝100m. u. 。1 厘摩（centimorgan, cM）＝1m. u. 。

二、基因定位的方法

基因在染色体上呈直线排列。用重组率（互换率）衡量相邻的两个基因间的距离，并以图距单位表示，这样即可将基因定位在染色体上某个确定的位置。基因定位（gene mapping）就是确定基因在染色体上的位置，即根据互换率确定不同基因在染色体上的相对位置和排列顺序。

摩尔根根据长期的科学试验，认为染色体是基因的载体，并证实基因在染色体上呈直线排列。他绘制了果蝇 4 对染色体上基因排列的遗传图。重组法定位即为摩尔根提出的简便的基因定位方法，其依据是非等位连锁基因的互换率的大小与它们之间的直线距离成正比，根据杂交和测交得到的已知两连锁基因的互换率，以重组率（互换率）1%为一个图距单位，也作为直线的长度单位，将众多的连锁基因定位在一条染色体上，如普通果蝇的白眼基因 w（白眼基因座）和黄体基因 y（黄体基因座）是连锁的，它们的互换率为 1.5%，就是说白眼与黄体基因座间的相对距离为 1.5 个单位。

生物体的性状有成千上万个，决定这些性状的基因更多，但承载这些基因的染色体的数目却是有限的。因此，必然有成群的基因排列在同一条染色体上。位于同一对同源染色体上的基因，称为一个基因连锁群。研究认为，许多生物基因连锁群的数目恰好等于该生物体细胞中的染色体对数。例如，黑腹果蝇的基因连锁群和染色体对数均为 4；豌豆均为 7；玉米均为 10；小鼠的基因连锁群为 21，而该物种有 19 对常染色体和 2 条性染色体（1 条 X 染色体和 1 条 Y 染色体）；人的基因连锁群为 23，最多为 24，而人有 22 对常染色体和 2 条性染色体（1 条 X 染色体和 1 条 Y 染色体）。有些生物体内基因连锁群的数目少于它们的染色体对数，如家蚕的基因连锁群的数目和染色体对数分别为 22 和 28，家兔分别为 11 和 22，其原因可能是研究资料不足，可能暂时少于染色体的对数。

基因定位包括基因所属连锁群的测定和基因在染色体上的位置的测定。

（一）基因所属连锁群的测定

测定基因所属连锁群或染色体的方法较多，主要有以下几种。

1. 家系分析法 是通过分析、统计家系中有关性状的连锁情况和重组率而进行基因定位的方法。其中，性连锁分析法是最常用的家系分析法。早在 20 世纪 30 年代，通过家系分析法已将人类的绿色盲、红色盲、6 -磷酸葡萄糖脱氢酶（G - 6 - PD）、血友病 A 的基因定位在 X 染色体上。哺乳动物中，如果某一性状仅出现在雄性动物中，则可以肯定控制该性状的基因必位于 Y 染色体上；表现明显伴性遗传的性状，其基因可定位于 X 染色体上。

2. 标记染色体连锁法 标记染色体是有特殊的形态，且便于识别的染色体。如人的费城染色体（ph 染色体），由 9 号染色体与 22 号染色体发生易位，致其发生形态上的改变。标记染色体连锁法主要通过分析阐明标记染色体与某一基因的连锁关系将基因定位于该染色体。例如，人的 $Daffy$ 血型基因与人 1 号染色体长臂靠近着丝粒的区域变长之间有连锁关系，通过家系分析得知，该染色体结构变化是可遗传的，因此将 $Daffy$ 基因定位于 1 号染色体。

3. 非整倍体测交法 该法主要用于能产生三倍体的植物（如小麦）中。

4. 非整倍体的酶剂量测定法 酶基因一般是共显性的，每一等位基因所产生的酶剂量可以定量测定，而酶剂量与染色体数量间呈平行关系，因此，非整倍体的酶剂量测定法就是找出酶剂量与染色体间的连锁关系。

5. 四分体分析法 此法主要用于子囊菌类植物的基因分析中。

6. 细胞学基因定位法 染色体异常可导致基因表达的异常。当异常染色体的发生与某一基因的异常表达呈平行关系时，即可确定该基因与染色体的连锁关系。

7. 连锁群法 即利用近着丝粒距离基因的定位法。如果某一染色体上有一个离着丝粒距离较近的已知基因，另外有一个基因同样离着丝粒很近。将这样两个突变型品系进行杂交，如果这两个基因属于同一染色体，它们之间的重组率不应超过两者的着丝粒距离之和；如果它们不属于同一染色体，那么它们的重组率应是 50%。由此可确定两基因是否在同一染色体上。

8. 体细胞杂交定位法 在人工条件下，亲缘关系较远的两类动物的细胞可以发生融合，融合细胞经若干代培养繁殖后，某一亲本细胞的染色体往往随机丢失，由此可根据染色体的丢失与基因表达与否，确定基因在哪条染色体上。

9. 区域制图法 用显带技术可以检出任何一条染色体某个带的缺失或重复，同时检测有此畸变染色体的细胞基因产物的数量变化，即可把某个基因定位在某号染色体的一定区域上。

10. 原位杂交法 染色体 DNA 可与用放射性同位素标记的 RNA 结合，利用这一特点，将一定的 RNA 注入被测定的细胞，检查染色体各段上的放射性，即可检出转录该 RNA 的基因位点。

（二）基因在染色体上的位置的确定

上述方法是分析基因所在连锁群的常用方法，以此为基础，可进一步进行基因在染色体上的位置的测定。

基因在染色体上的位置的测定的方法可分为根据重组率的基因定位和根据基因行为的定位。根据重组率的基因定位的方法主要有三点测验法、着丝粒距离法、缺失定位法、共转导法、标记获救法、转录定位法以及共缺失法等；根据基因行为的定位主要是在微生物中依据基因组转移过程中基因转移的先后顺序进行定位的方法。

同一染色体上两个基因之间的距离越远，则发生交换的机会越多，杂交子代中重组体也就越多。所以测定杂交子代中重组体的多少，就可以知道有关的基因的距离，这是最基本的基因定位方法。

1. 三点测验法 1913 年，斯特蒂文特首创建立了三点测验的基因定位方法。该方法通过一次杂交试验即可测定三个基因座之间的距离和它们之间的排列顺序。

2. 着丝粒距离法 一个基因与它所属染色体的着丝粒之间的距离称为着丝粒距离。在不同的生物中，可用不同的方法测定着丝粒距离。在红色链孢菌中，着丝粒和基因之间的距离可以根据子囊中子囊孢子的排列顺序来测定，这是 1932 年美国微生物遗传学家林德格伦所首创的方法。在同一染色体上两个基因的着丝粒距离都被测定后，这两个基因之间的距离就可以断定为两者之和或者两者之差。

3. 缺失定位法 一个细胞中的两个同源染色体中的一个上有一个突变基因，另一染色体上有一小段已知范围的缺失，如果这一突变基因的位置在缺失范围内，便不可能通过重组而得到野生型重组体；如果突变基因不在缺失范围内，那么就可以得到野生型重组体。利用一系列已知缺失位置和范围的缺失突变型，便能测定突变型基因的位置。

4. 共转导法 一个噬菌体颗粒可同时转导两个以上的基因的现象，称为共转导，又称连锁转导。每一种转导噬菌体有一定的大小，只能携带一定长度的供体细菌的 DNA。可被共转导的基因群通常仅限于供体菌的染色体上位置紧密关联的基因。如果两个基因能同时被转导，这两个基因之间的距离必然较近，而且距离越近则共转导频率越高，因此可以由共转导的频率来推算基因间的距离。大肠杆菌遗传学图的大部分位置上的基因都曾用共转导方法定位。

5. 标记获救法 这是一种在物理图谱制作基础上进行遗传学分析而进行基因定位的方法，它适用于病毒等基因组较小的生物。以大肠杆菌噬菌体 ΦX174 为例，把野生型噬菌体的双链复制型 DNA 分子用限制性内切酶 Hind Ⅱ 切为 13 个片段，把每种片段和突变型 amg 的 DNA 单链在使 DNA 分子变性并复性的条件下混合保温，然后用各个样品分别转化受体细菌。如果在某一样品处理后的受体细菌中出现了大量的野生型噬菌体，就说明这一样品中的 Hind Ⅱ 片段包含着 amg 的相应的野生型基因，由于 13 个 Hind Ⅱ 片段的位置在物理图谱中全部都是已知的，因此便可以推知 amg 基因在染色体上的相应位置。

6. 转录定位法 许多 RNA 病毒的整个基因组往往作为一个单位转录。随着转录的进行，由基因组上各个基因所编码的蛋白质也依序在寄主细胞中出现。当寄主细胞被紫外线照射使本身的蛋白质合成受到抑制时，病毒蛋白的出现更为明显。紫外线照射也起着抑制病毒基因组的转录的作用。在 RNA 分子的某一部位被紫外线造成损伤后，损伤的部位和它后面的基因的转录都将受到影响，损伤部位以前基因的转录则不受影响。因为转录沿负链 RNA 的 $3'$ 端向 $5'$ 端进行，所以越是接近 $3'$ 端的基因的转录和由它编码的蛋白质在寄主细胞中的合成受到紫外线损伤的影响越小，而越是接近 $5'$ 端的基因和相应的蛋白质的合成越容易被紫外线照射所抑制。因此只要先用相同剂量的紫外线照射待测病毒，然后再测出寄主细胞中该病毒编码的各种蛋白质的产量，便可以推知该病毒各个基因的位置。

7. 共缺失法　缺失带来和基因突变相同的表型。由一次缺失所造成的突变只涉及相邻接的基因，因此可以从缺失所带来的基因突变的分析来测定一些基因的相对位置，这一方法被广泛应用于酵母菌的线粒体基因的定位。

8. 根据基因行为定位　基因的某些行为可以反映它们的位置，根据基因行为也可以进行基因定位。在细菌接合过程中"雄性"细菌的染色体基因按先后顺序转移到"雌性"细菌中。一些基因组较小的病毒，整个基因组往往作为一个单位转录。因此接合过程中基因转移的先后、转录过程中转录的先后或 DNA 复制的先后都可以在某些特殊的生物中用来作为基因定位的手段。

三、两点测验法与三点测验法

上述关于基因在染色体上的位置的测定方法中，根据重组率原理进行基因定位是最基本的也是最为重要的方法，包括两点测验法和三点测验法等。

1. 两点测验法　该方法利用杂交所产生的杂种与双隐性个体进行测交，计算两对基因之间的互换率，得出遗传距离，这是基因定位最基本和最原始的方法。两点测验法仅能获知两对基因的相对距离，不能确定它们之间的排列顺序。因此，若要获知基因之间顺序，必须更多对基因间的两点测交，分别计算这两对基因与第三对基因的重换值。

例：以乌骨鸡的三对性状为例，羽毛白色（I）对有色（i）为显性，毛冠（Cr）对非毛冠（cr）为显性，卷毛（F）对正常羽（f）显性。当纯合的白羽毛冠鸡（ICr/ICr）与有色羽非毛冠鸡（icr/icr）杂交后，F_1 再与有色羽非毛冠鸡（icr/icr）测交，白羽毛冠鸡 107 只，有色羽非毛冠鸡 103 只，白羽非毛冠鸡 14 只，有色羽毛冠鸡 16 只，试求 I-Cr 基因间的距离。

R（$I-Cr$）＝（14＋16）/（14＋16＋107＋103）＝12.5％，则 $I-Cr$ 间距离为 12.5 cM。

用同样的方法，可得到 R（$I-F$）＝17.0％，R（$Cr-F$）＝29.5％。

根据重组率可作其基因图如下：

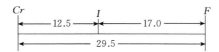

根据这一方法，可将各条染色体上的一系列互相连锁的基因的排列顺序及其之间的相对距离测定出来，并在一条直线上画出它们的位置，这样的示意图称为基因连锁图。

显然，两点测验法必须做 3 次测交才能知道 3 对基因的顺序，若要知道这 3 对基因在染色体上的排列方向，还需与第四对基因——完成测交后方可清楚。因此，两点测验法是一种最原始的方法，若有 3 对基因则要进行 3 次杂交试验，比较麻烦，而且准确率不高。

2. 三点测验法　最初是由斯特蒂文特建立的这种分析奠定了构建所有遗传图的基础，一次试验就可以得到三个基因之间的重组率。可以克服两点三次定位法的缺点。其优点主要包括：一次三点试验中得到的三个重组率是在同一基因型背景，同一环境条件下得到的；而两点三次测验就不一定这样。重组率既受基因型背景的影响，也受各种环境条件的影响。所以只有从三点一次测验所得到的三个重组率才严格地可以相互比较的；通过三点一次测验还可以得到两点三次测验中所得不到的资料——双交换资料；当三个基因位点中有两个位点的距离相当"接近"时，即重组率很小，例如小于 3% 时，根据两点三次测验法判断三个基因的顺序，就不完全可靠了。虽然三点一次测验来判断基因之间的顺序是很可靠的，但是得到三杂合体（trihybrid）不是很容易的。所以常常要根据两点三次测验法来判断三个基因的相对顺序。

例：黑腹果蝇（*Drosophila melanogaster*）的 X 染色体上有 3 个突变基因：棘眼（Echinus，*ec*），胸部缺少刚毛（Scute，*sc*），翅上横脉缺失（crossveinless，*cv*）。对应的野生型均为"＋"。现将棘眼雌蝇（*ec*＋＋/*ec*＋＋）与缺胸刚毛、缺翅横脉雄蝇（＋*sc cv*/Y）杂交，再用 F₁ 雌蝇（*ec*＋＋/＋*sc cv*）进行测交（图 5-6）。

P： *ec*＋＋/*ec*＋＋（♀） × ＋*sc cv*/Y（♂）

F₁： *ec*＋＋/＋*sc cv*（♀） ： *ec*＋＋/Y（♂）

ec＋＋/＋*sc cv*（♀） × *ec sc cv*/Y（♂）

ec＋＋/*ec sc cv*（棘眼、正常、正常） 810
＋*sc cv*/*ec sc cv*（正常、刚毛缺少、横脉缺失） 828
ec＋*cv*/*ec sc cv*（棘眼、正常、横脉缺失） 103
＋*sc*＋/*ec sc cv*（正常、刚毛缺少、正常） 89
ec sc＋/*ec sc cv*（棘眼、刚毛缺少、正常） 62
＋＋*cv*/*ec sc cv*（正常、正常、横脉缺失） 88

图 5-6　果蝇三点一次定位测验

从图 5-6 中性状表型值来看，由于 6 种表型数目不等，可推测这 3 对基因不是独立遗传的，因而可计算各个基因之间的重组率，如表 5-1 所示。

表 5-1　果蝇三点一次定位测交后代的重组率统计

基因型	观察数	比率	重组发生在		
			ec—*sc*	*ec*—*cv*	*sc*—*cv*
ec＋＋/*ec sc cv*	810				
＋*sc cv*/*ec sc cv*	828				
ec＋*cv*/*ec sc cv*	103	7.6%	√		√
＋*sc*＋/*ec sc cv*	89				
ec sc＋/*ec sc cv*	62	9.7%		√	√
＋＋*cv*/*ec sc cv*	88				
合　计	1 980		7.6%	9.7%	17.3%

因此，这 3 对基因的连锁图为：

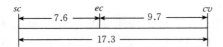

由上可以看出，三点测验法仅通过一次杂交就可以确定 3 对基因在染色体上的顺序。

3. 双互换　指生殖细胞染色体在减数分裂前期，三个基因位点同时在两两之间发生姐妹染色单体的节段性交换。在有些试验中，两对基因的重组率比理论应得到的数值小一些，即互换率≠重组率，这是什么原因？偶然少一些是常见的，但是有时无数次试验表明：在基因间距离比较远的情况下，实际得到的数值无论如何总是比理论应得到的数值少，这就不是偶然的了。

例：将具有喜马拉雅型、黑色、白脂兔与全色型、褐色、黄脂兔杂交，其全色类型（C）对喜马拉雅型（C^H）为显性，体色黑色（B）对体色褐色（b）为显性，体脂白色（Y）对体脂为黄色（y）为显性。其 F_1 与三隐性个体测交，测交后代有 8 种表型（图 5-7 和表 5-2）。

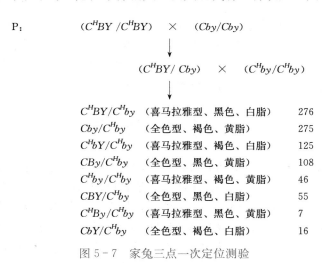

P:　　　　　　(C^HBY /C^HBY)　　×　　(Cby/Cby)

(C^HBY/ Cby)　　×　　(C^Hby/C^Hby)

C^HBY/C^Hby	（喜马拉雅型、黑色、白脂）	276
Cby/C^Hby	（全色型、褐色、黄脂）	275
C^HbY/C^Hby	（喜马拉雅型、褐色、白脂）	125
CBy/C^Hby	（全色型、黑色、黄脂）	108
C^Hby/C^Hby	（喜马拉雅型、褐色、黄脂）	46
CBY/C^Hby	（全色型、黑色、白脂）	55
C^HBy/C^Hby	（喜马拉雅型、黑色、黄脂）	7
CbY/C^Hby	（全色型、褐色、白脂）	16

图 5-7　家兔三点一次定位测验

表 5-2　家兔三点一次定位测验后代的重组率统计

基因型	观察数	互换类型	比率	重组发生在		
				$C-B$	$B-Y$	$C-Y$
C^HBY/C^Hby	276	亲本组合				
Cby/C^Hby	275					
C^HbY/C^Hby	125	单互换	25.7%	√	√	
CBy/C^Hby	108					
C^Hby/C^Hby	46	单互换	11.1%	√		√
CBY/C^Hby	55					
C^HBy/C^Hby	7	双互换	2.5%		√	√
CbY/C^Hby	16					
合　计	908			36.8%	28.2%	13.6%

从表 5-2 的 3 个重组率可知，基因 C 和 B 相距最远，在计算基因 C 和 B 间的互换率时，双互换类型没有计算在内，但在分别计算 R（$B-Y$）和 R（$C-Y$）时，却把双互换型都计算在内了，因此必须对 R（$C-B$）进行校正。

校正值＝2×双互换率＝2×2.5%＝5%。

即基因 C 和 B 间的实际互换率为 36.8%＋5%＝41.8%，两者间的图距为 41.8 cM。正好与 $B-Y$（28.2 cM）和 $C-Y$（13.6 cM）之和相等。

```
C          Y              B
|─ 13.6 ─→|──── 28.2 ────|
```

后来斯特蒂文特将它总结成一个定律，称为基因直线排列定律：即三点测验中，两边两个基因对之间的互换率等于另外两个重组率之和"减去"两倍的双互换率。

4. 干涉与并发系数　在一对染色体中，一个位置上的一次单互换影响邻近位置上基因交换发生的现象称为干涉或干扰（interference）。干涉的大小常用并发系数或并发率来表示：

$$并发系数 = \frac{实际双互换率}{理论双互换率} = \frac{实际双互换率}{两个单互换率乘积}$$

如在家兔的 3 个基因 C、Y、B 间实际双互换率为 2.5%，而理论双互换率 $= 13.6\% \times 28.2\% = 3.84\%$，则并发系数 $= \frac{2.5\%}{3.84\%} = 0.65$。这说明在两个单互换间发生了干涉（0.35）。

干涉与并发系数之间的关系是：并发系数越小，干涉越大；并发系数越大，干涉越小。并发系数为 1 时，表示无干涉，即一个单互换的发生并不影响另一单互换的发生；并发系数为 0 时，表示完全干涉；并发系数大于 1，表示负干涉，即一次单互换的发生，促使附近基因再发生互换的现象，负干涉在病毒等低等生物中常见。

四、连锁图与遗传图谱

根据两点测验和三点测验所得到的资料，或用其他方法进行的基因定位，以及基因在染色体上呈线性排列的理论，可以把一种生物的各连锁群内基因的排列顺序和基因的遗传距离给予标定，绘制出基因连锁图。用某一物种的染色体上已知基因的相对距离，画成一个连锁图，或称为遗传图，连锁图有时也称为染色体图。绘制基因连锁图时，将最端部的基因作为起点（0 点），依顺序排列各基因。在基因连锁图中，遗传距离是累加的。目前，许多动物，如果蝇、小鼠、人等的基因图谱已得到了充分的计算标定和绘制。

表 5-3 反映了果蝇部分基因连锁群及基因定位情况。也可以在一条直线上根据不同的

表 5-3　果蝇部分基因连锁群

染色体 1 (X)			染色体 2			染色体 3			染色体 4		
相对位置	基因符号	基因名称	相对位置	基因符号	基因名称	相对位置	基因符号	基因名称	相对位置	基因符号	基因名称
0.0	y	黄体	0.0	al	无触角毛	0.0	ru	粗眼	0.0	ci	肘横脉
1.5	w	白眼	1.3	S	星状眼	26.0	se	墨眼	2.0	ey	无眼
5.5	ec	棘眼	13.0	dp	短肥翅	26.5	h	多毛			
6.9	bi	粗翅脉	16.5	cl	凝块状眼	41.0	D	少刚毛			
13.7	cv	无横脉	31.0	d	短足	44.0	st	鲜红眼			
20.0	ct	截翅	48.5	b	黑体	48	p	淡红眼			
21.0	sn	焦刚毛	54.5	pr	紫色眼	52	kar	深红眼			
27.7	lz	菱形眼	57.5	cn	朱砂眼	66.2	Dl	三角形翅脉			
33.0	v	朱红眼	67.0	vg	残翅	69.5	H	无刚毛			
36.1	m	短翅	75.5	c	弯翅	70.7	e	黑檀体			
43.0	s	深黑体	99.2	a	胡翅	100.7	ca	紫红眼			
44.4	g	石榴色眼	104.5	bw	褐色眼						
56.7	f	分叉刚毛	107.0	sp	斑点翅						
57.0	B	棒眼									
59.5	fu	翅脉融合									
62.5	Car	肉色眼									
66.0	bb	短刚毛									

距离将各基因座标出（图 5-8）。可以看出，同一连锁群内的基因是连锁遗传的，而不同连锁群内的基因是独立遗传的。基因座一般用突变基因来标定，而大部分突变基因为隐性，仅少数为显性。例如，果蝇 1 号染色体上的棒眼为显性突变，用大写字母（*B*）表示，而其他一些眼形性状为隐性突变，用小写字母表示，如菱形眼（*lz*）、棘眼（*ec*）、深黑体（*s*）等。连锁群中各基因座所标定的数值均为以 0 为起点的累加值，两个基因座之间的标值之差即为这两个基因之间的互换率。理论上，同一连锁群内两个连锁基因不管相距多远，其互换率也不会超过 50%，事实上，许多测交定位试验的结果亦如此。但由于互换率累加的缘故，表中 1~3 号染色体连锁群中，均有许多基因座位所标定的相对位置大于 50，如 3 号染色体中粗眼（*ru*）与黑檀体（*e*）间的相对距离为 70.7 个遗传单位，这是累加的结果；如果直接进行这两个基因的距离测验时，它们的互换率即测交子代中重组型所占的百分率是不会达到 50% 的。因此，无论是测验遗传距离，还是根据连锁图计算互换率，其遗传距离越近的基因，结果就越准确。

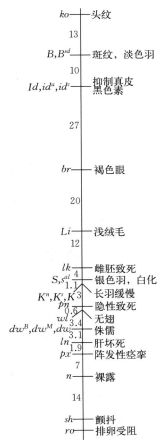

图 5-8　鸡 Z 染色体连锁图
（引自 R. C. King，1975）

　　通过遗传重组法获得许多基因在具体染色体上线性排列的顺序及其间的相对距离直线示意图称为连锁图，亦称染色体图或遗传图。它是通过计算连锁的遗传标志之间的重组频率，确定它们的相对距离，一般用厘摩（cM，即每次减数分裂的重组频率为 1%）来表示。遗传只是连锁基因的相对位置，并不是连锁基因的准确定位。重组率是根据互换率来估计的，两个基因座们之间 1 个厘摩的距离表示在 100 个配子中有 1 个重组子。在哺乳动物中，遗传图谱上 1cM 的距离大约相当于物理图谱上 1 000 000 碱基对。绘制遗传连锁图的方法有很多，但是在 DNA 多态性技术未开发时，鉴定的连锁图很少，随着 DNA 多态性的开发，可利用的遗传标志数目迅速扩增。早期使用的多态性标志有 RFLP（限制性酶切片段长度多态性）、RAPD（随机引物扩增多态性 DNA）、AFLP（扩增片段长度多态性）；20 世纪 80 年代后出现的有 STR（短串联重复序列，又称微卫星）、DNA 遗传多态性分析；20 世纪 90 年代发展的有 SNP（单个核苷酸的多态性）分析。

　　到目前为止，畜禽的遗传图谱的制作一直很少，现摘引 R. C. King 的鸡的连锁图为例，以示遗传图谱的结构（图 5-8）。

第三节　链孢霉的遗传分析

　　前面我们提到着丝粒距离法进行基因定位的方法。二倍体生物普遍具有连锁与互换的遗传现象。现以链孢霉为例，说明真菌类低等生物的连锁与互换。

　　链孢霉属于真菌类的子囊菌，具有核结构，属于真核生物。它的个体小，生长迅速，易于培养。除了进行无性生殖以外，也可以进行有性生殖；其无性世代是单倍体，而其染色体结构和功能类似于高等生物（图 5-9）。因此，染色体上每个基因不论是显性还是隐性，均可依其表型加以识别。一次只分析一个减数分裂的产物，比较简便，是遗传学研究中广泛应用的好材料。

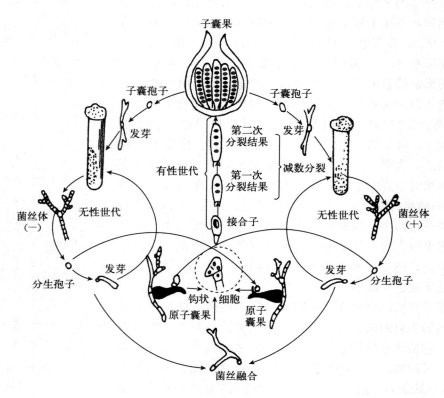

图 5-9　链孢霉的生活周期

(引自朱军，2002)

链孢霉的单倍体世代（$n=7$）是多细胞的菌丝体（mucelium）和分生孢子（conidium）由分生孢子发芽形成新的菌丝，构成它的无性世代。一般情况下，它就是这样循环地进行着无性繁殖。但是，也会产生两种不同的生理类型的菌丝，分别假定为正（＋）、负（一）两种接合型（conjugant），类似于雌雄性别，通过菌丝融合和异型核（heterocaryon）的接合（conjugation）（即受精作用）而形成二倍体的合子（$2n=14$），这便是它的有性世代。合子本身是短暂的二倍体世代。链孢霉的有性生殖过程也可以通过另一种方式来实现。因为它的"＋"和"一"两种接合型的菌丝都可以产生原子囊果和分生孢子。若将原子囊果比作高等动物的卵细胞，则分生孢子就是精细胞。这样，当"＋"接合型（n）与"一"接合型（n）融合和受精以后，便形成二倍体的合子（$2n$）。无论上述哪一种方式，在子囊果（perithecium）里，子囊（ascus）的菌丝细胞中合子形成以后，立即进行两次减数分裂（DNA 复制一次，核分裂两次），产生出 4 个单倍体的核，这时称为四分孢子或四分体。四分孢子中每个核进行一次有丝分裂，最后形成 8 个子囊孢子（ascospore），这样，子囊里的 8 个孢子有 4 个为"＋"接合型，另外 4 个为"一"接合型，二者的比例总是 1：1。

对四分子进行遗传分析，称为四分子分析（tetrad analysis）。如上所述，链孢霉的四分子经过一次有丝分裂，形成 8 个子囊孢子，它们按严格的顺序直线排列在子囊里。因此，通过四分子分析，可以直接观察其分离比例，并验证其有无连锁。同时，可以将着丝点作为 1 个位点，估算某一基因与着丝点的重组率，进行基因定位。这种方法称为着丝点作图（contromere mapping）。这一方法是于 1932 年美国微生物遗传学家林德格伦所首创的。

链孢霉能在基本培养基上正常生长成野生型子囊孢子,成熟后呈黑色。有一种突变品系不能自我合成赖氯酸,称为赖氨酸缺陷型,其子囊孢子成熟较迟,呈灰色。用赖氨酸缺陷型(lys^-或一)与野生型(lys^+或+)进行杂交,在杂种子囊中的8个子囊孢子按黑色和灰色的排列顺序,可出现下列6种排列方式或类型。

非互换型:　+　+　+　+　-　-　-　-　　(1)

　　　　　　-　-　-　-　+　+　+　+　　(2)

互　换　型:　+　+　-　-　+　+　-　-　　(3)

　　　　　　-　-　+　+　-　-　+　+　　(4)

　　　　　　+　+　-　-　-　-　+　+　　(5)

　　　　　　-　-　+　+　+　+　-　-　　(6)

由子囊中子囊孢子的排列顺序可以推定(1)、(2)2种子囊类型中的等位基因lys^+/lys^-是在减数分裂的第一次分裂时分离的,属于第一次分裂分离(first division segregation),这说明同源染色体的非姊妹染色单体在着丝点与等位基因之间没有发生互换,故称为非互换型。在(3)、(4)、(5)、(6)4种子囊类型中的等位基因lys^+/lys^-是在减数分裂第二次分裂时分离的,属于第二次分裂分离(second division segregation),这说明着丝点与等位基因之间发生了互换,故称为互换型。

图5-10分析了链孢霉不同菌株杂交后在着丝点与等位基因之间互换的情况。由图5-9可见,上述的互换型(3)、(4)、(5)、(6)4种子囊类型,都是由于着丝粒座位与lys^+/lys^-基因座位间发生了重排,而且在同源染色体的非姊妹染色单体间发生了互换。由此可知,在互换型的子囊中,每发生1个互换,1个子囊中就有半数孢子发生重组。因此,互换率可按下式估算:

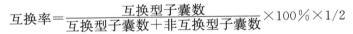

$$互换率 = \frac{互换型子囊数}{互换型子囊数 + 非互换型子囊数} \times 100\% \times 1/2$$

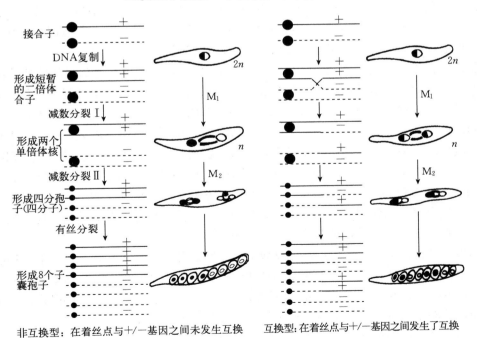

非互换型:在着丝点与+/-基因之间未发生互换　　互换型:在着丝点与+/-基因之间发生了互换

图5-10　链孢霉不同菌株杂交产生非互换型和互换型示意图

(引自朱军,2002)

例如，在试验观察结果中有 9 个子囊基 □ 对 lys^- 为非互换型，5 个子囊基因对 lys^- 为互换型，则：

$$互换率 = \frac{5}{9+5} \times 100\% \times 1/2 = 18\%$$

所获得的互换率即表示 lys^+/lys^- 与着丝点间的相对距 □

第四节　连锁与互换定律

基因的连锁与互换定律，是遗传学的三大定律之一，□ □ □ □的载体，基因在染色体上呈直线排列，并且通过互换率测定可知，基 □ □ □ □保持一定的距离和顺序，它反映了生物遗传的普遍现象，是造成生物多样 □ □ □ □在动植物育种工作和医学实践中都具有重要的应用价值。

连锁与互换定律的发现丰富和发展了遗传学理论。一个 □ □ □ □但任何一种生物的染色体数目都是有限的。这个矛盾曾使人们对染色 □ □ □ □基因的连锁与互换定律的发现，不仅证明了一个染色体上可以有很多基 □ □ □ □体并不是基因的简单的容器，而是基因按一定的次序相互联系所组成的 □ □ □ □遗传现象的产生是遗传物质基因主要位于染色体上的必然结果。连锁 □ □ □ □信，染色体在遗传上起着主要作用。

基因连锁与互换定律导致连锁群的确定和基因定位，□ □ □ □；由此建立的理论与方法，与孟德尔的基因分离定律和自由组合定律— □ □ □ □建立与基因组学研究的基石。

基因的连锁遗传是维系物种稳定性的关键因素；基因的 □ □ □ □的互换，是造成不同基因的重新组合从而出现新性状组合类型的两个重 □ □ □ □人工条件下生物发生变异的重要来源。由基因的自由组合和连锁基因的 □ □ □ □组在进化上具有极大的意义，因为它提供了生物变异的多样性，有利于 □ □ □

由基因的连锁与互换定律可知，连锁基因重组类型的 □ □ □ □遗传距离而变。因此，在杂交育种过程中，人们期望通过基因重组，绘 □ □ □ □状，育成理想型的新品种。根据育种目标选择杂交亲本，除了考虑亲本 □ □ □ □，必须考虑基因之间的连锁关系。当基因连锁遗传时，互换率大，重组 □ □ □ □获得理想类型的机会就大；反之，互换率小，获得理想类型的机会就小 □ □ □ □已知的互换率，就可以预测杂交后代中我们所需要的新性状组合类型 □ □ □ □们事先要求 F_2 中需要出现多少新性状组合类型，我们就可以按照互换 □ □ □ □的群体。因此，要想在杂交育种工作中得到足够的理想类型，就需要慎 □ □ □ □锁强度，以便合理制订育种计划，安排育种群体的规模大小。

利用性状的连锁关系，可以提高选择效果。生物的各种 □ □ □ □同程度的内在联系。由同源染色体上连锁基因控制的性状，彼此相关遗 □ □ □ □。虽然性状间的相关性并非全由决定这些性状的基因连锁所致，但它 □ □ □ □为重要的因素。利用性状间的这种相关性从事选择工作，会起到一定的 □ □ □

在生物医学中，利用连锁规律可以进行某些疾病的诊断 □ □ □ □定。如人的青光眼与 Daffy 血型呈强连锁关系，幼龄时检出该血型，对 □ □ □ □一定的指导意义。血友病基因和葡萄糖 6-磷酸脱氢酶（G-6-PD）座 □ □ □ □遗传距离为

5个图距单位。这两基因均位于 X 染色体上，表现为伴性遗传，因此，血友病在男性发病率高于女性。如果孕妇从其父亲得到一个带有血友病基因和葡萄糖 6 -磷酸脱氢酶（G - 6 - PD）座位的同工酶 A 基因，通过羊水检查发现同工酶 A 的存在，并且由核型分析知道胎儿是男性的，就可以预测这一胎儿患有血友病的机率为 95%，因为 G - 6 - PD 基因和血友病基因之间发生互换的概率只有 5%。

思考题

（1）名词解释：

完全连锁　不完全连锁　基因定位　互换率　两点测验法　三点测验法　连锁群　遗传图谱

（2）连锁和互换规律有什么特点？为什么重组类型总是少于 50%？

（3）简述互换率、重组率和图距三者之间的关系。

（4）基因 a 和 b 之间是 20 个图距单位。在 $ab/++$ 和 ab/ab 杂交的后代中仅发现 18% 的重组体，问基因 a 和 b 之间的双互换率是多少？

（5）鸡的蓝眼（O）、豌豆冠（P）与浅色绒毛深色背斑（ma）是 3 个连锁基因，其互换率为 $O-P=5\%$，$O-ma=38\%$，$P-ma=33\%$。请给出 3 个连锁基因在染色体上的线性关系图。

（6）a、b、c 3 个基因的连锁图如下：

如果干涉率为 40%，在 $AbC/aBc \times abc/abc$ 中，子代有哪些基因型？它们各占多少比例？

（7）有两个基因位于同一染色体，它们之间的互换率为 50%，另有两个基因位于不同的非同源染色体上，你能将它们区分开来吗？

（8）有一种生物具有 12 对染色体，但在用遗传分析构建连锁群时，获得的连锁群少于 12 个，这是否可能？为什么？另有一种生物具有 10 对染色体，但在用遗传分析构建连锁群时，获得的连锁群多于 10 个，这是否可能？

第六章　群体遗传学基础与生物进化

由于所有现存生物都是进化的产物，因此，群体遗传变异的研究必然和进化论联系起来。群体遗传学（population genetics）是专门研究群体的遗传结构及其变化规律的遗传学分支学科。遗传结构是指群体内基因或基因型种类及频率。通常研究基因在群体中的行为时，涉及环境条件对生物体基因表达的影响，因而群体遗传学也就是对生物进化机制的研究。进化论所研究的是生物物种的起源和演变过程，实质是群体遗传结构的变化过程。决定生物进化的因素有基因突变、基因重组、自然选择和遗传漂变等，所以说群体遗传学理论在进化机制研究上也起着重要作用。

第一节　基本概念

一、群体和孟德尔群体

所谓群体（population）是指一个种、一个变种、一个品种或一个其他类群所有成员的总和。但在群体遗传学中通常把所研究的群体称为孟德尔群体（Mendelian population）。所谓孟德尔群体是指在个体间有相互交配的可能性并随着世代进行基因交换的有性繁殖群体。换句话讲，指具有共同的基因库（gene pool），并且由有性交配个体所组成的群体。这里所讲的基因库是指以各种基因型携带的各种基因的许多个体所组成的群体，包括不同层次的种群。换言之，当从基因或基因型角度来认识个体时，群体就是基因库，因而基因库也就是所有个体拥有的全部基因的群落空间。就家畜而言，任何基因库都容纳着 2 倍于个体数的染色体，但除性连锁外，每个位点上都拥有 2 倍于个体数的等位基因。

根据上述对孟德尔群体的定义，一般而言，在种间不能实现有性繁殖，因而一个孟德尔群体可能的最大范围是物种，物种是群体内发生遗传变异扩散的最大范畴。所谓物种即二倍体染色体数目互不相同，彼此之间存在有生殖隔离的生物群体。

在一个大的孟德尔群体内，由于各种原因造成的交配限制，可能导致基因频率分布不均匀的现象，形成若干遗传特性有一定差异的群落通常称为亚群（subpopulation）或亚种（subspecial），家畜品种都可视为物种的亚群。对于品种而言，品系、地域群就是亚群。

孟德尔群体的特点是：①具有再划分特点，即一个大的孟德尔群体又可划分成若干个小的孟德尔群体。②孟德尔群体是以有性生殖为前提，因而其对象是具有二倍体染色体数，并限于有性生殖的高等生物。

二、随机交配

所谓随机交配是指在一个有性繁殖的生物群体中，任何一个雌性或雄性个体与其任何一个相反性别的个体交配的概率是相同的。也就是说，任何一对雌雄个体的结合都是随机的，不受任何选配因素的影响。

随机交配不是自然交配。自然交配是交配雌雄动物混合在一个群体里，任其自由结合，这种交配方式实际上是有选配在其中起作用，最明显的就是身强力壮的雄性与雌性个体交配的概率高于其他雄性个体，这显然不符合随机交配的定义。

三、基因频率和基因型频率

（一）基因频率

群体遗传学是研究群体的组成及其变化机制，如何表达群体的遗传组成，并使其具有可分析性。基因频率是群体遗传组成的基本标志，不同群体同一基因频率往往不同。

基因频率是指一个群体中，二倍体染色体特定基因位点某种等位基因所占比例。荷斯坦奶牛大多数有角，只有个别无角；而安格斯牛则几乎全部无角；杂种牛群中有角牛和无角牛的比例更是各不相同。"角"这个性状是由一对等位基因控制的，决定"无角"的是显性基因，用 p 表示；决定"有角"的是隐性基因，用 q 表示，假定：

某一牛群（或品种）中：p 基因占 1%（或写成 0.01），q 基因占 99%（或写成 0.99），则该牛群中只有 2% 的牛是无角的，其余都是有角的（98%）。

另一个牛群（或品种）中：p 基因占 100%（或写成 1），q 基因占 0%（或 0），则该牛群全部是无角牛。

各等位基因的频率之和等于 1，如上例中前一牛群中 0.01＋0.99＝1，后一群中 1＋0＝1。若是复等位基因，各基因频率的之和仍等于 1。例如，人的 ABO 血型决定于三个复等位基因：I^A、I^B 和 i，据 Sfan1944 年调查，中国人（昆明）中，I^A 基因的频率为 0.24，I^B 基因的频率为 0.21，i 基因的频率为 0.55，三者之和为 0.24＋0.21＋0.55＝1。

由于基因频率是一个相对比率，是以百分率表示的，其变动范围为 0～1，一般写成小数形式，没有负数。

（二）基因型频率

在二倍体生物的体细胞中，基因都是成对存在的，一对或几对基因构成某个性状的基因型。因此，一个性状遗传特性的表现不仅取决于基因，更直接地取决于基因型。

一个群体中，某一相对性状的不同基因型所占的比率就是基因型频率。例如，牛角的有无决定于一对等位基因 P 和 p，它们组成三种基因型即：PP、Pp、pp，前两种表现无角，后一种表现有角，这三种基因型在牛群体中分布不同，如某牛群中 PP 占 0.01%，Pp 占 1.98%，pp 占 98.01%，或者说，PP 基因型频率为 0.000 1，Pp 基因型频率为 0.019 8，pp 基因型频率为 0.980 1，三者合计等于 1 或 100%。

基因型不等于表现型，基因型频率并不完全是表现型比率，例如上述的三种基因型，表现型只有两种——无角和有角，两者的比率为 1.99%（0.01%＋1.98%）和 98.01%。

（三）基因频率和基因型频率的关系

由于基因型是由基因组成的，所以两者的频率是密切关联的。在此以一对基因为例来说明，设 A 与 a 是某一位点上的两个等位基因，它们的频率分别为 P 和 q，它们组成的三种基因型 AA、Aa、aa，其基因型频率分别以 D、H 和 R 代表。在群体中，有 D 个 AA 基因型，每个基因型有 2 个 A 基因，因此有 $2D$ 个 A 基因；另有 H 个 Aa 基因型，它包含有 H 个 A 基因和 H 个 a 基因；还有 R 个 aa 基因型，包含有 $2R$ 个 a 基因。这样：

$$A \text{ 基因频率} \ p = \frac{2D+H}{(2D+H)+(H+2R)} = \frac{2D+H}{2(D+H+R)} = \frac{2D+H}{2} = D + \frac{1}{2}H,$$

$$a \text{ 基因频率} \ q = \frac{H+2R}{(2D+H)+(H+2R)} = \frac{H+2R}{2(D+H+R)} = \frac{H+2R}{2} = \frac{1}{2}H + R.$$

举例：实验室饲养的 520 只普通果蝇的 LDH（乳酸脱氨酶）的同工酶电泳分析结果是：显示快带个体数为 188 只，慢带个体数为 83 只，居于二者之间的个体数为 249 只。LDH 受染色体上的一个基因位点所控制，已知为 F 和 S 两等位基因。快、慢、中带的基因型分别为 FF、SS 和 FS。

基因型 　　FF　FS　SS
观察数 　　188　249　83　520

F 和 S 的基因的频率分别为：

$$p_{(F)} = \frac{2D+H}{2(D+H+R)} = \frac{2 \times 188 + 249}{2 \times 520} = \frac{625}{1\ 040} = 0.601\ 0,$$

$$q_{(S)} = \frac{H+2R}{2(D+H+R)} = \frac{249 + 2 \times 83}{2 \times 520} = \frac{415}{1\ 040} = 0.399\ 0.$$

第二节　进化理论的主要学说

生物进化的理论细分起来很多，但归结为三个：拉马克的获得性遗传学说、达尔文的自然选择学说和日本木村资生的中性学说。

一、拉马克的获得性状遗传学说

拉马克认为生物的种（species）不是恒定的类群，而是由以前存在的种衍生而来的。他认为，在生物的个体发育中，因环境不同，生物个体有相应的变异以跟环境相适应。例如年幼的树木在密林中为争取阳光，而长得高高的；多数鸟类善于飞翔，胸肌就发达了。他在 1802 年提出用进废退学说（theory of use and disuse）或获得性状遗传学说（theory of the inheritance of acquired characters）。后人把拉马克对生物进化的看法称为拉马克学说或拉马克主义，其主要观点如下。

（1）物种是可变的，是由变异的个体组成的群体。

（2）在自然界的生物中存在着由简单到复杂的一系列等级（阶梯），生物本身存在着一种内在的"意志力量"，驱动着生物由低等级向较高等级发展变化。

（3）生物对环境有巨大的适应能力；环境的变化会引起生物的变化，生物会由此改进其适应能力；环境的多样化是生物多样化的根本原因。

（4）环境的改变会引起动物习性的改变，习性的改变会使某些器官经常使用而得到发展，另一些器官不使用而退化；在环境影响下所发生的定向变异，即后天获得的性状，能够遗传。如果环境朝一定的方向改变，由于器官的用进废退和获得性遗传，微小的变异逐渐积累，最终使生物发生了进化。拉马克学说中的内在意志带有唯心论色彩；后天获得性状则多属于表型变异，现代遗传学已证明它是不能遗传的。

长颈鹿的长颈的形成可以用拉马克学说来解释。长颈鹿的短头颈的祖先在食物贫乏的环境里，必须伸长头颈来吃高树上的叶子，因此，头颈长得稍稍长了一些，这会传给下一代。后代又在相似的环境中，同样需要将头颈伸得长一点，来吃更高树上的叶子，又使子代个体的头颈长得更长，经过多代，长头颈的遗传特性持续加强，头颈越长越长，终于成为现代的长颈鹿。但是，由于获得性遗传得不到实验证据的支持，因而受到一部分科学家的质疑，争论还在继续。

二、达尔文的自然选择学说

达尔文进化论的中心内容是自然选择，其基本论点如下。

（1）生物个体间存在变异。个体的性状不同，对环境的适应能力和程度有差别，这些不同和差别至少有一部分是由遗传性差异造成的，因此遗传性不同的个体，它们本身的生存机会不同，留下后代的数目有多有少，这个现象称繁殖差别。

（2）生物体的繁育潜力一般总是大大地超过它们的繁育率。只有其中少数比较健壮，跟环境比较适应的个体存活下来。达尔文称之为生存斗争。遗传型不同的个体，对环境的适应能力和程度存在差别。适合度（一个生物能生存并把它的基因传给下代的相对能力）高的个体留下较多的后代，适合度低的个体留下较少的后代，而适合度的差异至少一部分是由遗传差异决定，这样一代一代下去，群体的遗传组成自然而然地趋向更高的适合度。这个过程称为自然选择。但环境条件不能永久保持不变，因此生物的适合度总是相对的。生物体不断地遇到新的环境条件，自然选择不断地使群体的遗传组成作相应的变化，建立新的适应关系，这就是生物进化中最基本的过程。

（3）地球表面上生物居住的环境是多种多样的，生物适应环境的方式也是多种多样的，所以通过多种多样的自然选择过程，就形成了生物界的众多种类。

（4）生物界通过自然选择而得到多种新的性状，其中有些性状或性状组合特别有发展前途，是生物适应方式的基本革新。如种子生殖、体温调节机制等。

达尔文自然选择学说的典型例子为工业黑化。欧洲产业革命以后，许多地区逐渐工业化。许多不同属和不同种的鳞翅目昆虫中，黑色型个体的频率逐渐上升。如19世纪初蔓彻斯特（Manchester）的椒花蛾，浅色个体→黑色型（95％），原因是未污染地区，树皮上大多长满地衣。污染地区，地衣不能生长，树皮裸露，呈黑色。

基因的突变不是定向的，只有选择作用是定向的，群体的基因型的定向变异，是由选择作用造成的，而不是由于个体的变异造成的。

总之，按照达尔文的观点，生物的进化取决于变异、高度的生殖率、个体之间在一定自然条件下所进行的生存竞争和有利变异通过遗传而保存和发展。

三、日本木村资生的中性学说

经典进化学说无疑已经证明，适应性进化的基本机制，是作用于染色体和基因变化所产生的变异的自然选择。中性学说又称中性突变随机漂变学说。1968年日本木村资生发表一篇"分子水平的进化速率"的论文，提出了中性学说。翌年，美国科学家 J. King 和 T. Jukes 发表了《非达尔文主义进化》一文，他们支持木村的中性学说。这个学说是根据核酸、蛋白质中的核苷酸、氨基酸的置换速率，以及这样的置换造成核酸、蛋白质改变并不能影响生物大分子功能的事实，提出"中性突变"的概念。他们认为进化是中性突变在自然群体中进行随机的遗传漂变的结果，这个学说对以自然选择为基础的达尔文主义进化论提出了新的挑战。

这个学说的要点如下。

（1）突变大半是"中性"的，这种突变不影响核酸、蛋白质的功能，对个体生存既没有什么害处也没有什么好处，选择对它们没有作用。中性突变如同同义突变、同功能突变（蛋白质存在多种类型，如同Ⅰ酶）、非功能性突变（没有功能的 DNA 顺序发生突变，如高度重复序列中的核苷酸置换和基因间的 DNA 序列的置换）。由于没有选择的压力，这些中性突变在基因库里漂动，通过随机遗传漂移在群体中固定下来。

（2）分子进化的主角是中性突变而不是有利突变，中性突变率也就是核苷酸和氨基酸的代换率是恒定的。细胞色素 C 中氨基酸的代换率在各种生物中也差不多是相同的，所以蛋白质的进化表现与时间呈直线关系。可根据不同物种同一蛋白质分子的差别，估计物种进化的历史，推测生物的系统发育。这和化石以及其他来源推导出的进化关系是相符的。还可根据恒定的蛋白质中氨基酸的代换速率，对不同系统发育事件的实际年代做出大致的估计，即所谓进化的分子钟。

（3）中性突变的进化是通过遗传漂移来进行的，遗传漂移使中性突变在群体中依靠机会自由组合，并在群体中传播，从而推动物种进化，所以生物进化是偶然的、随机的。

（4）中性突变分子进化是由分子本身的突变率来决定的，不是由选择压力造成的，所以分子进化与环境无关。

（5）大多数分子水平上的种内变异，如蛋白质多态现象所展示的，基本上是中性的。所以，大多数多态性等位基因通过突变输入和随机清除而得以在种内维持，否认这类多态中的大多数是适应性的而且靠某些形式的平衡选择而在物种内维持。

从分子研究中得出的最令人吃惊的可能性是，在整个时间内的核酸变化中以及在任何时刻群体内的核苷酸变异中，占绝大多数的是选择性中性或近中性，以至突变型的频率增减主要因机遇而引起。它们的行为可以用随机过程理论加以计算，并且许多新的发现确实支持中性学说，其中最好的例子是假基因的迅速进化变化。

中性学说是在研究分子进化的基础上提出来的，用随机出现的中性突变能很好地说明核酸、蛋白质等大分子的非适应性的多态性。该学说认为根据核酸、蛋白质分子一级结构上的变化就可说明生物性状的所有变异，进而说明进化原因。

中性学说认为，分子水平上的大量进化变化，如蛋白质和 DNA 顺序的比较研究所揭示的，不是由达尔文的自然选择而是通过在选择上呈中性或近中性的突变型的随机漂变所造成的。该学说并不否定自然选择在决定适应性进化的过程中的作用，但认为进化中的 DNA 变化只有一小部分是适应性的，而大部分不在表现型上反应出来的分子替换，对生存和生殖无关轻重，只有随物种而随机漂变着。它否定了自然选择在进化过程中的作用。

第三节　哈代-温伯格定律

一、哈代-温伯格定律的要点

英国数学家哈代（Hardy）和德国医生温伯格（Weinberg）经过各自独立的研究，于

1908 年分别发表了有关基因频率与基因型频率的重要规律，现在公称为哈代-温伯格定律（Hardy-Weinberg），又称基因平衡定律或遗传平衡法则，这个定律的要点如下。

（1）在一个随机交配的大群体中，若没有其他因素影响，基因频率世代相传，始终不变。所谓其他因素指选择、突变、迁移、遗传漂变和交配制度等改变基因频率的因素。

（2）任何一个大群体，无论起始基因频率如何，只要经过一代随机交配，常染色体上基因型频率就达到平衡状态，若没有其他因素影响，一直进行随机交配，这种平衡状态也将始终保存不变。

（3）在平衡状态下，基因型频率与基因频率之间的关系是：显性纯合子 $D=p^2$，杂合子 $H=2pq$，隐性纯合子 $R=q^2$。

二、哈代-温伯格定律的数学证明

1. 基因型频率的恒定性 设在一个群体中亲代 AA、Aa、aa 的基因型频率为 $[D$、H、$R]$，A 的基因频率为 p，a 基因频率为 q，而 $p+q=1$，则有 $[D, H, R] = [p^2, 2pq, q^2]$。具体见表 6-1、表 6-2。

表 6-1　雌、雄随机交配基因型频率

雌性	雄性		
	AA　D	Aa　H	aa　R
AA　D	D^2	DH	DR
Aa　H	DH	H^2	HR
aa　R	DR	HR	R^2

表 6-2　雌、雄随机交配后代基因型及频率的变化

交配型	频率	子代基因型频率		
		AA	Aa	aa
$AA\times AA$	D^2	D^2		
$AA\times Aa$	$2DH$	DH	DH	
$AA\times aa$	$2DR$		$2DR$	
$Aa\times Aa$	H^2	$1/4H^2$	$2/4H^2$	$1/4H^2$
$Aa\times aa$	$2HR$		HR	HR
$aa\times aa$	R^2			R^2

$$\left(D+\frac{1}{2}H\right)^2 + 2\left(D+\frac{1}{2}H\right)\left(R+\frac{1}{2}H\right) + \left(R+\frac{1}{2}H\right)^2 = p^2 + 2pq + q^2。$$

2. 基因频率的恒定性 根据基因型频率与基因频率的关系式，计出下一代 A 和 a 的频率。

A 的频率　　$p_1 = D + \frac{1}{2}H = p^2 + pq = p^2 + p(1-p) = p$，

a 的频率　　$q_1 = R + \frac{1}{2}H = q^2 + pq = q^2 + q(1-q) = q$，

即子代的基因频率与亲代的基因频率完全相等。

例：基因型频率 $[0.4，0.4，0.2]$ 的群体实行随机交配，观察后代基因型与基因频率的变化情况。

0 世代的基因频率：
$$p_0 = D + \frac{H}{2} = 0.4 + \frac{0.4}{2} = 0.6，$$

$$q_0 = R + \frac{H}{2} = 0.2 + \frac{0.4}{2} = 0.4。$$

一世代的基因型频率：
$$D_1 = p_0^2 = 0.6^2 = 0.36，$$
$$H_1 = 2p_0 p_0 = 2 \times 0.6 \times 0.4 = 0.48，$$
$$R_1 = q_0^2 = 0.4^2 = 0.16。$$

一世代的基因频率：
$$p_1 = D_1 + \frac{H_1}{2} = 0.36 + \frac{0.48}{2} = 0.6，$$

$$q_1 = R_1 + \frac{H_1}{2} = 0.16 + \frac{0.48}{2} = 0.4。$$

二世代的基因型频率：
$$D_2 = p_1^2 = 0.6^2 = 0.36，$$
$$H_2 = 2p_1 q_1 = 2 \times 0.6 \times 0.4 = 0.48，$$
$$R_2 = q^2 = 0.4^2 = 0.16。$$

二世代的基因频率：
$$p_2 = D_2 + \frac{H_2}{2} = 0.36 + \frac{0.48}{2} = 0.6，$$

$$q_2 = R_2 + \frac{H_2}{2} = 0.16 + \frac{0.48}{2} = 0.4。$$

由此可见基因型频率虽然 $D_1 \neq D_0$，$H_1 \neq H_0$，$R \neq R_0$，但经过一代随机交配，$D_1 = D_2 = D_3 = \cdots = D_n = p^2$，$H_1 = H_2 = H_3 = \cdots = H_n = 2pq$，$R_1 = R_2 = R_3 = \cdots R_n = q^2$，基因频率也始终保持不变。

三、哈代-温伯格定律的生物学证明

以 MN 血型为例，MN 血型的特点如下：①这个性状在婚配时不加选择，而且与适应性基本无关，也不受自然选择的影响，对此性状而言，一般都是随机交配的。②人的群体（民族）很大，因此有可能在相当大的群体中进行调查。

MN 血型是由一对等位基因控制的，现在从群体 420 人的抽样中发现有 137 人是 M 血型，196 人是 MN 血型，87 人是 N 血型，从两个等位基因的假说可知：

$$p = \frac{137 \times 2 + 196}{2 \times 420} = 0.56，$$

则
$$q = 1 - p = 1 - 0.56 = 0.44。$$

MN 血型期望人数见表 6-3。

表 6-3　MN 血型期望人数

基因型	期望频率	期望人数（E）	观察人数（O）
M/M	0.314	132	137
M/N	0.493	207	196
N/N	0.194	81	87
合计		420	420

采用 χ^2 测验，得知

$$\chi^2 = \sum \frac{(O-E)^2}{E} = \frac{(137-132)^2}{132} + \frac{(196-207)^2}{207} + \frac{(87-81)^2}{81} = 1.218\,4,$$

查表 $\chi^2_{0.05} = 5.991$，则 $\chi^2 < \chi^2_{0.05}$，所以 $P > 0.05$，差异不显著，表明观察值与理论值相符合，该群体属于平衡群体。

四、平衡群体的若干性质

在随机交配条件下，遗传平衡群体有两个性质。

性质 1 在二倍体遗传平衡群体中，杂合子（Aa）的频率 $H = 2pq$ 的值永远不会超过 0.5。

因为

$$\frac{dH}{dq} = \frac{d}{dq}(2pq) = \frac{d}{dq}[2q(1-q)],$$

欲使 H 最大，则要求

$$\frac{d}{dq}[2q(1-q)] = 0,$$

即

$$2 - 4q = 0,$$

所以

$$q = \frac{1}{2}.$$

即 $p = q = \frac{1}{2}$ 时，$H = 2pq = 0.5$（最大值）。

根据这个性质可知，H 值可大于 D 或 R，但不能大于 $D+R$。

性质 2 杂合子的比例（或数目）是两个纯合子比例（或数目）的乘积的平方根的二倍，即：

$$H = 2\sqrt{D \times R}.$$

因为

$$D = p^2, H = 2pq, R = q^2,$$

所以

$$\sqrt{D \times R} = \sqrt{p^2 q^2} = pq,$$

$$H = 2\sqrt{DR} \text{ 或 } \frac{H}{\sqrt{DR}} = 2.$$

该性质提供了检验群体是否达到平衡的一个简便方法，比率 2 与群体的基因无关。

五、哈代-温伯格定律的意义

哈代-温伯格定律具有非常重要的意义，可以说是群体遗传学中的守恒定律，主要表现以下两点。

（1）这个定律揭示了基因频率与基因型频率的遗传规律，正因为有这样的规律，群体的遗传性才能保持相对的稳定。生物的遗传变异归根到底主要是由于基因型的差异，同一群体内个体之间的遗传变异起因于等位基因的差异，而同一物种内不同群体（亚种、品种、品系等）之间的遗传变异，则主要在于基因频率的差异。因此，基因频率的平衡对于群体遗传稳定起着直接的作用。在家畜育种中，采用改变影响基因频率的各种因素，就可以改变基因频率，使群体的遗传性向人们需要的方向发展，消除这些因素，就可以使基因频率保持不变，保持种群的稳定。

（2）揭示了基因频率与基因型频率之间的关系，为计算基因频率创造了条件。

第四节　哈代-温伯格定律的应用与扩展

一、显性完全时

在显性完全时，一对基因的基因型有三种，而表现型只有两种，显性纯合子和杂合子的表现型相同，不易区别。因此，通过对表现型的统计，我们只能得到隐性纯合子的基因型频率和另两种基因型频率之和，而得不到各自的基因频率，这样就不能用前一种方法来计算基因频率。

如果是一个随机交配的大群体，根据哈代-温伯格定律，它应该处于基因平衡状态，隐性纯合子的基因频率为：

$$R = q^2,$$

所以

$$q = \sqrt{R}。$$

而 $p = 1 - q$，这样就很容易求出基因频率。

例如：某群体中，位点 B 的等位基因 b 以隐性纯合子（bb）出现时，占其群体总数的 49%，问 B 和 b 的基因频率是多少？显性纯合子、显性杂合子及隐性纯合子的比例各为多少？

设 B 基因的频率为 p，b 基因的频率为 q。

已知

$$q^2 = 49\% = 0.49,$$

而

$$q = \sqrt{0.49} = 0.7。$$

因为

$$p + q = 1,$$

所以

$$p = 1 - q = 1 - 0.7 = 0.3。$$

由此可知 B 基因的频率为 0.3，b 基因的频率为 0.7。

又根据哈代-温伯格定律，当群体处于平衡状态时，基因频率与基因型频率之间的关系为：

$$p + q = 1,$$
$$(B)\quad(b)$$
$$p^2 + 2pq + q^2 = 1。$$
$$(BB)\ (Bb)\ (bb)$$

所以，显性纯合子的比例为：　　　$D = p^2 = (0.3)^2 = 0.09,$

显性杂合子的比例为：　　$H = 2pq = 2 \times 0.3 \times 0.7 = 0.42,$

隐性纯合子比例：　　$R = q^2 = (0.7)^2 = 0.49。$

二、共显性时

这是最简单的情况，因为由表现型可以直接识别基因型，统计出表现型的比率就是基因型频率，而基因频率则为：$p = D + \dfrac{1}{2}H$，$q = \dfrac{1}{2}H + R$。

例如：人的 MN 血型遗传是由一对常染色体上的 L^M 和 L^N 基因控制的，其频率为 p 和 q，基因型 $L^M L^M$、$L^M L^N$、$L^N L^N$ 为 M、MN、N 血型，设它们的频率分别 D、H 和 R。L. Ride（1935）检验了香港一千多个中国人的 MN 血型，结果如表 6-4。

表 6-4 中国人的 MN 血型抽样调查表

M（D）	MN（H）	N（R）	总计
$L^M L^M$	$L^M L^N$	$L^N L^N$	
342	500	187	1 029
0.332 4	0.485 9	0.181 7	1

$$p = D + \frac{1}{2}H = 0.332\ 4 + \frac{0.485\ 9}{2} = 0.575\ 35,$$

$$q = \frac{1}{2}H + R = \frac{0.485\ 9}{2} + 0.181\ 7 = 0.424\ 65。$$

〔状基本上是属于随机交配而且群体较大，所以根据哈代-温伯格定律处于平
〔 $H = 2pq$、$R = q^2$ 就计算出血型的理论分布（表 6-5）。

表 6-5 中国人的 MN 血型理论分布表

M	MN	N	总计
0.331 0	0.488 7	0.180 3	1
340.6	502.9	185.5	1 029

〔示观察数比较，$\chi^2 = 0.886\ 9 < \chi^2_{0.05,2} = 5.991$，$P > 0.05$，差异不显著，理论
〔相符，故该群体处于平衡状态。

三、伴性基因

〔色体有 XY 型、ZW 型以及由其变化而来的其他类型。大多数家畜和果蝇
〔性为同配子型 XX，雄性为异配子型 XY；鸡和蚕的类型为 ZW 型，正好与
〔性为同型合子，雌性为异性合子。

〔的情况下，雌性（或同配性别）的基因型频率的计算与常染色体的情况一
〔 A 与 a 频率分别为 p 和 q，那么 AA、Aa、aa 的基因型分别为 p^2、$2pq$、
〔异配性别）的频率与等位基因的频率相同：A 雄性为 p，a 雄性为 q。这
〔方法推导证明。AA 雌性为父本和母本分别得到 A 配子，假如雄性中 A 的
〔产生 AA 雌性的频率为 p^2，同样 aa 雌性的频率为 q^2，而 Aa 雌性的频率
〔仅从母本得到一条 X 染色体，因此，两个半合子基因型的频率与上一代雌
〔的频率相等。这说明由隐性基因决定的表型，在雄性中比在雌性中更为常
〔性基因的频率为 q，在雌性中为 q^2，两者之比为 $q/q^2 = 1/q$，q 值越小，表
〔性对雌性之比越大，例如，红绿色盲等位基因的频率为 0.08，因此，男
〔的 $1/0.08 = 12.5$ 倍。最常见的血友病等位基因的频率为 0.001。根据哈
〔预期这种血友病在男性中比女性多 $1/0.000\ 1 = 10\ 000$ 倍（但男女患者极少
〔中 1 个和 1×10^9 个女性中 1 个）。

〔连锁遗传，在人类女人色盲为 3.6%，并且处于平衡状态，问：
〔的频率是多少？
〔基因杂合体的女人是多少？
〔意在人类群体中，对色盲基因而言，已构成遗传平衡群体，并且，对色盲
〔的。

假定色盲基因的频率为 q，则女色盲个体频率是：

$$q^2 = \frac{36}{100} = 0.036,$$

$$q = 0.19。$$

当群体达到平衡时，色盲男人个体的频率即群体中色盲基因的频率，即男色盲为 19%。

② 根据上述分析，在人类群中正常等位基因的频率 $p = 1 - q = 0.81$，

所以色盲基因杂合型女人的频率是：$H = 2pq = 2 \times 0.81 \times 0.19 = 0.31$。

四、复等位基因存在时

哈代-温伯格定律的公式同样可用于复等位基因的遗传，只是各种基因频率的计算要比一对等位基因复杂一些，下面以人的 ABO 血型为例进行说明。

设 $\qquad p = $ 基因 I^A 的频率，

$\qquad q = $ 基因 I^B 的频率，

$\qquad r = $ 基因 i 的频率

则 $\qquad p + q + r = 1$。

在自由婚配的情况下，后代的基因频率如表 6-6 所示，其平衡公式是：$p^2 + q^2 + r^2 + 2pq + 2qr + 2pr = 1$。

又设 $\overline{A}$，$\overline{B}$，$\overline{AB}$，$\overline{O}$ 为各血型的表型频率，则有：

$$\overline{A} = p^2 + 2qr,$$

$$\overline{B} = q^2 + 2qr,$$

$$\overline{AB} = 2pq,$$

$$\overline{O} = r^2。$$

表 6-6 ABO 血型自由婚配后代的基因型频率

♀	♂		
	p (I^A)	q (I^B)	r (i)
p (I^A)	p^2 ($I^A I^A$)	pq ($I^A I^B$)	pr ($I^A i$)
q (I^B)	pq ($I^A I^B$)	q^2 ($I^B I^B$)	qr ($I^B i$)
r (i)	pr ($I^A i$)	qr ($I^B i$)	r^2 (ii)

很明显，基因 O 的频率等于 O 血型频率的平方根，即：

$$r = \sqrt{\overline{O}}。$$

A 血型频率与 O 血型频率之和等于基因 I^A 频率与基因 i 频率之和的平方，即：

$$\overline{A} + \overline{O} = p^2 + 2pr + r^2 = (p+r)^2,$$

$$\sqrt{\overline{A} + \overline{O}} = p + r。$$

因为 $\qquad p + q + r = 1$，

又 $\qquad p + r = 1 - q$，

$$1 - q = \sqrt{\overline{A} + \overline{O}},$$

$$q = 1 - \sqrt{\overline{A} + \overline{O}},$$

同理 $\qquad p = 1 - \sqrt{\overline{B} + \overline{O}}。$

例：1954 年，Race 和 Sanger 曾做过一组 ABO 血型复等位基因的基因频率分析。在 190 177 个人所组成的一个血型频率样品中，O 血型 88 783 人，A 血型 79 334 人，其余为 B

基因频率和基因型频率分别是多少？该群体是否处于平衡状态?

衡公式可知 O 和 A 的表型频率为：

$$\overline{O}=88\ 738\div190\ 177=0.466\ 8,$$
$$\overline{A}=79\ 334\div190\ 177=0.417\ 2。$$

频率
$$r=\sqrt{\overline{O}}=\sqrt{0.466\ 8}=0.683\ 2,$$
$$p+r=\sqrt{\overline{A}+\overline{O}},$$
$$p=\sqrt{\overline{A}+\overline{O}}-r=\sqrt{0.417\ 2+0.466\ 8}-0.683\ 2=0.297\ 0,$$
$$q=1-p-r=1-0.257\ 0-0.683\ 2=0.059\ 8。$$
$$\overline{B}=q^2+2qr,$$
$$\overline{B}=(0.059\ 8)^2+(2\times0.059\ 8\times0.683\ 2)=0.085\ 3。$$
$$\overline{AB}=2pq,$$
$$\overline{AB}=2\times0.257\ 0\times0.059\ 8=0.030\ 7。$$

型的基因频率和表型频率为：

$$p=0.257\ 0,\ q=0.059\ 8,\ r=0.683\ 2,$$
$$\overline{A}=0.417\ 2,\ \overline{B}=0.085\ 3,\ \overline{O}=0.466\ 8,\ \overline{AB}=0.030\ 7。$$

区分别为：

$$I^AI^A=p^2=(0.2570)^2=0.065\ 9,$$
$$I^BI^B=q^2=(0.0598)^2=0.003\ 6,$$
$$ii=r^2=(0.6832)^2=0.466\ 8,$$
$$I^Ai=2pr=2\times0.257\ 0\times0.683\ 2=0.351\ 1,$$
$$I^Bi=2qr=2\times0.059\ 8\times0.683\ 2=0.081\ 7,$$
$$I^AI^B=2pq=2\times0.257\ 0\times0.059\ 8=0.030\ 7,$$
$$I^A+I^BI^B+ii+I^Ai+I^Bi+I^AI^B=p^2+q^2+r^2+2pr+2qr+2pq$$

065 9+0.003 6+0.466 8+0.351 1+0.081 7+0.030 7≈1。

五、多于一个位点的遗传平衡

考虑时，在随机交配情况下，经过一个世代随机交配，基因频率与基因型频
，但对两个或多个位点联合加以考虑时，情况就比较复杂，下面用两对基
分析。

AaBb 的两个个体交配，就会得出 9 种基因型，为了便于分析，可把这 9

：

AABB　　2AABb　　AAbb
2AaBB　　4AaBb　　2Aabb
aaBB　　2aaBb　　aabb 。

子频率可以写成一个合子频率矩阵形式。

$$Z=\begin{bmatrix} Z_{11} & Z_{12} & Z_{13} \\ Z_{21} & Z_{22} & Z_{23} \\ Z_{31} & Z_{32} & Z_{33} \end{bmatrix}。$$

是指由数学系统排列而成的一种矩形方阵，就称作 3×3 矩阵，矩阵中的
标指列。例如右上角合子 Z_{13} 指的是第一行第三列，其余类推。

两对基因可对应有 4 种配子：AB Ab aB ab。

配子频率矩阵是：

$$G = \begin{bmatrix} g_{11} & g_{13} \\ g_{31} & g_{33} \end{bmatrix}。$$

这里下标不用 12 而用 13 是因为 AB 是 $AABB$ 或 Z_{11} 仅有的配子，而 Ab 则是 $AAbb$ 或 Z_{13} 仅有的配子的缘故。由于 $AABB$ 合子只产生 AB 配子，而 $AABb$ 及 $AaBB$ 合子可以产生 50% 的 AB 配子，而 $AaBb$ 合子产生的 AB 配子只有 25%。所以，可从合子的比例推算出配子的比例：

$$AB：g_{11} = Z_{11} + \frac{1}{2}(Z_{12} + Z_{21}) + \frac{1}{4}Z_{22},$$

$$Ab：g_{13} = Z_{13} + \frac{1}{2}(Z_{12} + Z_{23}) + \frac{1}{4}Z_{22},$$

$$aB：g_{31} = Z_{31} + \frac{1}{2}(Z_{21} + Z_{32}) + \frac{1}{4}Z_{22},$$

$$ab：g_{33} = Z_{33} + \frac{1}{2}(Z_{23} + Z_{32}) + \frac{1}{4}Z_{22}。$$

这里可以用图 6-1 来理解配子比例与合子比例之间的关系。

在平衡的情况下合子矩阵可以基因频率方式表示，令 A 频率等于 p，B 频率等于 q，B 频率等于 r，b 频率等于 s。

则：

$$Z = \begin{bmatrix} p_2 r_2 & 2p^2 rs & p^2 s^2 \\ 2pqr^2 & 4pqrs & 2pqs^2 \\ q^2 r^2 & q^2 rs & q^2 s^2 \end{bmatrix}。$$

假如一个群体同时两对基因都是平衡的，把这两对基因分开来各自分析也必然是平衡的，先从行总数分析 p^2、$2pq$、q^2，再从列总数看是 r^2、$2rs$、s^2，这完全体现了每一对基因的平衡状况，从世代间平衡情况来分析可见，亲代和子代的基因频率也是不变的。

即 g_{11} 配子，亲代是 AB，其频率是 pr，子代的 g_{11} 又如何呢？依图 6-1 分析：

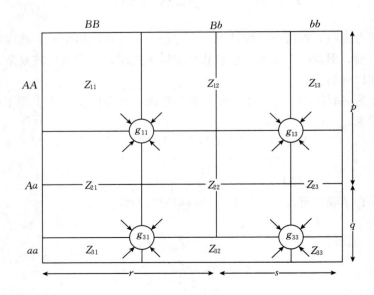

图 6-1　合子比例与配子比例之间的关系

$(2p^2sr)+\frac{1}{2}(pqr^2)+\frac{1}{4}(pqrs)$

$sr+p^2sr+pqr^2+pqrs$

$ps+qr+ps)$。

因为 $pr+ps+qr+ps=1$，

所以 $pr+ps+qr+ps)=pr$。

同理 ps, $g_{31}=pr$, $g_{33}=ps$。

子代 变。

在两 间有如下的关系式：

$g_{11}g_{33}=g_{13}g_{31}$。

如果 $g_{33}\neq g_{13}g_{31}$；$g_{11}g_{33}-g_{13}g_{31}$ 就能出了一个距平衡的离

差 D，在 写作：

$$D=\begin{bmatrix}g_{11} & g_{13}\\ g_{31} & g_{33}\end{bmatrix}。$$

这是 主对角线（自左向右斜下）元素的乘积减去其余两元

素的乘积 ，若以一定合子比例开始，D 值将在每代减少 $\frac{1}{2}$。

例： 阵表示如下。

$$\begin{bmatrix}0.25 & 0.16 & 0.14\\ 0.02 & 0.24 & 0.04\\ 0.12 & 0.02 & 0.01\end{bmatrix}。$$

将其

$$\begin{bmatrix}ABB & 2AABb & AAbb\\ 0.25 & 0.16 & 0.14\\ AaBB & 4AaBb & 2Aabb\\ 0.02 & 0.24 & 0.04\\ aBB & 2aaBb & aabb\\ 0.12 & 0.02 & 0.01\end{bmatrix},$$

将其

$(0.16+0.02)+\frac{1}{4}\times0.24=0.4$,

$(0.16+0.04)+\frac{1}{4}\times0.24=0.3$,

$(0.02+0.02)+\frac{1}{4}\times0.24=0.2$,

$(0.04+0.02)+\frac{1}{4}\times0.24=0.1$。

这一 以合子矩阵表示为：

$$\begin{bmatrix}2\times0.3\times0.4 & 0.3^2\\ (0.4\times0.1+0.3\times0.2) & 2\times0.3\times0.1\\ 2\times0.1\times0.2 & 0.1^2\end{bmatrix}$$

$\begin{bmatrix}09\\ 06\\ 01\end{bmatrix}$。

又因为两对基因的杂合子在减数分裂时，两对染色体排列形式是互斥，所以计算应用公式为 $2(AB \times ab + Ab \times aB)$。

因此，基因 A、a 和 B、b 的频率 p，q，r，s 应为：

$$p = g_{11} + g_{13} = 0.4 + 0.3 = 0.7,$$
$$q = g_{31} + g_{33} = 0.2 + 0.1 = 0.3,$$
$$r = g_{11} + g_{31} = 0.4 + 0.2 = 0.6,$$
$$s = g_{13} + g_{33} = 0.3 + 0.1 = 0.4。$$

平衡离差则是：$D_0 = \begin{vmatrix} 0.4 & 0.3 \\ 0.2 & 0.1 \end{vmatrix} = 0.04 - 0.06 = -0.02$。

到下一代的 D 值将由 -0.02 再减少 $\frac{1}{2}$，即 $D_1 = \frac{1}{2}D$。这和一对基因随机交配一代就达到平衡是不同的，多座位需要随机交配多代后才能达到平衡，且每代平衡离差比上一代减少 $\frac{1}{2}$。

第五节　影响基因频率和基因型频率变化的因素

基因频率和基因型频率的平衡不变是有条件的，是相对的，而实际中无论是自然界，还是家畜群体中，无论是动物还是植物，没有一个群体的基因频率和基因型频率不是在不断变化中的，研究它们变化的原因，对于阐明生物进化的遗传进程和加速畜禽改良都具有重要意义。

一、突　变

突变包括基因突变和染色体突变。后者导致群体遗传演化的情况一般可归纳于前者之一。纯粹由突变引起的群体演化缓慢，但突变是一切遗传变异的根源。

（一）非频发突变

假设某个孟德尔群体某位点原来完全由 AA 基因组成，在某个世代突变产生了一个新基因 a。于是群体中就有了一个 Aa 杂合子，如果它有机会生殖，由于交配对象只有 AA 一种基因型，所以其后代有 AA 和 Aa 两种可能的基因型，两者的概率相等。如果它在群中留种数为 K，那么，突变基因在下一代消失的概率为 $\left(\frac{1}{2}\right)^K$（$K$ 可能是 0，1，2，3…）。据 Fisher. R. A. 证明，其分布近似于波松分布（Poisson distribution）。假定群体规模不变，各家系平均留种数 $\overline{K} = 2$，那么，根据波松分布概率，留种数 K 为各情况的家系的概率为

$$P_K = \frac{\mathrm{e}^{-u} \cdot u^K}{K!} = \mathrm{e}^{-2} 2^K / K!$$

因此，留种数 K、留种数为 K 的家系的概率 P_K，在这类家系中新基因消失的概率 L_K 可对应如下：

$$K: \quad 0, \quad 1, \quad 2, \quad 3, \cdots, K\cdots$$
$$P_K: \quad \mathrm{e}^{-2}, \quad 2\mathrm{e}^{-2}, \quad \frac{2^2}{2!}\mathrm{e}^{-2}, \quad \frac{2^3}{3!}\mathrm{e}^{-2}, \cdots, \frac{2^K}{K!}\mathrm{e}^{-2}\cdots$$
$$L_K: \quad 1, \quad \frac{1}{2}, \quad \left(\frac{1}{2}\right)^2, \quad \left(\frac{1}{2}\right)^3, \cdots, \left(\frac{1}{2}\right)^K\cdots$$

所以，新基因 a 在其出现后第一代消失的概率为

$$I_1 = \sum_{K} P_K L_K$$
$$= e^{-2} \left\{ 1 + 1 + \frac{1}{2!} + \frac{1}{3!} + \cdots + \frac{1}{K!} + \cdots \right\}$$
$$= e^{-2} \cdot e = e^{-1} = 0.367\ 879。$$

在突变出现后第一代得到保留的概率为 $1 - 0.367\ 879 = 0.632\ 121$。由于同样的原因，在第一代得到保留的新基因，在第二代又有随机消失的危险，其概率是

$$e^{-0.632\ 121} = 0.531\ 464。$$

也就是说，在群体规模不扩大的情况下，非频发突变基因中一半多将在其产生的第二代随机消失。即使第二代幸存，以后每经一个世代都有一个消失危险的关口，可谓"躲得过初一，躲不过十五"。第 n 代后消失的概率为

$$I_{n+1} = e^{-(1-I_n)}。$$

Fisher 从理论上证明过，88.7% 的非频发突变必将在其产生后的 15 代之内随机消失。这一点后来也得到生物学验证。因此，在现在的产业体制下随机保存有利的非频发突变是不可能的。

（二）单向频发突变

单向频发突变是指某些可能重复发生并在相同内外环境中有稳定频率，而且不存在回原的突变（back mutation）。

设：

突变方向是 $A \rightarrow a$，突变率为 u；n 代表世代；基因 A 和 a 在第 n 代的频率为 p_n 和 q_n；那么，由于突变，下一代基因 a 的频率是

$$q_{n+1} = q_n + u p_n$$
$$= q_n + u\ (1 - q_n)$$
$$= u + (1 - u)\ q_n。$$

基于相同的理由

$$q_n = u + (1 - u)\ q_{n-1} = u + (1 - u)\ [u + (1 - u)\ q_{n-2}]$$
$$= u + (1 - u)\ u + (1 - u)^2 q_{n-2}$$
$$= \cdots$$
$$= u + (1 - u)\ u + (1 - u)^2 u + (1 - u)^3 u + \cdots + (1 - u)^n q_0，$$

等式右边除末项外，是以 $(1 - u)$ 为公比的几何级数，其首项是 u，项数是 n，其和为

$$\frac{u\ [1 - (1 - u)^n]}{1 - (1 - u)} = 1 - (1 - u)^n，$$

因此，q_n 的一般式为

$$q_n = 1 - (1 - u)^n\ (1 - q_0)。$$

将 $p_n = 1 - q_n$ 与 $p_0 = 1 - q_0$ 的关系代入，又可得

$$n = \frac{\ln p_n - \ln p_0}{\ln\ (1 - u)}。$$

如果据以追溯自驯化以来的系统史，可近似地认为 $n \rightarrow \infty$；这样，因为

$$\lim\ (1 - \frac{1}{n})^n = e^{-1} = e^{\frac{1}{n} - n}，$$

又因为突变率 u 是一个 $10^{-6} \sim 10^{-5}$ 的极小值，当 n 很大时，近似的有 $u = \frac{1}{n}$，所以

$$\lim_{x \to \infty} (1 - \frac{1}{n})^n = \lim_{x \to \infty} (1 - u)^n = e^{-nu}。$$

在这种条件下，q_n 和 n 分别是

$$q_n = 1 - (1 - q_n) \, e^{-nu}，$$

$$n = \frac{\ln p_0 - \ln p_n}{u}。$$

由于 u 值极小，种群基因频率在一定世代期间的变化将微乎其微；而种群完成一定程度的演变所必需的世代会非常之多。

例如，如果突变率 $u = 10^{-5}$，在没有其他进化压力的前提下，一个频率为 0.005 的基因，10 代后的频率是 0.005 009；在此条件下，基因频率从 0.1 增加到 0.15，需要 5 715.8 个世代。

由此可见，由突变积累多样化的过程非常缓慢。如果仅从突变的角度来看，家畜群体现存的遗传多样性，是千百年演化的结果，一旦丧失，相对于现代社会的保种需要而言，恢复是不可能的。另外，上述事实也说明，人类选择所未涉及，又与适应关系不大的那些位点，在品种演化过程中，其基因频率变化极其缓慢以至可用以标志种群起源。

(三) 可逆的频发突变

可逆的频发突变是指存在回原的频发性突变，这种突变导致的种群演变就更慢。

1. 突变平衡值

设：某位点基因 A 和 a 的频率分别是 p 和 q，u 为 A→a 的突变率，v 为 a→A 的回原率。

在突变体和回原导致的基因频率变化相等，亦即平衡时，A 和 a 的频率分别为 $\hat{p}$ 和 $\hat{q}$。

则：在达到平衡时，

$$u\hat{p} = v\hat{q}，$$
$$u\hat{p} = v(1 - \hat{p})$$
$$\hat{p}(u + v) = v，$$
$$\hat{p} = \frac{v}{u + v}。$$

同理，

$$\hat{q} = \frac{u}{u + v}。$$

以上分析说明：①在一个群体，突变和回原的平衡值纯粹是由突变率和回原率的相对大小决定，而与起始的基因频率无关；②在任何世代，如果 $p > \hat{p}$，它就要逐代减小，直到 $p = \hat{p}$ 为止，如果 $p < \hat{p}$，它就要逐代升高，直到 $p = \hat{p}$ 为止；③如果由于其他进化压力，造成了 p 对 $\hat{p}$ 的偏差，一旦其作用消除，群体的基因频率仍然要向平衡值回复。

2. 基因频率走向平衡的速度　因为基因 a 在一代间的频率改变量为：

$$\Delta q = up - vq$$
$$= u(1 - q) - vp$$
$$= u - uq - vq$$
$$= (u + v)(\hat{q} - q)，$$

因而有　　　　　　　　　　$$\Delta q = -(u + v)(q - \hat{q})。$$

这就是说，基因频率向平衡值回复的速率与其实际值对平衡值的偏差成正比。基因频率距平衡值越远，一代之间向平衡值靠近的幅度越大。此外，该速率还与突变率与回复率的算术和成正比。

据此，可以分析基因频率在向平衡值回复的过程中造成一个特定变化量所需的世代。

由于 u 和 v 数值极小，Δq 更小，所以，可以把 $\Delta q = -(u+v)(q-\hat{q})$ 作为一个微分方程，并设 t 代表以世代为单位的时间，即

$$\frac{\mathrm{d}q}{\mathrm{d}t} = -(u+v)(q-\hat{q})$$

$$\frac{\mathrm{d}q}{q-\hat{q}} = -(u+v)\,\mathrm{d}t,$$

两边在 n 代期间求积

$$\int_{q_0}^{q_n} \frac{\mathrm{d}q}{q-\hat{q}} = -\int_0^n (u+v)\mathrm{d}t,$$

又根据标准积分 $\dfrac{1}{x}\mathrm{d}x = \ln x + c$，可知等式左边为

$$\int_{q_0}^{q_n} \frac{\mathrm{d}q}{q-\hat{q}} = \ln\left(\frac{q_n-\hat{q}}{q_0-\hat{q}}\right),$$

所以，有

$$\ln\left(\frac{q_n-\hat{q}}{q_0-\hat{q}}\right) = -n(u+v),$$

$$n = \frac{1}{u+v}\ln\left(\frac{q_0-\hat{q}}{q_n-\hat{q}}\right)。$$

例如：$u = 3\times10^{-5}$，$v = 2\times10^{-5}$，$\hat{q} = 0.60$ 时，由 $q_0 = 0.10$ 提高到 $q_n = 0.15$ 以及由 $q_0 = 0.50$ 提高 $q_n = 0.55$，所需要的代数分别是：

$$n_1 = \frac{1}{(3+2)\times10^{-5}}\ln\left(\frac{0.10-0.60}{0.15-0.60}\right) = 2\,107\ \text{代},$$

$$n_2 = \frac{1}{(3+2)\times10^{-5}}\ln\left(\frac{0.50-0.60}{0.55-0.60}\right) = 13\,862.9\ \text{代}。$$

基因频率向平衡值回复是决定种群稳定性的机制之一。然而，即便是有这种变化，也极其缓慢。

根据 $\Delta q = up - vq$，也可以分析一定世代之后的基因频率。

如果以 q_n 代表某个世代的基因频率，下一代的基因频率则为：

$$q_{n+1} = q_n + u(1-q_n) - vq_n$$

$$= u + (1-u-v)q_n,$$

将此作为相邻两代基因频率的一般关系，反复代入 q_n、q_{n-1}、q_{n-2}、$\cdots$、q_0，可得

$$q_n = u + u(1-u-v) + u(1-u-v)^2 + \cdots + u(1-u-v)^n q_0,$$

右边除最后一项外，是以 $(1-u-v)$ 为公比的几何级数，首项为 u，项数是 n。因而，其和为

$$\frac{u[1-(1-u-v)^n]}{1-(1-u-v)} = \frac{u-u(1-u-v)^n}{u+v},$$

$$q_n = \frac{u}{u+v} - \frac{u(1-u-v)^n}{u+v} + u(1-u-v)^n q_0$$

$$= \frac{u}{u+v} - u(1-u-v)^n\left(\frac{u}{u+v} - q_0\right),$$

又，当所历经世代极多，以至 $n\to\infty$ 时，

$$\lim_{x\to\infty}(1-u-v)^n = \mathrm{e}^{-n(u+v)},$$

所以

$$q_n = \frac{u}{u+v} - \left(\frac{u}{u+v} - q_0\right)\mathrm{e}^{-n(u+v)}。$$

例如：当 $u = 2\times10^{-5}$，$v = 10^{-5}$，$q_0 = 0.3$，$n = 15$ 代时，$q_n = 0.300\,165$。也就是说 15 代期间突变导致的基因频率变化仅为 1.65×10^{-4}。

这些分析说明，对于遗传资源保护和利用的实践来说，与其期待或诱发新突变，倒不如收集和评价种群在长期演化过程中积累起来的既有突变可能更有实际意义。

二、迁　　移

种群内如果有其他种群的个体迁入，并发生交配，下一代群体的基因频率就会发生变化。这种情况，在实践上说是混群、杂交。所谓迁移，实际上是从一种群的角度来观察混群现象。

（一）一般规律

设：q_0 为某基因在群体原有的频率，

　　q_m 为同一基因在迁入个体中频率，

　　m 为迁移率，即迁入个体占混合群的比例，

　　q_1 为混群后下一代的基因频率，

那么，显然有

$$q_1 = (1-m)\ q_0 + mq_m$$
$$= q_0 + m\ (q_m - q_0)，$$

基因频率的变化量是　　　　　$\Delta q = q_1 - q_0 = m\ (q_m - q_0)，$

所以，迁移导致的基因频率变化决定于原群体与迁入群体该基因频率之差和迁移率之乘积。

（二）两个特例

1. 迁移率稳定的连续迁移

已知：$q_1 = (1-m)\ q_0 + mq_m$，则：$q_n = (1-m)\ q_{n-1} + mq_m$。

如果 m 值稳定，在连续迁移的情况下，群体原有基因频率的权，每代都要以 $(1-m)$ 为比例下降，因而，n 代后的基因频率是：

$$q_n = (1-m)^n q_0 + [1 - (1-m)^n]\ q_m。$$

n 代间，基因频率的总改变量为：

$$\sum_{}^{n} \Delta q = q_n - q_0$$
$$= [1 - (1-m)^n](q_m - q_0)$$

如果 m 值较高，原有种群的基因会迅速被取代。这种情况在实践上是导致种群特性迅速消失的常见情形之一。一个典型事例是级进杂交，其迁移率 $m = 0.5$。级进杂交 3 代后，群体的基因频率为：

$$q_3 = 0.5^3 q_0 + (1 - 0.5^3)\ q_m = 0.125 q_0 + 0.875 q_m。$$

3 代间基因频率总改变量为：

$$\sum_{}^{3} \Delta q = [1 - (1 - 0.5)^3](q_m - q_0)$$
$$= 0.875(q_m - q_0)。$$

虽然杂交决策者关注和强调的是原种群某些不利性状的逐代改进，但对任何位点而言，无论其等位基因是否有利，消失的相对速率都是一样的。

2. 迁移率相同的回迁
如果一次迁移后形成的第一代混合群体，又受到原种群（或在特定基因位点与原种群基因频率相同的其他种群）以相同迁移率的入侵，那么，第 2 代的基因频率为：

$$q_2 = (1-m)\ q_1 + mq_0$$

$$=(1-m)\left[(1-m)q_0+mq_m\right]+mq_0$$
$$=q_0(1-m+m^2)+(m-m^2)q_m,$$

由此可得： $\quad q_2=m(1-m)q_m+[1-m(1-m)]q_0$。

3 代间基因频率的总改变量为：

$$q_2-q_0=m(1-m)q_m+[1-m(1-m)]q_0-q_0$$
$$=m(1-m)(q_m-q_0)。$$

在这种情况下，基因频率又向原种群固有水平恢复。实践上，导入杂交正是以 $m=0.5$ 的回迁。因此，导入杂交第 2 代群体各位点上的基因频率是 $0.25q_m+0.75q_0$，3 代间基因频率的总改变量是 $0.25(q_m-q_0)$。

三、选 择

在人类和自然干预下，某一群体（或物种）的基因在世代传递过程中，某种基因型个体的比例所发生变化的现象，称为选择（selection）。它是引起生物群体基因型频率发生方向性变化的重要因素。就家畜而言，选择在某种意义上来说，就是把符合人类要求的性状选留下来，使基因频率逐代增加，从而引起基因频率向着一定方向改变。

适应度（adaptive value）是比较群体中各种基因型（以个体平均留种子女数为标准）生存适应力的相对指标。以最佳基因型的个体平均留种子女数为 1，特定基因型的平均留种子女数所相当的比例，就是该基因型的适应度，通常以 w 表示，如表 6 - 7 所示。

表 6 - 7　各种基因型的适应度

基因型	AA	Aa	aa
亲本个体数	25	50	25
留种子女数	70	70	14
个体平均留种子女数	2.8	1.4	0.56
适应度	1	$\frac{1.4}{2.8}=0.5$	$\frac{0.56}{2.8}=0.2$

可见，适应度是特定基因型的留种率与群体最佳基因型的比值。

选择系数是任一基因型的个体平均留种子女数与最佳基因型的个体平均留种子女数的相对差值和最佳基因型平均留种子女数的比值，就是选择系数，通常以 S 表示。

设：R 为任一基因型的个体平均留种子女数，

R_b 为最佳基因型的个体平均留种子女数，

则 $\qquad\qquad\qquad\qquad w=R/R_b,$

$$S=\frac{R_b-R}{R_b}=1-w。$$

这两个概念分别与实践中使用的留种率和淘汰率的概念相平行使用，不同的是后两者以一个世代中已出生的个体的保留或淘汰为依据。

四、遗传漂变

（一）遗传漂变的概念

二倍体生物在世代交替过程中，亲代两性配子随机结合以及合子随机成活，遗传过程经历了两次抽样。就此，可以把一个家畜群体视为来自配子群的一个随机样本。在这一过程中，无论是否存在外来干扰，如果群体规模较小，下一代的实际基因频率都可能由于抽样误差而偏离理论上应有的频率。这种现象称为遗传漂变。换言之，遗传漂变乃是两代间基因频率由于随机误差而发生的变迁，或者说，基因频率由于群体规模的限制而与理论上应有的频率不相一致的现象。

（二）遗传漂变的度量

1931 年 S. Wright 根据二项分布概率论证过基因频率的随机抽样方差。因为在一个位点，可以把所有的等位基因按是否某个特定基因分为两种情况，也就是说，将特定基因频率和其他所有等位基因的累加频率分别作为二项分布的基因概率来进行分析。

遗传漂变没有确定的方向，但可以用基因频率的方差来预见其一代之间的变化程度。在两性个体数相等，而且两性配子完全随机结合的标准条件，如果群体规模为 N，常染色体上某个特定基因频率为 q，那么，作为漂变导致的一代间变化之数量标志的基因频率方差为：

$$\sigma_{pq}^2 = \frac{pq}{2N}。$$

如果其他前提不变，而该基因在性染色体上，其方差则为

$$\sigma_{pq}^2 = \frac{2pq}{3N}。$$

不言而喻，规模越小，基因频率的方差越大，一代间由漂变引起的基因频率改变量也越大；在基因频率可能的变化范围为 0~1，其值为 0.5 时，其方差最大，其值越趋近两个极端值（0 或 1），方差也越小。

（三）出现定值改变的概率

1. 下一代基因频率转变为定值的概率 如果在一个规模为 N 的小群体中特定基因的频率为 q，那么这个基因在群体中的个数为 $i=2Nq$。在漂变的作用下，下一代该基因在群体中的个数就有 $2N+1$ 种可能：0，1，2，…，j，…，$2N$；为 0 时，意味着流失，为 $2N$ 时，意味着固定。每种可参情况的概率值，可以用二项式 $[(1-q)+q]^{2N}$ 的展开式来求出。特定基因在下一代的群体中的个数为 j 的概率，正是展开式的第 j 项：

$$Pr(j) = \binom{2N}{j}(1-q)^{2N-j}q^j。$$

例：当 $N=10$，$q=0.5$ 时，由于漂变，下一代频率转变为 0，0.2，0.4，1 以及保持不变（0.50）的概率如表 6-8 所示。

表 6-8 基因频率出现定值改变的概率

频率转变	j	Pr
0.5→0	0	9.536×10^{-7}
0.5→0.2	4	4.621×10^{-3}
0.5→0.4	8	0.120
0.5→0.5	10	0.176
0.5→1	$2N$	9.536×10^{-7}

用概率论的语言来陈述，这处在一代之间特定基因的个数由 i 转变为 j，基因频率相应

由 q 转变为 q' 的情况，可称为"从状态 i 转变为状态 j"，前述关于 $Pr(j)$ 的公式，也可称为由状态 i 到状态 j 的"转换概率"，并代以 $P_{i,j}$。

2. 下一代基因频率转变在特定范围内的概率　因为群体中一代配子群可能形成 $2N+1$ 种样本，样本间的基因频率分布近似于以亲代原有频率为中值的正态分布，因而，一代之间基因频率转变在特定数值范围内的概率，可由正态分布概率公式来估计。

如以 q 代表亲代基因频率，q_1 为子代基因频率，则基因频率的标准偏差为：

$$\lambda=(q-q_1)/\left[q(1-q)/2N\right]^{\frac{1}{2}}。$$

因而，下一代基因频率偏离亲代一定范围（升高和降低）的概率为：

$$\beta=\int_0^\lambda \frac{2e-\frac{\lambda^2}{2}}{\sqrt{2\pi}}d\lambda。$$

下一代基因频率落在高或低于原频率（单侧）一定范围内的概率则为：

$$\beta=\int_{\lambda_1}^{\lambda_2} \frac{e^{-\frac{\lambda_2}{2}}}{\sqrt{2\pi}}d\lambda。$$

例如：在 $N=10$，$q=0.5$ 的群体，由于漂变，下一代基因频率偏离 ±0.1 和 ±0.3 以内（即分别在 $0.4\sim0.6$ 和 $0.2\sim0.8$ 范围内）的概率分别是 0.1823 和 0.4963。

（四）漂变的总体影响

个体数为 N 的群体，常染色体基因一代之间的漂变有 $2N+1$ 种可能的结果；除非流失或固定，下一代将以第一代漂变的结果为起点继续漂变，与第一代的区别仅仅是公式 $Pr(j)=\binom{2N}{j}q^j(1-q)^{2N-j}$ 中的 q 值。也就是说，第二代的漂变，本质上是以第一代漂变造成的基因频率为均值的另一次随机抽样，而与以前的基因频率无关，以后各代的情况也类似于此。这种现象在统计学上称为"马尔柯夫（Markov）过程"或"无后效过程"（所谓"马尔柯夫过程"是俄国人 Л. Л. Markov 首先论证的一种随机过程，其特点是"当现在情况已经确定时，以后的一切统计特性就跟过去的情况无关"）。连续漂变的总结果，可据以预计。

设：N 为群体规模。

$P_{i,j}$ 为由于漂变，群体中特定基因的个数从 i 转变为 j 的概率，亦即由状态 i 到 j 的转换概率。$i=0，1，2，\cdots，2N$；$j=0，1，2，\cdots，2N$。

t 为世代。

$f_t(q)$ 为第 t 代基因频率为 q 的概率，当然，$q=i/2N$，或 $q=j/2N$。

那么，当 N 为定值时，任何确定 i 和 j 之间的转换概率就是定值。例如，当 $N=2$ 时，

$$P_{0,0}=\binom{4}{0}0^0\times1^4=1,$$

$$P_{0,1}=\binom{4}{1}0^1\times1^3=0,$$

$$P_{0,2}=\binom{4}{2}0^2\times1^2=0,$$

$$P_{0,3}=\binom{4}{3}0^3\times1=0,$$

$$P_{0,4}=\binom{4}{4}0^4\times1^0=0,$$

$$P_{1,0} = \binom{4}{0} 0.25^0 \times 0.75^4 = 0.316\,4,$$

$$P_{1,3} = \binom{4}{3} 0.25^3 \times 0.75 = 0.046\,9,$$

$$P_{2,1} = \binom{4}{1} 0.5 \times 0.5^3 = 0.25,$$

$$P_{2,2} = \binom{4}{2} 0.5^2 \times 0.5^2 = 0.375,$$

$$P_{3,2} = \binom{4}{2} 0.75^2 \times 0.25^2 = 0.210\,9,$$

$$P_{4,3} = \binom{4}{3} 1^0 \times 0^4 = 0,$$

$$P_{4,4} = \binom{4}{4} 1^4 \times 0^0 = 1。$$

因此，在 N 已确定时，可以用各种状态（以群体包含有特定基因的个数 i 标志）之间的转换概率值为元素建立一个矩阵 $\boldsymbol{P}$：

$$\boldsymbol{P} = \begin{bmatrix} P_{0,0} & P_{1,0} \cdots & P_{i,0} \cdots & P_{2N,0} \\ P_{0,1} & P_{1,1} \cdots & P_{i,1} \cdots & P_{2N,1} \\ \vdots & \vdots & \vdots & \vdots \\ P_{0,j} & P_{1,j} \cdots & P_{i,j} \cdots & P_{2N,j} \\ \vdots & \vdots & \vdots & \vdots \\ P_{0,2N} & P_{1,2N} \cdots & P_{i,2N} \cdots & P_{2N,2N} \end{bmatrix}。$$

其次，如前所述，N 为定值时，作为各世代漂变起点的基因频率值 $i/2N$ 有 $2N+1$ 种可能的情况。例如当 $N=2$ 时，5 种可能的情况是 $q=0$、0.25、0.50、0.75、1。在各世代，各种情况的可能性亦即出现概率 $f_t(q)$ 并不相等。以此 $2N+1$ 个概率值可构成一个列向量：

$$f_t = \left[f_t(0), \ f_t\left(\frac{1}{2N}\right), \ f_t\left(\frac{2}{2N}\right), \ \cdots, \ f_t\left(\frac{i}{2N}\right), \ \cdots, \ f_t\left(\frac{2N}{2N}\right) \right]^T。$$

显然，作为相邻两代特定基因频率间转换可能性参数的矩阵 $\boldsymbol{P}$ 与作为遗传漂变起点的列向量 f_t 之乘积，就是下一代基因频率各种可能数值的概率 f_{t+1}，即

$$f_{t+1} = \boldsymbol{P} f_t。$$

例：在前述 $N=2$ 的群体，如果已确定 $q=0.25$，下一代各自可能的基因频率值如何？

分析：肯定 $q=0.25$，也就是 $f_t\left(\frac{1}{2N}\right)=1$，$f_t=(0) = f_t\left(\frac{2}{2N}\right) = f_t\left(\frac{3}{2N}\right) = f_t\left(\frac{4}{2N}\right) = 0$，这是列向量 f_t 的各元素。

而转换概率矩阵随 N 的确定为已知，即

$$\boldsymbol{P} = \begin{bmatrix} 1 & 0.316\,4 & 0.062\,5 & 0.003\,9 & 0 \\ 0 & 0.421\,9 & 0.250\,0 & 0.046\,9 & 0 \\ 0 & 0.210\,9 & 0.375\,0 & 0.210\,9 & 0 \\ 0 & 0.046\,9 & 0.250\,0 & 0.421\,9 & 0 \\ 0 & 0.003\,9 & 0.062\,5 & 0.316\,4 & 1 \end{bmatrix},$$

于是，

$$f_{t+1} = \boldsymbol{P} f_t = \begin{bmatrix} 0.316\ 4 \\ 0.421\ 9 \\ 0.210\ 9 \\ 0.046\ 9 \\ 0.003\ 9 \end{bmatrix} \begin{matrix} (消失) \\ (维持) \\ (升到\ 0.5) \\ (升到\ 0.75) \\ (固定)。 \end{matrix}$$

倘若要在第 t 代预计 $t+2$ 代的情况，对 $t+1$ 代的基因频率，就只能以各种可能的数值的概率为据，而没有确定值。用以下两式中的任何一个都可求出任意一代各种可能的基因频率值的概率。

$$f_t = \boldsymbol{P} f_{t-1},$$
$$f_t = \boldsymbol{P}^t f_0。$$

五、始祖效应和瓶颈效应

（一）概念

1. 始祖效应（founder effect）　当来自较大群体的一个小样本在特定环境中成为一个新的封闭群体，其基因库仅包括亲本群体中遗传变异的一小部分，并在新环境中受新进化压力的作用，因而最终可能与亲本群分化。在这种由较大群体的一个小样本作为创始者形成新群的过程中，遗传漂变所产生的作用，称始祖效应。

2. 瓶颈效应（bottle-neck effect）　指当大群体经历一个规模缩小阶段之后，以及在漂变中改变了的基因库（通常是变异性减少）又重新扩大时，基因频率发生的变化。

从理论上说，产生始祖效应和瓶颈效应有类似的过程：在从大群体抽出一个很小的样本时，遗传漂变的巨大压力导致基因频率发生重大变化；小群体扩大，形成不同于亲本群的新种群。

（二）始祖效应和瓶颈效应对家畜种群的影响

始祖效应和瓶颈效应是遗传漂变影响种群遗传演变的极端情况。在生物世界，一般而言，漂变对群体基因频率变化的影响很小，因而不是构成进化的主要因素。有的学者定量地比较突变、迁移、选择与漂变对基因频率变化的影响：在标准条件下，如以 N 为群体规模，x 为突变率或迁移或选择系数，只有 $4Nx<1$ 时，这种变化才主要由漂变决定。当子代规模锐减亦即从亲代群体的抽样率极低，以至出现始祖效应或瓶颈效应时，漂变也可能成为进化过程的关键环节。

然而，对于动物在家养条件下的进化，漂变的作用非同一般。

在通常情况下，家畜基因库由于规模有限经常受到漂变的作用。相对于自然环境中的生物进化，始祖效应和瓶颈效应对于家畜种群的遗传演变过程有更经常和显著的影响。

（1）在动物家养的初期，人类是从来自野生原种的一个极小部分开始分化和早期选种的。相对于野生原种的规模而言，偶然落入人类拘禁环境的动物群体，显然是微不足道的样本。除了当时人类关心的特征之外，驯化初期畜群基因库形成于以极低的比例对野生原种基因库的随机抽样之中。因此，其遗传变异内容，除了当时人们关心的个别性状倾向人类利益之外，比后者贫乏。地方品种的形成，用地方品种为基础创造育成品种以及品系的建立过程，都存在类似情况。

（2）引种历来是畜牧业中一项很普通的活动。以引种为契机的群体分化，是形成地方品种、地方品系的一个重要原因。晋南牛、早胜牛与秦川牛的分化可能发端于始祖效应；英系、苏系长白猪的分化也属此例。

（3）社会原因导致的家畜种群规模锐减和恢复远比生物种群规模的自然波动大得多，也更迅速和多见。濒危品种的恢复是其中最典型的现象。麋鹿、北京狮子犬国内群体的恢复都可视为这一类事例。

因此，始祖效应和瓶颈效应对于家畜遗传资源系统分类、保护和开发的研究是不忽视的因素。

目前我国境内还有与家畜并存的若干个野生原种，其中有的仍然保持与家养种之间的基因交流，这些幸存至今的原始的群体规模有限，而且往往被分隔为地理上不连续的小群体。从遗传漂变的角度来看，它们并不是家畜起源所抽样的母体群，而是从母体群经历了多次瓶颈效应而衍生的群体。就经济性状而言，它们与家畜群体的差异，一般可视为原始种群与后裔群之间的差异，但对人工选择所未涉及的基因位点，它们基本上是平行于家畜群体的样本，可以同后者一并作为估计原始种群固有遗传多态性的依据。

由于始祖效应，起源相近的种群可能在部分基因位点出现较大分化。因此，在根据少数位点的遗传检测进行品种分类时，不能排除偶然的结果，也就是说，出现有违历史事实和畜牧学常识的个别数据是正常现象。否定数据本身的客观性或者据以否定客观历史事实都没有必要。涉及种群起源系统的基因频率分布规律，只能体现于对具有偶然性的样本的广泛观察，而不能凭掩盖个别事例来确认。更何况迄今多数畜种的品种检测报告有限，任何既知的少数事例都不能成为揭示客观规律的先验。

目前许多品种正在急速衰减，可以说，目前已进入"瓶颈时期（bottleneck stage）"。八眉猪、岔口驿马、浦东鸡的现状即属此类。也有一些品种在原产地大幅度消减之后，一些弱小的群体正在成为引种区域的始祖群，如成都麻羊、同羊。这些品种，有的有必要也有可能保存固有的遗传多样性，有的需要保持、发展固有的品种特性。无论哪一种情况，目前的遗传漂变都可能对以后的种群产生深刻影响；对品种资源保护，当前是敏感时期。

六、分　群

分群指孟德尔群体的再划分。一个孟德尔群体因某些自然或社会原因划分为若干个交配受到限制的亚群，这在家畜中是常见现象。

（一）分群与漂变机制的比较

两者的相似性：对大种群基因频率的偏差没有确定方向；可能产生一样的各种衍生群，基因频率以大种群固有的频率为均值。

两者的区别：亚群体基因频率的差别程度由不同的外部原因决定，不存在一般性的定量规律；亚群也不是大种群的随机样本，而是对大种群典型特征有既定偏差的一个部分。

（二）瓦隆定律

设：一个大种群划分为 K 个同等大小的随机交配的亚群，亚群内基因频率和基因型频率分布服从 Hardy-Weinberg 定律。

q_i 为第 i 亚群中基因 a 的频率（$i=1, 2, \cdots, K$），

p_i 为第 i 亚群中的基因 A 的频率，

$\bar{q}$ 为大种群中 a 的频率（$\bar{p}+\bar{q}=1$），

则：

K 个亚群 a 基因频率的均数为 $\qquad \bar{q} = \dfrac{\sum q_i}{K}$,

K 个亚群 a 基因频率的方差为 $\qquad v_q^2 = \dfrac{\sum (q_i - \bar{q})^2}{K} = \dfrac{\sum q_i^2}{K} - \bar{q}^2$,

所以 $\qquad\qquad\qquad \dfrac{\sum q_i^2}{K} = \bar{q}^2 + v_q^2$ 。

而左边是分群后纯合子的亚群平均数,即平均隐性纯合子频率,代以 R' 。

同样,$\dfrac{\sum p_i^2}{K} = \bar{p}^2 + v_p^2$ 代以 D' 。

于是分群后各类基因型的频率值分别为:

$$D' : \sum p_i^2/K = \bar{p}^2 + v_q^2 ,$$
$$H' : 2\sum p_i q_i/K = 2\bar{p}\bar{q} - 2v_q^2 ,$$
$$R' : \sum q_i^2/K = \bar{q}^2 + v_q^2 。$$

这个比例关系称为瓦隆公式。显然,如果不分群,整个大种群可以随机分配,上述三种基因型的频率(相应以 D、H、R 代表)应吻合于平衡公式,两种情况造成的差值为

$$D' - D = \bar{P}^2 + v_q^2 - \bar{p}^2 = v_q^2 ,$$
$$H' - H = 2\bar{p}\bar{q} - 2v_q^2 - 2\bar{p}\bar{p} = -2v_q^2 ,$$
$$R' - R = \bar{q}^2 + v_q^2 - \bar{q}^2 = v_q^2 。$$

那么,如果亚群的规模不等,又会如何?

再设:

W 为各亚群规模的权,亦即各亚群分别在大种群中占的比例,

那么,平均基因频率应当为: $\qquad \bar{q} = \sum w_i q_i$ 。

基因频率的方差则为: $\qquad \sigma_q^2 = \sum w_i q_i^2 - \bar{q}_i^2$ 。

全群总计,aa 纯合子频率为: $\qquad \sum w_i q_i^2 = \bar{q}_i^2 + \sigma_q^2$ 。

其值仍然比不分群高 σ_q^2 。说明瓦隆公式普遍适用。这个公式已从许多模拟试验中获得支持。据此,小结如下:当种群被划分为若干个随机交配的亚群时,就种群全体而言,各种纯合子的频率将以各亚群间基因频率的方差为比例而增加,杂合子频率相应下降。这就是瓦隆定律。

所以,群体再划分虽然对基因频率和各位点上等位基因的种类都没有影响,但存在导致纯合化、减化群体杂合性的效应。

七、杂　交

杂交实际上就是不同群体的混杂,两个基因频率不同的群体混合,当代的基因频率是这两个群体的基因频率以各自群体大小为权的加权均数。譬如一个 1 000 个个体的群体,某一基因的频率为 0.6;另一个 400 个个体的群体,同一基因的频率为 0.3。这两个群体混合在一起,整个混合群体的这个基因的频率为 $\dfrac{0.06 \times 1\,000 + 0.3 \times 400}{1\,400} = 0.513\,1$ 。这两个群体的雌雄个体杂交所产生的杂种一代群体,其基因频率为两个亲本群体基因频率的简单均数。譬如 1 000 头荷斯坦母牛(无角基因的频率为 0,有角基因的频率为 1)与 3 头安格斯公牛(3头都是纯无角的,无角基因的频率为 1,有角基因的频率为 0)杂交,所产生的杂种一代群

体的无角基因的频率为 $\frac{0+1}{2}=0.5$，有角基因的频率为 $\frac{1+0}{2}=0.5$。

在生物界中，群体混合以后往往并不全面杂交。例如某实验动物饲养场的一大群小鼠由于意外原因而全部逃出鼠笼，混杂到野生的小家鼠群体中，其中一部分与小家鼠杂交了，一部分却仍保持纯繁（小鼠×小家鼠，小鼠×小鼠），有些杂种一代进行了横交，有些也可能进行了回交，种种情况都有，不一而足。因此其基因频率的变化也就不是那样简单，而是非常复杂。但无论如何，只要没有其他因素影响，混杂群体的基因频率总是居于原两群体之间。

数量性状的杂种优势与杂交群体的基因频率直接有关，一般说来，两杂交群体在控制某性状的一些基因频率上差异越大，这个性状所表现的杂种优势也越大。

两个群体，特别是两个家畜品种，并不是所有的基因频率都不相同，例如大白猪与哈白猪，在毛色方面白色基因的频率基本上都等于 1，黑色基因的频率基本上都等于 0。这样两上群体杂交在毛色的基因频率上就不会发生什么变化。因此，就某一性状而言，如果亲本群体在这个性状上由所决定的基因的频率没有差异，也可以认为并没有杂交。如上例在大白猪与哈白猪杂交时，就毛色而言，可以认为并没有杂交。

八、同型交配

如果把同型交配严格地定义为同基因型交配，那么近交和同质选配都只有部分的同型交配，只有极端的近交方式——自交才是完全同型交配。

以一对基因为例，同型交配仅有三种交配类型：$AA\times AA$、$Aa\times Aa$ 和 $aa\times aa$。第一、三种交配类型所生子女与亲本完全相同，即都是纯合子，而第二种交配类型所生子女则分离为三种基因型：即 AA、Aa 和 aa，它们的比率分别为 0.25、0.5 和 0.25，也就是通过一代同型交配，杂合子的比率减少 1/2，但这减少的 1/2 并不是消灭了，而是分离成两种纯合子，AA 和 aa 各占 1/4。

譬如原始群体的基因频率为 $D=0$、$H=1$、$R=0$，则连续进行同型交配，各代的基因型率变化如表 6-9 所示。

表 6-9　连续同型交配各代的基因型频率变化情况

	AA	Aa	aa
0	0	1.000 0	0
1	0.250 0	0.500 0	0.250 0
2	0.375 0	0.250 0	0.375 0
3	0.437 5	0.125 0	0.437 5
4	0.468 3	0.062 5	0.468 3
5	0.484 4	0.031 2	0.484 4
6	0.492 2	0.015 8	0.492 2

值得注意的是基因型频率虽然代代变化，但基因频率即始终不变：

0 世代：
$$p=0+\frac{1}{2}=0.5, \quad q=\frac{1}{2}+0=0.5。$$

1 世代：
$$p=0.25+\frac{0.5}{2}=0.5, \quad q=\frac{0.5}{2}+0.25=0.5。$$

2 世代：
$$p=0.375+\frac{0.25}{2}=0.5, \quad q=\frac{0.25}{2}+0.375=0.5。$$

3 世代：$p=0.437\,5+\dfrac{0.125}{2}=0.5$，$q=\dfrac{0.125}{2}+0.437\,5=0.5$。

可见同型交配本身只能改变基因型频率，却不能改变基因频率。但是在畜禽近交过程中，由于近交个体有限，加上严格选择，因此基因频率会发生显著变化，这并不是近交本身的效应，而是遗传漂变和选择的效应。

近交和同质选配是不完全的同型交配，因此其效应程度不如完全的同型交配，但效应的性质是相同的，即能使杂合子逐代减少，纯合子逐代增加，群体趋向分化而对基因频率则无影响。

例：在基因型为 AA、Aa、aa 的群体中，基因 A 对 a 为完全显性，若选择对隐性纯合体不利，且 $S=0.01$。问基因 a 的频率从 0.01 降至 0.001 需要多少世代？

解：a 的初始频率为 q_0，选择后的频率为 q_n。

已知 $q_0=0.01$，$S=0.01$，$q_n=0.001$，

当选择是在缓慢（$S=0.01$ 可以认为很小）的情况下，基因频率 q 的变化率为：
$$\Delta q=-Sq^2\,(1-q),$$

而 q 的增量 Δq 是以世代为单位的时间（t）的函数。于是完成微分形式即：
$$\frac{\mathrm{d}q}{\mathrm{d}t}=-Sq^2\,(1-q).$$

因此，求世代数的问题实际变为依已知变化率求原函数的
$$\frac{\mathrm{d}q}{q^2\,(1-q)}=-S\mathrm{d}t,$$

求在区间 $[q_0,\,q_n]$ 的定积分，即得世代数 n。
$$\int_{q_0}^{q_n}\frac{\mathrm{d}q}{(1-q)}\int_0^n-S\mathrm{d}t.$$

两边积分：右 $=-S\int_0^n\mathrm{d}t=-[t]\Big|_0^n=-Sn$，

（查积分表）$\quad\displaystyle\int\frac{\mathrm{d}x}{x^2(ax+b)}=-\frac{1}{bx}+\frac{a}{b^2}\ln\frac{ax+b}{x}$，

令 $\quad a=-1$、$b=1$，

所以 $\quad\displaystyle\int\frac{\mathrm{d}x}{x^2(1-x)}=-\left(\frac{1}{x}+\ln\frac{1-x}{x}\right)$，

所以 $\quad$ 左 $=-\left[\dfrac{1}{q}+\ln\dfrac{1-q}{q}\right]_{q_0}^{q_n}$

$=\left[\dfrac{q_0-q_n}{q_0q_n}+\ln\dfrac{q_0\,(1-q)}{q_n\,(1-q_0)}\right]$

$=\dfrac{0.01-0.001}{0.01\times0.001}+\ln\dfrac{0.01\,(1-0.001)}{0.001\,(1-0.01)}$

$=-902.311\,6$，

所以 $\quad n=\dfrac{-902.311\,6}{-S}=90\,231.16$

也就是说，基因 a 的频率从 0.01 降到 0.001 需 90 231 个世代。

九、突变与选择的联合效应

前面分别讨论了选择和突变对群体中基因频率的影响。在考虑选择对基因频率的影响时，实际上是假定了没有突变作为前提条件的。在考虑突变的影响时，实际上假定了突变基

因是中性的条件，即突变基因对携带它们个体的生存和繁殖既无利又无害。但是，在自然界这两种影响是同时存在的。所以考虑选择和突变对群体内基因频率的影响，是更接近于实际情况。

必须说，如果突变和选择对基因频率的影响方向相同，那么，基因频率的变化，与突变选择单独对基因频率的变化相比，更快些，但是，如果方向相反，那么它们的效应就会相抵消，最后群体成一个稳定的平衡状态。

（一）突变与选择之间的平衡

首先讨论一种最简单的情况。假设选择以强度 S 不利于隐性个体（即 $w_{aa}=1-S$），并且由 $A \rightarrow a$ 的突变率每代为 u，选择将减少 q 值，而突变作用是增加 q 值，暂不考虑 $a \rightarrow A$，则 $v=0$，即选择与突变是相反的，结果就会出现一种平衡状态。

由于突变时

$$\Delta q = up - vq,$$

对隐性不完全选择时

$$\Delta q = \frac{-Sq^2(1-q)}{1-Sq^2},$$

在一个随机交配群体中，每代的净变化为：

$$\Delta q = u(1-q) - vq + \frac{-Sq^2(1-q)}{1-Sq^2},$$

当 $v=0$ 和 q 很小时，

$$\Delta q = u(1-q) - Sq^2(1-q)。$$

上式右边第一项是由于突变的效应使值增加的量，第二项是由于选择的效应使值减少的量，这两种效应最终将会彼此抵消，而使群体达到平衡状态，即：

$$u(1-\hat{q}) = S\hat{q}^2(1-\hat{q})。$$

解方程得

$$u = S\hat{q}^2,$$

$$\hat{q}^2 = u/S, \quad \hat{q} = \sqrt{\frac{u}{S}}。$$

其中 $\hat{q}$ 是选择效应与突变效应平衡时的 q 值。

这是一个稳定的平衡，这个平衡可以很好解释如下事实。

对隐性有害个体通常总有一定比例存在自然群体中，而不能全部消失。因为这样的群体中，是通过突变把隐性基因保存下来，所以值通常是很小的，例如，如果由 $A \rightarrow a$ 的突变率 $u=0.000\,018$，对隐性个体的选择系数 $S=0.02$，那么平衡群体将含有 $u/S=0.000\,9$ 个隐性个体，而 $\hat{q} = \sqrt{0.000\,9} = 0.03$，在该群体中杂合子 Aa 的频率是 $2\hat{p}\hat{q} = 2 \times 0.97 \times 0.03 = 0.058\,2$，约为隐性个体的 65 倍，所以大部分隐性基因是存在于杂合体内。而且值很小时，选择没有什么效果，甚至当 $\hat{q}$ 值小到使隐性个体的频率可以忽略不计时，隐性基因仍可存留在群体中。所以从上述可以看出，在发生隐性突变的条件下，在自然群体中实际上不可能把隐性基因完全淘汰掉。

（二）基因突变的估计

利用（一）中公式可以计算基因突变率。实际计算中，只要测定出，就可算出，人类各种基因的自发突变率大多是根据这个公式估计的。

例如，人类中全色盲是属于常染色体隐性遗传。据调查，约 8 万人中有一个全色盲（$q^2 = \frac{1}{80\,000}$），全色盲的平均子女数约为正常人的 1/2，根据上式：

$$u = Sq^2 = 0.5 \times \frac{1}{80\,000} = 0.6 \times 10^{-3}。$$

（三）有利突变

前面我们已经讨论过一个中性突变，几乎最后将从群体中失去，然而，如果一个新的基因对于携带它的个体赋予一定的选择性优点，则情况并不完全如此。

1. 新基因丧失的概率　前面我们已经了解到：$I_{n+1}=e^{-(1-I_n)}$，亦即一个基因在 $n+1$ 代丧失的概率是 e 的幂，其幂次为 1 减去第 n 代丧失概率的负值。如果有选择作用，设这个类型（携带着新突变基因）的适应度为 $1-S$，有

$$I_{n+1}=e^{(1+S)(I_n-1)},$$

当 n 很大时，必然会有极限值，以至 I_{n+1} 及 I_n 也会是相等的，

$$I=e^{(1+S)(I-1)}。$$

2. 留存机会大于消失机会所需的突变数目　为了保证一个突变的存活机会大于它消失的机会，需要多少个新突变，或一个突变要发生多少次？

如果在群体中一代内有 n 个这种突变，它们最后全部都丧失的机会为 y。亦即或 $1-I=2S$ 或 $I=1-2S$，$I^N=(1-2S)^N$。

如果我们希望这种概率小于 $1/2$，以致 N 个突变中的某些个体将存活的概率大于 $1/2$，这样我们令

$$(1-2S)^N<1/2 \text{ 或 } (1-2S)^{-N}>2,$$

两端取对数　　　　　　　$-N\ln(1-2S)>\ln2,$

由于　　　$-N\ln(1-2S)=-N\left[\dfrac{-2S}{1}-\dfrac{(-2S)^2}{2}+\dfrac{(-2S)^3}{3}-\cdots\right],$

在 S 很小时　　$-N\ln(1-2S)=-N(-2S)>\ln2,$

亦即　　　　　　　　　　$N>\ln2/2S。$

因此在 $S=0.01$ 时

$$N>0.693\,15\times50=35。$$

也就是说，当 $S=0.01$ 时，一个有利突变基因要在群体中保存，新的突变必须发生 35 次以上。如果突变率为每代 $1/10^5$，为了这个突变在每代中可以发生 35 次，需要有一个 $N/u=35/10^{-5}=350$ 万个体的群体。

因此，新的突变即使有利的话，在一个小群体中实际上没有存活的机会，突变在小自然群体的进化改变中的作用是相对不重要的，这类变化中的主要因素是基因的偶然固定。

第六节　分子进化

在生物进化的研究中，最初注意的是进化的证据，即古生物学和比较形态学的证据。研究的方法则多用比较观察的方法。

现在一般认为，地球形成大约在 45 亿年之前，至于地球上第一个生命或自体复制物质形成的确切年代还不清楚。Barghoorn 和 Schopf（1966）在无花果树燧石中发现了拟细菌化石。这个来自南非的古化石，约有 31 亿年。这种生物已命名为孤立始细菌。丝非蓝藻化石，距今 22 亿年。最古老的有核真核细胞化石由 Clouol（1969）发现，距今 12 亿～14 亿年。

　　遗传学的兴起和发展，使进化的研究逐渐转向进化的机理方面。采用的方法主要是群体遗传学方法。随着分子遗传学的发展，采用生化分析和群体遗传学相结合的方法（分子群体遗传学），可以在分子水平上讨论生物进化的问题。通过不同物种间核苷酸序列和蛋白质氨基酸组成上的相似性及差异性的分析，同按遗传关系及进化世代所做的估计是接近的，从而从分子水平上证实，在渐进的进化过程中，遗传上相似的物种比在遗传上较不同的物种更可能有最近的祖先。

一、蛋白质进化

　　蛋白质的氨基酸顺序决定了它们的立体结构以及理化性质，而氨基酸顺序是由 DNA 的核苷酸顺序所编码的，所以比较各类生物的同一种蛋白质，可以看出生物进化过程中遗传物质变化的情况。

　　迄今为止，氨基酸顺序研究最详细的蛋白质有细胞色素 c、血红蛋白及血纤维蛋白肽。细胞色素 c 是一种含有血红素辅基的蛋白质，是呼吸链中的组分，广泛存在于现存的生物类群中。很多生物细胞色素 c 的氨基酸已经确定，共有 104 或 108 个氨基酸残基。各种生物细胞色素 c 的氨基酸比较见表 6-10。

表 6-10　各种生物细胞色素 c 的氨基酸的比较

生物名称	氨基酸差别	生物名称	氨基酸差别	生物名称	氨基酸差别
黑猩猩	0	鸡	13	小麦	35
猕猴	1	响尾蛇	14	链孢霉	43
袋鼠	10	金枪鱼	21	酵母菌	44
豹	11	鲨鱼	23		
马	12	天蚕蛾	31		

注：与人的细胞色素 c 的氨基酸序列相比较。

　　氨基酸成分比较结果说明以下问题。

　　（1）某种生物和人的亲缘关系越近，其细胞色素 c 的氨基酸成分也越是和人的相似，这种相似与相异几乎完全取决于分化时间。可以这样认为，生物物种之间氨基酸的差数和分化时间存在着明显的依存关系。

　　我们从古生物学的研究上已经知道各类生物相互分歧的地质年代，所以可以作图（图 6-2），横轴代表任何两群生物间分歧后经过的时间，纵轴代表蛋白质中每 100 个残基的氨基酸替换数。

　　（2）各种蛋白质在进化过程中每个密码子的累计氨基酸替换数，大致上同分化时间成线性增长关系。这说明所有生物的蛋白质每个位点每年的氨基酸替换率基本上是恒定的（特定的氨基酸位置每年的氨基酸替换概率是恒定的）。

　　（3）通过氨基酸的替换率可推算出动、植物以及原核生物的分化时间。

　　（4）不同蛋白质的进化速率（氨基酸的替换率）有明显的差异。在蛋白质中，有一些氨基酸部位非常恒定，另一些部位是多变的。恒定的或保守的部位可能在功能上很重要，这些部位或者是活性部分，或者与正确的构型有关，或者是跟邻近的膜蛋白的结合有关。多变部位可能是一些"填充"或间隔区域。氨基酸的变换不影响蛋白质的功能。如细胞色素 c 的氨基酸残基形成一个囊，囊中包着亚铁血红素，亚铁血红素的一侧露在囊外，内部的氨基酸大多是疏水性的，显然不能用亲水性氨基酸代替。亚铁血红素通过 14 和 17 位置上的

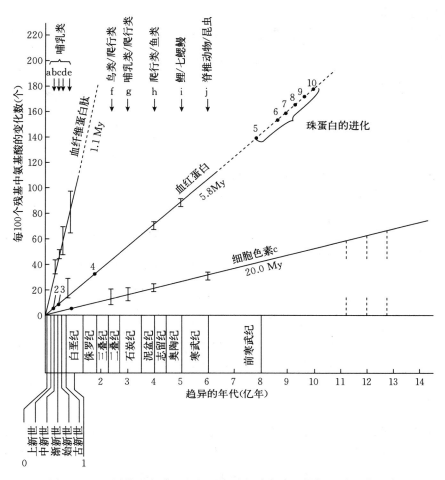

图 6-2 血纤维蛋白肽、血红蛋白及细胞色素 c 的氨基酸进化速率

半胱氨酸共价结合到蛋白质上。在所有物种内，这些位置上的氨基酸均相同，其表面的氨基酸并没有多大的限制，但仍需形成一定的结构，以便和细胞色素氧化酶和还原酶发生作用。

牛犊和豌豆的组蛋白Ⅳ的 105 个氨基酸序列中只有两个氨基酸差数。原因是这种蛋白质把 DNA 束缚在核中从而在控制遗传信息表达上起重要作用，可以调整的部位很少，影响到染色体的包装。

（5）组蛋白Ⅳ的稳定性显示了所有物种间的某种亲缘关系，也就是物种起源的同一性，而极易变化的蛋白质，说明了相对少数的几种物种的亲缘关系，并且属于同一变化方向的物种亲缘关系较近，反之，则较远。

二、核酸进化

在分子水平上探讨进化，更直接的方法是分析遗传物质本身的核酸。在进化研究中，往往需要测定两个不同种的 DNA 之间的全部差异。目前的方法还不完善，在此介绍有关 DNA 进化变异的有价值的结果。从 DNA 含量和质量两个方面来考虑。

1. DNA 含量的变化　在进化过程中，生物的 DNA 含量逐渐增加，因为高等的生物需要大量的基因来维持较为复杂的活动。例如血红蛋白基因、结合珠蛋白基因和免疫球蛋白基因，只存在于高等生物中。

各类动物的每一细胞的 DNA 含量见图 6-3。

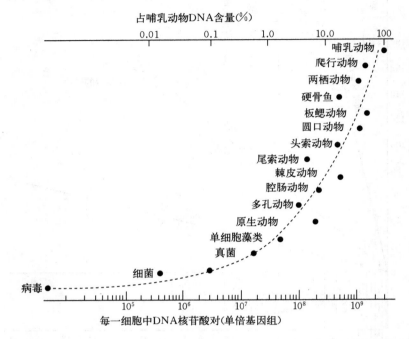

图 6-3 各类动物的每一细胞中的 DNA 含量（纵标尺度和曲线形状是任意的）
（引自 Nei，1976）

从总的趋势来看，越是高等的生物，DNA 的含量越高（$\varphi X 174F_1$ 病毒，6×10^3 bp；哺乳动物 3×10^9 bp）（表 6-11），但是 DNA 含量并不一定总是跟生物的复杂程度成正比。

表 6-11 不同生物的 DNA 含量

生物	每基因组的核苷酸对	生物	每基因组的核苷酸对
哺乳动物	8.2×10^9	果蝇	0.1×10^9
鸟	1.2×10^9	玉米	7×10^9
蜥蜴	1.9×10^9	链孢霉	4×10^7
蛙	6.2×10^9	大肠杆菌	4×10^8
大多数硬骨鱼	0.9×10^9	T_4 噬菌体	2×10^5
肺鱼	111.7×10^9	λ 噬菌体	1×10^5
棘皮动物	0.8×10^9	$\varphi X 174$	6×10^3

有人认为，肺鱼和一些两栖类的 DNA 含量之所以高于哺乳动物是因为其可能不参与信息流的传递且高度的重复。

所以大量的 DNA 并不足以形成一个复杂的生物，要形成一个复杂的生物，基因组中含有足够数目的不同基因是必需的。

2. DNA 质量的变化 DNA 分子杂交技术（molecular hybridization technique）是测定不同物种 DNA 之间差异的方法。不同物种间 DNA 的相似程度反映了物种间亲缘关系。

DNA 分子杂交技术的基本程序如下。

（1）将待测的两个物种的 DNA 进行变性处理使之成为单链。

（2）在适当温度下，把一个物种的单链 DNA 与另一个物种的单链 DNA 一起温育，使形成杂种双链（用同位素标记一条链，少量有标记的单链与较多的另一条链混合，这样有标记的双链都可认为是杂种）。

（3）测定杂种的热稳定程度——熔解温度（杂种 DNA 离解 50％的温度测定值），若碱基有 1.5％错配则熔解温度降 1 ℃。因此，通过测定熔解温度，就可以推知两个种的 DNA 之间不同碱基的比例。各类灵长类 DNA 与人及绿猴 DNA 的核苷酸差别见表 6-12。

表 6-12　各类灵长类 DNA 与人及绿猴 DNA 的核苷酸差别

供试的物种	测试 DNA 的核苷酸差别	
	人	绿猴
人	0	9.6
黑猩猩	2.4	9.6
长臂猿	5.3	9.6
绿猴	9.5	0
罗猴	—	3.5
戴帽猴	15.8	16.5
丛猴	42.0	42.0

高等生物的 DNA 包含大量重复 DNA，由于这类 DNA 的进化路线还没有弄清，所以一般不计入总 DNA 内。只采用非重复 DNA 杂交。灵长类物种的种系发生见图 6-4。

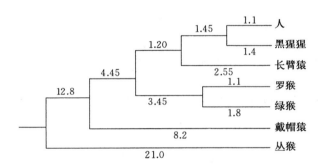

图 6-4　灵长类物种的种系发生

三、新基因的形成

突变只能使原有基因变成为它的等位基因，那么新基因又从哪里来呢？如果高等生物是由低等生物进化而来，而前者的基因数比后者多许多，这些多的基因又是从哪儿来的呢？

生物体有许多多肽，其氨基酸排列很相似，却具有相当不同的生理效应。例如牛和羊中的催产素和增压素都是 9 肽激素，只有两个氨基酸的差异，从生理功能上却完全不同。

催产素：半胱氨酸-酪氨酸-异亮氨酸-谷氨酰胺-天冬酰胺-半胱氨酸-脯氨酸-亮氨酸-谷氨酰胺，增压素：半胱氨酸-酪氨酸-苯丙氨酸-谷氨酰胺-天冬酰胺-半胱氨酸-脯氨酸-精氨酸-谷氨酰胺。

从这个例子看来，决定一种激素的基因可以通过突变而产生控制另一激素的基因，但是，如果催产素基因突变为增压素基因，那么催产素基因将消失。这显然是不合理的。

这里所说的新基因是指非等位基因，通过结构上的变化，产生结构相似而功能不同的基因。

1. 完全基因重复和部分基因重复　如果两个重复基因来自一个基因，则其中一个重复基因就会激烈地发生突变，而形成一个功能完全不同的基因。

Ingram（1961，1963）通过测定人类血红蛋白的α链、β链、γ链以及肌红蛋白的氨基酸顺序，推断这些基因是由基因重复产生的（图6-5）。

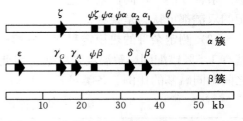

图6-5　人类血红蛋白的α链、β链、γ链

人们认为约4亿万年前，在脊椎动物门中珠蛋白基因发生了重复，随后，由于遗传上的歧异产生α珠蛋白和β珠蛋白基因或它们的等同物，核苷酸的替换又导致氨基酸成分的歧异。于是由于β珠蛋白基因的继续重复和分歧，产生了ε、γ珠蛋白；之后，又产生了δ珠蛋白，由于在γ_A和γ_G（136位）仅有一个核苷酸的差别。说明以后珠蛋白基因一定再度发生过重复。

促α-黑色素细胞激素MSH和促肾上腺皮质激素ACTH，这两种蛋白质激素的氨基端13个氨基酸完全相同（图6-6），它们的生化特征又相近似。所以，很有可能在进化过程中，

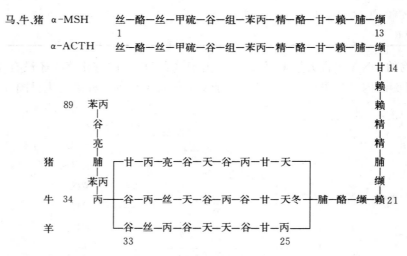

图6-6　促α-黑色素细胞激素MSH和促肾上腺皮质激素ACTH

一种激素的基因通过部分重复演变为另一激素的基因。人类的Cushing综合征的特征是ACTH水平升高，患者皮肤色素加深，因为ACTH具有类似于MSM的作用，促进皮肤中色素的沉积。

2. 基因延长

（1）不等交换：结合球蛋白由两条α链和两条β链组成。人类的结合球蛋白有α_1和α_2两种链。而α_1又分F型和S型，其区别在于第54位氨基酸不同，F型为赖氨酸，S型为谷氨酸。经氨基酸顺序分析表明，α_2链（143个氨基酸）将近是α_1链（84个氨基酸）的二倍，而α_2链包含一部分α_1链的F型和S型氨基酸顺序。这是不等交换使基因延长造成的。

由于α_2基因仅人类才有，而α_1链与α_2链同源部分没有氨基酸差异，因此，这种不等交换，必定是最近才发生的。α_2链也许比α_1链有更大的选择有利性。假如α_2基因代替α_1，则人类将拥有较其他生物更长的α链基因。

（2）基因内个别编码序列发生重复或重排：有的研究结果已证实相同或不同基因的外显子片段重复和重排可以产生新的蛋白质。如α-甲胎蛋白基因和血清白蛋白基因的3个区域结构和功能上类似。

3. 杂种基因　不等交换引起的基因重复，可以发生在一个包含两基因的DNA区段中，

由此可产生一个由两个相邻基因的一部分所组成的新基因。

例如人的 Lepore 血红蛋白基因（Lepore 地区人的异常血红蛋白），这个基因就是由 β 链的一部分和 δ 链的一部分组成，至今已发现 Lepore 血红蛋白有 11 种之多，说明不等交换会频繁发生。又如绵羊血红蛋白 $β^A$ 链也可能是 $β^B$ 基因与 $β^C$ 基因之间的不等交换产物。

思考题

(1) 名词解释：

群体遗传学 孟德尔群体 亚群 基因库 随机交配 基因频率 基因型频率 始祖效应 瓶颈效应 突变率 适合度 选择系数 遗传漂变 同型交配 遗传结构

(2) 哈代-温伯格定律的要点是什么？它有何性质？

(3) 影响基因频率和基因型频率变化的因素有哪些？试简述之。

(4) 人能够品尝某一特殊化学药物的能力归因于某一特定显性基因的存在。在一个 1 000 人的群体中，有 36 人是不能品尝者。试估算隐性基因的频率。

(5) 对于等位基因 A 和 a，下列群体哪一个处于哈代、温伯格平衡？

    A. 50AA；2Aa，48aa，   B. 49AA；42Aa，9aa，

    C. 100AA；10aa D. 50AA；50aa

    E. 75AA；1Aa，30aa

(6) 某纯种牛群中，每 100 头小牛有 1 头身上带红色斑点，其他牛则带黑色斑点（红色斑点是隐性基因）。在这个群体中，红色斑点的基因频率是多少？在黑色斑点的牛中，纯合体的频率和杂合体的频率各是多少？

(7) 在人类中，大约 12 个男人中有 1 个为色盲患者（色盲是由连锁隐性基因引起的）。问女人中色盲的概率是多少？

(8) 有人随机统计了 6 000 头短角牛的毛色，发现红色牛占 48%，沙毛牛占 42.5%，白色牛占 9.5%。红毛基因和白毛基因属于同一位点的两个等位基因，彼此并无显隐性关系，杂合时呈沙毛，求红毛和白毛基因的频率。

(9) 在一个原来平衡的群体中对隐性纯合体进行完全选择。已知在原群中显性纯合子的频率是 0.36。问需要经过多少代的选择才能使隐性基因频率下降到 0.005？

(10) 一个群体中血友病基因的频率是 0.000 1。求该群体中有关血友病的各种基因型的频率。

(11) 从人群中抽样 420 人进行 MN 血型分析。发现 137 人是 M 血型，196 人是 MN 血型，87 人是 N 血型。计算 M 基因频率 p 和 N 基因频率 q。

(12) 有人在 190 177 人中进行 ABO 血型分析，发现 O 型有 88 783 人，A 型有 7 933 人。计算 I^A 基因频率 p，I^B 基因频率 q，i 基因频率 r。

(13) 人的白化症频率大约是两万分之一。假如采用禁婚的办法使其频率减低为现有的 1/2，试问应需多少时间？

(14) 基因 A 突变为隐性等位基因 a 的速率为 a 突变为 A 的 4 倍。在平衡时 a 的频率是多少？

(15) 在基因型为 AA、Aa、aa 的群体中（A 为显性，$α$ 为隐性），已知选择对隐性纯合不利，且 $S=0.01$，问基因频率从 0.01 下降到 0.001，需要多少代？

(16) 在基因型 AA、Aa、aa 组成的群体中（A 为显性，$α$ 为隐性），假定选择对显性个体不利，$S=0.01$，那么 A 的频率从 0.999 下降到 0.99 需要多少代？

（17）在一个 200 头牛的牛群中，38 头母牛后乳区有副乳头（副乳头是由隐性基因决定的性状）。把其 38 头全部淘汰掉，下一代还会出现副乳头母牛吗？如果有，又占多大比例？

第七章　数量遗传学基础

数量遗传学（quantitative genetics）是采用数理统计和数学方法研究生物群体数量性状遗传规律的遗传学分支学科。在实际研究过程中主要是用生物统计学的方法对群体的某种数量性状进行随机抽样测量，计算出平均数、方差等，并在此基础上进行数学分析。根据公式 $V_P = V_G + V_E$（表型变异的表型方差 V_P 即等于遗传型方差 V_G 与环境方差 V_E 之和），我们可以得出，只要能估算出环境方差（例如可用纯系亲本或杂种一代的方差来表示），就可测量杂种分离世代表型方差中遗传型方差的大小。以此为基础，也可以估算出育种实践过程中一系列有指导意义的遗传参数如遗传力、重复力、遗传相关、遗传进度以及选择指数等。利用这些参数就可以分析和预测数量性状变异的遗传动态，为动、植物育种提供参考。

第一节　数量性状的多基因假说

一、性状的分类

根据研究目的不同，把所研究的性状分为质量性状（qualitative trait）、数量性状（quantitative trait）和阈性状（threshold trait）三种类型。性状的分类与质量好坏没有关系，仅仅是定义的不同。

1. 质量性状　前几章所讲的相对性状之间的差异，大多数是呈明显的不连续性。即从表型上能够观察到有明显区别而不能直接测量的性状，例如，牛、羊的有角、无角；猪、鸡的黑色、白色等。相对性状之间都显示出质的差异，所以称为质量性状。这类性状的遗传基础为单基因或少数几个基因的作用，一般受环境变化影响较小，在杂种后代的分离群体中，具有相对性状的个体可以明确分组，求出不同组之间的比例，比较容易地用分离定律、独立分配定律或连锁遗传定律等经典遗传学方法来分析其遗传动态。

2. 数量性状　除了质量性状外，生物界还存在着另一类性状，这些性状的变异呈连续性，如奶牛的产奶量，个体之间的界限不明显，很难明确分组，更不能求出不同组之间的比例，因而不能用分析质量性状的方法来分析。这类性状称为数量性状。数量性状是指对表型能够测量并计数和度量的性状，如鸡的产蛋量、猪的日增重、奶牛的产奶量、猪的生长速度、羊毛纤维长度等。

这类性状的遗传基础是多基因的作用，易受遗传或环境变化的影响，使性状表型变化复杂多样，变异呈连续性的，因此其杂交后代没有明显的分组，对这类性状研究以群体为研究对象，应用统计方法进行分析归纳。

3. 阈性状　指用等级或分类表示的性状，又称半定量（等级）性状。表型变异是间断的，类似于质量性状，但其杂交后代的分离比例又不服从孟德尔遗传定律，如猪肉颜色分为

5 级，蛋黄颜色分为 9 级。这类性状的遗传基础是多基因的作用。最极端的阈性状是"两者居一"性状，又称"全或无（all or none）"性状。如发病与不发病，存活与死亡等只有一个阈值的性状。

但是，这三种不同类型的性状相互间有区别也有联系，划分具有相对性，根据研究目的不同，性状划分也有不同。如小麦籽粒颜色，从表观判断为质量性状，但是如果测定红色素含量则为数量性状。鸡蛋的绿壳颜色受显性基因 O 的控制，但是，其绿壳程度有不同的等级，受到其他基因的影响。在白壳蛋中 Oo 为浅绿，在褐壳蛋鸡 Oo 为黄绿色。一般意义上，畜禽的大多数经济性状都是数量性状，如产蛋量、产仔数等。

有些基因既控制数量性状又控制质量性状。例如白三叶草中，两种独立的显性基因相互作用引起叶片上斑点的形成，这是质上的差别，但这两种显性基因的不同剂量又影响叶片的数目，这是量上的差别。

二、数量性状的遗传特点及其与质量性状的异同点

数量性状主要有以下特点：①性状变异程度可以度量；②性状表现为连续性分布；③性状的表现易受到环境的影响；④控制性状的遗传基础为多基因作用。因此数量遗传性状研究具有以下特点：①必须进行度量；②必须应用统计方法进行分析归纳；③研究数量性状以群体为对象才有意义。

与质量性状相比，它们相同点在于：①数量性状和质量性状都是生物体表现出来的生理特性和形态特征，都属性状范畴，都受基因控制。②控制数量性状和质量性状的基因都位于染色体上。它们的传递方式都遵循孟德尔式遗传，即符合分离定律、自由组合定律和连锁互换定律。不同点在于：①质量性状差异明显，呈不连续性变异，表型呈现一定的比例关系，一般受环境的影响较小。而数量性状差异不明显，呈连续性变异，表型一般不呈现一定的比例关系，一般受环境的影响较大。②质量性状受单基因控制，数量性状受多基因控制。

除此之外，数量性状和质量性状的还存在一定的联系，主要表现在：①有些性状分类因区分标准的不同而不同，可以是质量性状又可以是数量性状。②有些性状因杂交亲本相差基因对数的不同而不同（相差越多则连续性越强）。③有些基因既控制数量性状又控制质量性状。④控制数量性状的基因和控制数量性状的基因可以连锁、互换、自由组合。例如菜豆种皮有紫色和白色两种，紫色对白色显性。种皮紫色菜豆（PP）与种皮白色菜豆（pp）杂交，F_2 种皮颜色紫白比例为 3∶1，属质量性状；但称不同颜色种子重量时，PP 为 0.307 g，Pp 为 0.283 g，pp 为 0.264 g，属数量性状。紫白基因与种子重量基因紧密连锁。

三、数量性状的多基因假说

到目前为止，对数量性状的遗传基础的解释主要还是基于 Yule（1902，1906）首次提出，由 Nilsson-Ehle（1908）根据小麦粒色遗传总结完善，并由 Johannsen（1909）和 East（1910）等补充发展的多因子假说，也称为多基因假说或 Nilsson-Ehle 假说。这一假说在实践中已得到大量数据的证实，在育种过程中发挥了重要作用，并在生产中取得了巨大成就。同时，随着科学的不断发展，这一假说还在不断地完善之中。

多基因假说的主要论点为：数量性状受许多彼此独立的基因共同控制，每个基因对性状表现的效果较小，但各对基因遗传方式仍然服从孟德尔遗传定律；这些基因间无显隐性关系，各基因的效应相等，其效应是累加的，故又被称为累加基因；数量性状表型变异受到基因型和环境的共同作用；各个等位基因表现为不完全显性或无显性，或表现为增效和减效作

用；由微效多基因决定的数量性状，易受环境影响，所以极难把单个微效基因的效应区别开，也不能被单独识别，只能把表现的性状作为整体来研究，用统计学的分析方法进行研究。

根据这一假说，当一个数量性状由 k 对等位基因控制，等位基因间无显性效应，基因座间无上位效应，基因效应相同且可加，则两纯系杂交，子二代表型频率分布为 $(1/2A+1/2a)^{2k}$ 的展开项系数。

由图 7-1 可知，随着控制该数量性状的等位基因对数 k 的增加，基因型频率分布接近正态分布。微效多基因系统仅仅是数量性状呈现连续性变异的遗传基础，数量性状的表现还受到大量复杂环境因素的影响，在各种随机环境因素的作用下，不同基因型所对应的表型间的差异进一步减小。在遗传基础和环境修饰共同影响下，数量性状表现为连续性变异。

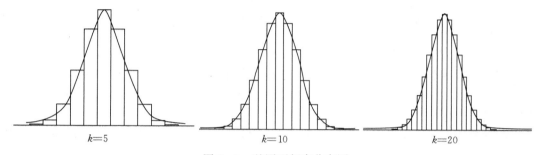

图 7-1　基因型频率分布图

在多基因系统中，除了加性效应外，还存在着等位基因间的显性效应和非等位基因间的上位效应；各基因座位对数量性状的贡献也有差异存在；环境效应的影响有时还超过遗传的作用。因此，研究数量性状的遗传规律必须从大量可见的表型变异通过统计学方法进行归纳总结。

控制数量性状遗传的一系列效应微小的基因，由于效应微小，难以根据表型将微效基因间区别开来。近年来，借助分子标记作图技术已经可以将控制数量性状的各个基因位点标记在分子标记连锁图上，并研究其基因的效应。随着分子生物技术研究的深入，发现数量性状可能是受微效基因控制；也可能受少数几对主效基因控制，加上环境作用而表现连续变异；有时由少数主效基因控制，但另外存在一些微效基因（修饰基因，modifying gene）的修饰作用。近年来，一些对数量性状有明显作用、但仍然处于分析状态的单个基因或基因簇被陆续发现。相对于微效基因而言，如果一个基因或基因簇的效应达到或超过该性状 0.5 个表型标准差时，这些基因或基因簇就称为数量性状基因座（quantitative traits loci，QTL）。当一个数量性状基因座就是一个单基因时，也称主效基因。如影响鸡体型大小的矮小基因（Merat and Ricard，1974）、影响猪瘦肉率和肉质的氟烷基因（Smith and Bampton，1977）、影响肉牛肌肉丰满程度的双肌基因（Rollins 等，1972）、影响绵羊产羔数的 Booroola 基因（Piper and Bindon，1982）等。这些数量性状基因座的发现，进一步丰富、完善了数量性状的遗传基础，同时为数量性状的选择开辟了新的途径，对育种实践的指导更为科学合理。

尽管这些发现打破了传统数量性状多因子假说的限制，在有些群体的部分数量性状的表型分布也不再呈现正态分布，但对数量性状的研究和在实际应用中，为了简化计算，在大多数情况下还是以传统的多基因假说为基础进行分析的。

四、数量性状的研究方法

数量性状间差异的连续性，可能反映了内在的基因型间差别的连续分布，也可能反映在表型与其基因型间没有对应关系。表型与基因型之间的关系，视基因与环境的相对作用而定。环境对表型的作用越大，表型分布与基因型分布之间的对应关系也就越不可靠。影响数量性状的因子很复杂，通常用于质量性状的分析方法不适用于数量性状，要运用数理统计的方法对数量性状进行分析。最常用的统计参数是：平均数（mean）、方差（variance）和标准差（standard deviation）。对数量性状分析时要求群体数量要大，获取数据的方法是"称、量、数"。

1. 平均数 表示一组资料的集中性，是某一性状全部观察值的平均值。通常应用的平均数是算术平均数。只反映某一群体的平均表现，并不反映该群体的离散程度。

$$\bar{x} = (x_1 + x_2 + x_3 + \cdots + x_n)/n = \sum x_i/n = \sum f(x)/n,$$

式中，$\bar{x}$ 表示平均数；x_i 表示每个实际观察值；$\sum$ 表示累加；n 表示观察的总个体数。

例如在测量实验过程中短穗亲本共测量了 57 个果穗，就得到 57 个观察值。其中 5 cm 的 4 个，6 cm 的 21 个，7 cm 的 24 个，8 cm 的 8 个。

$$\bar{x} = (5 \times 4 + 6 \times 21 + 7 \times 21 + 8 \times 8) /57 = 6.632 （cm）。$$

2. 方差和标准差 方差又称变异量，表示一组资料的分散程度或离中性。方差的平方根值就是标准差。方差和标准差是全部观察值偏离平均数的重要度量参数。方差越大，说明平均数的代表性越小。

计算方差的方法是先求出全部资料中每一个观察值与平均数的离差的平方的总和，再除以观察值个数。

$$V = s^2 = \sum (x - \bar{x})^2/n (n > 30),$$
$$v = \sum (x - \bar{x})^2/(n-1)(n \leqslant 30),$$

$x - \bar{x}$ 表示观察值与平均数之间的离差。

观察值个数又称为样本容量。当样本容量 $n > 30$ 时，称为大样本，当 $n \leqslant 30$ 时，称为小样本。小样本时，用 $n-1$ 代替 n，即，n 只限于平均数是由理论假定的时候，如果平均数是从实际观察数计算出来的，则分母就必须用 $n-1$。

标准差 $s = V$，可以反映群体内部的离散程度，衡量 x 的代表性。V 越小，则代表性越大，反之则代表性越小。

3. 数量性状的表型在统计学上的特征

（1）两个纯合亲本杂交，F_1 往往表现为中间类型。

（2）F_1 和 F_2 的平均表现接近，但 F_2 的变异程度大于 F_1。F_2 比 F_1 的方差大，表明 F_2 的离散程度、变异程度大。这是因为：F_1 个体基因型一样，其方差是环境造成的，称为环境方差；F_2 基因型有分离，其方差是由遗传和环境共同造成的。

（3）数量性状的表型特征体现在群体而不是个体。

（4）表型变化服从于正态分布。

如 $AA \times aa \to Aa$。从基因型（遗传学角度）上，亲本为 $2A$，F_1 为 $1A$，介于两亲本之间；F_1 为 Aa，每个个体平均含有有效基因的数量相同；F_2 平均下来也为 Aa（$1/4AA + 1/2Aa + 1/4aa$）$= Aa$，但与 F_1 方差不同。

五、数量性状表型值剖分

1. 表型值的剖分 影响数量性状表型值的环境效应又可以分为系统环境效应和随机环境效应两类。不同地区、场、年度、季节、年龄、性别、饲养管理和营养水平等差异带来的影响，属于系统环境效应或称为固定环境效应，这种效应可以通过适当的试验设计消除或用统计分析方法进行控制、估计和校正。而随机环境效应可以通过合理的试验设计加以控制、降低，但是无法避免。在随机环境效应中，又可以根据其对个体影响的情况分为永久性环境效应（E_P）和暂时性环境效应（E_T）。

根据数量性状的微效多基因假说，假设遗传和随机环境效应间不存在互作的情况下，可将通过校正消除固定环境效应的数量性状表型值（P）线性剖分为基因型值（G）和随机环境效应值（E）两部分。

$$P=G+E,$$

式中，P 表示表型值；G 表示基因型值；E 表示随机环境效应值。

可见，数量性状表型值是由遗传效应和随机环境效应共同决定，遗传效应是决定表型值的内在原因，随机环境效应是影响性状表型值的外在原因。在数量性状表型值服从正态分布时，由于环境效应是随机的，那么在一个大群体中，环境对个体的作用方向可正、可负，正负抵消后，其环境效应总和为零。

因此，在同一固定环境条件下可以认为

$$\bar{P}=\bar{G},$$

表明了在一个大群体中平均基因型值可以用平均表型值表示。

2. 基因型值的剖分　对于多基因控制数量性状，分离群体中个体间基因型差异及其所引起的遗传效应可分为 3 类：加性效应（A, additive effect）：由基因间（等位基因与非等位基因间）累加效应所导致的个体间遗传效应差异；显性效应（D, dominance effect）：等位基因间相互作用导致的个体间遗传效应差异；上位效应（I, epitasis effect）：非等位基因间相互作用所导致的个体间遗传效应差异。其中，加性效应 A 是在育种过程中能稳定的效应，又称育种值；D 与 I 不具有可加性，合称为非加性效应。在这些效应中，能稳定遗传给后代的只有加性效应部分，而显性效应和上位效应部分存在于特定的基因组合中，不能稳定遗传。

因此基因型值还可进一步剖分为

$$G=A+D+I,$$

式中，A 表示基因的加性效应；D 表示基因的显性效应；I 表示基因的上位效应。

在育种实践中，能够真实遗传的加性效应值又称为育种值，显性效应和上位效应具有随机性，不能稳定遗传，因此可以将其与随机环境效应合并，统称为剩余值，记作 R。因此数量性状表型值可以表示为：

$$P=G+E=A+D+I+E_P+E_T=A+R,$$

式中，P 表示表型值；A 表示育种值；R 表示剩余值。

3. 随机环境效应值的剖分　随机环境效应又可分为一般环境效应（E_g）和特殊环境效应（E_s）。一般环境效应又称永久性环境效应（E_P），能长期甚至是终身影响个体的表型值。能通过合理的试验设计控制、降低，但是无法避免。特殊环境效应又称暂时性环境效应（E_T），只影响个体某个阶段的表型值，指不同地区、场、季度、年龄、性别等差异对表型值的影响，这种效应可以通过适当的试验设计或者同级方法分析进行控制、估计和校正。

$$E=E_g+E_s,$$

式中，E_g 表示一般环境效应；E_s 表示特殊环境效应。

因此，

$$\begin{aligned}P &=G+E\\ &=A+D+I+E_g+E_s\\ &=A+D+I+E_P+E_T。\end{aligned}$$

在研究中，通常以方差和协方差形式表示数量性状变异，假设遗传效应和随机环境效应间不存在互作，遗传效应与剩余效应间也不存在互作，数量性状表型值方差可表示为：

$$V_P=V_G+V_E=V_A+V_R$$

六、基因型均值的遗传组成

1. 基因型的值　假设某位点 A，其等位基因 A、a 构成三种基因型 AA、Aa、和 aa，设 A 对性状有增效作用，a 对性状有减效作用，在随机交配条件下，三种基因型值分别为 $+\alpha$, d, $-\alpha$，d 表示由显性效应引起的离差（图 7-2）。d 值的大小取决于基因 A 的显性程度（表 7-1）。

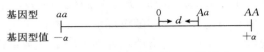

基因型 aa　　　　　0　　　　Aa　　AA

基因型值 $-\alpha$　　　　$\mid\leftarrow d\rightarrow\mid$　　$+\alpha$

图 7-2　一对基因的加性、显性效应

表 7-1　d 值与显性程度的关系

d 值	显性程度
$d=0$	无显性（加性）
$\alpha>d>0$	A 部分显性
$d=\alpha$	A 完全显性
$-\alpha<d<0$	a 部分显性
$d=-\alpha$	a 完全显性
$d>\alpha$	A 为超显性
$d<-\alpha$	a 为超显性

2. 基因型值的平均数　设在随机交配的群体中基因 A 和 a 的频率分别为 p 和 q，且 $p+q=1$。则 AA、Aa 和 aa 三种基因型的频率分别为 p^2、$2pq$ 和 q^2。将各基因型频率与基因型值相乘再求和，即可得到群体基因型的平均数（表 7-2）。

表 7-2　群体基因型值平均数的估计

基因型	频率（f）	基因型值（x）	频率与基因型值之积（fx）
AA	p^2	α	$p^2\alpha$
Aa	$2pq$	d	$2pqd$
aa	q^2	$-\alpha$	$-q^2\alpha$
群体平均数 $u=\sum(fx)=\alpha(p^2-q^2)+2pqd=\alpha(p-q)+2pqd=\alpha(p-q)+2pqd$			

由群体平均数 $u=\alpha(p-q)+2pqd$ 可以看出，任何位点对群体平均数的贡献可以分为两部分：$\alpha(p-q)$，为纯合子的加性效应，两等位基因频率之间差异越大，纯合子效应越显著；$2pqd$，为杂合子的显性效应，杂合子频率越高，对群体均值的贡献越大。如果无显性，$d=0$，$u=\alpha(p-q)=\alpha(1-2q)$，群体平均数与基因频率成正比；如果是完全显性，$d=\alpha$，则 $u=\alpha(p-q)+2pqd=\alpha(1-2q^2)$，即群体平均数与基因频率的平方成正比。

由上可知，群体基因型均值是基因频率的函数，任何基因频率的改变都将引起基因型均值的改变，也必将引起群体表型均值的改变。所以育种工作就是要增加增效基因频率，降低减效基因频率。

因为数量性状往往受到多基因控制，根据数量性状多基因假说的加性原理，若一个性状由多个基因控制，其群体平均值为各个位点各自的贡献之和，即：

$$u = \sum \alpha(p-q) + 2\sum pqd \text{。}$$

3. 基因的平均效应 在一个群体中，某位点等位基因 A、a，若所有 A 配子都能随机与群体内另外一些配子随机结合形成子代，子代从一个亲本获得了某个基因的个体基因型均值与原群体均值的平均离差为基因 A 的平均效应（average gene effect），因此，计算基因的效应必须知道该基因的频率，计算方式见表 7-3。

表 7-3 基因平均效应的计算

配子	子代基因型、基因型频率			子代 基因型均值	原群体 基因型均值	基因平均效应
A	AA（α）	Aa（d）	Aa（$-\alpha$）			
A	p	q	—	$p\alpha+qd$	$\alpha(p-q)+2dpq$	$q[\alpha+d(q-p)]$
a	—	p	q	$-q\alpha+pd$		$-p[\alpha+d(q-p)]$

显性基因型效应 $\alpha_1 =$ 个体基因型均值 $-$ 群体基因型均值

$$= p\alpha+qd-\alpha(p-q)+2dpq = q[\alpha+d(q-p)]\text{，}$$

隐性基因型效应 $\qquad \alpha_2 = -p[\alpha+d(q-p)]$。

同一基因在群体中的频率不同，其基因均效也不同。因此，不能把基因均效看作不变的常数，且只有在群体中才存在基因均效，离开了群体就无基因均效可言。不同性状的基因均效也因 α 和 d 的不同而有差异。

设 α_1 与 α_2 之差 $\qquad \alpha = \alpha_1 - \alpha_2 = \alpha + d(q-p)$，

则两基因均效为： $\qquad \alpha_1 = q\alpha$；$\alpha_2 = -p\alpha$。

4. 育种值 亲本传递给子代的是基因不是基因型，一个个体能稳定遗传给后代的那部分基因型值，即基因的加性效应值 A，称为个体的育种值（breeding value）。因此，可由后代的平均基因型值判断亲代个体所携带的基因平均效应的总和。育种值是以个体来度量的，理论育种值为一个个体所携带的各个基因均效之和，但是实际很难评估，一般计算的都是现实育种值，即在后代中实现了的育种值，即某个体与某群体中的异性个体交配所生子代均值与该群体均值离差的两倍。同一群体中不同个体的育种值是不相同的。对于一个位点的一对基因的个体各基因型的育种值计算为：

基因型	育种值 A	基因型频率
AA	$2\alpha_1 = 2q\alpha$	p^2
Aa	$\alpha_1 + \alpha_2 = (q-p)\alpha$	$2pq$
aa	$2\alpha_2 = -2p\alpha$	q^2

例：有一种侏儒型小鼠（$p_g p_g$）六周龄平均体重为 6 g，正常型小鼠纯合子（$P_g P_g$）六周龄平均体重为 14 g，杂合子（$P_g p_g$）同龄的平均体重为 12 g。假设 p_g 的频率为 0.1，P_g 的基因频率为 0.9，设饲养管理条件相同，那么

（1）原点（亲本均值）$= (AA+aa)/2 = (14+6)/2 = 10$ g。

（2）基因的加性效应 $\alpha = AA -$ 原点 $= (14-6)/2 = 4$ g。

（3）显性离差 $d = Aa -$ 原点 $= 12-10 = 2$ g。

（4）$u = \alpha(p-q) + 2pqd = 4 \times (0.9-0.1) + 2 \times 0.1 \times 0.9 \times 2 = 3.2 + 0.36 = 3.56$ g，

因为 3.56 g 是纯合子的离差，所以实际群体平均数还要加上亲本均值，即：

$$u+m = 3.56+10 = 13.56 \text{ g}\text{。}$$

（5）育种值：

$$P_g P_g \qquad 2\alpha_1 = 2q\alpha = 0.48\text{，}$$

$$P_g p_g \quad \alpha_1 + \alpha_2 = (q - p)\alpha = -1.92,$$
$$p_g p_g \quad 2\alpha_2 = -2p\alpha = -4.32。$$

第二节 遗传参数

遗传力、遗传相关和重复力是定量描述数量性状遗传规律的三个最基本且重要的遗传参数（genetic parameter），通常称作三大遗传参数。估计遗传参数是数量遗传学中最基本的内容之一。从统计上讲，遗传参数估计可归结为方差（协方差）组分的估计。方差组分的估计是遗传参数估计的基础，方差组分可用于计算遗传力、重复力、遗传相关，预测误差方差或遗传评定的可靠性，也可以用于预测期望的遗传改进。无论在估计个体育种值，还是制定育种规划，三大遗传参数均起着重要的作用。

一、遗 传 力

数量性状的表现既受到个体遗传基础的控制，同时又受到所处环境条件的影响，而且这两种不同的效应又可以做进一步的剖分。研究的出发点是设法区分表型值和遗传效应值。要确定各种因素对它的影响大小，只能借助于生物统计学方法估计出各种因素造成的变异大小来衡量，也即进行变量的方差、协方差分析，然后得到相应的定量指标。其中一个这样的指标就是数量遗传学中一个最基本参数——遗传力，它是数量性状遗传的一个基本规律，在整个数量遗传学中起着十分重要的作用。

1. 遗传力的概念 遗传力（heritability）或称遗传传递力，又称遗传率、遗传度，是描述性状的一个特征量，是指亲代传递其遗传特性的能力，通常以遗传方差与表型方差之比表示。遗传力并不是某个性状可遗传的比例，是该性状遗传方差占表型方差的比例，反映亲代将某一性状的变异遗传给子代的能力，其取值范围为0~1。研究遗传力可揭开数量性状表面的环境影响的外衣，深入研究遗传的实质。遗传力的大小反映性状遗传与环境的关系，遗传力大说明受到遗传的影响大，遗传力小则环境的作用大。

在数量遗传学早期发展过程中，先后从不同角度提出了三种意义的遗传力概念：Lush（1937）从遗传效应剖分这一角度提出了广义遗传力和狭义遗传力的概念，随后 Falconer（1955）从选择反应的角度提出了实现遗传力的概念，它们各有不同的应用价值。

（1）广义遗传力：广义遗传力（H^2）是指数量性状的遗传方差（V_G）占表型方差（V_P，$V_P = V_G + V_E$）的比例。

$$H^2 = V_G / V_P。$$

V_G 在一般情况下难于计算，因为环境效应无法正确评估，所以一般情况下，其仅有生物学意义，除非在植物纯系育种工作中。但是，通过广义遗传力的估计，可以了解一个性状受遗传效应影响有多大，受环境效应影响多大。在某些情况下估计 H^2 是很有意义的，因为有时基因型效应不易剖分，而且所有的基因型效应都可以稳定遗传。

（2）狭义遗传力：狭义遗传力（h^2）就是指数量性状的加性（育种值）方差（V_A）占表型方差（V_P，$V_P = V_A + V_R$）的比率。

$$h^2 = V_A / V_P，$$

由于育种值是从基因型效应中已剔除显性效应和上位效应后的加性效应部分，在世代传递中是可以稳定遗传的，因此狭义遗传力在育种上具有重要意义。如无特殊说明，一般所说的遗传力就是指狭义遗传力。

（3）实现遗传力：实现遗传力（h_R^2）就是指对数量性状进行选择时，通过在亲代获得的选择效果中，在子代能得到的选择反应大小所占的比值。这一概念反映了遗传力的实质。然而，由于动物遗传育种中的许多选择试验受到的影响因素很多而且复杂，难以控制，用选择反应来估计遗传力尚有很大的偏差。因此一般并不采用这一方法来估计遗传力。

上述的三种遗传力概念中，最重要的是狭义遗传力，因为基因加性作用产生的方差是固定遗传的变异，所以狭义遗传力的数值比广义遗传力的数值更为准确可靠。就它的表达方式而言，除上面的基本表述方式外，还可列举下列几种：

① 遗传力是育种值对表型值的决定系数 d_{AP}：决定系数是通径分析中的一个基本概念，它是相应通径系数的平方，描述了一个原因变量对另一个结果变量的决定程度大小。

② 遗传力是育种值对表型值的回归系数 b_{AP}：这是从育种值估计的角度阐述的。尽管实质上是育种值决定表型值，但是表型值可以度量得到，而育种值不能直接度量，只能由表型值估计，这实际上是一种反向回归估计。

③ 遗传力是育种值与表型值的相关指数 r_{AP}^2：该相关指数反映了根据表型值估计育种值的准确度。

需要指出的是，一个数量性状的遗传力不仅仅是性状本身独有的特性，它同时也是群体遗传结构和群体所处环境的一个综合体现，对性状而言，控制它的基因加性效应越大，h^2 就越高；反之 h^2 就越低。对群体而言，控制该性状的遗传基础一致性越强，群体基因纯合度越大，例如经过长期近交后的群体，遗传变异减少，也即 σ_A^2 减小，估计的 h^2 就越低；反之估计的 h^2 就越高。然而，应当注意到这种 h^2 的降低并不意味着性状遗传能力的下降，恰恰相反，群体遗传基础一致性越好，表明群体平均遗传能力越强。对环境而言，在环境较为稳定的情况下，环境变异较小，相应的 σ_R^2 也较小，估计的 h^2 也较高，反之估计的 h^2 就较低。同样的，这也并不意味着性状遗传能力的改变。

一般而言，在谈到遗传力时，除应指明是哪一个品种、哪一个品系的哪一个性状外，还需指明是哪一个群体以及群体所处的环境。然而，在实际的畜禽遗传育种工作中，如果把这个问题看得太绝对化，就会妨碍数量遗传学理论的推广应用。因为并不是每个畜群都具备估计遗传力的条件，要估计遗传力必须要有完整的亲属记录，有足够大的样本含量，有相当稳定的饲养管理条件以及一定的技术力量和统计手段。得到的遗传力只是性状遗传力的估计值，仅有相对的准确性。从另一角度来说，控制同一数量性状的遗传基础在同种畜禽的不同群体中基本上是相同的。经过大量的统计分析表明，性状遗传力估计值虽然各有差异，但仍具有相对的恒定性。例如，鸡产蛋量的遗传力估计值一般较低，猪胴体性状遗传力估计值一般较高。这种遗传力的相对恒定性已为近半个世纪以来的畜禽育种进展所证实。

因此，只要在统计过程中注意消除固定环境的系统误差和扩大样本含量减少取样误差，一般说来同一品种或品系的同一性状的遗传力估计值是可以通用的。尽管如此，应尽量使用本群资料估计的遗传力，但必须满足以下三个条件，即度量正确、样本含量足够大和统计方法正确（包括没有系统误差）。这三个条件缺一不可，否则与其使用本群估计不正确的遗传力，还不如借用其他类似群体估计正确的遗传力。

2. 遗传力的估计原理 由于遗传力是反映数量性状遗传规律的一个定量指标，因此要想由表型变异来估计性状遗传力，必然需要利用在遗传上关系明确的两类个体同一性状的资料。借助于这一确定的遗传关系和它们的表型相关就可以估计出该性状的遗传力，这是所有遗传力估计方法的一个基本出发点。用图 7-3 可明确地表示这一基本原理，其中 P_1、P_2、A_1、A_2、R_1、R_2 分别表示两类个体的表型值、育种值、剩余值。

依据通径分析原理，两个变量之间的相关系数等于连接它们的所有通径链系数之和，而各通径链系数等于该通径链上的全部通径系数和相关系数的乘积。因此，假定不存在共同环境效应，即 $r_R=0$，那么 P_1 和 P_2 间的相关系数 r_P 可以如下计算：

$$r_P = h r_A h^2 = r_A h^2,$$

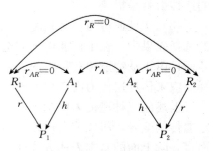

图 7-3 遗传力估计原理通径图

所以

$$h^2 = \frac{r_P}{r_A},$$

式中，r_A 是两类个体育种值间的遗传相关系数，即个体间的亲缘系数，注意区别于两性状间的遗传相关。通常亲缘系数是可以明确知道的。r_P 是两类个体表型值间的相关系数，在不同情况下可以通过相应的统计分析得到。因此，遗传力的估计实际上可以转化为这两个相关系数的计算。

3. 遗传力的估计方法 遗传力的估计方法很多。总的说来，从用于遗传力估计的两类个体间的遗传关系来看，有亲子资料、同胞资料及同卵双生资料等；在动物遗传育种实践中，估计遗传力用得最多的资料类型是亲子资料、全同胞资料和半同胞资料。除此之外，家畜中还有其他一些资料类型，譬如祖孙资料、表兄妹资料等，由于这类资料个体的亲缘关系较远，r_A 很低，用来估计遗传力的误差太大，一般不予采用。因为从统计学角度看，一个参数的估计误差与其所乘的系数成平方关系，如果表型相关估计误差相同，由下式可见 $V(h^2)$ 随 r_A 的减小而增大，即：

$$V(h^2) = V\left(\frac{r_P}{r_A}\right) = \frac{1}{r_A^2} V(r_P)。$$

因此，在实际的遗传参数估计中，应尽量选用个体亲缘关系较近的资料，以降低参数的估计误差。当然，遗传力的估计误差还与表型相关系数的估计误差有关，而后者的大小则与样本含量和统计方法本身有很大关系。

在实际生产中有很多限性性状，如牛的泌乳性状，鸡的产蛋性状，猪、兔的产仔数性状等，遇到这些资料就可以采用母女回归法来分析，其公式是

$$b_{OP} = \mathrm{Cov}_{OP}/V_P,$$

式中，b_{OP} 表示女儿对母亲的回归系数；Cov_{OP} 表示母女协方差；V_P 表示母亲的表型方差。

因为

$$\mathrm{Cov}_{OP} = \frac{\sum (O-\bar{O})(P-\bar{P})}{N}$$

$$= \frac{\sum (1/2)(A-\bar{A})[A+R-(\bar{A}+\bar{R})]}{N} \text{（女儿的平均值为母亲育种值的一半）}$$

$$= \frac{\sum (1/2)(A-\bar{A})[(A-\bar{A})(R-\bar{R})]}{N}$$

$$= \frac{\sum (1/2)(A-\bar{A})^2 + \sum (1/2)[(A-\bar{A})(R-\bar{R})]}{N}$$

$$= \frac{1}{2}\frac{\sum (A-\bar{A})^2}{N} + 0 = \frac{V^2}{2},$$

所以

$$b_{OP} = \frac{V_A/2}{V_P} = \frac{h^2}{2},$$

$$h^2 = 2b_{OP}。$$

根据遗传相关的内容可知全同胞的表型相关估计，$h^2 = 2r_{(FS)}$。

相关分为直线相关和组内相关（同类相关）。直线相关只能表示两个变量间的相关，而全同胞之间的相关是多个同类变量之间的相关，因此全同胞相关要用组内相关（同类相关）方法来计算。组内相关系数（r_I）的计算公式为

$$r_I = \frac{\sigma_B^2}{\sigma_P^2} = \frac{\sigma_B^2}{\sigma_B^2 + \sigma_W^2}。$$

式中，σ_B^2 表示组间方差，σ_P^2 表示总方差，σ_W^2 表示组内方差。

组内相关系数是组间方差和总方差之比，也就是组间变异量在总变异量中占的比例。在总变异量中，组间变异相对大时，组内变异就相对小，组内各变数间相关也就相对大，这也就是组内相关原理。

同父同母的全同胞内相关公式为

$$r_I = \frac{\sigma_S^2 + \sigma_D^2}{\sigma_S^2 + \sigma_D^2 + \sigma_W^2},$$

式中，σ_S^2 表示公畜间的方差；σ_D^2 表示母畜间的方差；σ_W^2 表示母畜内后代间的方差。

动物生产中，公畜远少于母畜，因此更多的情况是同父异母的半同胞资料，特别是单胎动物更是如此。

因为 $\qquad\qquad\qquad r_{(HS)} = h^2/4,$
所以 $\qquad\qquad\qquad h^2 = 4r_{(HS)}。$

从公式可知遗传力是半同胞组内相关系数的四倍。

因为 $\qquad\qquad\qquad MS_B = \sigma_W^2 + n\sigma_B^2,$

$$MS_W = \sigma_W^2,$$

所以 $\qquad\qquad\qquad \sigma_B^2 = \frac{MS_B - MS_W}{n},$

代入组内相关公式得

$$r_I = \frac{(MS_B - MS_W)/n}{(MS_B - MS_W)/n + MS_W} = \frac{MS_B - MS_W}{MS_B + (n-1)MS_W}。$$

公式中组间均方和组内均方可由方差分析求得，n 为各公畜平均女儿头数。

4. 遗传力的显著性检验 遗传力估计之后，需要测验它的显著性。测验显著性通常用 t 测验，因而就要计算遗传力的标准误差 σ_{h^2}。如果遗传力由公畜内母女回归计算，则 h^2 等于 $2b_{OP}$，因而

$$\sigma_{h^2}^2 = \sigma_{2b_{OP}}^2 = 4\sigma_{b_{OP}}^2,$$

$$\sigma_{h^2} = 2\sigma_{b_{OP}},$$

所以 $\qquad t = \dfrac{h^2}{\sigma_{h^2}} = \dfrac{b_{OP}}{\sigma_{b_{OP}}} = \dfrac{b_{OP}}{\sqrt{\dfrac{\sum(O-\overline{O})^2 - b_{OP}^2\sum(P-\overline{P})^2}{(D-S-1)\sum(P-\overline{P})^2}}},$

式中，σb_{OP} 表示回归系数的标准误差。

如果遗传力由中亲值计算，由于 $h^2 = 2b_{OP}$，$\sigma_{h^2} = \sigma_{b_{OP}}$，$t$ 的计算公式仍然同上，只是计算公式中亲代表型值为双亲均值。

如果遗传力由父亲半同胞计算：

$$\sigma_{h^2} = \frac{16 \times [1 + (n-1)r_I](1-r_I)}{\sqrt{n(n-1)(S-1)/2}},$$

$$t = \frac{h^2}{\sigma_{h^2}} = \frac{h^2}{\dfrac{16 \times [1+(n-1)r_I](1-r_I)}{\sqrt{n(n-1)(S-1)/2}}}。$$

如果遗传力由父系全同胞家系计算：

$$\sigma_{h^2} = \frac{2}{\sigma_P^2} \sqrt{2\left[\frac{1}{k_3^2}\frac{MS_S^2}{S-1} + \left(\frac{1}{k_1} - \frac{1}{k_3}\right)^2 \frac{MS_D^2}{D-S} + \frac{1}{k_1^2}\frac{MS_W^2}{N-D}\right]}。$$

所有的 t 值计算：

$$t = \frac{h^2}{\sigma_{h^2}} = \frac{h^2}{\frac{2}{\sigma_P^2}2\left[\frac{1}{k_3^2} - \frac{MS_S^2}{S-1} + \left(\frac{1}{k_1} - \frac{1}{k_3}\right)^2 \frac{MS_D^2}{D-S} + \frac{1}{k_1^2}\frac{MS_W^2}{N-D}\right]}。$$

当 t 检验结果表明 h^2 估值显著或极显著时，说明该参数值准确度较高，在实际中可被利用；而检验结果表明不显著时，则表明该参数值在实际育种时不宜被利用，因为抽样误差太大，所得的 h^2 估值准确度太低，与理论上 h^2 值不吻合。

5. 遗传力的用途 作为数量遗传学中最重要的一个基本遗传参数，遗传力的作用是十分广泛的，它是数量遗传学中由表及里、从表型变异研究其遗传实质的一个关键的定量指标。无论是在育种值估计、选择指数制定、选择反应预测、选择方法比较还是育种规划决策等方面，遗传力均起着十分重要的作用。可归纳为以下五个方面。

（1）预测遗传进展：在选留种畜时，人们总是选择表型值高的个体留种（这自然是针对正向选择的性状而言，如日增重、产蛋量、产奶量等），因此，选留种畜的性状表型值、平均值和全群的平均值就有一个差值，但应注意的是这部分不能全部地遗传给后代。

例如：某奶牛群 305 d 产奶量平均值为 5 000 kg，选留种群的平均值为 6 000 kg，并不是差值 1 000 kg 都能完全遗传给后代，而是要乘一个系数，这个系数就是遗传力，所得数值就是后代在该产奶性状上可提高的部分。假定上面奶牛群产奶量性状的遗传力 $h^2 = 0.25$，可提高的部分为 1 000×0.25＝250 kg，这样，就可以通过计算预期下一代奶牛 305 d 产奶量平均值为 5 000＋250＝5 250 kg。

（2）估计个体育种值：任何一个数量性状的表型值通常可以剖分为加性效应和非加性效应两个部分，所能遗传的只是基因的加性效应，即育种值。由于育种值能真实地遗传给后代，所以估计动物的育种值对于提高选择的准确性和加快遗传改进具有重要的意义，而在育种值估计中离不开遗传力这一参数。

（3）确定选择方法和建系方法：遗传力的大小可以反映某性状遗传给后代的能力。遗传力与选择方法也有很大关系。遗传力中等以上的性状可以采用个体表型选择这种既简单又有效的选择方法。遗传力低的性状宜采用均数选择方法，因为个体随机环境效应偏差在均数中相互抵消，平均表型值接近于平均育种值，根据平均表型选择，其效果接近于根据平均育种值选择。由此可见，确定不同性状的合理选择方法，必须考虑遗传力的高低。

建系方法的实质其实也是选择方法问题。以遗传力高的性状为特点的品系，如高瘦肉率系，应该采用个体表型选择来组建基础群，也就是宜采用性状建系法。以遗传力低的性状为特点的系，如多羔系，应选择产双羔多的家系或家族来组建基础群，也就是宜采用系谱建系法。

（4）制定综合选择指数：对动物选择有时会涉及两个以上的性状，这时为了选择的方便，有必要将其转换成一个综合指标，即综合选择指数。综合选择指数的制定离不开遗传力等遗传参数。

（5）确定繁育方法：遗传力不同的性状适合于不同的繁育方法。遗传力高的性状上下代的相关大，通过对亲代的选择可以在子代得到较大的反应，因此选择效果好。这一类性状适宜采用纯繁来提高。早在 20 世纪 20 年代，人们测得鸡日增重的遗传力较高，就预料到通过纯繁选择就可以很快提高这个性状，从而出现高效的肉鸡新品种，这已为育种实践所证明。遗传力低的性状一般来说杂种优势比较明显，可通过经济杂交利用杂种优势。但有些遗传力低的性状，品种间的差异很明显，而品种内估测的遗传力却因随机环境方差过大而呈低值，这一类性状可以通过杂交引入优良基因来提高。

6. 遗传力值的范围和影响因素 遗传力值的范围为 $0 \sim 1$。因为任何数量性状都与环境有关，因此 h^2 不可能等于 1，更不可以大于 1，当然 h^2 也不会等于 0，或小于 0 而出现负值。但在实际计算中，有时会出现 $h^2 > 1$ 或 $h^2 < 0$ 的情况，此时遗传力没有意义。这种结果常与样本的含量小、环境变异大、计算所采用的公式等因素有关。

估计遗传力时要注意准确性和精确性。准确性和精确性是两个不同的概念，准确的并不一定精确，当然只有以准确为前提才能谈及精确。因此有必要讨论影响遗传力的因素。

① 遗传力不仅是一个性状本身的特性，它与群体属性和环境条件有关，环境差异大遗传力相对降低，环境一致则能提高遗传力的准确性。因此所估计的遗传力只能反映在特定条件下该性状的遗传情况。但同一品种同一性状的遗传力，在各种不同的环境条件下，还有相对的稳定性，有一定的变动范围，因此不同环境条件下所估得的遗传力可以互相参考。

在我国畜禽遗传力估计的实践中，遇到一个共同的难题，即环境条件相同的样本往往含量小，导致取样误差偏大，若将不同环境条件的资料合并统计，又产生较大的系统误差。减小取样误差与消除系统误差是提高遗传力估计准确性的关键。

为了加大样本提高参数的准确性，可将不同年份、不同场别、不同性别的同一品种或类群的资料合并使用。这时应采用多因素方差分析的方法，将年间、场间、性别间、群间等非遗传方差从公畜间或母畜间方差中剔除。

② 共同环境是造成亲属间环境相关的原因，有共同的环境存在，亲属的剩余值之间就有相关。在讲到估计遗传力的原理时，是假设亲属的剩余值之间是没有相关的。$h^2 = r_{p_1 p_2} / r_A$ 就是建立在这种前提下的。如果环境间有相关，上述估算遗传力的公式就不成立。

在生产实践中，除了母体效应外，亲属间共同环境一般是容易通过随机化消除的，而母体效应造成亲属间的相关是无法消除的，一般只存在于全同胞和同母异父的半同胞中，有时也存在于母子之间。例如，一般的哺乳动物，体大的母亲在怀孕期供给仔畜较多的营养，因而仔畜体格也大，这也是共同环境造成的相关。

全同胞、同母异父的半同胞或母子间由于母体效应造成的共同环境总是存在的，但它对各种性状的影响不同。有的性状受母体效应影响较大，如初生重、断乳重等；有的性状受母体效应影响较小；有的甚至几乎没有影响，如皮肤的色素含量等。所以由全同胞、同母异父的半同胞或母子相关估计遗传力时，只有受母体效应影响的性状才是不正确的，而对那些基本不受母体效应影响的性状，由全同胞相关或母子回归估计遗传力，不但准确，而且比由同样数目的半同胞相关估计遗传力更为精确。

③ 由于近交上下代的方差往往是不同的，近交可以增加整个群体的方差，而且通常近交动物对环境的影响比较敏感，因而环境方差增大，遗传力的估计值偏小。但如果近交程度不高，影响可能不大。

前面讲的只适用于纯种动物，杂种动物群由于遗传基础代代变化，即使估计出遗传力也用途不大，一般不进行估计。杂种群如已进入 $4 \sim 5$ 代的闭锁繁育，遗传性基本稳定，也可以估计遗传力。

二、重 复 力

1. 重复力的概念和估计原理 许多数量性状在同一个体是可以多次度量的，例如，奶牛各泌乳期产奶量，母猪每胎产仔数、平均窝重等，在个体一生就有好几个记录，表现为不同时间的重复度量。测量山羊不同身体部位羊绒的长度和纤维质量，各部位可得到不同的记录，这是在不同空间上的重复度量。Lush（1937）在《动物育种计划》一书中提出了重复力这一概念，用来衡量一个数量性状在同一个体多次度量值之间的相关程度。

严格说来，重复力不能算作一个遗传参数，但由于这一概念是在数量遗传学早期提出，而且它确实也与数量性状遗传规律有一定的联系，所以还是把它作为一个遗传参数。普通相关只研究两个变数之间的相关，重复力是一个变数多个变量之间的相关，因此要用组内相关来计算。不同之处在于估计同胞相关时，组间是家系间，组内是个体间，而重复力组间是个体间，组内是个体内多次度量间。组内相关系数是指组内有某种特定联系的多组数据两两之间的平均相关系数。可以用个体分组，那么每组数据就是一个个体的各次度量值；也可以用家系分组，那么每组数据就是一个家系内各个体度量值。与两变量简单相关系数计算一样，组内相关系数也是通过计算变量方差和协方差得到的。不过，由于组内不只是一对记录，且不能区分为两类确定的变量，因此每一个数据都要当作两个不同变量使用两次。

一般地，估计重复力的公式是：

$$r_e = \frac{组间方差}{组间方差 + 组内方差} = \frac{\sigma_B^2}{\sigma_B^2 + \sigma_w^2}。$$

为了更好地理解这一公式的性质，需要清楚对一个个体而言，其合子一经形成，基因型就完全固定了，因而所有的基因效应都对该个体所有性状产生终身影响。非但如此，个体所处的一般环境（或称永久性环境）也将对性状的终身表现产生相同的影响。所谓永久性环境效应是指时间上持久或空间上非局部效应的环境因素对个体性状表现所产生的效应。除永久性环境因素的影响外，一些暂时的或局部的特殊环境因素只对个体性状的某次度量值产生影响，这种效应称之为暂时性环境效应。当个体性状多次度量时，这种暂时性环境效应对各次度量值的影响有大有小、有正有负，可以相互抵消一部分，从而可提高个体性状生产性能估计的准确性。由于个体基因型效应和永久性环境效应完全决定了个体终身生产性能表现的潜力，Lush（1937）将这两部分效应统称为最大可能生产力（most probable producing ability，MPPA）。

从效应剖分来看，可以将环境效应（E）剖分为永久性环境效应（E_P）和暂时性环境效应（E_T）两个部分，即：$E = E_P + E_T$。因此，$P = G + E = G + E_P + E_T$。假定基因型效应、永久性环境效应和暂时性环境效应之间都不相关，可得到：

$$V_P = V_G + V_{E_P} + V_{E_T}。$$

重复力 r_e 可定义为：

$$r_e = \frac{V_G + V_{E_P}}{V_P} = \frac{V_G + V_{E_P}}{V_G + V_{E_P} + V_{E_T}}。$$

它反映了一个性状受到遗传效应和永久性环境效应影响的大小。r_e 高说明性状受暂时性环境效应影响小，每次度量值的代表性强，因而所需度量的次数就少；反之，r_e 低说明性状受暂时性环境效应影响大，每次度量值的代表性差，因而所需度量的次数就多。

2. 重复力的估计方法 由重复力的定义就可以知道，重复力实际上就是以个体多次度量值为组的组内相关系数，因而其估计方法与组内相关系数的计算完全一致。重复力的估计利用组内相关原理进行，组内相关又称同类相关。组内相关程度的大小用组内相关系数表示。组内相关系数 r_e 是组间方差 σ_B^2 与总方差 σ_P^2 的比值，总方差为组间方差 σ_B^2 与组内方差 σ_w^2 之和。

由于组内相关系数是组间方差与总方差之比，因而，在总变异时，组间变异相对较大时，组内变异相对就较小，说明组内各变数间的相关程度较强，于是算出的组内相关系数也相对较大，反之组内相关系数就较小。在估计出各方差组分后才能计算组内相关系数，在这里是重复力。根据方差分析中的期望均方，可知

$$MS_B = \sigma_W^2 + n\sigma_B^2, \quad MS_W = \sigma_W^2,$$

所以
$$r_e = \frac{\sigma_B^2}{\sigma_P^2}$$

$$= \frac{\sigma_B^2}{\sigma_B^2 + \sigma_W^2}$$

$$= \frac{(MS_B - MS_W)/n}{[(MS_B - MS_W)/n] + MS_W}$$

$$= \frac{MS_B - MS_W}{MS_B - MS_W + nMS_W}$$

$$= \frac{MS_B - MS_W}{MS_B + (n-1)MS_W}。$$

如果各组的观察数目不等，则应计算加权值 n_o：

$$n_o = \frac{1}{D-1}(N - \frac{\sum n_i^2}{N}),$$

式中，n_o 表示各个体度量次数的加权平均数；N 表示各个体度量次数的总和；D 表示度量个体数；n_i 表示每个个体的度量次数。

3. 重复力的用途　重复力的作用大致可归纳为以下五个方面。

(1) 重复力可用于验证遗传力估计的正确性：已知狭义遗传力 $h^2 = \dfrac{V_A}{V_P}$，广义遗传力 $H^2 = \dfrac{V_G}{V_P}$，重复力 $r_e = \dfrac{V_G + V_{E_P}}{V_P}$，三个表达式表明重复力是同一性状遗传力的上限。因重复力估计方法比较简单，而且估计误差比相同性状遗传力的估计误差要小，估计更为准确，因此，如果遗传力估计值高于同一性状的重复力估计值，则一般说明遗传力估计有误。

(2) 重复力可用于确定性状需要度量的次数：由于重复力就是性状同一个体多次度量值间的相关系数，依据它的大小就可以确定达到一定准确度要求所需的度量次数。假设每个动物度量次数为 n，以 n 次度量的平均值作为个体的表型值 $P(n)$，于是

$$V_{P(n)} = V_G + V_{E_P} + \frac{V_{E_T}}{n},$$

式中，V_G 是遗传方差，V_{E_P} 是一般环境方差。假定一个性状在多次度量中，其 V_G 与 V_{E_P} 每次度量是不变的，n 次度量的平均值还是 $V_G + V_{E_P}$，而 V_{E_T} 是变化的，n 次度量的特殊环境方差为 n 个特殊环境偏差均数的方差，则 $V_{E_T} = V_{E_T}/n$，由于

$$V_P = V_G + V_{E_P} + V_{E_T},$$

而
$$V_G = -V_{E_P} + r_e V_P,$$

因此
$$V_P = r_e V_P + V_{E_T},$$

$$V_{E_T} = V_P - r_e V_P$$

$$= (1 - r_e)V_P,$$

$$V_{P(n)} = r_e V_P + \frac{(1 - r_e)V_P}{n}$$

$$= V_P\left(r_e + \frac{1 - r_e}{n}\right)$$

$$= V_P\left(\frac{nr_e + 1 - r_e}{n}\right)$$

$$= V_P\left[\frac{1 + (n-1)r_e}{n}\right],$$

因此
$$\frac{V_P}{V_{P(n)}} = \frac{n}{1 + (n-1)r_e}。$$

由于 $V_{P(n)}$ 总比 V_P 小，所以 $V_P/V_{P(n)}$ 总大于 1。而用大于 1 的程度表示同一性状 n 次度量与一次度量的相对精确度，当比值基本恒定时，就可以确定适宜的度量次数（图 7-4）。

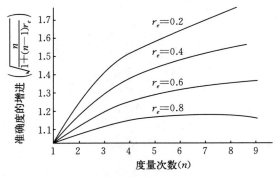

图 7-4　不同性状度量次数准确度的增进情况

不同重复力性状所需要的度量次数见表 7-4。

表 7-4　不同重复力性状所需要的度量次数（参考值）

重复力	度量次数
0.9 以上	1
0.7~0.8	2~3
0.5~0.6	4~5
0.3~0.4	6~7
0.1~0.2	8~9

（3）重复力可用于估计个体最大可能生产力：当需要比较多个具有不同度量次数的个体的生产性能时，首先应依据各个体的多次度量均值估计出 Lush（1937）提出的最大可能生产力，消除个体暂时性环境影响，以获得更可靠的比较结果。这时可采用线性回归方法用 n 次度量均值估计 MPPA。

有了重复力的估计值，育种实践中就可根据早期记录资料估计动物以后的可能生产力。实际上，由于每个个体的性状记录次数不等，常常需估计多次记录平均数的重复力。

$$r_{e(n)} = \frac{V_G + V_{E_P}}{V_{P(n)}} = \frac{V_G + V_{E_P}}{\dfrac{1+(n-1)\ r_e}{n} V_P} = \frac{nr_e}{1+(n-1)\ r_e}。$$

Lush 提出估计动物可能生产力的公式为

$$P_x = (P_n - \bar{P})\ r_{e(n)} + \bar{P} = (P_n - \bar{P})\ \frac{nr_e}{1+(n-1)\ r_e} + \bar{P},$$

式中，P_x 表示个体 x 的某性状可能生产力；$\bar{P}$ 表示全群某性状平均值；P_n 表示个体 x 的某性状 n 次记录的平均值；n 表示度量次数；r_e 表示重复力。

从上述公式及图中还可以看出，重复力与一次度量的准确度增量呈反比关系。重复力越高，增加度量次数的意义就越小。重复力高的性状，增加度量次数并不能相应地增加度量的准确性（表 7-5），重复力为 0.9 时，当度量次数从 1 增加到无限多，$V_P/V_{P(n)}$ 只增加了 0.11；而重复力低的性状，准确性随着度量次数的增加而增加，如重复力为 0.1 时，度量次数从 1 增加到 10，$V_P/V_{P(n)}$ 从 1.00 增加到 5.26。表 7-5 中虚线表示每增加一次度量，$V_P/V_{P(n)}$ 的增加值在 0.1 以下的界限，这个界限在动物育种中可以作为确定所需度量次数的参考。

表 7-5 重复力与一次度量的准确度增量

n	重复力 $V_P/V_{P(n)}$								
	0.1	0.2	0.3	0.4	0.5	0.6	0.7	0.8	0.9
1	1.00	1.00	1.00	1.00	1.00	1.00	1.00	1.00	1.00
2	1.82	1.67	1.54	1.43	1.33	1.25	1.18	1.11	1.05
3	2.50	2.14	1.88	1.67	1.50	1.36	1.25	1.15	1.07
4	3.08	2.50	2.11	1.82	1.60	1.43	1.29	1.18	1.08
5	3.57	2.78	2.27	1.92	1.67	1.47	1.32	1.19	1.09
6	4.00	3.00	2.40	2.00	1.71	1.50	1.33	1.20	1.09
7	4.38	3.18	2.50	2.06	1.75	1.52	1.35	1.21	1.09
8	4.71	3.33	2.58	2.11	1.78	1.54	1.36	1.21	1.09
9	5.00	3.46	2.65	2.14	1.80	1.55	1.36	1.22	1.10
10	5.26	3.57	2.70	2.17	1.82	1.56	1.37	1.22	1.10
⋮	⋮	⋮	⋮	⋮	⋮	⋮	⋮	⋮	⋮	⋮
∞	10.00	5.00	3.33	2.50	2.00	1.67	1.43	1.25	1.11

（4）重复力可用于种畜育种值的估计：类似于 MPPA 的估计，个体多次度量均值亦可用于提高个体育种值的估计准确度，这时就需要用到重复力。

（5）重复力可用于确定各单次记录估计总性能的效率：假定 $r_{P_iP_n}$ 表示用第 i 次记录估计所有 n 次记录平均值的准确度，即它们的相关系数。显然 $r_{P_iP_n}$ 越高说明用第 i 次记录估计效果越好。此外，还可以利用重复力确定不同次记录合并估计总均值的效率大小等。

三、遗传相关

动物是一个完整的统一体，它所表现的各种性状之间必然存在着内在的关联，这种关联是在生物的系统发育过程中形成的。可以采用遗传相关来描述不同性状之间由于各种遗传原因造成的相关程度大小。遗传相关反映了性状间的遗传关系，因而具有重要的理论意义和实践意义。

1. 遗传相关的概念和估计原理 动物性状间的简单相关，即表型相关，通常是由于遗传和环境两方面的因素造成的。由环境因素造成的相关称环境相关，它是在个体发育过程中形成的，是由于两个性状受个体所处相同环境造成的相关，另外，由于等位基因间的显性效应和非等位基因间的上位效应所造成的一些相关也不能真实遗传，因此一般就并入环境相关之中，统称为剩余值间的相关。由遗传原因造成的相关称遗传相关，它是生物在长期的系统发育进化中形成的，是出于基因的一因多效和基因间的连锁不平衡造成的性状间遗传上的相关。

不同基因间的连锁造成的遗传相关，由于基因间的互换而丧失，因此随着连续世代的基因互换，基因连锁逐渐消失，由此造成的遗传相关也逐渐减小。除非是基因间高度紧密连锁，一般而言，由基因连锁造成的遗传相关是不能稳定遗传的。但是出于基因一因多效造成的遗传相关则是能够稳定遗传的。此外，即使非连锁基因也能由于它们对个体生活力有类似的效应而造成部分遗传相关。

根据通径分析，可将表型相关划分为遗传相关和环境相关为主的两部分（图 7-5）。遗传相关是动物育种中早期选种和间接选择的重要理论基础，实质上是性状育种值之间的相关，也称育种值相关，在动物育种实践中就可以利用性状间遗传相关值对某些遗传力低的性

状以及难以度量的性状进行间接的选择。遗
传相关值常通过通径理论和表型值方差的剖
分来估算。

图 7-5 中，P_X、P_Y 表示 X、Y 两性状
的表型值；A_X、A_Y 表示 X、Y 两性状的育
种值；E_X、E_Y 表示两性状的环境效应；
$r_{P_XP_Y}$ 表示两性状的表型相关系数，简写为
r_{XY}；$r_{A_XA_Y}$ 表示 X、Y 两性状的育种值相关，
简写为 r_A；$r_{E_XE_Y}$ 表示 X、Y 两性状环境相关
系数，简写为 r_E；h_X、h_Y 表示 X、Y 两性

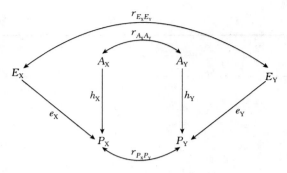

图 7-5　两性状相关剖分

状的育种值到其表型值的通径系数，即 X、Y 两性状遗传力的平方根；e_X、e_Y 表示 X、Y 两
性状的环境效应到其表型值的通径系数。

根据通径理论

$$r_{P_XP_Y} = h_X r_{A_XA_Y} h_Y + e_X r_{E_XE_Y} e_Y,$$

简化符号，则有

$$r_{XY} = h_X r_A h_Y + e_X r_E e_Y。$$

由此可见，构成 X、Y 两性状的表型相关（总的相关）有两条封闭的通径链，其中一条
是遗传通径链，它由 h_X、r_A、h_Y 三个部分组成。另一个是环境通径链，它由 e_X、r_E、e_Y 三
个部分组成。

遗传相关的估计方法与遗传力估计方法类似，需要通过两类亲缘关系明确的个体的两个
性状表型值间的关系来估计。遗传相关的估计方法有两种：一种是亲子关系估计法，另一种
是半同胞资料估计法。

（1）亲子关系估计法：亲子关系估计法是
根据通径分析的方法，利用性状间的表型协方
差来估计性状间的遗传相关。主要步骤是先求
出两性状表型间的相关，然后再求遗传相关。
根据通径原理，如果有亲子两代（1 和 2）的两
个性状（X 和 Y）的资料，就可以计算两个"交
叉协方差"，即亲代的 X 性状与子代 Y 性状之间
的协方差 $Cov_{X_1Y_2}$ 及亲代的 Y 性状与子代 X 性状
之间的协方差 $Cov_{X_2Y_1}$。假定两亲属的同一性状
之间无环境相关，剩余值 R 就成了无关成分，因此可以省略。由图 7-6 有

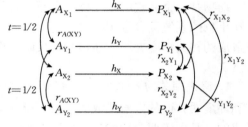

图 7-6　亲子两性状相关剖分

$$r_{X_1Y_2} = h_X \cdot r_{A(XY)} \cdot 1/2 \cdot h_Y,$$
$$r_{X_2Y_1} = h_X \cdot 1/2 \cdot r_{A(XY)} \cdot h_Y。$$

以上两条通径链中各有两条不同的相关线，在此，两条相关线是不同的。其中 $r_{A(XY)}$ 指
的是同一个体（亲代个体）的两个性状（X、Y）之间的育种值相关，它是由于基因多效性
或连锁基因的作用造成的；而 $t=1/2$ 这条相关线是同一性状（X 性状）在亲代与子代个体
间的相关，即亲缘相关，它是由于上下代所具有共同基因和程度所造成的，这两类遗传相关
有完全不同的遗传机制。

将上面两式相乘，有

$$r_{X_1 Y_2} r_{X_2 Y_2} = h_X^2 r_{A(XY)}^2 \times (1/2)^2 \times h_Y^2,$$

$$r_{A(XY)}^2 = \frac{4 r_{X_1 Y_2} r_{X_2 Y_1}}{h_X^2 h_Y^2}。$$

此外

$$r_{X_1 X_2} = h_X t h_X = h_X^2/2,$$
$$r_{Y_1 Y_2} = h_Y t h_Y = h_Y^2/2,$$

因此

$$h_X^2 h_Y^2 = 4 r_{X_1 X_2} r_{Y_1 Y_2},$$

代入 $r_{A(XY)}^2$ 式子，则有

$$r_{A(XY)}^2 = \frac{4 r_{X_1 Y_2} r_{X_1 Y_2}}{4 r_{X_1 X_2} r_{Y_1 Y_2}} = \frac{r_{X_1 Y_2} r_{X_2 Y_1}}{r_{X_1 X_2} r_{Y_1 Y_2}},$$

所以

$$r_{A(XY)} = \sqrt{\frac{\dfrac{\text{Cov}_{X_1 Y_2}}{\sigma_{X_1} \sigma_{Y_2}} \cdot \dfrac{\text{Cov}_{X_2 Y_1}}{\sigma_{X_2} \sigma_{Y_1}}}{\dfrac{\text{Cov}_{X_1 X_2}}{\sigma_{X_1} \sigma_{X_2}} \cdot \dfrac{\text{Cov}_{Y_1 Y_2}}{\sigma_{Y_1} \sigma_{Y_2}}}} = \sqrt{\frac{\text{Cov}_{X_1 Y_2} \text{Cov}_{X_2 Y_1}}{\text{Cov}_{X_1 X_2} \text{Cov}_{Y_1 Y_2}}} = \sqrt{\frac{SP_{X_1 Y_2} SP_{X_2 Y_1}}{SP_{X_1 X_2} SP_{Y_1 Y_2}}},$$

上述式子 $\sqrt{\text{Cov}_{X_1 Y_2} \text{Cov}_{X_2 Y_1}}$ 或 $\sqrt{SP_{X_1 Y_2} SP_{X_2 Y_1}}$，即两个交叉协方差或交叉乘积和的几何均数有时会出现一正一负，结果出现虚数。为了避免这种结果，Hazel 提出了可用两者的算术平均值来替代其几何均数。于是，上式或写成

$$r_{A(XY)} = \frac{(\text{Cov}_{X_1 Y_2} + \text{Cov}_{X_2 Y_1})/2}{\sqrt{\text{Cov}_{X_1 X_2} \text{Cov}_{Y_1 Y_2}}},$$

所以

$$r_{A(XY)} = \frac{(\text{Cov}_{X_1 Y_2} + \text{Cov}_{X_2 Y_1})}{2 \sqrt{\text{Cov}_{X_1 X_2} \text{Cov}_{Y_1 Y_2}}},$$

$$r_{A(XY)} = \frac{(SP_{X_1 Y_2} + SP_{X_2 Y_1})}{2 \sqrt{SP_{X_1 X_2} SP_{Y_1 Y_2}}}。$$

（2）半同胞资料估计法：半同胞资料估计法建于方差分析和协方差分析的基础上，例如对于每胎只产一仔的大家畜的方差和协方差的分析见表 7－6。

表 7－6　半同胞资料方差、协方差分析表

变因	自由度	均方结构	均叉积	均方结构
公畜间	$S-1$	$MS_{B(X)} = \sigma_{W(X)}^2 + n_0 \sigma_{B(X)}^2$	$MP_{B(XY)} = \text{Cov}_{W(XY)} + n_0 \text{Cov}_{B(XY)}$	$MS_{B(Y)} = \sigma_{W(Y)}^2 + n_0 \sigma_{B(Y)}^2$
公畜间	$N-S$	$MS_{W(X)} = \sigma_{W(X)}^2$	$MP_{W(XY)} = \text{Cov}_{W(XY)}$	$MS_{W(Y)} = \sigma_{W(Y)}^2$
总数	$N-1$			

注：MS、MP 分别表示均方、均叉积；σ_B^2 表示公畜间方差；σ_W^2 表示公畜内方差；X、Y 分别表示两个性状；$\text{Cov}_{B(XY)}$ 表示公畜间协方差；$\text{Cov}_{W(XY)}$ 表示公畜内协方差；N 表示所有后代的总数；n_0 表示公畜家系中后代的加权平均值。

由表 7－6 可得

$$\sigma_{B(X)}^2 = \frac{MS_{B(X)} - MS_{W(X)}}{n_0},$$

$$\sigma_{B(Y)}^2 = \frac{MS_{B(Y)} - MS_{W(Y)}}{n_0},$$

$$\text{Cov}_{B(XY)} = \frac{MP_{B(XY)} - MP_{W(XY)}}{n_0},$$

$$n_0 = \frac{1}{S-1}\left(N - \frac{\sum n_i^2}{N}\right),$$

所以　　　　　　$r_{A(XY)} = \frac{\text{Cov}_{B(XY)}}{\sqrt{\sigma_{B(X)}^2 \sigma_{B(Y)}^2}}$

$$= \frac{\dfrac{MP_{B(XY)} - MP_{W(XY)}}{n_0}}{\sqrt{\left(\dfrac{MS_{B(X)} - MS_{W(X)}}{n_0}\right)\left(\dfrac{MS_{B(Y)} - MS_{W(Y)}}{n_0}\right)}},$$

$$= \frac{MP_{B(XY)} - MP_{W(XY)}}{\sqrt{(MS_{B(X)} - MS_{W(X)})(MS_{B(Y)} - MS_{W(Y)})}}.$$

表型相关

$$r_P = \frac{\text{Cov}_{XY}}{\sqrt{\sigma_X^2 \sigma_Y^2}}.$$

环境相关可通过 $r_G = \dfrac{r_P - h_X h_Y r_A}{\sqrt{(1 - h_X^2)(1 - h_Y^2)}}$ 来估计。

2. 遗传相关的用途　在动物育种工作中，为了提高选择效果，需要利用动物个体不同性状间的遗传相关来选种，遗传相关的作用可归纳为以下三个方面。

（1）间接选择：遗传相关可用于确定间接选择的依据和预测间接选择反应大小。间接选择是指当一个性状（如 X）不能直接选择或者直接选择效果很差时，借助与之相关的另一个性状（如 Y）的选择来达到对性状 X 的选择目的。间接选择在育种实践中具有很重要的意义，如在动物选种中，考虑到有些经济性状在活体容易度量，有些难以度量（如屠宰率、瘦肉率、背膘厚等）或者有些是生长发育早期的性状，有些是晚期的性状，应用这两类性状间的遗传相关，通过对那些容易度量或早期表现的性状的选择，来间接地改良难以度量或晚期发育的性状。还有些重要的经济性状的遗传力较低（如繁殖力、产奶量、产蛋量等性状），性状直接选择效果不理想，在这些情况下都可以考虑采用间接选择，能大大地提高选择效果。

（2）不同环境下的选择：遗传相关可用于比较不同环境条件下的选择效果。实际上，不但不同性状可以来估计遗传相关，而且同一性状在不同环境下的表现也可以作为不同的性状来估计遗传相关。在动物育种中，常发现在一种环境条件下育成的品种被引到另一种环境中去，由于环境条件的改变，性状表型值在一定程度上会受到影响。如何比较不同环境条件下的性状表型值，在条件优良的种畜场选育的优良品种，推广到条件较差的其他条件生产场能否保持其优良特性呢？通常的办法是设一个环境下的表型值为变数 X，另一环境下的表型值为变数 Y，假如它们之间存在强遗传相关，则意味着两种环境下获得的性状表型值是由同一基因组来决定的。如果遗传相关很低，则这两种性状表型值有很大程度的差异，因此可以假定两者间存在着基因组的差异，一种环境下的度量值不能代表另一种环境下的度量值。实质上就是用遗传相关进一步推断同一性状在不同环境下的选择反应是否一致。

（3）多性状选择：一般而言，只要涉及两个性状以上的选择问题，无不需要用到遗传相关这一参数制定相关性状的选择指数。在制定综合选择指数时，不仅需要考虑性状的经济价值、性状的遗传力、标准差，多数情况下还要考虑性状间的遗传相关。这也是遗传相关最主要的用途之一。

第三节 数量性状基因座

一、概　念

数量性状基因座（quantitative trait locus，QTL）是指对数量性状影响较大的基因在基因组中的位置，它可能是位于染色体上的一个片段，也可能是一个单基因座。其位置可以通过数量性状与遗传标记的连锁分析来确定。随着对数量性状基因座的研究，对上述概念的进一步深化，影响数量性状基因座的区域是染色体上一些能特定调控 mRNA 和蛋白质表达水平的区域，其 mRNA/蛋白质的表达水平量与数量性状成比例关系，即表达数量性状基因座（expression quantitative trait loci，eQTL）。eQTL 可分为顺式作用 eQTL 和反式作用 eQTL，顺式作用 eQTL 就是某个基因的 eQTL 定位到该基因所在的基因组区域，表明可能是该基因本身的差别引起的 mRNA 水平变化；反式作用 eQTL 是指某个基因的 eQTL 定位到其他基因组区域，表明其他基因的差别控制该基因 mRNA 水平的差异。

二、数量性状基因座定位

1. 数量性状基因座定位的目的及原理　数量性状基因座定位的目的是首先要确定一个数量性状受到多少个数量性状基因座作用的控制，然后确定它们在染色体上的位置，并估计出它们对数量性状作用的效应大小及互作效应。数量性状基因座定位的原理是：设计合适的群体，根据已知标记基因在染色体上的位置，通过检验影响性状基因与标记基因的连锁程度（用重组率衡量），来确定影响性状基因与标记基因的相对距离，达到基因定位目的。

2. 数量性状基因座定位的基本步骤　数量性状基因座定位的基本步骤如下。

（1）构建适合作图的群体：进行数量性状基因座定位时，构建合适的群体很重要，原则上构建数量性状基因座的群体中数量性状应存在广泛的变异，并且选择的标记位点处于分离状态，由于标记和数量性状基因座在不同群体中的存在状态不同，不同资源群体的定位结果也往往不尽相同。数量性状基因座在不同群体中的通用性仍然是一个很大的问题，其在不同的群体中是不尽一致的，在特定群体中某些标记或数量性状基因座可能已经固定，无法检测到它的重组，造成标记的重组率即遗传距离在不同群体中不尽相同。因此，一些国家的育种工作者为了提高和改良本国的鸡群生产水平和检测更多的数量性状基因座座位，用本国特色的资源作亲本，建立了自己的资源群体。目前较有影响的资源群体有英国 Roslin 研究所建立的群体、瑞典 Uppsala 生物医学中心建立的群体、美国 Iowa 大学建立的群体，各自的规模和测定性状不同，各有优势。鸡的基因组图谱已经发表，它的标记密度已达到 2 cM 以内，但它和真实情况还有差距。随着分离群体的扩大，标记连锁图谱将越来越准确，越来越接近于真实的情况，到目前为止，进行数量性状基因座定位仍然需要利用本身的资源群体建立标记连锁图。

一个好的试验设计可以最大限度地利用这种连锁不平衡，相对容易地在基因组中找到确实影响数量性状的基因座位。只有标记和数量性状基因座位点上都是杂合子后裔，才能进行连锁分析。因此各种试验设计都是针对如何有效地满足这些条件及提高设计效果进行的。常用的方法有三种：近交系杂交法、远交系杂交法和分离群体分析法。其中，远交系杂交法和分离群体分析法主要用于大家畜。

（2）选择和筛选用于定位的合适遗传标记：遗传标记是指能够用于区别生物个体或群体及其特定基因型，并能稳定遗传的物质标志。一般认为遗传标记遵循孟德尔遗传定律，并在生物体上以各种变异表现出来。最初的经典遗传标记由表型形态标记及血液蛋白标记组成。随着DNA分析技术的发展，出现了许多新的遗传标记，如限制片段长度多态性（restriction fragment length polymorphism，RFLP）、单链构象多态性（single strand conformation polymorphism，SSCP）、可变数目串联重复（variable number tandem repeat，VNTR）、微卫星DNA标记、随机扩增多态DNA标记（random amplified polymorphic DNA，RAPD）、扩增片段长度多态性标记（amplified fragment length polymorphism，AFLP）和单核苷酸多态标记（single nucleotide polymorphism，SNP）等。这些迅速发展起来的多态性高、信息含量丰富、准确度高、操作简便的分子水平上的DNA标记很快取代了经典标记在遗传分析中的地位。

（3）检测各世代群体中各个个体的数量性状值和分子标记的基因型：对作图群体中每个个体提取DNA并结合适当的分子标记检测，记录单个个体的标记基因型，对作图群体中每个个体的表型值均测定并详细记录，并且和分子标记的基因型一一对应，以备在进行后续基因定位分析奠定基础。

（4）应用统计模型及方法编写计算机软件分析检测数量性状基因座，确定分子标记与数量性状基因座的连锁关系并将数量性状基因座定位在染色体的特定区域。

（5）进一步利用染色体步移法精确定位数量性状基因座，最终实现对数量性状基因座的克隆。

三、数量性状基因座的性质

1. 数量性状基因座与基因 数量性状基因座是通过连锁检验确定位于标记附近的染色体区域，所以可能是一个主效基因，也可能是包含多个基因，也可能是一个遗传标记。仅仅当标记和所标记的数量性状100%连锁时，标记才是该数量性状的数量性状基因座。数量性状可受主效基因或多基因的影响，但目前研究表明很多数量性状受主效基因控制，数量性状基因座是主效基因还是微效基因依其对某个数量性状是否有较大影响判定，一般认为，对数量性状表型值的影响超过0.5个表型标准差的基因，可以看成是一个数量性状基因座。

2. 数量性状基因座有统计学特性 数量性状基因座的位置和效应是通过抽样和统计分析获得的，受统计误差影响。根据已知标记基因在染色体上的位置，通过检验影响性状基因与标记基因的连锁程度（用重组率衡量），来确定影响性状基因与标记基因的相对距离，达到基因定位目的。

四、数量性状基因座的应用

（1）可以利用分子遗传标记对数量性状基因型进行标记辅助选择（marker assisted selection，MAS）来提高家畜育种的效率，特别针对低遗传力性状和限性性状。

（2）将转基因技术用于数量性状的遗传操作。

（3）能够鉴别由多因素引起的遗传疾病，为基因治疗和改进预防措施提供依据。

（4）对这些数量性状基因座基因的数目和特性有所了解后，可以使数量遗传学理论建立在更加完善的基础上，对动物育种实践的指导更为科学合理。

五、已知几种家畜的数量性状基因座

目前在鸡数量性状位点数据库（Chicken QTL db）中已经公布了 1 863 个数量性状基因座，这些数量性状基因座代表四种性状分类（外观性状、生理性状、健康性状、生产性状）中的 208 种位点。表 7-7 和表 7-8 列出了主要畜禽经济性状的主基因或数量性状基因座。

表 7-7 牛、羊、猪、鸡经济性状的主基因

畜种	基因	染色体	相关的表型性状
	双肌基因	2	增加产肉
	产奶量数量性状基因座	6、9、20	增加产奶量，降低乳中脂肪和蛋白
	Weaver 基因	4	影响产奶量
牛	K-CN 基因	7	影响奶酪产量
	β-LG 基因	7	影响奶酪产量
	抗蜱基因	7	抗蜱
	抗锥虫病基因	7	抗锥虫病
	Booroola 基因	6	增加产羔数
	Callipyge 基因	18	影响产羔、瘦肉率和饲料利用率
	光泽基因	7	影响毛被质量
羊	Fecx	X	增加产羔数
	Horms 基因	10	影响角的生长
	Inverdate 基因	X	影响繁殖率和存活
	Drysdate	17	影响羊毛直径
	氟烷基因	6	影响瘦肉率、肉质、产仔数
	生长激素基因	12	影响生长速度、饲料报酬、胴体品种
	雌激素受体基因	1	影响产仔数
	促卵泡素 β 亚基基因	9	影响产仔数
猪	运铁蛋白基因	13	影响产仔数
	淋巴细胞抗原复合体基因	7	影响产仔数、仔猪成活率、生长速度
	酸性肉基因	15	肉加工技术
	大肠杆菌 K88 受体基因	13	抗大肠杆菌腹泻
鸡	矮小基因	Z	体小、影响产蛋率和饲料利用率
	羽色、羽速基因	Z	影响羽毛颜色及生长速度

表7-8 鸡染色体上数量性状基因座定位数量

（数据来源：NAGRP - Bioinformatics Coordination Program，截止2015年5月29日）

染色体	数量性状基因座数量	染色体	数量性状基因座数量	染色体	数量性状基因座数量
1	850	2	447	3	448
4	459	369	369	6	130
7	240	8	172	9	146
10	72	11	162	12	79
13	127	14	75	15	71
16	35	17	40	18	42
19	47	20	43	21	43
22	14	23	29	24	29
25	3	26	61	27	106
28	32	Z	184		

思考题 ◇

（1）数量性状在遗传上有些什么特点？在实践上有什么特点？数量性状遗传与质量性状遗传有什么主要区别？

（2）何为遗传率、广义遗传率、狭义遗传率、平均显性程度。

（3）估计三大遗传参数的基本原理是什么？

（4）遗传力有哪些用途？

（5）性状间的遗传相关是由哪些因素造成的？

（6）遗传相关有哪些用途？

（7）遗传参数为什么是可变的？在估计群体遗传参数时应该注意什么？

（8）上海奶牛的泌乳量比根赛牛（Guernseys）高12%，而根赛牛的奶油含量比上海奶牛高30%。泌乳量和奶油含量的差异大约各包括10个基因位点，没有显隐性关系。上海奶牛和根赛牛杂交，F_2中有多少比例个体的泌乳量跟上海奶牛一样高，而奶油含量跟根赛牛一样高？

（9）测量101只成熟的矮脚鸡的体重，得下列结果：

只数	体重（kg）
8	1.2
17	1.3
52	1.4
15	1.5
9	1.6

计算平均数和方差。

（10）测量矮脚鸡和芦花鸡的成熟公鸡和它们的杂种的体重，得到下列平均体重和方差：

	平均体重	方差
矮脚鸡	1.4 斤	0.1
芦花鸡	6.6 斤	0.5
F_1	3.4 斤	0.3
F_2	3.6 斤	1.2
B_1	2.5 斤	0.8
B_2	4.8 斤	1.0

注：1 斤＝0.5 kg。

计算显性程度以及广义和狭义遗传率。

(11) 一连续自交的群体，由一个杂合子开始，需要经多少代才能得到大约 97% 的纯合子？

(12) 在一个猪群中，6 月龄体重的总遗传方差为 125 kg², 显性方差为 35 kg², 环境方差为 175 kg²。问 h^2 为多少？

第八章

染色体畸变

染色体是遗传物质的主要载体，通过细胞分裂进行精准地复制，保持了染色体形态、结构和数目的稳定。但变异是生物界普遍存在的一种现象，染色体的稳定性是相对的。染色体数目的增减或结构的改变，称为染色体变异（chromosome variation），又称染色体畸变（chromosome aberration）。很早以前，人们就已经知道动植物的体细胞或性细胞都会自然产生染色体变异。1927—1928 年 Mullez 和 Stadles 发现电离辐射可以显著提高染色体变异的频率，由此，关于染色体变异的研究才深入开展起来。后来，随着离体培养技术的革新和进步，对染色体畸变的研究更是迅速地发展。染色体畸变分为两大类：即染色体结构的变异和染色体数目的变异。

第一节　染色体结构的变异

染色体结构的变异是指在自然突变或人工诱变的条件下，染色体的某区段发生改变，从而造成该区段所携带基因的数目、位置和顺序的变化。1927 年首次发现电离辐射能使染色体发生结构变异，之后又发现了其他几种染色体结构变异，归纳为 4 种类型：缺失（deletion）、重复（duplication）、倒位（inversion）和易位（translocation）。

如果细胞中某对同源染色体中一条是正常的，而另一条发生了结构变异，则该个体称为结构杂合体（structural heterozygote）。而某对同源染色体中的两条发生了相同结构变异的个体称为结构纯合体（structural homozygote）。

各种染色体的结构变异都必须涉及染色体某种方式的连接或染色体的损伤和断裂。如果断裂的染色体在原来的位置按原来的方向通过修复而重聚，不会表现结构变异，这种现象称为重建（restitution）。若经修复重聚改变原来的结构则称为非重建性愈合（nonrestitution union）。实验证明，只有新的断面才有重新聚合的能力。因此，已经游离的染色体片段和颗粒，一般是不能再聚合的，称为不愈合。

一、缺　　失

缺失是指正常染色体上某区段的丢失，因而该区段上所负载的基因也随之丢失。缺失的表示方法是："p−"表示短臂缺失，"q−"表示长臂缺失。

（一）缺失的类型

按照缺失区段发生的部位不同，可分为以下 2 种类型。

1. 中间缺失（interstitial deletion）　染色体中间部分缺失了某一区段（图 8−1a）。由于中间缺失染色体没有断面外露，比较稳定，故较为常见。

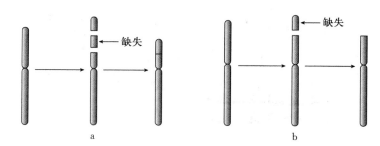

图 8-1 中间缺失和末端缺失示意图

a. 中间缺失 b. 末端缺失

（引自 Fairbanks D J 等，1999）

2. 末端缺失（terminal deletion） 染色体的末端丢失了某一区段（图 8-1b）。由于末端缺失染色体丢失了端粒，一般很不稳定，常和其他染色体断裂片段愈合，形成双着丝粒染色体或产生易位，也可能自身首尾相连，形成环状染色体（ring chromosome）。双着丝粒染色体和环状染色体在有丝分裂时均可形成断裂融合桥（breakage fusion bridge）或染色体桥（chromosomal bridge），由于分裂时桥的断裂点不稳定，所以又可造成新的缺失和重复（图 8-2）。

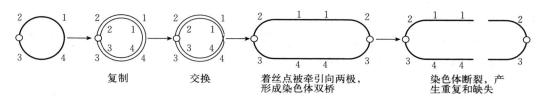

图 8-2 环状染色体形成的断裂融合桥，后期导致染色体的重复和缺失

（引自徐晋麟等，2009）

（二）缺失产生的原因

缺失产生的原因可能有以下几种。

（1）染色体损伤后产生断裂形成末端缺失，非重建性愈合直接产生中间缺失或形成环状染色体，经断裂融合桥而产生新的缺失和重复（图 8-2）。

（2）染色体发生扭结时，若在扭结处产生断裂和非重建性愈合，可能形成中间缺失（图 8-3）。

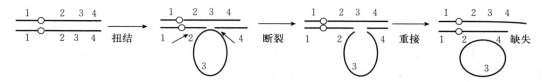

图 8-3 染色体扭结产生中间缺失

（引自徐晋麟等，2001）

（3）联会时略有参差的一对同源染色体之间发生不等交换，结果产生了重复和缺失（图 8-4）。

（4）转座因子因可改变自身位置导致基因重排，引起染色体的缺失和倒位。

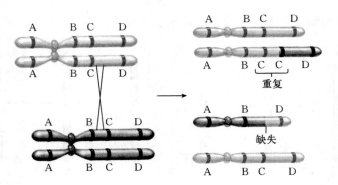

图 8-4　不等交换产生重复和缺失

（引自 Brooker R J，2003）

（三）缺失的细胞学鉴定

细胞内是否发生过染色体的缺失是不太容易鉴定。在最初发生缺失的细胞进行分裂时，一般都可以见到遗弃在细胞质里的无着丝粒断片。但该细胞多次分裂后，断片逐渐在子细胞内消失。

如果是中间缺失，而且缺失的区段较长，在缺失杂合体的偶线期和粗线期，正常染色体和缺失染色体联会形成的二价体常会出现环形或瘤形突出（图 8-5）。这个环或瘤是正常染色体产生的，因其正常片段无法与缺失片段配对而被排挤出来。但这种判断并不十分可靠，因为重复杂合体的二价体也会表现类似的环或瘤。所以除了检查二价体突出的环或瘤以外，还必须参照染色体的正常长度、染色粒和染色节的正常分布、着丝粒的正常位置等进行比较鉴定。

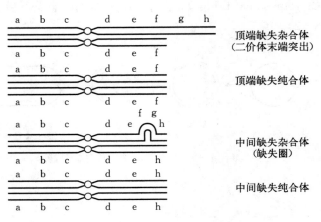

图 8-5　缺失个体的染色体联会示意图

（引自刘庆昌，2010）

细胞学鉴定末端缺失和微小的中间缺失都是比较困难的。若末端缺失的区段较长，缺失杂合体的二价体常出现非姊妹染色单体的末端长短不等的现象（图 8-5）。

（四）缺失的遗传与表型效应

1. 致死或出现异常　染色体某区段的缺失意味着该区段上基因的丢失，导致缺失区段基因控制的生物功能丧失或表现异常。缺失还会导致基因之间相互作用关系与平衡被打破，这对细胞和生物体正常生长发育通常是有害的。

缺失对生物造成的有害程度取决于缺失区段的大小、所载基因的重要性以及属缺失纯合体还是缺失杂合体。一般来说，缺失小片段染色体比缺失大片段对生物的影响小，有时虽不致死，但会产生严重异常。有时缺失的区段虽小，但由于其所载的基因直接关系到生命的基本代谢，导致生物死亡。通常缺失纯合体比缺失杂合体对生物的生活力影响更大。如人类的猫叫综合征（cri du chat syndrome）就是由于 5 号染色短臂缺失所致（图 8-6）。患儿最明显的特征是哭声轻，音调高，常发出咪咪声，并伴有生活力差、智力迟钝等特征，通常在婴儿期和幼儿期死亡。

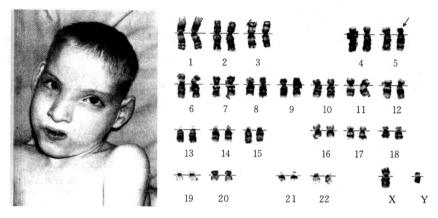

图 8-6　猫叫综合征患者及其核型

（引自 Snustad D P 等，2006）

2. 假显性或拟显性（pseudo dominance）　显性基因的缺失使同源染色体上隐性非致死等位基因的效应得以显现，这种现象称为假显性或拟显性。一个典型的例子是果蝇的缺刻翅（notch），即在果蝇的边缘有刻翅，胸部小刚毛分布错乱。这是由于一条 X 染色体 C 区的 2～11 区域缺失了，缺失的区域除了含有控制翅形及刚毛分布的基因外，还含有控制眼色的基因。

3. 改变基因间的连锁强度　发生染色体中间缺失后，缺失之外的基因相互连接起来，导致原来相距较远的基因连锁强度增加，交换率降低。

（五）缺失的应用

利用缺失造成的假显性现象，可进行基因定位。这种基因定位的方法是：首先使载有显性基因的染色体发生缺失，让它的等位基因有可能表现假显性；其次对表现假显性现象的个体进行细胞学鉴定，发现某染色体缺失了某一区段，就说明该显性基因及其等位的隐性基因位于该染色体的缺失区段上。如人类决定睾丸分化的 Y 染色体性别决定区基因（sex-determining region Y，SRY）就是通过对几例 Y 染色体上某区段缺失而发生性反转的病例研究发现的。此外，缺失也常作为探测某些调控元件和蛋白质结合位点的研究手段。

二、重　复

重复是指一条正常染色体多了与本身相同的某区段（图 8-7）。

（一）重复的类型

按发生的位置和顺序不同，重复可分为以下几种类型。

1. 顺接重复（tandem duplication）　重复区段按原有的顺序相连接，即重复区段所携带的遗传信息的顺序和方向与染色体上原有的顺序相同。

2. 反接重复（reverse duplication）　重复区段按颠倒顺序连接，即重复区段所携带的遗传信息的顺序与染色体上原有的顺序相反。

3. 同臂重复　重复的区段位于同一条染色体臂上。

4. 异臂重复　重复的区段在不同的臂上。

（二）重复产生的原因

重复产生的原因主要有以下几种。

1. 断裂-融合桥的形成 染色体由于断裂而丢失了端粒，可自身连接形成环状染色体，复制后若姊妹染色单体之间发生交换，则在有丝分裂后期可以形成染色体桥。附着在纺锤丝上的着丝粒不断向两极拉动，导致桥的断裂，从而导致染色体的缺失和重复（图8-2）。

2. 染色体扭结 一对同源染色体中的一条若发生扭结和断裂，可能产生反接重复或顺接重复。

3. 不等交换 同源染色体非姊妹染色单体间发生不等交换，会导致染色体的缺失和重复（图8-4）。

（三）重复的细胞学鉴定

可以用检查缺失染色体的方法检查重复染色体。若重复的区段较长，重复杂合体中，重复染色体和正常染色体联会时，重复区段就会被排挤出来，形成一个突出的环或瘤（图8-7）。要注意不能与缺失杂合体的环或瘤混淆。

若重复区段极短，根据对果蝇唾腺染色体的观察，联会时重复区段可能收缩一点，正常染色体在相对的区段可能伸张一点，于是二价体就不会有环或瘤突出，镜检时就很难观察是否发生过重复。

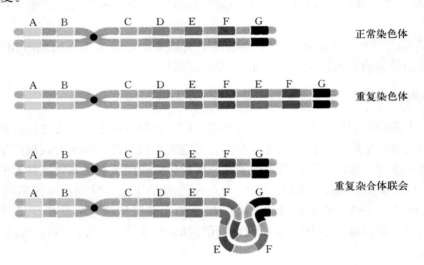

图 8-7　重复染色体和重复杂合体联会示意图
(引自 Pierce B A，2006)

（四）重复的遗传与表型效应

重复对表型的影响主要是扰乱了基因的固有平衡体系。

（1）重复会破坏正常的连锁群，影响固有基因的交换率。

（2）位置效应（position effect）：一个基因随着染色体畸变而改变它和相邻基因的位置关系，引起表型改变的现象称位置效应。重复的发生改变了原有基因间的位置关系。

（3）剂量效应（dosage effect）：由于基因数目的不同，而表现出不同的表型差异称为剂量效应。果蝇棒眼遗传是剂量效应的一个典型例证（图8-8）。野生型果蝇复眼大约由779个小眼组成，眼面呈椭圆形。X染色体16A区重复具有降低复眼中小眼数量、使眼面呈棒眼（Bar）的效应。用 B^+ 表示野生型 X 染色体 16A 区、B 表示 16A 区重复、B^D 表示 3 个

16A区，各种基因型及对应眼型如图8-8所示。杂合棒眼（B^+B）小眼数约为358个，复眼眼面减小，近似粗棒状；纯合棒眼（BB）小眼数约为68个，眼面呈棒状；杂合双棒眼（B^+B^D）小眼数仅为45个，眼面进一步减小。

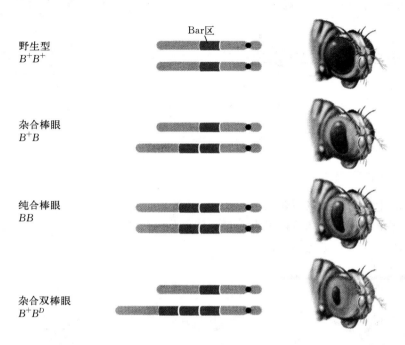

图 8-8　果蝇 X 染色体 16A 区段的遗传效应
（引自 Pierce B A，2006）

（4）表型异常：重复对生物的发育和性细胞生活力也有影响，但比缺失的损害轻。如果重复的基因或产物很重要，就会引起表型异常。

（5）对生物进化的影响：重复在物种进化上具有重要意义。就整个进化趋势而言，生物从低等到高等，从简单到复杂，基因组 DNA 的含量由少到多，而重复是增加基因组含量的重要途径。

（五）重复的应用

1. 研究位置效应　细胞学研究中，可利用重复来对某一染色体进行标记。

2. 固定杂种优势　对于一个杂合体 Aa 来说，形成配子时，A 和 a 发生分离，不能真实遗传。如果通过不等交换或基因工程获得了顺式，则 A 和 a 就不会分离，杂种优势得以固定，但这只能用于单基因控制的性状，而不能用于数量性状。

三、倒　　位

倒位是指一条染色体上某区段的正常排列顺序发生了 180°的颠倒（图 8-9）。

（一）倒位的类型

按照倒位区段是否包含着丝粒，可分为以下 2 种类型。

1. 臂内倒位（paracentric inversion）　指倒位的区

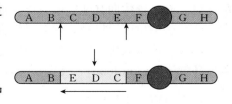

图 8-9　倒位染色体示意图
（引自 Snustad D P 等，2006）

段内不含着丝粒（图8-10a）。

2. 臂间倒位（pericentric inversion） 指倒位的区段内包含着丝粒（图8-10b）。

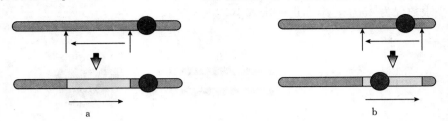

图8-10 臂内倒位和臂间倒位示意图

a. 臂内倒位 b. 臂间倒位

（引自 Snustad D P 等，2006）

（二）倒位产生的原因

倒位产生的主要原因有以下两方面。

（1）染色体扭结、断裂和重接可引起染色体倒位（图8-11）。

（2）转座因子可引起染色体倒位。

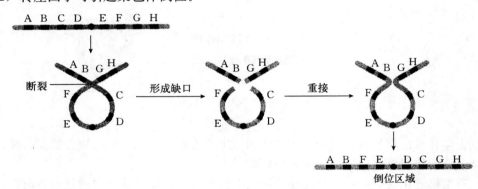

图8-11 染色体扭结形成的倒位示意图

（引自 Klug W S，2002）

（三）倒位的细胞学鉴定

倒位通常不导致染色体片段的增加或减少，因此不会改变整条染色体的长度。臂内倒位不会改变染色体两臂的相对长度。如果臂间倒位涉及两条臂的倒位区段不等长，倒位染色体与正常染色体就产生臂比差异。

1. 倒位纯合体 倒位纯合体在有丝分裂与减数分裂过程中均不会表现明显的细胞学异常特征，只是倒位区段的基因与连锁群中其他基因的交换率发生了改变。

2. 倒位杂合体 根据倒位杂合体在减数分裂时的联会可鉴别是否发生了倒位。

（1）若倒位区段过长，倒位的染色体可能翻转过来，使倒位区段与正常染色体的同源区段配对，而二价体的其他区段只能保持分离（图8-12a）。

（2）若倒位区段极短，联会时常常在倒位的区段不能配对，形成疏松区（图8-12b）。

（3）若倒位区段不长，则倒位染色体与正常染色体联会的二价体就会在倒位区段内形成倒位环（inversion loop），使倒位区段与非倒位区段都能够联会（图8-12c）。

（四）倒位的遗传与表型效应

1. 改变连锁基因的交换率 倒位引起基因重排，使倒位区段内和倒位区段外的基因之

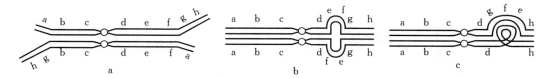

图 8 - 12 倒位杂合体联会示意图
a. 倒位区段过长（b~f 区段倒位） b. 倒位区段较短（ef 区段倒位） c. 形成臂内倒位圈（efg 区段倒位）
（引自刘庆昌，2010）

间交换率发生改变。

2. 遗传性状的改变 倒位除断裂点涉及的基因外，并不改变其他基因的结构，也不发生基因丢失。因此，如果断裂点不破坏重要基因，通常不会对细胞或生物体的生活力造成严重损害，含有完整倒位染色体的配子也是可育的。但对一些重要基因被破坏的倒位纯合体动物来说常常是致死的。

倒位改变基因之间固有的相邻关系，导致某些基因的调控方式发生根本性变化，可能使正常表达的基因被迫关闭，也可能使原来关闭的基因被激活，从而造成遗传性状的改变。

有些倒位是属于正常调控的，如 Mu 噬菌体中 G 片段的倒位和沙门氏菌中的相转变（phase variation）。

3. 对生物进化的影响 倒位杂合体互交产生倒位纯合体，这些个体与原来正常的个体不能进行有性繁殖，形成生殖隔离，往往会形成新的物种。研究表明，某些物种之间的差异常常是由于一次或多次倒位造成的。因此，倒位是生物进化的重要途径之一。

（五）倒位的应用

由于倒位能抑制重组，人们就利用此特点将它应用于突变检测和致死品系的建立与保存上。如两个不同的致死基因反式排列在一对同源染色体上，无需选择就能保持真实遗传，使致死品系得以保存。

四、易　　位

易位是指两对非同源染色体间某区段的转移。

（一）易位的类型

1. 相互易位（reciprocal translocation） 相互易位是指两条非同源染色体相互交换了一段染色体片段（图 8 - 13a），是易位最常见的形式。相互易位有 2 种：①发生易位的两条染色体都含有着丝粒，称为对称型相互易位。这种易位虽有染色体的重排，但对整个配子而言，基因组仍保持完整，没有重复和缺失。②易位后产生双着丝粒染色体和无着丝粒染色体的片段，后者可形成微核或丢失，称为非对称型相互易位。

相互易位和基因交换存在本质区别，虽然二者都是染色体片断的转移，但前者发生在非同源染色体之间，后者则发生在同源染色体之间。

2. 单向易位（simple translocation） 单向易位是指一条染色体的某区段单一地结合到另一非同源的染色体上（图 8 - 13b）。单向易位较少见。

3. 罗伯逊易位（Robertsonian translocation） 罗伯逊易位也指着丝粒融合，是由两个非同源的端着丝粒染色体或近端着丝粒染色体的着丝粒融合，形成一个大的中或近中着丝粒染色体（图 8 - 14）。

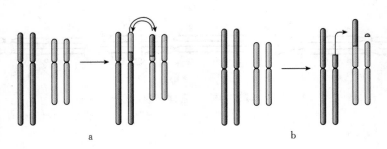

图 8－13　相互易位和单向易位示意图
a. 相互易位　b. 单向易位
（引自 Fairbanks D J 等，1999）

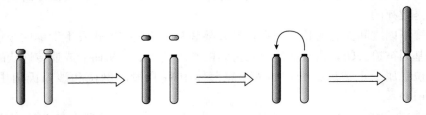

图 8－14　罗伯逊易位示意图
（引自 Fairbanks D J 等，1999）

（二）易位产生的原因

断裂非重建性愈合和转座因子的作用均可产生易位。

（三）易位的细胞学鉴定

可根据杂合体在减数分裂过程中的一系列细胞学特征对易位进行细胞学鉴定。

1. 单向易位　单向易位杂合体在减数分裂同源染色体联会时，易位片段呈现游离端，识别方法简单容易。

2. 相互易位　相互易位杂合体联会时较为复杂，表现为两对非同源染色体交替、相间地联会在一起，形成典型的十字形结构（图 8－15）。减数分裂后期 I 可能会出现两种分离情况：一种是交互分离（alternate segregation），即十字配对中不相邻的染色体同趋一极，结果形成 8 字形的四体环；另一种是邻近分离（adjacent segregation），即十字配对中相邻的两条染色体同趋一极，形成一个大环结构。

（四）易位的遗传与表型效应

1. 改变正常的连锁群　易位可使两个正常的连锁群改组为两个新的连锁群，是生物进化的一种重要途径。

2. 位置效应　易位与倒位类似，一般不改变基因的数目，只改变基因原来的位置。若位于常染色质的基因经过染色体重排转移到异染色质附近区域，该基因就不能表达出相应的表型。如控制果蝇红眼基因 W^+ 易位到异染色质区域则不能产生红色，而大部分细胞仍然是正常的，出现红白相间的复眼。

3. 基因重排导致癌基因的活化，产生肿瘤　在动物和人类的 B 细胞和 T 细胞中，已经鉴别出一些由于易位而形成的新的癌基因。有时易位会形成一种融合基因，导致存在两种潜在的致癌性：①易位原癌基因的一部分和其他部分相脱离，可能因摆脱某种控制而被激活。

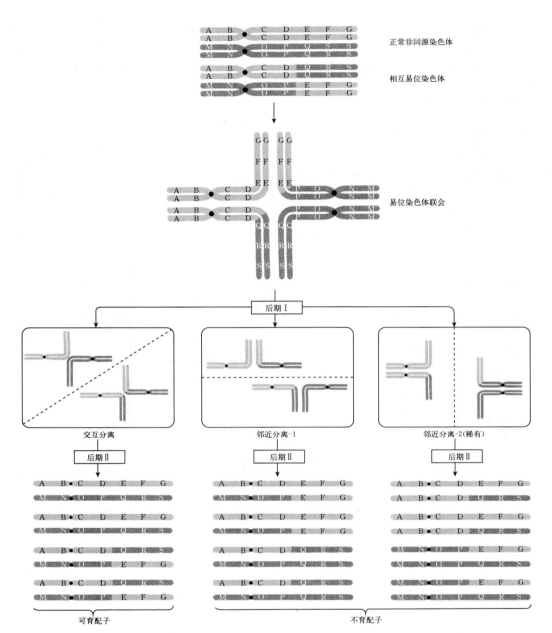

图 8-15　相互易位的两对非同源染色体的联会配对与 3 种分离方式示意图

（引自 Pierce B A，2006）

②易位后与癌基因融合的另一个基因的部分顺序可能有正调节功能，如增强子，结果增强了癌基因的表达。

4. 假连锁（pseudolinkage）现象　相互易位杂合体在减数分裂时，如果以交互分离产生配子，往往是未易位的染色体趋向一极，易位的染色体趋向另一极，产生染色体正常的配子和平衡易位的配子，形成假连锁。平衡易位虽有染色体重排，但对整个配子来说，基因组仍保持完整，没有重复和缺失。若无位置效应及重排则无严重影响，配子是可育的。如果以邻近分离产生配子，无论邻近分离-1，还是邻近分离-2，这两种情况所产生的配子都存在缺失和重复，皆不可育。由于自由组合产生的重组类型只存在于邻近分离中，而邻近分离产生的配子不育性，所以，重组类型都不会出现在后代中。这样原来不连锁的基因总是同时出现在一个配子中，似乎是连锁的，故称其为假连锁。

5. 导致动物繁殖机能和生产性能下降 易位可引起动物一系列机能和生产性能的降低。已发现多种易位类型，如牛的 2/4、13/21、1/25、3/4、5/21、27/29、1/29 等罗伯逊易位，其中 1/29 易位个体在瑞典红白花牛群中占 13%～14%，造成牛繁殖力下降 6%～13%。

（五）易位的应用

在动物中，易位可用于育种。养蚕业中，雄蚕的吐丝量比雌蚕高 20%～30%，并且丝质量好，因而饲养雄蚕的经济效益高。但大规模雌雄鉴别是很困难的。因此，遗传学家通过 X 射线处理蚕蛹，使其第 2 号染色体上载有斑纹基因的片段易位于决定雌性的 W 染色体上，成为伴性基因。易位雌性个体（斑纹）与任何雄性个体（白色）杂交，后代雌蚕都有斑纹，雄蚕均为白色，在幼虫期即可鉴别雌雄。

此外，易位染色体的鉴定对人类某些疾病的诊断是有价值的。

第二节 染色体数目的变异

动物正常的体细胞通常具有完整的两套染色体，即两个染色体组，是二倍体（$2n$）生物。在动物细胞中每一种同源染色体之一构成的一套染色体，称为一个染色体组（genome）。一个染色体组上带有一套相应的基因，称为一个基因组（genome）。一个染色体组包含的所有染色体，在形态、结构和基因群彼此不同，它们构成了一个完整而协调的体系，维持基本生命活动。缺少其中任何一条都会造成生物体的性状变异、不育、甚至死亡。

染色体数目的变异是指染色体数目发生不正常的变化，可分为整倍体变异、非整倍体变异和嵌合体。表 8-1 综合了染色体数目变异的各种常见类型。

表 8-1 常见染色体整倍体和非整倍体变异类型

类型		名称	符号	染色体组
染色体数目	整倍体	单倍体	n	(ABCD)
		二倍体	$2n$	(ABCD)(ABCD)
		多倍体 三倍体	$3n$	(ABCD)(ABCD)(ABCD)
		同源四倍体	$4n$	(ABCD)(ABCD)(ABCD)(ABCD)
		异源四倍体	$4n$	(ABCD)(ABCD)(A′B′C′D′)(A′B′C′D′)
	非整倍体	单体	$2n-1$	(ABCD)(ABC)
		缺体	$2n-2$	(ABC)(ABC)
		多体 三体	$2n+1$	(ABCD)(ABCD)(A)
		双三体	$2n+1+1$	(ABCD)(ABCD)(ABCD)(AB)
		四体	$2n+2$	(ABCD)(ABCD)(AA)

一、整倍体变异

整倍体变异是指染色体数目的变化是以染色体组为单位成倍地增加或减少。整倍体

（euploid）是指含有完整染色体组的细胞或生物。整倍体包括一倍体（monoploid）、单倍体（haploid）、二倍体（diploid）和多倍体（polyploid）。多倍体又包括三倍体（triploid）、四倍体（tetraploid）、五倍体（pentaploid）、六倍体（hexaploid）等。

（一）一倍体和单倍体

含有一个染色体组的细胞或生物称为一倍体（X）。含有配子染色体数目的细胞或生物称为单倍体（n）。二倍体动物的单倍体和一倍体是相同的，都含有一个染色体组，X 和 n 可以交替使用。而在某些植物中，X 和 n 的意义是不同的，如小麦的异源六倍体，有 42 条染色体，6 个染色体组，而配子染色体数为 21 条，即 $2n=6X=42$。

在动物中只有极少数物种中存在单倍体。如蜜蜂、黄蜂、蚊和蚁中的雄性是通过孤雌生殖由未受精的卵发育而成的，它们是单倍体，也是一倍体，有正常的生活能力。大部分物种的一倍体是不正常的，在自然群体中很少产生这种异常的个体。

在植物中，单倍体可自发产生，也可通过花粉或花药培养而人工获得。自然界中单倍体出现的频率很低，通常只有 $0.002\% \sim 0.02\%$，特殊情况下也不超过 $1\% \sim 2\%$。单倍体较二倍体亲代矮小细弱，且高度不育。

单倍体高度不育的原因是由于减数分裂时没有同源染色体配对，染色体随机地分配到子细胞中，结果形成的配子几乎都是染色体不平衡的。若某生物单倍体染色体数为 30，那么所有染色体都趋向一极，即产生完整、可育配子的概率为 $(1/2)^{30}$，几乎为零。

（二）多倍体

具有两个以上染色体组的细胞或个体称为多倍体。含有三个染色体组的称三倍体，含有四个染色体组的称四倍体，即含有几个染色体组就称几倍体。根据组成多倍体的染色体组的来源，可将多倍体分为同源多倍体（autopolyploid）和异源多倍体（allopolyploid）。

1. 同源多倍体 同源多倍体是指含有两个以上染色体组且来自同一物种的细胞或生物。自然界中最常见的是同源三倍体和同源四倍体。

减数分裂的正常进行是物种能否在自然条件下保持和繁衍的基础。染色体在减数分裂时联会呈多价体（multivalent）是同源多倍体的细胞学特征。2 条同源染色体相互配对，联会在一起，称二价体（bivalent）；3 条同源染色体配对称三价体（trivalents）；4 条同源染色体配对称四价体（quadrivalent）；以此类推；而不配对的单条染色体称单价体（univalent）。

（1）同源三倍体：三倍体通常是由同源四倍体和二倍体自然或人工杂交而产生。其特点是不育，这是由于同源三倍体可能有 2 种联会形式：一是 3 条染色体都参与联会，形成三价体；二是 3 条染色体中有 2 条联会成二价体，另 1 条不参与联会，成为单价体。减数分裂后期 I 有可能以 2/1 式不均衡分离，也有可能单价体消失在细胞质中，而二价体则以 1/1 式均衡地分向两极。只有每种同源染色体中每条染色体都同趋向某一极，才能产生可育配子，而这种配子的产生概率为 $(1/2)^{X-1}$。

（2）同源四倍体：同源四倍体是同源多倍体中最常见的一种。在减数分裂联会时主要形成一个四价体或两个二价体，也可以形成一个三价体和一个单体或一个二价体和两个单价体。两个二价体的配对形式必然是 2/2 式分离，一个四价体也主要是 2/2 式分离。所以同源四倍体配子大部分是可育的。同源多倍体因为具有多套染色体，植株高大，细胞、花和果实都比二倍体要大。

多倍体物种在植物界是常见的。据估计，高等植物中多倍体物种占 65% 以上，禾本科植物中约占 75%。由此可见，多倍体的形成在物种进化中具有重要作用。

多倍体物种在动物中十分罕见，但在扁形虫、水蛭和海虾中都有发现。除了在低等动物中发现多倍体外，鱼类、两栖类和爬行动物中也存在多倍体。它们有多种繁殖方式，如多倍体蛙和蟾蜍的雌雄个体可进行有性生殖，而多倍体的蝾螈和蜥蜴是进行孤雌生殖。三倍体的牡蛎比相应二倍体具有更高的商业价值，二倍体在产卵季节时味道不好，而三倍体是不育，一年四季味道鲜美。

2. 异源多倍体 异源多倍体是指含有两个以上染色体组且来自于不同物种的细胞或生物。它可由两个不同物种的二倍体生物杂交，其杂种再经染色体加倍而获得。如 $A_1A_2B_1B_2\cdots T_1T_2$ 加倍后成为 $A_1A_1A_2A_2B_1B_1B_2B_2\cdots T_1T_1T_2T_2$。

自然界中能够自繁的异源多倍体几乎都是偶倍数的。在这一类多倍体中，同源染色体都是成对的，在减数分裂时可以像正常二倍体那样联会，形成二价体和正常的配子，表现出与二倍体相同的遗传规律，从而保证了物种的生存和繁衍。

奇倍数的异源多倍体一般是由不同偶倍数的异源多倍体杂交而成，含有奇数个染色体组。减数分裂时由于产生的配子染色体数及其组合成分不平衡，导致奇倍数的异源多倍体很难在自然界存在，除非可以无性繁殖。

3. 多倍体的产生途径 多倍体形成的主要途径有两条：一是生物体偶然形成未减数配子，未减数的配子受精结合形成多倍体；二是体细胞染色体数加倍。多倍体不仅可以自然发生，也可以通过各种途径人工创造。一般认为，多倍体的自然发生主要是通过第一条途径，人工创造多倍体则主要通过第二条途径。

（三）整倍体变异在育种上的应用

1. 染色体加倍的多倍体育种 因为多倍体适应性强、耐寒性好，异源多倍体又表现杂种优势，繁殖力强，所以产生多倍体已成为育种的一个方向。目前，在鱼、虾、贝等海洋生物中已采用此法开展育种。

2. 二倍体染色体数减半的单倍体育种 单倍体育种实际上是一种直接选择配子的方法。它能提高纯合基因型的选择概率，而且需要改良的基因越多，选择效率越高，因为不存在等位基因的显隐性关系，故便于淘汰不良隐性基因。

二、非整倍体变异

非整倍体变异是指在正常二倍体的基础上发生个别染色体的增减现象。非整倍体（aneuploid）是指细胞中含有不完整染色体组的生物。通常把染色体数少于 $2n$ 者称为亚倍体，把染色体数多于 $2n$ 者称为超倍体。非整倍体是多种多样的，按其变异类型可分为单体（monosomy）、缺体（nullsomy）和多体（polysomy）。

（一）单体

单体是指二倍体染色体组丢失一条染色体的生物个体，用 $2n-1$ 表示。虽然丢失染色体的同源染色体存在，但单体仍出现异常特征：①染色体的平衡受到破坏。②某些基因产物的剂量减半，有的会影响性状的发育。③随着一条染色体的丢失，其携带的显性基因随之丢失，非致死的隐性等位基因得以表达。

单体在人类和动物中都存在，如人类 45，XO 和牛 59，XO 等，均表现先天性卵巢发育不全。常染色体单体一般导致胚胎早期死亡。在动物中也有些单体是正常的，而单体染色体主要是性染色体。如许多昆虫（蝗虫、蟋蟀、某些甲虫）的雌性为 XX 型（$2n$），雄性为 XO 型（$2n-1$）。

（二）缺体

缺体是指二倍体染色体组丢失一对同源染色体的生物个体，也称为零体，用 $2n-2$ 表示。由于丢失的染色体上带有的基因是别的染色体所不具有的，无法补偿其功能，故一般是致死的。但在异源多倍体植物中常可成活，但一般弱小，且不育。

（三）多体

多体是二倍体染色体增加了一条或多条染色体的生物个体的统称。依据染色体增加数量的不同，多体可分为以下几种类型。

1. 三体（trisomy） 三体是指多了某一条染色体的生物个体，即有一对染色体成了三倍性的个体，用 $2n+1$ 表示。在植物中，三体的细胞内多了一条染色体，往往表现剂量效应。在动物中，三体一般表现为生活力不稳定、成活率低，很多情况下是不育的。在人类中常见的常染色体三体有：21-三体，即 Down 氏综合征；18-三体，即 Edward 综合征；13-三体，即 Patau 综合征。人类中也存在性染色体三体，如 47，XXX；47，XXY；47，XYY 等个体，表现为先天性卵巢发育不全综合征和先天性睾丸发育不全综合征。

2. 双三体（double trisomy） 双三体是指增加了两条不同染色体的生物个体，即有两对染色体成了三倍性的个体，用 $2n+1+1$ 表示。

3. 四体（tetrasomy） 四体是指某对染色体多出两条的生物个体，即有一对染色体成了四倍性的个体，用 $2n+2$ 表示。

（四）非整倍体变异的应用

非整倍体本身并没有任何直接的实用价值，但可以用它间接地进行许多有实用价值的工作。如单体、缺体、三体都可用于基因的染色体定位以及有目标地进行染色体的替换。

三、嵌 合 体

生物中，除存在整倍体变异和非整倍体变异外，嵌合体也很常见。嵌合体（genetic mosaic）是指含有两种以上染色体数目或类型细胞的个体，如 $2n/2n-1$、XX/XY、XO/XYY 等。将含有雌雄两种细胞类型的称为雌雄嵌合体或两性嵌合体。

在人类，XX/XY 两性嵌合体既具有男性的睾丸，又具有女性的卵巢。这种 XX/XY 嵌合体可能是两个受精卵融合的结果。XO/XYY 嵌合体，可能是在 XY 合子发育早期，在有丝分裂中两条 Y 染色体没有分离，同趋一极，而另一极缺少了 Y 染色体。这样一个子细胞及其后代为 XYY，另一个子细胞及其后代为 XO。这种个体的表型性别取决于身体的某一组织的细胞类型是 XYY 还是 XO。如果不是在受精卵一开始分裂就产生染色体不分离，就可能产生三种类型的嵌合体 XY/XO/XYY。XO/XY 嵌合体，可能是 XY 合子在发育早期的有丝分裂中丢失了一条 Y 染色体所致。

在动物中也存在嵌合体。在牛中广泛存在着 60，XX/60，XY 的细胞嵌合体，这种核型多见于异性双胎的母犊。母犊长大后不发情，卵巢退化，子宫和外生殖器官都发育不全，外形有雄性表现，称为自由马丁；而公犊的核型和发育正常。在黄牛中还发现了二倍体/五倍体（$2n/5n$）的嵌合体。这种牛一般外形正常，发育良好，性器官外观正常，但无生育能力。在我国滩羊中，发现了二倍体/四倍体、二倍体/五倍体的嵌合体类型。

四、染色体数目变异产生的机制

引起染色体数目变异的原因主要有：①染色体分裂，细胞没有分裂，造成染色体数目成套地增加，即多倍体的变异。②个别染色体发生不正常的分裂，造成姊妹染色单体没有分离，从而形成不正常的配子，交配后形成不同的超倍体和亚倍体。

思考题

（1）假定果蝇中有按下列顺序连锁的 6 个基因：$a-b-c-d-e-f$。将果蝇 $abcdef/abcdef$ 与野生型果蝇杂交，大约一半的后代表现出完全的野生型表型，另一半后代呈现出 de 的隐性表型。请解释该实验结果。

（2）利用缺失进行基因定位的原理是什么？并举例说明。

（3）缺失和重复纯合体往往导致个体生活力降低或死亡，而倒位纯合体则常常是正常的，为什么？

（4）请确定如下 3 对同源染色体（"·"代表着丝粒）各发生了怎样的遗传改变。它们各自联会的细胞学形态如何？

①a·def　abc·def；②abc·de　abc·dbcde；③abc·def　ade·bcf。

（5）简述重复、倒位和易位在生物进化中的意义。

（6）现有物种 A 和物种 B，染色体数分别为 $2n=64$ 和 $2n=62$。问：①子一代个体的染色体数是多少？是否可育（解释原因）？②若不可育，如何才能得到可育后代？可育后代的染色体数是多少？

（7）举例说明染色体结构和数目的变异如何应用于育种中。

CHAPTER 9

第九章 基因突变

　　突变（mutation）一词是荷兰 De Vris 首先提出来的。他对月见草进行研究，在月见草中发现变异，于是把基因型的大而明显的改变现象称为突变，并于 1901—1903 年发表了《突变学说》。1910 年摩尔根首先肯定了基因突变（gene mutation），例如果蝇由红眼到白眼的突变。突变可以自发产生，也可以诱发产生。具有某种新的基因型的细胞或个体常具有某种突变表型，这种携带有突变基因的细胞或个体就称为突变体（mutant），而没有突变的细胞或个体称为野生型（wild‐type）。人类利用基因突变曾经育成不少品种，至今仍继续利用。但是自然突变出现的频率较低，远不能满足育种工作的需要。人们可在理化因素作用下人工诱发基因突变，创造育种材料。

第一节　基因突变的特征与分类

　　基因突变的发生和脱氧核糖核酸的复制、DNA 损伤修复、癌变和衰老等都有关系，基因突变也是生物进化的重要因素之一，所以研究基因突变除了本身的理论意义以外，还有广泛的生物学意义。

一、基因突变的概念

　　突变是指生物遗传物质结构的改变。广义的突变包括基因突变和染色体畸变，狭义的突变专指基因突变。染色体畸变和基因突变的界限并不明确，尤其是微细的畸变。基因突变的本质是由于碱基的替换、增加或缺失造成 DNA 分子碱基序列的改变，所以基因突变亦称点突变（point mutation）。突变前的基因（野生型）与突变后的基因（突变型）形成相对性关系，使得原基因决定的性状（野生型）发生变异，出现突变型。如红花基因 R（野生型）突变为 r（突变型）后，其花色就由红花（野生型）变为白花（突变型）。

　　基因突变是在基因水平上遗传物质发生可检测的、能遗传的改变，不包括遗传重组。基因重组与基因突变在性状表型上有相似之处，但二者之间有本质区别。基因重组是原有基因之间关系的改变，基因突变则是基因内部发生的质变。基因突变的结果就是从一个基因变成它的等位基因，继而能产生新的基因型。因此，基因突变是生物变异（出现多样性）的根本原因，是生物进化的主要因素。DNA 的复制错误、化学损伤以及辐射、化学诱变剂等都可能引发基因突变。

二、基因突变的特征

突变总是不断地发生，突变体的表型多种多样，难以预料。但基因突变作为生物变异的一个重要来源，无论是真核生物还是原核生物的突变，也不论是何种类型的突变，都会表现出一定的规律，主要有以下一些特征。

（一）普遍性

基因突变在生物界是普遍存在的，无论是低等生物还是高等动植物以及人类，都可能发生基因突变。例如，果蝇的白眼、残翅，家鸽羽毛的灰红色，禽类的无毛，羊的短腿，牛的无角，棉花的短果枝，水稻的矮秆、糯性，人的色盲、糖尿病、白化病等，都是基因突变所致。

（二）重演性

基因突变的重演性是指突变可以在同种生物的不同个体间多次发生，即相同的突变在同种生物的不同个体、不同时间、不同地点重复地发生和出现。例如果蝇白眼突变，多个雌雄果蝇发生白眼突变后，通过选育即育成了白眼品系；有角海福特牛群中，同时发生几头无角突变体，便育成了无角海福特牛品系；短腿安康羊也是由正常羊发生多个短腿突变体选育而成的。

（三）可逆性

基因突变的可逆性是指突变可以从一种性状突变成为另外一种相对性状，又可以从另外的相对性状突变回原来的性状。即基因可以在显性基因和隐性基因之间来回变异，即 $A \rightleftarrows a$。通常把原始的野生型基因变异成为突变型基因的过程称为正向突变（forward mutation），相反的过程称为反向突变（back mutation）或回复突变（reverse mutation）。实验证明，任何遗传性状都可发生正向突变和回复突变。在自然界中，通常正向突变发生的频率（u）大于反向突变频率（v）。

突变的可逆性是区别基因突变和染色体微小结构变异的重要标志。染色体微小结构变异可能产生与基因突变相似的遗传行为，但它们一般不可逆，其结构和功能不能回复。

（四）随机性

基因突变的随机性是指基因突变可发生在生物世代的任何一个时期或任何一种细胞。

从突变发生时期和部位来看，基因突变是随机发生的，它可以发生在生物个体发育的任何时期和生物体的任何细胞，既可以在配子期发生，也可以在合子期、胚胎期、幼龄期和成熟期的体细胞中发生。配子期发生的突变称为生殖细胞突变（germinal mutation），如果突变的生殖细胞参与受精，突变基因就可以传递给子代。合子期以后发生的突变称为体细胞突变（somatic mutation），突变的结果是使该个体成为嵌合体。成熟个体的体细胞突变，不能通过有性生殖传递突变基因，而植物的体细胞突变通过产生芽变的枝条开花授粉，可以将突变基因传递给后代。基因突变的随机性表现的另一个方面是突变的无目的性和不确定性。可以通过筛选来得到所需要的突变体，但不能确定该突变是否一定会发生。例如细菌对抗生素的耐药性突变并不是在使用抗生素之后才发生的，而是在使用抗生素之前，产生耐药性的突变体能够存活下来，并且在药物的选择压力下，从少数逐渐成为优势菌系。

从突变发生的频率看，基因突变的发生又是非随机的，不同生物或同一物种不同基因的突变率有很大差异，同一基因的突变频率则相对稳定（表9-1）。

表 9-1　几种生物不同基因的自然突变率

（引自杨业华，2001）

生　物	突变体表型	基　因	突变率	单　位
大肠杆菌 (E. coli)	乳糖发酵	$lac^+ \to lac^-$	2×10^{-6}	每次细胞分裂（每个细胞世代）
	乳糖发酵	$lac^- \to lac^+$	2×10^{-7}	
	需组氨酸	$his^+ \to his^-$	2×10^{-6}	
	不需组氨酸	$his^- \to his^+$	4×10^{-8}	
肺炎双球菌 (Diplococcus pneumoniae)	青霉素抗性	$pen^s \to pen^r$	1×10^{-7}	每次细胞分裂（每个细胞世代）
	肌醇需求性	$inos^s \to inos^-$	8×10^{-8}	
果蝇 (D. melanogaster)	黄体	$Y \to y$	1.2×10^{-4}	每个配子世代
	白眼	$W \to w$	4×10^{-5}	
	黑檀体	$e^+ \to e$	2×10^{-5}	
	无眼	$eg^+ \to eg$	6×10^{-5}	
小鼠 (Mus musculus)	浅色皮毛	$d^+ \to d$	3×10^{-5}	每个配子世代
	粉红色眼	$p^+ \to p$	3.5×10^{-6}	
	白化	$c^+ \to c$	1.022×10^{-5}	
人 (Homo sapiens)	血友病	$h^+ \to h$	2×10^{-5}	每个配子世代
	视网膜色素瘤	$R^+ \to R$	2×10^{-5}	
	软骨发育不全	$A^+ \to A$	5×10^{-5}	

性细胞的突变率高于体细胞的突变率，这是因为生殖细胞在减数分裂末期对外界环境条件比较敏感，且一旦发生了突变就可通过受精作用直接传递给后代。而体细胞则不然，突变了的体细胞往往生活力不如正常体细胞，在其生长过程中受到抑制或最终消失。要保留体细胞突变，需即时将其从母体上分割下来加以无性繁殖，或设法使其产生性细胞，再经有性繁殖将突变传递给后代。许多植物的芽变就是体细胞突变的结果，如著名的温州早桔就是由温州蜜橘的芽变培育而成。一般来说，在生物个体发育过程中，基因突变发生的时期越迟，生物体表现突变的部分就越少。例如，植物的叶芽如果在发育的早期发生基因突变，那么由这个叶芽长成的枝条，上面着生的叶、花和果实都有可能与其他枝条不同；如果基因突变发生在花芽分化时，那么，将来可能只在一朵花或一个花序上表现出变异。

（五）多方向性

基因突变的多方向性是指一个基因可以突变成它的不同的复等位基因，如 A 可以突变成 a_1，a_2，a_3，…，a_n，它们的生理和性状表现各不相同，在遗传上具有对应关系，即称为复等位基因。复等位基因的产生，是由突变的多方向性造成的。例如人类的 ABO 血型就是受同一基因座位上的三个复等位基因控制的。虽然我们不能确定 i、I^A、I^B 这三个复等位基因哪一个是野生型基因，但是这三个复等位基因存在的现象一定是多方向突变的结果。

（六）低频率性

基因突变的低频率性又称稀有性。自发突变发生的频率很低，一般为 $10^{-9} \sim 10^{-6}$。

人们常使用突变率（mutation rate）和突变频率（mutation frequency）试图对突变的发生进行量化。突变发生的频率简称突变率。突变率是指在单位时间内某种突变发生的概率，即每代每个基因的突变概率；突变频率是指在一个群体中某种突变产生的突变体占群体总数的比率，一般指每 10 万个生物中突变体的数目，或每 100 万个配子中突变的数目。基因突变在自然界是普遍存在的，但在自然条件下突变发生的频率很低，而且随生物的种类和基因不同而差异很大。如在人类中为 $10^{-4} \sim 4 \times 10^{-6}$，在高等动、植物中为 $10^{-5} \sim 10^{-8}$，在果蝇中为 $10^{-4} \sim 10^{-5}$，在细菌中为 $10^{-4} \sim 10^{-10}$。自发突变率也受到生物遗传特征的影响，比如在雄性和雌性果蝇中相同性状基因的突变率却不同。

（七）自发性与可诱变性

各种基因的突变都可以在没有任何人为诱变因素的作用下自发产生，这就是基因突变的自发性。但通过人为的诱变剂作用可以将基因突变率提高 $10 \sim 10^5$ 倍，这就是基因突变的可诱变性。因为诱变剂仅仅是提高突变率，所以自发突变与诱发突变所获得的突变体没有本质区别。

（八）独立性

某一基因座上的某一等位基因发生突变时不影响其他等位基因，称为基因突变的独立性。如一对显性基因 AA 中的一个 $A \to a$，另一个 A 基因仍保持显性而不受影响。例如巨大芽孢杆菌（*Bac. megaterium*）抗异烟肼的突变率是 5×10^{-5}，而抗氨基柳酸的突变率是 1×10^{-6}，对两者双重抗性突变率是 8×10^{-10}，与两者的乘积相近。

（九）有害性与有利性

对一个物种而言，任何一种能增强适应环境、提高其生存竞争能力、提高其繁殖后代能力的突变都是有利的，反之则是有害的。大多数基因的突变，对生物的生长和发育往往是有害的，如导致生活力、生殖能力降低等。因为任何一种生物都是经过长期自然选择、进化的产物，其遗传物质及其控制下的代谢过程以及它们与环境条件之间都已达到了相对平衡和高度协调的状态，一旦某基因发生突变，原有的协调关系难免遭到破坏或削弱，生物赖以生存的正常代谢关系就会被打乱，从而引发不同程度的有害后果。一般表现为生育反常，极端的有害突变可导致有机体的死亡，例如人类的白化病和镰形细胞贫血症都是基因突变有害性的例证，两者的差别在于白化病可直接观察到表型的改变，镰形细胞贫血症则只能在细胞水平上鉴别。基因突变最严重的危害就是导致突变细胞或个体的死亡，即致死突变。如家鼠的黑毛基因 a 突变为黄毛基因 A^Y、人类的致死视网膜色素瘤都属于致死突变。

也有少数突变对生物是有利的，如植物的抗倒伏性、早熟性、抗病性、耐旱性等突变。基因突变的有利性是指基因突变能创造新的基因型，增加生物的多样性，为育种工作提供更多的素材。同时，突变加选择还可以促进生物的进化。例如小麦粒色的改变，这种突变称为中性突变，其为物种在进化过程中对环境的适应提供了潜在的可能性。

基因突变的有害性和有利性是相对而言的，对人类的需要和生物体本身有时是不一致的。有的突变对生物体本身有利，但对人类却不利，如谷类作物的落粒性；而有些突变对生物体本身不利，但对人类有利，如植物的雄性不育突变对于突变种系来说不利，但遗传育种家正好利用这种突变，无需除去雄性的花粉，用另一正常品种花粉为雄性不育株授粉杂交，得到杂种一代，生产上利用其杂种优势，提高农作物的产量或改进品质。我国杂交水稻的应用就是一个成功的范例。相关例子还包括羊的短腿突变（安康羊）、牛的无角突变（无角牛）、禽类的无毛突变等。

（十）平行性

基因突变的平行性是指亲缘关系相近的物种因遗传基础较近似而发生相似基因突变的现象。据突变的平行性，如果了解到一个物种或属内具有哪些突变类型，即可预见同属不同种或亲缘属的其他生物物种中也同样存在相似的突变。例如哺乳动物牛、马、兔、猴、狐都发现白化基因；矮化基因在马、牛、猪等动物中都有发生，形成了矮马、小牛及小型猪的个体；小麦有早熟、晚熟的变异类型，属于禾本科的其他物种如大麦、黑麦、燕麦、水稻、玉米、冰草等同样存在这些变异类型，这些都是突变平行性的表现。

了解突变的这一特征对人类健康也极为有利。已知猴子与人都属于灵长类物种，若某种物理或化学物质可使猴子产生癌症，那么对人类同样可产生类似的诱变作用，我们必须加以严加防范，尽量避免物理、化学物质对人类的诱变作用，提高人们的健康水平。

三、基因突变的类型

基因突变按不同依据可划分出不同的类型。

（一）按突变对表型的影响划分

1. 形态突变型　这类突变主要影响生物的形态结构，导致突变个体形状、大小、颜色等可直接观察到的性状与正常个体产生了明显差别的改变，故又称为可见突变。如普通绵羊突变产生的短腿安康羊；野生型黑腹果蝇的眼睛为红色，摩尔根在实验室里饲养的果蝇中发现了白眼突变体，并经过遗传分析，将果蝇的白眼基因定位在 X 染色体上。

2. 生化突变型　这类突变主要影响生物的代谢过程，导致一个特定生化功能的改变或丧失，常见的是营养缺陷型。如红色面包霉一般能在基本培养基上生长，但突变后，要在基本培养基上添加某种特定氨基酸才能生长。这类突变体与正常个体相比，有的可以表现出明显的差别，有的只能通过生化检测才可以发现突变的存在。例如人类中的白化病患者就可以直接观察发现，而苯丙酮尿症需要通过生化检测来确定。细菌、真菌的突变体通常都是运用选择性培养来筛选鉴定。

3. 致死突变型　这类突变主要影响其生活力，甚至导致个体死亡。致死突变既可发生在常染色体上，也可发生在性染色体上，发生在性染色体上就形成伴性致死。致死突变可分为显性致死和隐性致死两种类型。大多数的致死突变为隐性致死。不同突变基因在生物世代中表达的时间各不相同，因此致死作用既可以发生在配子期，也可以发生在胚胎期、幼龄期和成年期。又因为致死突变基因的性质及作用各有差异，致死突变不一定表现出可见的表型效应。

4. 条件致死突变型　指在某些条件下突变体可以存活，在另外的条件下突变体死亡的突变。最常见的条件致死突变型是温度敏感突变型。例如 T4 噬菌体温度敏感突变型，在25 ℃时可以正常繁殖，形成噬菌斑；在 42 ℃时不能增殖致死，看不到噬菌斑的出现。除少数 RNA 基因外，大多数基因都是编码蛋白质的结构基因，蛋白质又多数参与某种生化代谢过程，因此只要发生突变，必将影响正常的生化代谢过程而降低个体生活力。此外，任何一个基因的表达都会受到各种内外因素的影响，因此，广义来说，所有的突变都可以被看作是条件致死突变。

5. 中性突变　有些基因突变不涉及生物的主要性状，也不影响生物的生活力，这类突变称为中性突变。

（二）按基因结构改变类型划分

1. 碱基置换突变　　指 DNA 分子上由于一对碱基改变而引起的突变，例如在 DNA 分子中的 GC 碱基对由 CG 或 AT 或 TA 所代替，AT 碱基对由 TA 或 GC 或 CG 所代替。一种嘌呤被另一种嘌呤取代，或一种嘧啶被另一种嘧啶取代称为转换；一个嘌呤被一个嘧啶取代，或一个嘧啶被一个嘌呤取代称为颠换（图 9-1）。碱基替换过程只改变被置换碱基的那个密码子，不会影响其他密码子。

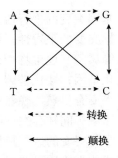

图 9-1　转换与颠换

碱基置换突变的遗传效应主要是影响遗传信息的传递，要么误传信息，使表达的蛋白质一级结构发生变化，产生一种新的活性蛋白；要么阻断遗传信息的传递，产生一种不完整的多肽链，使蛋白质失去活性。

引起碱基置换突变的原因和途径有两个。一是碱基类似物的掺入，例如在大肠杆菌培养基中加入 5-溴尿嘧啶（BU）后，会使 DNA 的一部分胸腺嘧啶被 BU 所取代，从而导致 AT 碱基对变成 GC 碱基对，或者 GC 碱基对变成 AT 碱基对。二是某些化学物质，如亚硝酸、亚硝基胍、硫酸二乙酯和氮芥等，以及紫外线照射，也能引起碱基置换突变。

2. 移码突变（frameshift mutation）　　指 DNA 分子中插入或者缺失一个或少数几个相邻碱基对，导致插入或缺失部位之后一系列编码发生移位而产生的突变。如果插入或缺失的碱基对数正好是 3 的整数倍，则所表达的多肽链就插入或丢失了某一个或几个氨基酸，这种整码插入或整码缺失称为整码突变（in-frame mutation）；如果插入或缺失的碱基数为 $3n\pm1$ 或 $3n\pm2$，则会使插入或缺失点以后的密码错位，核糖体在突变位点下游阅读出一套不同的密码子，完全改变编码蛋白质的氨基酸序列，产生一种异常的多肽链，从而造成移码突变；如果同时发生插入和缺失的双重突变，且插入和缺失的碱基数目相等，则二者可以相互抑制突变产生的遗传效应，即第二次移码突变能校正第一次移码突变打乱的密码顺序。

移码突变与置换突变一样，都有突变热点（hotspot，DNA 分子上突变频率远远高于平均数的位点）。研究结果表明，核苷酸序列的重复及重复核苷酸序列的缺失是造成移码突变的原因。

点突变通常可通过回复突变而恢复其野生型的 DNA 序列。由于插入了核苷酸而引起的移码突变，也可通过缺失而回复到原来的 DNA 序列。但如果是由于缺失而引起的移码突变，则一般是不可能出现回复突变的。

移码突变诱发的原因是一些像吖啶类染料分子能插入 DNA 分子，使 DNA 复制时发生差错，导致移码突变。

3. 重排　　突变是由于基因内外的 DNA 片段序列相互交换位置产生的。例如，倒位突变就是 DNA 序列的一个部分切割下来后，改变方向，重新以相反的方向插入到原来位置。相对于点突变，长片段 DNA 序列的改变称大片断突变。由于大片段突变引起基因序列的大量改变，必定对所编码的蛋白质产生严重的影响，与突变表型相关联。

另外，许多理化因子能够引起 DNA 的单链或双链断裂。电离辐射具有强烈的链断裂作用。过氧化物、巯基化合物、某些金属离子以及 DNase 等都能引起 DNA 链的断裂。其修复方式一般采用同源重组进行。

4. 突变的抑制　　生物体所处的环境千变万化，内外环境各种理化因素的作用会引起各种各样的突变，但实际上生物体表现出的突变率远比理论值低，这要归因于原核生物和真核生物体内都存在的一套比较完整的突变抑制和很多的 DNA 修复系统。

（1）密码子的简并性：密码子具有简并性，即某些氨基酸有几个密码子，这样虽然碱基发生了改变，蛋白质中氨基酸序列和种类却未改变，使蛋白质的结构和活性没有发生变化，所以并不表现突变性状。

（2）基因内突变抑制：指一个基因突变掩盖了另一个基因的突变（但未恢复原来的密码顺序），使突变型恢复成野生型。该方式似插入与缺失间的相互校正，故也称校正突变。

如果突变是由于碱基对的增加或减少，就会使增加或减少碱基对以后的密码子全部误读。若这时在这个突变密码子附近又发生缺失（－）或插入（＋），就会使读码恢复正常，往往就会形成有活性的蛋白质。假如原来的序列是 ATC CCG CCC GGG ACG…，如果第 4 个碱基丢失，编码就变为 ATC CGC CCG GGA CG…。这时若在第 5 位碱基前插入一个碱基，就会使后面的密码子恢复正常，成为 ATC XCG CCC GGG ACG…。这种双移码突变已在 T4 噬菌体中发现。

（3）基因间突变抑制：指控制翻译机制的抑制者基因，通常是 tRNA 基因发生突变，而使原来的无义突变、错义突变或移码突变恢复成野生型。

① 无义突变和错义突变的抑制：结构基因发生碱基替代会造成无义突变和错义突变，如果相应的密码子的 tRNA 基因也发生突变，使得 tRNA 反密码子也发生变异，就会合成带有相同氨基酸的完整多肽，使突变得到抑制。

② 移码突变的抑制：移码突变也可由 tRNA 分子结构的改变而被抑制，如在正常的DNA 序列中插入一个 G，使其后的密码子发生移码突变，这时如果反密码子上增加一个 C，使反密码子成为 CXXX，就会校对了由插入 1 个碱基造成的移码突变。

（4）直接抑制突变与间接抑制突变：根据野生表现型恢复作用的性质还可以将突变分为直接抑制突变和间接抑制突变。直接抑制突变是通过恢复或部分恢复原来突变基因蛋白质产物的功能而使表现型恢复为野生型状态。所以基因内抑制突变的作用都是直接的。一些改变翻译性质的基因间抑制突变的作用也是直接的。间接抑制突变不恢复正向突变基因的蛋白质产物的功能，而是通过改变其他蛋白质的性质或表达水平而补偿原来突变造成的缺陷，从而使野生型表现得以恢复。

5. RNA 编辑 1986 年，R. Benne 对锥虫（*Trypanosoma*）线粒体基因的研究发现，基因转录产生的 mRNA 分子中，由于核苷酸的缺失、插入或替代，基因转录物的序列不与基因编码序列互补，使翻译生成的蛋白质的氨基酸的组成不同于基因序列中的编码信息，这种现象称为 RNA 编辑（RNA editing）。RNA 编辑与基因的选择剪接或可变剪接（alternative splicing）一样，使得一个基因序列有可能产生几种不同的蛋白质，这可能是生物在长期进化过程中形成的，更经济有效地扩展原有遗传信息的机制。

（三）按遗传信息的改变方式划分

1. 同义突变 基因上的密码序列改变了，但基因最终产物——构成蛋白质的氨基酸种类没有改变，这类突变称为同义突变。同义突变与密码子的简并性有关，例如，天冬氨酸密码子 GAU 变成 GAC 后仍编码天冬氨酸（图 9－2a）。

2. 错义突变 由于一对或几对碱基对的改变而使决定某一氨基酸的密码子变为决定另一种氨基酸的密码子的基因突变称为错义突变。例如，谷氨酸密码子 GAA 变成 GUA 后就成为缬氨酸密码子（图 9－2b）。

3. 无义突变 由于一对或几对碱基对的改变而使决定某一氨基酸的密码子变成一个终止密码子的基因突变称为无义突变，所产生的蛋白质（或酶）大都失去活性或丧失正常功能。例如，赖氨酸密码子 AAG 突变成 UAG（终止密码子）（图 9－2c）。

某一突变基因的表型效应由于第二个突变基因的出现而恢复正常时，称后一突变基因为

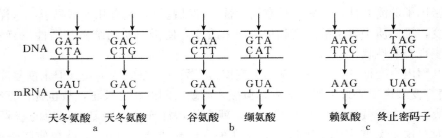

图 9-2 按遗传信息改变方式划分的基因突变类型

a. 同义突变　b. 错义突变　c. 无义突变

前者的抑制基因。抑制基因并没有改变突变基因的 DNA 结构，而只是使突变型的表型恢复正常。例如，酪氨酸的密码子是 UAC，置换突变使 UAC 变为无义密码子 UAG 后翻译便到此停止。如果酪氨酸 tRNA 基因发生突变，使它的反密码子由 AUG 变为 AUC 时，其 tRNA 仍然能与酪氨酸结合，而且它的反密码子 AUC 也能与突变的无义密码子 UAG 配对。因此这一突变型 tRNA，能使无义突变密码子位置上照常出现酪氨酸，而使翻译正常进行。这里酪氨酸 tRNA 的突变基因便是前一个无义突变的抑制基因。

第二节　基因突变的原因

按是否有人为因素可将基因突变分为自发突变和诱发突变（人工诱变）。自发突变（spontaneous mutations）是指在没有特殊的诱导条件下，由外界环境条件的自然作用或者由生物体内的生理和生化变化而发生的突变。诱发突变是指人工利用物理因素或化学药剂诱发下发生的突变。这两类突变的表现形式无本质区别，均显示出 DNA 改变所产生的表型后果。

一、自发突变

自发突变在自然中发生的、不存在人类干扰。突变总是在发生，即使无任何自然环境因素的影响，突变还是要自发的产生，除非让细胞或个体停止生长或停止代谢，才可以避免突变的发生。排除自然环境中的本底辐射等诱变因素，在正常的条件下，可以由以下不同的原因引起细胞自发突变。

自发突变可能由很多因素中的一种引起，包括 DNA 复制错误、DNA 自发的化学损伤、转座成分的致变作用和增变基因的致变作用。

（一）DNA 复制错误

DNA 复制是一个非常精确的过程，如果复制过程中发生了违反碱基配对原则的事件，真核细胞还有复制错配修复系统，而原核细胞 DNA 聚合酶能够切除复制过程中出现的错误配对的碱基，在合成 DNA 的同时校对可能出现的错误。这些校对或修复机制都能保证 DNA 严格地按照碱基配对方式复制。虽然有各种校对修复机制，DNA 复制时仍然会出现差错。

引起 DNA 复制错误的因素有两种：碱基的互变异构作用和碱基错误跳格。

1. 碱基的互变异构作用　如果碱基发生了互变异构作用，就会改变配对的方式。例如，胞嘧啶环上的氮原子通常以较为稳定的氨基（NH_2）状态存在，这时它同鸟嘌呤配对。如果发生了互变异构作用，处于亚氨基（NH）状态，就可以同腺嘌呤配对（图 9-3a）；同样

胸腺嘧啶环上的 C_6 上的氧原子常处于稳定的酮式（C＝O）状态，并以这种形式同腺嘌呤配对，如果转变成烯醇式（COH），就可以同鸟嘌呤配对（图 9－3b）。

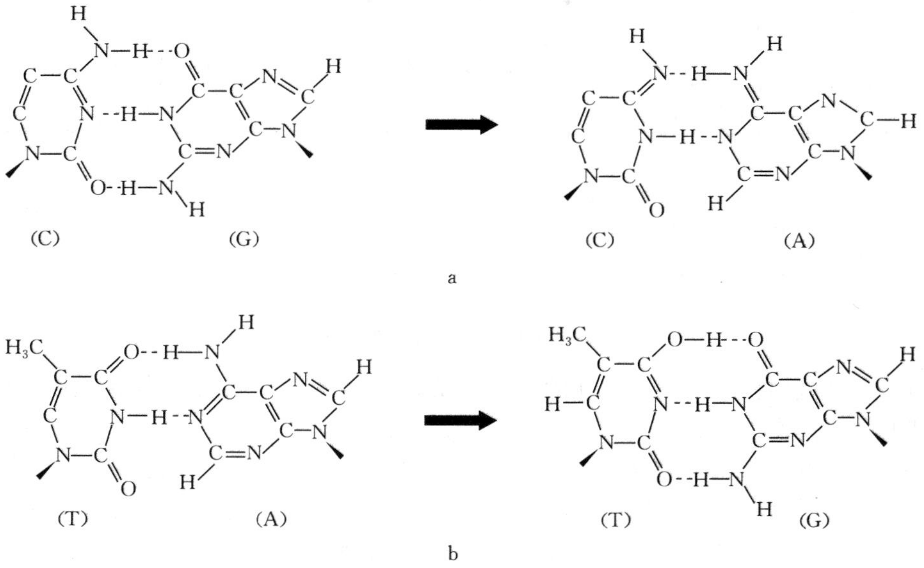

图 9－3　标准碱基配对和发生异构的配对

（↑表示戊糖）

在 DNA 复制过程中可能产生碱基错配，如 G—T 配对。当带有 G—T 错配的 DNA 重新复制时，产生的两条子链中，一条子链双螺旋在错配的位置上形成 G—C 对，而另一条子链的双螺旋在相应位点将形成 A—T 对，这样就产生了碱基对的转换。由于碱基存在交替的化学结构，即互变异构体（tautomers），也能形成错误的碱基对。当碱基以其常见形式出现时，可能和错误的碱基形成碱基对，这种碱基化学结构形式的改变称为互变异构移位（tautomerice shift）（图 9－4）。

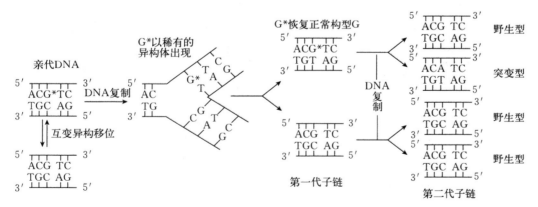

图 9－4　复制中互变异构移位造成的突变

2. 碱基错误跳格　在 DNA 复制中，少量碱基的插入或缺失也能自发产生，这可能由于新合成链或模板链错误地环出（跳格）所致（图 9－5）。新合成链的环出可能导致碱基对的增加，模板链的环出可能导致碱基对缺失，插入或缺失的碱基为 3 的非整数倍则会引起移码突变。

（二）自发的化学损伤

除 DNA 复制错误外，自发突变可能来源于在细胞正常的生理活动过程中发生了 DNA

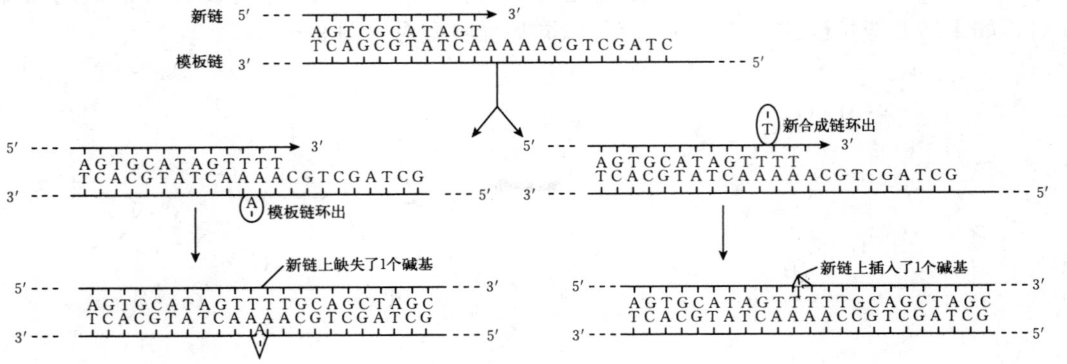

图 9-5　碱基错误跳格产生的缺失和插入突变

自发性损伤，这些损伤成为一种潜在的突变因素。DNA 自发的化学损伤包括脱嘌呤、脱氨基和碱基的氧化损伤。

1. 脱嘌呤　由于碱基和脱氧核糖之间的糖苷键受到破坏，从而引起一个鸟嘌呤（G）或腺嘌呤（A）从 DNA 分子上脱落下来（图 9-6），成为一个无嘌呤位点（apurinic site，AP site）。研究发现，一个哺乳动物细胞在 37 ℃、20 h 细胞复制周期中，自发地脱落约 10 000 个嘌呤，机体有效的修复系统会移去这些无嘌呤位点。这些无嘌呤位点一般都要被 AP 核酸内切酶修复系统进行修复。如果逃脱了修复系统的修复，在下次 DNA 复制过程中作为模板链，无嘌呤位点就起不到模板指导作用，新合成的子链在这个位置上随机插入一个碱基，这样很可能插入一个与原来不同的碱基对，最终导致突变发生。

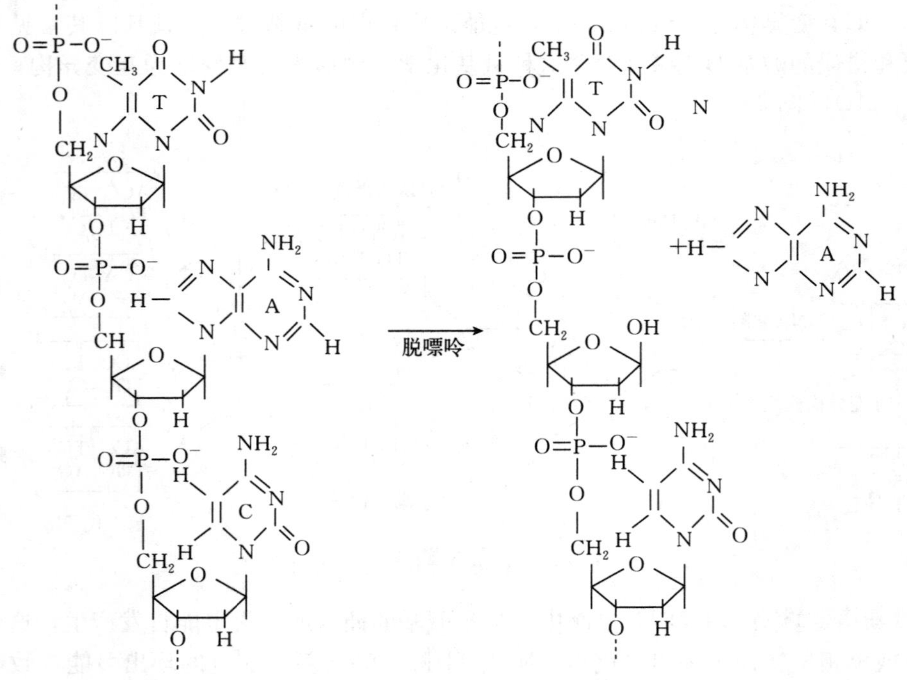

图 9-6　脱嘌呤作用

2. 脱氨基　脱氨基作用是指从一个碱基上去掉氨基的过程。细胞在正常生理条件下只有胞嘧啶的氨基容易脱落，胞嘧啶脱去氨基转变成尿嘧啶。例如，在胞嘧啶（C）上有一个易受影响的氨基，脱去该氨基后产生了尿嘧啶（U）（图 9-7a）。尿嘧啶不是 DNA 正常组成碱基，可以被尿苷-DNA糖基化酶系统切除修复。修复系统会除去大部分由胞嘧啶（C）脱氨基而产生的尿嘧啶（U），使序列中发生的突变减少到最小。然而，若U未被修复，在下一次DNA复制时U将与A配对，导致原来的C—G对变成T—A对，产生碱基转换突变。

生物DNA含有少量的修饰碱基——5-甲基胞嘧啶（5mC），也可脱氨基而产生胸腺嘧啶（T）（图9-7b）。5mC是基因组中常见的被甲基化修饰的碱基。在DNA分子中，5mCG碱基对中的5mC脱氨基后，变成了T—G配对。由于T是DNA中正常的碱基，T—G这个异常配对的碱基对如果被修复，有50%的概率成为C—G，50%的概率成为T—A，也就是说产生突变的概率达到50%。因此，基因组中的突变热点是那些富含5mC的位点，发生突变的频率要比其他位点高得多。

原核生物和真核生物的DNA中含有相对少量的修饰碱基——5-甲基胞嘧啶（5mC）。人类基因组中70%～90%的5mC发生在CpG二核苷酸中，而CpG中15%发生5mC，但这些甲基化的CpG一般分散存在，GpG岛则一般为非甲基化的。

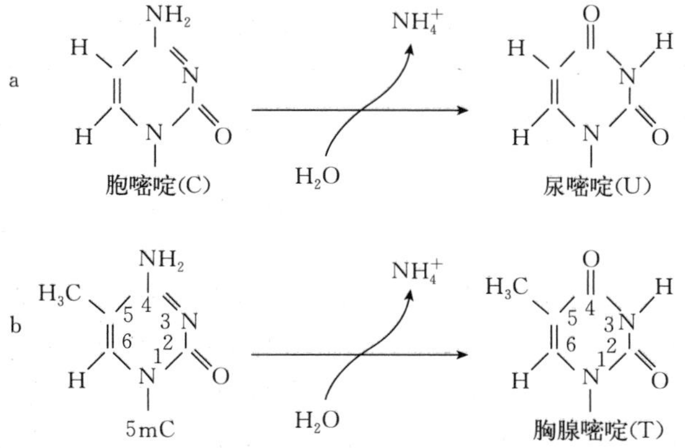

图9-7 脱氨基作用

3. 氧化性损伤碱基　在细胞需氧代谢过程中产生氧化物，如超氧基（O_2^-）、过氧化氢（H_2O_2）和羟基（—OH）等，它们可能使碱基被氧化损伤，从而产生突变。如胸苷氧化后产生胸苷乙二醇；鸟嘌呤（G）被氧化成为8-氧鸟嘌呤，8-氧鸟嘌呤（8-O-G或GO）可和腺嘌呤（A）错配，导致G→T突变。活跃的氧化剂例超氧基，不仅损伤DNA前体，也能对DNA本身造成氧化性损伤，导致突变和人类疾病。

（三）转座成分的致变作用

转座成分是指在DNA基因组中能够进行复制并将一个拷贝插入新位点的DNA序列单元。生物体内含有许多转座成分，一般长数百至数千个碱基对，作为可以在基因组内移动或转座的遗传功能单位，当它们从一个位点转座到另一位点，而这一位点恰好在一个基因的内部时，该片段的插入就可能引起导致移码或整码突变或造成基因失活。

依据失活基因的性质和功能，可能产生各种类型的突变表型，甚至是致死突变。现已知道，在玉米、果蝇等生物中发生的一些典型突变就是由于这类可移动的DNA序列的插入所引起的。转座成分可以随机插入某个基因，打乱基因正常的碱基序列，从而导致基因转录的mRNA发生差错，致使翻译产物失活（图9-8）。现代转基因动植物技术，犹如将一个转座成分整合到一个正常基因内部并使之表达，产生突变的过程。

（四）增变基因的致变作用

生物体内有些基因的突变与整个基因组的突变率直接相关，当这些基因突变时，整个基

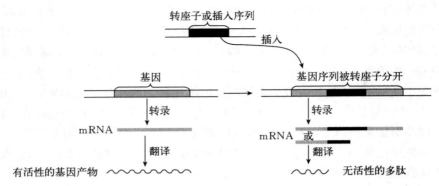

图 9-8 转座成分的致变作用

因组的突变率明显上升，把这些基因称为"增变基因"。实际上，正常情况下它们是维持基因正常的因素，只在特殊情况时，才引起其他基因突变的增加。目前已知这种基因主要有两类，一是 DNA 聚合酶的各个基因，这类基因突变会使 DNA 聚合酶 $3' \to 5'$ 校对功能表达率下降，导致其他基因的突变率升高；另一个是 dam 基因，若该基因突变，则错配修复功能丧失，也引起突变率的升高。

二、诱发突变

诱发突变又称为人工诱变。利用诱变可探讨基因突变的本质，从而推测引起突变的原因。诱变可创造变异类型，提高突变频率，扩大变异范围，从而获得遗传研究和作物育种所需的各种突变体，为选育新品种或新类型奠定物质基础。引起突变的外界条件和物质称为诱变因素，可分为两大类：一是物理因素，如各种放射线、超声波、温度等；二是化学因素，如秋水仙素、芥子气、烷化剂、碱基类似物等。这两类因素诱变机理各不相同。

（一）物理诱变

物理诱变又称为辐射诱变，是指利用各种射线对生物体进行诱变的方式。1927 年 H. J. Muller 利用 X 射线进行诱发变异的研究，以后又相继发现紫外线、γ 射线、α 射线、β 射线、中子、超声波、激光等多种物理因素都有诱变作用，从而开辟了物理诱变的研究领域。这些辐射不但可以引起基因突变，也可以引起染色体畸变。由于自然群体中出现的大多数突变是有害的，所以如果可以避免的话，应该尽量避开与照射源的不必要接触。

1. 物理诱变分类 物理因素只限于各种电离辐射和非电离辐射。基因突变需要相当大的能量，因此必须在细胞得到大量的能量以后，基因才可能突变。能量低的辐射（如可见光）只产生热量，能量较高的辐射（如紫外线）除产生热能外，还能使原子"激发"，能量很高的辐射如 X 射线、γ 射线、β 射线、中子流等除产生热能和使原子激发外，还能使原子"电离"。

（1）电离辐射诱变：电离辐射包括 α 射线、β 射线和中子等粒子辐射，γ 射线和 X 射线等电磁辐射。最早用于诱发变异的是 X 射线，随后主要是 γ 射线，钴 60 和铯 137 是 γ 射线的主要辐射源。

在这里中子是不带电的粒子，中子的诱变效果最好，经中子照射的物体带有放射性，人体不能直接接触。

X 和 γ 射线及中子都适应于外照射，即辐射源与接受照射的物体之间要保持一定的距离，让射线从物体之外透入物体之内，在体内诱发突变。

α（氢核）和β（阴电子）射线穿透力很弱，只能用于内照射，α射线在空气中的射程只有几厘米，而在植物组织中只有十分之几毫米，β射线比α射线穿透力大，在植物组织中可达几毫米。现大部分用β射线，它常用的辐射源是 P^{32} 和 S^{35}，尤以 P^{32} 使用较多，可以用浸泡和注射的方法，使其渗入生物体内，在体内放出β射线进行诱变。

X 射线和其他放射线对于生物体的影响是多方向的，受伤害的情况跟照射的量相联系的。对小家鼠的实验研究显示，如果剂量较大，它们就死亡。同样剂量处理的小家鼠要比果蝇死得快。因为小家鼠的身体比果蝇含有更大量的生活细胞和分裂中的细胞。如果剂量稍微低一些，小家鼠可以生活下去，但表现不同种类的伤害。它可能失掉了毛，或者像受了火伤一样。X 射线所引起的火伤可以发展成癌。这样，它就间接地死于 X 射线的照射。如果照射的量更少一些，小家鼠可能不表现任何受伤害的样子，但不育。如果比上面再减少一些，那么小家鼠是完全健康的，并且可以生育后代。看起来 X 射线好像丝毫不发生作用，但遗传实验分析指出，这小家鼠的遗传基础发生了诱发突变了，如果是显性突变，那么子一代就可能表现出来，如果是隐性突变的，那要经过好几代有害的影响才能表现出来。在人类 0.258 C/kg 照射量以上会引起死亡，全身照射 0.012 9～0.258 C/kg 照射量会引起放射线病。又如，在果蝇里，性连锁致死突变的自然频率是 0.2%～3%，使用 0.516 C/kg 的照射量会提高到大约 6%，使用 0.774 C/kg 的照射量会提高到大约 9%。

（2）非电离辐射诱变：非离子射线包括紫外线（ultraviolet light rays，UV）、电子流、激光和超声波等。主要是紫外线，其波长（15～380 nm）比可见光略短，所以它的能量不足以使原子电离，只能产生激发作用。由于紫外线的波长较长，限制它往组织内部穿透的能力，所以紫外线一般只能用于微生物或以高等生物配子为材料的诱变工作。

紫外线诱变的最有效的波长为 260 nm 左右，而这个波长正是 DNA 所吸收的紫外线波长。所以紫外线的诱变作用在于被 DNA 吸收之后，促使分子结构发生离析，这是紫外线的直接诱变作用。紫外线还有间接诱变作用，比如用紫外线照射过的培养基去培养微生物，微生物的突变率增加了。这是因为紫外线照射过的培养基内产生了 H_2O_2，氨基酸经 H_2O_2 处理后有使微生物突变的作用，这一事实说明辐射诱变的作用并不单靠它直接影响基因本身，改变基因的环境也能间接地起作用。

射线的诱变机制是造成 DNA 结构改变，主要是形成嘧啶二聚体（TT、CC、CT），严重影响 DNA 复制和转录。此外，高能射线还可能使 DNA 链断裂、DNA 分子内或分子外产生交联等。

2. 物理诱变主要产生的影响

（1）可以使 DNA 分子内各种碱基结构发生化学变化，如给碱基添加甲基或乙基，或者碱基被氧化脱氨等，进而导致功能也发生变化。如鸟嘌呤添加甲基后可变成黄嘌呤，不能与任何碱基配对；腺嘌呤氧化脱氨后，变为次黄嘌呤，结构类似于鸟嘌呤，可在 DNA 复制时造成碱基对配对错误。

（2）可以使 DNA 分子内单链或双链交联，影响 DNA 的复制。当 DNA 分子内发生交联后影响解旋酶和 DNA 聚合酶的通过，在交联部位 DNA 可能断裂，在重接时发生各种错接，最后导致基因突变或个体死亡。

（3）可以使 DNA 分子与附近的蛋白质分子发生交联。本来 DNA 与蛋白质仅是附着地结合，由于射线照射、电子激发，DNA 分子与蛋白质紧密地结合起来，使 DNA 双螺旋结构扭曲，可能导致 DNA 断裂或阻碍 DNA 的复制。

（4）可以使 DNA 单链分子上相邻嘧啶碱基交联，形成嘧啶二聚体。如胸腺嘧啶二聚体（T—T）、胞嘧啶二聚体（C—C）等（图 9-9）。这些嘧啶二聚体使双螺旋的两链间的键减弱，使 DNA 结构局部变形，严重影响 DNA 的复制和转录。当 DNA 复制到该位点时，

DNA 聚合酶不能越过，含有 T—T 的 DNA 链不能作为 DNA 复制的模板，新合成的链在二聚体的对面和两旁留下了缺口。

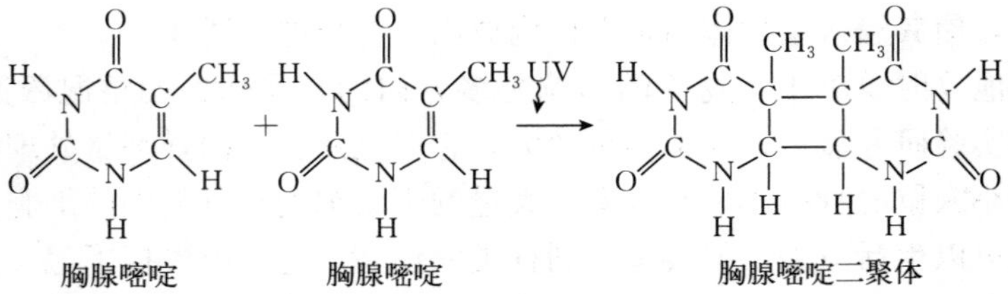

图 9-9 胸腺嘧啶二聚体的形成

3. 物理诱变的一般规律

（1）在一定的剂量范围内，突变率与照射量成正比。用各种剂量的 X 射线照射果蝇后，随着照射量的增大，子代中的伴性致死突变率增高。

（2）照射量有累加效应，即等量照射引起的突变率与照射的次数无关。Muller 的研究指出，对于果蝇，在 8 min 内和在 30 d 以上给以等照射量（0.516 C/kg）的放射线，所引起的突变频率是基本相等的，都是 6%。这表明照射量作用取决于所引起离子化的数目，而不取决于时间的长短。又如照射 0.258 C/kg 的剂量可使果蝇产生 2.5% 的伴性致死突变，而这一剂量分多次照射或一次照射效果是相同的。这对于放射工作者来讲非常重要，若经常受到低剂量的辐射，由于有累积效应，同样可使体内的基因发生突变，对于机体影响很大，所以需要严加防范。

（3）紫外线的诱变作用与波长有关。

（4）可见光（波长 330～480 nm）对紫外线的诱变有消除作用。因为生物体细胞内常有光复活酶存在，它在可见光提供能量时可迅速消除嘧啶二聚体。

（5）照射时如提高氧分压，可提高突变率。因为辐射的一部分作用是在有氧的条件下产生过氧基—O—O—，它再诱导 DNA 结构改变。

（二）化学诱变

化学诱变指由一些化学物质诱发的基因突变。化学诱变具有一定的特异性，一定性质的诱变剂可能诱发一定类型的变异，从而使得在遗传研究和品种遗传改良中进行定向诱变成为可能。化学诱变的研究工作起步较晚，1941 年 C. Auerbach 和 J. M. Robson 第一次发现芥子气可以诱发基因突变，1943 年 F. Oehlkers 第一次发现氨基甲酸乙酯可以诱发染色体结构的变异。此后，利用化学药物诱发基因突变的研究大量涌现，发现了大批可以作为诱变剂的化学药物，从简单的无机物到复杂的有机物都可以找到具有诱变作用的物质。不同的化学物质诱发突变的作用方式不同，有的化学物质可以取代 DNA 中的碱基，有的能改变碱基的结构使其发生错配，有的则还可以在 DNA 复制过程中诱导碱基的插入或缺失。根据它们化学结构或功能的不同，可分为碱基类似物、碱基修饰剂、DNA 插入剂、抗生素以及一些零星的化学诱变剂。下面介绍一些主要化学诱变剂的诱变机制及其作用的特异性。

1. 碱基类似物 碱基类似物是一类化学结构与 DNA 中正常碱基十分相似的化学制剂，有时它们会替代正常碱基而掺入 DNA 分子中。由于这类化合物存在两种异构体可相互转化，不同异构体又有不同的配对性质，所以经过 DNA 的复制就会引起碱基的替换。如 5-溴尿嘧啶（5-BU），它和胸腺嘧啶（T）很相似，仅在第 5 个碳原子上由溴（Br）取代了胸腺嘧啶（T）的甲基。5-BU 有酮式和烯醇式两种异构体。这些异构形式各自能与不同的碱基互补配对——酮式与腺嘌呤（A）、烯醇式与鸟嘌呤（G）配对（图 9-10）。5-溴尿嘧啶诱变发生的重要性在于它的酮式（能取代 T 与 A 配对）会以较高的频率转变成异构的烯醇式（与 G 配对），结果在 5-溴尿嘧啶掺入 DNA 取代 T 后，与 A 配对，即 A—BU 配对，在 DNA 复制时，酮式变成烯醇式，在下一次复制时即会与 G 配对，这样在 DNA 复制中一旦掺入 5-BU 就会引起碱基的转换而产生突变。例如，某些 A—BU 对在第一次复制中能产生一个 A—T 对和一个 G—BU 对，G—BU 对是由于酮式 5-溴尿嘧啶转变成异构的烯醇式而产生的，在第二次复制时，这个 G—BU 对形成了一个 G—C 对，也就是说，5-溴尿嘧啶诱发了 A—T 对转换为 G—C 对。由于烯醇式 5-溴尿嘧啶能与鸟嘌呤配对，有时它也掺入 DNA 以代替腺嘌呤，从而能通过相反的过程，诱发 G—C 转换为 A—T（图 9-11）。然而，烯醇式 5-溴尿嘧啶比普通的酮式少，因此逆向变化的频率比诱发 G—C 转换 A—T 的频率低。

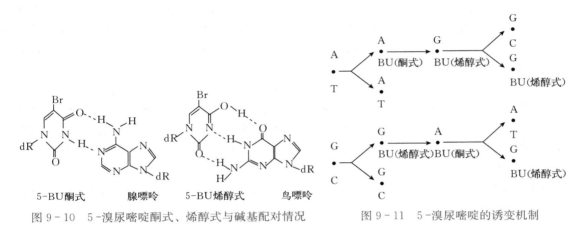

图 9-10　5-溴尿嘧啶酮式、烯醇式与碱基配对情况　　　　图 9-11　5-溴尿嘧啶的诱变机制

　　再如 2-氨基嘌呤（2-AP），它是嘌呤类似物，能诱发 T4 噬菌体和大肠杆菌突变。2-氨基嘌呤要依靠细胞将它转变成相应的脱氧核苷酸才有诱变效应。2-氨基嘌呤一般极少掺入 DNA，掺入的概率比 5-溴尿嘧啶小得多。但它仍是一种非常有效的诱变剂，这可能是由于 2-氨基嘌呤的稀有异构体频率比 5-溴尿嘧啶的稀有异构体频率高，因此 2-氨基嘌呤所产生的配对错误比 5-溴尿嘧啶多。2-氨基嘌呤有正常状态和以亚胺形式存在的稀有状态两种异构体，可分别与 DNA 中的胸腺嘧啶（T）和胞嘧啶（C）结合，由于 2-氨基嘌呤既可以与 T 配对，也可以与 C 配对，所以它可以诱发 A—T 到 G—C、G—C 到 A—T 的转换（图 9-12）。由于两种异构体存在的频率不同，因此诱发 G—C 到 A—T 转换的频率比 A—T 到 G—C 转换的高得多。

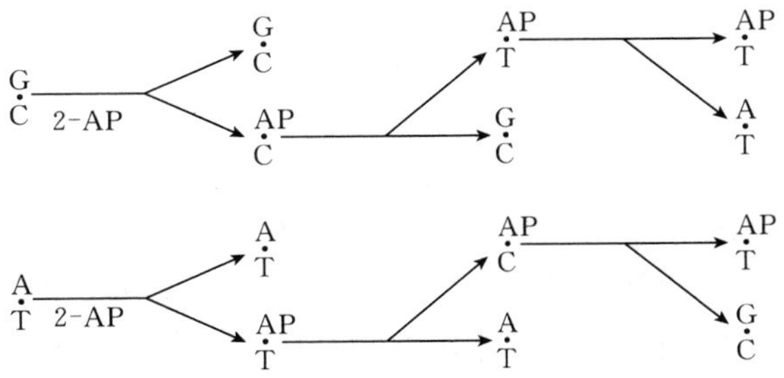

图 9-12　2-氨基嘌呤的诱变机制

　　除 5-BU 外，还有 5-溴脱氧尿苷、5-氟尿嘧啶、5-氯尿嘧啶、5-碘尿嘧啶，它们的诱变机制相同。

　　并非所有的碱基类似物均是诱变剂，比如，用于治疗艾滋病（获得性免疫缺陷综合征 acquired immunodeficiency syndrome，AIDS）的药物叠氮胸苷（azidothymidine，AZT）也是合成胸腺嘧啶核苷（T）的类似物，但它却不是诱变剂，因为它并不导致碱基对的改变。艾滋病毒又称为人类免疫缺陷病毒 1（human immunodeficiency virus-1，HIV-1），是一种反转录病毒，其遗传物质是 RNA。当病毒侵入细胞后通过反转录酶将基因组 RNA 反转录成一个 DNA 拷贝（即 cDNA）。该 DNA 整合到宿主细胞的基因组 DNA 中，之后进行一系列亲代蛋白质的合成，从而产生新的病毒。而 AZT 能作为 T 类似物掺入 DNA 中。AZT 在病毒 RNA 反转录 DNA 的阶段是反转录酶的底物，但在细胞中它却不是 DNA 聚合酶的合适的底物。所以，AZT 的作用是一种选择性的底物，可抑制病毒 cDNA 的生成，阻断新病毒生成。

2. 碱基修饰剂 碱基修饰剂不是掺入到 DNA 中，而是通过修饰碱基的化学结构、改变其性质进而导致基因突变，如亚硝酸盐（NA）、羟氨（HA）、烷化剂等。

（1）亚硝酸盐：是一种非常有效的诱变剂，具有氧化脱氨作用，可使鸟嘌呤（G）第 2 个碳原子上的氨基脱掉，产生黄嘌呤（X），黄嘌呤（X）仍和胞嘧啶（C）配对，不会产生突变。亚硝酸盐还能以较低频率将胞嘧啶（C）变成尿嘧啶（U）（图 9-13a），将腺嘌呤（A）变成次黄嘌呤（H）（图 9-13b），由于次黄嘌呤能与胞嘧啶配对，尿嘧啶能与腺嘌呤配对，这就导致 A—T 到 G—C、G—C 到 A—T 的转换。目前已知道亚硝酸盐能诱变烟草花叶病毒（TMV）、T2 噬菌体、T4 噬菌体、大肠杆菌和链孢霉等的缺失突变，还能诱发酵母菌的移码突变。

（2）羟胺：是一种重要的诱变剂，而且诱发的突变是不能再由它回复的。羟胺是已知的专一性非常强的点突变诱变剂，只与 C 起显著的反应，只诱发 C—G 到 T—A 的转换。如果一个基因内任何特定位置对羟胺发生反应，就表明这个位置上有一个 C—G 碱基对。羟胺是用于游离噬菌体和转化 DNA 时的高度专一性诱变剂，但用于处理完整细胞（如细菌）时，专一性就可能丧失。一般认为羟胺的作用是特异性地和胞嘧啶（C）起反应，在第 4 个碳原子上加—OH，产生 4-羟胞嘧啶（4—OH—C），它可与腺嘌呤（A）配对，使 C—G 转换成 T—A（图 9-14）。

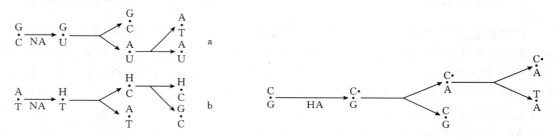

图 9-13　亚硝酸盐的诱变机制　　　　　　图 9-14　羟胺的诱变机制

（3）烷化剂：许多烷化剂，如硫酸二乙酯（DES）、乙烯亚胺（EI）、甲基磺酸乙酯（EMS）、氮芥（NM）、甲基磺酸甲酯（MMS）等，其作用是使碱基烷基化，导致基因突变。烷化剂是噬菌体、细菌、蚕豆、链孢霉和果蝇等各种有机体的诱变剂，芥子气是最先被发现的烷化剂。烷化剂能使 DNA 分子中的碱基烷基化，导致配对时出现错误，产生碱基替代现象。如硫酸二乙酯可以使鸟嘌呤乙基化变成 7-乙基鸟嘌呤，结果使它不能与胞嘧啶配对，而能与胸腺嘧啶配对。这样，在 DNA 复制时，7-乙基鸟嘌呤与胸腺嘧啶配对后，导致下一次 DNA 复制时从原来的 G—C 转换成 A—T（图 9-15）。又例如，甲基磺酸乙酯使鸟嘌

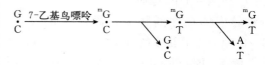

图 9-15　烷化剂的诱变机制

呤（G）的第 6 位或胸腺嘧啶（T）的第 4 位烷基化，产生的 O—6—E—G 和 O—4—E—T 分别与 T、G 配对，导致 G—C 转换成 A—T、T—A 转换成 C—G。

烷基化的另一个作用是还能使 DNA 的碱基容易受到水解而从 DNA 链上裂解下来，造成碱基的缺失。

（4）氧化剂：DNA 很容易受到活性氧簇的攻击（O_2^-、H_2O_2、·OH）。这些强氧化剂是由电离辐射、产生自由基的诱变剂或细胞本身的代谢所产生的。例如，鸟嘌呤氧化后产生 7，8-二羟基-8-氧代鸟嘌呤，简称氧代鸟嘌呤。氧代鸟嘌呤有强烈的诱变能力，既能与腺嘌呤配对，也能与胞嘧啶配对。如果在复制时与腺嘌呤配对，则产生 G—C 到 T—A 的颠换，这也是人类癌症中较普通的突变之一。

（5）嵌入剂：吖啶、溴乙锭和原黄素等嵌入剂能导致一个或几个碱基对的缺失或插入而诱发移码突变。嵌入剂是含有几个多元环的扁平分子，与 DNA 中同样扁平结构的嘌呤或者嘧啶结合。这些嵌入剂通过插入模板链碱基之间，使两个碱基对之间的间距加倍，导致 DNA 聚合酶在嵌入分子的对侧插入一个额外的核苷酸；或者，由于嵌入分子的存在而引起 DNA 模板的扭曲，使聚合酶跳过一个核苷酸。吖啶是最先发现的能诱导生长在细胞内的噬菌体发生移码突变的化合物。吖啶类化合物原黄素曾被用作诱导 T4 噬菌体 rⅡ 突变型的诱变剂。

3. DNA 插入剂 DNA 插入剂包括原黄素（proflavin）、吖啶橙（acridine orange）、溴化 3，8-二氨基-5-乙基-6-苯基菲啶鎓等。它们通常插入到 DNA 双螺旋双链或单链的两个相邻碱基之间。

在合成新链时必须有 1 个碱基插在插入剂相应的位置上以填补空缺，这个碱基不存在配对问题，所以可随机插入。新合成链插入了 1 个碱基后，下一轮复制就会增加 1 个碱基；如果新合成的链插入了 1 个分子的插入剂取代了相应位置的碱基，在下一轮合成前此插入剂又丢失了，则下一轮复制的 DNA 将减少 1 个碱基；无论是增加还是减少 1 个碱基，都会导致移码突变。

（三）生物诱变

生物诱变因素主要指病毒。如麻疹病毒、风疹病毒、疱疹病毒等，它们产生的毒素和代谢产物，如黄曲素等，都有诱变作用。

（四）诱变在育种上的注意事项

从基因突变的性质上来说，诱变和自然突变是没有区别的。但是，在突变率上，前者可超过后者几百倍，甚至千倍，为人工创造变异开辟了广阔的途径。诱变育种能提高突变率，扩大变异幅度；改良现有品种的单一性状常有显著的效果，而且处理方法简便。因此，在作物育种上，特别是在微生物育种上，广泛采用这一技术，并在生产上已取得显著成果。

以上育种程度是对一般质量性状的突变而言，实际上，有些质量性状的突变往往表现一因多效，或与其他性状连锁，这种突变不利于选择。因而对于这种突变体，常需要进一步与杂交育种相结合，促使基因发生交换和重组，然后再进行选择。

（五）转座与突变

绝大多数基因固定在染色体的某个位置上，但有些基因在染色体上的位置是可以移动的，这类基因被称为可动基因（mobile gene）、跳跃基因、转座元件或转座因子（transposable element）。转座因子在各种生物中广泛存在，与生物的进化、基因调控分析、基因的精细结构研究、癌基因的发生和发展都有关系。

1. 转座因子的发现 1932 年，美国遗传学家 B. McClintock 发现玉米籽粒色素斑点的不稳定遗传行为，认为玉米籽粒色素的变化与一系列染色体重组有关。她观察到染色体的断裂或解离（dissociation）有一个特定位点，称为 Ds。但它并不能自行断裂，受一个激活因子

Ac（activator）所控制。*Ac* 可以像普通基因一样进行传递，但有时表现很特殊，可以离开原座位，运动到同一染色体或者不同染色体的另一座位上。*Ds* 也能移动，不过只有在 *Ac* 存在时才能发生这种移动。*Ac* 和 *Ds* 这两个基因都位于玉米第 9 号染色体短臂，在色素基因 *C* 的附近。当 *C* 基因附近有 *Ac* 而没有 *Ds* 时，*C* 基因处于活化状态，玉米籽粒内有色素生成，籽粒是有颜色的。当 *Ds* 因子插入基因 *C* 并且 *Ac* 也存在的情况下，虽然 *Ds* 抑制基因 *C* 的活性，但由于在玉米胚乳发育期间有些细胞里的 *Ds* 因 *Ac* 存在而切离转座，所以这些细胞仍能合成色素，因而玉米籽粒出现色素斑点。当 *Ac* 不存在时，*Ds* 固定在 *C* 基因处，*C* 基因不再合成色素，玉米籽粒就没有颜色（图 9 - 16）。

自主移动的 *Ac* 因子全长 4.5 kb，有 5 个外显子，其产物是转座酶。*Ac* 因子的两端是长 11 bp 的反向重复序列，即 5′CAGGGATGAAA…TTTCATCCCTA3′。非自主移动的 *Ds* 因子比 *Ac* 因子短，长度为 0.4～4 kb，它的中间有许多种长度不等的缺失。*Ds* 的两端都有 11 bp 的反向重复序列，在插入位点上则有 6～8 bp 的正向重复序列。例如，*Ds*9 只缺失 194 bp，而 *Ds*6 则缺失 2.5 kb。*Ac*、*Ds* 的转座属于非复制机制，即不是复制一份拷贝后将拷贝转移，而是直接从原来的位置消失（图 9 - 16）。

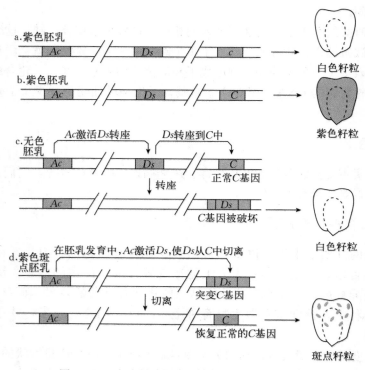

图 9 - 16　玉米转座因子对玉米籽粒颜色的影响

2. 转座因子的类别和特性

（1）原核生物的转座因子：

① 插入因子（insertion sequence，IS）：这是已知具有转座能力最简单的遗传因子，长度大都小于 2 kb，最小的插入序列如 IS1，只有 768 bp。IS 以非正常重组的方式从一个位点插入到另一个位点，并产生新的基因结构和遗传效应。它们的一个共同特征是在其末端都具有一段反向的重复序列。

② 转座子（transposon，Tn）：是由几个基因组成的特定的 DNA 片段，而且往往带有抗生素抗性基因，所以易于鉴定。根据结构特性的不同，转座子可以分为复合转座子和 Tnp₃ 两种系统。

复合转座子是由 2 个同样的 IS 连接抗生素抗性片段的两侧构成的。在这些复合单位中，

IS 可以是反向重复的构型，也可以是同向重复的构型。Tnp₃ 转座子结构比较复杂，长度约为 5 000 bp，末端有一对 38 bp 的反向重复序列，但不含有 IS 序列。每个转座子都带有 3 个基因：一个是编码对氨苄西林抗性的 β-内酰胺酶基因（β-Lac），其他两个是编码与转座作用有关的基因 TnpA 和 TnpR。

③ Mu 噬菌体：是大肠杆菌的温和噬菌体，溶源化后，能起到转座子的作用。和转座子一样，它也含有与转座有关的基因和反向重复序列。Mu 噬菌体能够整合进寄主染色体，催化一系列染色体重新排列。

（2）真核生物的转座因子：玉米籽粒色斑的产生、果蝇复眼颜色的变异、啤酒酵母接合的转换等现象都与转座因子在染色体上的转座有关。除了 Ac-Ds 系统外，玉米上 Spm 控制因子也包括自主控制因子和非自主控制因子两个组成部分。它们在功能上有许多相似之处，但也有明显的区别。从分离到的 Ac 和 Ds 的核苷酸序列来看，Ac 由 4 563 个核苷酸组成，有一个由 11 个核苷酸组成的末端反向重复区；带有两个与转座有关的基因，一个大基因和一个小基因，这两个酶基因从一个连接它们的共同起点开始，分别向两个方向进行转录。它通过由 8 个核苷酸组成的靶子位点重复 DNA 与受体基因连接起来。转座子的末端序列实际上是转座酶的识别位点，因此保守性很强。果蝇的转座子有 Copia、412 与 297 等，它们的两端也都有同向的重复序列，这些重复序列的两端又有较短的反向重复序列。

3. 转座的途径 依照转座的作用机制，转座的途径有复制型转座（replicative transposition）、非复制型转座（non-replicative transposition）和保留型转座（conservative transposition）3 种。

（1）复制型转座：转座因子在转座期间先复制一份拷贝，而后将拷贝转座到新的位置，在原先的位置上仍然保留原来的转座因子。复制转座有转座酶（transposase）和解离酶（resolvase）的参与。转座酶作用于原来的转座因子的末端，解离酶则作用于复制的拷贝。TnA 是复制转座的例子。

在复制转座过程中，转座和切离是两个独立事件。先是由转座酶分别切割转座子的供体和受体 DNA 分子。转座子的末端与受体 DNA 分子连接，并将转座子复制一份拷贝。然后在转座子的两份拷贝间发生类似同源重组的反应，在解离酶的作用下，供体分子同受体分子分开，并且各带一份转座子拷贝。同时受体分子的靶位点序列也重复了一份拷贝。

（2）非复制型转座：是指转座因子转座时作为一个物理的整体直接从一个位点移到另一个位点，并留在插入位置上，这种转座只需转座酶的作用。非复制型转座的结果是在原来的位置上丢失了转座因子，而在插入位置上增加了转座因子，结果造成表型的变化。插入序列和复合转座子 Tn10 及 Tn5 即利用此机制转座。

当两端的 IS 完全相同时，每一个 IS 都可使转座因子转座；当两端是不同的 IS 时，则转座因子的转座取决于其中的一个 IS。Tn 有抗生素的抗性基因，Tn 很容易从细菌的染色体转座到噬菌体基因组或接合型的质粒。因此，Tn 可以很快地传播到其他细菌细胞，这是自然界中细菌产生抗药性的重要原因。

两个相邻的 IS 可以使处于它们中间的 DNA 移动，同时也可制造出新的转座因子。Tn10 的两端是两个取向相反的 IS10，中间有抗四环素的抗性基因（TetR），当 Tn10 整合在一个环状 DNA 分子中间时，新的转座因子即可产生。

转座因子转座插入宿主 DNA 时，会在插入处产生正向重复序列，其过程如下：①在靶 DNA 插入处产生交错的切口，使靶 DNA 产生两个突出的单链末端；②转座因子同单链连接，余下的缺口由 DNA 聚合酶和连接酶填补；③在转座因子插入处生成宿主 DNA 的正向重复。

非复制转座可以是直接从供体分子的转座子两端产生双链断裂，使整个转座子释放出来。然后在受体分子上产生的交错接口处插入，这是"切割与黏接"的方式。另一种方式是在转座子分子同受体分子之间形成一种交换结构，受体分子上产生交错的单链缺口，与酶切后产生的转座子单链游离末端连接，并在插入位点上产生正向重复序列。最后，由此生成的交换结构经产生缺口而使转座子转座在受体分子。供体 DNA 分子上留下双链断裂，结果供体分子或是被降解，或是被 DNA 修复系统识别而得到修复。

目前已发现近 40 种不同的 Tn 分别带有不同的抗性基因、乳糖基因、热稳定肠毒素基因或接合转移基因等。

（3）保留型转座：是另一类非复制型转座。这种类型的转座因子从供体位点上切离、插入到靶位点上，在一系列的反应中供体上转座因子两侧的 DNA 双链都被保留着。该机制类似于 λ 噬菌体的整合作用，所用的转座酶也是属于 λ 整合酶（integrase）家族。出现这种转座的转座因子一般比较大，而且转座的往往不只是转座因子自身，而是连同宿主的一部分DNA 一起转座。

4. 转座的遗传效应　各种 IS、Tn 都可以引起插入突变。当它们插入到一个基因时，该基因的功能受到破坏，其表现型与一般突变体相同，如营养缺陷型、酶活性丧失等。如果插入位置是一个操纵子的上游基因，则会造成极性突变（即降低蛋白质合成速度的基因突变）。由于 Tn 总是带有抗药性基因，所以转座因子插入后除能引起基因突变外，还同时在该位点上出现一个新的抗药性基因。

几乎所有的转座因子都能促进它们相邻基因的缺失。当转座因子插入某一基因后，一方面引起该基因的失活，另一方面也引起插入部位邻近片段的不稳定而产生缺失。如果转座因子以相反方向转座到邻近位置上之后发生重组，则会引起染色体 DNA 倒位。转座因子之间的同源重组，可使两个不同的 DNA 片段连接在一起，从而引起 DNA 的扩增。转座因子可以携带其他基因进行转座，形成重新组合的基因组，以及通过转座形成的大片段插入、缺失、倒位均会造成新的变异。这些新的变异对生物适应性及进化会起到积极的作用。

5. 转座的应用　试验证明，从含有转座因子的生物中筛选出在发育、生理与行为等方面有突变的品系，如果这些突变是由于转座因子的插入引起的，则转座因子给未知的目的基因加上了标签，有助于该基因的识别与分离，以此突变基因的有关序列作为探针，便可从野生品系的基因文库中钓取出目的基因。结合突变品系的表型，可探知此基因的功能，还可以从分子水平上对这些基因进行研究与利用。例如，利用玉米的转座因子已先后克隆出雄性不育、抗病等重要基因。

在细胞遗传研究、分子生物学、遗传工程等方面，转座因子已作为基因的标记用于克隆目的基因。由于产物不详，一些与发育、生理及行为有关的基因不能用常规方法克隆，影响了这些基因的深入研究。

第三节　突变的抑制与修复

生物体在千变万化的环境中，常常受到内外环境各种理化因素的作用而引起各种各样的突变，但生物体实际表现出的突变率远比理论发生的突变率低。这是因为在原核和真核生物细胞中都存在比较完整的突变抑制系统和 DNA 修复系统。这些修复系统在相关酶的作用下，可以校正 DNA 复制出现的错误和修复各种 DNA 的损伤，使生物表现出来的突变率降到最低，从而保证了生物遗传的相对稳定性。

一、基因突变的抑制机制

多数事例说明只有少数突变能促进或加强某些生命活动，有利于生物的生存，在动植物育种和生物进化中起重要作用。大多数突变不利于生物的生长发育，一般都表现为生活力和可育性的降低以及寿命的缩短，严重时可阻碍生物体的生存和传代，甚至导致死亡。突变如果不加抑制，发生率就会很高，带给个体和物种的命运都将会是灭亡，所以在生物的进化过程中，就形成了存在于各级水平上的基因突变抑制机制，主动地或被动地抑制着各种突变的发生，以维持生命状态的存在和延续。

（一）细胞水平上的突变抑制机制

细胞中最安全的地方应该是细胞核，作为遗传物质的 DNA 位于细胞核内的染色体上。细胞壁、细胞膜、细胞质、核膜、核质的种种生理作用和保护作用，创造了一个非常稳定的核内环境，对 DNA 分子发生突变首先起到了强有力的抑制作用。一旦这种稳定的内环境受到破坏，突变的频率会大增。诱发突变就是利用物理或化学因素来影响这种稳定的内环境以达到加大突变频率的目的。染色体作为遗传物质的载体，在每种生物细胞中都有固定的数目和结构。

（二）DNA 水平上的突变抑制机制

生物的遗传信息蕴藏在 DNA 链的核苷酸序列中，DNA 分子以其特殊的结构、特殊的复制方式以及特殊的表达机制最大限度地维持自身核苷酸序列的稳定。首先，一个 DNA 分子由两条多核苷酸链以相反的方向平行地围绕着同一个轴，右旋盘曲成双螺旋结构。两条链的骨架由糖和磷酸组成，位于双螺旋结构的外侧，碱基在链的内侧，两条链上的四种碱基形成以氢键相连有严格互补关系的碱基对。在生理条件下要使双链打开，核苷酸序列暴露，除 DNA 链的呼吸作用外，非解旋酶不能。再者，DNA 为半保留复制，复制时，DNA 分子在解旋酶的作用下打开双链，碱基暴露，每条链都以自身作为合成新链的模板，在 DNA 聚合酶的作用下，按照碱基互补配对的原则，吸收带有互补碱基的核苷酸，然后在邻接的核苷酸间形成磷酸二酯键。复制完成后，所得的两个 DNA 分子互相一样，与亲代分子相同。第三，DNA 分子的表达是以密码的形式控制蛋白质的合成。DNA 并不直接参加蛋白质的合成，而是按照碱基配对的原则转录出三种 RNA 去执行翻译的功能。mRNA 分子上含有决定蛋白质中氨基酸顺序的遗传密码，是蛋白质合成的模板；rRNA 能认读起始密码，并能把单个氨基酸连接成肽链，是翻译蛋白质的场所；tRNA 能识别密码子和携带相应的氨基酸，执行翻译员的功能。RNA 作为遗传物质的副本可多次使用，也可随时降解，避免了正本 DNA 的消耗。DNA 分子这种极高的保真度，细胞中没有哪一种分子能与之相比。另外，在生物体内，只有一套把 DNA 分子的遗传信息传给蛋白质的机制，而没有另一套把蛋白质的信息传给 DNA 的机制，这也应该是生物体保护遗传物质稳定的一种机制。

（三）基因水平上的突变抑制机制

如果突变是由于碱基对的增加或减少，就会从增加或减少碱基对以后的密码子全部误读。若这时在这个突变密码子附近又发生缺失或插入，就会使读码恢复正常，往往就会形成有活性的蛋白质。例如原来的序列 ATC CCG CCC GGG ACG…，如果第四个碱基丢失序列就变为 ATC CGC CCG GGA CG…。这时如果在第五位前插入一个碱基，序列变为 ATC XCG CCC GGG ACG…，就会使后面的密码子恢复正常。

某一基因的无义突变、错义突变和移码突变都可被另一基因的突变所抑制。结构基因发生碱基替代会造成无义突变和错义突变，如果相应密码子的 tRNA 基因也发生突变，使得 tRNA 反密码子也发生变异，就会带有相同氨基酸合成完整的多肽，使突变得到抑制。移码突变也可由 tRNA 分子结构的改变而被抑制，如在正常的 DNA 序列中插入 1 个 G，使其后的密码子发生移码突变，这时如果反密码子上增加 1 个 C，使反密码子成为 CCCC，就会抑制了由插入 1 个碱基造成的移码突变。

（四）密码子水平上的突变抑制机制

密码子的简并性以及结构和性质相似的氨基酸常有相似的密码子是密码水平上突变抑制机制的基础，同义突变和中性突变则是突变抑制后的结果。mRNA 上三个连续的核苷酸构成一个决定氨基酸的密码子。组成 mRNA 的碱基有四种，四种碱基三个一组能组成 64 种密码子。在 20 种氨基酸中，除甲硫氨酸和色氨酸外，其他氨基酸都有几种密码子，称为密码子的简并性。比如 CGU、CGC、CGA、CGG、AGA、AGG 都是精氨酸的密码子。此外，相似结构和性质的氨基酸常有相似的密码子，例如 CUU、CUC、CUA 是亮氨酸的密码子，AUU、AUC、AUA 是异亮氨酸的密码子。因此，当 DNA 发生了单个碱基替代后，改变了 mRNA 上的单个密码子，但由于密码子的简并性，可能并不改变原密码子编码的氨基酸，也由于相似的氨基酸有相似的密码子，会引起相似氨基酸的替代。因此，虽然有的碱基发生了改变，但蛋白质中氨基酸的序列和种类却未改变，使蛋白质的结构和活性没有发生改变，所以并不表现突变的性状。

（五）修复水平上的突变抑制机制

修复是对发生了损伤的 DNA 的修复，所以修复过程是阻碍突变发生的。从现代诱变生物学提供的材料来看，生物体对紫外线、电离辐射、某些化学药物造成的各种二聚体、交联、断裂、碱基的丢失、烷化等都能通过对应的修复方式进行修复。当 DNA 分子上出现了非标准碱基时，可在相应的糖基酶作用下除去非标准碱基，通过 AP 内切酶途径完成修复；当 DNA 分子中有简单的单链断裂时，会很快被连接酶连接修复，双链断裂则很难修复；当 DNA 分子中出现嘧啶二聚体时，通常在光复活酶的作用下将其分解为单体状态；当 DNA 分子上有碱基丢失时，可通过 AP 内切酶和碱基插入酶进行修复。也有的损伤部位被内切酶所识别，并在附近的 5′ 端作一切口，利用双链 DNA 中一段完整的互补链，合成损伤链所丢失的信息，再把损伤部分切除，最后将新合成片段与原链连接；还有一些损伤并不从整体中剔除出去，其过程是首先复制，含有损伤的部分在复制时子链上出现缺口，然后母链与子链发生重组，由母链的核苷酸片段来补充子链的缺口，母链上造成的缺口通过 DNA 聚合酶的作用来填充。在不断的复制代谢中，有损伤的 DNA 逐渐稀释，最后终于无损于正常的生理过程，即所谓的重组修复；当 DNA 严重损伤以至于合成停止时，细胞中会进行急救的 SOS 修复，但这种修复后的突变率较高。

（六）细胞质遗传水平上的突变抑制机制

细胞质遗传与细胞核遗传是细胞内的两个遗传系统，它们互相协调，形成一个以核基因控制为主的统一整体。核质互作雄性不育遗传理论说明，在细胞质中存在着与核基因具有相同作用的基因。当核基因发生突变失去了正常的功能后，细胞质基因能补偿其不足，对表型突变起到抑制作用。如玉米中的 N 基因代表雄性可育的细胞质基因，Rf 代表正常的雄性可育核基因，当 Rf 突变为 rf 成为雄性不育基因后，但 N（$rfrf$）仍表现为雄性可育，只有当 N 基因突变为 S 基因也成为雄性不育基因后，S（$rfrf$）才表现为雄性不育。

（七）表达水平上的突变抑制机制

突变发生后如不能表达，也不会有任何的遗传学效应。操纵子模型告诉我们，基因的表达要求有与之相配套的启动装置——启动子、操纵基因和机体新陈代谢的需要，否则就会一直处于关闭状态。在生物体内有许多不被表达的核苷酸序列，它们或许都缺少转录所需的启动装置。研究人员通过组织移植技术，从雏鸡胚胎组织中诱导生成了四枚鸡的牙齿，这说明长牙基因在鸡的基因库中存在，只是在个体发育过程中处于关闭状态。突变发生后基因会改变原有的排列顺序，失去与其相配套的启动装置，结果就得不到表达。

（八）个体水平上的突变抑制机制

生物绝大多数是二倍体，体细胞中有两个基因组，当显性完全时，杂合体的表型与显性纯合体的表型相同，这是生物体抑制隐性基因突变表现的机制。基因突变在通常情况下形成它的隐性等位基因，而隐性基因在杂合状态下是表现不出基因效应的，只有在纯合状态时，才表现为突变体。例如，用微生物作遗传、诱变的研究材料，繁殖周期短是一个因素，另一个原因就是因为它们是单倍体，基因发生突变后容易表现出基因效应。

（九）群体水平上的突变抑制机制

生物体都需要通过群体才能繁殖后代，因此每个生物体产生的突变都要加入到它所在的群体中去进行遗传信息的交流，一个有性群体能够最大限度地吸收和储存遗传突变，但同时又是一个限制和减少突变产生的机制。首先，这种机制不可避免地造成那些大群体中单一突变基因的遗失。例如，群体所有个体的某一基因的基因型为 AA，只有个别个体是 Aa，这个突变基因除非在选择上具有优势，否则遗传下去的机会是很小的。其次，群体还限制着超出群体容忍度的大突变的产生。如果某些个体的遗传物质发生了较大的变化，比如种间杂种和发生了染色体畸变的个体，在形成配子的减数分裂过程中，由于来自两个亲本的 DNA 分子有较大的差异，不能进行正常的同源配对重组，产生的配子不育，结果丧失了向后代传递的能力，在群体中被淘汰。同源配对重组的这种内在的制约性，防止了群体以外或群体以内的 DNA 序列不同的生物之间交流信息，抑制了那些超出群体许可的遗传突变，使不同物种在世代间仍能各自基本一致。

二、基因突变的修复

基因突变（无论是自发突变还是诱发突变）都主要是通过对 DNA 造成损伤，导致基因分子结构改变。如果 DNA 损伤不被修复，就会引起很大的遗传损伤，产生突变。但 DNA 产生的损伤，不一定都会引起基因突变。生物在长期的进化过程中，不仅演化出能纠正偶然的复制错误的系统，而且还形成了对损伤进行修复的机制，这是生物能够保持其物种高度稳定的一种适应性。当 DNA 分子出现损伤以后，修复过程很快进行。如果损伤被修复，突变就不能发生。只有在损伤未被修复的情况下，经过复制才能形成分子或细胞水平的突变。因此，基因突变往往是 DNA 损伤与损伤修复这两个过程共同作用的结果。

DNA 损伤的修复是生物体细胞在长期进化过程中形成的一种保护功能，在遗传信息传递的稳定性方面具有重要作用。细胞对 DNA 损伤的修复系统主要包括直接修复、切除修复、错配修复、重组修复和 SOS 修复。

（一）直接修复

直接修复是将被损伤碱基恢复到正常状态的修复。主要有光复活修复、O^6-甲基鸟嘌呤-DNA甲基转移酶（MGMT）修复和单链断裂修复三种方式。

1. 光复活修复　目前，对胸腺嘧啶二聚体的形成和修复机制研究得较为详细，是光复活修复的典型例子。最早发现细菌在被紫外线照射后，如果立即再用可见光照射则存活率显著提高。这种光复活修复机制是由于可见光（有效波长为400 nm左右）激活了光复活酶，它能分解由紫外线照射而形成的环丁烷嘧啶二聚体（图9-17）。光复活酶在生物界分布较广，从低等单细胞生物到鸟类都有，但包括人类在内的胎盘哺乳动物除外。这种修复方式对植物体特别重要。

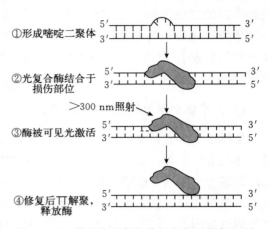

①形成嘧啶二聚体

②光复合酶结合于损伤部位

>300 nm照射

③酶被可见光激活

④修复后TT解聚，释放酶

图9-17　紫外线照射损伤的光复活修复机制

2. O^6-甲基鸟嘌呤-DNA甲基转移酶修复　O^6-甲基鸟嘌呤是被烷基化了的碱基，它改变了碱基配对性质。这种损伤可在O^6-甲基鸟嘌呤-DNA甲基转移酶作用下，将甲基或乙基从鸟嘌呤的O^6原子上转移到酶自身的半胱氨酸的残基上，从而得以修复。修复反应完成后，O^6-甲基鸟嘌呤-DNA甲基转移酶结构已改变，由此而失活，但却成为自身基因和另一些修复酶基因转录的活化物，以促进它们的表达。因此，O^6-甲基鸟嘌呤-DNA甲基转移酶能防止DNA链烷基化而导致的死亡和突变。O^6-甲基鸟嘌呤-DNA甲基转移酶存在于酵母和人类细胞中。

3. 单链断裂修复　DNA单链断裂可通过重接进行修复，需要DNA连接酶参与，连接酶催化DNA单链断裂处（磷酸二酯键断裂，并非缺失碱基）的5′磷酸与相邻的3′OH形成磷酸二酯键，属于直接修复。

（二）切除修复

对高等动物而言主要是暗修复。暗修复过程由四种酶来完成：首先由核酸内切酶在胸腺嘧啶二聚体一边切开；然后由核酸外切酶在另一边切开，把胸腺嘧啶二聚体和临近的一些核苷酸切除；再者，DNA聚合酶把新合成的正常的核苷酸片段补上；最后由连接酶把切口缝好，使DNA的结构恢复正常。因此，暗修复又称切除修复，它既可消除由紫外线引起的损伤，也能消除由电离辐射和化学诱变剂引起的其他损伤，切除的片段可由几十到上万个碱基，分别称为短补丁修复和长补丁修复。

切除修复主要包括碱基切除修复和核苷酸片段切除修复。

1. 碱基切除修复　由DNA糖基化酶识别受损碱基，通过DNA链的局部扭曲而使受损碱基凸出，随后水解受损碱基与脱氧核糖之间的糖苷键，除去受损碱基，产生无嘌呤或无嘧啶位点，即AP位点。AP核酸内切酶能识别AP位点，在该位点的5′侧端将DNA链切断。在E. coli中DNA磷酸二酯酶在AP位点处将磷酸戊糖切除，然后由DNApol I修复合成，按5′→3′方向在降解DNA的同时合成新片段，最后由连接酶将新旧链断口连接完成修复。

碱基切除修复是一种对多种损伤都有修复作用的较普遍的修复过程。主要修复单个碱基缺陷或某些轻微的DNA损伤，包括碱基被化学修饰、脱氨基、碱基丢失、无氧射线辐射和内源性物质引起的环氮类物质甲基化等因素造成的DNA损伤。例如碱基切除修复对 8-氧鸟嘌呤（8-oxo-G）引起的 DNA 分子内的氧化损伤有修复作用。8-oxo-G 可与 A 配对，形成 8-oxo-G-A，8-oxo-G-A 中的 G 和 A 都具有诱变效应，在下一轮 DNA 复制过程都有可能发生错配而引发突变。在人类中，这些突变将导致肿瘤发生。然而，有氧生物在长期的进化中获得了修复这些错配碱基的机制。细胞内有多种特异的 DNA 糖基化酶，能识别 DNA 中不正常的碱基，并将其水解脱落。由于 DNA 复制一般不会因碱基受到微小的化学修饰而停止，但可能会引起错配，故碱基切除修复在维持 DNA 稳定方面起着重要作用。

2. 核苷酸片段切除修复 当 DNA 结构有较大程度损伤变形或 DNA 链多处发生严重损伤时，将诱导短或长片段的修复，即以核苷酸片段切除修复的方式修复，无需 DNA 糖基化酶协助。核苷酸片段切除修复系统可识别并消除多种 DNA 的损伤，已损伤的片段由切除酶识别并切除，该酶是一种核酸内切酶。但它是在 DNA 链损伤部位的两侧同时切开（这有别于一般的核酸内切酶），切除包含损伤区域在内的一段寡核苷酸链。

E. coli 中核苷酸片段切除修复途径的关键酶是 UvrABC 核酸切除酶，包括三种亚基：UvrA、UvrB、和 UvrC。真核生物具有功能上类似的切除酶，但亚基结构相差较大。研究表明，这个修复系统在真核生物中很相似，说明其在进化中是保守的。对人类先天性 DNA 修复缺陷疾病 Cockayne 氏综合征和着色性干皮病的研究发现，与正常人相比，患者暴露在阳光下之后，得皮肤癌的概率高数千倍，这种患者对日光或紫外线特别敏感是因为表皮细胞的核苷酸片段切除修复系统缺陷，不能有效修复 DNA 螺旋发生扭曲或嘧啶二聚体的损伤，得不到修复的损伤被保留了下来，最终导致突变而引发皮肤癌，说明切除修复系统和癌症发生有一定关系。

（三）错配修复

错配修复系统是通过识别并替换掉错误插入的碱基以改正 DNA 复制时的错误。该系统中的酶不仅要能识别错配的碱基对，而且在错配的碱基对中应能准确区别哪一个是正确的，哪一个是错误的，并将错误的碱基切除。DNA 在复制过程中如果发生了错配，当新合成链被校正，则基因编码信息可得到恢复。但如果是模板链已被校正，则复制后突变就被固定了下来。错配修复系统主要是通过甲基化酶来区分模板链和新合成链，因为甲基化的 DNA 刚复制后两条链的甲基化状态不一样，只有在原亲本链上带有甲基，而新合成链则尚未甲基化。因此可以利用该时间差，以亲链甲基为标记区分亲本链和新合成链，只对未甲基化子链上的错配进行修复，一旦发现错配，即将未甲基化的链切除，并以甲基化的链为模板进行修复。该修复过程必须在错配发生后的短时内进行，否则新合成链被甲基化后就无法区分亲链和新合成链了。这种修复系统只能识别 DNA 复制中出现的错配，因此也是一种复制后修复途径。

人类细胞错配修复系统缺失将导致严重后果，最典型的例子是引发遗传性非息肉结肠癌。在美国大约每 200 个人中就有 1 人患有这种疾病，占所有结肠癌的 15%。研究发现这种疾病是由于微卫星序列不稳定所致，长度为 1~4 bp 的串联重复序列（DNA 微卫星序列）在患者一生中会改变其大小（重复数目而非序列的长短），且存在个体差异。错配修复系统与微卫星序列不稳定之间的关系主要是在 DNA 复制中，因 DNApol 的"打滑"而引起短重复序列插入过多或过少，致使产生凸环，错配修复系统能识别并修复"打滑"造成的错误。但当系统出现问题时，凸环不能被校正。因此由细胞分裂而进行的 DNA 复制将导致许多基因发生突变。这种遗传不稳定性会引发癌症，尤其是控制细胞分裂的基因（癌基因和肿瘤抑制基因）发生突变。

(四) 重组修复

机体细胞对在复制起始时尚未修复的 DNA 损伤部位可以先复制再修复，这种方式称重组修复。例如，含有嘧啶二聚体、烷化剂引起的交联和其他结构损伤的 DNA 仍然可以进行复制后修复。在复制时，由于复制酶系统在损伤部位不能通过碱基配对合成子链。此时，可先跳过损伤部位，在下一个冈崎片段的起始位置或前导链的相应位置上再进行复制，其结果是子代链的损伤相应位置留下了缺口，由 DNA 重组来修复此缺口。先从同源 DNA 母链上将相应核苷酸片段移至子链缺口处，然后再用新合成的序列补上母链空缺（图 9 - 18）。这个过程发生在复制之后，是复制后修复。

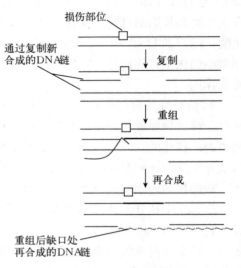

图 9 - 18　DNA 重组修复过程

参与重组修复的酶系统包括与重组和修复两个过程有关的酶类。在重组修复过程中，DNA 链损伤并未除去。当进行第二轮复制时，留在母链上的损伤仍会影响复制，复制经过损伤部位时所产生的缺口仍需通过同样的重组过程来弥补，直至损伤被切除修复所消除。但随着复制的不断进行，若干代后，即使损伤始终未从亲代链中除去，在后代细胞群中也已被稀释，基本上消除了影响。

(五) SOS 修复

SOS 修复又称差错倾向修复，是指在 DNA 分子受到大范围损伤的情况下为防止细胞死亡而诱导出的一种应急修复措施，它是使细胞通过一定水平的变异以换取其生存的一种手段。在 DNA 两条互补链中，当一条链受损时能够以另一条链为模板进行修复。但在有些情况下无法为修复提供正确的模板，如其中的模板链损伤、双链断裂或双链交联等造成没有正常的互补链。当复制又遇到未修复的 DNA 损伤时，正常复制过程受阻，导致重组修复或 SOS 修复。SOS 修复系统允许 DNA 合成时越过损伤部位，但 DNA 复制的保真度降低，造成潜在的差错。因此，SOS 修复是一种错误的修复过程。而直接修复、切除修复和错配修复系统等都能识别 DNA 的损伤部位或错配碱基而加以消除，这些修复过程不引入错误碱基，属于避免差错的修复。

SOS 修复由 RecA 蛋白和 LexA 阻遏物相互作用引起，现在尚不知道损伤与 RecA 活性改变之间的关系。由于损伤引起变化，RecA 被激活，诱导 SOS 反应，这也是与其他修复途径的不同之处。其他修复途径的酶是已存在于细胞中的，而 SOS 修复的酶系统是经损伤诱导才产生的。诱导的信号可能由 DNA 释放出的小分子组成，或者是 DNA 本身某些结构变化。在体外 RecA 的激活需要单链 DNA 和 ATP 的存在，这样激活信号可能存在于损伤位点的单链区。无论信号是怎样产生的，它和 RecA 的相互作用是很快的，SOS 反应在产生损伤的几分钟内就可发生。SOS 反应广泛存在于原核和真核生物，它是生物体在不利环境中求得生存的一种基本功能。

(六) DNA 损伤修复的生物学意义

1. 修复能保证物种相对的稳定性　生物的遗传信息通过复制传给子代，多细胞生物一生要经历多次 DNA 复制，再通过细胞分裂在细胞间传递。在这些复制过程中难免会有异常碱基的掺入，当然物理化学因素的影响也可产生各种损伤。若无修复过程，难以保持遗传的稳定性，生物也无法生存。

2. 修复促进了生命起源和物种的进化 原始生命可能诞生于35亿年前的海洋中，当时宇宙射线及紫外线远比现在强烈，若无修复系统，原始生命就很难生存并进化成今天种类繁多的生物界。光复活酶的修复系统正是原始生物的主要修复系统，而且随着生物的进化，产生了各种更为完善的修复系统。

3. 修复为生物进化奠定了物质基础 DNA修复产生各种变异，而有些变异是无法修复的，况且SOS修复本身也产生变异。变异可通过自然选择被保留下来，最后导致物种的进化。虽然生物体内有各种修复系统，但修复后仍可产生各种变异。

第四节 基因突变的检出

在细胞增殖、个体从生长发育到成熟死亡的各个时期，突变总是不断地在发生。要检出基因突变的发生，就是要在随后的细胞周期或生物的世代中检测出突变体。基因突变造成性状的改变丰富多样，有的可直接观察到形状结构和表型性状的改变，也有直接观测不到的分子水平的改变。因此，需要根据各物种遗传特点、增殖方式和基因突变的性质来来设计检出突变的技术路线。例如，二倍体高等动、植物的突变可以运用分离定律来检出，但筛选得到显性突变纯合体和隐性突变纯合体所经历的世代数不一样。对于显性突变来说，在F_1就可以观察到突变的发生，F_2可以出现突变纯合体，但要把它们与F_2中的杂合体区分开，选择出来，至少还要经过一代鉴定，在F_3中选择出纯合体；对于隐性突变来说，F_1表型正常，在F_2群体分离出突变表型的个体，就是突变纯合体。

性状的变异是否属于可遗传的变异？是基因突变还是染色体畸变所致？是显性突变还是隐性突变？突变发生的频率如何？这些都需进行鉴定。在观察材料的后代中，一旦发现与原始亲本不同的变异体，就要鉴定它是否真实遗传。测定和检出突变的方法因物种不同而各有差异。

（一）*E. coli* 突变的检出

原核生物的遗传学研究中，*E. coli* 的应用最为广泛。它的基因组是一条裸露的共价闭合环状DNA分子，除了编码RNA基因外，基因组中绝大多数DNA序列都是用于编码蛋白质的基因。通常一个细胞内只有一个基因组DNA分子，因此，只要发生基因突变，就会产生相应的功能性改变。*E. coli* 突变型可以分为三种类型：合成代谢功能突变型、抗性突变型和分解代谢功能突变型。其中的抗性突变型（包括抗药性突变型和抗噬菌体突变型）可以被看作为显性突变，其他两类是隐性突变。

原养型 *E. coli* 对培养基的要求很简单，只需要提供无机氮作为生长的氮源，提供葡萄糖等糖类作碳源，再加上些无机盐就可以正常地生长繁殖。*E. coli* 可以合成自身生长所需的核苷酸、氨基酸、维生素、辅酶因子等有机物。如果控制这些合成代谢途径中任何一个反应所需要的酶失活了，*E. coli* 就会发生营养障碍，不能正常生长繁殖，成为营养缺陷突变型。营养缺陷型可以在添加了各种类型营养成分的完全培养基上生长，只要比较在基本培养基和完全培养基上的生长情况，就可以知道是否发生了营养缺陷型突变。检出营养缺陷突变型常用的方法就是影印培养法和青霉素法。

1. 影印培养法 影印培养法是通过诱变处理后的细菌在完全培养基中培养，长出菌落后分别影印到基本培养基和补充培养基上再培养，发生突变的菌株在基本培养基中不能生长，相应位置无菌落长出，只有在相应的补充培养基中才能长出菌落，由此可知诱变处理产生的是何种营养缺陷型突变（图9-19）。

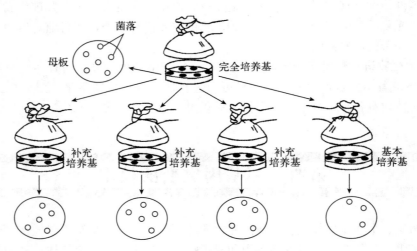

图9-19　细菌的影印培养

2. 青霉素法　青霉素能抑制细菌细胞壁的生物合成，但只有处于生殖状态的细菌对青霉素才敏感，处于休止状态的细菌对青霉素不敏感。野生型菌株在含有青霉素的基本培养基中生长时会被杀死，突变型细菌则处于休止状态，从而被保留下来。因此，将诱变后的细菌在含有青霉素的基本培养基中培养一段时间后去除青霉素，再补加其他营养物质继续培养，长出的菌株即为突变体。具体是何种突变型，可再通过影印培养法确定。

（二）果蝇突变的检出

果蝇的体细胞中有8条染色体，正常雌果蝇的性染色体组成为XX，正常雄果蝇性染色体组成为XY。因为显性突变在F_1即可观察到，容易检出。而隐性突变只有F_2才能纯合表现出来，所以需要设计一种技术路线，在控制条件下得到隐性纯合体，检出是否发生突变。

Muller从果蝇的自发突变中建立了一系列品系用作检出突变体的材料，其中最有名的是为检测X染色体上隐性致死突变而构建的CIB品系，后来他又在CIB品系的基础上创建了Muller-5品系。Muller-5品系的X染色体上带有B（Bar，棒眼）和W^a（apricot，杏色眼）基因，此外还有一些倒位。这些倒位的存在，抑制了雌果蝇两条X染色体之间的交换，使得F_1雌果蝇在形成配子的过程中，两条X染色体之间不发生重组。检测时把Muller-5品系雌果蝇同待测的雄果蝇交配，得到F_1后将雌、雄果蝇做单对交配，观察F_2的雄果蝇性状分离和雌雄比例（图9-20）。在F_2中，如果出现Muller-5雄果蝇和野生型雄果蝇，说明待测雄果蝇没有发生可见突变；如果有突变型雄果蝇出现，说明待测果蝇发生了隐性突变；如果既无野生型又无突变型，只有Muller-5雄果蝇存在，F_2中雌雄比例为2:1，说明发生了隐性致死突变。此外，还可以利用平衡致死品系检测常染色体上的突变基因。

（三）人类基因突变的检出

在人类中只能依据系谱和体细胞分析法鉴别基因突变。常染色体显性突变的检测方法简单，一般靠家系分析和出生调查。如某家系的最初双亲均正常，子代中有显性遗传基因，即可推测此基因必是突变而来。常染色体隐性突变从表型上难以鉴别，因为无法分辨隐性突变纯合体的出现是隐性突变的结果，还是原有基因分离的结果。目前科学家们已发展了电泳分

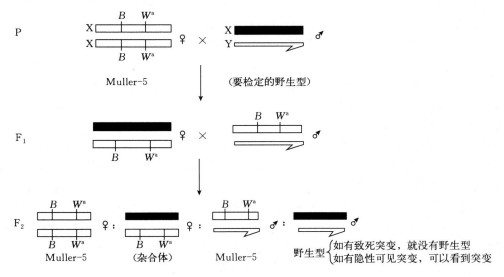

图 9-20 果蝇 X 染色体上基因突变的检测

析法，观察某种基因产物是否存在，就可有效地分析出突变基因产物是来自于双亲还是当代突变产生。

如果女性的 X 染色体上发生了显性突变，其子代不论男女均可表现；如果发生隐性致死突变，会使她的儿子死亡，结果男性减少，性别比例下降。如果男性的 X 染色体上出现致死突变基因，则情况有所不同，他的子代中男孩全正常；显性致死突变时，女儿死亡；隐性致死突变时，女儿虽正常，却是携带者，结果外孙往往死亡。

（四）分子生物技术在基因突变检出中的应用

随着分子生物技术的研究与发展，突变基因的检测方法有了长足发展，特别是聚合酶链式反应（polymerase chain reaction，PCR）技术诞生后，在 PCR 基础上衍生了许多检测技术，目前已达 20 余种，且自动化程度越来越高，分析时间大大缩短，分析结果可精确到单细胞和单核苷酸水平。下面分别介绍几种经典突变检测方法和 PCR 衍生技术，可根据检测目的和实验条件选择使用。

1. 异源双链分析法 是直接用非变性聚丙烯酰胺凝胶电泳分离突变型-野生型杂交双链DNA 的方法。根据突变型和野生型 DNA 形成的异源杂合双链 DNA 在非变性凝胶中电泳会产生与相应同源双链 DNA 不同的迁移率，从而将突变型-野生型杂交双链 DNA 分离出来。

2. 变性梯度凝胶电泳法 当双链 DNA 在变性梯度凝胶中进行到与 DNA 变性温度一致的凝胶位置时，DNA 发生部分解链，电泳迁移率下降，若解链的 DNA 链中有 1 个碱基改变，会在不同时间发生解链而影响电泳速度变化的程度，导致突变 DNA 被分离。用该方法分析 DNA 片段，如果突变发生在最先解链的 DNA 区域，检出率可达 100%，检测片段可达 1 kb，最适检测范围为 $100\sim500$ bp。但是，由于此法是利用温度和梯度凝胶迁移率来检测，需要一套专用的电泳装置。

3. 化学切割错配法 该方法是在 Maxam-Gilbert 测序法的基础上发展起来的一项突变检测技术，检测突变的准确性可与 DNA 测序相仿。其基本原理是将待测 DNA 片段与相应的野生型 DNA 片段或 RNA 片段混合后变性杂交，在异源杂合的双链核酸分子中，错配的 C 能被羟胺或哌啶切割，错配的 T 能被四氧化锇切割，经变性凝胶电泳即可确定是否存在突变。该法检出率很高，检测片段也最长，如果同时对正、反义链进行分析，检出率可达 100%。

4. RNA 酶 A 切割法 在一定条件下，异源双链核酸分子 RNA：RNA 或 RNA：DNA 中的错配碱基可被 RNase A 切割，切割产物再经变性凝胶电泳即可分离含突变的核酸片段。当 RNA 探针上错配的碱基为嘌呤时，RNase A 在错配处的切割效率很低，甚至不切割；当错配碱基为嘧啶时，其切割效率较高。因此，若仅分析被检 DNA 的一条链，突变检出率只有约 30％；若正、反义链同时分析，检出率可提高到 70％。该法需要制备 RNA 探针，增加了操作的复杂性，但可用于检测 1～2 kb 的大片段，并能确定突变位点，故仍被作为一种经典方法用于分析未知突变。

5. 荧光原位杂交法 该方法是 20 世纪 80 年代末在放射性原位杂交技术基础上发展起来的一种非放射性分子细胞遗传技术，以荧光标记取代同位素标记而形成的一种新的原位杂交方法。其基本原理是将 DNA（或 RNA）探针用荧光标记后，将探针与待测染色体或 DNA 组织切片上的 DNA 进行原位杂交，然后在荧光显微镜下对荧光信号进行辨别和计数，对染色体或基因异常的细胞、组织样本进行检测和诊断，可对待测样品上的 DNA 进行定性、定位和相对定量分析。该方法具有安全、快速、灵敏度高、探针期保存期长、能同时显示多种颜色等优点，不但能显示中期分裂相，还能显示于间期核。

6. 聚合酶链式反应-单链构象多态性分析法 该方法的基本原理是将扩增的 DNA 片段经过变性处理形成单链，若 DNA 分子上有基因突变，会因序列不同而使单链构象有差异，在中性聚丙烯酰胺凝胶中电泳的迁移率就不同，通过与标准物对比，即可检测出有无突变。单链构象多态性分析技术自创立以来，经历了自身的发展完善过程，已广泛用于检测基因的点突变、缺失突变和基因的多态性等。

7. 等位基因特异性寡核苷酸分析法 该方法为一种以杂交为基础对已知突变的检测技术，同 PCR 技术相结合，设计一段 20 bp 左右、包含突变部位的寡核苷酸片段，以此为探针，与固定在膜上的 PCR 扩增样品杂交。可以用各种突变类型的寡核苷酸探针，同时以野生型探针为对照，如出现阳性杂交带，则表示样品中存在与该等位基因特异性寡核苷酸探针相应的点突变。为了避免假阳性和假阴性，需严格控制杂交条件和设置标准对照。

8. 连接酶链式反应 是一种新的 DNA 体外扩增和检测技术，主要用于点突变的研究及靶基因的扩增，其基本原理是利用 DNA 连接酶特异地将双链 DNA 片段连接，经变性、退火、连接三步骤反复循环，从而使靶基因序列大量扩增。目前该方法主要用于点突变的研究与检测、微生物病原体的检测及定向诱变等，还可用于单碱基遗传病多态性及单碱基遗传病的产物诊断、微生物的种型鉴定、癌基因的点突变研究等。

9. 原位 PCR 技术 原位 PCR 技术即聚合酶原位扩增技术，是将 PCR 技术与原位杂交技术结合起来，不改变与周围组织的原有位置关系，直接在组织、细胞或病原体原位研究基因变化的技术。这种技术既提高了杂交的灵敏度，又能直接显微观察病变部位，而且标本不需特殊处理或制备，只需标记引物或 dNTP，不需标记探针，比较省时和经济，尤其对形态学研究具有其他方法难以比拟的独到长处。原位 PCR 技术自创立以来，已经在神经性疾病、肿瘤、微生物病原体等多种检测中得到广泛应用。

10. 基因芯片技术 基因芯片是指将大量寡核苷酸 DNA 排列在一块集成电路板上，彼此之间重叠 1 个碱基，并覆盖全部所需检测的基因，将荧光标记的正常 DNA 和突变 DNA 分别与 2 块 DNA 芯片杂交，由于至少存在 1 个碱基的差异，正常和突变的 DNA 将得到不同的杂交图谱，经共聚焦显微镜分别检测两种 DNA 分子产生的荧光信号，即可确定是否存在突变。该方法除用于检测基因突变外，还可用于基因定位、DNA 测序、遗传图谱和物理图谱的构建等。该方法快速简单、自动化程度高、处理样品数量巨大，在基因突变检测中发挥重要作用。

11. DNA 序列分析法 该方法是对所测序列与正常序列进行比对分析，寻找基因突变位点。应用各种突变检测技术检测到的基因突变，最终都需经序列分析才能确定突变类型和突变位置，检出率可达 100％。因此，高度自动化的 DNA 序列分析法是较理想的基因突变分析技术。

第五节　基因突变的应用

基因突变既可以给生物带来益处，也可以带来害处，如果突变给生物带来了某种有利的因素，变异个体适应环境的能力就很强，而且极有可能将突变的性状遗传给后代，从而使生物进化。基因突变不仅在生物进化上具有重要意义，在育种实践上也是对生物进行遗传改良的重要途径。特别是将多种理化诱变因素用于人工诱变，并结合多种育种技术进行新品种的培育或种质的创新已经取得了显著的成效。

一、诱变育种

诱变能提高突变率，扩大变异幅度，对改良现有品种的单一性状常有显著效果。通过物理因素和化学因素的诱发使生物产生大量而多样的基因突变，通过人工选择再加上育种的一些措施，选育出生产上需要的优良品种。诱变性状稳定较快，处理方法简便，有利于开展群众育种工作。早在 20 世纪初，一些科学家利用自然界中的各种因素，如提高温度、紫外线照射以及化学物质处理等方法进行诱导突变。在化学诱变剂发现以前，植物育种工作主要采用辐射作为诱变剂，化学诱变剂发现后，诱变手段便大大增加，当人们掌握了人工诱变的方法后，改造生命便成了一项时髦的科学活动。

（一）植物方面的应用

近年来，诱变育种在植物方面发展特别快，用此法已培育出了许多优良品种，例如菲律宾水稻和墨西哥大麦都是用矮秆、抗病的突变品系作为杂交亲本而育成的。印度在 1969 年育成的"阿隆那"蓖麻，不仅产量提高了 50％以上，而且自播种至成熟由原来需要 270 d 缩短到 120 d。日本在 1968 年获得了一个水稻突变品系，其成熟期提早了 60 d，蛋白质含量增加了一倍。植物诱变育种，主要是应用于自花授粉或无性繁殖的植物。自花授粉植物可以选择符合需要的有利突变体，无性繁殖植物可以选择诱变的优良"芽变"。异花授粉植物采用诱变处理大都是进一步增加变异性，丰富选择的原始材料。在杂种优势利用上也可通过诱变处理，选出雄性不育的突变体。

从 1987 年开始，我国先后在卫星、飞船上进行了大量微生物和植物种子的空间实验，取得了丰硕的成果。太空生物育种的效果相当明显，经太空诱变培育后的农作物果实开始进入百姓生活。在太空环境因素中，起主要诱变作用的是各种宇宙射线和微重力。宇宙射线是引起 DNA 突变的主要原因，微重力可能阻碍或抑制细胞中损伤修复系统对 DNA 断裂链的修复，从而出现在地球上罕见的突变。经太空飞船搭载返回地面后，经过专业人员精心筛选、大量淘汰和遗传稳定性检测，还需报经国家或省部级品种鉴定委员会认定为新品种后，该品种才可推广应用。

对植物诱变需要注意几个技术问题：一是选用合适的处理材料。实验表明，诱变育种的成果常因作物繁殖方式和染色体倍数而不同。水稻、大麦等二倍体作物的成果较显著；小麦等多倍体作物因有重复基因的存在，成果常较差。二是确定适当的诱变剂量和处理时期。由于辐射效应具有积累作用，即不论是强源射线在短期内处理或用弱源射线处理较长时间其诱变效果是一样的。而且辐射剂量与基因突变率成正比，一般是随着辐射剂量的增加，个体成活率逐渐降低。化学诱变浓度亦有类似的情况。因此，适当的诱变剂量和处理时期应该是既能引起较多的有利突变，又能存活相当的个体数，以供选择。三是善于选择诱变后代。质量性状的大突变往往表现"一因多效"或与其他性状连锁的现象，不利于选择，因此，这样的突变体常需要进一步与杂交育种结合，促使基因发生交换和重组，然后再进行选择。对于一些数量性状的微突变，由于不易鉴别，更需要细致选择，并采用统计的方法进行分析。此外，也可连续诱变处理几代，使微突变的累加作用趋向于有利的方向发展，同时进行定向选择，借以提高诱变育种的效果。

（二）微生物方面的应用

在微生物方面，诱变育种的成效也特别显著。现在世界上各国生产青霉素所用的菌种，是最初在1943年从一只发霉的黄金瓜上得来的一种青霉菌。这个天然的青霉菌在培养时青霉菌素的产量很低。利用这种菌的自然突变，选出一个品系B25，青霉素产量也只有250 U/mL。1944年起，美国用X射线处理B25菌种，获得了一个新的品系X-1612，产量为500 U/mL，比原来的产量提高了一倍。1945年，再用紫外线处理X-1612，又选出了一个突变品系Q-176，产量900 U/mL。为了培养一种不产黄色素而青霉素产量又高的青霉菌种，于1947年用紫外线照射Q-176，获得突变品系BL3-D10，又从BL3-D10得到49-133突变品系，再用氮芥子气处理49-133得到51-20突变品系，该品系不产黄色素，而青霉素产量达到3 000 U/mL。不到10年时间，青霉素的产量从250 U/mL提高到3 000 U/mL，而且去掉了黄色素。前苏联遗传学家把51-20突变品系用乙烯亚胺和紫外线交替处理，得到的菌种产量达到5 000 U/mL。其他所有的抗生素菌种，如链霉菌、白霉菌、土霉菌、金霉菌等，都是通过这种方法培育成的。我国的抗生素工作者也用这种方法育成了几个产量特别高的菌种，不但用于国内生产，而且推广到国外。

（三）动物方面的应用

在动物诱变育种中，由于动物机体更趋复杂，细胞分化程度更高，生殖细胞被躯体严密而完善地保护，所以人工诱变比较困难，但也取得一定的成就。如果蝇中各种突变种的产生；在家蚕中应用电离辐射育成ZW易位平衡致死系，用于蚕的制种，提供全雄蚕的杂交种，大幅度提高了蚕丝的产量和质量；水貂是一种珍贵的皮毛兽，驯养的野生水貂只有棕色的皮毛，经济价值相对较低，近年来有人利用诱变使毛色基因发生了突变，产生了经济价值很高的天蓝色水貂、灰褐色水貂和纯白色水貂等，这些皮毛很美观，在国际市场上深受欢迎。也有研究人员曾对畜禽的性细胞或受精卵进行过诱变，还未得到理想的结果。

二、遗传疾病的诊断

精妙的基因表达和调控机制保证了细胞中DNA的复制、转录、翻译和各种代谢反应的高效性和有序性，从而保证了生命的健康。由于环境因素、遗传因素以及环境与遗传因素的相互作用等可能导致基因突变的发生，也可能导致基因表达调控的失常，造成某些与基因相关的人类疾病发生，从分子水平解释与基因表达相关的人类重大疾病为基因诊断和治疗提供了依据。从事基因工程这一新领域研究的科学家们正在探索人工制造基因突变的方法，以便能够纠正导致各种疾病的基因编码错误。

三、诱变物质的检测

目前，已经发现的诱变剂分为物理诱变剂、化学诱变剂和生物诱变剂三类，这些诱变剂都能改变DNA，引发基因突变。多数突变对于生物本身有害，人类癌症的发生也和基因突变有密切的关系，因此，环境中诱变物质的检测已成为公共卫生的一项重要任务。从基因突变的性质来看，诱变物质的检测方法分为显性突变法、隐性突变法和回复突变法三种。除了检测基因突变的方法外，还有许多检测染色体畸变和姐妹染色单体互换的测试系统。对于药物致癌活性最可靠的测定是哺乳动物体内致癌情况的检测，但是利用微生物中诱发回复突变这一指标作为致癌物质的初步筛选仍具有重要的实际意义。

思考题

(1) 基因突变具有哪些特征？

(2) 如何理解基因突变的有害性和有利性？

(3) 举例说明自发突变和诱发突变。

(4) 基因突变的产生包括哪些主要原因？

(5) 诱发突变有何意义？

(6) 如何区分基因突变和染色体结构变异？

(7) 基因突变抑制包含哪些途径？

(8) DNA损伤是怎样修复的？其修复的生物学意义是什么？

(9) DNA损伤修复后，为什么还有变异？

(10) 人类对基因突变的利用主要体现在哪些方面？

CHAPTER 10
第十章 质量性状的遗传

生物的性状是指所表现出来的外部特征，也就是可以通过测量、观察和感觉的外部表现。性状是受基因控制的，根据表现程度可以把性状分为质量性状和数量性状两类。在遗传学三大定律中所涉及的相对性状之间的差异，大多数是明显的不连续的，在杂种后代的分离群体中，具有这些相对性状的个体可以明确分组，求出不同组之间的比例，这些性状在表面上都显示质的差别，可以用文字直接描述，它往往只由一对或少数几对起决定作用的遗传基因来支配，而且性状间的差别可以比较容易地用分离定律和连锁定律来分析，把这样的一类性状称为质量性状。所以，质量性状是指同一种性状的不同表现型之间不存在连续性的数量变化，而呈现质的非连续性变化的那些性状。

第一节　质量性状特征及基因型

一、质量性状的基本特征

一般而言，质量性状的基本特征主要有：一般由一对或少数几对基因所决定，每对基因都在表型上有明显的可见效应；其变异在群体内的分布是间断的，即使出现有不完全显性杂合体的中间类型也可以区别归类；性状一般可以描述，而不是度量；遗传关系较简单，一般服从三大遗传定律；遗传效应稳定，受环境影响小。

质量性状中有些是重要的经济性状，特别是毛皮用畜禽。另外，遗传缺陷的剔除，品种特征如毛色、角形的均一，遗传标记如血型、酶型、蛋白类型的利用，都涉及质量性状的选择改良。数量性状的主基因具有质量性状基因的特征，在鉴别和分析方法上也可采用质量性状基因分析的方法，因此质量性状对育种工作具有重要的科学意义。

同时，质量性状和数量性状并不是绝对的，而是既有区别又有联系。一些表面上看起来是质量性状的，如黑白花奶牛的毛色，从变异的性质来看，它是质量性状即有花斑或无花斑，但如果用黑白花片的面积占整个牛全身表面的比例进行分析时，它就成为一个数量性状了；而有的数量性状，如牛的双肌，有时可以区分为正常和双肌两类，这又可以视为质量性状。

近20年来，随着分子生物学和统计学的发展，人们发现动物某些数量性状表型值的变异受某一个或少数几个主效基因的控制，主基因可以作为单基因进行克隆和定位，分析其遗传效应，因此在分析方法上也可采用质量性状基因的分析方法。

二、质量性状基因型的判定

在判断质量性状基因型时首先应先考虑质量性状的遗传方式的类型。质量性状的遗传方式主要有以下几种类型。

（一）常染色体遗传

涉及一对等位基因突变，可按遗传方式分为下列几种主要类型。

1. 常染色体显性遗传 根据显性程度又存在以下 3 种情况。

（1）完全显性：突变基因有显性和隐性之分，其区别在于杂合状态（Aa）时，是否表现出相应的性状。若杂合子（Aa）能表现出与显性基因 A 有关的性状，其遗传方式称为显性遗传。其中凡基因处于杂合状态（Aa）时，表现出像纯合子一样的显性性状，称为完全显性。如猪的白毛对黑毛的完全显性。

（2）不完全显性：有时杂合子（Aa）的表现型较纯合子轻，这种遗传方式称为不完全显性或半显性。这里，杂合子（Aa）中的显性基因 A 和隐性基因 a 的作用都得到一定程度的表达。β 地中海贫血可作为不完全显性遗传实例，致病基因 β^O 纯合子 $\beta^O\beta^O$ 者病情严重，杂合子 $\beta^O\beta^A$ 者病情较轻，而正常基因 β^A 纯合子基因型为 $\beta^A\beta^A$ 者无症状。

（3）共显性：一对常染色体上的等位基因，彼此间没有显性和隐性的区别，在杂合状态时，两种基因都能表达，分别独立地产生基因产物，这种遗传方式称为共显性遗传。AB 血型的遗传即是共显性遗传的实例。

2. 常染色体隐性遗传 控制遗传性状的基因位于常染色体上，其性质是隐性的，在杂合状态时不表现相应性状，只有当隐性基因纯合子（aa）方得以表现，称为常染色体隐性遗传。

（二）性染色体遗传

1. X（Z）连锁隐性遗传 和一种性状或遗传病有关的基因位于 X（Z）染色体上，这些基因的性质是隐性的，并随着 X（Z）染色体的行为而传递。以携带 dw 基因鸡的一个家系为例，dw 基因控制鸡矮小性状，该家系中矮小个体总是母鸡（$Z^{dw}W$），提示 dw 基因 Z 连锁隐性遗传模式。

2. X 连锁显性遗传 一些性状或遗传病的基因位于 X 染色体上，其性质是显性的，这种遗传方式称为 X 连锁显性遗传。如抗维生素 D 佝偻病（VDRR）就是 X 连锁显性遗传的实例。

3. Y 连锁遗传 如果致病基因位于 Y 染色体上，并随着 Y 染色体而传递，故只有雄性才出现症状。这类致病基因只由父亲传给儿子，再由儿子传给孙子，雌性则不出现相应的遗传性状，这种遗传方式称为 Y 连锁遗传。

三、质量性状的选择

质量性状选择的基本方法就是选留理想类型，淘汰非理想类型。

1. 选留隐性性状的个体 隐性性状由于能表现出来的个体都是纯合子，因此只要选留表型理想的个体就能达到很好的选择效果。如果全部选留隐性性状的个体，只需一代就能把显性性状从群体中基本清除，下一代不再分离出非理想的类型。

2. 选留显性性状的个体 对显性性状，由于纯合子与杂合子在表型上不能区分，因此必须借助系谱分析或测交试验才能选留纯合子而达到良好的选择效果。只进行表型选择是很难从群体中完全清除非理想的隐性类型的，因为选留的显性类型中包含部分杂合子，而杂合子中有隐性基因，在以后各代中必然还将分离出来，并加以淘汰。

第二节 畜禽体表性状的遗传

一、毛（羽）色遗传

毛（羽）色是一个品种的重要特征，也是畜禽遗传稳定的一个特征。我国畜、禽品种审定条例把稳定一致的毛（羽）色特征作为品种审定的基本条件之一。在确定杂交组合、品种纯度、亲缘关系以及评价产品质量等方面也有一定用途。动物遗传育种学家利用毛（羽）色可以培育专门的品系，生产专门产品以适应消费者对某些性状特殊的需要。

毛色基因都是成对存在的。假定 W 代表长白猪成为白毛的基因，纯种长白猪即为 WW。以小写 w 代表北京黑猪的黑毛基因，则北京黑猪为 ww。根据孟德尔的分离定律，形成生殖细胞时，每对遗传因子相互分开（分离），因此，公猪的精子或母猪的卵子结合时，即受精而产生的仔猪，该仔猪具有父母双方的基因，形成新的成对基因，当白毛猪与黑毛猪杂交时，其杂种的基因型就成了 Ww。

由于控制毛（羽）色的基因较多，这些基因之间除了显隐性关系之外，还存在互作效应（如互补作用、上位效应、抑制作用）等关系，所以要彻底分清一个有色品种的基因型是有一定难度的。

毛（羽）色可以作为品种特征，也可作为个体特征。哺乳动物的毛色等位基因主要有 6个系统，包括：鼠灰色系统（A）、褐色系统（B）、白化系统（C）、淡化系统（D）、扩散系统（E）和粉红眼系统（P），一般可以在这 6 个系统中找到控制家畜毛色的基因相应的基因座。下面介绍几种主要家畜的毛（羽）色基因控制系统。

（一）猪的毛色

猪的毛色是最容易辨认的一项外形特征，一个品种内的不同类群和各个个体，都能保持相对一致的毛色。

1. 猪的毛色类型　主要有以下 7 种类型。

（1）野猪色：特征是背部黑毛末梢有黄色横纹，而且不同部位的颜色深度不同。野猪在出生后有纵向条纹，以后会逐渐消失，一些家养品种还保留了这种特征，如曼格里察（Mangalitza）猪和杜洛克（Duroc）猪的少数个体。还有些猪的后代中出现低频率的纵向条纹分离。

（2）全黑色：我国的许多地方猪、越南的地方猪和英国大黑猪等，毛色为全黑色。

（3）全红色：如杜洛克猪、泰姆华斯猪、明尼苏达Ⅰ号。我国云南大河猪也大多为红色，另外，曼格里察猪和 Iberian 猪的一些类型，地中海和非洲本地猪以及源于 Iberian 的美洲当地品种，毛色大多为红色。

（4）多米诺黑斑：通常为白底上出现黑斑，有时红毛以不同比例与白毛混生，直至形成全红的底色。皮特兰、中欧及俄罗斯的一些本地品种属于这种类型。多米诺毛色通常指除腿、额和尾尖外，其他部位有大量中等、不规则的黑斑点。

（5）黑色或红色花斑：这种花斑与多米诺小黑斑不同，由少量大块黑色或红色斑块组成，而且主要分布在头部和臀部，背上部可能也有中等大小斑块。其中又可分为三种类型：①黑斑与黑头：如我国金华猪、华中两头乌猪和法国地方品种利木辛（Limousin）的大部分猪属于此种类型。②黑斑、头部有白色标记：如我国大花白、越南本地花猪。③白肩带：如汉普夏猪、Essex、英国的威赛克斯（Wessex）品种为黑底上有白肩带，巴伐利亚的 Landschwein 品种为红底上有白肩带，由杜洛克猪、汉普夏猪、皮特兰猪、大白猪杂交形成的合成系中以及地中海地区的一些地方猪中也有这类毛色。

（6）黑色带白点：如巴克夏猪、波中猪的黑色六白特征，梅山猪除四肢白色外，其余全部为黑色。

（7）白色：有两种类型，一种是白肤白毛的亮白色，如大白（约克夏）猪、长白猪、切斯特白猪、拉康比猪；另一种为有色皮肤白毛的暗白色，如曼格里察猪。

2. 猪毛色的遗传控制　经过大量研究证明猪的毛色遗传规律（表 10-1）。

表 10-1　猪的毛色的遗传

显　性	隐　性
白色（约克夏猪、长白猪）	有色（黑、棕色和花斑）
黑色（北京黑猪）	棕色（杜洛克猪）
黑色六白（巴夏克猪、波中猪）	棕色（杜洛克猪）
野猪色（暗棕灰白色、灰黑色）	黑色、棕色
单色	斑纹
白带猪（汉普夏猪）	黑六白（巴克夏猪）、棕色（杜洛克猪）

猪毛色的基因座现已知道至少有 7 个位点控制，包括显性白色（I 位点）、毛色扩展（E 位点）、白肩带（Be 位点）、白头（He 位点）、野生型位点（A）、淡化位点（D）和白化位点（C）。

（1）白色位点 I：现代品种中白色是最主要毛色。1906 年，Spillman 通过杂交试验确认了白色对有色显性。Wright 和 Lush（1923）提出白色受单一显性基因控制的假说。Hetzer（1945）证实了这个假说，并把这个基因称为 I（抑制色素）基因，以后的研究结果进一步证明 I 和 E 基因座是相互独立的。白色品种（如大白猪、长白猪）通常 I 基因是纯合的，I 基因抑制黑色素、黄色素的形成。有色品种如巴克夏猪、波中猪、大黑猪、杜洛克猪、皮特兰猪以及有色的中国品种都是隐性基因的纯合体（ii）。在 I 基因座除了 I 和 i 等位基因外，还发现了 Id、Ip、im 等位基因，其显性等级为 $I>Id>Ip>i>im$。Id 对 I 呈隐性，但当存在 Ep 时，Id 与 I 同样对色素的形成有抑制效应，如 $IdiEpEp$ 基因型产生隐性暗白；当存在 E 基因时，Id 产生灰杂色（grey-roan），又称蓝宝石色（sapphire），实际是黑毛或白毛的混生，与牛、马的杂色基因同源。等位基因 Ip 是最近才提出来的，原因是当白色品种（大白猪、长白猪）和欧洲野猪或中国黑猪杂交时，F_1 偶尔可观察到黑斑，这是由于 I 基因座有一个 Ip 等位基因的作用，这个等位基因在欧洲白色品种分离频率很低，主要存在于斯堪的纳维亚的白猪。这可能是我国近年来从丹麦等国引进的长白猪后代中有时有黑斑的原因所在。对于大白猪、长白猪等白色品种与黑猪杂交出现黑斑的原因，除了认为存在 Ip 基因外，还有一种假设，即 Legault（1998）提出的在杂合状态下白色显性基因的外显率不全。在 I 基因座上，还有 im 等位基因控制曼格里察猪的隐性白色，但另一些学者认为曼格里察猪的隐性白色是由于 C 基因座的一个等位基因的作用。

（2）毛色扩展基因位点 E：已知这个基因座至少有 4 个等位基因，即显性黑色 Ed、黑色 E、黑斑 Ep 和红色 e，其显性等级为 $Ed>E>Ep>e$。研究证明，巴克夏猪、波中猪、皮特兰猪在 E 基因座的基因型都是 $EpEp$，其黑色是黑斑扩展的一种形式。控制白色的 I 基因座对 E 基因座呈上位效应。由于控制梅山猪、金华猪、利木辛猪的黑色都是扩展基因 E，它们的基因型都是 $iiEE$，所以对梅山猪选择黑色可扩展成全黑或选择白色可扩展成黑白花，甚至得到金华两头乌类型。关于显性黑色 Ed 等位基因，可从汉普夏猪（或汉诺威猪）与巴克夏猪杂交后代仍表现汉普夏猪的黑色白肩带得到证实，但也可能属于另一个上位基因。

（3）白肩带位点 Be：在白肩带基因座上目前认为有 3 个等位基因，即 Bew、be、beb。Bew 是控制宽的白肩带基因，窄的白肩带可能是未固定的杂合基因型（$Bewbe$），但白肩带的宽窄实际上可能是一个多基因性状。单色 be 等位基因对 Bew 为隐性，如杜洛克猪与汉普夏猪杂交时，杜洛克猪的单色 *be* 为隐性。Be 位点的另一等位基因 *beb* 对 *be* 又呈隐性，*beb* 是半色基因，是在巴伐利亚的 Landschwein 猪中发现的白肩带向前方延伸的基因，用单色的杜洛克猪（Be 基因座为 *bebe*）与金华猪杂交时 F_1 表现单色（黑色），表明金华猪不存在 *Bew* 等位基因，而可能存在半色基因 *beb*。

（4）白头斑或海福特位点 He：白头与白脸是同一特征。在对皮特兰猪、明尼苏达Ⅰ号、汉普夏猪等品种的杂种进行一系列观察后证实，白头斑是单一显性等位基因作用的结果，显性等位基因为海福特（*He*），因为海福特猪的一个品系是纯合型 *HeHe*，除面部外，其他部位呈红色。中国带白头的黑白花猪被认为在 He 基因座也是纯合子，包括面部白色较多的所谓大熊猫猪。白头斑的大小取决于亲本品种，全黑（如嘉兴黑猪）、全红（如杜洛克猪）品种与皮特兰猪杂交时，后代的白色斑点通常很小，而黑白花品种（如金华猪、利木辛猪）与皮特兰猪杂交时，白色从头前方到喉部一直连续到腹部。另一隐性等位基因是 *he*，表型正常，不具有白头。

（5）鼠灰色位点 A：野猪的鼠灰色（Agouti）基因座对其他毛色基因座呈上位关系。有学者认为，在一些红色猪种中可能存在野生型 *A* 等位基因，而大部分家养品种携带隐性非鼠灰色等位基因 *a*。巴克夏×杜洛克的杂交试验中，F_2 出现浅腹鼠灰色，后以 *Aw* 表示鼠灰色白腹等位基因。

（6）白化位点 C 和淡化位点 D：这 2 个基因座的等位基因报道较少。

（二）牛的毛色

1. 牛的毛色类型　牛的毛色类型基本上分为白色、红色、黑色、褐色、灰色及白斑 6 类。而在欧洲牛中分为杂色、白头、斑点、海福特、片花、条带和斑纹共 7 种基本类型。中国黄牛的毛色十分丰富，不同品种毛色差异很大，如：南阳牛、鲁西牛、延边牛等主要为黄色，秦川牛、晋南牛、郏县红牛均以红色或枣红色为主，渤海黑牛以黑色为特征，海南牛、闽南牛则以黄至褐色为主，蒙古牛主要为黑色或黄（红）色，而峨边花牛主要为黄白花和黑白花。依照研究和调查，我国黄牛主要分为四个类型，分别是中原黄牛、北方黄牛、南方黄牛以及西藏牛。

（1）中原黄牛：毛色以红色和黄色为主，少量出现草白色和黑色以及鼻镜黑斑。

（2）北方黄牛：毛色以黄色和黑色为主，少量出现红色、狸色和花色。

（3）南方黄牛：毛色以黄色为主，其次是红色和黑色。

（4）西藏牛：毛色以黄色和黑色为主。

我国黄牛的毛色类型分布见表 10-2。

表 10-2　中国黄牛品种毛色分布特征

（引自耿社民、常洪，1995）

类型	品种	毛色特征
中原黄牛	秦川牛	紫红、红色占 89%，黄色占 11%；鼻镜肉红色占 63.89%，黑色、灰色和黑斑点约占 36%
	南阳牛	黄色占 80.5%，红色占 8.8%，草白色为 10.7%；面部、腹下、四肢毛色较淡；鼻镜多为肉红色，其中部分有黑点
	鲁西牛	黄色占 70%，前躯毛色较后躯深；眼圈、口轮、腹下和四肢内侧毛色淡化；鼻镜多为肉红色，部分有黑点或黑斑；有少量白尾梢和黑尾梢
	晋南牛	毛色以枣红色为主，鼻镜粉红色
	渤海黑牛	全身黑色
	郏县红牛	红色占 45.81%，浅红色占 24.26%，紫红色为 27.23%，有暗红色背线和深色尾梢，部分牛夹有白毛
	冀南牛	毛色为红、黄二色
	平陆山地牛	毛色以红、黄色居多，有少量黧色、草白色、黑色

（续）

类型	品种	毛色特征
北方黄牛	延边牛	黄色占 74.89%，深黄占 28.53%，浅黄 6.7%，其他毛色占 2.2%
	蒙古牛	毛色多为黑色和黄色，次为狸色、烟熏色
	哈萨克牛	黄色占 28.98%，黑色占 28.53%，褐色占 10.38%，红色 7.4%，狸色 10.64%，花色 9.7%，青灰色占 5%
	复州牛	全身被毛为浅黄或深黄；四肢内侧稍淡，鼻镜多呈肉色
南方黄牛	温岭高峰牛	黄色或棕黄色；有黑色背线和黑尾梢；腹下、四肢内侧、眼圈有少量灰白色细毛，鼻镜青灰色
	台湾牛	毛色为淡褐色、赤褐色、黑褐色甚至黑色
	闽南牛	以黄褐色居多，其次是黑色、棕红色，有黑色眼圈、鼻镜、背线、尾梢等；腹下、四肢内侧淡化
	大别山牛	毛色以黄色为主，其次是褐色，少数黑色
	枣北牛	毛色以浅黄、红、草白色居多；四肢、阴户下、腹下较淡；背线及胸侧色泽较浓
	巴山牛	毛色以红、黄为主，占 70%；鼻镜中黑色占 57.7%，肉色占 15.8%，黑红相间占 26.4%
	巫陵牛	毛色以黄色居多，占 60%～70%；栗色、黑色次之；四肢内侧、腹下淡化
	雷琼牛	以黄色居多，其次是黑色、褐色；大部分牛表现出"十三黑"，即鼻镜、眼睑、耳尖、四肢、尾梢、背线、阴户、阴囊下部为黑色
	盘江牛	黄色居多，其次是褐色和黑色，极少数花斑；鼻镜多为黑色，少数肉色
	三江牛	以黄色为主，占 68%，其次是黑色和草白色
	峨边花牛	黄白花占 55.9%，黑白花占 27.8%，黄白黑相间占 16.3%；背部和胸腹正中为一带状白毛；鼻镜为肉色和深灰色
	云南高峰牛	毛色有黑、褐、红、黄、青、灰白色 6 种
	广丰牛	毛色以棕黄、棕黑色居多，其次为黄色、黑色
	舟山牛	全身被毛为黑色，初生牛犊为棕色，断奶后变黑
	皖南牛	粗糙型：毛色为褐色、灰褐色、黄褐色、深褐色、黑色 5 种，有背线；细致型：毛色以橘黄色、黄色、红色居多
西藏牛		毛色中黑色占 41.4%；黑白花占 31%，黄色占 14.1%，黄白花占 5.3%，褐色占 4.2%，杂色占 3.5%

2. 牛的毛色基因 现知黄牛毛色遗传涉及 20 多个基因座位，而中国黄牛常见的毛色主要涉及 10 个基因座位。目前定位的牛毛色基因有 12 个，包括 A、B、C、E 基因座和一些与斑点、花斑、致死等共分离的基因。

黑色和红色是牛最常见的颜色，黑色是由显性基因 B 控制，红色是由隐性基因 b 纯合而表现的，即黑色对红色呈显性。现在黑色牛品种还存在基因 b，不过频率很低，黑色和红色也受其他基因座基因的影响。有个别品种毛色呈灰色，这种灰毛像鼠灰色毛，毛尖是白色，下面有几个黑色和黄色带，是受鼠灰色基因座 A 控制。$A\_B\_$ 是灰色牛，A_bb 是红色牛，因 bb 对 A 有上位作用，灰的深浅程度受修饰基因和性激素的影响。国外乳用牛、乳肉兼用、肉用牛多数有不同程度的白斑，全色由显性基因 S 决定，花斑由 ss 决定，全色对花斑呈显性，而花斑大小受修饰基因的影响。另一种白斑形式是体侧为有色毛，背线、腹线和下肢为白毛，是由显性基因 S^G 控制的，如海福特牛。还有一种是白面，由显性基因 S^H 控制，S、S^G、S^H、s 是复等位基因，S、S^G、S^H 相互间呈不完全显性，但对 s 都是显性。

此外，白色也是牛的基本毛色之一。白色有三种：①显性白，WW 是白毛，ww 是红毛，而 Ww 是沙毛，为红沙，如英国短角牛，Ww 牛如果还带有黑色基因，则为蓝灰色

（蓝沙），这种牛实际上是白黑毛混生，在阳光下看起来呈蓝灰色。②白化，由隐性基因 cc 纯合控制，这种牛的皮肤、毛、眼均无色素，如荷兰牛、海福特牛。③全身白毛，只耳部有黑毛，这实际是白斑的最扩大形式，如瑞典高地牛。

（三）绵羊的毛色

1. 绵羊的毛色类型 绵羊毛色通常指绵羊被毛的毛色表型，构成方式有两种：一是由不同颜色的羊毛纤维混合组成，如不同比例的黑色纤维和白色纤维组成色度不一的灰色；二是由具有不同颜色区域的羊毛纤维构成，如由端部浅黄色、基部褐色的羊毛纤维所构成的苏儿色（彩色）等。根据色素类型、毛色图案和是否有白色斑点这三个标准，绵羊毛色主要分为白色、黑色、棕褐色、褐色、灰色、彩色和斑块状杂色等 16 种类型。

2. 绵羊毛色的遗传控制 1988 年由绵羊和山羊遗传学命名委员会（COGNOSAG）提出毛色命名、基因座、等位基因数及基因的效应等。许多研究结果和众多的实例已揭示绵羊的毛色是由多基因位点上的复等位基因控制的。目前经过实验证明或假定的绵羊色基因座共有 11 个，分述如下。

（1）鼠灰色位点 A：即野生型位点，一些研究推测该位点有 16 个等位基因，调控着黑色素和褐色素的产生。其中，有些等位基因调控绵羊体躯的某些部位羊毛纤维色素的表达与沉积，另外一些等位基因仅影响特定纤维类型毛纤维的色素表达，而有些等位基因则具有这两方面的综合作用。

该位点的完全显性等位基因 A^{WH}，通过完全抑制黑色素的产生而使绵羊被毛通常呈现白色，但它却允许褐色素的产生。因此，携带 A^{WH} 基因的某些绵羊个体可能出现黄褐色被毛。生产实践中，通过淘汰 A^{WH} 基因携带者中的黄褐色个体，则可培育白色毛用绵羊品种。该位点的完全隐性等位基因 A^E 不抑制黑色素的产生，因此，其杂合型个体表现为纯黑色。除 A^{WH} 和 A^E 外，其他等位基因都对黑色素产生部分阻抑作用。该位点 16 个等位基因中，凡对黑色素起抑制作用的基因相对于对黑色素起促进作用的基因都呈显性。但是，当同一个体上的两个等位基因作用于该个体的不同躯体部位时，则表现两者的综合效应。

（2）棕色位点 B：该位点有 2 个等位基因。野生型等位基因 B^W 产生黑色素，而其隐性突变等位基因 B^{br} 则产生褐色素。因此，B^{br} 纯合体表现棕褐色被毛。只是由于棕褐色素沉积量和分布的不同，可能出现几种不同深浅的棕（褐）色被毛类型。

（3）白化位点 C：该位点有 2 个等位基因。野生型等位基因调控被毛色素均一化，而隐性突变等位基因 c^a 纯合时则产生完全白化现象。

（4）毛色扩展位点 E：该位点有 2 个等位基因。其显性突变等位基因 E^{DB} 通过完全抑制褐色素的产生而使 A 位点等位基因完全失去活性，表现显性黑色。野生型隐性等位基因 e^w 则允许 A 位点全部等位基因正常表达。

（5）斑点位点 S：该位点有 3 个等位基因。其野生型等位基因（S）使绵羊被毛呈均一显性白色，而其隐性等位基因 ss 纯合时可使非白色绵羊品种表现白章，另一隐性等位基因（s'）则使绵羊出现斑纹，且白章基因（s）对斑纹基因（s'）呈显性。试验证明白面毛用羊品种常常是 SS 基因纯合体或 A 位点白色基因纯合体（$A^{WH}A^{WH}$），由此也说明 SS 基因可减少 A^{WH} 型绵羊的黄褐色色素，且当 A^{WH} 基因纯合时，表现全白色被毛。

（6）苏儿色位点 G：亦称沙毛位点，有 2 个等位基因。显性突变基因 G^S 可使非白色裘皮羊表现白色、金黄色等浅色毛梢，而其对应的隐性基因则使色素在羊毛纤维上均一分布。另有研究表明 G^S 对显性黑色呈隐性或下位作用，对显性棕色或黄褐色则表现上位作用。

（7）白色位点 W：该位点有 3 个等位基因，即野生型等位基因和 2 个突变等位基因 W^W、W^{RN}。野生型等位基因使羊毛纤维呈显性白色，而 W^W 对其他所有毛色基因均表现上位作用。W^{RN} 在卡拉库尔羊引起显性灰色，且当显性灰色基因为纯合型（$W^{RN}W^{RN}$）时，是致死的。而当显性白色和显性灰色基因共显性时，绝大多数情况下也是致死的。

（8）白颈位点 WC：该位点有 2 个等位基因。其野生型等位基因不使有色绵羊表现白颈，而其显性突变基因 $WCWC$ 则使非白色绵羊表现白颈。

（9）黑头波斯毛位点 BP：该位点有 2 个等位基因。其显性突变基因 $BPBP$ 是 Vasin（1928）在亚洲起源的绵羊品种中发现的，若为该基因杂合型时，则绵羊表现花斑；若为纯合型时则表现体躯被毛白色而头部黑色。其对应的等位基因无此作用。

（10）斑点状阿卡拉曼位点 L：该位点有 2 个等位基因。其突变基因 L^{AK} 使绵羊被毛表现花斑，该基因纯合型（$L^{AK}L^{AK}$）绵羊则表现外围有有色毛的大白花。L^{AK} 对应的等位基因则无此作用。

（11）蒙古花毛位点 MRN：该位点亦有 2 个等位基因，即野生型等位基因 $RNRN$ 和突变基因 $M^{RN}M^{RN}$。该位点控制着绵羊花毛（棕褐色夹杂白色）的表现与否。Baatar（1981）认为只有 $RNRN$、$M^{RN}M^{RN}$ 型绵羊表现非致死性花毛。

（四）山羊的毛色

1. 山羊的毛色类型 山羊体内的色素有多种，其中与毛色有关的主要是酪氨酸源性色素，其代表是黑色素及其衍生物。黑色素的产生或缺乏是山羊毛色形成的主要物质基础，而色素形成是由不同基因间的相互作用与环境因素同步决定的，如气候条件、饲养管理等。同一只山羊在不同的季节可以表现出不同毛色，比如冬季毛色较深，夏天毛色较浅。常见的山羊毛色主要有白色、黑色、青色、黄色、褐色等。

2. 山羊毛色的遗传控制 山羊主要的毛色变异是由少数基因座控制的孟德尔性状。以欧洲、西亚和东南亚山羊群体为对象进行的研究主要揭示了以下 4 个基因座。这 4 个基因座都位于常染色体上，四者之间不存在连锁关系。

（1）野生型位点 A：这个位点上现已证实两个显隐性关系完全的等位基因。显性基因 A 决定山羊的野生型毛色，基础毛色为浅黄、褐、深红褐，颜面、背线、腹底、四肢、肩侧有黑章。这种毛色被认为是山羊的原始类型，国外通称 Bezoar（野生型）毛色。其等位的隐性基因决定单黑色，其纯合子表现为非野生型的黑色被毛。

（2）毛色稀释位点 D：这个位点上只有一对等位基因。显性基因 D 决定深色，如黄、褐、红、黑色等。其隐性基因 d 使毛色淡化，其纯合化会使在 A 座位的一对等位基因为 AA 或 Aa 的个体的基础毛色成为银色（仍然有黑色的颜面、背线、腹底、四肢和肩章），以致成为"银色 Bezoar"山羊；d 还使黑色淡化为青色（灰色）。A、D 两座位基因间互作形成的毛色类别如下：

A _ D _：典型野生型，即一般 Bezoar 毛色；　　　　aaD _：黑色；

A _ dd：银色野生型，即 Silver Bezoar 毛色；　　　　aadd：青色。

（3）白色位点 I：这个位点上有 I 和 i 一对等位基因。I 决定纯白色、淡油色；i 决定有色。I 对 i 为不完全显性，同时又是其他所有现知主基因座上各个等位基因的上位基因。所以，只要个体在这个座位上有一个显性的 I 基因，就表现为纯白色、淡奶油色或非常接近纯白色，基本上可以满足生产性羊群对白色绒毛、羔皮和裘皮的需要。但杂合子 Ii 和纯合子 II 的毛色表现因基因 A 位点的基因组成情况往往稍有不同，即当个体在 A 位点为隐性基因纯合子 aa（也就是就这两个座位而言，基因型为 Iiaa）时，表现为稍有淡蓝色感的纯白色，眼睑、鼻、唇、乳房等部位裸露的皮肤颜色深暗，蹄角为黑褐色。白色羊有多种可能的基因型，在同色配种的情况下有产生各种毛色子代的可能。

（4）白斑位点 S：在 S 位点现已发现三种等位基因。基因 St 决定吐根堡山羊式的白斑：在有色毛的基础上，颜面两侧有白色纵纹（即我国北方俗称的"四眉"），腹底和四肢为白色，类似于海福特牛的白斑图案。基因 Sd 决定躯干的纵向白带，俗称"荷兰带"，类似于牛中白带格罗威牛（Belted Galloway）品种和猪中汉普夏品种的白斑图案。第三个基因是决定全色（即没有白斑）的基因 s。St 和 Sd 基因对于 s 基因都具有完全的显性，目前尚未查清 St 基因和 Sd 基因之间的显隐性关系。有的学者认为，山羊、牛和其他许多哺乳动物种中都有功能范围和变异类型都很相似的 S 基因座，不同种的 S 基因座位在系统进化上是同源的。

至于白斑、黑章面积以及野生型（Bezoar）山羊毛色深浅的变异分别由不同的修饰基因系列决定，属微效多基因遗传。

（五）犬的毛色

1. 犬的毛色类型　犬的毛色是"形形色色"的，世界上找不到两条完全相同的犬，即使是两条一胎生的犬，形态无异，它们的毛色也会有多处不同。犬的毛色是由毛发内的色素粒及色素粒的聚散方式决定的。当色素粒凝聚紧密时，毛呈深色；当色素粒分布松散时，毛色鲜艳。黑色素分散时毛呈灰色，不含黄色素粒时毛呈黑色，而不含黑色素粒时毛呈黄色。若黑、黄两种色素粒都没有时，那么它就会是一只患白化病的犬。这种犬毛呈白色，眼圈呈粉红色。通常犬的毛色可分为白色、黑色、褐色、青色、黑褐色、铁灰色、灰褐色、黄褐色、灰白色、黑白色、黄红色、淡红色等。

2. 犬毛色的遗传控制　犬的毛色主要受以下 10 个位点控制。

（1）野生型位点 A：目前已确定该位点有 3 个基因存在，基因 A^s 使犬全身表现为纯黑色，如纽芬兰犬；基因 a^y 具有淡化黑色素作用，使个体表现为黄褐色或灰色，如爱尔兰犬；基因 a^t 使个体表现为黑褐色，如德国牧羊犬。这 3 个基因之间的显隐性关系至今尚无定论，也有学者推测在该位点还存在另外 2 个基因，即使犬表现为狼灰色的基因 a^w 或基因 a^g，使暗黑色犬背部出现白色杂毛的基因 a^s。

（2）棕色位点 B：显性基因 B 使犬全身表现为黑色，对应的隐性基因 b 纯合时则表现为赤褐色或巧克力色，如威马拉那犬。

（3）白色位点 C：该位点有 4 个复等位基因。基因 C 使个体毛色表现为深色，基因 C^h 使深色个体毛色变淡，基因 C^c 使个体毛色变为浅色，基因 c 使个体表现为纯白色，这 4 个基因的显隐性关系为：$C>C^h>C^c>c$。

（4）毛色稀释因子位点 D：该位点隐性基因 d 具有稀释毛色的作用，使黑色变为青色，而显性基因 D 则无此作用。

（5）毛色扩展位点 E：这个位点也有 4 个复等位基因。基因 E 使全身被毛表现为黑色，基因 E^m 使毛色表现为铁灰黑，基因 E^{br} 使个体全身出现虎斑缟纹，基因 e 具有抑制黑色素的作用。它们之间的显隐性关系为：$E>E^m>E^{br}>e$。

（6）斑点位点 S：有 4 个等位基因。S 使个体为有色毛；S^i 使有色毛个体出现爱尔兰或小白斑；S^p 则使个体全身出现不规则白斑；S^w 使白斑面积扩大至全身。它们的显性等级是 $S>S^i>S^p>S^w$。

（7）沙毛位点 R：该位点等位基因间的关系为不完全显性，基因型为 Rr 的个体表现为沙毛，显性或隐性纯合时（RR、rr）表现为其他毛色。

（8）白斑纹位点 M：显性基因 M 可使犬的白色被毛上出现斑纹，而对应的隐性基因 m

无此作用。

（9）灰色位点 G：显性基因 G 存在时，可使出生的黑毛变为灰毛，隐性基因 g 无此作用。

（10）斑纹位点 T：显性 T 基因可使白色犬身上出现麻布条纹或斑点，而隐性基因纯合时（tt）则不表现。

（六）马的毛色

1. 马的毛色类型　马的毛色丰富而复杂，主要有骝毛、栗毛和黑毛三种。现代马业的发展，尤其是竞技马术用的舞步马和体型娇小的观赏用马、伴侣用马，对马的毛色又有了更新、更高的要求。目前马毛色遗传的研究已取得较大进展，对多数毛色的遗传关系都可以做出合理的解释。控制马毛色遗传的基因座主要有如下几个。

2. 马毛色的遗传控制　目前已知控制马毛色位点基因有 5 个，且基因位点间相互作用，导致了大多数主要的毛色类型。

（1）骝毛位点 A：骝色基因 A 对黑色基因 B 具有一定的上位效应，因为存在着 A 位点，它决定着黑色基因能否完全表达，并且限制鬃毛、鬣毛、尾毛、四肢部位毛色的表现。A 位点可能存在着 4 个等位基因，显隐性的次序为 $A^+ > A > a^+ > a$，含 A^+ 基因的表型为野生型，它形成野生动物的保护色。A 位点限制四肢、鬣、鬃、尾黑色表现，结果形成红骝马；如无白色基因掩盖四肢和鬃、鬣、尾部，结果形成黑骝马和褐骝马。隐性基因 a 纯合时，对黑色的形成和分布无任何影响，产生的黑色马褪色后，可能变成黑骝马。

（2）黑毛位点 B：这一位点是由两个等位基因所决定的，基础毛色是黑色或栗色。栗色和黑色是可以相互转变的，黑色基因 B 对栗色基因 b 为显性。

（3）着色位点 C：除马属动物外，几乎所有的哺乳动物，都存在有粉红色的眼和皮肤，这种症状称为白化症。它是 C 位点隐性基因作用的结果。因此，考虑马属动物都是显性基因 C 的纯合体，它可以允许其他毛色基因的表达。

（4）毛色淡化位点 D：位点 D 的效应可促使毛色淡化。Dd 基因型导致基础毛色淡化，DD 基因型会使毛色进一步淡化。因为它们的眼睛缺少一些色素，有时也称它们为白化体；dd 基因型对基础毛色没有影响。淡化还可以使部分被毛缺少色素。

Dd 基因型可使黑栗色变成褐灰色，并且马具有淡色的鬃和尾，淡栗色变成淡青色。DD 基因型可使具有 A 等位基因的黑色马和栗色马变成白色（雪白色的，接近白色的，蓝眼），且鬃、鬣、尾都是淡色的，这些雪白的马常被误称为白化马。

如果基础毛色是骝毛，杂合子 Dd 也可使之淡化，体躯由黑骝毛变成暗黑色，由淡骝色变成淡黄色。

（5）色素扩散位点 E：该位点有 3 个等位基因，它们的显性等级为 E^D（黑色）$> E$（污黄色）$> e$（其他毛色）。基因 E^D 能使黑色素扩散。基因 E 能促进黄色素扩散，使毛色为污黄色。基因 e 无这种作用。

在马被毛颜色遗传中，除了上述 5 种主毛色位点外，还存在多个修饰基因位点，主要包括掩饰、斑点化、灰化、花色化等。此外，微效多基因也会导致基础毛色大幅度变异。

（七）兔的毛色

1. 兔的毛色类型　兔的毛色类型与黑色素形成有关，由于黑色素的种类和分布不同造成毛色不同。黑色素主要由酪氨酸酶以及与之相关的化学物质氧化后形成。在哺乳动物的被毛中黑色素有两种：一种是"褐黑色素"，为溶于碱的圆形红色颗粒，表现为黄色和红色；另一种是"真黑色素"，比褐色素难以溶解，表现为褐色和黑色。有色兔及野兔毛根和毛囊中可见成熟的黑色素细胞，黑色素细胞充满黑色素颗粒，而白色兔毛囊中没有黑色素细胞，毛根中也缺乏黑色素细胞及其前体。兔的毛色有黑色、蓝色、红色、喜马拉雅色、海狸色、青紫蓝色、巧克力色等 20 余种，这些多样性毛色是人们对家兔进行毛色选种选育的基础。

2. 兔毛色的遗传控制 控制家兔毛色的基因之间的作用各不相同，有些基因虽然作用不同却产生相似的毛色。因此，兔的毛色遗传是一种非常复杂的遗传现象。现将作用于毛色的基因系统和不同色型及基因符号介绍如下。

（1）野鼠色位点 A：A 位点中等位基因有 3 个，即 A、a' 和 a，显性顺序是：$A>a'>a$。其中 A 基因的作用使兔毛在一根毛纤维上有 3 段颜色，毛基部和尖部色深，中间色淡，即野鼠色；a 基因使兔纤维整根毛色一致；a' 基因使兔长出黑色和黄褐色的被毛，眼眶周围出现白色眼圈，腹部毛白色，腹部两侧、尾下和脚垫的毛为黄褐色。

（2）黑色位点 B：基因 B 产生黑毛，等位基因 b 产生褐色毛，B 对 b 是显性。B 基因与产生野鼠色的 A 基因结合（$AABB$ 或 $AaBB$），产生黑—浅黄—黑毛色；b 基因与 A 基因结合（$AAbb$ 或 $Aabb$），产生褐—黄—褐毛色。

（3）白化位点 C：C 位点中的等位基因有 6 个，分别用 C、C^{chd}、C^{chm}、C^{chl}、c^H 和 c 表示，C 系统中的基因显性作用顺序为 $C>C^{chd}>C^{chm}>C^{chl}>c^H>c$。$C$ 基因使整个毛色为全色，一般表示为黑色；c 基因是白化基因；c^H 是喜马拉雅色型的白化基因，能把色素限制在身体的末端部位，表现为"八点黑"，即耳朵、鼻子、尾巴、四肢有黑色并对温度较敏感；C^{chd}、C^{chm}、C^{chl} 是产生青紫蓝毛色类型的基因，但它们对抑制黄色或黑色的程度上存在差异。

（4）毛色淡化位点 D：D 位点中的等位基因为 D 和 d。D 基因对 d 基因为显性，它不具淡化色素的作用。d 基因的作用是淡化色素，它与其他一些基因结合能使黑色素淡化为青灰色，黄色淡化为奶油色，褐色淡化为淡紫色。例如，d 基因与 a 基因纯合（$aadd$）会产生蓝色兔。

（5）毛色扩展位点 E：E 位点中的等位基因有 E^D、E^S、E、e^j、e，显性作用顺序是：$E^D>E^S>E>e^j>e$。E^D 基因使黑色素扩展，从而使野鼠色毛中段毛色加深，整个被毛形成铁灰色；E^S 基因作用较 E^D 基因作用弱，产生浅铁灰色被毛；E 基因作用产生似野鼠色的灰色毛；e^j 基因作用产生似虎斑型毛色；e 基因在纯合时抑制深色素的形成，使兔的被毛成为黄色。

（6）白色花斑位点 E_n：E_n 位点是显性白色花斑基因，即以白色毛为底色，在耳、眼圈和鼻部呈黑色，从耳后至尾根的背部有一条锯齿形黑带，体侧从肩部到腿部散布黑斑。它的隐性等位基因 e_n 的效应使全身只表现一种颜色；但当杂合（E_ne_n）时，背脊部黑带变宽；另外，当 E_n 基因纯合时，兔的生活力降低。

（7）"荷兰型"位点 D_u：D_u 位点的基因有 D_u、d_u、d_u^d 和 d_u^w。d_u 基因决定荷兰兔的毛色类型，另两个基因 d_u^d 和 d_u^w 决定荷兰兔白毛范围的大小。当 d_u^d 基因存在时，有可能将白色限制在最小范围；当 d_u^w 基因存在时，则可能将白毛扩大到最大的范围，至于白毛的范围究竟有多大，还受一些修饰基因的影响。显性基因 D_u 的作用是使兔毛不产生荷兰兔花色。

（8）白色位点 V：该位点有一对等位基因 V 和 v。v 基因能抑制被毛上出现任何颜色，使具有 vv 基因的兔外表呈现蓝眼、白毛。它的显性基因是 V，V 对 v 是不完全显性，当这对基因杂合时（Vv），该兔体表现为白鼻或白脚的有色兔。

以上是家兔毛最基本的遗传表现，控制家兔毛色的基因不仅有一两对的，还有三四对的，如龟甲色荷兰兔（$aaeed_u^d d_u^w$）的毛色是由 3 对基因控制的，如用这些品种进行杂交，F_2 必然会出现复杂的毛色分离现象。当掌握了毛色遗传规律后，在选育新品种和改良现有品种前，应根据育种目标，选择亲本品种的毛色。具体家兔的色型与基因符号见表 10-3。

表 10-3　家兔的色型与基因符号

(引自李顺才，1999)

表现型	基因型	品 种 名
灰色 （野鼠色）	AA	Belgian hare（比利时兔）
黑色 （非野鼠色）	aa	Black Beveren（黑色贝韦伦兔） Balck Vienna（黑色维也纳兔）
褐色 （巧克力色）	$aabb$	Chocolate（巧克力色兔） Havana（哈瓦那兔）
白化 （红眼）	cc	New Zealand White（新西兰白兔） American White（美国白兔）
青紫蓝色	$c^{ch}c^{ch}$ $c^{chl}c^{chl}$	Chinchilia（青紫蓝兔） Blue Squirrel（浅色青紫蓝兔）
喜马拉雅白化	$c^H c^H$	Himalayan（喜马拉雅兔）
蓝眼白色	vv	Vienna White（维也纳白兔）
安哥拉	ll $ccll$ $aall$ $eell$ $aaddll$	Grey Angora（灰色安哥拉兔） White Angora（白色安哥拉兔） Black Angora（黑色安哥拉兔） Fawn Angora（黄色安哥拉兔） Blue Angora（蓝色安哥拉兔）
力克斯	rr $aabbrr$ $aarr$ $aaddrr$ $eerr$ $c^H c^H rr$ $c^{ch}c^{ch}rr$ $aac^{ch}c^{ch}rr$	Castor Rex（海狸色獭兔） Havana Rex（哈瓦那獭兔） Chocolate Rex（巧克力色獭兔） Black Rex（黑色獭兔） Blue Rex（蓝色獭兔） Faun Rex（黄色獭兔） Himalayan Rex（喜马拉雅獭兔） Chinchilla Rex（青紫蓝獭兔） Sable Rex（紫貂色獭兔）

（八）家禽的羽色

1. 家禽的羽色类型　羽色是禽类一种重要的遗传标记，人们利用羽色伴性基因培育出自别雌雄的家禽品系；同时羽色也是禽类重要的经济性状。与哺乳动物的毛色一样，家禽羽色也是由黑色素的种类和分布不同造成。家鸡的羽色多为黄色、麻羽、白色、黑色或红色等；家鸭的羽色多为麻羽、白羽、黑白花或黑羽等；家鹅的羽色多为灰羽或白羽等。

2. 家禽羽色的遗传控制　羽色种类繁多，但通过生物化学和组织学的分析，羽色可划分为有色羽和无色羽两种，其中有色羽因色泽深浅的不同，又存在从淡黄直至深黑多种颜色。羽色主要由以下基因座控制。

（1）抑制色素位点 I：该位点有 I 和 i 两个等位基因，I 基因对 i 基因显性，I 基因对其他座位羽色基因几乎都能起抑制作用。

（2）隐性白羽位点 C 和 O：基因 c 的显性等位基因 C 为色素原基因，基因 o 的等位基因 O 为氧化酶基因，任何色素的形成，需要色素原和氧化酶同时存在，只有基因 C 和 O 同时存在羽毛才能显色。

（3）色素原表现位点 P：该位点有等位基因 P 和 p，其中 P 对 p 显性，当该基因处于隐性纯合状态 pp 时，能对 $CCOO$ 起隐性上位作用。

（4）非白化位点 A：隐性白羽鸡携带有一对隐性白化基因（aa），不带色素原基因 C，当基因隐性纯合时，全身羽毛及皮肤呈白色，眼呈红色；若与色羽鸡交配将失掉一个隐性白化基因 a，即获得一个色素原基因 C，后代即为色羽鸡。

（5）黑色素扩散位点 E：黑色素扩散位点有 7 个等位基因，即 E、e^{wh}、e^{+}、e^{p}、e^{s}、e^{bc}、e^{y}，显隐性关系为 $E>e^{wh}>e^{+}>e^{p}>e^{s}>e^{bc}>e^{y}$。基因 E 能够促进黑色素的扩散，使全身羽毛表现为黑色，它是银色基因的上位基因。基因 e^{wh} 使初生雏禽为黄白色，成年雌禽为小麦色，雄禽则为野生羽色。基因 e^{+} 使羽毛表现为原鸡型的野生色，幼雏为条斑色，成年雌禽有黑斑点，雄禽为野生羽色。基因 e^{p} 使初生雏为暗褐色，成年雄禽为野生羽色，雌禽为暗赤色斑点。基因 e^{s} 使个体表现为不规则的条纹。携带基因 e^{bc} 的初生雏为黄色，成年雄禽为野生色，雌禽为黄色有黑斑点。基因 e^{y} 的作用同 e^{wh}。

（6）银色羽位点 S：该位点位于性染色体（Z）上，有 3 个等位基因 S、s 和 s^{al}，三者显隐性关系为：$S>s>s^{al}$。银色基因为性连锁基因。3 个等位基因中，S 决定银色，s 控制金色，s^{al} 控制色素形成的不完全白化。

（7）横斑位点 B：该位点也位于性染色体（Z）上，有 B 和 b 两个等位基因，B 基因对 b 基因显性。B 基因决定芦花羽色，b 基因决定非芦花羽色。

除上述羽色基因外，还有褐色基因（Gr）和黄色基因（Mb）、稀释基因（Di）、加深色基因（Cb）和青灰色基因（Bl）等。

二、角遗传

牛、绵羊、山羊等反刍类家畜的一些质量性状，例如角的有或无，在进化与分类上有许多共同点和相似之处。

（一）牛

在肉牛品种中，有许多无角品种，如无角安格斯牛、无角海福特牛等。无角基因 P 对有角基因 p 表现为显性。但在无角牛中常表现出角的痕迹，称为"痕迹角"。它是由另一个基因座上的基因 Sc 作用的，其等位基因 sc 无此作用，二者的显隐性关系遵循从性遗传，即因性别而发生变化。Sc 在公牛为显性，在母牛为隐性，sc 则反之。例如无角品种与有角品种牛杂交时，其后代中的母牛无角，但后代中的公牛头上有角样组织，这说明性别也影响角的生长。

（二）绵羊

控制绵羊角的基因座上存在 3 个等位基因，这 3 个等位基因分别为无角基因 H、有角基因 H' 和在雄性激素作用下表现为有角基因 h，其显性等级为 H（雌、雄无角）＞H'（雌、雄有角）＞h（雌无角、雄有角）。

（三）山羊

山羊角性状由一对等位基因控制，无角对有角为显性。山羊的无角常常与一些遗传缺陷性状相连锁。

三、肤色遗传

（一）牛的肤色

夏洛来牛有乳黄色和稀释基因，表现出乳黄、浅乳黄和白色的均正常，而且皮肤常有色斑。

（二）鸡的肤色

鸡的肤色一般分成白色和黄色，白色为显性，黄色为隐性。有些品种，如狼山鸡、边鸡等，其胫和喙是黑的。胫骨和脚表型的颜色的变异主要依赖于几个主基因的累积效应和交互效应及尚未鉴别的修饰基因。Id/id 主要控制真皮黑色素，E 主要控制表皮，表皮中显性白（I）对于隐性白是上位性的，它对真皮的黑色素起稀释（并非消除）的作用。W^+/W 的存在与否致使叶黄素能否与真皮黑色素产生交互作用，从而产生蓝胫或青胫（表 10-4）。现研究表明，鸡皮肤色素的沉积是由于基因组内发生了重排，影响了 endothelin 3（EDN 3）反式作用所致。

表 10-4　皮肤的色素基因型与表型

（引自李华，2001）

色素			基因型			表型
类胡萝卜素	真皮黑素	表皮黑素				
W^+	Id	E	W^+W^+	$IdId$	EE	近全黑的胫、白跖
		e	W^+W^+	$IdId$	ee	白胫、白脚
	id	E	W^+W^+	$idid$	EE	黑胫、白跖
		e	W^+W^+	$idid$	ee	蓝胫、白跖
W	Id	E	WW	$IdId$	EE	近全黑的胫、黄跖
	Id	e	WW	$IdId$	ee	黄胫、黄脚
	id	E	WW	$idid$	EE	黑胫、黄跖
	id	e	WW	$idid$	ee	青胫、黄跖

耳垂色泽为多基因遗传。白来航鸡多为白色，有色品种多为红色的，但也有些有色品种的耳垂也是白色的，如白耳鸡。

四、其他外部特征的遗传

（一）猪的耳型

猪的耳型有垂耳和立耳两种类型，垂耳对立耳为不完全显性，两种耳型的纯合体杂交，

F_1 表现为半立耳。

（二）猪的背型

猪的背型有垂背和直背两种类型，垂背对直背为不完全显性，两种背型的纯合体杂交，F_1 表现为中垂背。

（三）猪的阴囊疝

各种家畜中，猪的阴囊疝发生率最高。关于阴囊疝的遗传方式，一般认为是由常染色体上的两对隐性基因 h_1、h_2 引起，两个座位均为隐性纯合时才表现为阴囊疝。只要种公猪的基因型是 $H_1h_1H_2h_2$、$H_1h_1h_2h_2$、$h_1h_1H_2h_2$、$h_1h_1h_2h_2$，产生的后代就会有阴囊疝。

（四）山羊肉垂、胡须与耳型

1. 肉垂　山羊的肉垂由一个外显率完全的显性常染色体基因 W 控制，但表型有变异。不同品种的基因频率差别很大。有肉垂（WW 或 Ww）的母羊的多产性比无肉垂的母羊（ww）大约高 7%。

2. 胡须　山羊的胡须是显性的性连锁遗传。

3. 耳型　山羊耳的变异有正常耳、短耳和无耳 3 种类型。正常耳为显性，无耳是隐性，可能由常染色体上的基因控制。

（五）兔子的长毛和短毛

由于短毛对长毛为显性，只有隐性纯合个体才能表现长毛兔性状。饲养的各类家兔，按其毛纤维长度可分为 3 种类型：普通毛型，毛纤维长 2.5～3 cm，目前大量饲养的肉用兔均属此类；长毛型，即安哥拉长毛兔，毛纤维长 6～10 cm；还有一种短毛型，即獭兔，毛纤维长 1.3～2.2 cm。大量的杂交试验和基因分析证实獭兔的短毛型主要受三对隐性基因控制，即 r_1r_1、r_2r_2、r_3r_3，只要具有其中一对隐性基因，就可产生短毛的獭兔毛型。安哥拉兔的长毛型受隐性基因 l 控制，在纯合时就表现为长毛兔。

（六）猪的氟烷敏感应激

猪的氟烷敏感应激又称恶性高温综合征（porcine malignant hyperthemia syndrome，PMHS）、猪应激综合征（porcine stress syndrome，PSS），是敏感猪在自然刺激因子（剧烈运动、争斗、分群、交配、运输等）和化学药物（麻醉剂、肌肉松弛剂等）作用下出现的症候群，主要特征：呼吸困难、发绀、肌肉僵直，甚至突然死亡；体温急剧升高，可达 42～45 ℃，即恶性高温；屠宰后肉质下降，出现灰白、松软和多汁肉（PSE）。多年的研究表明，高瘦肉率品种中该综合征的发生率较高，遗传上呈隐性纯合基因型完全或不完全显性的单座位隐性遗传模式，主要是由于猪骨骼肌质膜钙离子通道蛋白基因，又称为兰尼定受体蛋白 1 基因（RYR1）的一个 C/T 碱基的错义突变，可通过分子生物学的方法加以鉴别。

（七）酸肉基因

酸肉基因位于猪 15 号染色体的 P2.1～2.2 区，包括突变的显性基因 RN^- 和正常的隐性基因 rn^+。RN^- 基因是由于编码一磷酸腺苷活化蛋白激酶（AMPK）γ 亚基的 PRKAG3 基因内部发生突变造成的。研究发现，RN^- 基因只存在于汉普夏猪品种中，85.1% 的汉普夏猪为携带者，基因频率约为 0.6。RN^- 基因对肉质有显著影响，RN^- 可使肌糖原含量升高 70%。杂合子 RN^-rn^+ 携带者的肌肉中糖原含量较高，糖酵解后产生的乳酸量较多，导致肌肉 pH 下降，使肌肉酸度增加。RN^- 基因可使携带者猪肉在加工时产量较低，烹饪损失大，但有较小的剪切力和更浓的香味。此外，杂合子的日增重较快，瘦肉率较高。

（八）牛双肌性状

早在 1807 年就在牛中发现了双肌现象。双肌牛具有瘦肉率高、肉质好的特点。双肌基因的基本遗传效应是使肉牛的产肉性能大大提高。双肌牛的外部特征是臀部、大腿、上臂、胸及起支撑作用的中前端肌肉群异常发达，皮下脂肪发育不良，皮肤薄。与普通牛相比，双肌牛的肉活重比、胴体瘦肉率、肉骨比以及肉脂比较高，而胴体脂肪百分比较低。有资料表明，牛群中双肌基因频率最高的品种是比利时蓝白花牛和皮埃蒙特牛，其次是利木赞牛、金黄阿奎丹牛和夏洛来牛。我国已引进皮埃蒙特牛来提高肉牛的生产水平。迄今为止，已经在包括比利时蓝白花牛、皮埃蒙特牛在内的 14 种牛以及羊、鼠中发现了双肌基因。

Myostatin（肌生长抑制因子）基因，又称 $GDF8$，是 β 生长调节因子超级家族中的一员。它是肌肉生长发育过程中所必需的负调控因子。研究确认，$GDF8$ 基因位于 2 号染色体上，该基因的突变是造成牛双肌的原因。比利时蓝白花双肌牛的 $GDF8$ 基因在第三外显子处有 11 个核苷酸缺失，引起缺失位点下游的核苷酸重新组合为新的密码子；皮埃蒙特双肌牛的 $GDF8$ 基因在第三外显子处有一错义突变，一个核苷酸 G 突变为 A，使蛋白质成熟区酪氨酸代替了胱氨酸，这些变异使 $GDF8$ 基因失去了原来抑制肌肉生长的特征。

（九）绵羊的多羔基因

$FecB$ 基因是最早发现的产多羔的主效基因，也是目前研究得最多的主效基因，定位于绵羊的 6 号染色体上。$FecB$ 基因是在 Booroola 绵羊中发现的一个显性主基因，其作用是增加排卵率，增加 1 个拷贝的 $FecB$ 基因可提高排卵数 1.2 个，每胎多产羔 0.9 只。

$FecX$ 主效基因是在罗姆尼羊群中发现的，该基因定位在 X 染色体中心 10cM 的区域内，对绵羊排卵率的影响主要是在卵巢，在胎儿期延缓卵泡发育和成年母羊的早期卵泡发育。$FecX1$ 基因杂合型母羊大约使排卵数增加 1.0 枚，每胎增加 0.6 只羔羊。纯合型母羊有小的、扁平状的线纹性卵巢，卵巢上没有卵泡活动的信号。线纹性卵巢上有原始卵泡，但在初级卵泡之后，卵泡将不再发育，因此没有生殖能力。

这些多羔基因都是 BMPs 家族蛋白及相关蛋白基因突变而产生的，包括 $FecB$、$FecX1$、$FecXH$、$FecXG$、$FecXB$ 和 $FecGH$ 基因等。

（十）绵羊的双肌臀性状

双肌臀性状受单基因控制，该基因已被命名为 Callipyge 基因，用符号 $CLPG$ 表示。绵羊的双肌臀基因表型为后臀肌肉增大近 30%，是由位于绵羊 18 号染色体 GTL2 基因上游 32.8 kb 处存在一个 A→G 的单核苷酸突变产生的。该突变基因以非孟德尔方式遗传，以一种独特的方式传递给后代，只有从父本中获得该基因的杂合子后代才表现出双肌臀性状，这种遗传方式被称为极性超显性。

（十一）羽形与羽速

1. 丝毛羽 由隐性基因 h 控制，例如我国的丝毛乌骨鸡。现研究已表明，该表型是由于 $PDSS2$ 基因反式调控已突变所致。

2. 翻卷羽 由不完全显性基因 F 控制。现研究表明，该表型是由于 α-Keration（$KRT75$）基因保守区一 69 bp 缺乏所致。

3. 翾羽残缺 由隐性基因 Fl 控制。

4. 羽毛疏乱 由隐性基因 br 决定。

5. 羽毛的生长速度 鸡的羽毛生长速度可分成快羽与慢羽两种，快慢羽由性连锁基因 k 控制，快羽 k 为隐性，慢羽 K 为显性。

（十二）家畜体型遗传

家禽的体型可分为正常和畸形两大类，常见的畸形包括以下两种。

1. 矮小型鸡（也称侏儒鸡） 到目前为止，在鸡中发现了 8 种矮小基因，它们分别位于常染色体和性染色体上。其中隐性伴性矮小基因（dw 基因）是唯一一对鸡体健康无害、对人类有利的隐性突变基因。正常基因 DW 对 dw 显性，因而只有矮小型纯合子的公鸡和携带矮小型基因的母鸡才表现为矮小。矮小鸡成年体重只有正常鸡的 $60\% \sim 70\%$，携带矮小基因杂合子鸡的成年体重大约是正常鸡的 90%，可节省饲料 $20\% \sim 30\%$，而在雏鸡出壳体重、产蛋率、种蛋孵化率等方面无明显差异。综合目前的研究证实，矮小型基因的分子基础是由生长激素受体基因的变异所造成的。

2. 爬行鸡（也称匍匐鸡） 是 Cp 致死基因作用的结果。爬行性状为显性，因纯合致死，所以爬行鸡都是杂合体。

（十三）鸡的冠型

冠型由 2 对基因控制，单冠为双隐性；豆冠显性于单冠（其中一个位点）；玫瑰冠显性于单冠（另一个位点）；胡桃冠为双显性。角冠（或 V 形冠）不完全显性于单冠、玫瑰冠、豆冠等。现研究已发现豆冠是由于 $sox\ 5$ 基因内含子 1 的 CNV 所致，而玫瑰冠是由于 MNR 2 基因位置发生改变，导致其在鸡冠发育过程中短暂异位表达所造成的。

（十四）畜禽的遗传缺陷

畜禽的遗传缺陷主要来源于两个方面，即染色体异常和基因突变，基因突变方面又包括单基因与多基因遗传缺陷。畜禽的遗传缺陷与异常有多少种，目前还没有确切的统计数据。以下列举几个主要畜禽品种的常见遗传缺陷与异常。

1. 猪的遗传缺陷 猪的遗传缺陷在生产中最为常见的是阴囊疝、隐睾症、肛门闭锁、间性、内翻乳头等。在单基因与多基因遗传缺陷中，侧重于单基因遗传缺陷性状的描述。

（1）常染色体隐性遗传：无毛、植物性皮炎、先天性上皮缺损、上皮发育不全、三腿、关节屈曲、脑积水、无腿、$Pulawska$ 致死因子（骨骼异常综合征）、异色虹膜（玻璃眼）、进行性肌萎缩、粗腿、子宫发育不全、肥胖症、酸化肉、猪应激综合征、进行性运动失调、先天性震颤、卟啉血症。

（2）常染色体显性遗传：侏儒症、稀毛症、卷毛、胸髯、肾囊肿、并蹄、多趾、运动神经末梢病、Campus 综合征（高频率先天性震颤）。

（3）性染色体遗传：先天性卵巢发育不全、睾丸雌性化。

2. 牛的遗传缺陷 牛群中的遗传缺陷大多数为隐性遗传，即在纯合状态下才表现出来。

（1）无毛症：病犊牛体表部分缺毛或全身无毛，出生后即死亡。

（2）脑积水：得病犊牛前额突出，犊牛多数致死，属于隐性遗传。

（3）裂唇：病牛单裂唇，缺牙床，只有硬腭存在，犊牛吮乳困难。在短角牛中有报道，可能存在基因上位作用。

（4）先天性白内障：病牛在角膜下呈一混浊体。

（5）脐疝：在荷兰荷斯坦牛中有过报道。脐疝多出现在犊牛 $8 \sim 20$ 日龄时，延续到 7 日龄以后疝囊似乎紧缩，可能使疝环关闭。只发现于雄性，属于显性遗传。

（6）多趾：个体在一只或所有的脚趾上具有多余的足趾，可引起跛行。这种遗传疾病可能属于显性遗传。

（7）软骨发育不全：短脊椎、鼠蹊疝、前额圆而突出、腭裂、腿很短；轴骨和附属骨发育不良，头部畸形，短而宽，腿略短。

（8）下颚不全：公犊的下颚比上颚短，存在伴性遗传基因。

（9）癫痫：低头、嚼舌、口吐白沫，最后昏厥，阵发性，隐性遗传。

（10）多乳头：乳头数多于正常数量，隐性遗传。

（11）表皮缺损：膝关节以下，后肢飞节以下无表皮。

（12）先天性痉挛：病牛头和颈表现出连续的或间歇性痉挛运动，通常表现为上下运动，大多数为隐性致死基因。

3. 绵羊的遗传缺陷

（1）无颌：下颌骨完全缺乏或下颌骨高度发育不全。该病多数为死胎或迅速死亡。

（2）软骨发育不全、侏儒症。

（3）短颌缺损：主要表现是下颌缩短 0.5～1.5 cm。隐性遗传。

（4）小脑运动失调：不能站立或走动。

（5）隐睾症：出生后睾丸未下降至阴囊。

（6）无耳和小耳。

（7）骨钙化不全：可能与骨质疏松及佝偻病的症状结合发生。

4. 山羊的遗传缺陷

（1）间性或雄性化：与无角性状连锁，性别间有外显率差异。

（2）隐睾症：由一隐性基因控制，在美国与南非的安哥拉山羊中多见。

（3）侏儒症：有垂体发育不全和软骨发育不全两种遗传的类型。

（4）乳房与乳头异常：主要包括附加乳头、少乳头。

（5）其他：另外一些常见的隐性遗传缺陷有先天性无毛、短颚、先天性无纤维蛋白原血症，先天性水肿等。

5. 鸡的遗传缺陷 常见的鸡的遗传缺陷主要如下。

（1）致死性遗传缺陷：下颚异常、下颚缺失、小眼、黏性胚、无翼、耳穗子。

（2）半致死遗传缺陷：神经过敏症，半眼。

（3）非致死性遗传缺陷：盲眼、矮脚、翼羽缺损、多趾、裸颈、无羽、肢骨弯曲、尻部无毛、无尾。

第三节　畜禽的血型和蛋白质型

畜禽的血型遗传符合孟德尔遗传定律，畜禽血型是一种稳定遗传的质量性状，可用于品种间、家系间以及个体间的亲缘关系分析，也可用于某些经济性状的间接选择和疾病的预防等。当前国外已应用鸡的血型因子指导抗病育种并获得成功。但大多还只停留在研究阶段，至今未能应用于育种，主要存在一些问题未能解决。如：已发现的标记性状是否有代表性，与其他重要经济性状之间有没有负相关存在等；应用血液蛋白质（酶）多态性分析品种或品系的遗传结构进行杂种优势估测方面，已有不少探讨和研究，有较良好的发展前景，但数量较少时可能导致基因频率偏离，影响可信度。总之，血型、血液蛋白质（酶）多态性在畜禽育种中有良好的应用前景，但要真正有效地应用于育种，还需做许多工作，在研究的方向、方法、手段和观念上还需进一步改进。

一、血型、蛋白质型的概念

一般来说血型有狭义和广义之分。

1. 狭义血型　指能用抗体加以分类的红细胞型，包括 ABO、MN 和 Rh 等血型系统。

2. 广义血型　近几年来的研究发现，不仅红细胞具有抗原性，构成个体的体液包括胃液、尿、汗、乳汁、白细胞、血小板、血浆以及脏器等组织都具有抗原性，因此广义的血型指的是红细胞、血清以及其他体液（唾液、精液、脏器）中的蛋白质、酶的遗传变异，统称为蛋白质型。

血细胞抗原因子是由染色体上的基因支配的，支配不同血型系统的抗原因子的基因可以在不同的染色体上，也可以在一条染色体的不同座位上，使一些不同的血型系统之间产生连锁现象。

二、血型、蛋白质型与遗传的关系

血型是动物一种遗传性状，可通过抗原与相对应的抗体进行反应而被鉴定出来。血型的抗原是受遗传基因决定的。遗传性相当稳定。

动物血型与人的血型一样，其遗传现象符合遗传基本规律。一般认为血型抗原都是等位基因的产物，可以根据血型抗原的不同，分为不同的血型系统。

（一）血型

1. 牛的血型　根据红细胞抗原不同，目前已发现牛的血型系统有 12 个，包括 A、B、C、F、G、L、M、S、Z、R 等，总共有 100 多个血型的因子。其中以 B 系统的血型最为复杂，到目前为止，共发现 B 系统的复等位基因 1 000 余种。

2. 猪的血型　国际上已分类的猪红细胞抗原型有 15 个血型系统 70 多种血型因子。各血型系统具有相应的等位或复等位基因。含有一个血型因子的有 C 系统。含有两个血型因子的闭锁系统有 A、B、D、G、I、J、O 等。包含多对等位基因的有 E、F、H、K、L、M、W、N 等系统。A 系统在血清学和遗传学上都与其他系统不同。它的 A 和 O 血型因子是可溶性血浆物质，而其他因子属红细胞抗原。猪 A 系统的表现受两个基因座的支配，一个是 A 基因座，包含两个等显性遗传的等位基因 A^A 和 a^0；另一个是 S 基因座，包含 S 和 s 两个等位基因，S 对 s 为显性，S 基因座控制 A 系统的表型，以致只有当动物带有一个 S 基因时，A 和 O 血型因子的作用才会表现出来。此外猪还有 3 个白细胞抗原型座。

3. 绵羊的血型　其中红细胞血型分为 9 个系统，20 多个血型因子，100 多个表现型；淋巴细胞抗原有大约 12 个血型因子。

4. 山羊的血型　目前已知山羊有 6 个血型系统，20 种以上的血型因子。

5. 鸡的血型　已知鸡存在 14 个血型系统，即 14 个基因座，它们分别是 A、B、C、D、E、H、I、J、K、L、Q、TR；火鸡 7 种（A、C、F、J、K、L、Q）。

（二）血液蛋白多态性

家畜的血液蛋白多态性具有品种特点，与经济性状存在直接或间接的相关性。

血液蛋白多态座有很多，一些座位只有一对等位基因，而另一些则有许多复等位基因。2 个等位基因之间的最小差异是一个碱基对的变化，相当于最终产物 1 个氨基酸的差异。

1. 牛的血液蛋白型

（1）血红蛋白型（Hb 型）：有 A、B、C 3 种因子，基因型为 AA、AB、AC、BB、BC、CC 6 个，移动顺序快慢依次为 BB、CC、AA，另外还发现有 Hb^D、$Hb^{Khillali}$ 变异型，但其遗传方式未确定。

（2）血清转铁蛋白型（Tf 型）：β球蛋白又称转铁蛋白。目前已发现牛的转铁蛋白最少受 8 种等位基因支配，依据移动速度的快慢，分为 Tf_1^A、Tf_2^A、Tf^B、Tf_1^D、Tf_2^D、Tf^F、Tf^E、Tf^G。

（3）血清白蛋白型（Alb 型）：目前发现 A、AB、B、AC、BC 5 种表现型，由 Alb^A、Alb^B、Alb^C 3 种等位基因支配，且三者为等显性。

（4）后白蛋白型（Pa 型）：后白蛋白是比白蛋白移动度稍慢的蛋白质。受 Pa^A 和 Pa^B 两种等位基因所支配。

（5）血清碱性磷酸酶型（Akp 型）：共有 AA、AO、OO 三种基因型。

（6）血清淀粉酶型（Amy 型）：这种酶型由常染色体上的 3 种等位基因所支配（Amy^A、Amy^B、Amy^C），已发现有 6 种表型。

2. 猪的血液蛋白型　迄今为止，已证明有生化遗传多样性的猪血液蛋白质（酶）至少有 23 种。

（1）前白蛋白型（Pa 型）：目前已发现猪前白蛋白有 2 种等位基因，依据移动速度分为快、慢，支配两者的等位基因定名为 Pa^A 和 Pa^B。

（2）白蛋白型（Alb 型）：Alb 型由 Alb^A、Alb^B、Alb^O 3 种基因支配，Alb^A 和 Alb^B 分别有纯合型和杂合型，Alb^O 在白蛋白部分不出现带。

（3）血液结合素型（Hp 型）：是把猪血清在电泳前加上碱性羟高铁血红素或保存的血红蛋白进行淀粉凝胶电泳时出现的特异蛋白部分。由 Hp^0、Hp^1、Hp^2、Hp^3 基因支配，共有 Hp^{00}、Hp^{11}、Hp^{22}、Hp^{33}、Hp^{21}、Hp^{32}、Hp^{31}、Hp^{01}、Hp^{02}、Hp^{03} 10 种表现型。

（4）血浆铜蓝蛋白型（Cp 型）：Cp 型有 Cp^a、Cp^b、Cp^c、Cp^x 4 个等位基因支配。

（5）转铁蛋白型（Tf 型）：猪的 Tf 基因座受 Tf^A、Tf^B、Tf^C、Tf^D、Tf^E、Tf^X、Tf^P、Tf^I 等 8 个等显性基因所控制。其中，后 5 种极为少见。

（6）淀粉酶型（Amy 型）：Amy 型基因座至少有 5 个基因，分别为 Amy^A、Amy^B、Amy^C、Amy^X、Amy^Y；此外，淀粉凝胶电泳法在点样处附近又检测出 Amy-2 型变异体，其受 Amy-2^A、Amy-2^B 两等位基因支配。

（7）丝状蛋白型（T 型）：由 T^A、T^B 两个等位基因控制，有 T^A、T^B、T^{AB} 3 种表现型。

（8）慢 a_2-球蛋白（S_{a_2} 型）：受 $S_{a_2}^A$、$S_{a_2}^B$、$S_{a_2}^C$ 3 个等位基因支配，S_{a_2} 的遗传方式与其他蛋白略有不同，$S_{a_2}^A$ 与 $S_{a_2}^B$ 基因各自支配两条带，对快带两基因的移动度相同，对慢带则不同，$S_{a_2}^A$ 支配的带比 $S_{a_2}^B$ 的移动速度慢，基因 $S_{a_2}^C$ 则只有一条带。

（9）碱性磷酸酶型（Akp 型）：猪 Akp 基因座较复杂，需进一步研究论证。有研究认为分别受 Akp^A、Akp^B、Akp^C、Akp^D、Akp^E 基因支配，还有研究则认为 Akp 基因座受 Akp^F、Akp^M 和 Akp^S 3 个复等位基因控制。

（10）6-磷酸葡萄糖脱氢酶（6-PGD 型）：6-PGD 有 3 种迁移率不同的区带，泳动快的是 A 带，泳动慢的是 B 带，居中的是 AB 带，分别由 6-PGD^A 和 6-PGD^B 两等位基因控制。

3. 鸡的血液蛋白型

（1）血清前白蛋白-1 型（Pa-1）：有 3 个等位基因 A、B、C 控制。

（2）白蛋白型（Alb 型）：由 3 个复等位基因 Alb^A、Alb^B、Alb^C 控制其表现。

（3）转铁蛋白型（Tf 型）：有 a、ab、b 3 型，后来又发现蛋清的伴清蛋白和血清的转铁蛋白皆由复等位基因 Tf^A、Tf^B、Tf^C 所支配，有 6 种表现型。

（4）血红蛋白型（Hb 型）：在用醋酸纤维电泳时发现由 1 对显性等位基因支配的 3 种带型：移动慢的Ⅰ型，移动快的Ⅱ型和具有两种成分的Ⅲ型。

（5）血清脂酶型（Es 型）：由一对等显性基因 Es^A 和 Es^B 控制的 3 种表现型为 Es^A、Es^B 和 Es^{AB}，另外还发现不显活动性的带 Es^0。血清脂酶受性别的强烈影响，公鸡比母鸡表现显著。

（6）碱性磷酸酶型（Akp 型）：由等位基因 Akp^F、Akp^S 控制，Akp^F 对 Akp^S 完全显性，表现为 F、S 两种表现型，无杂合 FS 型。

（7）淀粉酶型（Amy 型）：由常染色体上的 1 对等位基因 $Amy-1^A$、$Amy-1^B$ 所支配，形成 A、B 两种表现型。

4. 绵羊的血液蛋白型

（1）碱性磷酸酶（Akp 型）：可分为有 B 带和无 B 带两种类型。

（2）转铁蛋白型（Tf 型）：由 12 种转铁蛋白基因（Tf^A、Tf^B、Tf^C、Tf^D、Tf^E、Tf^F、Tf^G、Tf^H、Tf^I、Tf^K、Tf^L、Tf^N）支配，每个基因各自支配两条带。

（3）淀粉酶型（Amy 型）：目前发现有 A、B、C、AB、AC、BC、AA、BB、CC 9 种类型。

（4）前白蛋白型（Pa 型）：受 Pa^S、Pa^F、Pa^O 3 种等位基因支配，有 SS、SO、OO、FF、FO、FS 6 种表现型。

（5）白蛋白型（Alb 型）：受 Alb^S、Alb^F 2 种等位基因支配，有 SS、FF、FS 3 种表现型。

（6）血红蛋白型与血钾型（Hb 型与 Hk 型）：血红蛋白型由 Hb^A、Hb^B、Hb^C、Hb^D、Hb^E 5 个等位基因支配，但以 Hb^A 和 Hb^B 最为常见。绵羊的血钾型也是受遗传控制的，分为高钾（HK）和低钾（LK）两种表型。

5. 山羊的血液蛋白型

（1）白蛋白型（Alb 型）：受 A 和 B 这两个位于常染色体上的等显性等位基因控制，表现为 AA、AB、BB 3 种表现型。

（2）血清转铁蛋白型（Tf 型）：有 Tf^A、Tf^B、Tf^C 和 Tf^D 4 种等位基因，它们均呈等显性遗传。不同的山羊品种 Tf 型的基因频率不同，多数山羊品种 Tf 存在 Tf^A 和 Tf^B 两种基因，以 Tf^A 为优势基因，有少数山羊 Tf 呈现单态。

（3）碱性磷酸酶型（Akp 型）：山羊 Akp 基因座受 Akp^F 和 Akp^O 两个等显性等位基因控制，有 Akp^F 和 Akp^O 两种表现型。

（4）淀粉酶型（Amy）：Amy 基因座表现出 3 种基因型，即 Amy^{AA}、Amy^{AB}、Amy^{BB}，受 Amy^A 和 Amy^B 两个等位基因控制。

（5）血红蛋白型（Hb 型）：山羊与绵羊具有相同的 Hb，也受 Hb^A、Hb^B 两个等显性等位基因控制，表现出 Hb^{AA}、Hb^{AB} 和 Hb^{BB} 3 种基因型。

（6）血清前白蛋白（$Pa-3$）：$Pa-3$ 位点受 $Pa-3^1$ 和 $Pa-3^2$ 两种等位基因支配，有 3 种表现型 $Pa-3^{11}$、$Pa-3^{12}$、$Pa-3^{13}$。

（7）血清后白蛋白（Po）：血清后白蛋白是比 Alb 移动稍慢的一种血清蛋白，对山羊 Po 的多态性研究较少，Po 基因座受 Po^F 和 Po^S 两个等位基因控制，有 Po^{FF}、Po^{FS} 和 Po^{SS} 3 种基因型。

（8）血清酯酶（Es）：Es 表现为 3 种基因型 Es^{AA}、Es^{AB} 和 Es^{BB}，受两个等位基因 Es^A 和 Es^B 控制，但 Es 同工酶的酶谱类型较为复杂，有待于进一步确定。

（9）果酸酶（ME）：山羊血清苹果酸酶有 6 种表现型 AA、BB、CC、AB、AC、BC，这些表现型由呈等显性的 3 个等位基因 A、B 和 C 决定。

（三）乳蛋白多态性

乳蛋白型与泌乳期产奶性能和奶酪制作有相关性，乳中蛋白质由酪蛋白和乳清蛋白组成。

1. 酪蛋白 包括 as1-酪蛋白、as2-酪蛋白、β-酪蛋白、κ-酪蛋白。

2. 乳清蛋白 包括 α-乳清蛋白、β-乳球蛋白、血清白蛋白、免疫球蛋白、乳铁蛋白等。各种酪蛋白和清蛋白类型的基本特征见表 10-5。

表 10-5 蛋白类型的基本特征

（引自张沅，2004）

蛋白质（酶）名称	来源	已被检出的等位基因
前清蛋白-3（Pa-3）	蛋黄	A、B
前清蛋白-2（Pa-2）	血浆、蛋黄、蛋清	A、B
卵黄高磷蛋白（Pv）	蛋黄	A、B
前清蛋白-M（Pa-M）	蛋黄	$+$、$-$
前白蛋白-1（Pa-1）	血浆、蛋黄	A、B
白蛋白（Alb）	血浆、蛋黄、精清	F、S、C、Cl、D
β卵黄蛋白（lt）	蛋黄	F、S
后白蛋白-A（Po-A）	血浆、蛋黄、精清	$Pas-A$、$pas-A$
前转铁蛋白（Prt）	血浆	$+$、$-$
转铁蛋白（Tf）	血浆、蛋黄、精清、蛋清	A、B、BW、C
GC 蛋白（Gc）	血浆	F、S
结合珠蛋白（Hp）	血浆	F、S
补体因子 B（C-B）	血浆	F、S
血红蛋白（Hb1）	红细胞	A、B
肌球蛋白轻链（Lc1）	胸肌	I、II、III
低密度脂蛋白（Lcb）	血浆	1、2、0
高密度脂蛋白（Lp-1）	血浆	a、o
卵清蛋白（Ov）	蛋清	A、B、F
卵球蛋白 G3（G3）	蛋清	A、B、J、M
卵球蛋白 G4（G4）	蛋清	A、B
卵球蛋白 G2（G2）	蛋清	A、B、L
溶菌酶（G1）（卵球蛋白 G1）	蛋清	F、S
酸性磷酸酶（Acp1）	肝脏	Acp、acp^o
酸性磷酸酶 2（Acp2）	肝脏、肾、脾、淋巴细胞	A、B
腺苷脱氨酶（Ada）	红细胞	A、B、C
碱性磷酸酶（Alp）	血浆、肝脏	Akp、akp
碱性磷酸酶 2（Alp2）	血浆	O、a
淀粉酶 1（Amy-1）	血浆	A、B、C、D
淀粉酶 2（Amy-2）	胰	A、B、C
淀粉酶 3（Amy-3）	血浆	A、O

（续）

蛋白质（酶）名称	来　源	已被检出的等位基因
碳酸酐酶（Ca-1）	红细胞	A、B、C
过氧化氢酶（Cat）	红细胞	A、B
酯酶-1（Es-1）	血浆	A1、B2、B、C、D
酯酶-2（Es-2）	血浆	A、O
酯酶-3（Es-3）	肝脏	A、B、O
酯酶-4（Es-4）	肝脏	A、B、O
酯酶-5（Es-5）	肝脏	A、B
酯酶-6（Es-6）	肝脏等	A、B
酯酶-7（Es-7）	肝脏	A、O
酯酶-8（Es-8）	红细胞	A、B
酯酶-9（Es-9）	肝脏	A、O
酯酶-10（Es-10）	心肌	A、B
酯酶-11（Es-11）	心肌	A、B
乙二醛酶-1（Glo）	红细胞、肝、肌肉	1、2
磷酸甘露糖异构酶（Mpi）	红细胞、肝、肌肉	A、B、C
6-磷酸葡萄糖脱氢酶（Pgd）	红细胞	A、B、C
磷酸甘油酸激酶（Pgk）	红细胞、精子	F、S
磷酸葡糖异构酶（Pgm）	心肌	A、B

不同品种乳蛋白基因座的基因频率有差异，同时，同一种品种不同群体乳蛋白基因频率也有差异。各种乳蛋白基因座受位于常染色体上的等显性基因控制，和血型有相同的遗传方式，遵循孟德尔式遗传定律，通过电泳便可判断各种乳蛋白的基因型，利用 DNA 分析技术鉴定乳蛋白基因型可在家畜生命早期根据乳蛋白基因型进行选择，提高选种的效率和准确性。

三、血型、蛋白质型在生产上的应用

（1）鉴定亲子关系：利用血型和蛋白质型确定个体间的亲缘关系，当需要确定种畜禽的系谱关系或不同个体之间的亲缘关系时，血型鉴别结果是可靠的科学依据。

（2）鉴定品种的亲缘程度：利用血型和蛋白质型确定品种间的亲缘关系，进行品种资源的起源和分化关系的研究。当进行杂交育种或杂种优势利用时，品种或品系间的血型因子的相似程度或差异的大小，显示出两者在遗传基础上差异的程度，可以预计杂种优势的大小。

（3）发现和治疗一些遗传性疾病：如当新生畜发生溶血病时，血型分析可准确判断发病原因，从而及时采取措施，可预防新生畜溶血病，防止幼畜死亡。

（4）与畜禽的经济性状有直接或间接的关系：根据研究表明，家畜的生产性能与其血型存在着一定的联系，利用血型可以预测畜禽的生产性能。

（5）利用血型选择抗病品系：鸡的 B 系统血型中的某些血型因子与白血病、马立克病、白痢等有关，通过选择这些血型的个体，可能会增加后代的抗病能力。

思 考 题

(1) 什么是质量性状？它的主要特点是什么？
(2) 简述畜禽毛（羽）色的类型及其基因型。
(3) 什么是家畜血型？家畜血型在生产上有何用途？
(4) 试述蛋白质型与经济性状的关系。
(5) 简述家畜的主要遗传缺陷。

第十一章 核外遗传与表观遗传

真核生物细胞遗传以核内染色体 DNA 为主要遗传物质。细胞核内染色体上的基因是重要的遗传物质，由核基因决定的遗传方式称为"细胞核遗传"。随着遗传学研究的不断深入，人们发现"细胞核遗传"不是生物唯一的遗传方式。生物的某些遗传现象并不取决于核基因或不完全取决于核基因，而是取决于或部分取决于细胞核以外的一些遗传物质。如线粒体、叶绿体也存在少量的 DNA。从整个生物界来讲，这种遗传称为"核外遗传"或"非染色体遗传"，此种遗传不遵循孟德尔的遗传规律，所以又称为"非孟德尔式遗传"。它包括核外或拟核以外任何细胞成分所引起的遗传现象。细胞质基因一方面能自主复制，可以发生突变，具有与核基因相似的性质，而在另一方面，它们又与核基因相互依存，共同作用，显示两者之间的密切关系。

表观遗传学是研究在不改变 DNA 序列的前提下，某些机制所引起的可遗传的基因表达或细胞表现型的变化。表观遗传学又称拟遗传学、表遗传学、外遗传学以及后遗传学（epigenetics）。表观遗传的现象很多，已知的有 DNA 甲基化（DNA methylation）、基因组印记（genomic imprinting）、母体效应（maternal effects）、基因沉默（gene silencing）、核仁显性、休眠转座子激活和 RNA 编辑（RNA editing）等。

第一节 核外遗传

一、核外遗传的概念和特点

（一）核外遗传的概念

核外遗传又称为染色体外遗传（extrachromosomal inheritance）、非孟德尔式遗传（nonmendelian inheritance）、细胞质遗传（cytoplasmic inheritance）、母性遗传（maternal inheritance）和细胞器遗传（organelle inheritance）等。

就整个生物界来讲，位于细胞核和类核体以外的遗传物质所表现的遗传现象称为核外遗传。核外基因也像核内基因一样有自己的连锁群，这些连锁群上的基因构成了核外染色体或基因组，它们在组成和传递方式上和核内染色体有很大不同。原核细胞的核区无核膜结构，核与质无明显的分开，其 DNA 也在细胞质内，因此原核生物的核外遗传并不等于细胞质遗传。真核生物由于核膜的隔离，核内遗传物质与核外遗传物质也区分开，所以核外遗传又称为细胞质遗传。核外基因通过母本向后代传递，这种核外遗传现象又称为母性遗传。在真核生物中，细胞核和细胞质间有严格的界限，核外基因随母本细胞质的传递而遗传给下一代。细胞质遗传即是真核生物的母性遗传。由于性状的分离不符合孟德尔定律，故又称之为非孟德尔式遗传。当然由于这些遗传物质都存在于某些细胞器中，称细胞器遗传显然是可以理解的。

对于高等的哺乳动物来讲，核外遗传是指处于线粒体上的 DNA 所表现出的若干遗传现象。线粒体 DNA（mitochondrial DNA，mtDNA）是一种真核基因组，了解它对认识 mtD-NA 与核 DNA 的协同作用等有着深远的意义，也会对其起源与进化提供有益的启示。我们知道，细胞质与细胞核是相互依存的关系，细胞器中某些蛋白质的组成是由细胞器基因和细胞核基因所共同编码的，因而在生物某些性状的遗传中，不但需要核基因的存在，而且还与细胞质因素有关。

细胞质中存在核外遗传因子，从而使某些生物的某种遗传表现不完全取决于核基因，而往往是核质互作的结果。这种不在核染色体上定位，只存在于细胞质中的遗传因子，往往表现出正反交结果不同，呈母性遗传，不遵循孟德尔遗传规律，而呈不均等的分配现象。

（二）紫茉莉的遗传

1909 年由 Correns 在研究了大量显花植物的花斑叶片时发现了其表型中很多都显示了典型的孟德尔遗传。但他也发现了一些例外的情况，在紫茉莉（*Mirabilis jalapa*）中有一品系在其茎和叶上出现白、绿相间的绿白斑（图 11-1）。以不同表型枝条上的花朵相互授粉产生种子后，其结果是正反交后代的性状表现不同于经典遗传学的规律：杂交子代茎叶的颜色完全依母本花所在的枝条而定，与花粉来自哪一种枝条无关。如来自绿色枝条的种子长成绿色幼苗；来自白色枝条种子的幼苗只包含无色的质体；唯有来自母本为绿白斑枝条的种子可以产生白色、绿色和绿白斑的幼苗，它们的比例在每朵花中也不相同（表 11-1）。

在这些正反交中，子代某些性状仅与母本有相同表现，是由于控制这些性状的遗传因子存在于核外的细胞质中，而杂交后所形成的合子其细胞质几乎全部来自于雌性配子，雄性配子的贡献往往只是提供一个核，所提供的细胞质却微不足道。

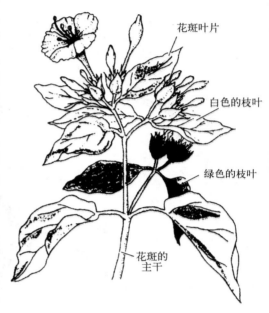

图 11-1 紫茉莉的花斑叶片
（引自 Russell，1992）

表 11-1 紫茉莉绿白色斑植株的子代性状

母本枝条的类型	父本枝条的类型	子代的类型
白		白
绿	白	绿
绿白斑		绿、白或绿白斑
白		白
绿	绿	绿
绿白斑		绿、白或绿白斑
白		白
绿	绿白斑	绿
绿白斑		绿、白或绿白斑

（三）真菌异核体实验

关于核外因子是通过细胞质传递，还可用真菌中的异核体实验进一步证实。霉菌或放线菌的菌丝细胞常可连接在一起发生细胞融合。两个核基因不同的菌株其菌丝彼此连接并发生融合，于是不同类型的核便处在混合的细胞质中。这样的菌丝体就称作异核体。如粗糙脉孢菌的野生型与突变型 poky 品系的菌丝互相融合，可形成异核体。当形成分生孢子时，异核体内的两种细胞核将分别出现在不同的分生孢子中，但已经混合的细胞质则不再分开。根据核基因标记，对这些单核分生孢子的后代进行遗传分析，可以看到一些具有野生型核的菌株表现出 poky 小菌落性状，而另一些带有小菌落核的菌株却变成了野生型（图 11-2）。这一异核体测验的结果说明核的来源对小菌落这个表型性状的发育并无影响，而核外基因才是控制小菌落性状的遗传因子，这种遗传因子通过异核体的细胞质传递给它的分生孢子。

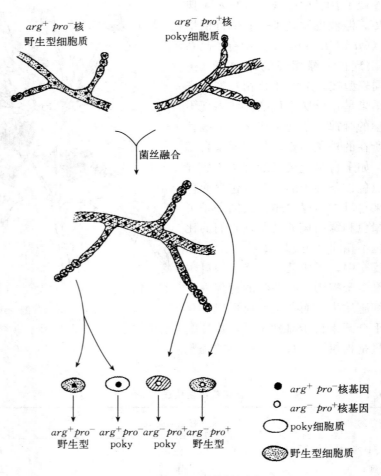

图 11-2　poky 异核体测验

（四）核外遗传的特点

一般，核外遗传因子是由一个亲本而来，不经过有丝分裂或减数分裂，它们的行为不按核基因的方式进行，所以核外遗传具有以下特点。

（1）无论是正交还是反交，F_1 的表型总是和母本一致。母本的表型决定了所有 F_1 的表型。因此，正交与反交后代的表型不同。核外基因通常显示逐代出现单亲遗传（uniparental inheritance）的现象，即所有的后代不论雌雄都只表现一个亲本的某一表型（与性连锁是不同的）。

（2）遗传方式是非孟德尔式的。杂交后代一般不分离或无孟德尔分离。杂交后代不出现一定的比例，不表现为孟德尔式的分离比例。

（3）遗传信息在细胞器 DNA 上，不受核移植的影响。

（4）通过连续回交能将母本的核基因逐步置换掉，但母本的细胞质基因及其所控制的性状仍不消失，质-核异质系。

（5）与核基因不连锁。细胞质基因在一定程度上是独立的，能自主复制。

（6）由附加体或共生体决定的性状，其表现往往类似病毒的转导或感染。非细胞器的细胞质颗粒中遗传物质的传递类似病毒的转导。

由此可见，在细胞质遗传中提供细胞质的亲本起决定性作用。

（五）细胞质遗传的传递特征

与核基因一样，细胞质基因也控制性状发育、具有稳定性、连续性和变异性。但是细胞质遗传的传递特征与核基因的有所不同。

（1）细胞质基因和核基因所在的位置不同。细胞质基因不能在核染色体上定位。不能进行重组作图。

（2）细胞分裂时，细胞质基因和核基因的传递分配规律不同。核基因是均等分配，而质基因是随机的，不均等的。

（3）双亲对后代的贡献不同（或不等）。

二、线粒体的遗传方式及其分子基础

线粒体是动物细胞中除细胞核之外唯一含有 DNA 的细胞器，可以独立进行 DNA 复制的遗传系统，也可以独立进行 mRNA 的转录和蛋白质翻译的表达功能。自 1963 年 M. Nass 和 S. Nass 发现线粒体 DNA 后，人们又在线粒体中发现了 RNA、DNA 聚合酶、RNA 聚合酶、tRNA、核糖体、氨基酸活化酶等进行 DNA 复制、转录和蛋白质翻译的全套装备，说明线粒体具有独立的遗传体系。

1981 年，Anderson 等人首次测定动物线粒体全长。在这里我们主要考虑线粒体的遗传特性，而并不涉及它的代谢、能量产生及功能。线粒体含有少量 DNA，其大小约 17 kb。线粒体 DNA 性质上不同于核内的 DNA。这些基因控制着线粒体的少数但却是基本的一部分特性。

（一）线粒体遗传的表现

1. 红色面包霉缓慢生长突变型的遗传 红色面包霉的两种接合型都可以产生原子囊果。原子囊果相当于一个卵细胞，它包括细胞质和细胞核两部分。原子囊果可以被相对接合型的分生孢子所受精。分生孢子在受精中只提供一个单倍体的细胞核，一般不包含细胞质，因此分生孢子就相当于精子。

红色面包霉中有一种缓慢生长突变型，在正常繁殖条件下能很稳定地遗传下去，即使通过多次接种移植，它的遗传方式和表型都不发生改变。将突变型与野生型进行正交和反交实验（图 11-3），当突变型的原子囊果与野生型的分生孢子受精结合时，有子代都是突变型的；在反交情况下所有子代都是野生型的。在这两组杂交中，所有由染色体基因决定的性状都是 1:1 分离。也就是说，当缓慢生长特性被原子囊果携带时，就能传给所有子代；如果这种特性由分生孢子携带，就不能传给子代。对生长缓慢的突变型进行生化分析，发现它在幼嫩培养阶段不含细胞色素氧化酶，而这种氧化酶是生物体的正常氧化作用所必需的。由于细胞色素氧化酶的产生是与线粒体直接联系的，并且观察到缓慢生长突变型的线粒体结构不正常，所以可以推测有关的基因存在于线粒体中。

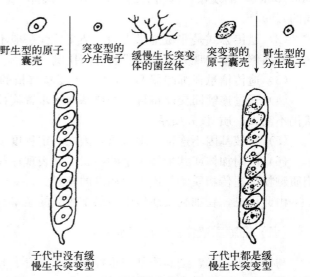

图 11-3　红色面包霉缓慢生长突变型的细胞质遗传
○和·代表不同的染色体基因
（朱军，2001）

2. 酵母小菌落的遗传　酿酒酵母（*Saccharomyces cerevisiae*）与红色面包霉一样，同属于子囊菌。无论是单倍体还是二倍体它都能进行出芽生殖。只是它在有性生殖时，不同交配型相互结合形成的二倍体合子经减数分裂形成 4 个单倍体子囊孢子。

1949 年，伊弗鲁西（Ephrussi）等人发现在正常通气情况下，每个酵母细胞在固体培养基上都能产生一个圆形菌落，大部分菌落的大小相近，但有 1%～2% 的菌落很小，其直径是正常菌落的 1/3～1/2，通称为小菌落（petite）。多次试验表明，用大菌落进行培养，经常产生少数小菌落；如用小菌落培养，则只能产生小菌落。如果把小菌落酵母同正常个体交配，则只产生正常的二倍体合子，它们的单倍体后代也表现正常，不分离出小菌落（图 11-4）。这说明小菌落性状的遗传与细胞质有关。仔细分析这种杂交的后代，发现这 4 个子囊孢子有 2 个是 a^+，另两个是 a^-，交配型基因 a^+ 和 a^- 仍然按孟德尔比例进行分离。而小菌落性状没有像核基因那样发生重组和分离，从而说明这个性状与核基因没有直接关系。进一步研究发现，小菌落酵母的细胞内缺少细胞色素 a 和 b，还缺少细胞色素氧化酶，不能进行有氧呼吸，因而不能有效地利用有机物。已知线粒体是细胞的呼吸代谢中心，上述有关酶类也存在于线粒体中，因此推断这种小菌落的变异与线粒体的基因组变异有关。

（二）线粒体 DNA 的结构特征

线粒体 DNA 为多拷贝基因组，但其含量仅占细胞总 DNA 的 0.5% 左右。线粒体遗传体系确实具有许多和细菌相似的特征，如：①线粒体基因组是裸露的 DNA 双链分子，大多呈共价、闭合、环状分子

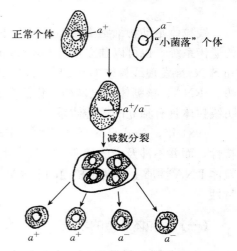

图 11-4　啤酒酵母小菌落的细胞质遗传
a^+ 和 a^- 代表交配型基因，有黑点的细胞质代表正常细胞质，没有小黑点的细胞质代表突变型
（朱军，2001）

结构，但也有线性的分子，无内含子，分子质量小，在几千个碱基对以下，远远小于核基因；②核糖体为 70S 型；③RNA 聚合酶被溴化乙锭抑制不被放线菌素 D 所抑制；④tRNA、氨酰基-tRNA 合成酶不同于细胞质中的；⑤蛋白质合成的起始氨酰基 tRNA 是 N-甲酰甲硫氨酰 tRNA，对细菌蛋白质合成抑制剂氯霉素敏感，对细胞质蛋白合成抑制剂放线菌酮不敏感。

各个物种的线粒体基因组大小不一，动物细胞中一般为 10～39 kb，酵母中为 8～80 kb，四膜虫属（Tetrahymena）和草履虫等原生动物的线粒体基因组为 50 kb 大小线性分子。虽然动物细胞的线粒体基因组大小差异不大，但不同动物门类线粒体基因的构成却是不同的。哺乳动物线粒体基因组最为致密，没有内含子，有些基因编码实际上是重叠的。藏鸡（Tibetan chicken）线粒体基因组全序列长 16 783 bp（图 11-5），包括长 1 231 bp 的线粒体调控区（D-loop 区）和长 552 bp 的编码区，共编码 13 种蛋白质、2 种 rRNA 和 22 种 tRNA。整个藏鸡线粒体基因组排列非常紧凑，除了 D-loop 调控区外，无内含子序列，在整个编码区的 37 个基因之间，基因间隔区总共只有 48 bp，只占 DNA 总长度的 0.29%。

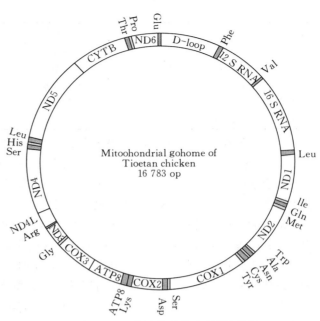

图 11-5 藏鸡线粒体全基因组图

ND1 到 ND6 负责编码 NADH 亚基；COX1、COX2、COX3 负责编码细胞色素氧化酶亚基；ATP6 和 ATP8 负责编码 ATP 酶 6 和 ATP 酶 8；2 种 rRNA 基因和 22 种 tRNA 基因也在图中相应地标出来

1. 线粒体核糖体 线粒体基质中也有核糖体，一般来说，根据其沉淀系数，线粒体核糖体要比细胞质核糖体的小。真核细胞线粒体核糖体的沉淀系数是 55S，它包括一个 28S 的小亚基和一个 39S 的大亚基，亚基中分别还有沉淀系数为 12S 和 16S 的 rRNA。

2. 线粒体 tRNA 多数 tRNA 基因位于 rRNA 和 mRNA 基因之间。根据人类线粒体 DNA 转录后加工的研究发现原始转录产物的断裂正好发生在线粒体 tRNA 前后。因此，线粒体 tRNA 序列的二级结构可能作为加工酶的识别信号，在原始转录产物加工过程中起着"标点符号"的作用。

（三）线粒体 DNA 的遗传特征

1. 线粒体 DNA 具有半自主性

（1）线粒体 DNA 具有两个复制起点，分别起始复制 H、L 链。

（2）线粒体内具有独立的蛋白质表达系统。

（3）维持线粒体结构和功能的主要大分子复合物和大多数氧化磷酸化酶亚单位由核基因编码。

2. 线粒体基因组所用遗传密码和通用密码不同

（1）哺乳动物线粒体 DNA 的遗传密码与通用遗传密码有以下区别（表 11-2）。

① UGA 不是终止信号，而是色氨酸的密码子，因此，线粒体 tRNAtrp 可以识别 UGG 和 UGA 两个密码子。

② 多肽内部的甲硫氨酸由 AUG 和 AUA 两个密码子编码，起始甲硫氨酸由 AUG、AUA、AUU 和 AUC 四个密码子编码。

③ AGA、AGG 不是精氨酸的密码子，而是终止密码子，线粒体密码系统中有 4 个终止密码子（UAA、UAG、AGA、AGG）。

表 11 - 2　核 DNA 与线粒体 DNA 密码子差异

密码子	核 DNA	线粒体 DNA
UCG	终止	色氨酸
AGA、AGG	精氨酸	终止
AUA	异亮氨酸	甲硫氨酸
AAA	赖氨酸	天冬酰胺
CUU、CUC、CUA、CUG	亮氨酸	苏氨酸

（2）在线粒体的 tRNA 的反密码子方面，也有其独特的地方。

① 由于密码子简并性（degeneracy），如果密码子前两位碱基一样，则最后一位（3′位）的碱基无论是嘌呤（A、G）或嘧啶（C、T），这样组成的密码子都编码同一样氨基酸。对于这样的密码子，线粒体 tRNA 的反密码子 5′摆动位上的核苷酸如果为 U，则可以与上述密码子 3′位的 4 种核苷酸配对，因而，一个 tRNA 可以识别 4 种密码子。但是，如果密码子 3′位由嘌呤碱基组成的密码子与由嘧啶碱基组成的密码子编码不同的氨基酸，这时，线粒体 tRNA 反密码子上 5′位的 U 经过修饰识别 3′位由嘌呤碱基组成的密码子，而不再识别 3′位由嘧啶碱基组成的密码子，这样，便可以防止错误翻译的发生。

② 线粒体 tRNA 在结构上与细胞质 tRNA 也有区别。如 GTφCRA（R 代表嘌呤）序列在大多数线粒体 tRNA 中不存在。D 环和 TφC 环中一些保守的核苷酸也发生了变化。最突出的是 tRNASer 的结构，该 tRNA 缺乏 D 臂。这些结构上的差异表明线粒体 tRNA 三维结构以及与线粒体核糖体的作用方式与细胞质 tRNA 不一样。

3. 线粒体 DNA 呈现严格的母系遗传特性　线粒体 DNA 是一种位于核外的胞质遗传系统，几乎仅遵从母系遗传，一般不发生重组，父本线粒体在受精过程中被迅速降解或此后不久在复制时被丢失了。母体基因型或表型对子代非持续效应。

4. 线粒体 DNA 具有阈值效应的特性，无组织特异性

（1）同质性（homoplasmy）：一个细胞或组织中所有的线粒体具有相同的基因组，或都是野生型序列，或都是携带一个基因突变的序列。

（2）异质性（heteroplasmy）：一个细胞或组织既有突变型，又含有野生型线粒体基因组。

（3）线粒体 DNA 突变可以影响线粒体氧化磷酸化的功能，引起 ATP 合成障碍，导致疾病发生，但实际上基因型和表型的关系并非如此简单。突变型线粒体 DNA 的表达受细胞中线粒体的异质性水平以及组织器官维持正常功能所需的最低能量的影响，可产生不同的外显率和表现度。

（4）线粒体遗传病的发生有一阈值，只有当异常的线粒体 DNA 超过阈值时才发病。女性携带者的细胞内突变的线粒体 DNA 未达到阈值或在某种程度上受核影响而未发病时，仍可以通过线粒体 DNA 突变体向下代传递。

5. 线粒体 DNA 的突变率极高

（1）线粒体 DNA 的突变率比核 DNA 高 10～20 倍。哺乳动物线粒体 DNA 的突变率比核 DNA 的高 5～10 倍。

（2）线粒体 DNA 中基因排列紧凑，任何突变都可能会影响到其基因组内的某一重要功能区域。

（3）线粒体 DNA 是裸露的，缺乏组蛋白的保护，致癌物容易与其结合。

（4）线粒体内脂肪/DNA 比值高，使亲脂性的致癌物优先在占细胞总 DNA 量很少的线粒体 DNA 上聚集。

（5）线粒体 DNA 在整个细胞周期中都处于不断合成状态，易受外界干扰，稳定性差。

（6）线粒体 DNA 位于线粒体内膜附近，直接暴露于呼吸链代谢产生的超氧离子和电子传递产生的羟自由基中，极易受氧化损伤。

（7）线粒体 DNA 复制频率较高，复制时不对称，缺乏有效的基因修复系统，突变线粒体 DNA 可在细胞内不停地复制和传播，从而产生数量惊人的重复拷贝。

（8）进化速率不同。线粒体 DNA 的 DNA 聚合酶不同于核 DNA 聚合酶，复制中的误差率与修复系统也与核 DNA 不同，进化速率也与核基因不同。

（9）线粒体 DNA 多聚酶 γ 的校对功能差，tRNA 基因部位易形成发夹样结构，导致复制错配频率高，故线粒体 DNA 的突变频率远高于核 DNA。根据突变的分子性质，可分为错义突变，生物合成突变，缺失、插入突变和拷贝数突变。

（四）线粒体基因及线粒体 DNA 的复制和转录

1. 线粒体基因 在人的线粒体 DNA 中有 2 个线粒体 rRNA 基因——12S rRNA 和 16S rRNA 基因，有 22 种线粒体合成蛋白质所需的 tRNA 基因和 13 种编码蛋白质的基因。

不同生物的线粒体基因组大小变化很大。动物细胞的线粒体基因组通常较小，哺乳动物线粒体 DNA 约 16.5 kb，以多拷贝的形式存在于线粒体和细胞中。酵母线粒体约 80 kb，线粒体 DNA 所占比例可达 18%。而植物线粒体基因组大小变化较大。

线粒体基因组只编码较少的蛋白质，编码蛋白质的数目与基因组大小无关。线粒体基因组编码的蛋白质主要是电子传递链中蛋白质复合物的各亚基组分。

2. 线粒体 DNA 复制 线粒体 DNA 在核基因编码的 DNA 聚合酶的作用下以 D-环式进行复制，这种 DNA 聚合酶是线粒体特异的。线粒体的复制期主要在细胞周期的 S 期和 G_2 期，与细胞周期不同步，不均一，与核 DNA 合成彼此独立；仍受核基因的控制，DNA 聚合酶是由核编码，在细胞质中合成。线粒体 DNA 复制方式有以下几种。

（1）半保留复制：同细胞核 DNA 复制一样，线粒体 DNA 复制也是以半保留方式进行。但是线粒体 DNA 复制具有其自身特点：①线粒体 DNA 复制在不同生物类群中存在多种复制方式，普遍以 D 环复制为主，少数也有 θ 型复制以及滚环复制；②线粒体 DNA 复制过程涉及的相关酶和调控因子都是由核基因编码，受到自身基因组与核基因组的双重调控；③核 DNA 复制在每个细胞分裂时期准确地复制一次，而线粒体 DNA 可以发生多次复制，甚至不发生复制，且通常两条链的复制不是同步的。

以人线粒体 DNA 的 D 环复制为例（图 11-6），位于线粒体 DNA 非编码区内有 2 个转录启动子，分别为重链启动子（heavy-strand promoter，HSP）和轻链启动子（light-strand promoter，LSP），重链复制的起始点（O_H）就位于此区域。哺乳类的 O_H 包括 1 个启动子及其下游的 3 个保守序列区（conservedsequence block，CSBⅠ、CSBⅡ、CSBⅢ）。轻链复制的起始点（O_L）则位于距离 O_H 约为整个环状线粒体 DNA 的 2/3 位置。

哺乳动物线粒体 DNA 的 D 环复制过程大致可以分为以下 4 个阶段：①首先合成 H 链（H-strand）。在 H 链复制起始点以 L 链（L-strand）为模板，首先合成一从轻链启动子（LSP）转录而来的 RNA 引物，然后由 DNA 聚合酶 γ（Pol γ）催化合成一个 500～600 bp 的 H 链片段，该片段与 L 链以氢键结合，将亲代的 H 链置换出来，产生一种 D 环复制中间物。②延伸 H 链片段。在各种复制相关酶和因子的作用下，复制叉沿着 H 链合成的方向移动，新生成的短的 H 链片段继续合成。③开始 L 链合成。随着原来的 H 链被取代，D 环越来越大，当 D 环膨胀到环形 mtDNA 约 2/3 位置时，即暴露出 L 链复制的起始位点，单股 DNA 吸引 mtDNA 引物酶合成第 2 个引物，并以原来的 H 链为模板开始 L 链 DNA 的复制。④完成复制。H 链合成首先完成，L 链的合成随后结束，RNA 引物去除，完整的 DNA 环的连接，最后以环状双螺旋方式释放。

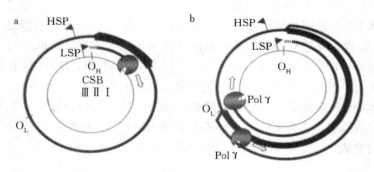

图 11-6 人线粒体 DNA 复制机制示意图

a. 从 LSP 起点开始以 L 链作为模板合成一段 RNA 分子。这一 RNA 分子在 O_H 处被核糖核酸酶
裂解，并且作为引物通过 Pol γ 复制一个新的 DNA 链（H 链）　b. 通过 Pol γ 延伸 H 链。
引物合成酶在 O_L 处合成一段引物，当 O_L 暴露单线时该引物通过来自于 O_H 的复制叉由
Pol γ 启动合成一段新的 L 链。
粗线和细线分别表示 DNA H 链和 L 链。虚线代表 RNA 引物，黑色小旗箭头表示 HSP 和 LSP
的方向，白色箭头表示 Pol γ 的复制方向

（2）由于不同细胞环境的调节，在相同的细胞中，线粒体 DNA 可以通过几种方式中的任何一种方式复制，也可以是几种方式并存：①θ-形式：小鼠肝细胞线粒体 DNA 类似大肠杆菌的 θ-形式。②D-环式：合成最初是沿轻链（L）进行，经过一段时间重链（H）的新互补链才开始合成。当复制沿轻链开始时，其对应的重链处形成一个圈，即 D 环。③滚环式复制。④线性 DNA 的复制。

3. 线粒体 DNA 转录　线粒体 DNA 是对称转录的，即在线粒体 DNA 的 H 链（重链）和 L 链（轻链）上各有一个启动区，从各自的启动区开始全长对称转录合成前体 RNA，经切割加工后履行生物学功能。

线粒体 DNA 能够进行半保留复制，半自主性地将其所含的 DNA 复制传递给后代，还能转录编码的遗传信息，合成线粒体自身需要的多肽。线粒体 DNA 的自我复制与核 DNA 复制不同，多细胞生物中，无论是分裂中或静止的体细胞，线粒体 DNA 的复制都在活跃地进行着。而这种复制活动并不统一，有些线粒体 DNA 分子在细胞周期中复制几次，而有些可能一次也不复制。细胞内线粒体 DNA 合成调节与核 DNA 合成调节虽然彼此独立，然而线粒体 DNA 的复制仍受核基因的控制，其复制所需的聚合酶是由核 DNA 编码，在细胞质中合成。

在线粒体基因组中，mRNA 没有 5′端的帽结构，起始密码常直接位于 mRNA 的 5′端。线粒体 mRNA 的这一结构特点，表明线粒体蛋白质的合成装置与细胞质中核糖体有所不同。不同真核生物线粒体的核糖体是一些 55S 至 80S 大小不等的颗粒，由两个大小不等的亚基组成，每个亚基只有一条由线粒体 DNA 转录而来的 rRNA 分子。线粒体核糖体蛋白则是由核基因编码，在细胞质核糖体上合成，然后转运到线粒体中的。常见的密码子与反密码子配对规则在线粒体中比较宽松，线粒体基因组的 tRNA 可以识别反密码子的第三位置上 4 个核苷酸（A、U、G、C）中的任何一个，这样就大大扩大了 tRNA 对密码子的识别范围，因而线粒体基因组中的 tRNA 就足以用于蛋白质的合成。

（五）线粒体的双重遗传控制

线粒体有其自己的一套遗传控制系统，同时也受到细胞染色体 DNA 的控制。虽然线粒

体也能合成蛋白质，但是合成能力有限。线粒体 1 000 多种蛋白质中，自身合成的仅十余种。线粒体的核糖体蛋白、氨酰 tRNA 合成酶、许多结构蛋白，都是核基因编码的，在细胞质中合成后，定向转运到线粒体，因此称线粒体为半自主细胞器。利用标记氨基酸培养细胞，用氯霉素和放线菌酮分别抑制线粒体和细胞质蛋白质合成的方法，发现人的线粒体 DNA 编码细胞色素 c 氧化酶的 3 个亚基，ATP 酶复合体的 2 个亚基，NADH 脱氢酶的 7 个亚基和细胞色素 b 等 13 条多肽。此外，线粒体 DNA 还能合成 12S 和 16S rRNA 及 22 种 tRNA。

线粒体除具有 DNA 外，还有自己的蛋白质合成系统，如 tRNA、核糖体等。这些成分与细胞质的相应组分不同，而与细菌的比较相似。此外，线粒体 DNA 的复制和转录都是通过自身的聚合酶来完成的。线粒体 RNA 聚合酶只是一条简单的多肽链，这也与真核细胞的酶不同，而且此细菌酶对原核细胞转录酶抑制剂利福平敏感。蛋白质合成时，线粒体核糖体上的蛋白质合成也受细菌蛋白质合成抑制剂（如氯霉素，链霉素）的抑制。这些情况说明线粒体的许多组分是自主的，不受细胞核的控制，而且在许多方面与原核生物相似。

另一特点是参与呼吸链的一些酶成分是受双重遗传控制的，即部分亚基为细胞核基因所编码，另一些亚基则是线粒体 DNA 编码的。根据线粒体的这些特点 Margulis 提出了线粒体形成的内共生学说（endosymbiont theory）。在进化过程中原始的厌气细菌吞噬了原核生物（如细菌，蓝绿藻等）形成共生关系。寄主为共生者提供营养和保护，共生者为寄主提供能量生成系统。最终，共生者演化成细胞的组成成分——线粒体。

（六）线粒体 DNA 与核 DNA 之间的关系

至今没有证据能证明线粒体 DNA 受核 DNA 的影响。DNA/DNA 的杂交研究未能揭露核 DNA 和线粒体 DNA 存在任何共同的核苷酸序列。据知，线粒体 DNA 并不像许多细菌质粒那样插入到细菌的染色体里去。通过将不同种或亚种间线粒体 DNA 进行杂交，证明线粒体 DNA 遗传严格地遵循母性遗传。

同一物种的线粒体 DNA 和核 DNA 的基本组成之间并没有明显的相似性；线粒体 DNA 的 GC 含量，可以比核 DNA 的高，也可以相同或者较低。利用 DNA 或 DNA 杂交的研究，能够检测出核 DNA 与线粒体 DNA 之间并没有共同的核苷酸序列。虽然线粒体 DNA 的特异结构（多核苷酸序列）是受预先存在的线粒体 DNA 结构所控制，但是，线粒体 DNA 的功能或许在更大的程度上是受核基因所控制的，这是由于 DNA 复制、重组、转录这些过程可能需要由核基因所编码的酶参与。许多酵母品系小菌落，尽管一些重要部位具有不同缺失的线粒体 DNA，但它们还是能够顺利地进行复制和转录其余的 DNA。但是，目前这方面只有少量的直接证据。

三、母性影响

在正反交情况下，子代某些性状相似于其雌性亲本的现象，有的是由于细胞质遗传因子传递的结果，属于核外遗传的范畴。但是，有的却是由于母体中核基因的某些产物积累在卵细胞的细胞质中，使子代表型不由自身的基因所决定而与母本表型相同，这种遗传现象称为母性影响（maternal inheritance）或母体效应（maternal effect）。这时，会造成正反交之间的差别，因而也可以通过正反交来证明母性影响。母性影响在个体的生活周期过程中有两种：一种是短暂的，只影响子代个体的幼龄期；另一种是持久的，影响子代个体终生。

（一）短暂的母性影响

在麦粉蛾（*E. phaestia*）中，野生型的幼虫皮肤是有色的，成虫复眼是深褐色的。这种色素是由一种称作犬尿素的物质形成的，由一对基因控制。突变型个体缺乏犬尿素，幼虫皮肤不着色，成虫复眼红色。

皮肤有色的个体（*AA*）与无色的个体（*aa*）杂交，不论哪个亲本是有色的，F_1 都有色。F_1 个体（*Aa*）与无色个体（*aa*）测交，亲本的性别就影响到后代的表型：如果 *Aa* 是雄蛾，F_t 中 1/2 幼虫皮肤有色、成虫复眼深褐色，1/2 幼虫无色、成虫复眼红色，这与通常的测交结果相同；如果 *Aa* 是雌蛾，所有的幼虫皮肤都有色，到成虫时，半数复眼深褐眼，半数复眼红眼，这些结果显然和一般的测交不同，与伴性遗传方式也不符合（图 11-7）。

F_1	♂*Aa*	*aa*♀	♀*Aa*	*aa*♂
幼虫：	有色	无色	有色	有色
成虫：	褐眼 ✕	红眼	褐眼 ✕	红眼
F_t	1/2*Aa*	1/2*aa*	1/2*Aa*	1/2*aa*
幼虫：	有色	无色	有色	有色
成虫：	褐眼	红眼	褐眼	红眼

图 11-7 麦粉蛾色素的遗传

产生上述结果主要是由于精子一般不带细胞质，而卵子内含有大量的细胞质，当 *Aa* 雌蛾形成卵子时，不论 *A* 卵或 *a* 卵，细胞质中都含有足量的犬尿素，卵子受精（基因型有 *Aa* 和 *aa*）发育的幼虫都是有色的。虽然 *aa* 个体的幼虫体内有色素，但由于它们缺乏 *A* 基因，自身不能产生色素，随着个体的发育，色素逐渐消耗，所以到成虫时复眼为红色。

（二）持久的母性影响

椎实螺（Lymnaea）外壳螺纹的旋转方向是由母体的细胞核基因型所决定的，有左旋和右旋之分。鉴别方法是把一个螺壳的开口朝向自己，从螺顶向下引垂线，观察时，若开口偏向左侧，螺壳是左旋；若开口偏向右侧，则为右旋。椎实螺外壳的左旋或右旋受一对基因控制，通常右旋（*D*）对左旋（*d*）为显性（图 11-8）。

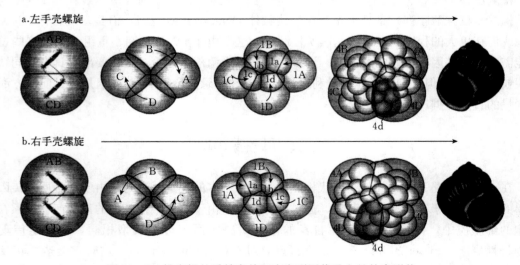

图 11-8 椎实螺的受精卵前两次卵裂图像及它的外壳形状

对持久的母性效应的理解不能单纯从遗传学角度而必须从发生学角度。在椎实螺发育中，其受精卵是螺旋式卵裂，它的第一次卵裂的纺锤体排列方向不是垂直的，而是右螺旋的方向转向右约 45°（图 11-8），是由 D 基因控制；左旋者，则向左旋转 45°，由 d 基因控制。随后的卵裂以及随后躯体和外壳的分化便向右转或左转。换言之，整个发育取决于第一次卵裂，而第一次卵裂的旋转方向取决于卵母细胞的来源。所以椎实螺螺壳及螺体的旋向发育归根到底取决于母体的基因型和影响这种基因型的卵母细胞。

椎实螺是雌雄同体，繁殖时进行异体或自体受精。每个个体均产生卵及精子，不同个体的精子互相交换进行受精。当以右旋个体为母本、左旋个体为父本进行杂交时，F₁ 全为右旋，F₂ 也全是右旋。但 F₂ 自体受精后，F₃ 中 3/4 为右旋，1/4 为左旋。

在反交试验中，即当左旋为雌体与右旋为雄体杂交时，F₁ 全为左旋，F₂ 却全为右旋。F₂ 自交后，F₃ 中 3/4 为右旋，1/4 为左旋（图 11-9）。

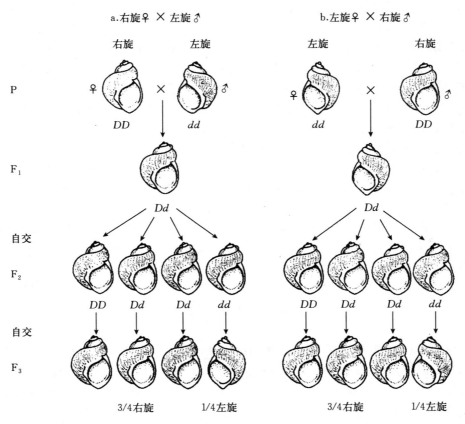

图 11-9 椎实螺螺壳的右旋向与左旋向（从动物极观）

(引自 Gilbert，2000)

上述正、反交结果表明，F₃ 外壳旋转方向均为右旋：左旋＝3：1。此现象实际上反映了 F₂ 的基因型 D＿：dd＝3：1 的分离比，说明后代的性状是由母体的基因型所决定的。研究还发现在受精卵第一次卵裂中期纺锤体的方向决定了成体外壳的旋转方向。纺锤体向左倾斜的受精卵发育成左旋的成体，而纺锤体向右倾斜的受精卵发育成右旋的成体。这种纺锤体倾斜方向的不同是由母体的基因型决定的，受精卵（子代）本身基因型对此不起作用。当母体的基因型是 D＿ 时，D 基因产生的物质存在于卵细胞质中，最终形成右旋螺壳；当母体的基因型是 dd 时，dd 基因产生的物质也存在于卵细胞质中，从而决定了左旋螺壳。

（三）母性影响的遗传学特点

由上述两个母性影响的遗传现象，不难发现：①正反交结果不同，都受细胞核基因的控制。②母体的细胞核基因可通过合成卵细胞质中的物质控制子代的表型。母体的卵细胞质的特性可以影响胚胎的发育，如果只影响幼体的性状，仅出现短暂的母性影响；如果这些物质改变个体一生的性状，则为持久的母性影响。③母性影响的遗传学方式仍遵循孟德尔定律，仅子代的分离比延迟表现而已。可能延迟到成体，也可能延迟到下一代。

（四）动物的母性影响

由于母性影响在家畜经济上的重要性和理论上的价值，近年来对动物的母性影响进行了广泛的研究。母性影响一词的含义是指母体对其子孙后代的影响，这种影响不同于通过基因遗传的影响。母性影响在雌性之间的变异是遗传与环境两方面的原因引起的。

研究提出动物哺乳期的生长受子代和母系双方面的影响，后者提供幼畜发育的环境，而前者提供生长的测定数值。这种测量出的性状就是子代的表型值，但它至少是由两个组分构成，即子代的生长和某一个亲属个体，也就是母体提供的母性影响。母性影响对子代的影响严格地说是属于环境性质的，但是母性影响与母体表型的差异是用它们子代的表型值来表示的。就定义来讲，一个母性影响就是一个母体的表型，仅仅作为它的子代表型值的一个组分才能够被测出来。不仅母体及与母性影响有关的基因会在子代的表型值上表现出来，母体还把它的一半基因传给子代。这类基因的影响是通过对子代表型值表现的。母体对子代表型值的影响是通过上述两个途径的，而父体，只是通过给予子代一半基因而影响子代的表型值。倘若直接效应与母性影响之间存在一个负的遗传相关，那么母体或者是给它子代在直接效应方面一个正值的基因组分和一个不良的母性影响，或者是一个负值的基因组分和一个良好的母性影响。在这种情况下，通过表型值的选择想获得性状的改变是困难的。

猪的同窝产仔数和断奶重就是例证。母猪在妊娠期及哺乳期提供的母体环境差异造成幼猪在初生重或从初生到断奶期日增重的差异。虽然母性影响对后代影响是属于环境性质的，但它们是由遗传和环境共同决定的。

四、核遗传和核外遗传互作

细胞核遗传和细胞质遗传各自都有相对独立性，但并不意味着没有关系。核基因是主要的遗传物质，但主要在细胞质中表达，核内染色体和基因的复制所必需的能量、核苷酸、氨基酸和特殊的酶都是由细胞质所供应；细胞质虽然控制一些性状，但还要受到细胞核的影响，细胞质内合成的蛋白是受核内基因所决定和制约的，所以，细胞质基因与核基因是相互依存，相互制约的。除此以外，细胞质在遗传中的重要作用还在于能在个体发育中调节染色体和基因的活动。

（一）草履虫的放毒型遗传

草履虫（*Paramecium aurelia*）是一种常见的原生动物，种类很多。每一种草履虫都含有两种细胞核：大核和小核。大核是多倍体，主要负责营养；小核是二倍体，主要负责遗传。有的草履虫有大小核各一个，有的则有一个大核和两个小核。草履虫既能进行无性生殖，又能进行有性生殖。无性生殖时，一个个体经有丝分裂成为两个个体，有性生殖采取接合的方式。此外，草履虫还能通过自体受精（autogamy）进行生殖。

在草履虫中有一个特殊的放毒型品系，它的体内含有一种卡巴粒（Kappa particle），是一种直径为 $0.2\sim0.8~\mu m$ 的游离体。凡含有卡巴粒的个体都能分泌一种毒素（即草履虫素），能杀死其他无毒的敏感型品系。

草履虫的放毒型遗传必须有两种因子同时存在：一是细胞质里的卡巴粒，二是核内的显

性基因 *K*。*K* 基因本身并不产生卡巴粒，也不携带合成草履虫素的信息，其作用是使卡巴粒在细胞质内持续存在。

放毒型草履虫与敏感型草履虫进行接合生殖，由于交换了一个小核，双方的基因型都为 *Kk*。接合一般可能出现两种情况：第一种接合的时间短，各自的细胞质未变，原为放毒型的个体都含有卡巴粒，故仍为放毒型。它经过自体受精，后代的细胞核基因有两种，*KK* 和 *kk*。若核基因为 *KK*，再加上它原有卡巴粒，仍为放毒型；若核基因为 *kk*，起初有卡巴粒，经过几代分裂后，卡巴粒不再增殖，最后卡巴粒消失，成为敏感型。至于原为敏感型的个体虽有了 *K* 基因（*Kk*），再经自体受精产生的核基因为 *KK* 或 *kk*，但未接受卡巴粒仍不能产生毒素，都是敏感型（图 11-10a）。

第二种接合时间延长，使两个个体除交换小核外

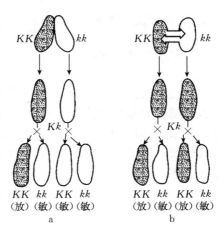

图 11-10 草履虫的放毒型遗传
a. 接合时间短，没有交换细胞质
b. 接合时间长，交换了细胞质
（张建民，2005）

还能交换一部分细胞质，结果双方都有核基因 *Kk*，细胞质内均有卡巴粒，所以起初都能产生毒素，经自体受精繁殖几代后，核基因为 *KK* 个体均为放毒型，核基因为 *kk* 时因卡巴粒逐渐消失而成为敏感型（图 11-10b）。

经分析得知，草履虫中的卡巴粒在控制合成毒素时并不影响自身的生存，而且卡巴粒的体积似细菌，其细胞色素不同于草履虫，而与细菌的相似，由此推测它可能是内共生体。

（二）细胞质基因和细胞核基因之间的关系

实际上，许多性状是受细胞核基因和细胞质基因共同作用的，细胞质基因和细胞核基因之间有一定的关系。

（1）细胞质是细胞核基因活动的场所。核基因的表达必须通过细胞质来完成。染色体 DNA 上所携带的全部信息都要通过转录形成 mRNA，到达细胞质中的核糖体上才翻译成蛋白质。而代谢所需的原料，如氨基酸、核苷酸、ATP 和酶系统等，都需要由细胞质来提供。

（2）细胞质基因和细胞核基因共同编码某种或某些蛋白质。线粒体参与呼吸作用的一些酶的组分是由双重遗传控制的，即部分亚基为核基因所编码的，而另一部分亚基则受线粒体基因的控制。

（3）细胞质基因既可独立控制性状的发育，又可与细胞核基因共同起作用，两者能引起相似或相同的表型效应。如植物叶绿体的白化变异既受细胞核基因控制，又受细胞质所影响，两者共同作用也可导致叶绿体功能丧失。

（4）细胞核基因与细胞质基因共同建造细胞器。叶绿体和线粒体是真核细胞内主要的细胞器，各自在代谢过程中起重要作用。但它们的构成所需的蛋白质既有本身基因控制合成的，又有核基因控制合成的。

（5）细胞核基因保证了细胞质基因的延续。如草履虫放毒型遗传中，卡巴粒的延续繁殖必须在细胞核中存在着 *K* 基因，若细胞核中无 *K* 基因，即使细胞中有卡巴粒，这种卡巴粒也存活不长，不能繁殖，很快丢失。

（6）植物细胞中 3 套基因组（ctDNA、mtDNA、核 DNA）中的基因可以相互转移。

第二节 表观遗传学

与经典遗传学以研究基因序列影响生物学功能为核心相比，表观遗传学主要研究这些表观遗传现象的建立和维持的机制。其主要研究内容大致包括两方面：一类为基因选择性转录表达的调控，有 DNA 甲基化、遗传印记、组蛋白修饰和染色质重塑；另一类为基因转录后的调控，包含基因组中非编码的 RNA、微小 RNA、反义 RNA、内含子及核糖开关等。

一、DNA 甲基化

DNA 甲基化是表观遗传学的重要研究内容之一。DNA 甲基化（DNA methylation）是指在 DNA 甲基转移酶（DNA methyltransferase，DNMTs）的催化下，DNA 的 CG 两个核苷酸的胞嘧啶 5 位碳原子上的氢被甲基选择性地取代，形成 5′-甲基胞嘧啶（5-mC）的机制，这常见于基因的 5′-CG-3′ 序列（图 11-11）。DNA 甲基化能引起染色质结构、DNA 构象、DNA 稳定性及 DNA 与蛋白质相互作用方式的改变，从而控制基因表达。DNA 甲基化对基因的活性起重要的作用并能够遗传给下一代。DNA 甲基化是稳定的，但同时又是可逆的，也

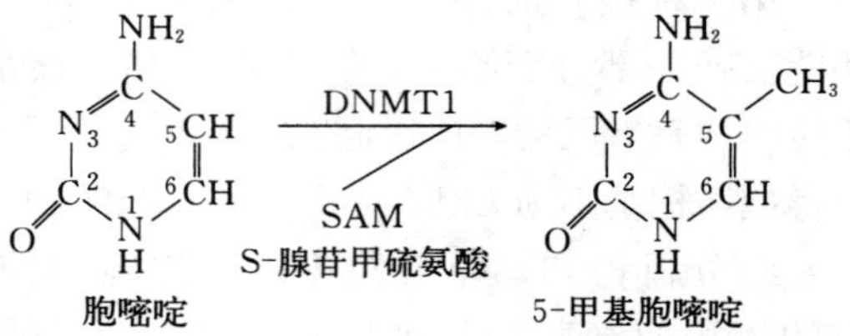

图 11-11　胞嘧啶甲基化反应

就是说 5-mC 可以恢复成正常的胞嘧啶，这称为 DNA 去甲基化（DNA demethylation）。DNA 甲基化主要形成 5-甲基胞嘧啶（5-mC）和少量的 N6-甲基嘌呤（N6-mA）及 7-甲基鸟嘌呤（7-mG）。

在真核生物中，DNA 甲基化广泛分布在转座元件、重复 DNA 和功能基因编码区，而且几乎所有的胞嘧啶甲基化都发生在 CpG 二核酸对上。目前的研究发现，哺乳动物中甲基化现象在基因组中的分布比真菌和植物更加普遍。不同生物的甲基化现象差异很大，在果蝇中只发现极少数的甲基化位点，而线虫的整个基因组尚未发现甲基化的胞嘧啶。一般而言，一个基因序列上存在的甲基化位点越多，基因活性受到的影响越大，DNA 甲基化总是与基因活性减弱或丧失相关联。但是，不同生物的 DNA 甲基化的遗传功能不尽相同。

（一）DNA 甲基化的热点区域

DNA 甲基化状态（methylation pattern）的特征之一主要是发生在富含 CpG 结构的位点，CpG 和 GpC 中两个胞嘧啶的 5 位碳原子通常被甲基化，且两个甲基基团在 DNA 双链大沟中呈特定三维结构。基因组中 60%～90% 的 CpG 都被甲基化，未甲基化的 CpG 成簇地组成 CpG 岛，位于结构基因启动子的核心序列和转录起始点。人类基因组序列草图分析结果表明，人类基因组 CpG 岛约为 28 890 个，大部分染色体每 1 Mb 就有 5～15 个 CpG 岛，平均值为每 1 Mb 含 10.5 个 CpG 岛，CpG 岛的数目与基因密度存在相关关系。基因调控元件（如启动子）所含 CpG 岛中的 5-mC 会阻碍转录因子复合物与 DNA 的结合，从而抑制基因的正常表达，所以 DNA 甲基化一般与基因沉默（gene silence）相关联；而非甲基化（non-methylated）一般与基因的活化（gene activation）相关联。去甲基化则往往与一个沉默基因的重新激活（reactivation）相关联。

（二）DNA 甲基化与基因转录活性

DNA 甲基化阻遏转录的进行。DNA 甲基化可引起基因组中相应区域染色质结构变化，使 DNA 失去核酶 σ 限制性内切酶的切割位点以及 DNA 酶的敏感位点，使染色质高度螺旋化，凝缩成团，失去转录活性。5 位碳原子甲基化的胞嘧啶脱氨基生成胸腺嘧啶，由此可能导致基因置换突变，发生碱基错配，如果在细胞分裂过程中不被纠正，就会诱发遗传病或癌症，而且，生物体甲基化的方式是稳定的，可遗传的。

（三）DNA 去甲基化

DNA 的甲基化是一个可逆的过程，这样才能够调节基因的开合，控制基因的表达。细胞内有 DNA 的甲基化，同时也存在去甲基化的过程。一般认为，DNA 去甲基化有两种方式：一种是主动去甲基化（active demethylation）（图 11-12），另一种是与复制相关的 DNA 去甲基化（replication-coupled demethylation），称为被动去甲基化。主动去甲基化途径是由于去甲基酶的作用将甲基基团移去的过程；被动去甲基化途径是由于核因子 NF 黏附甲基化的 DNA，使黏附点附近的 DNA 不能被完全甲基化，从而阻断甲基转移酶 1 的作用。在 DNA 甲基化阻遏基因表达的过程中，甲基化 CpG 黏附蛋白起着重要作用。虽然甲基化 DNA 可直接作用于甲基化敏感转录因子（E2F、CREB、AP2、NF2KB、Cmyb、Ets），使它们失去结合 DNA 的功能从而阻断转录，但是，甲基化 CpG 黏附分子可作用于甲基化非敏感转录因子（SP1、CTF、YY1），使它们失活，从而阻断转录。人们已发现 5 种带有恒定的甲基化 DNA 结合域（MBD）的甲基化 CpG 黏附蛋白。其中，MeCP2、MBD1、MBD2、MBD3 参与甲基化有关的转录阻遏；MBD1 有糖基转移酶活性，可将 T 从错配碱基对 T—G 中移去，MBD4 基因的突变还与线粒体不稳定的肿瘤发生有关。在 MBD2 缺陷的小鼠细胞中，不含 MeCP1 复合物，不能有效阻止甲基化基因的表达。这表明甲基化 CpG 黏附蛋白在 DNA 甲基化方式的选择以及 DNA 甲基化与组蛋白去乙酰化、染色质重组相互联系中的有重要作用。

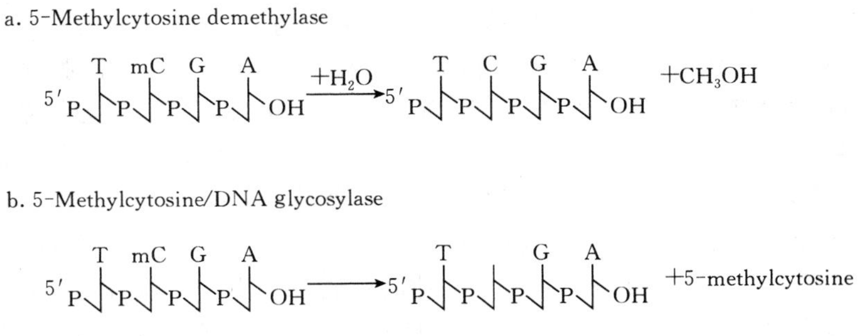

a. 5-Methylcytosine demethylase

$$\text{T mC G A}\ \ \underset{5'}{\text{P P P P OH}}\ \ \xrightarrow{+\text{H}_2\text{O}}\ \ \underset{5'}{\text{T C G A}}\ \ \text{P P P P OH}\ \ +\text{CH}_3\text{OH}$$

b. 5-Methylcytosine/DNA glycosylase

$$\text{T mC G A}\ \ \underset{5'}{\text{P P P P OH}}\ \ \longrightarrow\ \ \underset{5'}{\text{T}\quad\text{G A}}\ \ \text{P P P OH}\ \ +\text{5-methylcytosine}$$

图 11-12　DNA 主动去甲基化

哺乳动物一生中 DNA 甲基化水平经历 2 次显著变化，第一次发生在受精卵最初几次卵裂中，去甲基化酶清除了 DNA 分子上几乎所有从亲代遗传来的甲基化标志；第二次发生在胚胎植入子宫时，一种新的甲基化遍布整个基因组，甲基化酶使 DNA 重新建立一个新的甲基化模式。细胞内新的甲基化模式一旦建成，即可通过甲基化以"甲基化维持"的形式将新的 DNA 甲基化传递给所有子细胞 DNA 分子。

（四）DNA 甲基转移酶

DNA 的甲基化由 DNA 甲基转移酶催化完成，在真核生物中 DNA 甲基转移酶（DN-

MTs）发挥着主要功能。DNMTs 以 S-腺苷-L-甲硫氨酸为甲基供体，将甲基转移到胞嘧啶的第 5 位碳原子上。

真核生物的 DNA 甲基化状态通过 DNMTs 来维持。当一个甲基化的 DNA 序列复制时，新合成的 DNA 双链为半甲基化（hemimethylated），即只有母链的 C 碱基甲基化。DNA 甲基化型在 DNA 复制中的维持机制是表观遗传的重要基础。除此之外，哺乳动物基因组 DNA 甲基化谱的建立、维持和改变还涉及 DNA 去甲基化酶（DNA demethylase）和不依赖半甲基化 DNA 分子中的甲基化模板链重新开始合成 5mC 的全新甲基化酶（denovo methy-lase），如 DNMT3a 和 DNMT3b。在哺乳动物中，目前已发现 4 种 DNA 甲基转移酶（DNMTs），根据结构和功能的差异分为两大类：①持续性 DNA 甲基转移酶，DNMT1，作用于仅有一条链甲基化的 DNA 双链，使其完全甲基化，可参与 DNA 复制双链中的新合成链的甲基化，DNMT1 可能直接与 HDAC（组蛋白去乙酰基转移酶）联合作用阻断转录；②从头甲基转移酶，DNMT3a、DNMT3b，它们可甲基化 CpG，使其半甲基化，继而全甲基化。从头甲基转移酶可能参与细胞生长分化调控，其中 DNMT3b 在肿瘤基因甲基化中起重要作用。

（五）DNA 甲基转移酶抑制剂

人类肿瘤的产生和发展与 DNA 甲基化异常有密切关系。由于 DNA 异常甲基化，引起染色质结构改变，从而使转录失活，某些抑癌基因表达沉默，最终导致肿瘤的发生，因此，通过应用 DNA 甲基转移酶抑制剂，可以抑制异常甲基化的发生，从而激活沉默的抑癌基因，达到治疗肿瘤的目的。因为 CpG 岛甲基化是一个可逆的过程，亦可以去甲基化，如果发生 CpG 岛去甲基化将导致肿瘤抑制剂基因的重新激活，因此，DNA 去甲基化恢复抑癌基因功能的研究成为肿瘤基因治疗的新兴手段之一。近年来，DNA 甲基转移酶已成为 DNA 去甲基化恢复抑癌基因功能的热点靶分子。其中，DNA 甲基转移酶抑制剂能够使 DNA 甲基转移酶失活，这样可以快速地重新激活沉默基因，是抗癌研究的重点内容。DNA 甲基转移酶抑制剂可分为核苷类和非核苷类两种。

1. 核苷类 DNA 甲基转移酶抑制剂　核苷类 DNA 甲基转移酶抑制剂能够在 DNA 复制过程中掺入 DNA，然后被 DNA 甲基转移酶识别，通过与 DNMT 半胱氨酸残基上的巯基共价结合从而使酶失活。这一类 DNMT 抑制剂为核苷类似物，主要分为胞嘧啶核苷衍生物（阿扎胞苷）和阿扎胞苷的脱氧核糖类似物。阿扎胞苷在体内首先转化为氮杂胞嘧啶核苷酸掺入 DNA，参与 DNA 复制，形成非功能性的氮杂 DNA，使核酸的转录过程无法正常进行，从而抑制 DNA 和蛋白质的合成，最终引起肿瘤细胞凋亡。

阿扎胞苷的脱氧核糖类似物（如地西他滨）本身就是脱氧的形式，不需要预先进行体内脱氧转化就可以直接与 DNA 结合，因此，它比阿扎胞苷更专一，毒性更小，也显示出更强的抑制甲基化能力和抗肿瘤活性。然而，地西他滨的毒副作用依然很大，这可能与在 DNA 以及被作用的 DNMT 蛋白之间形成了共价结合物有关。

核苷类 DNA 甲基转移酶抑制剂的新成员 zebularine 在中性水溶液中非常稳定，半衰期也较长。zebularine 对 DNMTs 的抑制表现出很高的选择性。在正常的成纤维细胞株中，它对 DNMT1、DNMT3a 和 DNMT3b 的影响较小，掺入细胞 DNA 的 zebularine 也很少；而在肿瘤细胞中则相反，DNMT1 几乎全部被抑制，另外两种酶也有部分失活，这提示 zebularine 能优先抑制肿瘤细胞的增长，而对正常的成纤维细胞株影响很小。正是由于其高选择性，zebularine 的毒副作用比其他核苷类 DNA 甲基转移酶抑制剂小得多。

2. 非核苷类 DNA 甲基转移酶抑制剂　某些非核苷类复合物也能抑制 DNA 甲基转移酶

的活性。这些物质直接阻止 DNA 甲基转移酶的活性。它们通过与 DNMT 的活性位点非共价结合，阻碍其与 DNA 的结合，从而阻断 DNA 的甲基化过程，抑制肿瘤细胞的增长。这类化合物目前主要有 RG108 和 EGCG。RG108 是第一个通过合理药物设计发现的 DNA 甲基转移酶抑制剂，即使在较低的物质的量浓度下，RG108 也能明显地抑制 DNA 甲基化，且毒性非常小，同时具有专一性强、稳定性好的特点。EGCG 是存在于绿茶中的多酚类化合物，通过非共价地与 DNMT1 的催化活性位点结合，阻碍 DNA 甲基化。EGCG 抑酶活性不仅与 CpG 岛的去甲基化作用有关，而且与激活甲基化沉默的基因（如 p16INK4a、RARβ、O6 - MGMT 和 hMLH1 等）有关。

此外，非核苷类 DNA 甲基转移酶抑制剂还包括 3 类其他复合物：①4 -氨基苯酸衍生物，如抗心率失常的药物普鲁卡因酰胺及麻醉剂普鲁卡因，在细胞分析和鼠外移植的肿瘤中也显示了去甲基化作用，普鲁卡因结合在富含 CpG 的序列，因而阻止了 DNA 甲基转移酶与 DNA 的结合。②Psammaplins 在无细胞体系中抑制 DNA 甲基转移酶的活性，但它的抑制机制还不太清楚。另外，Psammaplins 也抑制组蛋白去乙酰化的活性。③寡核苷酸，包括发卡结构（hairpin loop）和特异的反义寡核苷酸，如 MG98。

二、组蛋白修饰

组蛋白是一种碱性的组成真核生物染色体的基本结构蛋白，富含 Arg 和 Lys 碱性氨基酸，共有 H1、H2A、H2B、H3 和 H4 五种。在功能上可分为两组：第一组是位于核小体的核心颗粒区域，包括 H2A、H2B、H3、H4，这四种组蛋白没有种属和组织特异性，在进化上十分保守；第二组是 H1 组蛋白，位于核小体的连接丝区，有一定的种属和组织特异性，在进化上相对保守。组成核小体的组蛋白八聚体的 N 端都暴露在外，可以受到各种各样的修饰，包括组蛋白末端的乙酰化、甲基化、磷酸化、泛素化、ADP 核糖基化等修饰。组蛋白翻译后的修饰所引起的染色质结构重塑在真核生物基因表达调控中发挥着重要的作用。

（一）组蛋白乙酰化

乙酰化是指添加乙酰基团到目标蛋白的某个氨基酸位点上，这是一种重要的蛋白质修饰方式，可以在蛋白翻译过程当中进行，也可以在蛋白翻译结束后进行。组蛋白乙酰化有两种不同的乙酰化方式：一种是蛋白 N 端乙酰化，这是真核细胞中非常普遍的一种蛋白修饰方式，40%～50%的酵母蛋白会进行 N 端乙酰化，而在人的细胞中，这一比例高达 80%～90%，并且这种修饰方式在进化上是保守的。另一种是赖氨酸乙酰化和去乙酰化，组蛋白乙酰化和去乙酰化均发生在组蛋白 N 端尾巴的赖氨酸残基上。

组蛋白乙酰化主要发生在 H3、H4 的 N 端比较保守的赖氨酸位置上，是由组蛋白乙酰化酶（histone acetylase，HAT）和组蛋白去乙酰化酶（histone deacetylase，HDAC）协调进行。组蛋白乙酰化呈多样性，核小体上有多个位点可提供乙酰化位点，但特定基因部位的组蛋白乙酰化和去乙酰化是以一种非随机的、位置特异的方式进行。乙酰化可能通过对组蛋白电荷以及相互作用蛋白的影响，来调节基因转录。组蛋白乙酰化酶通过在组蛋白赖氨酸残基乙酰化，激活基因转录，而组蛋白去乙酰化酶使组蛋白去乙酰化，抑制基因转录。组蛋白乙酰化和去乙酰化与基因的表达调控密切相关，组蛋白乙酰化酶和组蛋白去乙酰化酶之间的动态平衡控制着染色质的结构和基因的表达，组蛋白乙酰化状态的失衡与肿瘤发生密切相关。早期对染色质及其特征性组分进行归类划分时总结指出：异染色质结构域组蛋白呈低乙酰化，常染色质结构域组蛋白呈高乙酰化。高乙酰化与激活基因表达、低乙酰化与抑制基因表达有关。

1. 组蛋白乙酰化酶 所有的乙酰化酶都能修饰自由形式的组蛋白，但只有一部分能使核小体结构中的组蛋白乙酰化，一般来说，H3 和 H4 虽比 H2A 和 H2B 易被乙酰化，但 CBP 和 p300 能修饰全部四种组蛋白。此外，每一种乙酰化酶修饰的赖氨酸残基也不同，这表明不同乙酰化酶间的功能有差异。除了组蛋白外，一些乙酰化酶（p300、p/CAF、TAF250）还能乙酰化通用转录因子 TFⅡF、TFⅡE，细胞系列分化特异的转录因子 p53，红系 Kruppel 样因子（EKLF）。

2. 组蛋白去乙酰化酶 这是一类蛋白酶，对染色体的结构修饰和基因表达调控发挥着重要的作用。一般情况下，组蛋白的乙酰化有利于 DNA 与组蛋白八聚体的解离，核小体结构松弛，从而使各种转录因子和协同转录因子能与 DNA 结合位点特异性结合，激活基因的转录。在细胞核内，组蛋白乙酰化与组蛋白去乙酰化过程处于动态平衡，并由组蛋白乙酰化酶和组蛋白去乙酰化酶共同调控。组蛋白乙酰化酶将乙酰辅酶 A 的乙酰基转移到组蛋白氨基末端特定的赖氨酸残基上，组蛋白去乙酰化酶使组蛋白去乙酰化，与带负电荷的 DNA 紧密结合，染色质致密卷曲，基因的转录受到抑制。

（二）组蛋白甲基化

组蛋白甲基化修饰在基因活性的调节中扮演着重要的角色。如组蛋白赖氨酸的甲基化在许多生物学过程（包括异染色质的形成、X 染色体的失活、转录调控等）中起到了重要的作用，组蛋白甲基化的紊乱可能导致癌变的发生。

组蛋白甲基化是由组蛋白甲基化转移酶（histonemethyl transferase，HMT）完成的。甲基化可发生在组蛋白的赖氨酸和精氨酸残基上，而且赖氨酸残基能够发生单、双、三甲基化，而精氨酸残基能够发生单、双甲基化，这些不同程度的甲基化极大地增加了组蛋白修饰和调节基因表达的复杂性。甲基化的作用位点在赖氨酸（Lys）、精氨酸（Arg）的侧链 N 原子上。组蛋白 H3 的第 4、9、27 和 36 位，H4 的第 20 位 Lys，H3 的第 2、l7、26 位及 H4 的第 3 位 Arg 都是甲基化的常见位点。研究表明，组蛋白精氨酸甲基化是一种相对动态的标记，精氨酸甲基化与基因激活相关，而 H3 和 H4 精氨酸的甲基化丢失与基因沉默相关。相反，赖氨酸甲基化似乎是基因表达调控中一种较为稳定的标记。例如，H3 第 4 位的赖氨酸残基甲基化与基因激活相关，而第 9 位和第 27 位赖氨酸甲基化与基因沉默相关。此外，H4 - K20 的甲基化与基因沉默相关，H3 - K36 和 H3 - K79 的甲基化与基因激活有关。但应当注意的是，甲基化个数与基因沉默和激活的程度相关。大量的研究已经表明赖氨酸甲基化在基因的表达、信号转导以及生物生长发育中的重要作用；一些经典的蛋白，如 HP1 现已清楚了解其作用于甲基化的 H3 - K9 尾部，但对更多与甲基化组蛋白 H3 - K27、H3 - K36、H3 - K79 等作用的物质还缺乏深入的认识，还有许多问题有待解决。

（三）组蛋白的其他修饰方式

相对而言，组蛋白的甲基化修饰方式是最稳定的，所以最适合作为稳定的表观遗传信息；而乙酰化修饰具有较高的动态。另外，还有其他不稳定的修饰方式，如磷酸化、腺苷酸化、泛素化、ADP 核糖基化等。这些修饰更为灵活地影响染色质的结构与功能，通过多种修饰方式的组合发挥其调控功能。所以有人称这些能被专一识别的修饰信息为组蛋白密码。这些组蛋白密码组合变化非常多，因此组蛋白共价修饰可能是更为精细的基因表达方式。

另外，研究发现 H2B 的泛素化可以影响 H3 - K4 和 H3 - K79 的甲基化，这也提示了各种修饰间也存在着相互的关联。

三、遗传印记

（一）遗传印记

经典的孟德尔遗传理论认为双亲的性状具有等同的遗传性，而且可以预测遗传性状在后代中的分离。但近年来发现一种新的遗传现象，即不同性别的亲体传递给子代的同一染色体或基因的改变可以引起不同的表型效应。这一点在马驴正反交中表现得最为明显。人们把这一现象称为遗传印记。遗传印记是指由不同性别的亲本传给子代的同源染色体中的一条染色体上的基因由于甲基化失活引起不同表型的现象，又称为基因组印记、亲代印记或配子印记。它是一种伴有基因组改变的非孟德尔遗传形式，可遗传给子代细胞，但并不包括 DNA 序列的改变。

遗传印记一般发生在哺乳动物的配子形成期，并且是可逆的，它不是一种突变，也不是永久性的变化；它是特异性地对源于父亲或母亲的等位基因做一个印记，使其只表达父源或母源的等位基因，使之在子代中产生不同表型。印记持续在一个个体的一生中，在下一代配子形成时，旧的印记可以消除并发生新的印记。

1980 年 B. M. Cattanch 等发现具有两条母源的 11 号染色体的小鼠在胚胎期比正常小鼠小，而具有两条父源的第 11 号染色体的小鼠在胚胎期比正常小鼠大。这两种小鼠虽然能进行胚胎发育，但是均死于胚胎发育阶段。1984 年 J. McCrath 等人用人工单性繁殖（孤雌或孤雄生殖）的方法生产了两种特殊类型的小鼠胚胎，即一种小鼠胚胎的全套染色体来自父源，另一种小鼠胚胎的全套染色体来自母源，这两类小鼠均在发育期死亡。在人类的胚胎发育中，拥有父源两套染色体的受精卵发育成葡萄胚，而拥有母源两套染色体的受精卵发育成卵巢畸胎瘤。显然，这两种受精卵是不能成活的。上述单性生殖结果表明，父系基因组与母系基因组含有胚发育程序中需要的不同的潜在遗传信息。小鼠正常胚胎发育需要分别来自父系和母系双亲的一整套染色体。研究资料显示，父源的遗传信息对维持胎盘和胎膜是十分必要的，而母源的遗传信息对于受精卵的早期胚胎发育是关键的。

1991 年 Dechiara 等人通过基因剔除技术破坏小鼠胰岛素样生长因子 II（$Igf2$）基因发现了第 1 个内源性印记基因，若被剔除的等位基因源于父本，则动物表现为侏儒，相反如为母源则无特殊表型，这些本身剔除了等位基因的雌鼠，其子代大小正常。原位杂交及 Rnase 保护试验均证明剔除了父本等位基因的小鼠其组织中不表达 $Igf2$，这些实验表明 $Igf2$ 被印记而且仅父源等位基因正常表达。这是一个里程性的研究，不仅表明基因组印记可影响正常内源性基因，而且表明印记具有组织特异性调节作用。

（二）遗传印记的形成与维持

1. 遗传印记的形成　印记形成于成熟配子，并持续到出生后。核移植实验表明，至少在卵母细胞内，遗传印记的获得与否与 DNA 甲基化变化是高度一致的。而富含 CpG 的特异甲基化区（differentially methylated region，DMR）就是遗传印记的靶向位点。例如，位于小鼠 17 号染色体上的 $Igf2r$ 基因，该基因有 2 个 DMR，其中长约 3 kb 的 DMR 2 位于第二内含子中，对 $Igf2r$ 的印记具有主要调控作用。将 DMR2 剔除之后发现 DMR2 的缺失可使印记丢失并导致 $Igf2r$ 的双等位基因表达。尽管 DMR 在遗传印记中的作用十分重要，但充其量不过是一段富含 CpG 的 DNA 序列真正起调控作用。而且这种印记丢失还伴随着一种更有意义的现象——胞嘧啶的甲基化水平显著降低。这表明，甲基转移酶是作用在 CpG 二核苷酸上的，甲基化对于遗传印记的维持来说是必需的。

2. 遗传印记的维持　一旦 DMR 在亲代生殖细胞内被差异甲基化，受精后甲基化的维持对 DNMT1 来说将是轻而易举的。问题是，在个体的发育过程中，DMR 首先必须要经受住受精后的去甲基化和胚胎植入后的新生甲基化这双重考验才能在 DNMT1 作用下使基因正常印记。因此甲基化在维持印记中有重要作用。

3. 遗传印记的去除　印记的去除过程是发生在原始生殖细胞的早期阶段。在配子接合前的原核期，父源基因组的去甲基化是将甲基从模板链上直接去除，而母源基因组的去甲基化则多数是因 DNMT1 活性受阻而使甲基化维持失败，随着 DNA 复制的进行甲基被逐渐稀释。印记的这种去除过程一直持续到胚胎发育第 12～13 天才结束。到目前为止，几乎所有的印记去除过程都发生在胚胎的这一阶段。

（三）印记基因的功能与遗传印记的分子机制

1. 印记基因的功能　为什么有些基因有印记？一个假设是妊娠期间母系与父系基因之间的遗传冲突。哺乳动物的印记是由于它们是胎生的，还由于它们的子代直接从母体组织吸取营养。父系基因是提供促进胎儿的生长以增加存活的机会，有选择上的好处；而母系基因可能更倾向于保持胎儿较小以顺利分娩，印记是母亲与胎儿、父系与母系基因之间的一种妥协。基因偏离于正常的印记形式可能会降低子代的存活力并改变它们的生长参数。印记基因对胎儿和出生后早期生长有影响。鼠的印记基因图至少有 5 个直接影响出生前和出生后的生长发育，鼠的两个印记基因 *Igf2* 和 *Igf2r* 之间的适当平衡，对胚胎生长是必要的。

2. 遗传印记的分子机制　遗传印记是基因在生殖细胞分化过程中受到不同修饰的结果，或者说遗传印记是一种依赖于配子起源的某些等位基因的修饰现象，即一些基因在精子发生过程中被印记，另一些基因在卵子发生过程中被印记。哺乳动物基因的印记过程包括 3 个过程：印记形成，印记维持和印记去除。

（四）遗传印记与疾病

迄今已发现数 10 种人类遗传疾病与遗传印记有关；遗传印记也被认为是哺乳动物雌核胚（两个雌核组成）、雄核胚（两个雄核组成）以及孤雌胚早期死亡的原因。此外，遗传印记还与生物进化、性别决定、生长发育以及肿瘤发生有关。

在人类遗传中，发现部分染色体畸变、单基因遗传病以及肿瘤易患性等与遗传印记有关。例如，人类 15 号染色体 q11～q13 缺失在临床上引起两种表型不同的染色体畸变病，当患儿缺失的 15 号染色体来自父亲时，则患普拉德-威利综合征（Prader‑Willi syndrome，PWS）；若来自母亲则患安格曼综合征（Angelman syndrome，AS）。再如，Huntington 舞蹈病的基因若经母亲传递，则子女的发病年龄与母亲的发病年龄一样；若经父亲传递，在多数家系中子女的发病年龄比父亲发病年龄提前一些，家系中可提前至 24 岁左右。但这种发病年龄提前的父源效应，经一代即消失。早发型男性的后代仍为早发型而早发型女性的后代发病年龄并不提前。在某些单基因遗传病与肿瘤易患者中也发现了遗传印记现象。

四、RNA 干扰

基因沉默是指生物体内导入外源核酸时引起相应序列的内源基因的表达被特异性抑制的一种基因调控现象。RNA 干扰（RNA interference，RNAi）是指双链 RNA（double stran-ded RNA，dsRNA）在细胞内能特异性地诱导与其同源互补的 mRNA 降解，从而抑制或沉默目的基因表达，引发转录后的基因沉默，产生如同目的基因突变的缺陷表型。这种由 dsRNA 介导的基因阻抑作用即称为 RNAi。

（一）RNA 干扰的发现

1990 年，Rich Jorgensen 和同事将一个能产生色素的基因置于一个强启动子后，导入矮牵牛中，试图加深花朵的紫颜色，结果没看到期待的深紫色花朵，多数花成了花斑的甚至白的。因为导入的基因和其相似的内源基因同时都被抑制，Jorgensen 将这种现象命名为协同抑制（co‐suppression），又称正义抑制。1994 年，意大利科学家在人真菌粗糙链胞霉中发现了类似的现象，他们将此现象称为基因压制（quelling）。1995 年，康乃尔大学的 Su Guo 在利用反义 RNA 技术特异性地抑制秀丽新小杆线虫（C. elegans）中的 par‐1 基因的表达时，发现反义 RNA 的确能够阻断 par‐1 基因的表达。但奇怪的是，注入作为对照的正义链 RNA，也同样阻断了该基因的表达。对这个奇怪的现象，该研究小组一直未能给出合理解释。直至 1998 年 2 月，华盛顿卡耐基研究院的 Andrew Fire 和马萨诸塞大学癌症中心的 Craig Mello 才首次揭开这个悬疑，Su Guo 遇到的正义 RNA 抑制基因表达的现象，是由于体外转录所得 RNA 中污染了微量双链 RNA 而引起的，当他们将体外转录得到的单链 RNA 纯化后注射线虫，基因抑制效应变得十分微弱。将纯化的双链 RNA 注入线虫，结果诱发了比单独注射正义链或反义链都要强的基因沉默。该小组将这种由 dsRNA 引发的特定基因表达受抑制现象称为 RNA 干扰作用。

最初普遍认为共抑制、基因压制以及 RNAi 是机制完全不同的基因抑制现象。但经过研究者的不断研究，发现在共抑制、真菌中的基因压制以及 RNAi 现象之间存在着密切的联系，都是由 RNA 引起的转录后的基因沉默，可能有共同的生物学意义和相似的作用机制。但是共抑制与 RNAi 并不是完全相同，在植物的共抑制中，dsRNA 不仅能引起转录后的基因沉默，而且还能引起转录水平的沉默，其机制可能是 dsRNA 能引起染色质的重组或甲基化而改变其内源基因的序列。因此，在植物共抑制中还存在 RNAi 以外的由 RNA 指导的 DNA 甲基化，而引起转录水平抑制的机制，dsRNA 能特异地抑制目的基因的表达，其广泛存在于多种真核生物中，包括线虫、果蝇、涡虫、水螅、锥虫、真菌、脉孢菌、斑马鱼、植物以及哺乳动物。在原核生物，如大肠杆菌中也发现存在 RNAi。

干扰靶基因 mRNA 的方式主要有 3 种：①利用反义 RNA 技术阻遏翻译过程，破坏内源性 mRNA；②设计寡核苷酸来破坏与 mRNA 结合的蛋白质，使 mRNA 不稳定；③双链 RNA 干扰技术，即通过双链 RNA 的介导特异性地降解与其同源互补的 mRNA，从而导致转录后的基因沉默。

反义 RNA 是指与 mRNA 互补的 RNA 分子，也包括与其他 RNA 互补的 RNA 分子。由于核糖体不能翻译双链的 RNA，所以反义 RNA 与 mRNA 特异性地互补结合，抑制了该 mRNA 的翻译。通过反义 RNA 控制 mRNA 的翻译是原核生物基因表达调控的一种方式，最早是在 E. coli 的产肠杆菌素的 Col E1 质粒中发现的，许多实验证明在真核生物中也存在反义 RNA。近几年来通过人工合成反义 RNA 的基因，并将其导入细胞内转录成反义 RNA，即能抑制某特定基因的表达，阻断该基因的功能，有助于了解该基因对细胞生长和分化的作用。同时也暗示了该方法对肿瘤实施基因治疗的可能性。

（二）RNA 干扰的生物学意义

RNA 干扰（RNAi）被称为基因组的免疫系统，与脊椎动物的免疫系统一样，针对进入机体的抗原可以产生相应的抗体。RNAi 是植物、线虫、真菌、昆虫的一种强有力的基因表达抑制途径，在生物体的发生发育及防御系统的构成等方面具有十分重要的作用。

1. 维持基因组稳定性 遗传研究证实，RNAi 缺陷可引起内源性转座子移动，转座子的重要特征之一是具有反向重复序列，生物体通过此序列可以产生双链 RNA 发卡，启动转录后基因沉默（post transcriptional gene silencing，PTGS）效应，从而抑制转座酶蛋白的产生和转座子的移动，有利于遗传稳定，防止遗传损害。因此 RNAi 的一个自然功能就是转座子封闭（transposon silencing）。

2. 保护基因组免受外源核酸侵入　在基因工程中将一基因导入植物细胞时发现基因沉默现象也是宿主细胞通过 RNAi 机制实现的自我保护性反应。病毒产生特异性的 PTGS 以及非特异性的干扰素等抗病毒宿主反应。

3. 研究信号传导通路和基因功能　近年来在生物界发现的大量的微小 RNAs，大小在 22 bp 左右。它们在细胞内多发挥调节基因表达的作用。另外，RdRp 可以识别过量的或异常的 mRNA，来抑制相应基因的表达。RNAi 能够在哺乳动物中降低特异性基因的表达，制作多种表型，而且抑制基因表达的时间，控制基因表达的部位。

4. 开展基因治疗的新途径　一基因家族的多个基因具有一段同源性很高的保守序列，设计针对这一区段序列的双链 RNA 分子，只注射一种双链 RNA 即可以产生多个基因表达同时降低的表现，也可同时注射多种双链 RNA 而将多个序列不相关的基因同时剔除。为治疗多基因调控的肿瘤疾病，带来新的治疗策略。

（三）小干扰 RNA

1. 小干扰 RNA（Small interfering RNA，short interfering RNA，siRNA）　由 21～25 个碱基对组成，包括 5 个磷酸盐、2 个核苷和 3 个悬臂。双链 RNA（dsRNA）是大于 30 个碱基对的 RNA 分子。哺乳动物细胞有至少 2 条路径竞争 dsRNA。其一是特异性路径：特殊 dsRNA 的序列用于 RNAi，起始阶段 dsRNA 被切成 siRNA。siRNA 是 RNA 干扰作用赖以发生的重要中间效应分子，能提供一定的信息，允许一个特定的 mRNA 被降解。siRNA 正义链与反义链各有 21 个碱基，其中 19 个碱基配对，在每条链的 3′ 端都有 2 个不配对的碱基。

另一条是非特异性路径：只要有长的 dsRNA 的存在它可以降解所有的 RNA，抑制所有蛋白质的合成。长的 dsRNA 结合并激活蛋白激酶 PKR 和 $2'-5'$ 寡腺苷酸合成酶（$2'-5'$ AS），激活的 PKR 通过一系列的磷酸化关闭翻译起始因子，导致翻译抑制。也可以通过激活 $2'-5'$AS 合成 $2'-5'$寡腺苷酸，可激活核糖核酸酶 L（RNase L），降解非特异的 RNA。

2. siRNA 的作用机制及功能　在 RNA 干扰中一个非常重要的酶是 RNaseⅢ核酶家族的 Dicer 酶（图 11 - 13）。

关于特异性的 RNA 作用机制模型，包括起始阶段和效应阶段。起始阶段 dsRNA 在 Dicer 酶的作用下加工裂解成 21～23 个核苷酸长的小干扰 RNA 片断（siRNA）。Dicer 酶含有解旋酶活性、dsRNA 结合域和 PAZ 结构。在 RNA 干扰的效应阶段，siRNA 双链结构解旋并形成有活性的蛋白/RNA 复合物（siRNA 诱导沉默复合体，RISC），在 siRNA 解双链即 RISC 激活过程需一个 ATP。由 RISC 中 siRNA 反义链与 mRNA 互补区域结合，随后切割 mRNA，引发靶 mRNA 的特异性分解，从而达到在 RNA 水平干扰基因表达。RISC 由多种蛋白成分组成，包括核酸酶、解旋酶和同源 RNA 链等。

3. siRNA 目标位点筛选的原则　siRNA 目标位点的筛选是实现 RNAi 作用的关键，一般有以下几个原则：①在预定沉默的 mRNA 中找一段 21 个核苷酸的序列，起始是 AA；②找 2～4 个小片段的 RNA，通过 siRNA 表达盒（siRNA expression cassettes，SECs）筛选最有效的 siRNA；③在 19 个核苷酸的 RNA 片断中不能含有连续 4 个 T 或 A 的区域；④通过 BLAST 确定片断的特异性；⑤片断中 GC 含量应该在 30%～50%。

（四）微小 RNA

微小 RNA（micro RNA，miRNA）是一种 20～25 个核苷酸长的单链小分子 RNA，广

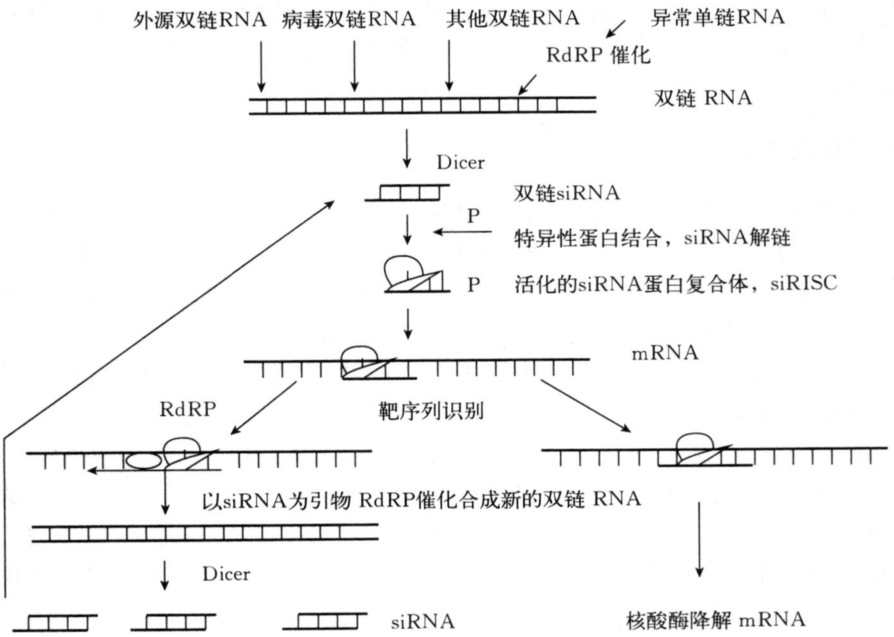

图 11-13 RNA 干扰作用机制

泛存在于真核生物中。miRNA 是一组不编码蛋白质的短序列 RNA，它本身不具有开放阅读框（open reading frame，ORF）；成熟 miRNA 的 5′端有一个磷酸基团，3′端为羟基，是由具有发夹结构的 70～90 个碱基大小的单链 RNA 前体经过 Dicer 酶加工后生成，通过碱基互补配对的方式识别靶 mRNA，并根据互补程度的不同指导沉默复合体降解靶 mRNA 或者阻遏靶 mRNA 的翻译。不同于 siRNA（双链）但是和 siRNA 密切相关。成熟 miRNA 的 5′端磷酸基团和 3′端的羟基是其与相同长度的功能 RNA 降解片段的区分标志。miRNA 独有的特征是其 5′端第一个碱基对 U 有强烈的倾向性，而对 G 却有抗性，但第二到第四个碱基缺乏 U，一般来讲，除第四个碱基外，其他位置碱基通常都缺乏 C。

miRNA 的研究起始于时序调控小 RNA（stRNAs）。1993 年，Lee 等在秀丽新小杆线虫中发现了第一个可时序调控胚胎后期发育的基因 lin-4，之后又在线虫中发现第二个异时性开关基因 let-7；2001 年 10 月《science》报道了三个实验室从线虫、果蝇和人体克隆的几十个类似 C. elegan 的 lin-4 的小 RNA 基因，称为 microRNA。miRNA 以及 miRISCs（miRNA 诱导基因沉默复合物）在动物和植物中广泛表达，因此具有抑制靶 mRNA 转录、翻译或者能够剪切靶 mRNA 并促进其降解的功能。对一部分 miRNA 的研究分析提示，miRNA 参与生命过程中一系列的重要进程，包括发育进程、造血过程、器官形成、凋亡、细胞增殖，甚至是肿瘤发生。

五、染色质重塑

迄今为止，发现至少有两类高度保守的染色质修饰复合物，一类是 ATP 依赖的染色质改构复合物（ATP-dependent chromatin remodeling complex），另一类是对组蛋白进行共价修饰的组蛋白修饰酶复合物（histone-modifying complex）。前者是利用水解 ATP 获得的能量，改变组蛋白与 DNA 之间的相互作用。后者对组蛋白的尾部进行共价修饰，包括赖氨酸的乙酰化，赖氨酸和精氨酸的甲基化，丝氨酸和苏氨酸的磷酸化，赖氨酸的泛素化，谷氨酸的多聚 ADP 核糖基化和赖氨酸的苏素化等。通过组蛋白修饰酶的作用，破坏了核小体之间以及组蛋白尾部与基因组 DNA 之间的相互作用，引起染色质的重塑。此外，这些经过修饰的组蛋白作为染色质特异位点的标志，为高级染色质结构的组织者及与基因表达相关的蛋白提供识别位点。

（一）染色质重塑的概念

染色质重塑是指染色质位置和结构的变化，主要涉及核小体的置换或重新排列，改变了核小体在基因启动序列区域的排列，增加了基因转录装置和启动序列的可接近性。染色质重塑与组蛋白 N 端尾巴修饰密切相关，尤其是对组蛋白 H3 和 H4 的修饰是通过修饰直接影响核小体的结构，并为其他蛋白质提供了与 DNA 作用的结合位点。

DNA 复制、转录、修复、重组在染色质水平发生，在这些过程中，染色质重塑可导致核小体位置和结构的变化，引起染色质变化。核小体是染色质的基本结构单位，由 146 bp 的染色质 DNA 围绕双拷贝的核心组蛋白 H2A、H2B、H3、H4 形成核小体的核心结构，核小体之间的连接 DNA 上由组蛋白 H1 结合，由此形成了 11 nm 的核小体串珠样结构。核心组蛋白富含赖氨酸等带正电荷的碱性氨基酸，与 DNA 具有高度亲和力。这种结构阻止基本转录单位蛋白复合体进入启动子结合位点，使转录阻抑，但组蛋白氨基末端可从核小体中心伸出，在多种酶作用下，中和碱性氨酸残基上的正电荷，从而减弱核小体中碱性蛋白与 DNA 间的结合，降低相邻核小体之间的聚集，增加转录因子的进入，最终促进基因的转录。这种染色质重塑必须克服染色质结构的紧密性，因此需要一些具有酶活性的多亚基复合物来调整染色质的结构。

（二）染色质重塑的意义

染色质重塑复合物、组蛋白修饰酶的突变均和转录调控、DNA 甲基化、DNA 重组、细胞周期、DNA 的复制和修复的异常相关，这些异常可以引起生长发育畸形，智力发育迟缓，甚至导致癌症。

六、X 染色体失活

X 染色体失活（X chromosome inactivation）或里昂化（lyonization）是指雌性哺乳类细胞中两条 X 染色体的其中之一失去活性的现象，过程中 X 染色体会被包装成异染色质，进而因功能受抑制而沉默化。里昂化可使雌性不会因为拥有两个 X 染色体而产生两倍的基因产物，因此可以像雄性一样只表现一个 X 染色体上的基因。对胎盘类动物，如老鼠与人类而言，所要去活化的 X 染色体是以随机方式选出；对于有袋类而言，则只有源自父系的才会发生 X 染色体失活。

（一）X 染色体失活过程

女性有两条 X 染色体，而男性只有一条 X 染色体，为了保持平衡，女性的一条 X 染色体被永久失活，这便是"剂量补偿"效应。哺乳动物雌性个体的 X 染色体失活遵循 $n-1$ 法则，不论有多少条 X 染色体，最终只能随机保留一条的活性。对有多条 X 染色体的个体研究发现有活性的染色体比无活性的染色体提前复制，复制的异步性和 LINE-1 元件的非随机分布有可能揭示染色体失活的本质。哺乳动物受精以后，X 染色体发生系统变化。首先父本 X 染色体（paternal X chromosome，Xp）在所有的早期胚胎细胞中失活，表现为整个染色体的组蛋白被修饰和对细胞分裂有抑制作用的 Pc-G 蛋白（polycomb group proteins，

Pc-G）表达，然后 Xp 在内细胞群又选择性恢复活性，最后父本或母本 X 染色体再随机失活。

　　X 染色体失活是个体发育过程中一种独特的调节机制。在哺乳动物 X 染色体上存在一个特异性失活位点，即 X 失活中心（X inactivation center，XIC）。在 Xq13（图 11-14）大约在一个 450 kb 的克隆区域中包含了所有的 XIC，在 XIC 内鉴定出了一个新的基因 *Xist*（X inactive specific transcript，X 染色体失活特异转录物）。

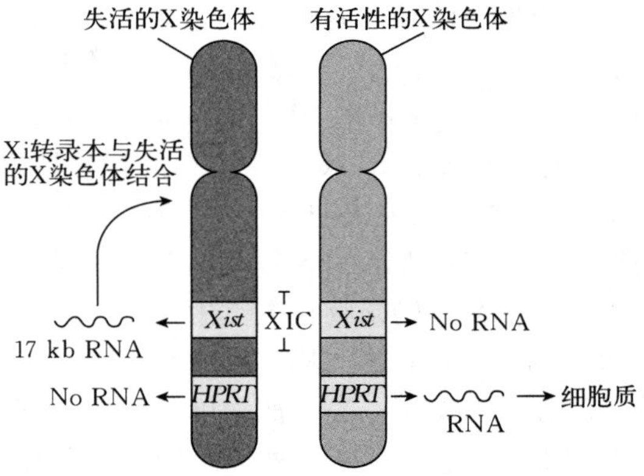

　　一般认为在 X 失活中心开始，朝两个方向扩展。研究表明，当使一条 X 染色体失活时，有一专一表达的独特形式，而一条有活性的 X 染色体没被表达。

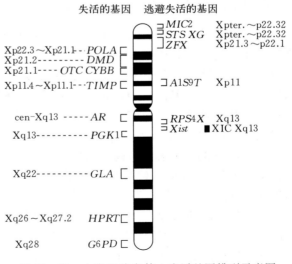

图 11-14　染色体失活

　　X 染色体失活始于 X 染色体上的 XIC 基因座的启动。在 X 失活中，两个非编码基因——*Xist* 和它的反义转录产物 *Tsix* 扮演了重要角色。*Tsix* 在保留活性的染色体上表达，而表达 *Xist* 的 X 染色体则失活。*Xist* 基因的产物是一个从 X 失活中心转录出来的 17 kb 的未翻译的核 RNA。*Xist* RNA 顺式包裹表达它的染色体并引发快速基因沉默。被 *Xist* RNA 覆盖的 X 染色体上的大多数基因的活性被抑制，成为失活的 X 染色体。但是，*Xist* 表达的沉默对活性 X 染色体十分必要，这是哺乳动物剂量补偿的重要特征。

（二）X 染色体随机失活的分子机制

　　（1）大多数的 X 连锁基因在胚胎早期发育过程中表现为稳定的转录失活，但并非整条 X 染色体上的所有基因均失活。在 X 染色体的短臂远端编码细胞表面蛋白的基因 *MIC2*（由单克隆抗体 2E7、F21 鉴定出的抗原）、*XG*（Xg 血型）以及甾固醇硫酸酯酶基因 *STS* 是逃避失活的。此外还有与 Y 染色体配对的区域内或处于附近的基因，短臂近端或长臂上的基因，这些基因既可由 Xa 也可由 Xi 表达；其中有定位于 Xp21.3～Xp22.1 的 *ZFX* 基因（与 Y 染色体上的锌指蛋白基因 *ZFY* 同源的序列），位于 Xp11 的 *A1S9T*（与小鼠 DNA 合成突变互补的序列）以及最近在长臂 Xq13 上发现的 *RPS4X* 基因（核糖体 S4 蛋白），该基因在 Y 染色体上还有一个同源序列 *RPS4Y* 基因。此外，在失活 X 染色体上还发现了一个可转录的 *X1ST* 基因，该基因可能与 X 染色体失活机制有关。

　　（2）在失活的 X 染色体上，表达的基因（逃避失活的基因）与失活基因是穿插排列的。这意味着失活基因转录的关闭不是由它们所在的区域决定的，而是与某些位点有关（图 11-15）。

　　（3）在 X 染色体上存在一个特异性失

图 11-15　人类 X 染色体上失活基因排列示意图

活位点，即所谓 X 失活中心（XIC）。最初的线索是来自 X 染色体异常的突变小鼠，它们的 X 染色体不出现失活，同时观察到这些 X 染色体缺失了一个特定区段。于是把这个长 680～1 200 kb 的区段称为 X 染色体失活中心。小鼠以 Xic 表示，人以 XIC 表示。该失活中心可能产生一个失活信号，关闭 X 染色体上几乎所有基因的转录。Brown 等（1991）用分子杂交方法，以 Xq11～Xq12 区域的 DNA 为探针，对一组带有结构畸变的 X 染色体的杂交细胞系的 DNA 进行杂交，将 XIC 较精确地定位在 Xq13，继而，他们又在 XIC 的同一区域内鉴定出了一个新的基因即 X 染色体失活特异转录子（X inactive specific transcripts，*Xist*），与 *RPS4X* 相邻。研究表明 *Xist* 的表达产物是一种顺式作用的核 RNA，其不编码生成蛋白质。而且发现只有在失活的 X 染色体存在的情况下，才有 *Xist* 的转录，其在有活性的 X 染色体上不表达。*Xist* 转录物在人类中是 17 kb，小鼠是 15 kb，两者间的同源性很低。关于 *Xist* 的功能尚不十分清楚。*Xist* 可能是在 XIC 位点内与其他相关基因共同作用，使 X 染色体上的大部分基因失活；*Xist* 产物可能作用于 XIC，而 XIC 则产生某种物质与诱导失活的分子相互作用；但也有可能是外源的调节分子作用于 XIC，引起失活，然后使失活的 X 染色体表达 *Xist* 基因，即有可能 *Xist* 不直接参加失活，仅仅受失活的影响。研究表明，小鼠胚胎在 X 染色体失活前都发现有 *Xist* 基因的转录产物，预示该基因可能对启动 X 染色体失活起作用。

X 染色体随机失活是 X 失活中心（XIC）调控的。XIC 是一个顺式作用位点，包含辨别 X 染色体数目的信息和 *Xist* 基因，前者可保证仅有一条染色体有活性，但机制不明，后者缺失将导致 X 染色体失活失败。X 染色体失活过程为：*Xist* 基因编码 *Xist* RNA，*Xist* RNA 包裹在合成它的 X 染色体上，引发 X 染色体失活；随着 *Xist* RNA 在 X 染色体上的扩展，DNA 甲基化和组蛋白的修饰马上发生，这对 X 染色体失活的建立和维持有重要的作用；失活的染色体依旧持续合成 *Xist* RNA，维持本身的失活状态，但有活性的 X 染色体如何阻止 *Xist* RNA 的结合机制还不明确。

总之，上述这些研究结果改变了人们对莱昂假说的传统观念，把 X 染色体失活的研究推向了一个新的阶段。随着 X 染色体上克隆基因的增多和研究的不断深入，也许发现逃避失活的基因还将增加。毫无疑问，作为失活中心的候选基因 *Xist* 的发现和克隆，以及 X 染色体失活中心的定位，为 X 染色体失活机制的研究提供了新的信息和重要线索，从而在分子水平上对莱昂假说进行了必要的补充和完善。

（三）与 X 染色体失活相关的疾病

和 X 染色体失活相关的疾病多是由 X 染色体的不对称失活使携带有突变等位基因的 X 染色体在多数细胞中具有活性所致。Wiskott - Aldrich 综合征表现为免疫缺陷、湿疹、伴血小板缺乏症，该病是由于 *WASP* 基因突变所致。因为染色体随机失活导致女性为嵌合体，携带有 50% 的正常基因，通常无症状表现，该病患者多为男性。存在女性患病的原因在于不对称 X 染色体失活，即携带有正常 *WASP* 基因的染色体过多失活。但女性体内还存在另一种机制，通过不对称失活使携带有突变基因的 X 染色体大部分失活。对 Pelizaeus - Merzbacher 病的研究表明这种机制的存在，它使带有突变 *PLP* 基因的 X 染色体倾向于失活。RTT 综合征也和不对称 X 染色体失活有关，携带有 *MeCP2* 突变基因的女性，X 染色体失活时倾向于使携带有发生突变的等位基因的染色体失活。

即便是失活的 X 染色体，也有一部分基因可以逃避失活而存在两个有活性的等位基因，但逃避失活的等位基因的表达水平有很大的差异。逃避失活易使一些抑癌基因丧失功能，这是引发女性癌症的一个重要原因。也有一些逃避失活的基因过量表达而增加某些疾病的易感性，如 *TIMP1* 基因随着年龄的增加表达量逐渐增加，导致迟发型疾病。女性易感的自身免疫性疾病也和 X 染色体失活相关，因为女性为嵌合体，如果自身免疫性 T 细胞不能耐受两个 X 染色体所编码的抗原，则会导致自身免疫缺陷性疾病，如红斑狼疮等。

思考题 ◇

（1）试确定下列杂交亲本产生的 F_1 和 F_2 麦粉蛾幼虫和成虫的表型：♀KK×♂kk，试列出反交式，并同正交相比较。

（2）一个 Dd 的椎实螺自交，子代的基因型和表型怎样？如果子代个体自交，它们的下一代表型又怎样？

（3）试述线粒体 DNA 的结构和遗传学特征。

（4）核外遗传的特点是什么？请举例说明。

（5）由两个个体杂交产生的椎实螺具有右旋的外壳。该椎实螺通过自体受精只能产生具有左旋外壳的后代。试确定该椎实螺及其亲本的基因型。

（6）如何区别性连锁性状和细胞质遗传性状？

（7）草履虫作为遗传研究试验的有机体，意义何在？

（8）在细胞核和细胞质中都含抗链霉素因子的衣藻（*Chlamydomonas*）抗链霉素的系，同对链霉素敏感的系杂交，问：①如果＋亲本是抗链霉素系，－亲本是敏感系，将得到什么样的结果？②如果进行反交，其结果是否与①有区别？

（9）一个左旋蜗牛，自交时仅产生右旋后代，其基因型是什么？

（10）有的果蝇对 CO_2 十分敏感，用 CO_2 来处理它们可使其麻痹，敏感品系的果蝇脑浆内有一种蛋白质，它具有许多病毒的特征。抗性品系是没有颗粒的。对 CO_2 敏感显示了很强的母体遗传，下面两组杂交结果将如何？

①敏感♀×抗性♂；②敏感♂×抗性♀。

（11）把 CO_2 敏感型果蝇体内的细胞核移植到 CO_2 抗性型的果蝇中，可使后者获得对 CO_2 敏感的特性。问获得对 CO_2 敏感特性的雌蝇再与 CO_2 抗性型果蝇杂交将产生什么样的子代？为什么？

（12）母性影响和核外遗传有何区别？

（13）试从分子水平上阐述线粒体是半自主性细胞器的原因。

（14）线粒体基因组与细胞核基因组有哪些异同？

（15）从现有科学事实，怎样正确理解在遗传中细胞核与细胞质之间的关系？

（16）如何证明某种酶的一些亚基由线粒体 DNA 编码，而另一些亚基由核基因编码？

（17）表观遗传学的主要研究内容是什么？

（18）DNA 甲基化主要发生在什么位置？它如何影响基因表达调控？

（19）遗传印记的维护和形成是靠什么机制完成的？

（20）RNA 干扰的基本原理是什么？

（21）siRNA 的作用机制及功能是什么？

（22）什么是 miRNA？它的形成和作用机制是什么？

第十二章 基因的本质及其表达调控

基因（gene）是遗传的基本单元，是 DNA 分子上具有遗传信息的特定核苷酸序列的总称，是具有遗传效应的 DNA 分子片段。基因通过指导蛋白质的合成来表达自己所携带的遗传信息，从而控制生物个体的性状表现。基因表达调控（regulation of gene expression or gene control）是指生物体通过特定的蛋白质与 DNA、蛋白质与蛋白质之间的相互作用来控制基因的表达或调节表达产物的多少，以满足生物体的自身需要或适应环境变化的过程。对基因表达调控的研究，不仅使人们认识到人类如何从一个只有一套遗传基因组的受精卵细胞逐渐发育成为具有不同形态和功能的多细胞、多组织、多器官的个体，还可以使人们认识到同一个体中不同组织的细胞虽然拥有相同的遗传信息却能产生各自特有的、具有完全不同生物学功能的蛋白质。

第一节　基因的本质

作为基因，必须表现三种基本的功能。一是遗传功能，即基因的复制。遗传物质必须储存遗传信息，并能将其复制，且一代一代精确地传递下去。二是表型功能，即基因的表达。遗传物质必须控制生物体性状的发育。三是进化功能，即基因的变异。遗传物质必须发生变异，以适应外界环境的变化，没有变异就没有进化。在遗传学研究的不同时期人们对基因的本质产生不同的认识，主要经历了以下三个阶段。

一、经典遗传学关于基因的概念

（一）遗传因子学说

孟德尔于 1854—1965 年对豌豆的遗传性状进行了长期的探索，发现豌豆的很多性状能够有规律地传给下一代，总结出生物遗传的两大定律（分离定律和自由组合定律），并提出了"遗传因子"假说，认为性状是受遗传因子控制的，亲代传给子代的不是具体性状而是遗传因子，这些遗传因子互不融合，互不干扰，独立分离，自由组合，具有颗粒性，从而否定了混合遗传理论，在基因概念的演变史上，遗传因子是基因最初的名称，它为以后的基因学说奠定了基础。

（二）基因术语的提出

1909 年，丹麦遗传学家约翰逊（Johansen）提出了基因（gene）这个名词，取代了孟德尔的遗传因子，并采用了"基因型"和"表现型"两个不同的概念，从此，基因一词一直沿用至今。

（三）基因是化学实体，以念珠状直线排列在染色体上

1910 年，摩尔根（Morgan）等以果蝇为材料，研究性状的遗传方式，得出连锁交换定律，证明基因在染色体上呈直线排列，第一次把代表某一特定性状的特定基因与某一特定染色体上的特定位置联系起来。这时基因已初步证明是有物质性的。与此同时，埃默森（Emerson）等在玉米工作中也得到同样的结论。这样就形成了一套经典的遗传学理论，以遗传的染色体学说为核心的基因论。

（四）"三位一体"学说

1927 年莫勒（Muller）首先用 X 射线造成人工突变以研究基因的行为，证明了基因在染色体上有确定的位置，它本质上是一种微小的粒子，后来大量的研究证实、丰富和发展了这一理论。在此基础上，摩尔根及他的学生在《基因论》中首次把基因的概念归纳为"三位一体"学说，他们认为：基因首先是一个功能单位，能控制蛋白质的合成，从而达到控制性状发育的目的；其次是一个突变单位，在一定环境条件和自然状态下，一个野生型基因能突变成它对应的突变型基因，而表现出变异类型；第三是一个重组单位，基因与基因之间可以发生重组，产生各种与亲本不同的重组类型；而这些基因都在染色体按一定顺序、间隔一定距离呈线状排列，各自占有一定的区域。

（五）"一个基因一个酶"学说

1941 年比德尔（Beadle）等人对红色链孢霉进行了大量研究，提出"一个基因一个酶"的观点，认为基因控制酶的合成，一个基因产生一个相应的酶，基因与酶之间一一对应，基因通过酶控制一定的代谢过程，继而控制生物的性状，这是人们对基因功能的初步认识。

因此，经典遗传学认为，基因是一个最小的单位，它连续排列，界限分明，没有内部结构且不能再分；既是结构单位，又是功能单位。基因是不连续的颗粒状因子，在染色体上有固定的位置，并且呈直线排列，具有相对的稳定性；作为一个功能单位的基因控制有机体的性状表达；基因以整体进行突变，是突变的最小单位；基因在交换中不再被分割，是重组的最小单位。交换、突变都涉及基因的结构，因此突变单位和重组单位也统称为结构单位。所以，经典遗传学认为基因既是一个结构单位，又是一个功能单位。基因是突变、交换和功能三位一体的最小单位。

二、分子遗传学关于基因的概念

（一）基因的化学本质主要是 DNA，有时是 RNA

艾弗里（Avery）与格里菲斯（Griffith）通过肺炎双球菌的转化试验，首次证明了基因的本质——DNA 是遗传物质。1956 年，康兰特烟草花叶病毒的研究证明了在不具有 DNA 的病毒中，RNA 是遗传物质。从而将基因的概念落实到具体的物质上，并给予具体的内容，基因的化学本质在多数生物中是 DNA，少数生物中是 RNA。

（二）基因不是最小的遗传单位，基因是可分的

1. 顺反子学说——基因结构是可分的 1955 年，本兹（Benzer）用大肠杆菌 T₄ 噬菌体为材料，分析了基因的精细结构，发现了基因内部还存在着可分的精细结构，从而提出了顺反子（cistron）、突变子（muton）和重组子（recon）的概念。顺反子是一个遗传上不容分割的功能单位，一个顺反子决定一条多肽链，这就使以前"一个基因一种酶"的假说发展为

"一个基因一种多肽链"的假说；顺反子并不是一个突变单位或重组单位，而要比它们大的多。突变子是指在性状突变时，产生突变的最小单位。一个突变子可以小到只有一个碱基对，如移码突变。重组子是指在性状重组时，可交换的最小单位，一个重组子只包含一个碱基对。一个顺反子内部可以发生突变或重组，即包含着许多突变子和重组子。

2. 操纵子学说——基因功能是可分的　1961 年，杰考伯（Jacob）和莫诺（Monod）在对大肠杆菌产生半乳糖苷酶的研究过程中，提出了操纵子学说。该学说认为，"操纵子"是由一个操纵基因和一系列结构基因结合形成的。操纵基因一头和结构基因相连，而另一头称为启动子，起着使转录过程开动的作用。结构基因受邻近的操纵基因的控制，而操纵基因又是在调节基因所生成的阻遏蛋白的控制下活动的。也就是说，基因在功能上不仅有直接转录成 mRNA 的结构基因，也有起着调节结构基因功能活动的操纵基因和调节基因，从而使人们认识到基因在功能上也是可分的。

可见，分子遗传学认为：基因位于 DNA 分子上，一个基因相当于 DNA 分子上的一个区段。每一个基因都携带有特殊的遗传信息，这些遗传信息或者被转录为 RNA 并进而翻译为多肽，或者只被转录为 RNA 即可行使功能，或者对其他基因的活动起调控作用。基因在结构上并不是不可分割的最小单位，一个基因还可以划分为若干个小单位：①突变单位，也称突变子，是发生突变的最小单位。最小的突变子是一个核苷酸对。②重组单位，也称重组子，是可交换的最小单位。最小的重组单位也可以只是一个核苷酸对。③功能单位，也称顺反子，又称作用子，是基因中指导一条多肽链的合成 DNA 序列，平均大小为 500～1 500 bp。一个顺反子可包含若干个重组子和突变子。顺反子是与经典遗传学的功能单位相当的概念，表示基因是一个在遗传功能上起作用的最小单位。

一个基因内实际包含了大量的突变单位和重组单位，而不是如经典遗传学所描述的，一个基因就是一个突变单位、一个重组单位。但是，无论是经典遗传学还是现代分子遗传学都认为基因是遗传功能的最小单位。

三、现代基因概念的发展——发现新的基因

20 世纪 70 年代以来，随着 DNA 体外重组技术和基因工程技术的成熟，人们对基因的结构和功能上的特征有了更多的认识，涌现出像隔裂基因（split gene）、重叠基因（overlapping gene）、重复基因（repeated gene）、跳跃基因（jumping gene）、假基因（pseudogene）等基因的多元概念。

1. 隔裂基因　又称为不连续基因，是指在一个基因内，编码序列（extron）与非编码序列（intron）相间排列。1977 年，在美国冷泉港定量生物学讨论会上，几个实验室同时报道在猿猴病毒（SV40）和腺病毒（Adz）里发现某些基因存在内部间隔区，而且这种间隔区与基因所决定的蛋白质没有任何关系。研究者把这种基因产生的 mRNA 与其 DNA 进行分子杂交，则出现了一些不能与 mRNA 配对的 DNA 的单链环状突起。这种单链环状突起在成熟的 mRNA 中被剪切掉了，不参与蛋白质的编码，所以近代文献上就把不编码蛋白质的 DNA 片段称为内含子（intron），而把那些与 mRNA 配对的、被内含子隔开的编码蛋白质的 DNA 片段称为外显子（extron）。

2. 重叠基因　是指同一段 DNA 序列由于阅读框架的不同或终止的时间不同，同时编码两个以上多肽的基因。重叠基因是在 1977—1978 年，分子生物学家桑格（F. Sangz）和吉尔伯特（W. Gilbert）分别在研究分析 DNA 分子核苷酸顺序这一技术时，发现病毒 φx174 的 DNA 中几个基因共用一段 DNA 序列的情况。

3. 重复基因　在基因组内基因有多份拷贝，如 rRNA 基因、tRNA 基因、组蛋白基因等就是重复基因，其拷贝数一般在 10^3 以下。

4. 跳跃基因 指可以在染色体组上移动位置的基因，又称为可移动的遗传因子或转座子（transposon）。是在 20 世纪 50 年代由麦克林托克（Mc Clintock）在玉米籽粒的遗传研究中发现的，直到 20 世纪 80 年代才被公认。

5. 假基因 指已经丧失功能，但其结构还存在的 DNA 序列。假基因是一类与有功能的基因在核苷酸顺序上非常相似，却不具有正常功能的基因。它的产生可能是由于相应的正常基因结构上有程度不等的缺失、插入和无义突变失去阅读框而不能编码蛋白质产物。

由于基因组组成的多样性和复杂性，再加上其动力学特点，人们发现基因并不像人类想象的那样简单，但是相信随着科研人员的不懈努力和科学技术的进步，必将会对基因有一个全新的认识，给基因的概念赋予全面的理解。

四、基因内部的精细结构

（一）本兹试验

20 世纪 50 年代，生化技术还不能进行 DNA 序列的测定。1955 年本兹（Benzer）利用经典的噬菌体突变和重组技术，对大肠杆菌（*E. coli*）T$_4$ 噬菌体的 rⅡ区基因进行了经典的基因精细结构研究。该试验表明，在基因内部还有比基因更小的遗传单位、突变单位、重组单位、结构单位，即顺反子、突变子和重组子。

T$_4$ 是 *E. coli* 的烈性噬菌体，感染 *E. coli* 后能引起溶菌。在噬菌体染色体的三个不同部位有三个不同的 r 突变型，命名为 rⅠ、rⅡ和 rⅢ。研究的最为清楚的是快速溶菌突变型（rapid lysis），即 rⅡ突变型。野生型的 T$_4$ 噬菌体既能侵染 *E. coli* B 株，也能侵染 K$_{12}$（λ）株（溶原性菌株），经 6～10 h 形成小而边缘模糊的噬菌斑（plaque）。rⅡ感染 *E. coli* B 株 20 min 后，产生比野生型（r$^+$）大而界限更分明的噬菌斑；在 S 株上形成类似 r$^+$型噬菌斑；不能侵染 *E. coli* K$_{12}$（λ）株。

Benzer 利用这一特点，在群体中选出数以千计的 rⅡ突变型，并把这些突变型一对对地进行杂交，然后可以在 K$_{12}$（λ）菌株上把重组体 r$^+$r$^+$ 检测出来，估算出两个突变点之间的重组值。

其基本步骤如下（图 12-1）。

① 任意取两个不同来源的 rⅡ突变品系（rⅡ^{x}r$^+$，r$^+$rⅡ^y），同时感染 *E. coli* B 菌株，即双重感染（double infection）（注意：不能造成超数感染）。

② 形成噬菌斑以后收集溶菌液，其中含有子代噬菌体。

③ 取部分溶菌液再接种在 *E. coli* B 菌株上，因为 r$^+$rⅡ^x、r$^+$rⅡ^y、rⅡ^{x}rⅡ^y 和 r$^+$r$^+$ 都能够在 *E. coli* B 菌株上生长，可以估计溶菌液中的总噬菌体数。

④ 另取部分溶菌液接种在 K$_{12}$（λ）菌株上，因为，只有 r$^+$r$^+$ 才能够在 K$_{12}$（λ）菌株上生长，其余三种基因型，r$^+$rⅡ^y、rⅡ^{x}r$^+$ 和重组型 rⅡ^{x}rⅡ^y 都不能在 K$_{12}$（λ）上生长。因此，可以在 K$_{12}$（λ）菌株上检测出重组噬菌体的数目。

在估计重组体数目时，要将实际测得的数字乘以 2，因为重组体应该有两种，rⅡ^{x}rⅡ^y 和 r$^+$r$^+$，但 rⅡ^{x}rⅡ^y 基因型的重组体不能在 K$_{12}$（λ）菌株上生长。

$$重组值 = \frac{2 \times r^+r^+ 噬菌体数}{总噬菌体数} \times 100\% = \frac{2 \times K_{12}（λ）株上生长的噬菌斑数}{B 株上生长的噬菌斑总数} \times 100\%。$$

应用这种方法，可以获得小到 0.001%，即重组率低到十万分之一也能检测出来。

此法实际上是两点测验法，根据许多次两点测验的结果，可以作出 rⅡ区不同位点间微细遗传图。这与二倍体生物通过一系列两点测验法绘制的连锁图是相同的（图12-2）。

Benzer 在试验过程中注意到，rⅡ突变型可以分成两组，A 组和 B 组。用一个 A 组的突变型和一个 B 组的突变型同时感染 K$_{12}$（λ）时，能产生速溶菌现象，即能互补。两个突变

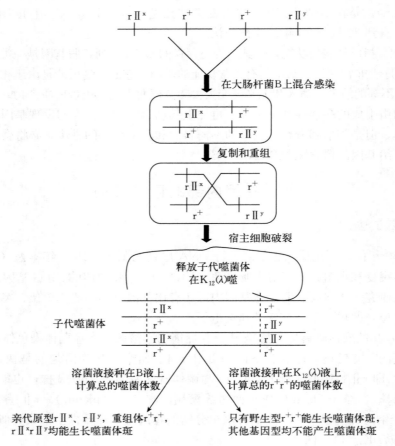

图 12-1　本兹试验基本流程图

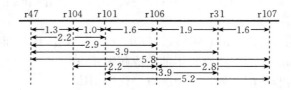

图 12-2　通过二点杂交绘制的 rⅡ区部分连锁图

距离用重组值去掉%表示，图距大致是相加的

（图片来源 http：//ch. sysu. edu. cn/hope/sites/inherite/

course/G06/webtext/G06-5-9. HTML）

型细胞的两条同源染色体同处于一个杂合体中，野生型基因补偿突变型基因的缺陷而使细胞表型恢复正常，这种现象称为互补作用（complementation）。也就是两种突变型同时感染 K_{12}（λ）时，可以相互弥补对方的缺陷，共同在菌体内繁殖，引起溶菌现象。而同属 A 组或同属 B 组的两个突变型之间则不能互补。可见，A 组的功能缺陷可被 B 组所补偿，同样 B 组的功能缺陷能被 A 组所补偿。

仔细研究又发现，所有 A 组的突变都位于 rⅡ区域的一边，B 组的突变均位于另一边。因此推测，A 和 B 各是一个功能单位，rⅡ区域包括 A、B 两个顺反子。

Benzer 共分析了 rⅡ区域的大约 2 000 个突变型，了解到这些突变分布在 308 个位点上，分属两个不同的功能单位。

（二）顺反测验

假定两个独立起源的隐性突变，都与同一个单位性状相关。如何判定属于同一基因（功能单位）还是两个基因（功能单位）的突变？

首先建立一个双突变杂合二倍体，也就是把两个隐性突变通过杂交引入同一个细胞。然后测定这两个突变基因之间有无互补功能。若二者能够互补，双突变杂合二倍体表现为野生型，表明这两个突变分属于两个基因，互为非等位基因。若二者不能互补，则表现为突变型，表明这两个突变发生在同一个基因内的不同位点上，二者是等位基因。

因此顺反测验就是根据顺式表现型和反式表现型是否相同来推测两个突变是属于同一个基因（顺反子）还是分属于两个相邻的基因（顺反子）。

如果两个隐性突变发生在同一个基因内的两个不同的位点上，在反式状态下，两条染色体上都只能产生突变的 mRNA，编码突变的蛋白质，当然只能产生突变的表型；在顺式状态下，由于隐性的突变基因不表达，因而表现为野生型。

若两个突变不是发生在同一个基因内的不同位点上，而是分别发生在两个相邻的基因内，在反式条件下，两个隐性的突变基因都不表达，但它们的显性野生型等位基因都能正常表达，因而表现为野生型；顺式状态下，当然也表现为野生型（图 12 - 3）。

实际上，顺式排列只是作为对照，它的表型永远都是野生型，二者没有区别。只有在反式状态下，两个突变位于同一个基因内或两个突变位于不同的基因内，表型上才有差异。因此，所谓顺反测验，实质上只是顺式测验。如反式排列表现为野生型，表明这两个突变分属于两个基因，互为非等位基因；如反式排列表现为突变型，表明这两个突变发生在同一个基因内的不同位点上，二者是等位基因。由这种功能测验所规定的最小功能单位称为顺反子。也就是说，同一顺反子上的两个突变，在反式状态下是不能互补的。若两个突变在反式状态可以互补，便意味着它们分属于两个不同的顺反子。

顺式结构的表型效应不同于反式结构的表型效应的现象称为顺反位置效应。具有顺反位置效应的两个突变型属于同一个顺反子。

顺反测验证明基因是遗传物质的一个功能单位，是一段连续的 DNA 序列。但是，一个基因可以在许多不同的位置上发生突变，所以基因不是一个突变单位。属于同一个基因内的不同突变也是可以发生重组的，所以基因也不是一个重组单位。

一个基因内部虽然可以重组，但基因在细胞中必须保持完整才具有功能。按照定义，通过顺反测验才能确定一个顺反子。但实际上，"顺反子"已经用作为一个功能单位的同义词。因此，编码一条多肽链的一段 DNA，即使没有通过顺反测验来确定它的边界，也称为一个顺反子。实质上顺反子就是一个功能基因。

基因的最精细结构就是 DNA 的一级结构，即 DNA 分子上的碱基排列顺序。现在，人们可以用 DNA 测序技术测定任何一个基因的核苷酸顺序。

反式	顺式
a1	a1 a2
a2	
表现为野生型，非等位基因发生了突变	永远是野生型

图 12 - 3 突变的排列方式

五、基因的作用与性状的表达

在生物的个体发育过程中，某个基因一旦处于活化状态，就将它携带的遗传信息转录在 mRNA 上，再翻译成蛋白质。即 DNA→mRNA→蛋白质。而在生物体内，大部分遗传性状都是直接或间接通过蛋白质表现出来的。

20 世纪 40 年代，提出了"一个基因一个酶"的理论，即一个基因→形成一种酶→控制一个生化反应过程。众所周知，酶几乎都是蛋白质。对于单体酶来说，这个理论是正确的；但对于复合酶来说，就不一定正确了。复合酶可能是由两条或者更多条不同的肽链构成的，不同的肽链必然是由不同的基因编码的。

20 世纪 50 年代提出了"一个基因一条多肽链"的理论。该提法比"一个基因一个酶"的提法前进了一大步。一般来说，基因对于性状表达的作用可以分为直接与间接两种。一种是直接编码结构蛋白和功能蛋白，为直接作用；另一种是通过酶的合成，间接地影响性状的表达，为间接作用。

（一）直接作用

直接作用指基因直接作用于某个遗传性状。当遗传性状本身就是生物体的结构蛋白或者功能蛋白时，基因的变异可以直接影响到蛋白质的特性，从而表现出不同的遗传性状。人类镰形细胞贫血症是直接作用的典型例子。正常的血红蛋白 Hb^A 基因编码正常的 β^A 链，形成球形的红细胞。当 Hb^A 突变为 Hb^C 或 Hb^S，编码多肽链 β^C 和 β^S，使红细胞呈镰刀形，引起贫血病。

（二）间接作用

绝大多数情况下，基因是通过控制酶的合成间接地控制性状的表现。大多数性状的表现都属于此种。如圆粒豌豆（RR）和皱粒豌豆（rr）杂交后，其 F_1 是圆粒豌豆（Rr），但是 F_2 仍有 1/4 是皱粒豌豆（rr）。科学研究后发现，rr 基因型的表型为皱粒，是因为缺少一种淀粉分支酶（starch - branching enzyme，SBEI）。rr 基因型豌豆的 $SBEI$ 基因带有一段 0.8 kb的插入片段，导致 mRNA 异常，不能形成淀粉分支酶，在种子发育过程中，积累蔗糖和大量水分。随着种子的成熟，rr 基因型种子比 RR 基因型种子失水快，结果形成皱粒种子表型。而 F_1（Rr）杂合体中，有一个正常的 R 基因，可以产生 SBEI 酶，能够合成淀粉，所以 Rr 与 RR 一样，具有圆粒表型。上述例子清楚地表明，R 与 r 基因控制豌豆籽粒的性状不是直接的，而是通过指导淀粉分支酶的合成间接实现的。

第二节　基因表达调控的概述

一、概　　念

基因表达指储存遗传信息的载体经过一系列步骤生成具有生物学功能产物的过程。在一定调节机制控制下，大多数基因经过基因激活、转录、翻译等过程，产生具有特定生物学功能的蛋白质，赋予细胞或个体一定的功能和形态表型。大多数基因的表达产物是蛋白质。部分如 rRNA 和 tRNA 经过转录、转录后加工生成成熟的 rRNA 和 tRNA 的过程，也属于 rRNA 和 tRNA 的基因表达。

不同生物的基因组拥有的基因数量不相同，而且基因组的遗传信息也不是全部、同时表达。在特定的时期和生长阶段，基因组中只有一部分基因处于表达状态。例如人类的基因组含有 3 万～4 万个基因，但在同一组织细胞中通常只用部分基因表达，其余大多数基因处于静息状态。大肠杆菌的基因组有 4 000 多个基因，一般只有 5%～10% 的基因处于转录活性状态，生成较少的 RNA 或蛋白质。随着细胞及个体发育阶段或内外环境的变化，处于转录活化状态的基因数目和种类也会发生相应的变化，因此，基因表达是可以被调控的。

二、基因表达调控的特点及方式

（一）基因表达调控的特点

基因表达调控的实质是细胞或生物体在接受不同信号刺激或适应环境变化过程中在基因水平上的应答机制。原核生物和真核生物在基因组结构及细胞结构上的巨大差异，导致它们应对各种刺激、变化的基因表达方式和调节机制有所不同。原核细胞没有细胞核，遗传信息的转录和翻译发生在同一空间，并以偶联的方式进行。真核细胞具有细胞核，转录和翻译不仅具有空间分布的特征，而且还有时间上的先后顺序。但是，原核生物和真核生物在基因表达调控上都拥有一些共同的特点：时间特异性或空间特异性。

虽然同一生物的各种细胞含有完全相同的基因组，但他们在细胞内并非同时表达，而是根据生长、分化和发育等功能的需要，随着环境的变化，按照一定的时间顺序先后表达。按照功能需要，某一特定基因的表达严格按照一定的时间顺序发生，即基因表达的时间特异性。在多细胞个体某一发育、生长阶段，同一基因产物在不同的组织或器官表达，即按个体不同组织空间顺序出现，称为基因表达的空间特异性。基因表达伴随时间顺序呈现出的这种空间分布上的差异实际上是由细胞在器官的分布决定的。

（二）基因表达的方式

不同生物的遗传背景不同，同种生物不同个体的生活环境不完全相同，不同的基因其功能和性质也不尽相同。因此，不同的基因对个体内外环境的刺激所产生的反应也不同。有些基因的表达产物参与生命的全过程，在生物体的各个生长阶段或者几乎所有的细胞中都持续表达，这类基因被称为管家基因（housekeeping gene）。管家基因基本不受环境因素的影响，只与启动子和 RNA 聚合酶有关。

与管家基因不同，另外一些基因的表达受环境因素的诱导或阻遏。在特定的信号刺激下表现出开放型或增强型表达，基因表达产物增加，这一过程称为诱导。而有些基因在对特定信号应答时表现出关闭或者抑制性表达，基因表达产物下降，这一过程称为阻遏。诱导和阻遏性表达是生物体为适应环境变化而做出的应答反应，在生物界普遍存在。基因的诱导和阻遏除了受到启动子和 RNA 聚合酶的相互作用外，还受其他机制的调节。

三、基因转录激活的基本要素

（一）特异的 DNA 调节序列

特异的 DNA 调节序列是调节基因转录的 DNA 片段，如原核生物操纵子调控区中的启动序列、操纵序列、CAP 蛋白结合位点和真核基因的启动子、增强子和沉默子等。

（二）调节蛋白

调节蛋白是调节基因转录的蛋白因子，如原核生物的阻遏蛋白、CAP 蛋白和真核生物的基本转录因子、特异转录因子等。

（三）RNA 聚合酶

RNA 聚合酶是催化基因转录最主要的酶。原核生物只有一种 RNA 聚合酶，催化所有

RNA 的转录。真核生物有三种 RNA 聚合酶，催化不同 RNA 的转录。DNA 调节元件和调节蛋白可以通过影响 RNA 聚合酶的活性来调节基因转录激活。

四、基因表达调控的生物学意义

（一）适应环境、维持生长和增殖

组成生物体的所有细胞都必须对内外环境变化做出反应，以便更好地适应变化着的环境。这种适应能力总是与某种或者某些蛋白质的功能有关。这些蛋白质是否表达或者表达水平的高低是受一系列程序调控从而使生物体表达出适量的蛋白质，以适应环境和维持生长。

（二）维持个体发育与分化

在细胞生长、发育的不同阶段，细胞中蛋白质的种类和含量变化很大。即使在同一生长发育阶段，不同组织器官的蛋白质分子也存在很大的差异，这些差异是调节细胞表型的关键。

第三节　原核生物基因表达调控

基因表达调控的指挥系统有很多种，不同生物使用不同的信号来指挥基因调控。原核生物和真核生物之间存在着相当大差异。原核生物中，营养状况、环境因素对基因表达起着十分重要的作用。原核生物基因组是一个超螺旋结构的闭合环状 DNA 分子，基因的转录和翻译可以在同一空间内完成，在转录终止之前，mRNA 就已经结合在核蛋白体上，开始了蛋白质的生物合成，因此，原核基因具有独特的表达调控规律。

一、原核生物基因表达调控的特点

原核生物的基因表达调控虽然比真核生物简单，但也比较复杂，存在着复杂的调控系统。在转录调控中存在着许多问题：如何在复杂的基因组内确定正确的转录起始点？如何将 DNA 的核苷酸按着遗传密码的程序转录到新生的 RNA 链中？如何保证合成一条完整的 RNA 链？如何确定转录的终止？这些问题取决于 DNA 的结构、RNA 聚合酶的功能、蛋白因子及其他小分子配基的互相作用。概括起来，主要有以下三点。

（一）σ 因子决定 RNA 聚合酶识别特异性

原核细胞仅有一种 RNA 聚合酶，是由 RNA 聚合酶的核心酶和 σ 因子构成。σ 因子决定 RNA 聚合酶识别特异性，帮助 RNA 聚合酶识别不同启动子，对不同基因进行转录。在转录的起始阶段，σ 因子的作用是识别、结合 DNA 模板上的特异启动子，参与 DNA 双链的打开，启动结构基因的转录。不同的 σ 因子决定 RNA 聚合酶特异识别基因的转录激活，决定 3 种 RNA 基因的转录。

（二）转录调节普遍采用操纵子模式

绝大多数原核生物的基因按照功能相关性成簇串联地排列在一起，共同组成一个转录单位——操纵子，如乳糖操纵子（lac operon）、阿拉伯糖操纵子（ara operon）和色氨酸操纵子（trp operon）。一个操纵子只含有一个启动子及数个可转录的编码基因，这些功能相关的编码基因在同一个启动子的调控下，转录生成一个多顺反子 mRNA，最终表达产物是一些功能相关的酶或蛋白质，它们一起参与某种底物的代谢或某种产物的合成。

（三）阻遏蛋白对转录的抑制作用普遍存在

在许多原核生物操纵子系统中，特异的阻遏蛋白是调控启动序列活性的重要因素。当阻遏蛋白与操纵子序列特异结合时，转录起始复合物不能形成，基因的转录被阻遏；当特异信号分子与阻遏蛋白结合，使其构象改变，从操纵子序列上解离，受调控的基因发生去阻遏，基因又被重新开启。原核基因表达调控普遍涉及阻遏蛋白参与的开、关调节机制。

二、原核生物转录水平的调控——操纵子模型

（一）操纵子及其结构

1961 年法国巴斯德研究院著名的科学家 Jacob 和 Monod 在研究大肠杆菌乳糖代谢时提出了操纵子学说——控制基因表达的模型，使我们得以从分子水平上认识基因的表达调控，认识到基因的功能不是固定不变的，而是可根据环境条件的变化而进行相应的调节。人们以此为引擎，发现原核生物和真核生物基因在转录水平上的调节都涉及编码蛋白的基因和 DNA 上的调控元件。此学说是一个划时代的突破，他们因此同时荣获 1965 年诺贝尔生理学奖。

在原核生物的表达调控中，各种基因按其功能的不同可分为三种：结构基因（structure gene）、操纵基因（operator gene）和调节基因（regulatory gene）。三者协同履行精巧的生命活动，组成操纵子的基本骨架。操纵子是原核生物基因转录调控的主要形式，即功能上相关的基因排列成簇，由一个共同的调节区控制，一开俱开，一闭全闭，对环境条件的改变做出相应的反应。

（二）正调控和负调控

某一系统是正调控（positive control）系统还是负调控（negative control）系统是按照调节蛋白缺乏时，操纵子对新加入的调节蛋白的响应情况来命名的。当调节蛋白缺乏时，基因是表达的，而加入调节蛋白后基因表达活性被关闭，这种调控系统称为负调控系统，其中的调节蛋白称为阻遏蛋白（repressor）。反之，如果调节蛋白缺乏时基因关闭，加入调节蛋白后基因表达活性开启了，该系统称为正调控系统。

除调节蛋白可对操纵子进行控制以外，一些小分子物质也可作用于调节蛋白，使操纵子有着不同的应答反应。根据操纵子对能调节它们表达的小分子的应答情况，可将其分为可诱导的操纵子（inducible operon）和可阻遏的操纵子（repressible operon）两大类。在可诱导的操纵子中，加入这种对基因表达有调节作用的小分子后，则开启基因的转录活性，这种作用及其过程称为诱导，产生诱导作用的小分子物质称为诱导物（inducer）。在可阻遏的操纵子中，加入对基因表达有调节作用的小分子物质后，则关闭基因的转录活性，这种作用及其过程称为阻遏，产生阻遏作用的小分子物质称为辅阻遏物（corepressor）。某些条件，如调节蛋白发生突变，使可诱导的操纵子变为不可诱导（uninducible）；而某些条件则使可阻遏操纵子变为不能阻遏，则称为超阻遏（superrepressed）。

（三）乳糖操纵子调控机理

1. 大肠杆菌乳糖操纵子所含基因　大肠杆菌乳糖操纵子包括 4 类基因。

（1）结构基因：能通过转录、翻译使细胞产生一定的酶系统和结构蛋白，这是与生物性状的发育和表型直接相关的基因。乳糖操纵子包含 3 个结构基因：*lacZ*、*lacY* 和 *lacA*。分别编码 β 半乳糖苷酶、β 半乳糖苷透过酶和 β 半乳糖苷乙酰基转移酶。

（2）操纵基因 *O*：控制结构基因的转录速度，位于结构基因的附近，本身不能转录成 mRNA。

（3）启动基因 *P*：位于操纵基因的附近，它的作用是发出信号，mRNA 合成开始，该基因也不能转录成 mRNA。

（4）调节基因 *I*：可调节操纵基因的活动，*I* 基因编码一种阻遏蛋白，后者与 *O* 序列结合，使操纵子受阻遏而处于转录失活状态。操纵基因、启动基因和结构基因共同组成一个单位——操纵元（operon）。在启动序列 *P* 上游还有一个分解（代谢）物基因激活蛋白 CAP 结合位点，由 *P* 序列、*O* 序列和 CAP 结合位点共同构成乳糖操纵子的调控区，三个酶的编码基因即由同一调控区调节，实现基因产物的协调表达（图 12-4）。

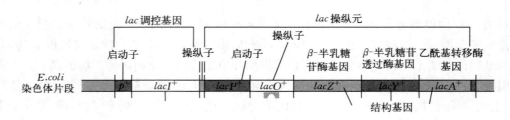

图 12-4　操纵元的基本结构示意图

（图片来源：http://www.pep.com.cn/gzsw/xszx/tbxxi/fzyxb_1/zjxb_1_1_1_1/ktzx/201202/t20120216_1102438.htm）

2. 乳糖操纵子的调控方式　乳糖操纵子存在两种调控方式：一是阻遏蛋白、诱导物与操纵基因相互作用的负调控；二是 cAMP-CAP 的正调控。

（1）阻遏蛋白的负性调节（抑制作用）：在没有乳糖存在时，乳糖操纵子处于阻遏状态。此时，*I* 基因在 *P* 启动序列操纵下表达的乳糖阻遏蛋白与操纵基因序列结合，因此 RNA 聚合酶就不能与启动基因结合，结构基因也被抑制，结果结构基因不能转录出 mRNA，不能翻译酶蛋白。阻遏蛋白的阻遏作用并非绝对，偶有阻遏蛋白与操纵基因序列解聚。因此，每个细胞中可能会有寥寥数分子 β 半乳糖苷酶、β 半乳糖苷透过酶生成。

当有乳糖存在时（诱导作用），乳糖操纵子即可被诱导。真正的诱导剂并非乳糖本身。乳糖经透酶催化、转运进入细胞，再经原先存在于细胞中的少数 β 半乳糖苷酶催化，转变为别乳糖。别乳糖作为一种诱导剂，能和调节基因产生的阻遏蛋白结合，使阻遏蛋白改变构象，不能再和操纵基因结合，失去阻遏作用，导致阻遏蛋白与操纵基因序列解离，结果 RNA 聚合酶便与启动基因结合，并使结构基因活化，转录出 mRNA，翻译出 β 半乳糖苷酶，使 β 半乳糖苷酶分子增加 1 000 倍。

细胞质中有了 β 半乳糖苷酶后，便催化分解乳糖为半乳糖和葡萄糖。乳糖被分解后，又造成了阻遏蛋白与操纵基因结合，使结构基因关闭，形成负反馈。

（2）cAMP-CAP 的正性调节：cAMP-CAP 对乳糖操纵子的正调控是一种积极的调控方式。大肠杆菌根据碳源性质选择代谢方式。细菌在同时含有葡萄糖和乳糖的培养基中生长时，优先利用葡萄糖，而非乳糖。葡萄糖通过降低 cAMP 浓度阻碍 cAMP 与 CAP 结合而抑制乳糖操纵子转录，使细菌只能利用葡萄糖。当细胞内缺少葡萄糖时，腺苷酸环化酶将 ATP 转变成环—磷酸腺苷（cAMP），cAMP 与其受体蛋白——CAP 形成复合物，再与启动子上的 CAP 位点结合，促进 RNA 聚合酶与启动子的结合。在没有葡萄糖而只有乳糖的条件下，阻遏蛋白与 O 序列解聚，CAP 结合 cAMP 后与乳糖操纵子的 CAP 位点结合，激活转录，使得细菌利用乳糖作为能量来源。

值得一提的是，cAMP‐CAP 不仅对乳糖操纵子有正调控作用，还对半乳糖、阿拉伯糖等操纵子有同样的作用，只是程度不同而已。

（四）色氨酸操纵子

原核生物的这种转录终止阶段，也可以是基因表达调控的环节，色氨酸操纵子的调控模式就是一个典型的例子。

色氨酸是构成蛋白质的组分，一般的环境难以给细菌提供足够的色氨酸，细菌要生存繁殖通常需要自己经过许多步骤合成色氨酸，但是一旦环境能够提供色氨酸时，细菌就会充分利用外界的色氨酸，减少或停止合成色氨酸，以减轻自己的负担。细菌之所以能做到这点是因为有色氨酸操纵元（Trp operon）的调控。它的激活与否完全根据培养基中有无色氨酸而定。当培养基中有足够的色氨酸时，该操纵子自动关闭；缺乏色氨酸时，操纵子被打开。色氨酸在这里不是起诱导作用而是阻遏作用，因而被称作辅阻遏分子，意指能帮助阻遏蛋白发生作用。色氨酸操纵子和乳糖操纵子相反。

色氨酸操纵子有 5 个连续排列的结构基因 $trpA$、$trpB$、$trpC$、$trpD$ 和 $trpE$，它们编码使分支酸（chorismate）转化为色氨酸的 3 种酶。$trpE$ 和 $trpD$ 编码邻氨基甲酸合成酶，$trpC$ 编码吲哚甘油合成酶，$trpA$ 和 $trpB$ 编码色氨酸合成酶。在结构基因上游分别是启动子 P 和操纵基因 O 和基因 L（其转录产物是前导 mRNA），阻遏蛋白与操纵基因 O 结合，是由相距很远的 $trpR$ 编码的（图 12‐5）。色氨酸操纵子表达的调控有两种机制，一种是通过阻遏物的负调控，另一种是通过衰减作用（attenuation）。

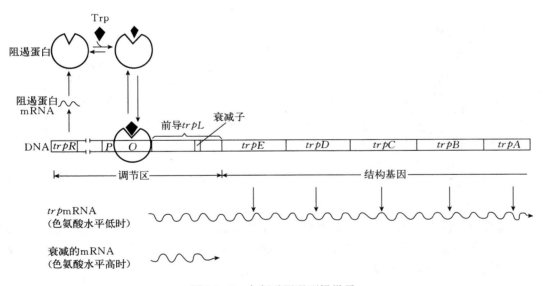

图 12‐5　色氨酸阻遏型操纵子

（图片来源：http://210.44.48.210/courseware/03_04shengwuhuaxue/ch16/section2.htm）

1. 阻遏物对色氨酸操纵子的调控　色氨酸阻遏物是一种同二聚体蛋白质（由两个相同的亚基组成），每个亚基有 107 个氨基酸残基。色氨酸阻遏物本身不能和操纵基因 O 结合，必须和色氨酸结合后才能与操纵基因 O 结合，从而阻遏结构基因表达，因此色氨酸是一种共阻遏物（corepressor）。

2. 衰减作用对色氨酸操纵子的调控　色氨酸操纵子转录的衰减作用是通过衰减子（attenuator）调控元件使转录终止。色氨酸操纵子的衰减子位于 L 基因中，离 E 基因 $5'$ 侧区

30～60 bp。大肠埃希菌在无或低色氨酸环境中培养时，能转录产生具有6 720个核苷酸的全长多顺反子mRNA，包括L基因和结构基因。培养基中色氨酸浓度增加时，上述全长多顺反子mRNA合成减少，但L基因5′侧区的140个核苷酸的转录产物并没有减少。这种现象是由衰减子造成的，而不是由于阻遏物-共阻遏物的作用所致。这段140个核苷酸序列就是衰减子序列。衰减子转录物具有4个能相互配对形成二级结构的片段。

L基因的部分转录产物（含片段1）能被翻译产生具有14个氨基酸残基的肽链（前导肽），其中含有两个相邻的色氨酸残基。编码此相邻的两个色氨酸密码以及原核生物中转录与翻译过程的偶联是产生衰减作用的基础。如图12-6所示，当L基因转录后核糖体就与mRNA结合，并翻译L序列。在高浓度色氨酸环境中，能形成色氨酰-tRNA，核糖体在翻译过程中能通过片段1，同时影响片段2和3之间的发夹结构形成，但片段3和4之间能形成发夹结构，这个结构就是ρ因子不依赖的转录终止结构，因此RNA聚合酶的作用停止。当色氨酸缺乏时，色氨酰-tRNA也相应缺乏，此时核糖体就停留在两个相邻的色氨酸密码的位置上，片段1和2之间不能形成发夹结构，而片段2和3之间可形成发夹结构，结果使色氨酸操纵子得以转录。

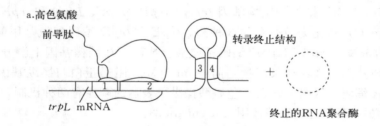

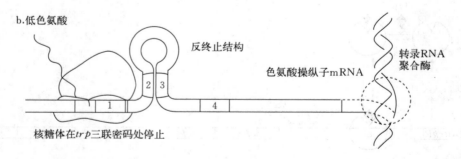

图12-6　色氨酸操纵子的衰减作用

（图片来源：http://max.book118.com/html/2012/0427/1730339.shtm）

乳糖操纵元模型提出以后，人们相继了解了许多其他的操纵元，这些操纵元都各有其特点。例如半乳糖操纵元具有双启动子结构；阿拉伯糖操纵元的调节蛋白具有正控制和负控制的双重功能；色氨酸操纵元是一个可阻遏的操纵元。

三、原核生物翻译水平的调控

前面所讲的基因表达的调控，是调控基因的转录与否以及转录量的大小，这样的调控是在转录水平上的调控。但是在翻译水平予以某些调控，可作为转录水平调节的补充，以保证基因表达调控的精确和有效。如编码区的起始点可与其调节分子直接或间接结合决定翻译起始；SD序列影响翻译起始速度；mRNA密码子的编码频率影响翻译的延伸速度。另外，mRNA分子的二级结构、自身稳定性及细胞中氨基酸的含量均可影响翻译的进行。

（一）某些蛋白分子的自我调节

有些 mRNA 编码的蛋白质产物本身可对翻译过程产生反馈调节效应。调节蛋白可结合到起始密码子上，阻断核蛋白体识别，从而阻断翻译。核蛋白体蛋白质合成的自身调节就是一个经典的调控实例。S8 是组成核蛋白体小亚基的一个蛋白质，可与 16S‐rRNA 的茎环结构结合；L5 是构成核蛋白体大亚基的一个蛋白质，其 mRNA 的 5′末端能形成一个与16S‐rRNA 的茎环结构相类似的结构；因此 S8 也能与 L5 的 mRNA 结合。当细胞中存在游离的16S‐rRNA 时，S8 与 16S‐rRNA 结合，进而启动核蛋白体的装配完成，翻译继续进行。当 16S‐rRNA 含量不足时，多余的 S8 则与 mRNA 结合，阻遏 L5 蛋白质的合成，防止 L5合成过量。

（二）SD 序列对翻译的调节

SD 序列是位于模板 mRNA 起始密码子上游 4～7 个核苷酸之前的一段富含嘌呤（如AGGAGG—）的短序列，长度一般为 5～6 个核苷酸，该序列与核蛋白体 16S‐rRNA 分子3′端的—UCCUCC—互补结合。SD 序列的顺序和位置影响翻译的起始效率。不同的 SD 序列的翻译起始效率有一定的差异，SD 序列与起始密码子 AUG 之间的距离决定翻译起始的频率，距离为 4～10 个核苷酸最好。

（三）反义 RNA 对翻译的调节

有一些细菌和病毒中存在一类可调节基因表达的 RNA，称为反义 RNA。反义 RNA 能够与特异的靶 mRNA 序列互补结合，形成一个双链区，抑制靶基因表达。原核生物反义RNA 在翻译水平的调节机制可分为三类。Ⅰ类反义 RNA 能与靶 mRNA 的 SD 序列或包括AUG 在内的部分编码区形成 RNA/RNA 二聚体，直接阻断 mRNA 的翻译起始或引起该双链 RNA 分子对 RNA 酶的敏感性增加，导致 mRNA 不稳定而被核酸酶水解。Ⅱ类反义RNA 通常与靶 mRNA 5′端的非编码区互补结合，导致 mRNA 构象改变，影响其与核蛋白体的结合，间接抑制靶 mRNA 的反义功能。Ⅲ类反义 RNA 可直接抑制靶 mRNA 的转录。另外，反义 RNA 还可与引物 RNA 互补结合抑制 DNA 复制，控制 DNA 的复制频率。

第四节　真核生物基因表达调控

原核生物操纵元调控中的一些原理也存在于真核生物基因表达中，但是，多细胞真核生物具有精确的发育程序以及大量分化的特殊细胞群，因此它需要更为多样化的调控机制，无疑远比原核生物复杂。对于大多数真核生物，基因表达调控最明显的特征是能在特定时间和特定的细胞中激活特定的基因，从而实现"预定"的、有序的、不可逆的分化和发育过程，并使生物的组织和器官在一定的环境条件范围内保持正常的生理功能。

一、真核生物基因表达调控类型

根据其性质可分为两大类，第一类是瞬时调控或称为可逆调控，相当于原核生物对环境条件变化所做出的反应。瞬时调控包括某种代谢底物浓度或激素水平升降时及细胞周期在不同阶段中酶活性和浓度调节。第二类是发育调节或称不可逆调控，这是真核生物基因表达调控的精髓，因为它决定了真核生物细胞分化、生长和发育的全过程。

根据基因调控在同一时间中发生的先后次序，又可将其分为染色体 DNA 水平的调控转录水平的调控、转录后水平的调控、翻译水平的调控及蛋白质加工水平的调控，主要包括诱发基因转录的信号、基因调控主要发生环节（模板 DNA 转录，mRNA 的成熟或蛋白质合成）、不同水平基因调控的分子机制。这三个问题是相当困难的，这是因为真核细胞基因组 DNA 含量比原核细胞多，而且在染色体上除 DNA 外还含有蛋白质、RNA 等，在真核细胞中，转录和翻译两个过程分别是在两个彼此分开的区域——细胞核和细胞质中进行。一条成熟的 mRNA 链只能翻译出一条多肽链；真核细胞 DNA 与组蛋白及大量非组蛋白相结合，只有小部分 DNA 是裸露的；而且高等真核细胞内 DNA 中很大部分是不转录的；真核生物能够有序地根据生长发育阶段的需要进行 DNA 片段重排，并能根据需要增加细胞内某些基因的拷贝数等。尽管难度很大，科学家们还是建立起多个调控模型。

二、真核生物基因组结构与原核生物基因组结构的比较

与原核生物比较，真核生物的基因组更为复杂。

（1）真核基因组比原核基因组大得多。大肠杆菌基因组约 4×10^6 bp，哺乳类基因组在 10^9 bp 数量级，比细菌大千倍；大肠杆菌约有 4 000 个基因，人则约有 10 万个基因。

（2）真核生物主要的遗传物质与组蛋白等构成染色质，被包裹在核膜内，核外还有遗传成分（如线粒体 DNA 等），这就增加了基因表达调控的层次和复杂性。

（3）原核生物的基因组基本上是单倍体，而真核基因组是二倍体。

（4）如前所述，细菌多数基因按功能相关成串排列，组成操纵元的基因表达调控的单元，共同开启或关闭，转录出多顺反子（polycistron）的 mRNA。真核生物则是一个结构基因转录生成一条 mRNA，即 mRNA 是单顺反子（monocistron），基本上没有操纵元的结构，而且真核细胞的许多活性蛋白是由相同和不同的多肽形成的亚基构成的，这就涉及多个基因协调表达的问题，真核生物基因协调表达要比原核生物复杂得多。

（5）原核基因组的大部分序列都为编码基因，而核酸杂交等试验表明，哺乳类基因组中仅约 10% 的序列为蛋白质、rRNA、tRNA 等编码，其余约 90% 的序列功能至今还不清楚。

（6）原核生物编码蛋白质的基因序列绝大多数是连续的，而真核生物编码蛋白质的基因绝大多数是不连续的，即有外显子（extron）和内含子（intron），转录后需经剪接（splicing）去除内含子，才能翻译获得完整的蛋白质，这就增加了基因表达调控的环节。

（7）原核基因组中除 rRNA、tRNA 基因有多个拷贝外，重复序列不多。哺乳动物基因组中则存在大量重复序列（repetitive sequences）。用复性动力学等试验表明有三类重复序列：①高度重复序列（highly repetitive sequences），这类序列一般较短，长 10~300 bp，在哺乳类基因组中重复 10^6 次左右，占基因组 DNA 序列总量的 10%~60%，人的基因组中这类序列约占 20%，功能还不清楚。②中度重复序列（moderately repetitive sequences），这类序列多数长 100~500 bp，重复 10^1~10^5 次，占基因组 10%~40%。例如哺乳类中含量最多的一种称为 Alu 的序列，长约 300 bp，在哺乳类不同种属间相似，在基因组中重复 3×10^5 次，在人的基因组中约占 7%，功能也不清楚。在人的基因组中 18S/28S rRNA 基因重复 280 次，5S rRNA 基因重复 2 000 次，tRNA 基因重复 1 300 次，5 种组蛋白的基因串连成簇重复 30~40 次，这些基因都可归入中度重复序列范围。③单拷贝序列（single copy sequences），这类序列基本上不重复，占哺乳类基因组的 50%~80%，在人基因组中约占 65%。绝大多数真核生物编码蛋白质的基因在单倍体基因组中都不重复，是单拷贝的基因。

由上所述，真核基因组比原核基因组复杂得多，至今人类对真核基因组的认识还很有限，即使现在国际上制订的人基因组研究计划（human gene project）完成，绘出人全部基因的染色体定位图，测出人基因组 10^9 bp 全部 DNA 序列后，要搞清楚人全部基因的功能及其相互关系，特别是要弄清基因表达调控的全部规律，还需要经历长期艰巨的研究过程。

三、真核基因表达调控特点

目前对真核基因表达调控知道还不多。与原核生物比较，真核基因表达调控具有一些明显的特点。

（一）真核基因表达调控的环节更多

如前所述，基因表达是基因经过转录、翻译，产生有生物活性的蛋白质的整个过程（图 12-7）。同原核生物一样，转录依然是真核生物基因表达调控的主要环节。但真核基因转录发生在细胞核（线粒体基因的转录在线粒体内），翻译则多在胞质，两个过程是分开的，因此其调控增加了更多的环节和复杂性，转录后的调控占有了更多的分量。

图 12-7 概括了基因表达过程。图中标出了真核细胞在分化过程中会发生基因重排（gene rearrangement），即胚原性基因组中某些基因会再组合变化形成第二级基因。例如编码完整抗体蛋白的基因是在淋巴细胞分化发育过程中，由原来分开的几百个不同的可变区基因经选择、组合、变化，与恒定区基因一起构成稳定的、特定的完整抗体蛋白编码的可表达的基因。这种基因重排使细胞可能利用几百个抗体基因的片段，组合变化而产生能编码达 108 种不同抗体的基因，其中就有复杂的基因表达调控机理。

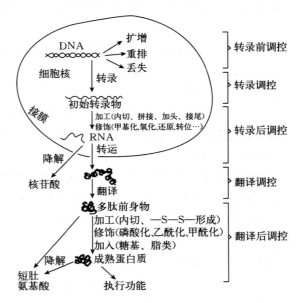

图 12-7 真核基因表达的调控
（图片来源：http://www.bioon.com/biology/molebio/57337.shtml）

此外，真核细胞中还会发生基因扩增（gene amplification），即基因组中的特定片段在某些情况下会复制产生许多拷贝。最早发现的是在蛙的成熟卵细胞受精后的发育过程中其 rRNA 基因（可称为 rDNA）可扩增 2 000 倍，以后发现其他动物的卵细胞也有同样的情况，这很显然适合了受精后迅速发育分裂要合成大量蛋白质，需要有大量核糖体。又如 MTX（methotrexate）是叶酸的结构类似物，一些哺乳类细胞会对含有利用叶酸所必需的二氢叶酸还原酶（dihydrofolate reductase，DHFR）基因的 DNA 区段扩增 40～100 倍，使 DHFR 的表达量显著增加，从而提高对 MTX 的抗性。基因的扩增无疑能够大幅度提高基因表达产物的量，但这种调控机理至今还不清楚。

（二）真核基因的转录与染色质的结构变化相关

真核基因组 DNA 绝大部分都在细胞核内与组蛋白等结合成染色质，染色质的结构、染色质中 DNA 和组蛋白的结构状态都影响转录。

1. 染色质结构影响基因转录　细胞分裂时大部分的染色体到间期时松开分散在核内，称为常染色质，松散的染色质中的基因可以转录。染色体中的某些区段到分裂期后不像其他部分解旋松开，仍保持紧凑折叠的结构，在间期核中可以看到其浓集的斑块，称为异染色质，其中从未见有基因转录表达；原本在常染色质中表达的基因如移到异染色质内也会停止表达；哺乳类雌性体细胞有两条 X 染色体，到间期一条变成异染色质，这条 X 染色体上的基因就全部失活。可见紧密的染色质结构阻止基因表达。

2. 组蛋白的作用　早期体外试验观察到组蛋白与 DNA 结合阻止 DNA 上基因的转录，去除组蛋白基因又能够转录。组蛋白是碱性蛋白质，带正电荷，可与 DNA 链上带负电荷的磷酸基相结合，从而遮蔽了 DNA 分子，阻碍了转录，可能扮演了非特异性阻遏蛋白的作用；染色质中的非组蛋白成分具有组织细胞特异性，可能消除组蛋白的阻遏，起到特异性的去阻遏促转录作用。

发现核小体后，进一步观察核小体结构与基因转录的关系，发现活跃转录的染色质区段，有富含赖氨酸的组蛋白（H1 组蛋白）水平降低，H2A · H2B 组蛋白二聚体不稳定性增加、组蛋白乙酰化和泛素化，以及 H3 组蛋白巯基化等现象，这些都是核小体不稳定或解体的因素或指征。转录活跃的区域也常缺乏核小体的结构。这些都表明核小体结构影响基因转录。

3. 转录活跃区域对核酸酶作用敏感度增加　染色质 DNA 受 DNase I 作用通常会被降解成 100 bp、400 bp…的片段，反映了完整的核小体规则的重复结构。但活跃进行转录的染色质区域受 DNase I 消化常出现 100～200 bp 的 DNA 片段，且长短不均一，说明其 DNA 受组蛋白掩盖的结构有变化，出现了对 DNase I 高敏感点（hypersensitive site）。这种高敏感点常出现在转录基因的 5′端、3′端或在基因上，多在调控蛋白结合位点的附近，分析该区域核小体的结构发生变化，可能有利于调控蛋白结合而促进转录。

4. DNA 拓扑结构变化　天然双链 DNA 的构象大多是负性超螺旋。当基因活跃转录时，RNA 聚合酶转录方向的前方 DNA 构象是正性超螺旋，其后面的 DNA 为负性超螺旋。正性超螺旋会拆散核小体，有利于 RNA 聚合酶向前移动转录；负性超螺旋则有利于核小体的再形成。

5. DNA 碱基修饰变化　真核生物 DNA 中的胞嘧啶约有 5% 被甲基化为 5 -甲基胞嘧啶（5 - methylcytidine，m^5C），而活跃转录的 DNA 片段中胞嘧啶甲基化程度常较低。这种甲基化最常发生在某些基因 5′端的 CpG 序列中，试验表明这段序列甲基化可使其后的基因不能转录，甲基化可能阻碍转录因子与 DNA 特定部位的结合从而影响转录。如果用基因打靶的方法除去主要的 DNA 甲基化酶，小鼠的胚胎就不能正常发育而死亡，可见 DNA 的甲基化对基因表达调控是重要的。

（三）真核基因表达以正调控为主

原核生物基因表达有负调控和正调控，而真核生物基因表达以正调控为主，因为真核 RNA 聚合酶对启动子的亲和力很低，基本上不依靠自身来起始转录，需要依赖多种激活蛋白的协同作用。真核基因调控中虽然也发现有负性调控元件，但其存在并不普遍；真核基因转录表达的调控蛋白也有起阻遏或激活作用或兼有两种作用者，但总的是以激活蛋白的作用为主。即多数真核基因在没有调控蛋白作用时是不转录的，需要表达时就要有激活的蛋白质来促进转录。

四、真核生物基因表达调控元件

（一）顺式作用元件可直接影响基因转录活性

根据顺式作用元件在基因中的位置、转录激活作用的性质及发挥作用的方式，可将真核基因的这些功能元件分为启动子、增强子、绝缘子及沉默子等。

1. 启动子 与原核生物启动子的含义相同，但真核启动子间不像原核那样有明显共同一致的序列，而且单靠 RNA 聚合酶难以结合 DNA 而启动转录，需要多种蛋白质因子的相互协调作用，比原核更复杂、序列也更长。真核启动子一般包括转录起始点及其上游 100～200 bp 序列，包含有若干具有独立功能的 DNA 序列元件，每个元件长 7～30 bp。最常见的哺乳类 RNA 聚合酶 II 启动子中的元件序列见表 12-1。

表 12-1 哺乳类 RNA 聚合酶 II 启动子中常见的元件

元件名称	共同序列	结合 DNA 的长度	蛋白质因子
TATA 盒	TATAAAA	～10 bp	TBP
GC 盒	GGGCGG	～20 bp	SP1
CAAT 盒	GGCCAATCT	～22 bp	CTF/NF1
Octamer	ATTTGCAT	～20 bp	Oct-1
Octamer	ATTTGCAT	23 bp	Oct-2
κB	GGGACTTTCC	～10 bp	NFKB
ATF	GTGACGT	～20 bp	ATF

启动子包括至少一个转录起始点以及一个以上的功能组件。在这些功能组件中最具典型意义的就是 TATA 盒，控制转录起始的准确性及频率。典型的启动子由 TATA 盒及上游的 CAAT 盒和（或）GC 盒组成，这类启动子通常具有一个转录起始点及较高的转录活性。然而，还有很多启动子并不含 TATA 盒，这类启动子分为两类：一类为富含 GC 的启动子，GC 框，位于 -80～-110 bp 处的 GCCACACCC 或 GGGCGGG 序列；这类启动子包括一个或数个分离的转录起始点。另一类启动子既不含 TATA 盒，也没有 GC 富含区，这类启动子可有一个或多个转录起始点，但多数转录活性很低或根本没有转录活性，而是在胚胎发育、组织分化或再生过程中受调节。

2. 增强子 增强子就是远离转录起始点，决定基因的时间、空间特异性表达，增强启动子转录活性的 DNA 序列。增强子由若干组件构成，基本核心组件常为 8～12 bp，可以单拷贝或多拷贝串联形式存在。作为基因表达的重要元件，增强子具有以下功能及特征：①增强子与被调控基因位于同一条 DNA 链上，属于顺式作用元件。通常以单拷贝或多拷贝串联形式存在。②增强子增强效率十分明显，一般可使基因的转录效率提高 10～200 倍，甚至上千倍。③增强子的作用与其序列的正反方向及其位置无关。将增强子方向倒置依然能起作用；增强子可以在基因的上游或下游起作用，个别情况下可以调控 30 kb 以外的基因。④增强子要有启动子才能发挥作用，没有启动子存在增强子不能表现活性。相反，没有增强子存在，启动子通常不能表现活性；但增强子对启动子没有严格的专一性，同一增强子可以影响不同类型启动子的转录。例如当含有增强子的病毒基因组整合入宿主细胞基因组时，能够增强整合区附近宿主某些基因的转录；当增强子随某些染色体片段移位时，也能提高移到新位置周围基因的转录。使某些癌基因转录表达增强，可能是肿瘤发生的因素之一。⑤增强子的作用机理虽然还不明确，但与其他顺式调控元件一样，必须与特定的蛋白质基因结合后才能发挥增强转录的作用。增强子一般具有组织或细胞特异性，许多增强子只在某些细胞或组织中表现活性，是由这些细胞或组织中具有的特异性蛋白质因子所决定的。

3. 绝缘子 绝缘子是一类染色质结构域边界的 DNA 序列，其功能是作为中性屏障，阻止邻近基因元件或周围致密染色质的影响，使被保护的基因得以在正常的时间和空间进行表达。绝缘子长几百个碱基对，通常位于启动子正调控元件或负调控因子之间。绝缘子本身对基因的表达既没有正效应，也没有负效应，其作用只是不让其他调控元件对基因的活化效应或失活效应发生作用。绝缘子是一类不同于增强子和沉默子的顺式元件，它是通过阻断邻近的调控元件与其所界定的启动子之间的相互作用而起作用的；同时绝缘子抑制增强子的功能是有极性的，即它只能抑制处于绝缘子所在边界另一侧的增强子的作用，而对处于同一结构域的增强子没有作用。

4. 沉默子 沉默子与启动子作用相反，是位于一个基因或一组基因任一方向、与基因相隔一定距离的、可以降低转录速度的调控序列，是参与基因表达负调控的一种元件，是在研究 T 淋巴细胞的 T 抗原受体（TCR）基因表达调控时发现的，不受距离和取向的限制。当其结合特异蛋白因子时，对基因转录起阻遏作用。

（二）转录调节因子是真核基因转录调控的关键因子

除 RNA 聚合酶外，在真核转录过程中还需要蛋白质因子参与转录起始和延伸，这些蛋白质因子称为转录调节因子（简称转录因子）。转录调节因子是一种具有特殊结构、行使调控基因表达功能的蛋白质分子，也称为反式作用因子。

1. 转录调节因子的分类 转录因子是一类能够与顺式作用元件特异结合并启动转录的调节蛋白。按照其功能可以分为：①基本转录因子，是 RNA 聚合酶结合启动子所必需的一组因子，为所有 mRNA 转录启动共有；②特异转录因子，为个别基因转录所必需，决定该基因的时间、空间特异性表达，包括转录激活因子和抑制因子。

2. 转录调节因子的功能

（1）能识别启动子、启动子近侧元件和增强子等顺式元件中的特异靶序列，如转录因子 TFⅡD 能识别和结合 TATA 盒，转录因子 Spl 能识别和结合 GC 盒，CTF1 能识别和结合 CAAT 盒。RNA 聚合酶本身不能有效地启动或不能启动转录，只有当转录调节因子与相应的顺式元件结合后才能启动或有效启动转录。这种对基因转录启动的调控是通过结合在不同顺式元件上的转录调节因子之间或转录调节因子与 RNA 聚合酶之间的相互作用而实现的。

（2）与配基结合。

（3）与其他蛋白质相互作用。

3. 转录调节因子的结构 转录调节因子具有两个必需的结构域：一个是能与顺式元件结合的 DNA 结构域，能识别特异的 DNA 序列；另一个是转录激活结构域，其功能是与其他转录调节因子或 RNA 聚合酶结合。

（1）DNA 结构域：通常由 60～100 个氨基酸残基组成。各种转录因子的 DNA 结构域中常含有一些特征性结构。

①"锌指"DNA 结合基序（zinc finger motif）："锌指"基序是个蛋白质结构域，由重复的半胱氨酸和组氨酸或重复的半胱氨酸在一个金属锌离子四侧形成一个四面体的排列。基序因在锌结合位点突出的氨基酸环的形状如同手指，所以称为"指"结构。这种蛋白质结构域是同 DNA 或 RNA 结合的部位。根据锌指结构中配位的半胱氨酸（C）和组氨酸（H）的数目和位置，可将指状结构分为 C2H2 型和 C4 型。C2H2 型指 2 个半胱氨酸（C）和 2 个组氨酸（H）被 12 个氨基酸构成的环隔开，0 突出在蛋白质表面。C4 型是由数目不等的半胱氨酸同金属锌离子螯合。一个蛋白分子也可能存在 2 种指状结构（图 12-8）。

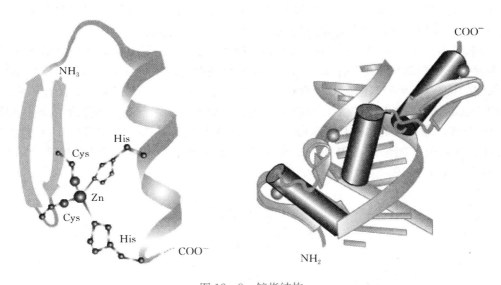

图 12-8 锌指结构

（图片来源：http：//www.mdjmu.cn/jcb/shwz/wlkc/bjjc/bjjc _ 20/5 _ 2.htm）

② 亮氨酸拉链（leucine zipper）：是由伸展的氨基酸组成，每 7 个氨基酸中的第 7 个氨基酸是亮氨酸，亮氨酸是疏水性氨基酸，排列在 α 螺旋的一侧，所有带电荷的氨基酸残基排在另一侧。当 2 个蛋白质分子平行排列时，亮氨酸之间相互作用形成二聚体，形成 "拉链"（图 12-9）。在 "拉链" 式的蛋白质分子中，亮氨酸以外带电荷的氨基酸形式同 DNA 结合。有些反式因子要形成二聚体后才能发挥作用，二聚体可以是同二聚体（homodimer，即由两个相同的反式因子组成），也可以是异二聚体（heterodimer，即由两个不同的反式因子组成）。亮氨酸拉链对二聚体的形成是必需的，但不直接参与和 DNA 的相互作用，参与和DNA 结合的是 "拉链" 区以外的结构。

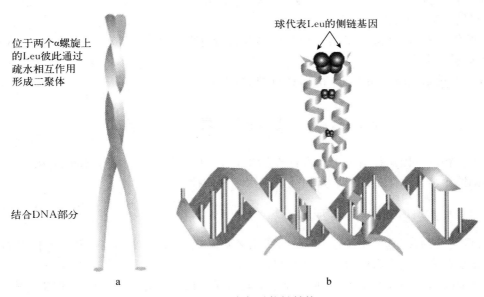

图 12-9 亮氨酸拉链结构

a. 两个 α 螺旋通过螺旋中的亮氨酸拉链区形成倒 Y 形二聚体

b. 亮氨酸拉链二聚体结合 DNA 双螺旋的大沟亮氨酸拉链基元以及与 DNA 的结合模式

（图片来源：http：//www.mdjmu.cn/jcb/shwz/wlkc/bjjc/bjjc _ 20/5 _ 3.htm）

需要注意的是，亮氨酸拉链结构并非是 DNA 结合蛋白所特有的，它也存在于一些其他的蛋白中，如葡萄糖转运蛋白、K⁺ 通道蛋白等。

③ 螺旋-环-螺旋（helix - loop - helix）：这种结构也和亮氨酸拉链一样与形成反式因子二聚体有关。控制多细胞生物体有关基因表达的反式因子往往具有这种结构。这种结构具有比较保守的含有 50 个氨基酸残基的肽段，既含有与 DNA 结合的结构，又含有形成二聚体的结构，这部分肽段能形成两个较短的 α 螺旋，两个 α 螺旋之间有一段能形成环状的肽链，α 螺旋是兼性，即具有疏水面和亲水面（上述亮氨酸拉链也是兼性 α 螺旋）。两个具有螺旋-环-螺旋的反式因子能形成二聚体，二聚体的形成有利于反式因子的 DNA 结合结构域与DNA 结合（图 12 - 10）。

图 12 - 10　螺旋-环-螺旋结构

（图片来源：http：//www.mdjmu.cn/jcb/shwz/wlkc/bjjc/bjjc_20/5_4.htm）

（2）转录激活域：由 30～100 个氨基酸残基组成。根据氨基酸组成特点，转录激活域可分为以下几种。

① 酸性激活域：是一段富含酸性氨基酸的保守序列，常形成带负电荷的 β 折叠，通过与 TFⅡD 的相互作用协助转录起始复合物的组装，促进转录。

② 谷氨酰胺富含区域：其 N 末端的谷氨酰胺残基含量可高达 25% 左右，通过与 GC 盒结合发挥转录激活作用。

③ 脯氨酸富含区域，C 末端的脯氨酸残基含量可高达 20%～30%，通过与 CAAT 盒结合来激活转录。

④ 二聚化结构域，与 bZIP 和 bHLH 模体结构有关。

五、真核生物的基因表达调控模式

真核生物的基因调控有五个层次：染色体 DNA 水平的调控、转录水平的调控、转录后水平的调控、翻译水平的调控和蛋白质加工水平的调控。

（一）染色体 DNA 水平的基因调控

真核生物的有些基因是经过 DNA 的变化来调控的。DNA 变化包括基因的扩增和丢失、重排或化学改变，其中有些改变是可逆的。

1. 基因剂量、基因扩增与丢失　细胞中有些基因的需要量比另一些大得多，细胞保持这种特定比例的方式之一是基因剂量。例如，有 A、B 两个基因，假如它们的转录、翻译效率相同，若 A 基因拷贝数比 B 基因多 20 倍，则 A 基因产物也多 20 倍。组蛋白基因是基因剂量效应的一个典型实例，为了合成大量组蛋白用于形成染色质，多数细胞含有数百个组蛋白基因拷贝。

另一种改变基因数量而调节基因表达的方式称为基因扩增。基因扩增是细胞短期内大量产生出某一基因拷贝的一种非常手段。基因剂量也可经基因扩增临时增加。两栖动物如蟾蜍的卵母细胞很大，是正常体细胞的一百万倍，需要合成大量核糖体。核糖体含有 rRNA 分子，基因组中的 rRNA 基因数目远远不能满足卵母细胞合成核糖体的需要。所以在卵母细胞发育过程中，rRNA 基因数目临时增加了 4 000 倍。卵母细胞的前体同其他体细胞一样，含有约 600 个 18S 和 28S rRNA 基因（rDNA）。在基因扩增后，rRNA 基因拷贝数高达 2×10^6。这个数目可使得卵母细胞形成 $10 \sim 12$ 个核糖体，以满足胚胎发育早期蛋白质合成的需要。当胚胎期开始时这些染色体外的 rDNA 拷贝即失去功能并逐渐消失。

在基因扩增之前，这 600 个 rDNA 基因以串联方式排列。在发生扩增的 3 周时间里，rDNA 不再是一个单一连续 DNA 片段，而是形成大量小环及复制滚环，以增加基因拷贝数目。这种 rRNA 基因扩增发生在许多生物的卵母细胞发育中，包括鱼、昆虫和两栖类动物。目前对这种基因扩增的机制并不清楚。

除了 rDNA 的专一性扩增以外，还发现果蝇的卵巢囊泡细胞中的绒毛膜蛋白质基因在转录之前也先进行专一性的扩增。通过这一手段，细胞在很短的时间内积累起大量的基因拷贝，从而合成出大量的绒毛膜蛋白质。

在某些线虫、原生动物、甲壳动物发育过程中的体细胞有遗传物质丢失现象。所谓基因丢失是指在发育过程中一些体细胞失去了某些基因，这些基因便永不表达，这是一种极端形式的不可逆的基因调控。在这些生物中，只有生殖细胞才保留着该种生物基因组的全套基因。例如在马副蛔虫（*Ascaris megacephala*）卵裂的早期就发现有染色体的丢失现象。蜜蜂的工蜂和蜂后是二倍体，而单倍体则发育成为雄蜂。这也可以认为是一种通过染色体丢失的基因调控。

2. 染色体上 DNA 序列的重排　真核生物基因组中的 DNA 序列可发生重排，这种重排是由特定基因组的遗传信息决定的，重排后的基因序列转录成 mRNA，翻译成蛋白质，在真核生物细胞生长发育中起关键作用。因此，尽管基因组中的 DNA 序列重排并不是一种普通方式，但它是有些基因调控的重要机制。

（1）酵母交配型转换：啤酒酵母交配型转换是 DNA 重排的结果。酵母菌有两种交换型，分别表示为 a 和 α。单倍体 a 和 α 之间配合才能产生二倍体 a/α，经减数分裂及产孢过程形成单倍体四分子，其中 a 和 α 的孢子的比例为 2：2。如果单独培养基因型 a 和 α 的孢子，由于仅有与亲代相同的交配型基因型，所以形成的孢子之间不能发生交配。但酵母菌中有一种同宗配合交配类型，其细胞可转换成对应的交配类型，使细胞之间可发生配合（图 12 - 11）。

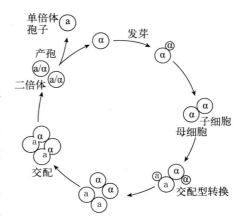

图 12 - 11　酵母菌的交配型转换
（图片来源：http://w3.hevttc.edu.cn/ycx/dzjc/chapter8/2 - 3 - 1.htm）

起始的单倍体孢子（这里是 α）发育成一个母细胞及一个芽细胞，芽细胞再长成子细胞。在下一次分裂后，这个母细胞及新形成的子细胞转换成对应的交配型 a，结果是两个 α 和两个 a 型细胞。相对应交配型细胞融合形成 a/α 二倍体合子（交配）。再经有丝分裂及产孢过程又形成单倍体孢子。这种交配型转换的基础是遗传物质的重排。

在红色面包霉及其他真菌中出现的四分孢子异常比例，也是重组后产成的基因转换形成的。

（2）动物抗体基因重排：一个正常哺乳动物可产生 10^8 个以上不同的抗体分子，每一种抗体具有与抗原结合的能力。抗体是蛋白质，每一种特异抗体具有不同的氨基酸序列。如果抗体的遗传表达是一个基因编码一条多肽链，那么一个哺乳动物就需要 10^8 个以上的基因来编码抗体，这个数目至少是整个基因组中基因数目的 1 000 倍。这是不可能实现的！抗体包括两条分别约 440 个氨基酸的重链（heavy chain，H）和两条分别约 214 个氨基酸的轻链（light chain，L）。不同抗体分子的差别主要在重链和轻链的氨基端（N 端），故将 N 端称为变异区（variable region，V），N 端的长度约为 110 个氨基酸。不同抗体羧基端（C 端）的序列非常相似，称为恒定区（constant region，C）。抗体的轻链、重链之间和两条重链之间由二硫键连接，形成一种四链（H2L2）结构的免疫球蛋白分子。具体结构如图 12-12 所示。

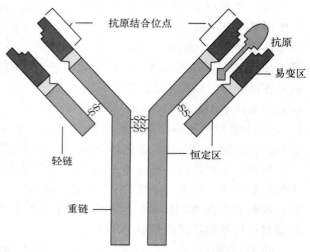

图 12-12　抗体的基本结构

（图片来源：http：//baike.baidu.com/link？url＝Xujyy _ AaOY7zb4g _ PY6B70WQSfr7FASNDLEi5Pct8GTDDw－3RPQ－ MzPu2wudPyE9）

在人类基因组中，所有抗体的重链和轻链都不是由一个完整的抗体基因编码的，而是由不同基因片段经重组后形成的。其中重链包括 4 个片段，轻链包括 3 个片段。

人的第 14 号染色体上具有 86 个重链变异区片段（VH）、30 个多样区片段（diverse，D）、9 个连接区片段（jointing，J）以及 11 个恒定区片段（C）（表 12-2）。轻链的变异区（VL）、连接区（J）和恒定区分别位于第 2 号（Kappa 轻链，κ）和第 22 号（Lambda 轻链，λ）染色体上。随着 B 淋巴细胞的发育，基因组中的抗体基因在 DNA 水平发生重组，形成编码抗体的完整基因。

表 12-2　人类基因组中抗体基因片断

抗体组成	基因座	所在染色体	基因片断数目			
			V	D	J	C
重链	IGH	14	86	30	9	11
Kappa 轻链（κ）	IGK	2	76	0	5	1
Lambda 轻链（λ）	IGL	22	52	0	7	7

在每一个重链分子重排时，首先 V 区段与 D 区段连接，然后与 J 区段连接，最后与 C 区段连接，形成一个完整的抗体重链基因。每一个淋巴细胞中只有一种重排的抗体基因。以类似的重排方式形成完整的抗体轻链基因。重链和轻链基因转录后，翻译成蛋白质，由二硫键连接，形成抗体分子。由于抗体基因重排中各个片段之间的随机组合，因此可以从约 300 个抗体基因中产生 108 个抗体分子。

3. DNA 甲基化和去甲基化　在真核生物 DNA 分子中，少数胞嘧啶碱基第 5 碳上的氢被一个甲基取代，使胞嘧啶甲基化。甲基化多发生在 CG 二核苷酸对上，有时 CG 二核苷酸对上的两个 C 都甲基化，称为完全甲基化。只有一个 C 甲基化称为半甲基化。甲基化酶可识别这种半甲基化 DNA 分子，使另一条链上的胞嘧啶也甲基化（图 12-13）。

把甲基化和未甲基化的病毒 DNA 或细胞核基因分别导入活细胞，已甲基化的基因不表达，而未甲基化的能够表达。活跃表达的基因都是甲基化不足的基因。表达活性与甲基化程度呈负相关。甲基化的程度可以在转录的充分激活和完全阻遏之间起调节作用。

某些玉米 Ac 转座因子在没有任何 DNA 序列变化的情况下，失去了转座酶基因活性，

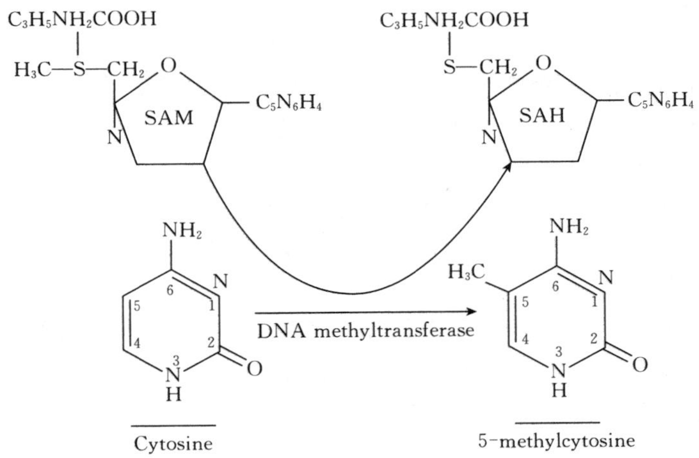

图 12-13 DNA 甲基化示意图

(图片来源：http://wenku.baidu.com/view/1ac242addd3383c4bb4cd2a1.html? re=view)

就是因为这个基因的富含 CG 区域发生了高度甲基化。经化学处理去甲基化后，又可使转座酶基因活性恢复。

（二）转录水平的调控

关于这一调控机制，现有两种假说：一种假说认为，真核基因与原核基因相同，均拥有直接作用在 RNA 聚合酶上或聚合酶竞争 DNA 结合区的转录因子；另一种假说认为，转录调控是通过各种转录因子及反式作用蛋白对特定 DNA 位点的结合与脱离引起染色质构象的变化来实现的。

许多真核生物基因编码关键代谢酶或细胞组成成分，这些基因常在所有细胞中都处于活性态。这种组成型表达的基因称为管家基因（house keeping gene）。另一些基因的表达则因细胞或组织不同而异，只在某些特定的发育时期或细胞中才高效表达。这类基因的表达调控通常发生在转录水平。

真核生物转录起始水平调控主要有以下 3 种因素的相互作用：RNA 聚合酶、顺式调控元件和反式作用因子。由于基因转录是由 RNA 聚合酶催化完成的，因此转录水平的调控实质上是对 RNA 聚合酶转录活性的调节。真核生物有三种 RNA 聚合酶，RNA 聚合酶Ⅰ、Ⅱ和Ⅲ，分别负责三类基因的转录。与 RNA 聚合酶Ⅰ、Ⅱ和Ⅲ相应的转录因子分别称为 TFⅠ、TFⅡ、TFⅢ，对 TFⅡ研究最多。RNA 聚合酶Ⅰ定位在核仁，负责 rRNA 基因的转录。RNA 聚合酶Ⅱ定位在核质，负责产生 mRNA 前体，即核不均一 RNA——hnRNA。RNA 聚合酶Ⅲ定位在胞质，负责 tRNA、5S RNA、Alu 序列和其他小 RNA 的生成。细胞器的 RNA 聚合酶与细菌的 RNA 聚合酶相似。

1. mRNA 转录激活及其调节 真核 RNA 聚合酶Ⅱ不能单独识别、结合启动子，而是先由基本转录因子 TFⅡD 组成成分 TBP 识别 TATA 盒或启动元件，并有 TFⅡA 参与结合，形成 TF D-启动子复合物；继而在 TGⅡAF 等参与下，RNA 聚合酶Ⅱ与 TFⅡD、TFⅡB 聚合，形成一个功能性的前起始复合物。在几种基本转录因子中，TFⅡD 是唯一具有位点特异的 DNA 结合能力的转录因子，在上述有序的组装过程起关键性指导作用。这样形成的前起始复合物尚不稳定，也不能有效启动 mRNA 转录。然后由结合在增强子上的转录激活因子直接或间接与 TFⅡD 结合，从而影响前起始复合物的形成、稳定性以及 RNA 聚合酶的活性。

不同基因由不同的上游启动子元件组成，能与不同的 TF 结合，这些 TF 通过与基础的转录复合体作用而影响转录的效率。现在已经发现有许多不同的转录因子，看到的现象是：同一 DNA 序列可被不同的蛋白因子所识别；能直接结合 DNA 序列的蛋白因子是少数，但不同的蛋白因子间可以相互作用，因而多数转录因子是通过蛋白质-蛋白质间作用与 DNA 序列联系并影响转录效率的。转录因子之间或转录因子与 DNA 的结合都会引起构象的变化，从而影响转录的效率。

2. 选择性启动子调控　有些真核生物基因具有两个或两个以上的启动子，用于在不同细胞中表达。不同启动子可产生不同的初级转录产物和相同的蛋白质编码序列。果蝇的乙醇脱氢酶基因是一个典型的例子。

3. 激素的调控作用　双翅目昆虫幼虫的唾腺细胞内有巨大的唾腺染色体，其上的横带被认为相当于基因或操纵元。在幼虫发育的不同阶段，可以看到一个或几个横带发生疏松现象，即染色丝高度松散而不缠绕。同位素标记试验证明，疏松区出现大量新合成的 mRNA。疏松出现的时间和部位随着发育阶段而顺序消长。

更为直接的证据是用蜕皮激素注入摇蚊四龄幼虫体内，15～30 min 后，在唾腺染色体 I 的 18 区 C 段形成疏松。大约 1 h 后，疏松体积扩大到最大限度。正常情况下，摇蚊幼虫或蛹蜕皮时，正是在 I-18-C 区段出现疏松。说明蜕皮激素影响该部位基因的活性。

类固醇是疏水性很强的化合物，可经扩散通过质膜进入细胞。在细胞中，类固醇与其受体结合形成二聚体。而类固醇受体本身是一组转录因子，具有与 DNA 结合的保守序列。这种二聚体一旦与目的基因启动子结合，即可直接启动目的基因转录。而且，类固醇受体必须在类固醇存在时，才能与 DNA 结合，启动基因转录。

（三）转录后水平的调控

真核生物的基因表达调控在转录后层次上不同于原核生物。一方面是由于两者的转录产物在剪切、修饰等成熟加工过程有很大的差异，另一方面是由于真核生物 RNA 转录产物要由胞核被运送到胞质中执行功能。因此对 mRNA 前体的剪接和加工、mRNA 的稳定性及其降解过程、mRNA 前体的选择性剪接及 RNA 编辑等多个环节的调控，是真核细胞转录后调控的重要环节。

1. hnRNA 加工成熟环节　编码蛋白质的基因转录的初级产物是 hnRNA，转录后需要在细胞核内进行一系列的加工修饰，才能成为成熟的有功能的 mRNA，加工过程包括 mRNA 的 5′端加"帽子"、3′端加 polyA、剪接、碱基修饰和 RNA 编辑等。其中剪接和 RNA 编辑对某些基因的调控有一定意义。

2. mRNA 的稳定性调节　mRNA 是蛋白质合成的模板，其稳定性直接影响基因表达产物的数量。因此，通过控制 mRNA 的稳定性就可以控制蛋白质合成量。真核生物 mRNA 的半衰期差别很大，有的长达数小时，有的则只有几分钟甚至更短。一般而言，半衰期短的 mRNA 多编码调节蛋白。影响 mRNA 稳定性的主要因素有 5′端的"帽子"结构和 3′端 polyA 尾结构。"帽子"结构可以增加 mRNA 的稳定性，使得 mRNA 免于 5′核酸外切酶的降解，从而延长 mRNA 的半衰期。此外，帽子结构还可以通过与相应的帽子结合蛋白结合而提高翻译效率，并可参与 mRNA 细胞核向细胞质的转运。polyA 及其结合蛋白可以防止 3′核酸外切酶降解 mRNA，增加了 mRNA 的稳定性。如果 3′末端缺少 polyA，mRNA 分子很快被降解。polyA 还参与翻译的起始过程，亦有实验证明，mRNA 的细胞质定位信号有些也位于 3′非翻译序列上。

3. mRNA 前体的选择性剪接和修饰

（1）选择性剪接或可变剪接：同一个 mRNA 前体分子，可在不同的剪接位点发生剪接反应，在不同细胞中可以用不同方式切割加工，形成不同的成熟 mRNA 分子，使翻译成的蛋白质在含量或组成上都可能不同，是生物进化过程中增加生物遗传信息的复杂性、经济而有效地利用遗传信息以有利于生存的一种途径。例如，老鼠 α-淀粉酶基因，由于 RNA 内含子的切割位置不同使来自同一基因的转录产物产生不同 mRNA 分子（图 12-14）。α-淀粉酶基因的编码序列从外显子 2 中第 50 bp 处开始，与外显子 3 及其他外显子连接。在腺体中，外显子 S 与 2 连接（外显子 L 作为内含子同 1 和 2 一起被切割掉了）。在肝脏中，外显子 L 与 2 连接，而外显子 S 与内含子 1 及前导序列 L 一起被切割掉了。这样加工以后，外显子 S 和 L 分别成为腺体和肝脏 mRNA 的前导序列，形成的不同 mRNA 以不同速率翻译成蛋白质。类似这种选择性切割机制常见于鸡和果蝇肌球蛋白的合成。

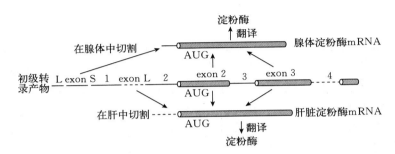

图 12-14 老鼠 α-淀粉酶 mRNA 在腺体和肝脏细胞中的不同切割方法

（图片来源：http://biobar.hbhcgz.cn/Article/ShowArticle.asp? ArticleID=491）

（2）甲基化：mRNA 的甲基化主要是生成 6-甲基腺嘌呤，修饰的碱基主要出现在 5′Apm6ApC3′ 和 5′Gpm6ApC3′ 这两种序列中。mRNA 的甲基化可能发生在剪接生成 mRNA 之前。

（3）RNA 编辑：在生成 mRNA 分子后，通过核苷酸的插入、缺失或置换，改变来自 DNA 模板的遗传信息，翻译生成不同于模板 DNA 所规定的氨基酸序列。

4. 小分子 RNA 可引起基因转录后沉默　在动物和植物细胞中，有一类很小的 RNA，由于互补序列的存在，因而能够与目的 mRNA 序列互补结合，导致 mRNA 的降解或翻译抑制，称为转录后基因沉默。目前已知的具有转录后基因沉默作用的小 RNA 有单链微小 RNA（miRNA）和双链小干扰 RNA（siRNA）两大类。

（1）miRNA 介导的转录后沉默：miRNA 由 RNA 聚合酶 II 催化非蛋白编码的基因转录生成的前体产物加工而成。这种转录前体长度为 70～90 bp，含有形成发卡结构的序列，经 Dicer 酶剪切后形成 21～25 bp 不完全配对的双链 miRNA，随后双链打开，其中一条与其他蛋白质组装成 RNA 诱导的转录后沉默复合体（RISC），称为成熟的 miRNA。RISC 通过与其靶 mRNA 分子的 3′端非编码序列互补结合，以一种未知机制抑制该 mRNA 分子的翻译，或诱导 RISC 中的核酸内切酶降解结合的靶 mRNA 使外源 miRNA 基因沉默。而另一条 miRNA 立即被降解。

（2）小干扰 RNA 介导的转录后沉默：细胞内存在一类双链 RNA，在特定情况下通过一定的酶切机制，成为具有特定长度和特定序列的小片段干扰 RNA（siRNA）。这种小双链 siRNA 的 3′端通常有 2 个核苷酸单独伸出，可参与 RISC 的组成，与特异的靶 mRNA 完全互补结合，诱导相关酶切割，降解 mRNA，阻断翻译起始。这种由 siRNA 介导的基因表达抑制作用称为 RNA 干扰。RNAi 实际上是利用其核酸酶活性使 mRNA 降解，在转录后水平发生的一种基因表达调控机制。

（四）翻译水平的调控

蛋白质合成翻译阶段的基因调控有三个方面：蛋白质合成起始速率的调控、mRNA 的识别、激素等外界因素的影响。

蛋白质合成起始反应中要涉及核糖体、mRNA 蛋白质合成起始因子可溶性蛋白及 tRNA，这些结构和谐统一才能完成蛋白质的生物合成，mRNA 则起着重要的调控功能。

在真核生物的许多组织或细胞中，经转录的 mRNA 受抑制不能翻译成多肽，以失活的状态储存。例如，植物的种子可以储存多年，一旦条件适合，立即可以发芽。在种子萌发的最初阶段，蛋白质合成活跃，但是却没有 mRNA 的合成。20 世纪 50 年代，在辽宁省新金县出土的莲子，已经在地下埋没了一千多年，播种后仍然能够发芽开花。动物中也有这样的情况。海胆卵内的 mRNA 在受精前是不翻译的，一旦受精，蛋白质的合成立即开始。

（五）蛋白质加工水平的修饰

从 mRNA 翻译成蛋白质，并不意味着基因表达的调控就结束了。直接来自核糖体的线状多肽链是没有功能的，必须经过加工才具有活性。在蛋白质翻译后的加工过程中，还有一系列的调控机制。对新生肽链的水解和运输，可以控制蛋白质浓度在特定部位或亚细胞器保持合适的水平，许多蛋白质在合成后需要进行共价修饰才具有功能活性，如磷酸化与去磷酸化、甲基化与去甲基化等。每一种蛋白质都有自己特定的作用部位，因此，分泌性蛋白信号肽分选、运输与定位也是决定蛋白质发挥生物学功能的重要影响因素。

思考题 ◇

（1）名词解释：

结构基因　操纵基因　调控基因　反式调控

（2）简述基因表达调控的生物学意义。

（3）比较真核和原核生物的基因表达和基因表达调控相似和不同之处。

（4）论述启动子、增强子和转录因子的概念、结构、功能及其相互关系。

（5）为什么说转录起始的调控是基因表达调控的中心环节？

（6）举例说明操纵元的组成元件及其作用，并分析可阻遏的操纵元和可诱导的操纵元的调控方式。

（7）举例说明基因表达的组织特异性和阶段特异性。

（8）结合乳糖操纵子（元）结构说明其工作原理。

（9）简述原核基因表达调控的特点。

（10）简述真核基因转录因子分类及功能。

（11）为什么说转录激活是基因表达调控的基本环节？

（12）根据你的理解，解释阻遏蛋白在原核基因表达调控中的普遍意义。

（13）根据你的理解，解释正性调节在真核基因表达调控中的普遍意义。

第十三章 基因组学与生物信息学基础

不同的动物含有不同的基因组信息。基因组是一个生物物种所有不同核酸分子的总和。通过基因组测序解码基因组信息以及探索基因组序列对现代遗传学和动物遗传育种的影响是本章的研究内容之一。基因组学（genomics）是在全基因组范围内研究基因的结构、组成、分类、功能，相关基因的表达和调控，和不同物种间的进化关系，因而涉及大范围高通量数据收集和分析。基因组学的研究发展目前可以分为：结构基因组学、功能基因组学和比较基因组学。生物信息学（bioinformatics）是以计算机为工具对生物信息进行储存、检索和分析的科学。生物信息学从基因组序列出发，分析序列中表达的结构功能，使海量的数据成为有用的信息和知识。

第一节　基因组的概念和特征

一、基因组的概念

基因组一词系由德国汉堡大学 H. Winkler 教授于 1920 年首创。最初是指生物的整套染色体所含有的全部 DNA 序列。现在一般认为，基因组即指生物所具有的携带遗传信息的遗传物质的总和，包括所有的基因和基因间区域。如人类基因组包含了细胞核染色体（常染色体和性染色体）及线粒体 DNA 所携带的所有遗传物质，其中核基因组大约有 28.5 亿个碱基对，2 万～2.5 万个蛋白编码基因，这些编码区仅占整个基因组很少一部分（不到 3%），而大部分为非编码区。

1. 真核生物基因组

（1）核基因组：细胞核内所有遗传物质的总和。

（2）线粒体基因组：线粒体携带遗传物质的总和。

（3）叶绿体基因组：叶绿体携带遗传物质的总和。

2. 原核生物基因组

（1）染色体：是原核细胞内的主要遗传物质，由核酸分子（DNA 或 RNA）组成，DNA（RNA）呈环状或线性，而且染色体分子质量较小。

（2）质粒：是独立于细菌染色体的自主复制的环状双链 DNA 分子。能稳定地独立存在于染色体外，并传递到子代，一般不整合到宿主染色体上，通常含有编码毒素和与耐药性等相关的基因。

二、基因组的特征

自然界绝大多数生物体的遗传信息储存在 DNA 的核苷酸序列中。同一物种的基因组

DNA 含量是恒定的，不同物种间基因组大小和复杂程度则差异极大，一般而言，进化程度越高的生物体其基因组构成越大、越复杂。

（一）真核生物基因组的特点

（1）真核生物基因组大部分位于细胞核中，一般由多条染色体组成，每条染色体是由 DNA 与蛋白质稳定结合成染色质的多级结构。

（2）真核生物基因组远大于原核生物的基因组，每条染色体的 DNA 分子具有多个复制起始位点，基因内存在不表达的插入序列，即内含子。功能上密切相关的基因集中程度不如原核生物，在真核生物中尚未见到有关操纵子的报道。

（3）在真核生物结构基因的内部存在许多不编码蛋白质的间隔序列（intervening sequences），称为内含子，编码区则称为外显子。内含子与外显子相间排列，转录时一起被转录下来，然后 RNA 中的内含子被切掉，外显子连接在一起成为成熟的 mRNA，作为指导蛋白质合成的模板。如果蝇的基因数估计为 5 000 个，占基因组 DNA 序列的 10% 左右；人的基因数推测为 35 000 个，约占基因组 DNA 的 1%。

（4）真核生物的蛋白质编码基因往往位于基因组 DNA 单拷贝序列中，除单拷贝序列外还存在大量重复序列，重复序列的拷贝数可高达百万份以上，在人的基因组中至少具有 20 份拷贝的 DNA，可占总 DNA 的 30% 左右。

（5）真核生物基因组中，有许多结构相似、功能相关的基因组成所谓的基因家族。同一基因家族的成员可以紧密排列在一起，成为一个基因簇。也可以分散在同一染色体上的不同部位，或位于不同的染色体上。

（6）真核生物除了主要的核基因组外，还有细胞器基因组，而且细胞器基因组对生命是必需的，原核生物质粒 DNA 对细菌生存不是必需的。大多数动物细胞只有线粒体基因组，而植物细胞既有线粒体又有叶绿体基因组，除纤毛虫线粒体以外，其余真核生物的线粒体和叶绿体均为环状的非重复 DNA 序列。

（二）真核生物基因组的重复 DNA 序列

真核生物基因组的序列组织形式千差万别。如果将双链 DNA 分子加热或用碱处理，其 A—T 和 G—C 碱基对的氢键就可以被打开，使双螺旋结构变成单链 DNA 分子，这个过程就是变性（denaturation）。相反，如果慢慢降低温度或使 PH 恢复到接近中性，两条链又可恢复到双链结构，这个过程称作复性（renaturation），也称退火。复性速率与温度、盐离子浓度等因素有关。DNA 的变性-复性速率常用于分析高等真核生物基因组中 DNA 重复情况。所有生物中都有重复序列，在一些生物（包括人）中，重复 DNA 序列是整个基因组的主要成分；在一些多倍体植物中则没有非重复的 DNA，至少也有 2～3 个或更多的拷贝；在螃蟹的基因组中没有中等重复的 DNA，只有高度重复和非重复的 DNA；而在低等真核生物中，没有高度重复的 DNA。

真核生物基因组序列大致有 3 个类型，即单拷贝 DNA 序列（unique sequence）、中度重复序列（moderately repetitive sequence）、高度重复序列（highly repetitive sequence）。

单拷贝 DNA 序列又称非重复序列（nonrepetitive sequence），是指在基因组中只有一个或几个拷贝的 DNA 序列，大多数结构基因都属于这一类，但单一序列并不都执行遗传功能，真核生物基因组中编码多肽链的单一序列仅占百分之几，分散分布于整条染色体或不同的染色体之中，单拷贝基因普遍存在内含子。例如，珠蛋白有 2 条 α 链和 2 条 β 链，人的 α 链基因位于 16 号染色体上，β 链基因位于 11 号染色体上，其中，β 链基因由几个内含子隔开，串联在 11 号染色体上。

在不同生物基因组中单一序列与重复序列的比例差异很大，原核生物基因组只含单一序列。低等真核生物基因组中，大部分 DNA 为单一序列，约 20% 为中度重复序列。小鼠基因组中单一序列所占比例为 58%，黑腹果蝇和非洲爪蟾分别为 70% 和 54%。

中度重复序列有不同的组分，其长度和拷贝数差别很大，一般分散在整个基因组中。哺乳类基因组有两大类中度重复序列，一类称为短散在重复序列（short interspersed repeated sequence，SINES），长度在 500 bp 以下，拷贝数可达 10 万以上。Alu 家族是灵长类基因组特有的含量丰富的短散在重复序列（图 13-1），在基因组中的拷贝数现在已经达到

图 13-1　Alu 序列

了 50 万，每个拷贝长度约 300 bp。目前，对于 Alu 序列的功能了解得还不透彻，推测主要与基因调控有关，如基因重排、CpG 甲基化、hnRNA 选择性剪切、结合转录因子和激素等。

另一类称为长散在重复序列（long interspersed repeated sequence，LINES），长度在 1 000 bp 以上，拷贝数 1 万左右。KpnⅠ家族是中度重复顺序中仅次于 Alu 家族的第二大家族（图 13-2）。KpnⅠ家族成员顺序比 Alu 家族更长（如人 KpnⅠ顺序长 6.4 kb），而且更加不均一，呈散在分布，属于中度重复序列的长分散片段型。尽管不同长度类型的 KpnⅠ家族（称为亚类，subfamily）之间同源性比较小，不能互相杂交，但它们的 3′端有广泛的同源性。KpnⅠ家族的拷贝数为 3 000～4 800 个，占人体基因组的 1%，与散在分布的 Alu 家族相似，KpnⅠ

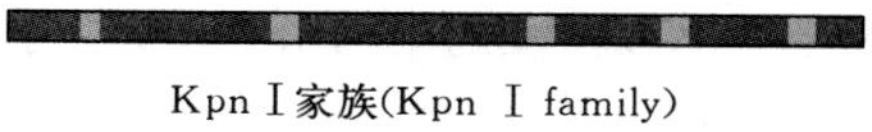

KpnⅠ家族(KpnⅠ family)

图 13-2　KpnⅠ家族

家族中至少有一部分也是通过 KpnⅠ顺序的 RNA 转录产物的 cDNA 拷贝的重新插入到人基因组 DNA 中而产生的。

高度重复序列的重复单位长度为数个至数千个碱基对，拷贝数的变化可从几百个至上百万个。高等真核生物高度重复序列 DNA 有如下一些特点：①它们都是由极其相似的重复拷贝首尾相连接排列。②有些高度重复 DNA 序列，在氯化铯介质中做密度梯度离心时，可形成不同于主带的卫星带，这种高度重复序列被称为卫星 DNA，可形成特异的卫星带。主带的 DNA 片段多由单拷贝顺序组成，GC 含量接近于基因组的平均值，卫星带含有重复 DNA 序列片段，这些片段 GC 含量有赖于其重复序列，故与基因组的平均值不同（图 13-3）。③集中分布在染色体的特定区段，如着丝粒和近端粒区。

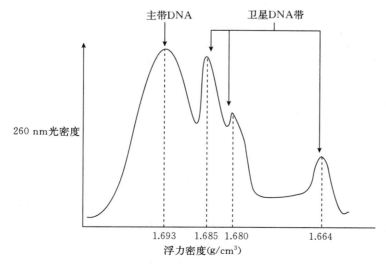

图 13-3　小鼠 DNA 的主带与卫星带

在卫星 DNA 中有一类以少数核苷酸为单位多次串联重复的 DNA 序列，称为数目可变串联重复多态性（variable number of tandem repeate，VNTR），是一些重复单位在 11～60 bp、由几百到几千个碱基组成的串联重复序列。根据卫星 DNA 重复单位的大小，这些非编码的高度重复 DNA 序列可进一步分为卫星（satellite）DNA、小卫星（minisatellite）DNA、微卫星（microsatellite）DNA 三类（表 13 - 1），因序列简单，缺乏必要的启动子而不具有转录能力。

表 13 - 1　动物基因组卫星 DNA

种　　类	总长度	重复单位长度（bp）	主要分布
卫星 DNA	100 kb 至数 Mb	5～200	异染色质区域
小卫星 DNA	0.1～30 kb	15～70	端粒及其附近
微卫星 DNA	<150 bp	1～6	所有染色体

基因组的扩张使基因的数目增加。增加的基因是来自单一序列还是重复序列，以及所占比例，采用 DNA 驱动（DNA - driven）杂交可以区分。按照类似 DNA 复性动力学的方法，将少量的 mRNA 或 cDNA（complementary DNA）经放射性同位素标记后与过量的基因组 DNA 混合，可获得复性动力学曲线。将此与基因组 DNA 的复性曲线比较，可鉴别与 mRNA 或 cDNA 杂交的基因组 DNA 组分。结果证实，80% 的 mRNA 只与基因组 DNA 中的单一序列复性，其余的部分为中度重复序列。mRNA 代表了基因组中编码蛋白质的顺序，说明基因主要分布在单一序列 DNA。

不同生物基因组的序列组成差别极大，一般而论，原核生物基因组重复序列的含量很少。真核生物中大型基因组有很高比例的重复序列，植物中多倍体的重复序列比例高于二倍体物种。表 13 - 2 列出了一些代表性生物种属基因组的序列组成。

表 13 - 2　部分生物种属基因组的序列组成

种属	序列组成（%）		
	单一序列	中度重复序列	高度重复序列
细菌	99.7		
小鼠	60	25	10
人类	70	13	8
玉米	30	40	20
棉花	61	27	8
拟南芥	55	27	10

三、人类基因组计划（HGP）的内容、任务与进展

从 1987 年提出人类基因组计划到 1990 年正式实施，其主要任务是绘制人类基因组序列框架图。1993 年马里兰州 Hunt Valley 会议上，美国国家人类基因组研究中心修订后的 HGP 内容包括：人类基因组作图及序列分析；基因的鉴定；基因组研究技术的建立、创新与改进；模式生物（包括大肠杆菌、酵母、果蝇、线虫、小鼠、水稻、拟南芥等）基因组作图和测序；信息系统的建立，信息的储存、处理及相应的软件开发；与人类基因组相关的伦理学、法学和社会影响与研究；研究人员的培训；技术转让及产业开发；研究计划的外延等。这些内容构成了 20 世纪末到 21 世纪初最大的系统工程。简言之，

人类基因组计划的主要内容就是制作高分辨率的人类基因的遗传图和物理图，最终完成人类和其他重要模式生物全部基因组 DNA 序列的测定。在基因组学中，HGP 主要属于结构基因组学的范畴。

HGP 的基本任务可用 4 张图谱来概括，即遗传图（genetic map）、物理图（physical map）、转录图（transcription map，基因图）、序列图（sequence map）（图 13-4）。

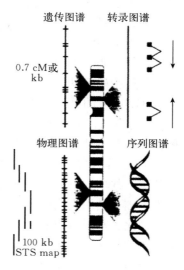

图 13-4　人类基因组计划要完成的四张图谱

遗传图又称连锁图，是通过计算连锁的遗传标记之间的重组频率，确定它们的相对距离，即以具有遗传多态性的遗传标记作为位标，遗传学距离作为图距的基因组图，一般用厘摩（cM，即每次减数分裂的重组频率为 1%）来表示。

遗传图的绘制需要应用多态性标记。20 世纪 80 年代中期最早应用的标志是限制性酶切片段长度多态性（RFLP）。20 世纪 80 年代后期发展的短串联重复序列（short tandem repeat，STR；又称微卫星，microsatellite，Ms）或称数目可变串联重复多态性（variable number of tandem repeat，VNTR）为标志。第三代多态性标记，即单核苷酸多态性（single nucleotide polymorphism，SNP）标志近来被大量使用。

物理图是通过测定遗传标记的排列顺序与位置而绘制成的，即以一段已知核苷酸的 DNA 片段为位标，以 DNA 实际长度（Mb 或 kb）为图距的基因图谱。HGP 在整个基因组染色体每隔一定距离标上序列标签位点（sequence tagged site，STS）之后，随机将每条染色体酶切为大小不等的 DNA 片段，以酵母人工染色体（yeast artificial chromosome，YAC）或细菌人工染色体（bacterial artificial chromosome，BAC）等作为载体构建 YAC 或 BAC 邻接克隆系，确定相邻 STS 间的物理联系，绘制以 DNA 实际长度（Mb、kb、bp）为图距的人类全基因组物理图谱。

转录图又称 cDNA 图或表达序列图（expression map），是一种以表达序列标签（expressed sequence tag，EST）为位标绘制的分子遗传图谱。通过从 cDNA 文库中随机挑取的克隆进行测序所获得的部分 cDNA 的 5′ 或 3′ 端序列称为表达序列标签（EST）标记，一般长 300~500 bp。将 mRNA 逆转录合成的 cDNA 或 EST 的部分 cDNA 片段作为探针与基因组 DNA 进行分子杂交、标记转录基因，绘制出可表达基因转录图，最终绘制出人体所有组织、所有细胞以及所有发育阶段的全基因组转录图谱。EST 不仅为基因组遗传图谱的构建提供了大量的分子标记，而且来自不同组织和器官的 EST 也为基因的功能研究提供了有价值的信息。此外，EST 还为基因的鉴定提供了候选基因（candidate gene），通过分析基因组序列能够获得基因组结构的完整信息，如基因在染色体上的排列顺序、基因间的间隔区结构、启动子的结构以及内含子的分布等。转录图实际上就是人类基因图的雏形。

序列图即人类基因组核苷酸序列图，是人类基因组在分子水平上最高层次、最详尽的物理图。其绘制方法是在遗传图谱和物理图谱基础上，精细分析各克隆的物理图谱，将其切割成易于操作的小片段，构建 YAC 或 BAC 文库，得到 DNA 测序模板，测序得到各片段的碱基序列，再根据重叠的核苷酸顺序将已测定序列依次排列，获得人类全基因组的序列图谱。

遗传图、物理图、转录图和序列图被誉为人类"分子水平上的解剖图"或"生命元素周期表"，为 21 世纪医学和生物学的进一步发展与飞跃奠定了基础。最新研究显示，人类基因数量比原先估计少得多。目前，已完成基因组测序的模式生物包括线虫、小鼠、果蝇、酵母、家蚕、蜜蜂、血吸虫、水稻、玉米等。

我国于1999年10月1日正式启动HGP；2000年4月完成了1％，即人类基因组3号染色体上的3 000万个碱基对的"工作框架图"；2001年8月26日绘制完成"中国卷"，提前2年获得精确度达99.99％的"完成图"序列。所有BAC序列都经过指纹图谱的验证，共测定31.6Mb的序列，识别122个基因，其中86个是已知基因（55个为功能明确的基因，8个为疾病相关基因），在31个基因中找到了75种不同的剪切方式，发现了1 760个新的单核苷酸多态性，分析了"完成图"中重复序列、CpG岛和GC含量。

HGP的深入发展诞生了许多新学科和新领域，其中包括以生物信息的收集、储存、分析、利用、共享、服务、研究与开发为核心的生物信息学；以跨物种、跨群体的DNA序列比较为基础，利用模式生物和人类基因组之间编码序列和组成、结构上的同源性，研究物种起源、进化、基因功能演化、差异表达和定位、人类疾病基因克隆的比较基因组学；蛋白质组学、医学基因组学和药物基因组学等。

HGP的完成，标志着对基因组的研究取得了"结构基因组学"阶段的胜利，在此基础上进入了以研究基因组功能为主的新阶段，生命科学已进入后基因组时代。

第二节　基因组学的概念和特征

一、基因组学的概念和分类

基因组学一词是由Thomas Roderick于1986年提出的，指对所有基因进行作图（包括遗传图谱、物理图谱、转录图谱）、核苷酸序列分析、基因定位和基因功能分析的一门科学，简言之，就是在基因组水平上研究基因组结构和功能的科学。基因组学研究的内容包括基因的结构、组成、存在方式、表达调控模式、功能及相互作用等，是研究与解读生物基因组所蕴藏的生物全部性状的所有遗传信息的一门新的前沿科学。根据基因组学的定义，基因组学的研究重点分为：结构基因组学、功能基因组学和比较基因组学。

1.结构基因组学　是通过基因组作图和核苷酸序列分析，研究基因组结构，确定基因组成、基因定位的学科。结构基因组学的主要研究内容包括基因组测序和基因组作图。

（1）基因组测序：目前DNA测序每次反应仅能读取1 000 bp左右的长度。已知最小的细菌基因组为580 000 bp。人类基因组为30亿bp。因此，首先将整个基因组的DNA分解为一些小片段，然后将这些分散的小片段逐个测序，最后将测序的小片段按序列组装。

（2）基因组作图：在长链DNA分子的不同位置寻找特征性的分子标记，绘制基因组图。根据分子标记可以准确无误地将已测序的DNA小片段锚定到染色体的位置上。

2.功能基因组学　是利用结构基因组学提供的信息和产物，在基因组系统水平上全面分析研究基因功能的学科。功能基因组学的主要研究内容：进一步识别基因以及基因转录调控信息；弄清所有基因产物的功能，这是目前基因组功能分析的主要层次；研究基因的表达调控机制，研究基因在生物体发育过程以及代谢途径中的地位，分析基因、基因产物之间的相互作用关系，绘制基因调控网络图。

3.比较基因组学　是比较研究不同生物、不同物种之间在基因组结构和功能方面的亲缘关系及其内在联系的学科，可以分为种间比较基因组学和种内比较基因组学。比较基因组学的主要研究内容：通过研究不同生物、不同物种基因组结构和功能上的相似及差异，可以

勾画出一张详尽的系统进化树，而且还将显示进化过程中最主要的变化所发生的时间及特点，据此可以追踪物种的起源和分支路径；可以分析了解同源基因的功能；通过对序列差异性的研究有助于认识生物多样性产生的基础。

二、功能基因组和比较基因组的特点

（一）功能基因组学

功能基因组学（functional genomics）又往往被称为后基因组学（postgenomics）。功能基因组学是利用结构基因组所提供的信息和产物，发展和应用新的实验手段，通过在基因组或系统水平上全面分析基因的功能，使得生物学研究从对单一基因或蛋白质的研究转向多个基因或蛋白质同时进行系统的研究，是在获得基因组静态的碱基序列之后转入对基因组动态的生物学功能学研究。研究内容包括：基因功能挖掘、基因表达分析及突变检测。基因的功能包括：生物学功能，如作为蛋白质激酶对特异蛋白质进行磷酸化修饰；细胞学功能，如参与细胞间和细胞内信号传递途径；发育学功能，如参与形态建成等。采用的手段包括经典的减法杂交，差示筛选，cDNA 的代表性差异分析以及 mRNA 差异显示等，但这些技术均不能对基因进行全面系统的分析，新的技术应运而生，如基因表达的系统分析（serial analysis of gene expression，SAGE），cDNA 微阵列（cDNA microarray），DNA 芯片（DNA chip）和序列标志片段显示（sequence tagged fragments display）技术，微流控芯片实验室等。

由于生物功能的主要体现者是蛋白质，而蛋白质有其自身特有的活动规律，所以仅仅从基因的角度来研究是远远不够的。例如蛋白质的修饰加工、转运定位、结构变化、蛋白质与蛋白质的相互作用、蛋白质与其他生物分子的相互作用等活动，均无法在基因组水平上获知。因此，产生了一门在整体水平上研究细胞内蛋白质的组成及其活动规律的学科——蛋白质组学（proteomics）。

（二）比较基因组学

基因组学中比较不同生物基因组的研究称为比较基因组学（comparative genomics），是基于基因组图谱和测序，对已知的基因和基因组结构进行比较，来了解基因的功能、表达机理和物种进化的学科。利用模式生物基因组与人类基因组之间编码顺序和结构上的同源性，克隆人类疾病基因，揭示基因功能和疾病分子机制，阐明物种进化关系及基因组的内在结构。

比较基因组学的研究内容有两个方面：种间比较基因组学和种内比较基因组学。

1. 种间比较基因组学研究　通过对不同亲缘关系物种的基因组序列进行比较，能够鉴定出编码序列、非编码调控序列及给定物种独有的序列。而基因组范围之内的序列比对，可以了解不同物种在核苷酸组成、同线性关系和基因顺序方面的异同，进而得到基因分析预测与定位、生物系统发生进化关系等方面的信息。比较基因组学的基础是相关生物基因组的相似性。两种具有较近共同祖先的生物，它们之间具有种属差别的基因组是由祖先基因组进化而来，两种生物在进化的阶段上越接近，它们的基因组相关性就越高。如果生物之间存在很近的亲缘关系，那么它们的基因组就会表现出同线性（synteny），即基因序列的部分或全部保守。这样就可以利用模式基因组之间编码顺序和结构上的同源性，通过已知基因组的作图信息定位另一基因组中的基因，从而揭示基因潜在的功能、阐明物种进化关系及基因组的内在结构。

2. 种内比较基因组学研究　同种群体内基因组存在大量的变异和多态性，正是这种基因组序列的差异构成了不同个体与群体对疾病的易感性和对药物与环境因子不同反应的遗传学基础。

（1）单核苷酸多态性：单核苷酸多态性（single - nucleotide polymorphism，SNP）根据 SNP 在基因中的位置，可分为基因编码区 SNP（coding - region SNP，cSNP）、基因周边 SNP（perigenic SNP，pSNP）以及基因间 SNP（intergenic SNP，iSNP）3 类。2005 年 2 月 17 日公布的第一份人类基因多态性图谱是依据基因"连锁不平衡原理"，利用基因芯片在 71 个欧洲裔美国人（白色人种）、非洲裔美国人（黑色人种）和汉族华裔美国人（黄色人种）中鉴别出了 158 万个单一核酸变异的 DNA 位点，这个图谱将有助于预测某些疾病发生的可能性以及施以最佳治疗方案，在实现基于基因的个体化医疗目标的征途上走出了重要的一步。

（2）拷贝数多态性：2004 年，全球内数个"人类基因组计划"研究基地意外地发现，表型正常的人群中，不同的个体间在某些基因的拷贝数上存在差异，一些人丢失了大量的基因拷贝，而另一些人则拥有额外、延长的基因拷贝，这种现象称为"基因拷贝数多态性"。正是由于拷贝数多态性才造成了不同个体间在疾病、食欲和药效等方面的差异。

第三节　基因组作图

自 1900 年遗传学诞生以来，遗传学家绘制了各种各样的遗传图，如根据质量性状突变的相对位置绘制的遗传连锁图，根据染色体上某些可见特征绘制的细胞遗传学图等。最为精密的遗传图是有关基因组的全部序列，也就是 A、T、C、G 碱基所组成的字符串。

基因组作图是指应用界标或遗传学标记对基因组进行精细的划分，进而表示出 DNA 的碱基序列或基因排列的工作。基因组图谱主要包括遗传图、物理图、序列图和转录图。基因作图可帮助人们理解与开发家畜各种性状的遗传性质，特别是通过遗传连锁将一种性状的遗传与另一种性状（或者合适的遗传标记）相联系，或者通过将表型差异与染色体结构的改变联系起来。在动物育种上可以产生更多有利于人类需要的生产类型。

一、基因组遗传图

通过遗传重组所得到的基因在具体染色体上线性排列图称为遗传连锁图，简称遗传图。它是通过计算连锁的遗传标记之间的重组频率，确定它们的相对距离，一般用厘摩（cM）表示，每单位厘摩定义为减数分裂的重组频率 1%。cM 值越大，两者之间距离越远。

1. 遗传作图标记　连锁分析是遗传作图的基础，即分析两个基因或遗传标记在染色体上的位置关系。基因定位的连锁分析是根据基因在染色体上呈直线排列，不同基因相互连锁成连锁群的原理，即应用被定位的基因与同一染色体上另一基因或遗传标记相连锁的特点进行定位。利用某个拟定位的基因是否与某个遗传标记存在连锁关系，以及连锁的紧密程度就能将该基因定位到染色体的一定部位，成为基因定位的重要手段。但以性状作为标记的作图方法有很大的局限，除了可供选择的标记数量不多之外，两倍体生物的表型都有显性和隐性的区别。因此要获得隐性性状的分离比，必须得到基因型纯合的个体。在实际操作过程中，只有通过下一代个体的性状的分离才可推测上一代的基因型组成。

DNA 分子标记不以表型为参照，是很好的遗传学标记，大多是以 DNA 片段电泳谱带形式表现的，直接检测个体基因型的组成，可提供当代个体基因型分离比。依其遗传特性可分为显性和共显性分子标记，根据其检测手段可分为以 Southern 杂交技术为核心的分子标记和以 PCR 技术为核心的分子标记，根据在基因组中出现的频率，又可分为低拷贝序列标记和重复序列标记。限制性片段长度多态性、微卫星、单核苷酸多态性等 DNA 多态性标记常用于遗传作图。

以 DNA 分子标记构建遗传图的操作程序与经典的遗传作图类似，只是统计的性状改为 DNA 标记。图 13-5 描述了一般分子标记连锁图绘制的过程。已知在同一连锁群上有两个基因座分别为 A 和 B，亲本 P_1 和亲本 P_2 在 A 和 B 座位分别有一对 DNA 标记 A_1 和 A_2，B_1 和 B_2，在凝胶电泳中 A_1、A_2、B_1 和 B_2 有特征性迁移图谱。DNA 标记可在亲子代中稳定遗传，因此 A_1、A_2、B_1 和 B_2 在上下代的迁移图谱是不变的。当 P_1 与 P_2 杂交后，F_1 具有两个亲本共有的 DNA 标记电泳图。F_1 自交后，如果在 A 与 B 座位间发生交换，将会出现 4 种 DNA 标记电泳图：两种与亲本相同，另外两种为新的组合，即 A_1/B_2 和 A_2/B_1。凝胶电泳中除亲本外每一泳道代表的均为 F_2 个体，分子标记的电泳图表示不同个体的基因型，假定 F_2 具有亲本基因型的个体为 231 个，重组基因型（$A_1/B_2 + A_2/B_1$）为 39 个。由计算得知座位 A 与 B 之间的交换率为 39/（231+39）=14%，即 A 与 B 相距 14 cM。

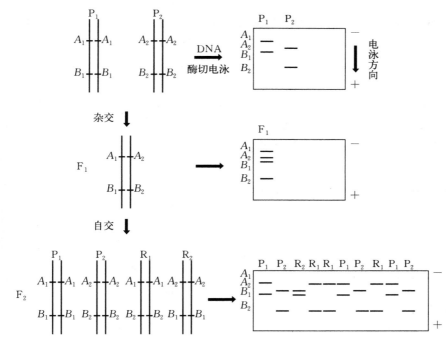

图 13-5 限制性片段长度多态（RFLP）连锁图绘制

2. 遗传作图的方法

（1）对果蝇和小鼠等物种的连锁分析，可进行有计划的育种实验，观察后代中基因的重组率。

（2）对不发生减数分裂的细菌的连锁分析，可诱导同源片段交换，观察子代细胞中基因的重组率。

（3）高等真核生物的连锁分析，选择已知基因型的亲本，设计杂交方案，有两点杂交和多点杂交，获得交配的子代并分析其表型和基因型。

3. 遗传图的用途 遗传作图提供了基因在染色体上的坐标，为基因识别和基因定位创造了条件。例如，6 000 多个遗传标记能够把人的基因组分成 6 000 多个区域。连锁分析可以找到某一疾病的基因与特定遗传标记紧密连锁（即邻近）的证据，可把这一基因定位于这一已知区域，再对基因进行分离和研究。人类遗传图谱的建立为人类物理图构建奠定了基础，遗传图的分子坐标也是基因组物理图绘制的基础。

二、基因组物理图

遗传图对于测序还远不够，这是因为遗传图分辨率依赖于交换率，而高等生物交换数目有限，重组热点的存在使遗传图准确性有限；遗传图的覆盖率较低，由于许多未知的原因，有些染色体区段很少发生重组事件，因而在这些区段难以绘制高密度连锁图；遗传图分子标记的排列有时会出现差错，这是由于环境因素和取样误差，可能存在非随机的群体组成。在这种条件下，采用不同的杂交组合有时会得出不相同的结果，相同的分子标记在连锁图上的位置不同。因此，还需要更精细的图谱——物理图（图 13 - 6）。物理图的构建是基因组进行序列测定的基础。物理作图的方法和策略多种多样，常用的有以下 4 类：①限制性作图（restriction mapping），它是将限制性酶切位点标定在 DNA 分子的相对位置；②DNA 大片段重叠克隆的基因组作图，先构建基因组大片段基因文库，然后根据克隆片段之间的重叠顺序构建重叠群，从而绘制物理图；③荧光原位杂交（fluorescent hybridization，FISH），将荧光标记的探针与染色体杂交确定分子标记的所在位置；④序列标签位点作图，通过 PCR 或分子杂交将小段 DNA 序列定位在基因组的 DNA 区段中。

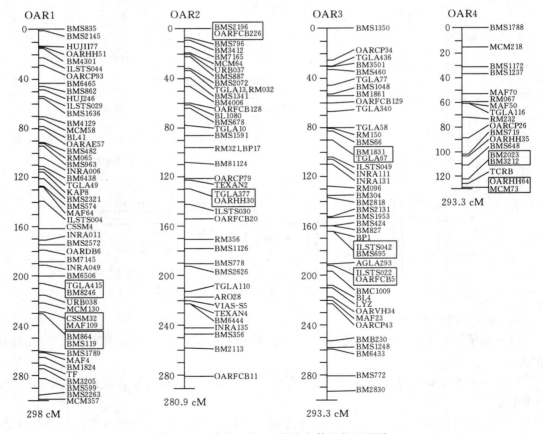

图 13 - 6　绵羊 1 号、6 号染色体的物理图谱

三、基因组序列图

根据基因组的复杂程度，当前的全基因组测序大体上有两种策略：简单基因组的测序方法称为全基因组鸟枪法（whole genome shotgun approach，WGS）；另外一种是针对复杂基

因，称作顺序克隆测序法 (ordered clone sequencing)。

全基因组鸟枪法的思路是先测序、后制图。首先从全基因组文库随机选取克隆进行测序（图13-7），然后对所读序列两端相同的片段进行拼接，直至整个基因组覆盖完毕。把两端有重叠片段的序列串联起来的单位称作重叠序列，最终利用计算机根据序列之间的重叠关系进行排序和组装，并确定它们在基因组中正确位置。鸟枪法优点是速度快，简单易行，成本较低，可以在较短的时间内通过集中机器和人力的方法获得大量的基因片段。但是这种序列方法最终排序结果的拼接组装比较困难，尤其在部分重复序列较高的地方难度较大。此外，有许多序列片段难以定位在确切的染色体上，成为游离片段；同时又会有许多地方由于没有足够的覆盖率而形成空缺。这些缺陷最终导致整个基因组图会留下大量的空洞 (gap)，也影响其准确度。

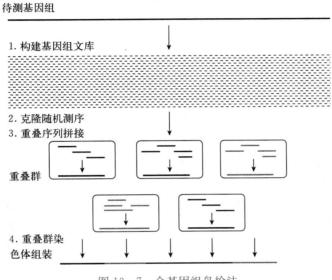

图 13-7　全基因组鸟枪法

顺序克隆测序法与全基因组鸟枪法相反，即先定位、再测序。方法是对连续克隆系中排定的大片段基因组文库克隆，逐个进行亚克隆测序并进行组装。先构建遗传图，再利用几套高度覆盖的BAC获得精细的物理图，选择合适的BAC克隆测序，利用计算机拼接组装，然后由相互关联、部分重叠的BAC克隆连成一个大的重叠群。理想状况下，整条染色体就是由一个完整的重叠群构成（图13-8）。

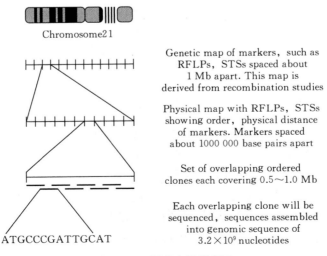

图 13-8　顺序克隆测序法

四、转 录 图

转录图又称基因图，是在识别基因组所包含的蛋白质序列的基础上绘制的有关基因序列、位置及表达模式等信息的图谱。其制作方法是通过基因的表达产物 mRNA 反追到染色体的位置。用 cDNA 或 EST 作为"探针"进行分子杂交，鉴别出与转录有关的基因。人类基因总数为 3 万个左右。人与人之间 99.99% 的基因密码是相同的，人与人之间的变异仅为万分之一。从数量上相比，虽然人类的基因与其他物种的相比并不占优势，但人类的基因图谱要复杂得多。基因的数量多少并不是关键问题，最重要的因素是不同物种如何利用了这些基因。生物学上的复杂性，不是基于单个蛋白质，而是基于多个蛋白质的组合。

1. 基因组中的重复序列　人类基因组中不编码蛋白质的重复顺序超过 50%。重复顺序没有编码功能，但参与染色体的结构形成和动态变化。在进化过程中，这些重复顺序还与基因组重排、新基因产生、已有基因修饰和重排有关。与其他物种相比，人类基因组还有以下特点：基因富集区随机出现于基因组中，而其他生物的基因富集区则均匀分布；一个基因可产生多种蛋白质，原因是人类 mRNA 可变剪接和蛋白质化学修饰的存在。人类基因数约为线虫或果蝇 2 倍，蛋白质则约为 3 倍。人类每个基因家族有较多的成员，尤其是与发育和免疫相关的基因家族。人类似乎在 5 千万年前停止积累重复 DNA，但啮齿类动物似乎还在继续积累，所以两个物种虽然基因数接近，但基因组存在很大差异。重复顺序的比较结果如下：人类 50%、拟南芥 11%、线虫 7%、果蝇 3%。

2. 基因组单体型　单倍型（haplotype）是指每条染色体上带有各个基因座上的某个等位基因。一条染色体上的等位基因组合就是不同的单体型（图 13-9）。

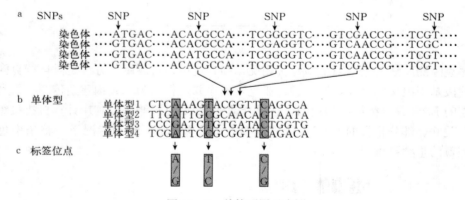

图 13-9　单体型图示意图

a. 一段 DNA 上的 SNP 位点，来自不同个体的四条染色体的这一段 DNA 的大部分序列完全相同，
但有 3 个位点表现出差异，每个 SNP 有 2 个可能的等位位点（alleles）

b. 单体型：1 个单体型由临近的一系列 SNP 等位位点组成，图中显示从一个 6 000 bp DNA
片段上检测出的 20 个 SNPs 的排布类型，包括 a 中的 3 个位点（第二排箭头）

Hapmap 的科学基础是染色体上的 SNP"板块"（block）结构，即 SNP 在一段染色体上是成组遗传的，每个板块在进化上非常保守，在多世代的传递中极少发生 DNA 重组，其SNPs 的构成在单个染色体上的模式，即单体型。

基因组单体型是人类基因组的遗传整合图，使得基因组的研究更为全面、有效、准确、经济；是人类起源、进化、迁徙的基因组信息和研究工具；有助于不同群体的遗传多态性研究，疾病与遗传的关联分析，致病基因的确定；为药物的研发、筛选以及根据人群特点实现"量体用药"提供了理论基础和技术储备。

第四节　生物信息学基础

随着基因组计划的不断进展，海量的生物学数据必须通过生物信息学（bioinformatics）的手段进行收集、分析和整理，才能成为有用的信息和知识。人类基因组计划为生物信息学提供了兴盛的契机，生物信息学已经深入到了生命科学的方方面面。

一、生物信息学的形成与发展

生物信息学是 20 世纪 80 年代末随着人类基因组计划的启动而兴起的一门新的交叉学科，最初常被称为基因组信息学。生物信息并不仅限于基因组信息，广义上，生物信息不仅包括基因组信息，如基因的 DNA 序列、染色体定位，还包括基因产物（蛋白质或 RNA）的结构和功能及各生物种间的进化关系等其他信息资源。生物信息学既涉及基因组信息的获取、处理、储存、传递、分析和解释，又涉及蛋白质组信息学（如蛋白质的序列、结构、功能及定位分类、蛋白质连锁图、蛋白质数据库的建立、相关分析软件的开发和应用等方面），还涉及基因与蛋白质的关系（如蛋白质编码基因的识别及算法研究、蛋白质结构、功能预测等），另外，新药研制、生物进化也是生物信息学研究的热点。1995 年，美国人类基因组计划（HGP）第一个五年总结报告给出了一个较为完整的生物信息学的定义：生物信息学是包含生物信息的获取、处理、储存、分发、分析和解释的所有方面的一门学科，它综合运用数学、计算机科学和生物学的各种工具进行研究，目的在于了解大量的生物学意义。

二、生物信息学的研究内容

生物信息学在短短时间里，已经发展出多个研究方向，大致包括以下几个方面。

1. 数据库搜索及序列比较　对于许多新得到的序列，我们并不知道其相应的生物功能。研究人员希望能够通过搜索序列数据库找到与新序列同源的已知序列，并根据同源性推测新序列的生物功能。搜索同源序列在一定程度上就是通过序列比较寻找相似序列。在分子生物学中，DNA 或蛋白质的相似性是多方面的，可能是核酸或氨基酸序列的相似，可能是结构的相似，也可能是功能的相似。一个普遍的规律是序列决定结构、结构决定功能。所以在研究序列的相似性时，我们最终希望根据这个普遍规律推测新序列相应的结构或功能，也就是发现新的生物分子数据的内涵。这种方法在大多数情况下是成功的，当然也有例外，同时也存在着这样的情况，即两个序列几乎没有相似之处，但分子却折叠成相近的空间形状，并具有相似的生物功能。

对于 DNA 序列，同源搜索除有助于确定其功能之外，还有助于确定编码区域，确定基因。对于蛋白质，我们希望能够直接从蛋白质序列准确地预测蛋白质的结构和功能。通过序列的比较分析，特别是将一个未知结构、功能的蛋白质序列与已知结构、功能的蛋白质序列进行比较，可以得到一些关于蛋白质结构或功能的有用信息。通过比较不同动物物种的同源序列，还可以得到这些物种从他们共同的祖先进化的信息。可以比较同类序列，也可以比较不同类型的序列，如比较 DNA 序列与蛋白质序列。当然，在比较之前，需要将不同类型的序列按照一定的规则转换成相同类型的序列，如将 DNA 序列按三联密码的关系转换为蛋白质序列。

序列比较的一个基本操作就是比对（alignment），即将两个序列的各个字符（代表核苷酸或者氨基酸残基）按照对应等同或者置换关系进行对比排列，其结果是两个序列共有的排列顺序，这是序列相似程度的一种定性描述，它反映了在什么部位两个序列相似，在什么部位两个序列存在差别。目前在序列搜索方面有多种不同的实用程序，但较成功的两个程序是BLAST 和 FASTA，它们能够根据所给定的目标序列，快速地从 DNA 序列数据库或蛋白质序列数据库中找出相似序列。它们采取专门的技术以加快搜索速度，如 BLAST 采用的是局部对比排列技术。现在，这两个程序已被广泛地应用于 DNA 或蛋白质序列分析。与序列两两比对不一样，多重序列比对研究的是多个序列的共性。序列的多重比对可用来搜索基因组序列的功能区域，也可用于研究一组蛋白质之间的进化关系。在蛋白质研究方面，除序列数据库搜索之外，还有结构数据库搜索，而通过结构数据库的搜索，常常能发现蛋白质之间更深层的关系。如对于两个序列不相似的蛋白质，通过结构数据库搜索比较，却可能发现这两个蛋白质具有相似的空间结构，因此可以推测这两个蛋白质具有相似的生物功能。

2. 蛋白质结构预测 蛋白质结构预测分为二级结构预测和空间结构预测。理论和实验表明，不同的氨基酸残基在不同的局域环境下具有形成特定二级结构的倾向性，因此在一定程度上二级结构的预测可以归结为模式识别问题。二级结构预测的目标就是预测某一个片段中心的残基是 α 螺旋，还是 β 折叠，或是其他。在二级结构预测方面主要有以下几种不同的方法：立体化学方法、图论方法、统计方法、最邻近决策方法、基于规则的专家系统方法、分子动力学方法和人工神经网络方法。尽管人们已经建立了许多二级结构的预测方法，但其准确率一般都不超过 65%（图 13-10）。这很可能是由于所有这些方法只利用序列的局部信息，预测时考虑的局部序列长度一般小于 20 个氨基酸残基。因为局部序列对二级结构的影响只占 65%左右，所以在预测蛋白质二级结构时需要考虑全局信息和进化信息等。预测准确率超过 70%的第一个软件是基于神经网络的 PHD 系统，该系统除使用序列的局部信息外，还使用了序列的进化信息。虽然二级结构预测的准确性有待提高，但其预测结果仍然能提供许多结构信息，尤其是当结构尚未解出时更是如此。

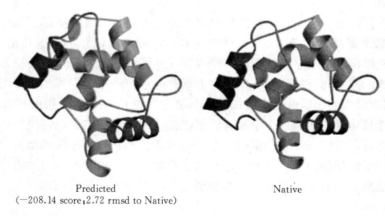

Predicted
(−208.14 score；2.72 rmsd to Native)

Native

图 13-10 蛋白质结构预测

在空间结构预测方面，比较成功的理论方法是同源模型法。该方法的依据是：相似序列的蛋白质倾向于折叠成相似的三维空间结构。这样，如果一个未知结构的蛋白质序列与另一个已知结构的蛋白质序列足够相似，那么就可以根据后者为前者建立近似的三维结构模型。运用同源模型法可以完成所有蛋白质 10%～30%的空间结构预测工作。得到蛋白质结构以后就可以进一步分析研究蛋白质的生物功能。

3. 计算机辅助基因识别（仅指蛋白质编码基因） 基因识别的基本问题是给定基因组序列后，正确识别基因的范围及其在基因组序列中的精确位置，这是最重要的课题之一，而且越来越重要。从 1995 年开始，经过不懈努力，提出了数十种算法，有十种左右重要的算法和相应软件上网提供免费服务。原核生物计算机辅助基因识别相对容易些，结果准确些。从具有较多内含子的真核生物基因组序列中正确识别出起始密码子、剪切位点和终止密码子，是个相当困难的问题，研究现状不能令人满意，仍有大量的工作待完成。

4. 非编码区分析和 DNA 语言研究　在人类基因组中，编码部分只占总序列的 3%～5%，其他通常称为"垃圾"DNA。其实一点也不是垃圾，只是我们暂时还不知道其重要的功能。分析非编码区 DNA 序列需要大胆的想象和崭新的研究思路和方法。DNA 序列作为一种遗传语言，不仅体现在编码序列之中，还隐含在非编码序列之中。

5. 分子进化和比较基因组学　早期的工作主要是利用不同物种中同一种基因序列的异同来研究生物的进化，构建进化树。既可以用 DNA 序列也可以用其编码的氨基酸序列来做，甚至于可通过相关蛋白质的结构比对来研究分子进化。以上研究已经积累了大量的工作。近年来由于较多模式生物基因组测序任务的完成，为从整个基因组的角度来研究分子进化提供了条件。人们可从整个基因组的角度来研究分子进化。在匹配不同种族的基因时，一般须处理三种情况：Orthologous：不同种族，相同功能的基因；Paralogous：相同种族，不同功能的基因；Xenologs：有机体间采用其他方式传递的基因，如被病毒注入的基因。这一领域常采用的方法是构造进化树，通过基于特征（即 DNA 序列或蛋白质中的氨基酸的碱基的特定位置）和基于距离（对齐的分数）的方法和一些传统的聚类方法（如 UPGMA）来实现。

6. 序列重叠群（contigs）　根据现行的测序技术，每次反应只能测出 500 个或更多一些碱基对的序列，如人类基因的测量就采用了短枪（shortgun）方法，这就要求把大量的较短的序列全体构成了重叠群。逐步把它们拼接起来形成序列更长的重叠群，直至得到完整序列的过程称为重叠群装配。

7. 遗传密码的起源　遗传密码为什么是现在这样的？这一直是一个谜。一种最简单的理论认为，密码子与氨基酸之间的关系是生物进化历史上一次偶然的事件造成的，并被固定在现代生物最后的共同祖先里，一直延续至今。不同于这种"冻结"理论，有人曾分别提出过选择优化、化学和历史等三种学说来解释遗传密码。各种生物基因组测序任务的完成为研究遗传密码的起源和检验上述理论的真伪提供了新的素材。

8. 基于结构的药物设计　人类基因组计划的目的之一在于阐明人的约 10 万种蛋白质的结构、功能、相互作用以及与各种人类疾病之间的关系，寻求各种治疗和预防方法，包括药物治疗。基于生物大分子结构的药物设计是生物信息学中极为重要的研究领域。为了抑制某些酶或蛋白质的活性，在已知其三级结构的基础上，可以利用分子对接算法，在计算机上设计抑制剂分子，作为候选药物。这种发现新药物的方法有强大的生命力，也有着巨大的经济效益。

思考题

(1) 何为基因组与基因组学？

(2) 基因组学包括哪些内容？

(3) 试述基因组学的发展动态与趋势。

(4) 什么是基因组作图？

(5) 基因组遗传图谱绘制的遗传基础是什么？

(6) 基因组物理图谱绘制的遗传基础是什么？有哪些作图方法？

(7) 分子遗传标记在动物育种中的应用有哪些？

第十四章 遗传工程与转基因技术

基因操作（gene manipulation）是将在细胞外利用各种方法产生的核酸分子插入病毒、细菌质粒或其他载体系统，形成遗传物质的新组合，最终整合掺入到本来不含这些核酸分子的宿主生物中，并进行复制繁衍。简单地说，基因操作是根据遗传学原理，人工方法提取或制备 DNA，有计划地在体外切割、拼接和重新组合，使之发生修饰和改变，并在同种或不同种的宿主中得以复制的操作技术。基因操作的目的在于定向改变生物的遗传组成，生产出人们所需要的产物，或定向地创造生物的新性状，并使之稳定传给下一代。基因操作的核心技术是 DNA 重组技术（recombinant DNA techniques），还包括基因克隆技术、基因打靶技术、基因沉默技术和基因的转移（导入）技术等。

第一节　DNA 重组技术的概念与发展

1972 年，美国科学家伯格（P. Berg）等成功地重组了世界上第一批 DNA 分子，标志着 DNA 重组技术（基因工程）成为现代生物技术和生命科学的基础与核心。到了 20 世纪 70 年代中后期，基因工程或遗传工程作为 DNA 重组技术的代名词被广泛使用。现在，基因工程还包括基因组的改造、核酸序列分析、分子进化分析、分子免疫学、基因克隆、基因诊断和基因治疗等内容。DNA 重组技术是运用多种限制性核酸内切酶和 DNA 连接酶等，在细胞外将一种外源 DNA（来自原核或真核生物）和载体 DNA 重新组合连接，形成杂交 DNA，构造新的基因型的过程。最后将杂交 DNA 分子转入宿主生物（如大肠杆菌），使外源基因在宿主细胞中，随着细胞的繁殖而增殖，从而得到表达，最终获得基因表达产物或改变生物原有的遗传性状。DNA 重组技术由于是按生物科学规律，人为实现体外基因改造，最后使生物的遗传性状获得改变，因而通常被称为"遗传工程"（genetic engineering）。其本质是基因的体外重组，所以又称"基因工程"（gene engineering）或"分子克隆"（molecular cloning）等。

一、DNA 重组的分子基础

1972—1973 年创立的 DNA 克隆技术，打破了生物物种间的界限，首次使本来只存在于真核细胞中的蛋白质能够在大肠杆菌中合成，这是基因工程诞生的里程碑。基因工程的出现是 20 世纪最重要的科学成就之一，标志人类主动改造生物界的能力进入了新阶段。

1. 核酸的制备　20 世纪 40 年代前，要从活细胞中制备出比较完整的 DNA 和 RNA 供体外研究是很困难的。因为缺乏必要的手段来防止 DNA 制备过程中脱氧核糖核酸酶

（DNase）的降解作用及操作中剪切力的破坏。之后发现了柠檬酸、EDTA 等金属络合剂和十二烷基硫钠（SDS）、酚、尿素、焦碳酸二乙酯等蛋白质变性剂，这些试剂可抑制 DNase 的活性，尤其是低温高速离心机、新的层析方法的运用，使制备比较完整分子的 DNA 产品成为可能。现已经能从动、植物组织，细菌及病毒中获得比较完整的 DNA 分子了。RNA 分子比 DNA 小，极易遭到核糖核酸酶（RNase）的降解。RNase 很稳定，即使加热到蛋白质变性的温度（90 ℃），其活力也不完全丧失。RNase 分布极广，不但存在于细胞内，也分布在外界环境中，包括实验器皿上、皮肤上等，极易降解制得的 RNA。近年来经过技术改进，已经能够获得各种 RNA，尤其是 mRNA。一般讲，从细胞中获得的 DNA、RNA 纯品，化学性质稳定，不易起变化，只要储存条件得当，可以保存一定时间。这为 DNA、RNA 在体外进行各种研究提供了可能性。此外，有关核酸含量测定、同位素标记、分子杂交、DNA、RNA 核苷酸顺序测定等技术的产生与发展，为体外分析、鉴定核酸提供了重要的检测手段。

2. 限制性核酸内切酶（restriction endonuclease） 在基因克隆过程中，最常使用的 DNA 断裂的方法就是利用限制性核酸内切酶。三位科学家曾因发现限制性核酸内切酶而获 1978 年诺贝尔生理学及医学奖。

（1）限制性核酸内切酶的相关概念：限制性核酸内切酶是一类能识别双链 DNA 中特殊核苷酸序列，并在合适的反应条件下使每条链一定位点上的磷酸二酯键断开，产生具有 $3'$ 羟基（—OH）和 $5'$ 磷酸基（—P）的 DNA 片段的内切脱氧核糖核酸酶。限制性核酸内切酶在双链 DNA 上能够识别的核苷酸序列被称为识别序列。各种限制性核酸内切酶各有相应的识别序列。现在发现的多数限制性核酸内切酶的识别序列由 6 个核苷酸对组成，如 AAGCTT、GGATCC、GAATTC 等；少数限制性核酸内切酶的识别序列由 4 个或 5 个核苷酸对组成，或者由多于 6 个核苷酸对组成。各种限制性核酸内切酶的识别序列具有共同的规律，即呈旋转对称或左右互补对称。限制性核酸内切酶，使多聚核苷酸链上磷酸二酯键断开的位置被称为酶切位点，可用 ↓ 表示。限制性核酸内切酶在 DNA 上的切割位点一般是在识别序列内部，如 G↓GATCC、AT↓GCAT、CTC↓GAG、GGCG↓CC、TGCGC↓A 等。少数限制性核酸内切酶在 DNA 上的酶切位点在识别序列的两侧，如 ↓GATC、CATG↓、CCAGG↓ 等。

（2）限制性核酸内切酶的分类：按限制酶的组成、与修饰酶活性关系、切断核酸的情况不同，限制性核酸内切酶分为三类：① Ⅰ 类限制性核酸内切酶。由 3 种不同亚基构成，兼有修饰酶活性和依赖 ATP 的限制性核酸内切酶活性，它能识别和结合于特定的 DNA 序列位点，随机切断在识别位点以外的 DNA 序列，通常在识别位点周围 400～700 bp。这类酶的作用需要 Mg^{2+}、S-腺苷甲硫氨酸及 ATP 的参与。② Ⅱ 类限制性核酸内切酶。与 Ⅰ 类酶相似，是多亚基蛋白质，既有内切酶活性，又有修饰酶活性，切断位点在识别序列周围 25～30 bp，酶促反应除需要 Mg^{2+} 外，也需要 ATP 供给能量。③ Ⅲ 类限制性核酸内切酶。只由一条肽链构成，仅需 Mg^{2+} 参与，特异性最强，仅在识别位点范围内切断 DNA，是分子生物学中应用最广的限制性核酸内切酶。通常在 DNA 重组技术中所说的限制性核酸内切酶主要指 Ⅱ 类酶。

（3）限制性核酸内切酶的作用：1970 年人类第一次分离和识别了具有特异性内切作用的酶，目前已经掌握了几百种内切酶，每一种内切酶都具有特异性，它可在编码序列中识别特异的切点，从而在特定位点切断 DNA 链。内切酶的切点有的是光滑切点，有的是非光滑切点或称黏性端。产生黏性端的内切酶在基因工程技术中应用最广，具有黏性端的基因片段可被连接到来源不同的 DNA 互补链上，一般 DNA 片段以这种连接方式连接，在基因工程技术中通常利用的一种工具酶称为连接酶，这种酶的自然特性是负责细胞 DNA 链的修复。

连接酶可以促进磷酸核酸键的形成，从而使核苷酸连接成为核酸链。由来源不同的核酸链连接而成的 DNA 称为重组 DNA。大部分限制性核酸内切酶识别 DNA 序列具有回文结构特征，切断的双链 DNA 都产生 $5'$ 磷酸基和 $3'$ 羟基末端。不同限制性核酸内切酶识别和切割的特异性不同，结果有三种不同的情况：产生 $3'$ 突出的黏性末端、产生 $5'$ 突出的黏性末端、产生平末端。不同限制性核酸内切酶所识别的 DNA 序列可以不同。有的识别四核苷酸序列，有的识别六或八核苷酸序列。如果 DNA 中的核苷酸序列是随机排列的，则对一个识别四核苷酸序列的内切酶平均每隔 256 bp 出现一次该酶的识别切割位点，同样的对识别六或八核苷酸序列的内切酶则大致上分别是每隔 4 kb 或 65 kb 出现一次识别切割位点。按此可大致估计一个未知的 DNA 分子限制性核酸内切酶可能具有的切点频率，以便选用合适的内切酶。

限制性核酸内切酶的种类很多，至今已发现近 800 多种，可根据它们对 DNA 不同的识别序列和切割特征选用适合的内切酶，从而为基因工程选择和提供有效工具。细菌可通过内切酶来切割侵入的病毒，同时还可切割侵入病毒 DNA 链，使其生长受阻。如果病毒能够把自身基因嵌入到细菌基因组内，它就可以控制细胞的代谢活动，病毒本身却不受内切酶的影响。

目前已有许多的内切酶商业化，成为基因工程技术常用的工具酶。酶的命名通常是以酶第一次被分离出的细菌名而命名。例如现在在市场上可以买到的内切酶 *Eco*RI 就是从大肠杆菌（*Escherichia coli*）中分离出来的；*Hae*Ⅲ 是从埃及嗜血杆菌（*Haemophilus aegyptius*）中分离出来的；*Sal* Ⅰ 是从短颈细菌（*Brevibacterium albidum*）分离出来的。市场上见到的内切酶具有极强的特异性，要根据不同的需要来选择。

3. DNA 连接酶　T4 DNA 连接酶（T4 DNA ligase）是分子克隆实验中最常用的工具酶之一，该酶催化双链 DNA 分子中相邻的 $3'$ 羟基和 $5'$ 磷酸基间磷酸二酯键的形成，它既可以连接两个具有黏性末端的 DNA 片段，也可以连接两个具有平端的 DNA 片段，但是连接后者所需的酶量往往是连接前者的 50 倍。

具有平端的 DNA 分子间的连接作用在分子克隆实验中有着广泛的应用。这是因为该连接反应不需要 DNA 末端具有黏性，因而任何具有平端的 DNA 片段均可连接起来。这对于那些不具有合适的限制酶位点的 DNA 片段尤为重要。此外，利用超声波或 DNase Ⅰ 降解所获得的染色体 DNA 随机片段也可以克隆到载体 DNA 中的平端位点。

在分子克隆过程中，有时为了避免载体 DNA 的自我连接（self‑ligation），常常要将限制酶所产生的 $5'$ 磷酸基用磷酸酶除去，因而当用连接酶将载体 DNA 和外源 DNA 分子连接时，DNA 双链中只有一条链是连接起来的，另一条链的连接则是把 DNA 转移到宿主细胞后由细胞内的连接酶完成的。

4. 分子杂交　经限制性核酸内切酶切割的 DNA 片段可以通过凝胶电泳分开并显示，很容易检测出 DNA 片段的存在和大小。用聚丙烯酰胺凝胶可分离 1 000 bp 以下的片段。用多孔的琼脂糖凝胶可分离 20 kb 的片段。这些凝胶的分辨率很高，某些胶可从长为几百个核苷酸的片段中分辨出一个核苷酸的差异。若胶上的 DNA 标有放射性同位素，可用放射自显影（即用 X‑感光片压在带放射性的凝胶上使 X‑感光片感光）显示；也可用溴化乙啶染色。溴化乙啶与核酸结合后在紫外灯照射下可发出很强的橙色荧光（50 ng DNA 即可）。含有特定碱基顺序的 DNA 的限制性酶切割片段，可以进行分子杂交鉴定。即用另一标记的与之互补的 DNA 链作为探针进行杂交鉴定。如 Southern 杂交（Southern 印迹法，它是由 E. M. Southern 发明的），它是将混合在一起的限制性酶切 DNA 片段用琼脂糖电泳分开，并变性为单链 DNA，再转移到一张硝酸纤维素膜上。在膜上的这些 DNA 片段可以用 P^{32} 标记的单链 DNA 探针杂交。再用放射自显影方法显示出与探针顺序互补的限制性酶切 DNA 片段的位置。用这个方法能很容易地将上百万片段中间的一个特殊片段鉴定出来。同样，也可以用凝胶电泳分离 RNA，将特殊片段转移到硝酸纤维素膜上，之后用杂交法来鉴定它，此法称为 Northern 杂交或称 Northern 印迹法。Western Blot（Western 印迹法）是用化学免疫法鉴定蛋白质的技术。它是用特殊的抗体与对应的蛋白质（抗原）结合染色。这项技术是鉴定基因表达产物所不可缺少的。此外还有原位杂交，即将长在培养皿上的菌落或噬菌斑转移到硝酸纤维素膜上，用标记探针进行分子杂交。这些检测手段都是 DNA 重组技术所不可缺少的。

5. 基因克隆载体（gene cloning vector） 把能够承载外源基因，并将其带入宿主细胞得以稳定维持的 DNA 分子称为基因克隆载体。通常基因克隆载体都具备以下四个基本条件：①至少有一个复制起点，因而至少可在一种生物体中自主复制；②至少应有一个克隆位点，以供外源 DNA 插入；③至少应有一个遗传标记基因，以指示载体或重组 DNA 分子是否进入宿主细胞；④基因克隆载体必须是安全的，不应含有对宿主细胞有害的基因。

（1）基因克隆载体的复制起点：由于 DNA 的复制是始于复制起点的，因此只要一个 DNA 分子有了复制起点，那么这个 DNA 分子就可以自主复制。如果一个分子克隆载体有了复制起点，那么该载体就可以在某种生物的细胞中自主复制，因此这个载体就可以多拷贝地存在于某种细胞内。多拷贝 DNA 有两个好处：一是可以用于大量制备克隆载体 DNA 分子，以利于外源基因的克隆；二是如果载体中插入了外源基因，那么外源基因的拷贝数也就大量增加了，这就有利于大量地表达外源基因，从而获得大量的基因表达产物，这也正是基因工程的目的之一。如果一个载体有两个或两个以上的复制起点，那么这个载体会有什么不一样？有两种情况：一种情况是两个复制起点适用的宿主细胞不一样，比如说，一个复制起点适合于大肠杆菌，因为大肠杆菌是基因工程中使用频率最高的宿主菌，另一个复制起点适合于另一种细菌或真核生物细胞，那么这种克隆载体常称之为穿梭载体（shuttle vector），换言之，穿梭载体可在两种生物内进行来回的穿梭；另一种情况是同一个载体中的两个复制起点都是适合于一种细胞的，只不过这两个复制起点分别是在一定遗传背景条件下起作用，这种类型的载体多数是属于大肠杆菌的载体。

（2）基因克隆载体的克隆位点：通常利用分子克隆载体的目的就是要将外源基因通过体外重组，形成重组 DNA 分子，然后再转移到某种宿主细胞内，那么克隆载体就应该有一个位点供外源 DNA 插入，这个位点就是克隆位点。克隆位点一定是一个限制酶切位点，而且必须是由 6 个或 6 个以上的核苷酸序列组成的限制酶识别位点。虽然克隆位点是限制酶识别位点，但不是载体上所有限制酶位点都能作为克隆位点。一般说来，载体中的克隆位点必须是唯一的，即同一种限制酶识别位点在一个载体中只能有一个。由于不同基因的末端可以由不同的限制酶所产生，因而为了减少分子克隆的工作量，科学家们构建了具有多个克隆位点的载体，而且将多个克隆位点集中在一个很短的序列内，这种序列常常被称为多克隆位点区（multiple cloning site）。

（3）基因克隆载体的标记基因：当试图把一个载体 DNA 或重组 DNA 分子导入某种宿主细胞时，我们如何知道载体或重组 DNA 分子已经进入了宿主细胞呢？标记基因就能起到这个作用。获得了外源 DNA 分子进入的细胞被称为转化细胞。标记基因往往可以赋予宿主细胞一种新的表型，这种转化细胞可明显地区别于非转化细胞，转化细胞有了新的表型，而非转化细胞仍保持原有的表型。这种表型的区别往往是选择性的，即只有转化细胞才能在特定的生长条件下生长，而那些没有载体 DNA 分子进入的细胞就不能在相同的生长条件下生长，因此，转化细胞和非转化细胞是容易区别开来的。这是标记基因最重要的功能，即指示哪些细胞是转化细胞。标记基因还有一个十分重要的功能，即指示外源 DNA 分子是否插入载体分子形成了重组子。换句话说，当把一个 DNA 片段插入到某一个标记基因内时，该基因就失去了相应的功能。当把这种重组 DNA 分子转到宿主细胞后，该基因原来赋予的表型也就消失了。要是仍保留了原来表型的转化细胞，细胞内含有的 DNA 分子一定不是重组子。很显然，既要指示外源 DNA 是否进入了宿主细胞，又要指示载体 DNA 分子中是否插入了外源 DNA 片段，那么这种载体必须至少具有两个标记基因。

上述的标记基因是针对一种生物而言的，那么当载体可用于多种生物时，一个载体就可以有多个标记基因，每个标记基因的用途是不相同的，不同的标记基因可能只适合于某种生物。比如植物的克隆载体就可能有 3～4 个标记基因。由于绝大多数标记基因都是分离自原核生物，因而这些标记基因要用于其他生物，需要经过改造，即将基因的启动子和终止子换成另一种生物基因的启动子和终止子。

现有的标记基因的种类很多，但可以将它们划分为以下三大类。

① 抗性标记基因：这类抗性基因可赋予宿主细胞对某些物质的抗性，而这些物质对宿主细胞可能是致死的，因此，这类标记基因可直接用于选择转化子。这类基因又可分为 3 类：抗生素抗性基因，如氨苄青霉素抗性基因（*Ampr*）、四环素抗性基因（*Tcr*）、氯霉素抗性基因（*Cmr*）、卡那霉素抗性基因（*Kanr*）、G418 抗性基因（*G418r*）、潮霉素抗性基因（*Hygr*）、新霉素抗性基因（*Neor*）；重金属抗性基因，如铜抗性基因（*Cur*）、锌抗性基因（*Znr*）、镉抗性基因（*Cdr*）；代谢抗性基因，如抗除草剂基因、胸苷激酶基因（*TK*）。在这 3 类抗性标记基因中，抗生素抗性基因使用最为频繁，且适用范围很广，可用于动物、植物和微生物。抗除草剂基因在植物中使用较为广泛。

② 营养标记基因：有的生物细胞因为突变而导致需要某些营养物质才能生长，其原因是参与某些营养物质合成的基因发生了突变。如果将没有发生突变的相应基因转入这种突变体细胞中，那么这些细胞就不再需要相应的营养物质，而那些未被转化的细胞则不能生长，因而这类标记基因也可直接用于选择转化子。这类基因主要是参与氨基酸、核苷酸及其他必需营养物合成酶类的基因，在酵母转化中使用最频繁，如色氨酸合成酶基因（*TRP*1）、尿嘧啶合成酶基因（*URA*3）、亮氨酸合成酶基因（*LEU*2）、组氨酸合成酶基因（*HIS*4）等。

③ 生化标记基因：这类标记基因的表达产物可催化某些易检测的生化反应，常用的基因有 β-半乳苷酶基因（*lacZ*）、葡萄糖苷酸酶基因（*GUS*）、氯霉素乙酰转移酶基因（*CAT*）。

下面以大肠杆菌载体 pBR322 为例做以说明（图 14-1），该载体长 4 362 bp，它有一个来自大肠杆菌中高拷贝天然质粒的复制起点（ori），这个复制起点可使 pBR322 在大肠杆菌中的拷贝数达到 20 个，因而 pBR322 载体的 DNA 很容易从大肠杆菌中提取出来。这是 pBR322 中的第一个结构特征。另外，此载体中有两个标记基因，一个是氨苄青霉素抗性基因（*Ampr*），另一个是四环素抗性基因（*Tcr*）。氨苄青霉素和四环素都是人类治疗疾病的抗生素药物。当把 pBR322DNA 转化大肠杆菌细

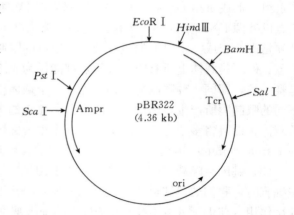

图 14-1　大肠杆菌基因克隆载体 pBR322 的物理图谱

胞，其中部分细胞就被该载体所转化，而有一部分细胞则没有被转化。那么如何区分这两种细胞呢？通常将转化后的细胞涂布在一种加有氨苄青霉素或四环素的培养基上，然后放在 37 ℃下培养。由于转化细胞中有 pBR322 DNA，该载体上的氨苄青霉素抗性基因和四环素抗性基因都会表达，那么这种转化细胞就能在加有氨苄青霉素或四环素的培养基上生长，于是就可以在培养基的表面看到相应的抗性菌落。菌落是由许多大肠杆菌细胞生长后堆积在一

起，成为肉眼可见的生长物。那些没有被转化的细胞，因为细胞中没有 pBR322，当然就没有两种抗性基因的表达，那么这些细胞就不能在加有氨苄青霉素或四环素的培养基上生长，因此我们也就无法获得未转化细胞的菌落。这样就很简单地将转化的细胞与非转化的细胞区别开来了。在这个载体中，Sca I、Pst I、BamH I、Sal I、EcoR I 和 $Hind$ III 6 个限制酶位点都是唯一的，因此它们都可以用作克隆外源基因的位点。但是，在克隆外源基因时，选择不同的克隆位点将会获得不同的表型，筛选重组子的策略也是不相同的。Sca I 和 Pst I 两个位点都位于氨苄青霉素抗性基因的编码区内。当一个外源基因片段插入这两个位点中的任何一个位点时，该抗性基因就会失去活性，这种重组子就再也不会赋予转化细胞以氨苄青霉素抗性，因此，这种重组子所转化的细胞就只能涂布在加有四环素的平板上。因为四环素抗性基因没有外源 DNA 插入，因此仍保留了生物学活性。要是不把外源基因插入 $Ampr$ 基因中，而是将其插入 Tcr 基因中，由于已知四环素抗性基因中有 BamH I 和 Sal I 两个克隆位点，如果其中一个位点插入了外源基因片段，那么四环素抗性基因也就失去了活性，因此当用这种重组 DNA 分子转化大肠杆菌细胞，转化细胞就不能在四环素平板上生长。因而，这种转化细胞则只能涂布在加有氨苄青霉素的平板上。另外还有两个位点 EcoR I 和 $Hind$ III，它们不在两种抗生素抗性基因的编码区内，因此外源基因插入这两个位点时不会引起标记基因的失活，所以转化细胞可以涂布在氨苄青霉素或四环素的平板上。由此可以看出，克隆位点不仅仅是供外源 DNA 分子插入的地方，而且将直接影响到后面的实验操作。随着基因工程技术的深入研究和广泛开展，科学家们认识到，转基因工作成功率、正确性和有效性一般都很低。在获得了大量的转基因个体后，确认和淘汰失败的转基因个体，筛选理想个体是非常重要的环节。基因转移技术成功率低的主要原因是目前转基因技术的目的性差，使得转移的效果不能控制，因此随意性很强。外源转移基因在宿主细胞的嵌入也是随机的，造成同一次实验中转基因个体之间在基因表达程度上差异很大，难以控制。另外，由于被转移基因在宿主基因组上嵌入的位置不同，转移基因和宿主基因之间的互作程度也就不同，出现了转基因个体性状的表达程度不稳定和差异性大的现象。为解决这一问题，转基因过程中引入了标记基因，其目的主要是要在大量的转基因个体中确认出能正确表达转基因性状的个体。一般是将标记基因与拟转基因一起转移到宿主的细胞中，使之和拟转基因一起嵌入到宿主细胞的基因组中，达到标记的目的。基因转移中早期所用的标记基因主要是荧光酶（luciferase）基因，它是由萤火虫（$Photinus Pyralis$）的尾部分离而来的。在荧光酶的催化下，当荧光素和生物能同时存在时就可以产生荧光。转基因烟草用荧光标记基因做标记时，荧光素可在基质中发出弱的荧光，而那些未得到外源基因或转移不成功的个体则不发光。荧光酶基因是现在常用的标记基因，其他一些标记基因有 BETA - 葡萄糖苷酸酶基因和 BETA - 半乳糖苷酸酶基因等。含有这种标记的转基因植物组织在适合的培养基中呈现绿色。选择性标记基因不但能够实现对转基因生物的识别和确认，而且也可以协助来区分非转基因的生物和组织。从 20 世纪 80 年代后期开始，一些对抗生素有抵抗力的细菌也被用来识别转基因的标记基因。那么在识别转基因生物时，只需要把转基因组织进行组织培养，然后用特异的抗生素处理，那些非转基因的组织就被杀死，保留下来的则是转基因生物或组织。一种标记基因只对一定数目的抗生素有抗性。大多数用来作为标记的基因都能表达一种名为新霉素磷酸转移酶（neomycin phosphotransferase，npt II；又称 Kan 或 Neo）的物质，它能抵抗卡那霉素、新霉素以及类似的抗生素。另外一些标记基因所产生的酶能抵抗其他一类抗菌素，如：β 内脂胺酶耐药基因（bla）能抗安比西林和盘尼西林，氯霉素抗性基因（CAT）能抵抗氯霉素。同时，不同的植物对某些抗生素具有天然抗性，如：谷类作物对卡拉霉素有抗性。选择标记基因是植物转基因技术的一项重要的环节，目前已有一类标记基因常常被用来作为不同植物转基因的标记基因。标记基因也在转基因细菌、真菌，转基因动物和鱼上使用，同一种标记基因可在不同的生物上使用，在鱼类转基因中常用的是具有荧光表达的基因和具有抗新霉素磷酸转移酶表达的基因。

（4）克隆载体的种类：自 1977 年 Bolivar 等人组建了第一个系列的克隆载体 pBR 以来，已建立起用于不同的研究目的和不同的生物种类的各种分子克隆载体。如果按照载体的复制子来源划分，所有的载体可分为以下三种类型。

① 质粒载体：这一类载体所含的复制起点主要来自不同的原核生物，特别是大肠杆菌和一些低等真核生物（如酵母菌和一些丝状真菌）中的质粒 DNA。有的复制起点则来自染色体 DNA（如酵母菌）。许多载体 DNA 上只含有一种复制起点，如用于大肠杆菌的 pBR 和 pUC 系列质粒载体，然而有的克隆载体却含有两种复制子序列，它们常来自于不同的生物，比如大肠杆菌-酿酒酵母（*Saccharomyces cerevisiae*）穿梭载体 YRp12 和 YEp13 等，这类载体能在这两种不同的生物中自主复制。

② 病毒载体：这类载体中所含的复制起点是来自病毒 DNA。在大肠杆菌中，如以噬菌体 λ 所组建的 Charon 系列，λEMBL 和 λNM 系列载体和以单链 DNA 噬菌体 M13 组建的 M13mp 系列载体。在动物细胞中，也有数种病毒复制被用来组建克隆载体。

③ 混合载体：这类载体复制起点来自质粒和病毒，比如适合于大肠杆菌的 DNA 载体 pEMBL8 和 pEMBL9 含有质粒 pMB1 和单链噬菌体 f1 复制起点，用于动物细胞的 DNA 载体则含有大肠杆菌的质粒复制和动物病毒复制起点。使用最广泛的动物病毒复制起点来源于 SV40。实际上，这类混合载体也是穿梭型的，即它们既可以在大肠杆菌中复制，也可在动物细胞中复制。

如果按照克隆载体的功能或用途来划分，则可将 DNA 载体分为以下两种类型。

① 普通载体：这类载体主要用于各种基因组文库和 cDNA 文库的建立，比如常用的 pBR322，由 λ 噬菌体衍生的载体和 COS 质粒，以及一些大肠杆菌-酿酒酵母穿梭载体，如 YRp7、YEp13 等。染色体 DNA 片段或 cDNA 均可用这类载体进行增殖。它们通常含有两个或两个以上的标记基因，其中一个基因用于选择转化体（transformant），另一基因则用于检查载体中是否有外源 DNA 插入。

② 表达载体：这类载体主要用于研究基因的表达或是用于大量生产一些有用的转录产物或蛋白质，有的也可用于 cDNA 文库的建立。这类载体除具有普通载体的特征外，还含有某些基因的启动子序列，有的还含有转录终止子序列。为了基因表达产物便于检测或是为了简化基因表达产物的分离纯化，有的表达型载体除含有基因启动子序列外，还含有一段为信号肽链编码的 DNA 序列，这段信号肽链可以使蛋白质分泌到细胞外。这类载体又可称为分泌表达型载体（secretion expression vector）。为了使某些基因产物能投入大规模的工业生产，目前已组建了各种高效表达的分泌表达型载体。

6. 宿主细胞 DNA 重组技术最终的目的是要使外源基因得以增殖和表达，而增殖和表达必须借助于活细胞内的酶、底物及各种因子才能实现。宿主细胞是重组技术不可缺少的条件。质粒是运用最早的载体，转化的宿主细胞是细菌，因此细菌（如大肠杆菌 *E. coli*）是实现 DNA 重组技术的第一个宿主生物体。DNA 重组技术发展之初，人们害怕在无意间会将癌基因等有害基因重组于载体。重组体转入大肠杆菌后，癌基因会随着大肠杆菌的四处传染，导致其严重后果。鉴于这种潜在性危险，世界各国曾制定各种准则和严格规定，以防范危害人类事件的发生。以后，通过对所使用的大肠杆菌进行改造，使之缺陷某些必需因子，这样细菌只有在实验条件下满足缺陷因子才会生长繁殖，其他环境难以存活。目前所使用的大肠杆菌宿主细胞都是缺陷型的。现在除大肠杆菌外，酵母、真菌及各种真核细胞、受精卵细胞都成为重组 DNA 的宿主细胞。

二、外源 DNA 片段与质粒载体连接的依据

进行外源 DNA 片段和质粒载体的连接，可依据外源 DNA 片段末端的性质以及质粒载体和外源 DNA 中限制酶切位点的性质来做出选择。

1. 外源 DNA 片段末端的性质　带有各种末端的外源 DNA 的克隆有：非互补突出端片段的克隆、相同末端（平端或黏端）片段的克隆和平端片段的克隆。

（1）带有非互补突出端的片段：用两种不同的限制性核酸内切酶进行消化可以产生带有非互补突出端的片段。常用的大多数质粒载体均带有由几个不同限制性核酸内切酶的识别序列组成的多克隆位点。由于现有的多克隆位点如此多样，几乎总是能找到一种带有与外源 DNA 片段末端相匹配的限制酶切位点的载体，于是，采用所谓的定向克隆即可将外源 DNA 片段插入到载体当中。例如：载体 pUC19 用 BamHⅠ和 $Hind$Ⅲ进行消化，然后，通过凝胶电泳或大小排阻凝胶层析纯化载体大片段，以使其与切下来的多克隆位点缺小片段分开。于是，这一载体就可以与由 BamHⅠ和 $Hind$Ⅲ所切出末端相匹配的黏端的外源 DNA 片段相连接。用得到的环状重组体转化大肠杆菌，检查氨苄青霉素抗性。由于 $Hind$Ⅲ和 BamHⅠ的突出端不互补，载体片段不能有效地环化，所以转化大肠杆菌的效率也极低。因此，大多数具有氨苄青霉素抗性的细菌都含有带外源 DNA 片段的质粒，外源 DNA 片段成为连接 $Hind$Ⅲ和 BamHⅠ位点的桥梁。当然，根据特定的外源 DNA 片段可以改变限制性核酸内切酶的组合方式。

（2）带有相同末端（平端或黏端）的片段：带有相同末端（平端或黏端）的外源 DNA 片段必须克隆到具有相匹配末端的线状质粒载体中。在连接反应中，外源 DNA 和质粒都可能发生环化，也有可能形成串联寡聚物。因此，必须仔细调整连接反应中两个 DNA 的浓度，以便使"正确"连接产物的数量达到最佳水平。此外，常常使用碱性磷酸酶去除 $5'$ 磷酸基团以抑制质粒 DNA 的自身连接和环化。

（3）带有平端的片段：外源 DNA 片段带平端时，其连接效率比带有突出互补末端的 DNA 要低得多。因此，涉及平端分子的连接反应所要求的 T_4 噬菌体 DNA 连接酶的浓度和质粒 DNA 的浓度都要高得多。另外，加入低浓度的如聚乙二醇一类的物质，常可提高这类反应的效率。

2. 质粒载体和外源 DNA 中限制酶切位点的性质　目前，已知的质粒载体中限制酶切位点的种类极为繁多，因而通常都有可能找到某种带限制酶切位点恰与外源 DNA 片段本身一致的载体。这就是一个优势，也可以用相应的限制性核酸内切酶消化重组质粒以回收外源 DNA。另外，可把外源 DNA 片段插入到载体中能产生匹配末端的任何位点中。例如，识别不同的六核苷酸的限制性核酸内切酶 BamHⅠ和 BglⅡ产生具有相同突出末端的限制酶切片段，这样用 BglⅡ消化而制备的外源 DNA 片段可以克隆到用 BamHⅠ消化的质粒中。这通常会使接合序列不能被曾用于外源 DNA 或制备载体的任何一种酶所切开。然而很多情况下，用切点位于多克隆序列侧翼的限制性核酸内切酶进行消化，可将片段从重组质粒中摘出。有时也可能在质粒与外源 DNA 两端的限制酶切位点之间，找不到"门当户对"的搭配关系。这时可用下面两种方案加以解决。

（1）在线状质粒末端和外源 DNA 片段的末端接上合成接头或衔接头。

（2）在得到控制的反应条件下，用大肠杆菌 DNA 聚合酶Ⅰ Klenow 片段部分补平带 $3'$ 凹端的 DNA 片段，使那些不相匹配的限制酶切位点转变为互补末端，从而促进载体和外源 DNA 的连接。因为部分补平反应消除了同一分子两端彼此配对的能力，故连接反应过程中环化和自身寡聚化的机会也会有所降低。

三、DNA 重组技术的基本过程

DNA 重组技术的过程包括：①选择目的外源基因；②将目的基因与适合的载体 DNA 在体外进行重组、获得重组体（杂交 DNA）；③将重组体转入合适的生物活细胞，使目的基因复制扩增或转录、翻译表达出目的基因编码的蛋白质；④从细胞中分离出基因表达产物或获得一个具有新遗传性状的个体。

1. 目的基因的获得

（1）构建基因文库：生物细胞染色体 DNA 分子上有生物的全部基因，但每个基因在 DNA 上的确切位置是不知道的。要想从中找到所需要的目的基因，需要先将 DNA 从细胞中尽量完整地提取出来（由于操作中剪切力的作用，获得的 DNA 只是一些大片段），获得基因组 DNA，构建基因组 DNA 文库。再用某些限制性核酸内切酶处理，使 DNA 成为一定长度的片段并与载体结合。通常选用 λ 噬菌体 DNA 作为载体。重组的噬菌体完全具备对大肠杆菌的侵染和在细胞中进行复制的能力。每个侵染的大肠杆菌中都含有一定片段的 DNA，而且是彼此不同的基因片段。这样，大肠杆菌细胞存在着总 DNA 中各种基因的片段，只要选用与目的基因互补的 DNA 片段作为探针，通过原位杂交、Southern 杂交等即可从大肠杆菌中筛出所需要的目的基因。通常把这些大肠杆菌细胞称为基因组文库（genomic library）。

（2）以目的基因 mRNA 为模板，通过反转录合成目的基因 cDNA，经过一系列酶促反应，再与载体结合，然后导入受体细胞进行克隆表达。

（3）合成目的基因。利用 DNA 合成仪可以合成一定长度的 DNA 片段。只要依据已知的某基因的密码，输入编码序列，可由 DNA 合成仪合成所需的目的基因。1977 年合成了哺乳动物的生长抑制激素基因部分编码序列（14 个氨基酸），并在大肠杆菌中表达成功。

2. 重组 目的 DNA 片段同载体分子连接的方法，主要是依赖于限制性核酸内切酶和 DNA 连接酶的作用，是各种限制性核酸内切酶、连接酶巧妙运用的结果，其产物称重组体。因转入活细胞后能复制增殖，所以是一种无性繁殖系，即所谓的克隆，因而重组体也称为克隆。有时把 DNA 重组的操作过程也称为"克隆"。大多数的限制性核酸内切酶都能够切割 DNA 分子，形成具有 1～4 个核苷酸的黏性末端。当载体和外源供体 DNA 用同样的限制性核酸内切酶，或是用能够产生相同的黏性末端的限制性核酸内切酶切割时，所形成的 DNA 末端就能彼此退火，并被 T4 连接酶共价地连接起来，形成重组 DNA 分子。

3. 重组 DNA 分子的转化与转染 带有外源目的 DNA 片段的重组体分子在体外构成之后，需要导入适当的寄主细胞进行繁殖，才能够获得大量的单一的重组体分子。在由质粒作为载体形成的克隆转入细菌时，细菌预先要在低温条件下用氯化钙处理，形成"感受态"细胞。即增加细胞膜的通透性才能实现基因转移，这一过程即是"转化"，即感受态的大肠杆菌细胞捕获和表达质粒载体 DNA 分子的生命过程。而由噬菌体作为载体的克隆转入细胞时，因噬菌体具有自动侵入的功能，故细菌不用预先处理，这一过程称为"转染"，即感受态的大肠杆菌细胞捕获和表达噬菌体 DNA 分子的生命过程。

第二节　聚合酶链式反应技术

聚合酶链式反应（polymerase chain reaction，PCR）是一种体外特定核酸序列扩增技术。PCR 技术由 Mullis 及其同事于 1985 年在 Cetus 公司发明并命名。PCR 可以说是 20 世纪核酸分子生物学研究领域的最重大发明之一，这不仅表现在该方法本身的巧妙，还表现在它的出现大大促进了大量在以前看来似乎不可能的生物学技术。在 PCR 技术发明之前，有关核酸研究所涉及的许多制备及分析过程，都是既费力又费时的工作，例如，为了将一种突变基因与其已经做了详细研究鉴定的野生型基因进行比较，人们首先得构建突变体的基因组文库，然后应用有关探针进行杂交筛选等一系列繁琐的步骤，才有可能分离到所需的克隆。也只有在这种情况下，才能开展对突变基因作核苷酸序列的结构测定并同野生型进行比较分析。所以，Mullis 因 PCR 技术分享了 1993 年诺贝尔化学奖。PCR 技术问世后，不仅迅速在生物医学领域得到广泛应用，而且不断衍生出许多新的技术，其应用范围不断扩大，特异性和敏感性也不断提高。

一、PCR 技术的基本原理

PCR 技术的基本原理类似于 DNA 的天然复制过程，其特异性主要依赖于与靶序列（target sequence）两端互补的寡核苷酸引物，其由"变性—退火—延伸"三个基本反应步骤构成。首先，根据靶序列 DNA 片段两端的核苷酸序列，合成 2 个不同的寡聚核苷酸引物，它们分别与 DNA 的 2 条链互补配对。将适量的寡聚核苷酸引物与 4 种脱氧核糖核苷酸（dNTP）、DNA 聚合酶以及含有靶序列片段的 DNA 分子混合，经过高温变性（使 DNA 双链解开）、低温退火（使引物与模板附着）和中温延伸（合成新的 DNA 片段）3 个阶段的 1 次循环，DNA 的量即可以增加 1 倍，则 30 次循环后，DNA 的量增加 2^{30} 倍（图 14-2）。① 模板 DNA 的变性：模板 DNA 经加热至 94 ℃左右一定时间后，模板 DNA 双链或经 PCR 扩增形成的双链 DNA 解离，使之成为单链，以便它与引物结合，为下轮反应做准备；② 模板 DNA 与引物的退火（复性）：模板 DNA 经加热变性成单链后，温度降至 55 ℃左右，引物

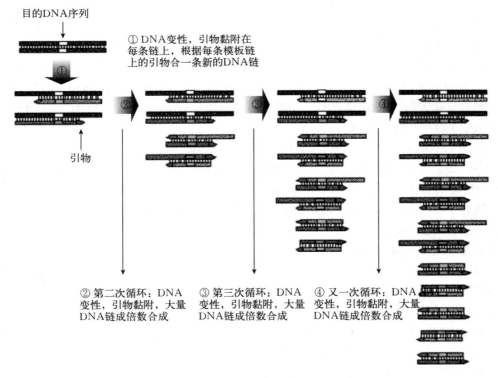

图 14-2 聚合酶链式反应示意图

与模板 DNA 单链的互补序列配对结合;③引物的延伸:DNA 模板-引物结合物在 TaqDNA 聚合酶的作用下,以 dNTP 为反应原料,靶序列 DNA 序列为模板,按碱基配对与半保留复制原理,合成一条新的与模板 DNA 链互补的半保留复制链,重复循环"变性—退火—延伸"三个过程,就可获得更多的"半保留复制链",而且这种新链又可成为下次循环的模板。PCR 反应扩增出了高的拷贝数,下一步检测就成了关键。荧光素(溴化乙啶)染色凝胶电泳是最常用的检测手段。

二、PCR 技术的扩展

典型的 PCR 经过一定的调整可用于特殊的研究工作,使 PCR 技术扩展到分子生物学的各个方面,较常用的技术扩展有以下几种。

1. 反转录 PCR(reverse transcriptase PCR,RT - PCR) 反转录是一种被广泛应用的基本 PCR 技术,是以 mRNA 作为模板进行反转录合成 cDNA 的 PCR 方法。由于 Taq 酶只能以 DNA 为模板,当待扩增模板为 RNA 时,需先将其反转录为 cDNA 才能进行 PCR 扩增。通过这种方法,可对低表达量基因进行分析。从理论上讲,单个 mRNA 分子是可以扩增的,但实际上这是不可能的,在 RT - PCR 中,需要反转录酶和寡核苷酸引物的参与,首先合成 cDNA 的第一条链,然后再合成 cDNA 的第二条链。

2. "巢式" PCR(nested PCR,NPCR) 先用一对引物对模板进行扩增,然后再用另一对引物扩增第一对引物扩增的产物,这一 PCR 技术即称为巢式 PCR。第一次扩增所用引物称为外引物,第二次扩增作用的引物称为内引物。进行"巢式" PCR 可将外引物设计得比内引物长一些,且用量较大,用外引物进行时,采用较高退火温度使内引物不能与模板结合,故只有外引物扩增。经过若干循环,待外引物基本消耗完毕后,只需降低退火温度即可直接进行内引物的 PCR 扩增。这种 PCR 技术被称为"中途进退式" PCR。"巢式"及"中途进退式" PCR 主要用于极少量的模板的扩增。

3. 反向 PCR(inverse PCR,IPCR) 通常 DNA 序列的某一段是已知的,但是所期望的靶序列并不在这一区段内,这时就需要设计一对合适的引物来获取未知的靶序列,即使 DNA 的合成在引物的指导下反向进行。这种扩增引物与 PCR 产物序列方向相反的技术称反向 PCR。在反向 PCR 中,要先将含有一段已知序列的感兴趣的未知 DNA 片段进行酶切和环化,然后直接进行 PCR,也可将已知序列酶切后再进行 PCR。反向 PCR 主要用于已知序列两翼未知 DNA 序列的扩增。

4. 快速 cDNA 末端扩增 PCR(rapid amplification of cDNA ends PCR,RACE - PCR)指通常在已知某基因 cDNA 中间一段序列时,为了获得其 cDNA 全长,所进行的一种 cDNA 末端扩增的方法。该方法包括 $3'$- RACE 法和 $5'$- RACE 法两种。

5. 复合 PCR(compound PCR,CPCR) 在同一反应中用多组引物同时扩增几种基本片段的方法称复合 PCR。复合 PCR 主要用于同一病原体分型及同时检测多种病原体。此外也常用于多点突变性分子病的诊断。

6. 锚定 PCR(anchored PCR) 用酶法在一通用引物反转录的 cDNA $3'$端加上一段已知序列,然后以此序列为引物结合位点对该 cDNA 进行 PCR 扩增称为锚定 PCR,可用于未知 cDNA 的制备及低丰度 cDNA 文库的构建。

7. 原位 PCR(In Situ PCR) 利用 PCR 技术在细胞涂片或组织切片上直接对靶 DNA 片段进行扩增,然后用原位杂交细胞或组织技术进行定位,即原位 PCR。其敏感性可达到显示单个拷贝基因信号的程度。该 PCR 方法具有快速、灵敏、特异性高的优点。原位 PCR 主要有直接原位 PCR 和间接原位 PCR 两种。

8. 修饰引物 PCR（modified primed PCR） 为达到某些特殊应用目的如定向克隆、定点突变、体外转录及序列分析等，可在引物的 5′端加上酶切位点、突变序列、转录启动子及序列分析物结合位点等，这种 PCR 技术称为修饰引物 PCR。

其他的 PCR 技术包括长距离 PCR（long distance PCR）、热启动 PCR（"hot start" PCR）、降落 PCR（touchdown PCR）、不对称 PCR（asymmetric PCR）、随机引物 PCR（arbitrary primed PCR）等。PCR 在生命科学中的应用非常广泛，新的技术方法也在不断涌现。

三、PCR 产物克隆的方法

把 PCR 产物克隆到载体上通常有以下三种方式。

1. PCR 产物直接克隆到 T 载体上 该方法不用考虑酶切位点、引物设计等问题，可适用于任何序列。如 T - vector 法，TaqDNA 聚合酶能在平端双链 DNA 的 3′末端加一个碱基，所加碱基几乎全是腺苷。据此，可采用 3′端突出一个胸苷的质粒 DNA 来克隆 PCR 产物，其克隆效率比平端的连接至少高出 100 倍。因此，在只加入 ddTTP 时，用 TaqDNA 聚合酶可使平端载体 DNA 转变成 3′末端突出一个胸苷的 T 尾载体，称为 T - vector。用这种 T - vector 可以较有效地直接克隆 PCR 产物。另外，亦可以用脱氧核苷酸末端转移酶在切成平端的载体 DNA 的 3′末端加上一个胸苷来制备 T - vector。末端转移酶可以催化多个碱基（dTTP）作为底物，使平端载体 DNA 分子的两个 3′末端各加上一个 T。用这种方法制备的 T - vector 的不同之处在于其 3′末端和 5′末端均可与待克隆 PCR 产物的两端连接；而前者 3′末端不能与待克隆 PCR 产物的 5′末端连接，仅 5′末端可与 PCR 产物的 3′末端形成磷酸二酯键。通常好的载体克隆效率高、重组率高而且两端有丰富的单酶切位点便于后续的克隆等操作。

2. 将平末端 PCR 产物直接克隆到平末端酶切载体上 这种方法是用高保真的聚合酶进行 PCR 扩增，这类酶有很强的校读功能，能够以模板为准切掉错配的碱基，因而得到的 PCR 产物多数是平末端，不能用 T 载体克隆。通常需用目的载体的多克隆位点上的平末端单酶切位点，单酶切得到平末端的线性片断，直接连接 PCR 产物。如平端连接法，因为 TaqDNA 聚合酶具有非模板依赖性末端转移酶活性，能在两条 DNA 链的 3′末端加上一个多余的碱基，使合成的 PCR 产物成为 3′突出一个碱基的 DNA 分子。这种 DNA 分子的连接效率很低。故先用 Klenow 大片段或 T4 DNA 聚合酶消去 3′末端突出碱基将 PCR 产物变成平端 DNA，然后再用平端连接法克隆 PCR 产物。

3. 在引物中引入酶切位点，经酶切后将 PCR 产物克隆到目标载体上 该方法是较常用的一种方法，可以直接通过酶切 PCR 产物，得到黏性末端，直接连接到目的载体上。如黏端连接法，由于 PCR 引物的 5′末端可以增加一些非互补碱基，因此可以在两引物的 5′末端设计单限制酶切位点或双限制酶切位点。这样得到的 PCR 产物用限制酶消化产生黏性末端，即可与有互补黏端的载体 DNA 重组。这种克隆方法效率较高，且当两引物中设计不同酶切位点时，可有效地定向克隆 PCR 产物。最近，有人报道了一种有效的 PCR 产物克隆方法——共环消解法。用磷酸化的 PCR 引物扩增得到的 PCR 产物，先用 T4 DNA 连接酶催化连接反应，使 5′端带有限制酶切位点的扩增 DNA 片段连接成共环结构。然后再用相应的限制酶进行消化，产生黏端 DNA 片段。对于对称性限制酶位点，只需在引物的 5′末端加上一个识别序列，因为在串接成共环后能恢复限制酶切位点难于切开的缺点，且可用于双限制酶切位点的设计，只不过有的 PCR 产物共环化后，仅约 1/4 的限制酶切点得以恢复。故此法较适用于单限制酶位点的克隆。

DNA 克隆是分子生物学的重要内容。特定基因的克隆常因两端缺乏合适限制酶切点而受困，cDNA 的克隆通常也效率不高、筛选困难。采用 PCR 技术行 DNA 和 cDNA 的克隆，则可大大缩短克隆时间，比之全基因合成更为经济和方便，因而愈来愈受重视。用 PCR 方法进行传染性疾病和遗传性疾病的诊断常遇到产物的异性问题和分型问题，采用产物克隆和测序方法，比之寡核苷酸探针杂交方法更为准确。

四、PCR 扩增产物的分析

PCR 产物是否为特异性扩增，其结果是否准确可靠，必须对其进行严格的分析与鉴定，才能得出正确的结论。PCR 产物的分析可依据研究对象和目的不同而采用不同的分析方法。通常采用的方法有：①凝胶电泳分析：初步判断产物的特异性。包括琼脂糖凝胶电泳和聚丙烯酰胺凝胶电泳。②酶切分析：根据 PCR 产物中限制性核酸内切酶的位点，经酶切、电泳分离后，进行产物的鉴定分型。③分子杂交：该方法是检测 PCR 产物特异性和检测 PCR 产物碱基突变的有效方法。④核酸序列分析：是检测 PCR 产物特异性的最可靠方法。⑤Southern 印迹杂交和斑点杂交。

第三节 基因克隆技术

在当今生命科学的各个研究领域中，"克隆"一词都被广泛地使用，它既可作名词也可作动词用。当作名词用时，克隆是指一个无性繁殖系；当作动词用时，克隆则是指利用不同方法产生无性繁殖系所进行的工作。简言之，克隆作动词用时，是指研究或操作过程；作名词用时，是指该研究或操作产生的结果。

克隆可根据其研究或操作的对象分为基因克隆、细胞克隆和个体克隆三类。基因克隆是指在分子（DNA）水平上开展研究以获得大量的相同基因及其表达产物；细胞克隆则是在细胞水平上开展研究工作以获得大量相同的细胞；而个体克隆则是指经过一系列的操作产生一个或多个与亲本完全相同的个体，这种克隆所用的生物材料可能是一个细胞，也可能是一个组织。很显然，基因克隆、细胞克隆和个体克隆是在三个不同的层次上所开展的工作。以原有的基因或细胞或生物个体作为模板，复制出多个与原来模板完全相同的基因或细胞或生物个体，这便是对基因工程技术中克隆技术最全面的阐释。

一、基因克隆的技术路线

通常所说的基因克隆，其实质上包含着待研究的目的基因的分离和鉴定两个主要的内容，整个基因克隆的过程包括五个基本的步骤：①用于克隆的含有目的基因的 DNA 片段的制备以及载体的构建；②目的 DNA 片段与载体分子的体外连接；③在能够正常复制的受体细胞（寄主细胞）中，重组 DNA 分子的导入；④在宿主细胞内，随着细胞分裂，重组体的复制以及目的基因单克隆的获取和筛选；⑤目的 DNA 的测序分析。

用于基因克隆的 DNA 材料，主要是从特定的组织、细胞或器官提取的染色体基因组 DNA 或通过提取的 mRNA 反转录合成的 cDNA。究竟选用何种 DNA 材料，依据克隆的目的而定。由于单个基因仅占染色体 DNA 分子总量的极微小的比例，必须经过扩增，才有可能分离到特定的含有目的基因的 DNA 片段，故需先构建基因库。其中，能将外源基因

DNA 带入宿主细胞并能复制或最终使外源基因 DNA 表达的载体 DNA 分子的构建很关键。通常载体应至少有一个复制起点、一个克隆位点和一个遗传标记基因。用于基因克隆的载体主要有质粒载体、λ 噬菌体载体、柯斯质粒载体以及 M13 噬菌体载体等。构建基因文库之后，可以说是实现了基因的克隆，但并不等于完成了目的基因的分离，因为不管是基因组 DNA 文库或 cDNA 文库，其实都是一个基因众多的"基因池"（genepool），究竟哪个含有要研究的目的基因的序列，还是无从得知。因而下一步需要做的便是从基因文库中筛选出含有目的基因的特定克隆，即所谓的克隆基因的分离。目的基因的单克隆是获得了，但还要做的一项工作是对这一目的基因的 DNA 片段进行测序，之后，才能从核酸序列上真正地获取该目的基因（图 14 - 3）。

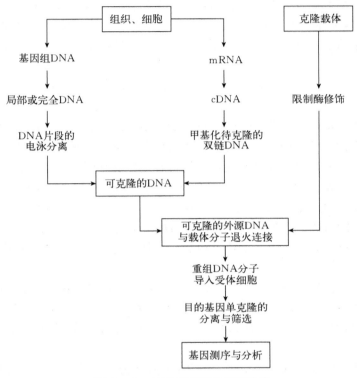

图 14 - 3　基因克隆基本操作路线

二、基因克隆载体的构建

1. 质粒载体的构建　天然质粒往往存在着许多的缺陷，因而不适合用作基因工程的载体，必须对其进行改造构建，具体步骤有：①加入合适的选择标记基因，如两个以上，易于用作选择。②增加或减少合适的酶切位点，便于重组。③缩短长度，切去不必要的片段，提高导入效率，增加装载量。④改变复制子，变严紧为松弛，变少拷贝为多拷贝。⑤根据基因工程的特殊要求加装特殊的基因元件。

2. λ 噬菌体载体的构建　天然的 λ 噬菌体由于包装上下限的存在以及同种酶切口太多通常不适合作为重组载体，故需对其进行人工构建：①缩短长度，野生型 λ 噬菌体包装的上限为 50.5 kb，本身长度为 48.5 kb，那么外源 DNA 片段允许插入的大小至多为 2.4 kb，这样才能被包装成有感染能力的噬菌体颗粒，如果将其缩短，便可提高装载量。其实 λ 噬菌体上约有 40%～50% 的 DNA 片段是复制、裂解所不必需的，将之切除便可提高载量。②删除重复的酶切口。通常有插入型载体和取代型载体。插入型载体在插入位点有一酶切口，但这必须是唯一的；取代型载体在取代位点有两个酶切口，多了也不行，而天然的 λ 噬菌体上有许多重复的酶切口，如：$EcoR$ Ⅰ 5 个，$Hind$ Ⅲ 7 个，这些多余的酶切口必须被删除。③加装选择标记。④构建琥珀型密码子突变体。

3. 柯斯质粒的构建 λ 噬菌体载体的最大装载量为 25kb，有时需要构建能克隆更大的外源 DNA 片段的载体，柯斯质粒就是应这种需要而人工组建的。柯斯质粒是含有 λ 噬菌体两端 cos 区的质粒。λ 噬菌体包装时，其包装蛋白只识别黏性末端附近的一小段顺序，约 1.5kb 长。如果将这一小段 DNA 与质粒连在一起，则这个重组质粒就可装载更大的外源 DNA 片段，同时它仍可像 λ 噬菌体一样，在体外被包装成有感染活性的噬菌体颗粒，并高效感染大肠杆菌。与 λ 噬菌体 DNA 所不同的是，柯斯质粒不能在体内被包装，更不能裂解细胞，它的制备与质粒相同。进入细胞后，质粒上的复制子才进行复制。

4. M13 噬菌体载体构建 M13 噬菌体上几乎没有非必需区域，因而载体的构建主要是插入标记基因及插入多酶切位点接头，便于外源基因片段的插入以及消除重复的酶切口。

三、基因文库的构建策略

1. 基因组 DNA 文库的构建 构建完整的基因组 DNA 文库是筛选目的 DNA 片段的前提，通常是通过限制性核酸内切酶部分酶切法或超声波法将生物体基因组 DNA 片段化，与载体随机连接、包装及感染受体细胞后，得到含有全部的基因片段、储存了基因组 DNA 的全部序列信息。一般基因组文库的构建过程（图 14 - 4）包括：①插入 DNA 片段的制备，包括基因组 DNA 的纯化、DNA 片段的消化和 15～20 kb DNA 片段的分离等；②载体、DNA 的制备，载体、DNA 的酶解及载体连接臂的分离等；③基因组 DNA 片段与载体的连接；④包装提取物的制备和重组子的体外包装；⑤基因组 DNA 文库的扩增保存；⑥文库质量的测评。

真核生物基因组 DNA 十分庞大，其复杂度是蛋白质和 mRNA 的 100 倍左右，而且含有大量的重复序列，因而，无论是采用电泳分离技术，还是通过杂交的方法都难以直接分离到目的基因片段。这是从染色体 DNA 为出发材料直接克隆目的基因的一个主要困难。

2. cDNA 文库的构建 cDNA 是指以 mRNA 为模板，在反转录酶的作用下形成的互补 DNA（简称 cDNA）。与基因组文库一样，cDNA 文库也是指一群含重组 DNA 的细菌或噬菌体克隆。每个克隆只含一种 mRNA 的信息，足够数目克隆的总和包含细胞的全部 mRNA 信息，这样的克隆群体就称为 cDNA 文库。cDNA 文库便于克隆和大量扩增，可以从 cDNA 文库中筛选到所需目的基因，并用于该目的基因的表达。cDNA 文库是发现新基因和研究基因功能的基础工具。

通常构建 cDNA 文库的技术路线为：提取总 RNA、纯化 mRNA、合成 cDNA 双链、去除小片段、将双链 cDNA 连接到载体、转化或包装、扩增及保存。cDNA 文库的构建为研究生物的基因结构与功能及基因工程操作带来极大的便利，而 cDNA 文库与基因组 DNA 文库相比，其容量要小得多，特定序列的克隆比例相应较高，筛选也较简单易行。因为 cDNA 来自 mRNA，而 mRNA 是基因转录的产物，通常由基因组基因的外显子拼接而成，不含内含子区域，因此，cDNA 远比基因组基因片段小得多。构建 cDNA 文库的操作（图 14 - 5、图 14 - 6）包括：①提取总 RNA，检测其完整性；②从总 RNA 中分离纯化 mRNA；③合成 cDNA 第一条链和第二条链；④修饰 cDNA 并连接到克隆载体中；⑤包装及转录宿主细胞；⑥cDNA 文库的质量检测、保存及扩增。

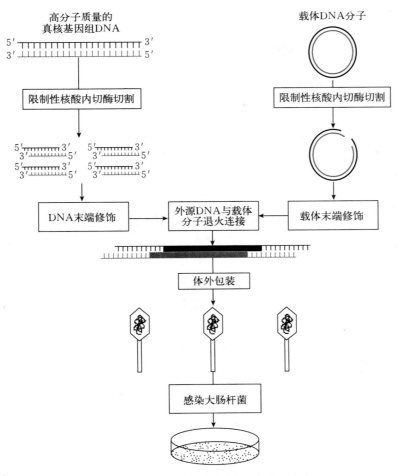

图 14-4　基因组 DNA 文库构建操作路线

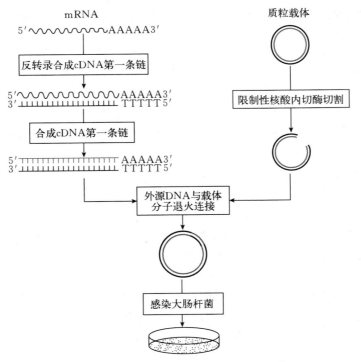

图 14-5　以质粒为载体构建 cDNA 文库

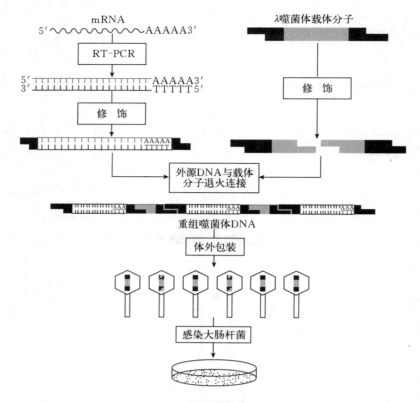

图 14 - 6　以 λ 噬菌体为载体构建 cDNA 文库

第四节　基因打靶技术

　　基因打靶（gene targeting）又称定向基因转移，是人工精确地修饰基因组的一种技术，即通过外源 DNA 与染色体 DNA 同源序列之间的重组来改造基因组特定位点，从而改变生物遗传特性的技术。其有三个重要特征：①直接性，即直接作用于靶基因，不涉及基因组的其他方面；②准确性，即可以将事先设计好的 DNA 序列插入选定的目标基因座，或者用事先设计好的 DNA 序列去取代基因座中相应的 DNA 序列；③有效性，即在技术上有实施的可能，因而具有一定的实用意义。基因打靶技术是 2005 年以来在转基因技术和人工同源重组技术基础上发展起来的能够使外源基因定点整合的高新生物技术，其中人工同源重组技术使科学家们针对基因组上某一靶基因进行精确修饰（俗称基因打靶）的愿望成为可能。具体地说，就是它能够使外源 DNA 与受体细胞基因组上的同源序列之间发生重组，并整合到预定位点上，而不影响其他基因，从而改变细胞的遗传特性。基因打靶是针对细胞内染色体上某一特定位点的基因所进行的修饰，所以又称基因定点同源重组。它包括两种情况：一种是用一个突变的基因去修饰其对应的野生基因，观察中止原基因正常功能时的生物学变化，称为基因敲除（gene knockout），也称基因剔除；另一种是用一个正常基因替代突变基因，或引入新基因使其在受体细胞中表达，这就是所谓的基因敲入（gene knockin），也称基因获得。基因打靶的基本过程包括载体的构建、同源重组、重组筛选及观察打靶后的生物学效应等。

一、基因打靶技术的基本原理

在生物界，同源重组是一个普遍现象。在减数分裂形成配子的过程中，同源染色体上的基因相互交换其同源片段，就是同源重组。基因打靶的原理即仿照了这一过程，这一技术的基本原理是：用转基因技术，将外源基因引入靶细胞，通过外源 DNA 与靶位点上相同核苷酸序列间的同源重组，使外源基因稳定插入预定的位点，再通过适当的筛选手段得到剔除了某个基因的细胞。图 14-7 为将外源 DNA 插入预定质粒位点的示意图。根据生物体内重组发生的机制，将重组分为 4 种类型：同源重组（homologous recombination）、位点特异性重组（site-specific recombination）、转座（transposition）和异常重组（illegitimate recombination）。这 4 种类型共有的特征是 DNA 双螺旋之间的遗传物质发生交换。其中同源重组是指发生在 DNA 同源序列之间的重组，其显著特征是在发生交换的 DNA 的两个区域的核苷酸序列必须是相同或很相似。同源重组主要是利用 DNA 序列的同源性识别重组对象，蛋白质（如大肠杆菌 RecA 蛋白）可以促进识别，但提供特异性识别的是碱基序列。转基因整合有两种性质，即整合的随机性和拷贝数的变异性。由于非同源重组的频率太高，因

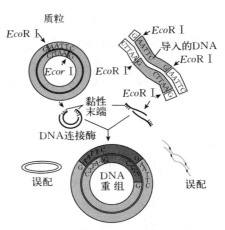

图 14-7 将外源 DNA 插入质粒预定位点
（引自 Access Excellence）

而整合的位点不同，转入基因可能会有不同的表达。若整合在封闭的染色质区，转入基因很少或几乎不表达；若整合在活化的染色质区，转入基因则可能高效表达。整合的转入基因拷贝数的不同也会影响转基因表达水平。提高同源整合的效率是基因打靶技术成功的关键。同源整合效率与下列因素有关：一是与基因转移的方法有关。实验证明，采用逆转录病毒整合的方法，其整合效率最高，对外源 DNA 的影响较小，并且多为单拷贝整合，有利于整合基因的表达调控。但由于病毒容量的限制，故外源 DNA 片段不能太大。显微注射法的绝对整合效率较高，线性 DNA 分子的整合效率高于超螺旋 DNA 分子的整合效率。但一次只能注射一个细胞，故可筛选的细胞有限。二是与导入的 DNA 目标载体与内源靶位点间同源序列的长度有关。

二、动物基因的剔除

哺乳动物囊胚期胚胎（即胚泡）具有同癌细胞类似的无限繁殖和多潜能的发育能力，并且可在体外培养条件下长期保持未分化状态。将经过体外遗传操作，如导入了打靶基因的胚胎干细胞（ES 细胞）重新转移到胚泡内后，然后将其移植到动物子宫中生长，最后可发育成嵌合体动物。下面以小鼠 ES 细胞为例，简要叙述动物细胞基因剔除的基本过程。首先，根据受体细胞核基因组中拟剔除的目标基因的核苷酸序列的特征，在体外构成一种具有失活基因或纠正基因的 DNA 片段。然后将此片段克隆到一种具有选择标记基因的置换型基因打靶载体上。然后将载体经适当的限制酶消化作用后线性化，转染给培养的小鼠 ES 细胞。由于打靶 DNA 片段的两侧与目标基因两端之间存在同源的 DNA 序列，因此，它可通过同源重组置换该基因组中的具有功能活性的拟剔除目标基因，这样目标基因就被剔除掉了。接着，用正负选择法分离出已成功剔除掉目标基因的 ES 细胞克隆，或称变异的 ES 细胞。再进行胚胎干细胞转移，也就是挑选生活力旺盛的变异 ES 细胞，体外注射到超数排卵的供体

小鼠胚泡中。最后，将此胚泡移植到受体母鼠的子宫中，生长发育成当代转基因小鼠，即嵌合鼠，其体内含有一定比例的来自 ES 细胞的细胞群体。

三、基因打靶技术的应用

基因打靶目前已被证明是能精确修饰基因组的最有效方法，它能对哺乳动物复杂的细胞基因组进行定点定量的修饰，从而实现精细改变细胞或动物整体遗传结构和特征的目的，甚至可以实现组织特异性、发育阶段特异性的基因变异。根据重组后靶基因的特征，实现基因剔除的方式可分为两类，第一类是基因破坏或剔除，即引入外源序列或部分取代靶基因序列，使靶基因原有结构被破坏；第二类是基因置换，即靶基因的全部序列被新的基因或改造后的基因所取代。小鼠作为独特的生物模型，与研究人类相关遗传疾病有相当的类似性，因此，在基因剔除或置换研究中小鼠模型被广泛应用，尤其是继人类基因组计划后全球范围内正在竞相开展功能基因组学的研究，开展小鼠模型的基因剔除的研究具有极为重要的意义。目前已应用于建立人类疾病研究模型上，利用该模型可以分析研究人类特定基因所表达产物的生物学功能、基因活动的调控机制，还可建立特殊的基因工程小鼠品系用于药物的筛选和新药的评价体系，同时还可应用与研究环境诱变剂的作用规律等方面。目前，在美国、西欧等国家，基因打靶已成为一种较成熟的基因工程手段，从事医学研究的一些一流实验室都在进行基因打靶研究，主要涉及：基因功能的研究、建立人类疾病的动物模型、疾病基因治疗、改造生物和培育生物新品种等方面。

第五节　基因沉默技术

基因沉默（Gene Silencing）是指生物体特定基因由于某种原因丧失表达的现象。发生沉默的基因可以是外源转移基因，也可是入侵病毒或宿主的内源基因。研究表明，环境因子、发育因子、DNA 修饰、组蛋白乙酰化程度、基因拷贝数、位置效应、生物的保护性限制修饰以及基因的过度转录等都与基因沉默有关。基因沉默一般有两种情况，一种是转录水平的基因沉默（transcriptional gene silencing，TGS），即由于 DNA 甲基化、异染色质化以及位置效应等引起的基因沉默。另一种是转录后水平的基因沉默（post‐transcriptional gene silencing，PTGS），即在转录后通过对目标 RNA 进行特异性降解而使基因沉默。转基因沉默就是导入整合进受体基因组中的外源基因在当代转化体中或在其后代中的表达受到抑制而不表达的现象。转基因沉默是目前动物基因工程技术实现商业化的最大障碍。基因工程技术的内涵不仅仅是基因的转移和获得特异性蛋白质的表达，抑制或消除生物体基因组内某些基因的表达也是遗传过程技术的另外一个内涵。消除或抑制基因表达的基因工程技术称为基因沉默技术。基因的沉默就是基因表达的抑制或消除。基因沉默就是利用反意基因（antisense gene）或意义基因（sense gene）构造来阻止蛋白质的合成。实现基因沉默有两种方法：一是阻止 mRNA 的合成，二是使 mRNA 在到达核糖体之前失效。这两种方法可阻止蛋白质的合成，从而消除该基因的表达，实现基因的沉默。意义基因具有与靶细胞基因相同的编码序列，它是由从靶细胞中获得的 mRNA 通过反转录酶转录而产生的。将意义基因做一些小的改变，加载到侵染体上，然后进行转移，以达到沉默基因的目的。目前，通过转移意义基因来实现基因沉默的技术尚不完善。其有效性取决于意义基因在靶细胞基因组中所嵌入的位置。意义基因如何抑制源生基因的机理目前尚不清楚。反意基因的核酸序列和靶细胞源生基因的序列是互补的，反意基因可由 DNA 合成仪合成，加载到侵染体上后转移到靶细胞中去。被转移的反意基因开始转录 mRNA，而此时所转录的 mRNA 与源生基因转录的 mR-NA 是互补关系链，因此 mRNA 就被混合或杂交了。杂交后的 mRNA 就失去了正常的功能，不能指导合成原来的蛋白质，从而阻止了性状的表达，实现了基因的沉默。基因沉默技术在植物上首先应用于西红柿，其效能是通过基因沉默增加西红柿硬度从而延长存放时间。具体的原理是，利用基因沉默技术将控制西红柿熟化反应酶的基因消除或抑制，减少该酶的分泌，从而延长熟化过程，达到延长保存时间的目的。利用该技术已经成功培育出了存放时间较长的品种。另外，利用基因沉默延缓熟化过程技术已在水果和蔬菜品种的培育上广泛使用，并取得了积极的效果。基因沉默技术还可应用于医学领域，利用此技术可消除某些致病基因，还可关闭某些基因的表达，如致癌基因、艾滋病病毒基因、白血病基因以及其他有害基因，从而实现对遗传性疾病和传染病的控制和基因的治疗。

一、基因沉默的机制

外源基因进入细胞核后，会受到多种因素的作用，根据其作用机制和水平不同可分为转录水平的基因沉默和转录后水平的基因沉默。

1. 转录水平的基因沉默 转录水平的基因沉默是 DNA 水平上基因调控的结果，主要是由启动子甲基化或导入基因异染色质化所造成的，二者都和转基因重复序列有密切关系。重复序列可导致自身甲基化。外源基因如果以多拷贝的形式整合到同一位点上，形成首尾相连的正向重复（direct repeat）或头对头、尾对尾的反向重复（inverted repeat），则不能表达。而且拷贝数越多，基因沉默现象越严重。这种重复序列诱导的基因沉默（repeat‐induced gene silencing，RIGS）与在真菌中发现的重复序列诱导的点突变（repeat‐induced point mutation，RIP）相类似，均可能是重复序列间自发配对，甲基化酶特异性地识别这种配对结构而使其甲基化，从而抑制其表达。此外，重复序列间的相互配对还可以导致自身的异染色质化。

（1）甲基化作用机理：甲基化作用是在基因转录水平调控的一种基本方式。在宿主基因组中各个不同基因位点的甲基化程度处在一定的平衡状态，且具有一定的空间结构特点。一旦由于外源基因的整合或病毒的侵入打破了这种平衡和空间结构特征，这种受破坏后的结构就会成为宿主基因组所识别的信号，结果使新整合进去的 DNA 序列发生不同程度的甲基化，进而妨碍转录的顺利进行，从而实现基因的沉默。

（2）位置效应机理：侵入宿主的病毒基因或外源转移基因会在基因组 DNA 的不同位置随机整合。如果这些外源基因整合到宿主基因的异染色质区或进入转录不活跃区，外源基因会在该区空间结构特征的影响下形成类似结构，从而导致基因的不活跃转录或异染色质化而失活。但如果整合位置是处于基因组转录活性区域，那么外源基因也会形成类似的结构，使转录呈现活跃状态，并且转录频率随其侧翼 DNA 序列转录频率的变化而发生相应的改变。

（3）正反向同源基因和多拷贝重复基因引起的 TGS 机理：在转录水平上，同源基因在同源性较高或某些因子的影响下，可发生相互作用而使同源序列发生甲基化并失活。同样的，多拷贝重复基因序列在整合进基因组后不论是正向还是反向都容易形成异位配对，从而引起基因组防御系统的识别而被甲基化或异染色质化失活，其机理可能是异染色质化相关蛋白质识别重复序列间配对形成的拓扑结构与之结合，并将重复序列牵引到异染色质区，或直接使重复序列局部异染色质。

（4）复杂结构外源基因引起的 TGS 机理：如果外源基因的组织结构比较复杂，则这种基因不容易形成规则的结构而存在更多的酶切位点，在同宿主基因组 DNA 整合的过程中，容易引起基因的置换、重排，也容易被宿主的防御系统所识别而破坏。有研究表明，通过基因枪将只含有基因表达弹夹（包括启动子、开放阅读区、终止子在内）的线性 DNA 片断导入植物基因组，结果获得了大量拷贝数、低重排频率、高效率表达的转基因植株。但是使用结构比较复杂的完整质粒导入基因组后，其整合方式复杂，产生的是高拷贝数、高重排频率的植株，转移基因的活性以及稳定性受到严重影响。

2. 转录后水平的基因沉默 转录后水平的基因沉默（PTGS）可以说是基因表达调控的第二个环节，是 RNA 水平基因调控的结果，比转录水平的基因沉默更普遍，是通过细胞质内目标 RNA 的特异性降解来控制内、外源 mRNA 的含量，进而调节基因的表达。特别是共抑制（cosuppression）现象尤其是研究的热点。共抑制是指在外源基因沉默的同时，与其同源的内源 DNA 的表达也受到抑制。转录后水平的基因沉默的特点是外源基因能够转录成mRNA，但正常的 mRNA 不能积累，也就是说 mRNA 一经合成就被降解或被相应的反义RNA 或蛋白质封闭，从而失去功能。这可能是同源或重复的基因表达了过量 mRNA 的结果。有人认为，细胞内可能存在一种 RNA 监视机制用以排除过量的 RNA。当 mRNA 超过一定的域值后，就引发了这一机制，特异性地降解与外源基因同源的所有 RNA。此外，过量的 RNA 也可能和同源的 DNA 相互作用导致重新甲基化，使基因失活。

（1）RNA 域值：当细胞内外源基因的转录物超过某一特定值时，就会激活 RNA 依赖性 RNA-聚合酶（RNA-dependent RNA polymerase，RdRP），使其以这些转录物为模板合成配对的 RNA，配对的双链 RNA 可被细胞内 RNA 酶识别而降解。双链 RNA 干扰下的PTGS 可能机制有：①由于 RNA 病毒入侵、转座子转录、基因组中反向重复序列被转录等原因，细胞中出现双链 RNA 分子，这种情况可以是在两个独立的 RNA 分子之间形成双链，也可以是同一 RNA 分子自身回折成为发夹结构而形成的分子内双链。②细胞中一组特定的蛋白质复合物识别双链 RNA，启动相关蛋白质结合到双链 RNA 分子上，其中 RNA 依赖性RNA-聚合酶（RdRP）对双链 RNA 分子进行复制，产生足够数量的双链 RNA 分子。③RNA酶Ⅲ或类似的酶特异性地识别双链 RNA 并与之结合，同时将其降解成 21～25 个核苷酸长度的双链小 RNA 分子。带有该核苷酸长度双链的小 RNA 的蛋白质复合物又结合到mRNA 分子上，双链小 RNA 可以识别 mRNA 序列，如果 mRNA 序列与之不互补，则复合物很快从 mRNA 分子上脱落下来；如果 mRNA 序列与双链小 RNA 分子互补，则双链小RNA 分子与单链 mRNA 分子之间发生链交换，释放出双链小 RNA 分子中的正链，然后结合在复合物上的 RNA 酶Ⅲ在小 RNA 反链一端将 mRNA 切断，经过多次这样的切割之后，一条完整的 mRNA 分子就被降解成许多个 21～25 个核苷酸长度的小片段。④这些降解的产物又可以与小 RNA 的反义链结合，引起新一轮的对相应 mRNA 的降解，因此这是一个循环放大的正反馈降解机制，一旦启动就可加速进行，并迅速将该 mRNA 全部降解掉，从而完全抑制该基因的表达。⑤21～25 个核苷酸长度的双链小 RNA 分子可容易地从一个细胞传递到另一个细胞，实现远距离运输。

（2）异常 RNA：在基因转录区域内由于 DNA 甲基化、转录物加工改变等因素，均可产生异常 RNA 从而触发所有相关转录物的特异性降解。

（3）分子间（内）碱基配对：主要是内、外源基因间以及转录物内碱基配对造成的同源转录物的降解，包括反义 RNA 与内源正义 RNA 配对以及重复序列转录物自身配对造成的降解。

二、基因沉默是获得性免疫的新途径

近年来，人们已经认识到基因沉默所引起的获得性免疫反应一样具有特异性、多样性、记忆性、可遗传性等特征，因此，认为其本质是一种由 RNA 介导的、具有序列特异性的获得性免疫反应。

1. 抗病毒免疫 90％以上的植物病毒基因组为单链 RNA（single strand RNA，ssR-NA），复制时可以形成双链 RNA（double strand RNA，dsRNA）中间体。自然状态下植物正是利用 dsRNA 这一中间体抵制病毒的入侵。一般情况下，植物能够感知并识别外源性病毒 RNA，并可将其迅速降解掉，从而免遭病毒侵入。基因沉默是重要的生物抗病毒免疫现象，遭受病毒侵染的植物个体经过一段时间的康复后会表现出具有 PTGS 活性的特征，许多病毒基因表达 PTGS 抑制物来干扰 PTGS 的活性，基因突变个体与正常个体相比对某些病毒表现出易感性。dsRNA 易于诱导基因沉默，而病毒复制时会产生 dsRNA，在局部组织细胞产生的基因沉默表现出可遗传性。

2. 免疫自稳和免疫监视 在这方面的研究颇受关注的是植物转位子（TE），植物通过使转位子中有关基因沉默而达到稳定自身和监视突变的效果。这一功能主要是发生在转录水平的基因沉默，当转位子中某些基因发生突变时，基因复制就会产生发夹 RNA（hairpin RNA，hpRNA），转录出的 dsRNA 或由细胞质中直接进入的 dsRNA 作用于核内染色质，从而诱导染色质发生改变或使启动子甲基化而使转录无法进行，进而导致相关基因沉默。

3. 沉默介导的获得性免疫的调控 基因沉默作为一种获得性免疫途径而受到严格的调控。例如马铃薯 Y 病毒属病毒所编码的一种被称为蚜传辅助组分蛋白（helper component - protein，HC - Pro）、黄瓜花斑病毒（cucumber mosaic virus，CMV）编码的 2b 蛋白（Cmv2b）能够抑制转录后基因沉默。植物可以通过识别病毒并降解其 RNA 而达到保护自身的目的，但是病毒也可以通过表达 Cmv2b 等蛋白质使降解机制失活而达到侵染宿主的目的。

三、基因沉默的应用

目前普遍认为，在动植物中自然存在的基因沉默作用是作为基因组免疫系统（genome immune system）而有效防止外源有害基因如病毒的侵入，另外是基因表达调控的一个重要途径。不但天然存在的基因沉默现象具有十分重要的生物学意义，基因沉默技术在生命科学研究中也具有极其广泛的应用前景。

1. 在动、植物育种中的应用 基因沉默作为生物体基因表达水平的一种自我保护机制，在抵御外源基因转入、病毒侵入以及基因的转座、重排等过程中具有普遍的遗传学和生物学意义。利用基因沉默技术，通过双链 RNA 的干涉，使某一内源基因所转录的 mRNA 降解，从而达到抑制这一内源基因表达的目的。在基因工程中可通过上述所介绍的方法克服基因沉默，从而使转入的外源基因按照设计的要求进行表达，实现基因工程的目的。

2. 在医学中的应用 人类所患疾病中，有许多是由基因控制的遗传病，在基因治疗中，我们可以利用基因沉默技术，通过各种不同的方法使致病基因发生沉默，从而达到治疗疾病的目的。癌症是由基因突变引起的，基因沉默可能是治疗癌症的一种有效方案。例如在抗肿瘤治疗中，RNAi 可用于抑制癌基因的表达、敲除点突变激活的癌基因（利用 RNAi 的高度特异性）；也可用于抑制基因扩增或抑制融合基因表达、抑制其他与肿瘤发生发展相关基因（如血管内皮生长因子 VEGF 或多药耐药基因 MDR）的表达。另外，由许多病毒引起的疾病，如各种类型的肝炎、艾滋病等都严重威胁着人类的生命和健康，可以设计针对病毒基因组 RNA 的 siRNA 或针对宿主细胞病毒受体的 siRNA 来抗病毒，抑制这些病毒基因的表达，使病毒基因的复制、转录、病毒粒子的包装等环节被打断，以达到基因沉默的目的。即使病毒基因实现表达，它也不能形成成熟的病毒粒子，从而不能致病。当前各种抗病毒药物便是根据上述机理设计生产的，如针对乙型肝炎病毒（HBV）、丙型肝炎病毒（HCV）、呼吸道合胞病毒（RSV）、流感病毒（influenza virus）、脊髓灰质炎病毒（poliovirus）、HIV - 1、

SARS 等均取得了令人欣喜的体外病毒抑制作用。

3. 基因沉默在功能基因组学上的应用　在功能基因组研究中，需要对特定基因进行功能丧失或降低突变，以确定其功能。由于 RNAi 具有高度的序列专一性，可以特异地使特定基因沉默，获得功能丧失或降低的突变，因此 RNAi 可以作为一种强有力的研究工具，用于功能基因组的研究。RNAi 技术高效、特异、低毒性、周期短、操作简单等优势是传统的基因敲除技术和反义技术所无法比拟的。根据基因组测序结果或 EST 文库构建的 dsRNA 文库可以用于大规模的基因组筛选。根据 DNA 芯片原理，将微电子技术与 RNAi 技术结合，构建 RNAi 芯片，让细胞生长在多种 siRNA 片段组成的点阵芯片上，只要解决好核酸从固相化物的解离问题（如利用核酸酶切割）和转染技术问题，就能产生各种基因功能失活表型库，并得到相应的 mRNA-表型对应关系。联合应用 DNA 芯片技术还可能得到各个基因间相互影响的网络关系。甚至可以应用 RNAi 建立基因功能敲除动物模型代替繁琐的传统基因敲除。另外，根据 RNAi 产生的功能丧失表型，可以很容易地从某一信号传递途径被打断的所有表型中鉴定出被降解的 mRNA，从而鉴定出参与了信号传递通路的信号分子。还有可能通过打靶某一信号分子 mRNA 明辨其与其他信号分子在传递通路中的关系。

4. 抑制效应的利用　可以特异性地抑制生物某一代谢途径中特定关键酶的活性，从而使代谢反应在此关键酶处被打断，进而使反应上游的特定代谢物积累，而这些积累的代谢产物可能正是基因工程所要实现的。通过基因沉默，可以控制生物体内的生化反应，使其朝着基因工程所设计的方向进行。

总之，自 Peerbolte 在 1986 年首次报道基因沉默现象以来，在基因沉默方面的研究取得了很大的进展。但是，基因沉默一直是基因工程生物（Genetically Modified Organisms）实用化和商品化的巨大障碍，针对这些问题，克服基因沉默的方法也越来越多，效果也越来越好。我们可以相信，在不久的将来，会有更有效的克服基因沉默的方法出现，从而使基因工程在通向实用化的道路上向前迈进一大步。

第六节　转基因技术

转基因技术就是利用分子生物学方法把某些生物的外源基因整合到其他物种（如动植物）基因组中去，从而使得到改造的生物在性状、营养和消费品质等方面向人类需要的目标转变。在动物上，通常是按照预先的设计，通过细胞融合、细胞重组、遗传物质转移、染色体工程和基因工程技术将外源基因导入精子、卵细胞或受精卵，再以生殖工程技术，育成转基因动物。通过生长素基因、多产基因、促卵泡素基因、高泌乳量基因、瘦肉型基因、角蛋白基因、抗寄生虫基因、抗病毒基因等基因转移，有可能育成生长周期短，产仔、产蛋多和泌乳量高的品种，生产的肉类、皮毛品质与加工性能好，并具有抗病性，这已在牛、羊、猪、鸡、鱼等家养动物中取得一定成果。另外，还可将转基因动物作为生物工厂（biofactories），如以转基因小鼠生产凝血因子Ⅸ、组织型血纤维溶酶原激活因子（t-PA）、白细胞介素 2、a1-抗胰蛋白酶，以转基因绵羊生产人的 a1-抗胰蛋白酶，以转基因山羊、奶牛生产 LAt-PA，以转基因猪生产人血红蛋白等，这些基因产品具有高效、优质、廉价、与相应的人体蛋白具有同样的生物活性等优点，且多随乳汁分泌，便于分离纯化。

目前，基因转移的方法主要有物理学方法、化学方法和生物学方法等，其为重组 DNA 技术和基因治疗技术的关键步骤之一。1970 年 Mandel 和 Higa 发现经预冷的 $CaCl_2$ 溶液可将外源 DNA 导入细胞，此后许多将克隆基因导入原核或真核细胞的方法相继被发明。这些方法有：电穿孔法（electroporation）、磷酸钙转染法、脂质体转染法。20 世纪 80 年代后期，利用病毒作为载体把外源基因导入哺乳动物细胞的方法也很快发展起来，这些方法能显著提高基因转移的效率，有效地将外源基因导入靶细胞或受体菌中，克服了重组 DNA 技术和基因治疗中基因转移效率低等的制约因素，大大推进了重组 DNA 技术在生物工程、农业、医学和环保领域的广泛应用。

一、基因转移的物理学方法

基因转移的物理学方法是利用物理学原理导致细胞膜发生暂时变化，从而使外源基因进入细胞内以达到基因转移的目的。当前，常用的物理学方法有显微注射法（microinjection）、电穿孔法和基因枪法（gene gun）等。

1. 显微注射法 显微注射法就是应用显微注射仪器，在外科显微镜下将外源 DNA 直接注射到靶细胞的核内，达到基因转移的目的。一般来讲，显微注射法的受体细胞主要是体积较大的受精卵细胞，现在也有用体细胞作为受体细胞进行基因转移的。注入受体细胞核内的外源基因大约有 25％能整合到受体细胞的染色体中并稳定表达。目前，每年都有大量关于哺乳动物转基因的研究，其热点都是研究病毒基因注射到哺乳动物细胞后对其生长的影响以及病理方面的效应等。

显微注射技术的成功取决于所收集的胚胎质量，胚胎应来源于生殖周期同步的胚胎供体群。在生产原核胚胎时，对供体双亲品系的选择是大多数实验室最为关注的问题。同时有很多因素影响胚胎的收集和胚胎的质量，包括胚胎对超数排卵处理的反应、显微注射后胚胎的成活率、原核的大小以及各种品系中特定遗传病对胚胎的影响等。据报道，在超数排卵后通过特定的杂交和远交可产生大量的具有生活力的原核胚胎。无论选择哪种品系作为胚胎的供体，如果用外源促性腺激素对供体进行超排处理，那么所需要的动物数将大大减少，出现突变的概率也更小。如果我们要使供体成功地超排，制定超排方案时必须考虑动物的品系、年龄和体重。繁育方式必须采用同配方式，而且育种室的光照必须严格调节。

2. 电穿孔法 电穿孔法是通过高压电场的短暂作用，使细胞膜上出现可逆性的微小孔洞，从而使外源 DNA 通过此孔洞进入细胞内。该方法广泛应用于不同类型细胞的基因转移，如细菌、酵母、动物及植物细胞。电穿孔仪是这一方法的关键设备。应用这一技术，可将约 150 kb 的 DNA 分子转入灵长类动物细胞中。电穿孔法操作简单方便，重复性好，基因的转移效率也较高，尤其是对酵母细胞和细菌，远高于化学方法。而且，这一方法转染 DNA 的突变率比 DNA 磷酸钙共沉淀法、DEAE－葡聚糖法低。主要适用于克隆基因的短暂与持续表达。

3. 基因枪法 基因枪法又称微抛射物撞击法或颗粒加速法等。基因枪法使叶绿体、线粒体的基因转移成为可能。基因枪法的原理是将 DNA 吸附到高黏度微小的金属颗粒（钨或金）上，在一种特制的颗粒加速装置作用下，将这些颗粒高速射入细胞或组织中，以实现外源 DNA 的转移。颗粒加速装置是通过化学爆炸、电爆炸、压缩气体的释放或通过高压氦气等方法产生气体冲击力，使颗粒加速。

这一转移技术不用细菌作为转基因的转移媒介，而是借助物理方法直接进行转移。所以，通常又称为物理转移法，它不但适合单子叶植物同时也适合双子叶植物，因此应用范围广。在物理转移技术中，最常用的技术是用微粒子对细胞进行射击，从而达到转移基因的目的。该技术是由两个美国科学研究小组独立研究发明的，一个称为导弹法，另一个称为加速法。

导弹法的技术特点是利用由镁钨合金或金颗粒包裹 DNA 颗粒，然后把颗粒射进宿主细胞中，但是不造成对宿主细胞的损伤，颗粒被射进宿主细胞的同时，金属包裹层与DNA脱离，这项技术只把外源DNA留在宿主细胞中，而金属颗粒则由于高速和惯性而射出宿主细胞，最终外源DNA被转移到宿主细胞中。利用基因枪进行基因的转移，其所包裹的DNA片段同样可包含增效基因和标记基因。

加速法的技术特点是首先用金属颗粒对外源DNA进行包裹，该技术使用的金属是金颗粒，再利用放电作用使金属颗粒加速，然后射入宿主细胞，达到基因转移的目的。以上两种技术都使用基因枪，依据的原理也基本相同，但是技术上有各自的特点。虽然射击技术能够用来转移外源基因，但并不等于基因转移的成功。通常所得到的植物组织中能够表达外源基因个体的比例很小。因为利用射击技术将外源基因射入到宿主细胞中后，外源基因能够嵌入到宿主细胞的概率相当小，所以表达外源基因的个体就很少。相比之下，利用细菌转移外源基因的成功率就要高于物理转移技术。另外，利用细菌转移技术所得到的转移个体遗传一致性要比物理转移技术得到的个体高。所以，在利用物理技术转移外源基因时，需要建立选择性的标记基因，以保证确认转移效果和获得稳定遗传的转基因后裔。当然物理转移技术的不断革新和发展会改善技术本身的不完善之处，更何况物理转移技术的直接性、通用性、灵活性、经济性是其他方法都无法比拟的。物理转移方法可在各类植物的细胞和组织上使用不受限制。可以预料，随着物理转移技术的不断完善和进步，这项技术无论是在基因工程技术研究领域还是应用领域都将会得到广泛的应用。

二、基因转移的化学方法

1. 氯化钙转移法　目前，常规的氯化钙转移方法是离心收集生长期的细菌，用原培养液体积1/2的预冷氯化钙溶液（50～100 mmol/L）悬浮细菌，经离心后用原培养液体积1/5的氯化钙溶液悬浮细菌。将一定量细菌悬液加入待转化的质粒DNA或噬菌体DNA溶液中，在0 ℃条件下放置30 min，42 ℃条件下热冲击（heat pulse）90 s，快速冷却后，加适量LB培养基，在37 ℃条件下培育使细菌复苏，接种到含抗生素的选择培养基上筛选转化菌。

2. 碱金属离子转移法　1983年科学家研究发现碱金属离子（Li^+、Na^+、Rb^+、Cs^+）能较好地诱导酿酒酵母菌产生感受态。特别是LiCl和LiAc含有arsl复制起始区质粒，其转化效率达到230转化子/μg DNA，比原生质体（spheroplast）方法高了3～4倍。碱金属离子转化法具有许多优点：耗时短，操作简单，对含arsl复制起始区的质粒转化效率高，一些不适于用原生质转化又对裂解酶敏感或抗性强的酵母细胞利用此方法效果好。但它也存在局限性，如对一些大小为2 μm的（天然的酵母质粒）、含DNA复制起始区的质粒转化效率很低，这可能是由这种质粒与受体菌本身携带的2 μm质粒不兼容性所致。另外它对线性化的质粒转化效率也很低。LiAc转化法对酿酒酵母细胞转化效率高，但对甲醇营养性酵母细胞却不能诱导感受态形成。可见对不同的酵母菌株应当优化各自的条件，以达到高的转化率。

3. DNA–磷酸钙共沉淀法　1973年有研究发现DNA与磷酸钙形成沉淀物后容易被细胞吸附而摄入细胞内，于是就建立了腺病毒和SV40 DNA转染入细胞的方法。同时又发现了形成DNA磷酸钙沉淀物的最佳参数。利用该方法有效地将多种外源DNA导入到了培养的贴壁型和悬浮型哺乳动物细胞中。此方法是许多实验室常用于哺乳动物细胞基因转移的方法。DNA–磷酸钙共沉淀法的步骤是：先将DNA分子与氯化钙溶液混匀，再缓慢滴加到含有磷酸的HEPES溶液中，形成细小的DNA–磷酸钙共沉淀颗粒。然后小心地吸出这些颗粒加入到培养的靶细胞表面，保温数小时后，使DNA被靶细胞充分摄入，再更换培养液以实现外源DNA在靶细胞中的表达，最后进一步筛选转化细胞。这一方法适用于外源基因的短暂表达，也可用于建立稳定的转化细胞系。该方法的缺点是转染效率较低，仅为 $10^{-3} \sim 10^{-6}$，但在转染实验后，如果用甘油或 DMSO 休克，或用氯喹处理以阻断溶酶体酶活性，可提高其转染效率。

4. 二乙氨基乙基-葡聚糖法 二乙氨基乙基-葡聚糖法即 DEAE-右旋糖酐法，这一方法最早是用来促进病毒 DNA 导入细胞，后来发展成一种常用的哺乳动物细胞基因转移方法。这种方法非常简单，只需用外源 DNA 和 DEAE-右旋糖酐的混合物处理细胞。通常只用于克隆化基因的瞬时表达，不用于细胞的稳定转化，同时只对某些细胞如 BSC-1、CV-1 和 COS 等转染效果较好。

5. 脂质体转染法 脂质体（liposome）是一种人造的封闭的磷脂膜，强极性 DNA 分子可被包裹在脂质体内部的水相中，在融合剂如聚乙二醇（PEG）或植物凝集素的作用下，靶细胞与装载有外源 DNA 的脂质体融合通过胞吞作用（endocytosis）将脂质体摄入胞内。早期应用的脂质体是多层或小的单层磷脂膜，其转移效率较低，现在多采用直径为 $0.2 \sim 0.4\,\mu m$ 的单层磷脂膜组成的脂质体作为介导将 DNA 转移到哺乳动物细胞。脂质体中磷脂膜的组成和所用的脂类物理性质对其转染效率有很大影响。许多脂类形成的脂质体，如非 pH 敏感的脂质体等不能很好地与哺乳动物的细胞融合。目前已发现了 pH 敏感脂质体，这些脂质体能在酸性环境中与靶细胞膜融合，并且能够被内吞。脂质体被细胞内吞后，在低 pH 环境中与胞质中内体（endosome）膜融合，被运输到溶酶体中，通过溶酶体酶对脂质体膜的水解及溶酶体的裂解使 DNA 释放到胞质中，但有时大部分 DNA 会被溶酶体酶降解，因此降低转染效率。脂质体转染法尽管效率不高，但仍然具有许多优点，如方法简便、重复性好、对多种类型的细胞有效，同时包装容量大、安全性高，因此被实验室广泛采用。

6. 原生质体融合法 原生质体融合法是先将含有目的基因的质粒转化到细菌或酵母细胞中，然后大量扩增繁殖，用溶菌酶或蜗牛酶除去胞壁部分，在高盐状态下制成原生质体，然后将原生质体接种到培养单层哺乳动物细胞的培养基上，在融合剂 PEG 的作用下进行融合。目前，酵母原生质体融合是常用的方法，用该方法已使大片段目的基因的酵母人工染色体实现了转移。这种方法的优点是转染效率高，转染的基因片段大，既可用于克隆基因的瞬时表达，也可用于建立稳定转化的哺乳动物细胞系。其缺点是操作复杂，细菌或酵母细胞碎片会影响细胞生长。

三、基因转移的生物学方法

在基因转移研究中无论采用物理方法还是化学方法，共同的缺点是基因转移效率偏低，表达水平不高，真核细胞的基因转移中表现得更为突出。因此，20 世纪 80 年代后期出现了动物转基因的病毒载体技术。该方法是将外源基因插入到改造后的病毒基因组中，把病毒包装成有感染力的复制缺陷型假病毒颗粒（pseudovirus），通过感染靶细胞，将外源基因转入靶细胞中或整合到靶细胞基因组中，从而形成稳定表达的转基因细胞。病毒载体技术有以下特点：①病毒基因组结构相对简单，易于操作和改造；②整合细胞能够有效地识别病毒基因组中的启动子，外源基因可在哺乳动物细胞中表达；③病毒载体进入包装细胞后，在辅助病毒的协同下，可获得相当高的病毒滴度；④病毒的外壳蛋白能够识别特异的细胞受体，用不同的外壳蛋白包装病毒颗粒，可将外源基因特异地导入靶细胞基因组中；⑤病毒载体转染效率高，几乎可达 100%，转基因效率高。

1. 逆转录病毒载体

（1）逆转录病毒载体的构建方法：首先，在体外构建前病毒 DNA 载体，包括两端的 LTR 和包装序列，除去逆转录病毒的结构基因，中间装入标记基因、细菌复制体和可插入外源基因的多克隆位点；其次，在保留逆转录病毒基因调控序列的同时，利用外源基因的整合和表达，去除致病性的结构基因，保证使用逆转录病毒的安全性；最后，带有目的基因的载体先在细菌中大量扩增，然后再转染包装细胞。有时在逆转录病毒载体的构建中，往往还插入外源启动子，其位置大多位于目的基因和标记基因之间。重组的逆转录载体由于缺乏结构基因，不能包装完整的有感染能力的病毒颗粒。因此，需要将其导入整合有辅助病毒的包装细胞中，才能完成生活周期。

（2）逆转录病毒载体的优点：用鼠源性逆转录病毒载体介导哺乳动物细胞的基因转移具有许多优点，表现在：鼠源性逆境转录病毒基因组相对较小，人们对其结构和功能已有比较清楚的研究和认识；病毒感染的宿主细胞范围广，感染率高；载体介导的外源基因能整合到宿主基因组中并且能够持续表达；MoMLV 载体与人的逆转录病毒同源性低，其增强子、启动子和 tRNA 结合位点差异性大，不易形成有复制能力的致病病毒，安全性高。

（3）逆转录病毒载体的缺点：具体表现在只有靶细胞处于增殖状态时逆转录病毒载体的 DNA 才能整合到靶基因组中，从而表达外源基因；逆转录病毒载体携带外源基因的容量较小，当外源基因大于 9 kb 时就不能进行有效包装；重组病毒的滴度较低，不易达到临床治疗的要求；其感染靶细胞的特异性也不高。

（4）逆转录病毒载体的安全性：通常使用的逆转录病毒载体，特别是 MoMLV 载体，还未发现其对人体有明显的危害。尽管如此，逆转录病毒载体与辅助病毒或其他被污染的病原体形成野生型病毒或有复制能力的病毒的可能性依然存在。同时，逆转录病毒载体的随机整合在理论上也导致某些癌基因或原癌基因的激活，带来不可预期的后果。

2. 腺病毒载体

（1）腺病毒载体构建：通常采用缺失腺病毒基因组中 E1 区和/或 E3 区来构建成腺病毒载体。外源基因可以插入在缺失的 E1 或 E3 区。缺失 E1 区腺病毒失去复制和转化细胞的能力，需要在稳定转染了腺病毒 E1 基因的包装细胞中才能装配成有感染力的病毒颗粒。缺失 E3 区的腺病毒由于 E3 区不是病毒在细胞内繁殖的必需成分，因此不需要辅助病毒。

（2）腺病毒载体的优点：腺病毒载体可以把外源基因高效地转移到增殖细胞和非增殖细胞中，宿主范围比逆转录载体广；腺病毒载体携带外源基因可达 8kb 以上，因此有利于转移较完整的基因序列；腺病毒的致死性和致癌性均比逆转录病毒低；由于它不发生整合现象，几乎不发生插入诱变，使用比较安全；重组腺病毒比较稳定，很少发生再重组。

（3）腺病毒载体的缺点：第一代重组腺病毒载体只缺失 E1、E3 或 E4 区，仍然保留着大部分早期调控蛋白和所有结构基因，E1、E3 或 E4 区的缺失不足以完全抑制病毒蛋白的表达，在靶细胞中仍然可以检测到这些基因产物；腺病毒载体感染的宿主细胞范围广，特异性就差，容易破坏靶细胞周围的正常组织；腺病毒载体由于整合不到宿主基因组中，外源基因表达时间短，对于非增殖细胞可持续几个月，而对于增殖较旺盛的细胞仅能持续几周。

3. 其他病毒载体

（1）腺相关病毒载体：腺相关病毒（adeno associated virus，AAV）是一类复制缺陷型细小病毒（parvovirus），需要与其他病毒（如腺病毒、单纯疱疹病毒或痘苗病毒）共同感染时才能进行有效地复制和感染。构建 AAV 载体是用外源基因及其调控序列置换 AAV 基因组中 *rep* 和 *cap* 两个编码基因。同时还构建一个辅助质粒，即除去 AAV 基因组中的末端反向重复序列而保留 AAV 启动子、*rep* 和 *cap* 基因。将这两个质粒共同转入腺病毒感染的细胞中。辅助质粒表达的 rep 和 cap 蛋白有助于 AAV 载体包装进入 AAV 颗粒中。AAV 载体的感染宿主和组织范围广、病毒滴度高、无致病性，能够稳定地整合到细胞 DNA 中去，因此目前已引起人们的普遍关注。但这种载体相对较小，容纳外源基因的能力也较低（约 4.4 kb），不适合大基因的转移。

（2）单纯疱疹病毒载体：单纯疱疹病毒（herpes simplex virus，HSV）是一类双链DNA病毒，其中 *HSV*-1 基因组长度约为 152 kb，其复制周期受到高度调控。*HSV*-1 病毒载体具有许多优点：能感染成年动物分化后的神经细胞，包括感觉神经元、运动神经元和中枢神经系统的某些神经细胞，在神经元细胞中建立稳定的潜伏感染，感染宿主范围广，重组病毒大量复制，能够产生较高的病毒滴度，携带外源基因的容量大（≥30kb）。特别适合在神经系统疾病的基因治疗中应用。

随着基因调控研究的深入，人类基因组计划的实施和基因治疗方法的兴起，对基因转移技术提出了更高更新的要求。可以预见，随着分子生物学向更广阔的领域的发展，新的有效的基因转移技术将会不断出现，以适应生物科学快速发展的需要。

思考题

（1）什么是基因操作？如何认识基因操作在现代生物技术和生命科学研究中的意义？

（2）基因操作的主要技术有哪些？其基本操作过程有哪些？

（3）酶在基因操作中有何重要的作用？其主要可分为哪几类？

（4）如何认识核酸内切酶？其如何分类？各有何特点？

（5）试述 DNA 连接酶的特性和作用。

（6）如何理解"克隆"的意义？可分为哪几类？

（7）试举例说明如何克隆一个目的基因，如何构建克隆载体，如何构建基因文库。

（8）在生物间基因的转移是如何操作的？简述转基因技术的研究进展。

（9）什么是基因克隆载体？基因克隆载体应具备什么条件？

（10）试述基因克隆载体的分类及各自的特点。

（11）试述基因打靶技术基本原理。

主要参考文献

本杰明·卢因.2005.基因Ⅷ [M].赵寿元,余龙,江松敏,译.北京:科学出版社.

曹世祯,韩建林,陈亮,等.2000.用 Percoll 不连续密度梯度分离奶牛精液对控制性别比率的研究 [J].
    中国奶牛,1:19-20.

常洪.1995.山羊的毛色遗传国外畜牧科技 [J].中国畜牧兽医,22 (5):23-26.

陈国宏,张勤.2009.动物遗传原理与育种方法 [M].北京:中国农业出版社.

陈念,赖小平.2010.动物线粒体遗传系统理论与应用研究进展 [J].生物技术通报,3:25-30.

陈玉林.1997.绵羊毛色遗传机制研究评析 [J].家畜生态,18 (4):46-48.

程军,祁成年,雷红.2004.家畜血液蛋白(酶)多态性研究在遗传育种中的应用 [J].草食家畜 (1):
    14-15.

崔治中.2004.兽医免疫学 [M].北京:中国农业出版社.

方宗熙.1984.普通遗传学 [M].5 版.北京:科学出版社.

贺竹梅.2011.现代遗传学教程——从基因到表型的剖析 [M].北京:高等教育出版社.

季静,王罡.2010.生命科学与生物技术 [M].2 版.北京:科学出版社.

解生勇.1990.细胞遗传学 [M].北京:北京农业大学出版社.

黎真,傅衍,牛冬,等.2003.遗传印记——一种对孟德尔定律的发展与扩充的新现象 [J].生物学通,
    38 (12):3-7.

李宝森,胡庆宝.1991.遗传学.天津:南开大学出版社.

李碧春.2008.动物遗传学 [M].北京:中国农业大学出版社.

李华,邱祥聘,龙继蓉.2002.乌骨鸡羽色及肤色的遗传研究现状及展望 [J].中国畜牧杂志,38 (6):
    45-46.

李金亭,段红英.2009.现代生命科学导论 [M].北京:科学出版社.

李宁.2003.动物遗传学 [M].2 版.北京:中国农业出版社.

李顺才.1997.兔的毛色遗传规律及其应用 [J].黑龙江动物繁殖,7 (3):14-16.

李维基.2007.遗传学 [M].北京:中国农业大学出版社.

李振刚.2008.分子遗传学 [M].3 版.北京:科学出版社.

刘广发.2008.现代生命科学概论 [M].2 版.北京:科学出版社.

刘国琴,张曼夫.2011.生物化学 [M].北京:中国农业大学出版社.

刘和凤,张效洁,汪湛.2004.牛的血型鉴定及其应用 [J].中国奶牛 (3):36-37.

刘庆昌.2007.遗传学 [M].北京:科学出版社.

刘庆昌.2010.遗传学 [M].2 版.北京:科学出版社.

刘植义,刘彭昌,周希澄,等.1982.遗传学 [M].北京:高等教育出版社.

刘祖洞.1990.遗传学 [M].2 版.北京:高等教育出版社.

鲁成龙,华松,彭辉,等.2012.哺乳动物 X 染色体失活机制及其应用 [J].中国兽医学报,7 (32):
    1083-1088.

马沛勤,苏仙绒.2001.关于"生物体突变抑制机制"的教学探索 [J].遗传,23 (3):257-259.

普里默罗斯，特威曼，欧德．2003．基因操作原理［M］．6版．瞿礼嘉，顾红雅，译．北京：高等教育出版社．

齐义信，李爱芸，齐鲁全，等．2001．家畜性比的综合控制技术［J］．中国奶牛，5：34-36．

祁茂彬．2006．浅析牛的几个质量性状［J］．中国牛业科学，32（3）：42-43．

沈培奋．2005．重组抗体［M］．北京：科学出版社．

盛志廉，吴常信．1991．数量遗传学［M］．北京：中国农业出版社．

施启顺．2006．猪的毛色遗传［J］．养猪（3）：21-24．

孙乃恩，孙东旭，朱德煦．1990．分子遗传学［M］．南京：南京出版社．

孙乃恩，孙东旭，朱德煦．2002．分子遗传学［M］．南京：南京大学出版社．

田志华．1997．猪血型遗传多样性及其在育种中的应用［J］．西南民族学院学报（自然科学版），24（1）：67-70．

童晓梅，梁羽，王威，等．2006．藏鸡线粒体全基因组序列的测定和分析［J］．遗传，28（7）：769-777．

王金玉．2000．动物遗传育种学［M］．南京：东南大学出版社．

王金玉，陈国宏．2004．数量遗传与动物育种［M］．南京：东南大学出版社．

王镜岩，朱圣庚，徐长法．2003．生物化学［M］．3版．北京：高等教育出版社．

王亚馥，戴灼华．1999．遗传学［M］．北京：高等教育出版社．

王志刚，吴建新．2009．DNA甲基转移酶分类、功能及其研究进展［J］．遗传学，31（9）：903-912．

王子玉，谭景和．2004．流式细胞仪分离精子研究进展［J］．中国畜牧杂志，40（6）：43-46．

吴常信．2009．动物遗传学［M］．北京：高等教育出版社．

吴建平．2005．简明基因工程与应用［M］．北京：科学出版社．

吴乃虎．2002．基因工程原理［M］．2版．北京：科学出版社．

吴仲贤．1981．动物遗传学［M］．北京：农业出版社．

徐晋麟，徐沁，陈淳．2005．现代遗传学原理［M］．2版．北京：科学出版社．

徐晋麟，赵耕春．2009．基础遗传学［M］．北京：高等教育出版社．

薛京伦．2006．表观遗传学——原理、技术与实践［M］．上海：上海科学技术出版社．

杨业华．2006．普通遗传学［M］．2版．北京：高等教育出版社．

于红．2009．表观遗传学：生物细胞非编码RNA调控的研究进展［J］．遗传，31（11）：1077-1088．

俞慧宏．2012．肝X受体依赖的染色质重塑与非酒精性脂肪肝［D］．重庆：重庆医科大学．

张成，娄媛媛，史远刚．2002．哺乳动物性别控制的研究进展［J］．吉林畜牧兽医，7（22）．

张成岗，贺福初．2002．生物信息学［M］．北京：科学出版社．

张飞雄，李雅轩．2010．普通遗传学［M］．2版．北京：科学出版社．

张桂权．2005．普通遗传学［M］．北京：中国农业出版社．

张建民．2005．现代遗传学［M］．北京：化学工业出版社．

张劳．2003．动物遗传育种学［M］．北京：中央广播电视大学出版社．

张秋芳，黄锦，刘平．2006．母性效应基因的研究进展［J］．生理科学进展，37（2）：153-155．

张沅．2001．家畜育种学［M］．北京：中国农业出版社．

赵峰．2002．奶牛性别控制技术研究及其利用［J］．中国奶牛，2：31-33．

赵寿元，乔守怡．2001．现代遗传学［M］．北京：高等教育出版社．

赵亚华．2011．分子生物学教程［M］．3版．北京：科学出版社．

朱军．2005．遗传学［M］．3版．北京：中国农业出版社．

比尔G H，诺尔斯J K C．1984．核外遗传学［M］．北京：科学出版社．

哈特维尔L H．2008．遗传学：从基因到基因组（原书第三版）［M］．北京：科学出版社．

纳司塔德（D Peter Snustad），西蒙斯（Michael J Simmons）．2011．遗传学原理［M］．赵寿元，乔守怡，吴超群，等，译．北京：高等教育出版社．

萨姆布鲁克J，拉塞尔D W．2005．分子克隆实验指南［M］．3版．黄培堂，译．北京：科学出版社．

沈珝琲，方福德．1997．真核基因表达调控［M］．北京：高等教育-Springer出版社．

温特P C，希基G I，弗莱彻H L．2001．遗传学［M］．谢雍，译．北京：科学出版社．

沃森，等．2009．基因的分子生物学［M］．杨焕明，等，译．北京：科学出版社．

图书在版编目（CIP）数据

动物遗传学：双色版／李碧春主编 . —北京：中国农业出版社，2019.12（2021.11 重印）

普通高等教育农业农村部"十三五"规划教材 "十二五"江苏省高等学校重点教材 全国高等农林院校教材名家系列

ISBN 978 - 7 - 109 - 26265 - 2

Ⅰ.①动… Ⅱ.①李… Ⅲ.①动物遗传学-高等学校-教材 Ⅳ.①Q953

中国版本图书馆 CIP 数据核字（2019）第 266997 号

中国农业出版社出版

地址：北京市朝阳区麦子店街 18 号楼

邮编：100125

责任编辑：何 微

版式设计：王 晨 责任校对：巴洪菊

印刷：北京中兴印刷有限公司

版次：2019 年 12 月第 1 版

印次：2021 年 11 月北京第 2 次印刷

发行：新华书店北京发行所

开本：889mm×1194mm 1/16

印张：22.25

字数：600 千字

定价：59.50 元